高等院校机械类应用型本科"十二五"创新规划系列教材

顾问 张 策 张福润 赵敖生

机械制造技术基础

主 编 黄健求 王立涛 迟京瑞
副主编 韩立发 王叶青 粟志娟
参 编 保金凤 刘尚坤 牛振华
主 审 王卫平 钟守炎

JIXIE ZHIZAO JISHU JICHU

華中科技大學出版社
http://www.hustp.com
中国 · 武汉

内 容 简 介

本书为普通高等院校机械类应用型本科“十二五”创新规划教材。全书共分为9章，内容包括机械制造概论、金属切削过程、金属切削刀具、金属切削机床、机床夹具、机械加工质量、机械加工工艺规程设计、机械装配工艺、现代制造技术等。

本书按照机械制造技术的应用特点，以机械制造工艺过程和加工质量为主线，将有关机械制造技术的金属切削基本理论，机床、刀具、夹具等基本知识进行优化整合，突出应用。

本书可作为应用型本科院校和独立学院机械设计制造及其自动化、机械工程、工业工程、材料成形及控制工程等专业教材，也可供工厂、企业从事机械设计、机械制造的工程技术人员参考。

图书在版编目(CIP)数据

机械制造技术基础/黄健求　王立涛　迟京瑞　主编.—武汉：华中科技大学出版社，2013.2（2020.8 重印）
ISBN 978-7-5609-8675-3

Ⅰ.机…　Ⅱ.①黄…　②王…　③迟…　Ⅲ.机械制造工艺-高等学校-教材　Ⅳ.TH16

中国版本图书馆 CIP 数据核字(2013)第 018815 号

机械制造技术基础　　　　黄健求　王立涛　迟京瑞　主编

策划编辑：俞道凯
责任编辑：吴　晗
封面设计：陈　静
责任校对：代晓莺
责任监印：张正林
出版发行：华中科技大学出版社（中国·武汉）　　电话：(027)81321913
　　　　　武汉市东湖新技术开发区华工科技园　　邮编：430223
录　　排：武汉楚海文化传播有限公司
印　　刷：武汉科源印刷设计有限公司
开　　本：787mm×1092mm　1/16
印　　张：23.5
字　　数：604 千字
版　　次：2020 年 8 月第 1 版第 4 次印刷
定　　价：46.00 元

高等院校机械类应用型本科“十二五”创新规划系列教材

编审委员会

高等院校机械类应用型本科“十二五”创新规划系列教材

总　　序

《国家中长期教育改革和发展规划纲要》(2010—2020)颁布以来,胡锦涛总书记指出:教育是民族振兴、社会进步的基石,是提高国民素质、促进人的全面发展的根本途径。温家宝总理在2010年全国教育工作会议上的讲话中指出:民办教育是我国教育的重要组成部分。发展民办教育,是满足人民群众多样化教育需求、增强教育发展活力的必然要求。目前,我国高等教育发展正进入一个以注重质量、优化结构、深化改革为特征的新时期,从1998年到2010年,我国民办高校从21所发展到了676所,在校生从1.2万人增长为477万人。独立学院和民办本科学校在拓展高等教育资源,扩大高校办学规模,尤其是在培养应用型人才等方面发挥了积极作用。

当前我国机械行业发展迅猛,急需大量的机械类应用型人才。全国应用型高校中设有机械专业的学校众多,但这些学校使用的教材中,既符合当前改革形势又适用于目前教学形式的优秀教材却很少。针对这种现状,急需推出一系列切合当前教育改革需要的高质量优秀专业教材,以推动应用型本科教育办学体制和运行机制的改革,提高教育的整体水平,加快改进应用型本科的办学模式、课程体系和教学方式,形成具有多元化特色的教育体系。现阶段,组织应用型本科教材的编写是独立学院和民办普通本科院校内涵提升的需要,是独立学院和民办普通本科院校教学建设的需要,也是市场的需要。

为了贯彻落实教育规划纲要,满足各高校的高素质应用型人才培养要求,2011年7月,华中科技大学出版社在教育部高等学校机械学科教学指导委员会的指导下,召开了高等院校机械类应用型本科“十二五”创新规划系列教材编写会议。本套教材以“符合人才培养需求,体现教育改革成果,确保教材质量,形式新颖创新”为指导思想,内容上体现思想性、科学性、先进性和实用性,把握行业岗位要求,突出应用型本科院校教育特色。在独立学院、民办普通本科院校教育改革逐步推进的大背景下,本套教材特色鲜明,教材编写参与面广泛,具有代表性,适合独立学院、民办普通本科院校等机械类专业教学的需要。

本套教材邀请有省级以上精品课程建设经验的教学团队引领教材的建设,邀请本专业领域内德高望重的教授张策、张福润、赵敖生等担任学术顾问,邀请国家级教学名师、教育部机械基础学科教学指导委员会副主任委员、华中科技大学机械学院博士生导师吴昌林教授担任总主编,并成立编审委员会对教材质量进行把关。

我们希望本套教材的出版,能有助于培养适应社会发展需要的、素质全面的新型机械工程建设人才,我们也相信本套教材能达到这个目标,从形式到内容都成为精品,真正成为高等院校机械类应用型本科教材中的全国性品牌。

高等院校机械类应用型本科“十二五”创新规划系列教材

编审委员会

2012-5-1

前　言

“机械制造技术基础”是1998年机械工程类专业教学指导委员会推荐设置的一门综合性主干技术基础课。通过本课程学习，学生可掌握机械制造技术的基本知识和基本理论，了解机械制造技术的最新发展动态，为后续专业课的学习、毕业设计以及毕业后从事机械设计与制造打下基础。

本书为普通高等院校机械类应用型本科“十二五”创新规划教材。全书共分为9章，内容包括机械制造概论、金属切削过程、金属切削刀具、金属切削机床、机床夹具、机械加工质量、机械加工工艺规程设计、机械装配工艺、现代制造技术等。本书按照机械制造技术的应用特点，以机械制造工艺过程和加工质量为主线，将有关机械制造技术的金属切削基本理论，机床、刀具、夹具等基本知识进行优化整合，突出应用。本书按60～90学时教学计划编写，各校在使用时可酌情增减有关内容。

本书由黄健求教授任第一主编，对全书各章节进行了多次审稿、改稿、统稿工作。第1章由黄健求编写，第2章由迟京瑞编写，第3章由牛振华编写，第4章由刘尚坤编写，第5章由王叶青编写，第6章由王立涛编写，第7章由保金凤编写，第8章由韩立发编写，第9章由粟志娟编写。

本书由东莞理工学院王卫平、钟守炎教授主审，他们对教材的编写大纲、编写内容及特点等方面提出了许多宝贵的意见。华中科技大学出版社俞道凯等编辑对本书的编写和出版付出了辛勤劳动，提出了许多宝贵的意见。本书在编写过程中还得到了许多专家、同仁的大力支持和帮助，参考了许多教授、专家的有关文献。东莞理工学院城市学院对本书的编写工作给予了许多支持和帮助。东理电脑有限公司对本书的图文资料处理制作提供了很多帮助。在此，谨向以上人员表示衷心感谢。

限于编者的水平，书中不足或错误之处在所难免，恳请广大读者批评指正。

编　者

2012年3月

目　　录

第 1 章　机械制造概论 ………………………………………………… (1)

1.1　机械制造技术的发展过程及机械制造业在国民经济中的地位 ……… (1)

1.1.1　机械制造技术的发展过程 ……………………………………… (1)

1.1.2　机械制造业在国民经济中的地位 ……………………………… (2)

1.2　机械制造系统、工艺系统与机械产品的生产类型 ……………… (3)

1.2.1　机械制造系统 …………………………………………………… (3)

1.2.2　机械制造工艺系统 ……………………………………………… (3)

1.2.3　机械产品的生产类型 …………………………………………… (4)

1.3　机械制造过程与零件的加工方法 ………………………………… (6)

1.3.1　机械制造过程 …………………………………………………… (6)

1.3.2　机械零件的加工方法 …………………………………………… (8)

1.4　本课程研究的内容和学习方法 …………………………………… (9)

1.4.1　本课程的研究内容 ……………………………………………… (9)

1.4.2　课程的特点及学习方法 ………………………………………… (10)

第 2 章　金属切削过程 ………………………………………………… (11)

2.1　金属切削概述 ……………………………………………………… (11)

2.1.1　切削运动与加工表面 …………………………………………… (11)

2.1.2　切削用量 ………………………………………………………… (13)

2.1.3　切削层参数与切削方式 ………………………………………… (14)

2.2　金属切削刀具的几何参数 ………………………………………… (15)

2.2.1　刀具切削部分的结构要素 ……………………………………… (15)

2.2.2　刀具角度的参考平面 …………………………………………… (16)

2.2.3　刀具标注角度参考系 …………………………………………… (16)

2.2.4　刀具的标注角度 ………………………………………………… (17)

2.2.5　刀具的工作角度 ………………………………………………… (19)

2.3　金属切削过程 ……………………………………………………… (21)

2.3.1　切削层金属的挤压与切削 ……………………………………… (21)

2.3.2　切削层金属的变形 ……………………………………………… (22)

2.3.3　切屑变形的规律 ………………………………………………… (27)

2.4　切削力与切削功率 ………………………………………………… (28)

2.4.1　切削力 …………………………………………………………… (28)

2.4.2　切削功率 ………………………………………………………… (31)

2.5　切削热与切削温度 ………………………………………………… (32)

2.5.1 切削热的来源及传出 …… (32)
2.5.2 切削区的温度及其分布 …… (32)
2.5.3 影响切削温度的主要因素 …… (34)
2.6 刀具磨损和刀具使用寿命 …… (35)
2.6.1 刀具磨损的形态 …… (35)
2.6.2 刀具磨损的主要原因 …… (36)
2.6.3 刀具磨损过程及磨钝标准 …… (37)
2.6.4 刀具耐用度及其合理选择 …… (38)
2.6.5 刀具破损 …… (40)
2.7 刀具几何参数的选择 …… (41)
2.7.1 前角及前刀面形式的选择 …… (42)
2.7.2 后角的功用及选择 …… (45)
2.7.3 主、副偏角的功用及选择 …… (46)
2.7.4 刃倾角的功用及选择 …… (47)
2.8 工件材料的切削加工性与切削用量选择 …… (49)
2.8.1 工件材料的切削加工性 …… (49)
2.8.2 切削用量的选择 …… (51)
2.9 切削液的种类与选用 …… (52)
2.9.1 切削液的作用机理 …… (52)
2.9.2 切削液的种类 …… (53)
2.9.3 切削液的添加剂 …… (53)
2.9.4 切削液的选用 …… (54)
2.9.5 切削液的使用方法 …… (55)
第 3 章 金属切削刀具 …… (57)
3.1 刀具材料与分类 …… (57)
3.1.1 刀具材料 …… (57)
3.1.2 刀具分类 …… (63)
3.2 车刀 …… (63)
3.2.1 常用车刀及其特点 …… (63)
3.2.2 成形车刀 …… (66)
3.3 铣刀 …… (67)
3.3.1 铣削方式与特点 …… (67)
3.3.2 铣刀的种类和用途 …… (70)
3.3.3 成形铣刀 …… (72)
3.4 孔加工刀具 …… (73)
3.4.1 中心钻 …… (73)
3.4.2 麻花钻 …… (74)
3.4.3 铰刀 …… (79)

3.4.4 镗刀 …… (81)
3.5 复杂刀具 …… (82)
3.5.1 螺纹刀具 …… (82)
3.5.2 拉刀 …… (86)
3.5.3 齿轮加工刀具 …… (91)
3.6 磨削与砂轮 …… (102)
3.6.1 磨削过程 …… (103)
3.6.2 磨削特点与磨削温度 …… (104)
3.6.3 砂轮的特性与应用 …… (107)
第4章 金属切削机床 …… (112)
4.1 机床概述 …… (112)
4.1.1 机床的组成 …… (112)
4.1.2 机床的分类 …… (112)
4.1.3 机床的技术性能 …… (113)
4.1.4 机床的型号 …… (114)
4.1.5 机床的运动与传动 …… (119)
4.2 车床 …… (122)
4.2.1 卧式车床 …… (122)
4.2.2 立式车床 …… (131)
4.2.3 转塔、回轮车床 …… (132)
4.2.4 自动车床 …… (134)
4.3 铣床 …… (135)
4.3.1 升降台式铣床 …… (136)
4.3.2 龙门铣床 …… (137)
4.3.3 工具铣床 …… (138)
4.4 磨床 …… (139)
4.4.1 外圆磨床 …… (139)
4.4.2 内圆磨床 …… (141)
4.4.3 无心磨床 …… (142)
4.4.4 平面磨床 …… (144)
4.5 齿轮加工机床 …… (144)
4.5.1 齿轮加工原理 …… (145)
4.5.2 滚齿机 …… (146)
4.5.3 插齿机 …… (149)
4.6 钻床和镗床 …… (150)
4.6.1 钻床 …… (150)
4.6.2 镗床 …… (151)
4.7 其他机床 …… (153)

4.7.1 刨床、插床与拉床 …… (153)
4.7.2 组合机床 …… (157)
4.7.3 数控机床与加工中心 …… (158)
第5章 机床夹具 …… (161)
5.1 夹具概述 …… (161)
5.1.1 夹具的功用 …… (161)
5.1.2 夹具的分类 …… (162)
5.1.3 夹具的组成 …… (163)
5.2 工件的定位 …… (165)
5.2.1 六点定位原理 …… (165)
5.2.2 定位误差分析与计算 …… (179)
5.3 工件的夹紧 …… (188)
5.3.1 夹紧装置的组成和要求 …… (188)
5.3.2 夹紧力的确定 …… (189)
5.3.3 典型夹紧机构 …… (191)
5.4 典型机床夹具 …… (200)
5.4.1 车床夹具 …… (200)
5.4.2 铣床夹具 …… (201)
5.4.3 钻床夹具 …… (206)
5.4.4 镗床夹具 …… (214)
5.4.5 数控机床夹具 …… (215)
5.4.6 组合夹具 …… (217)
5.4.7 模块化夹具 …… (219)
5.4.8 自动线夹具 …… (219)
5.5 专用夹具的设计方法 …… (220)
5.5.1 专用夹具设计的基本要求 …… (221)
5.5.2 夹具设计的步骤 …… (222)
5.5.3 夹具设计举例 …… (223)
第6章 机械加工质量 …… (230)
6.1 机械加工质量概述 …… (230)
6.1.1 机械加工精度 …… (230)
6.1.2 机械加工表面质量 …… (231)
6.2 影响加工精度的因素及提高加工精度的工艺措施 …… (232)
6.2.1 原理误差 …… (232)
6.2.2 工艺系统的几何误差 …… (233)
6.2.3 加工过程误差 …… (237)
6.2.4 提高加工精度的工艺措施 …… (241)
6.3 加工误差的统计分析 …… (242)

6.3.1 加工误差的性质 …………………………………………………… (242)
6.3.2 加工误差的统计分析 ……………………………………………… (242)
6.4 影响表面质量的因素及提高表面质量的途径 …………………………… (248)
6.4.1 影响表面粗糙度的因素及改善途径 ……………………………… (248)
6.4.2 影响表面物理、力学性能的因素及改善途径 ……………………… (251)
第7章 机械加工工艺规程设计 …………………………………………… (254)
7.1 机械加工工艺规程概述 ……………………………………………… (254)
7.1.1 机械加工工艺规程的作用 …………………………………………… (254)
7.1.2 制订机械加工工艺规程的原则 ……………………………………… (254)
7.1.3 制订机械加工工艺规程的原始资料 ………………………………… (255)
7.1.4 机械加工工艺规程文件的类型 ……………………………………… (255)
7.1.5 制订机械加工工艺规程的步骤、内容 ……………………………… (259)
7.2 零件结构工艺性与毛坯制造 ………………………………………… (259)
7.2.1 零件结构工艺性 ……………………………………………………… (259)
7.2.2 毛坯选择 ……………………………………………………………… (261)
7.3 工艺路线的确定 ……………………………………………………… (265)
7.3.1 表面加工方法选择 …………………………………………………… (265)
7.3.2 加工阶段的划分 ……………………………………………………… (268)
7.3.3 加工顺序的安排 ……………………………………………………… (269)
7.3.4 工序的集中与分散 …………………………………………………… (271)
7.4 定位基准的选择 ……………………………………………………… (272)
7.4.1 粗基准的选择 ………………………………………………………… (272)
7.4.2 精基准的选择 ………………………………………………………… (273)
7.5 工序内容的确定 ……………………………………………………… (274)
7.5.1 机床设备与工艺装备选择 …………………………………………… (274)
7.5.2 加工余量的确定 ……………………………………………………… (274)
7.5.3 切削用量的确定 ……………………………………………………… (276)
7.5.4 时间定额的确定 ……………………………………………………… (278)
7.6 工序尺寸计算 ………………………………………………………… (279)
7.6.1 工艺尺寸链 …………………………………………………………… (280)
7.6.2 工序尺寸计算 ………………………………………………………… (281)
7.7 工艺方案的技术经济分析及提高机械加工生产率的措施 …………… (286)
7.7.1 工艺方案的技术经济分析 …………………………………………… (286)
7.7.2 提高机械加工生产率的工艺措施 …………………………………… (288)
7.8 典型零件的加工工艺 ………………………………………………… (289)
7.8.1 轴类零件 ……………………………………………………………… (289)
7.8.2 盘套类零件 …………………………………………………………… (291)
7.8.3 箱体类零件 …………………………………………………………… (294)

7.8.4 齿轮加工工艺 …………………………………………………… (297)
第8章 机械装配工艺 …………………………………………………… (306)
8.1 装配概述 …………………………………………………… (306)
8.1.1 装配定义与装配单元 …………………………………………………… (306)
8.1.2 机器结构的装配工艺性 …………………………………………………… (307)
8.2 保证装配精度的方法 …………………………………………………… (309)
8.2.1 装配精度 …………………………………………………… (309)
8.2.2 装配精度与零件精度的关系 …………………………………………………… (310)
8.2.3 保证机械装配精度的工艺方法 …………………………………………………… (310)
8.3 装配尺寸链及其应用 …………………………………………………… (312)
8.3.1 装配尺寸链 …………………………………………………… (312)
8.3.2 装配尺寸链的计算方法及其应用 …………………………………………………… (313)
8.4 装配工艺规程的制订 …………………………………………………… (320)
第9章 现代制造技术 …………………………………………………… (327)
9.1 精密加工与细微加工 …………………………………………………… (327)
9.1.1 精密与超精密加工 …………………………………………………… (327)
9.1.2 微细加工与纳米技术 …………………………………………………… (332)
9.2 高速加工 …………………………………………………… (335)
9.2.1 概述 …………………………………………………… (335)
9.2.2 高速切削刀具 …………………………………………………… (336)
9.2.3 高速主轴 …………………………………………………… (338)
9.2.4 高速进给机构 …………………………………………………… (340)
9.3 特种加工 …………………………………………………… (340)
9.3.1 特种加工基本概念 …………………………………………………… (340)
9.3.2 电火花成形加工 …………………………………………………… (341)
9.3.3 电火花线切割加工 …………………………………………………… (344)
9.3.4 其他特种加工方法 …………………………………………………… (345)
9.4 数字化制造技术 …………………………………………………… (347)
9.4.1 计算机辅助设计与制造 …………………………………………………… (347)
9.4.2 柔性制造系统 …………………………………………………… (348)
9.4.3 计算机集成制造系统 …………………………………………………… (351)
9.4.4 快速原形制造 …………………………………………………… (353)
9.5 绿色制造技术 …………………………………………………… (357)
9.5.1 概述 …………………………………………………… (357)
9.5.2 绿色制造过程 …………………………………………………… (358)
9.5.3 绿色产品 …………………………………………………… (360)
参考文献 …………………………………………………… (362)

第1章　机械制造概论

内容提要

本章主要介绍机械制造技术的发展过程及机械制造业在国民经济中的地位，机械制造系统、工艺系统和机械制造方法，本课程的研究内容、课程特点及学习方法。重点是机械制造系统、工艺系统和机械制造方法。

1.1　机械制造技术的发展过程及机械制造业在国民经济中的地位

1.1.1　机械制造技术的发展过程

人类最早的制造活动可以追溯到新石器时代，当时人们制作石器作为劳动工具，制造处于一种萌芽阶段；到了青铜器和铁器时代，为了满足以农业为主的自然经济的需要，出现了冶炼和锻造等较为原始的制造活动。

18世纪中叶，蒸汽机的发明标志着制造业发展出现历史性转折。随着蒸汽机的大量使用，机械技术与蒸汽动力技术相结合，出现了以动力驱动为特征的制造方式，产生了第一次工业大革命。而后，随着发电机和电动机的发明，电器化时代来临，电作为新的动力源大大改变了机器结构和生产效率。这个阶段制造业发展的一个标志，就是开始使用机械加工机床。西方工业发达国家开始用机床大量生产洋枪、洋炮。

19世纪末，内燃机的发明引发了制造业的又一次革命，20世纪初制造业进入了以汽车制造为代表的批量生产时代，随后出现了流水生产线和自动机床。在制造管理思想方面，劳动分工制度和标准化技术相继问世。1931年建立了具有划时代意义的汽车装配生产线，实现了以刚性自动化为特征的大批量生产方式。

以大规模生产方式为主要特征的制造技术，在20世纪50年代逐渐进入鼎盛时期，制造业通过降低生产成本（主要是降低劳动力成本）和提高生产效率，形成了“规模效益”的工业化生产理念。大规模生产方式作为现代工业生产的一个重要特征，对人类社会的经济发展、社会结构、文化教育以及生活方式等，产生了深刻的影响。

20世纪60年代，随着市场竞争的加剧，大规模生产方式面临新的挑战。制造企业的生产方式开始向多品种、中小批量生产方式转变。与此同时，以大规模集成电路为代表的微电子技术以及以微机为代表的计算机技术迅速发展，极大地促进了制造业的装备技术和制造工艺的进步，为制造业实现多品种、中小批量的生产方式创造了有利条件。这个阶段诞生的制造装备与制造技术主要有数控机床、计算机辅助设计(CAD)和计算机辅助制造(CAM)等。

进入20世纪80年代，一方面，市场环境发生了新的变化，消费者的需求日趋多样化和个性化，市场竞争日趋激烈。另一方面，科学技术的发展也进入了一个日新月异的时代，电子信息技术和自动化技术发展迅猛。制造理论、制造技术和制造装备也迎来了新的发展时期，出现了制造资源计划（MRPⅡ）和计算机集成制造系统（CIMS）等。

20 世纪 90 年代以来，以互联网为代表的信息技术革命给世界带来了巨大变化，经济全球化进程打破了传统的地域经济发展模式，市场变得更加广阔和多元化。在这种时代背景下，提高制造企业的快速响应能力以适应瞬息万变的市场需求，成为制造企业赢得市场竞争的关键。围绕这一目标，出现了许多先进制造系统模式，如敏捷制造、虚拟制造、智能制造和绿色制造等。

1.1.2 机械制造业在国民经济中的地位

物质生产是人类社会生存和发展的基础，制造业是人类财富的主要贡献者，没有制造业的发展就没有人类社会的现代物质文明。在我国，处于工业中心地位的制造业，特别是机械制造业，是国民经济持续发展的基础，是工业化、现代化建设的发动机和动力源，是参与国际竞争取胜的法宝，是技术进步的主要舞台，是提高国民生活水平、巩固国家安全、发展现代文明的物质基础。

机械制造业是制造业最重要的组成之一，它担负着向国民经济的各个部门提供机械装备和向人们提供交通工具和家用电器等任务。我国现代化建设的发展速度和国家的安全（统一、独立）在很大程度上取决于机械制造业的发展水平。

我国是世界上文化、科学发展最早的国家之一，早在公元前 2000 年左右，我国就制成了纺织机械。由于封建主义的压迫和帝国主义的侵略，我国的机械工业长期处于停滞和落后状态。从 1865 年清政府在上海创办江南机械制造总局到 1949 年这八十多年的时间里，全国只有少数城市建有机械厂。新中国成立六十多年来，我国已建立了一个比较完整的机械工业体系。建国初期以万吨水压机为代表的各种重型装备的研制成功，标志着国民经济有了自己的脊梁；20 世纪六七十年代“两弹一星”的问世以及本世纪“神舟”系列宇宙飞船遨游太空，表明了我国综合国力的提高，使我国跻身于世界大国的行列。目前，我国电力、钢铁、石油、交通、矿山等基础工业部门所拥有的机电产品总量中，约有 80％是自己制造的，其中 6 000 m电驱动沙漠钻机已达到国际先进水平，300 MW 和 600 MW 火电机组已成为国家电力工业的主要机组。2011 年，我国汽车产销量双超 1840 万辆，汽车产销量居世界首位。许多与人们生活密切相关的机电产品（如电冰箱、空调机等）已位居世界前列，我国已成为名副其实的机械工业生产大国。

新中国用了六十多年的时间走过了工业发达国家 200 年的历程，成就举世瞩目。但与世界先进水平相比，我国机械制造业的整体水平和国际竞争力仍与发达国家有较大的差距。我国国民经济建设和高新技术产业所需的许多装备目前仍然依赖于进口；其次，制造业的人均生产率较低，为美国、日本、德国的 4％～5％；第三，企业对市场需求的快速响应能力不高，我国新产品开发的周期平均为 18 个月，而美、日、德等工业发达国家的新产品开发周期平均为 4～6 个月；第四，具有自主知识产权的高新技术的机电产品少，主要机械产品的技术来源的 57％来自国外，大多数电子通信设备的核心技术仍然依赖进口。

今后一段时期，我国机械工业的主要任务是：①加快发展关系国计民生、涉及国家经济安全且对工业结构调整有重大影响的重大技术装备；②发展为农业现代化服务的先进适用的装备；③重点开发符合安全、节能、清洁排放的各种类型的汽车；④尽快提高数控机床产品的性能、质量和可靠性，扭转我国高速、高效、高精度数控机床长期依赖进口的局面；⑤加速发展工业自动化控制系统和仪器仪表；⑥重点开发具有自主知识产权的敏捷制造技术和应用软件，增加数字化、智能化、网络化机电产品品种。

机械制造技术是机械制造企业实现产品设计、完成产品生产、保证产品质量、提高经济效益的共性技术和基础技术。在全球范围内，机械制造技术正朝着精密化、自动化、敏捷化和可持续发展方向发展。

1.2　机械制造系统、工艺系统与机械产品的生产类型

1.2.1　机械制造系统

机械制造的生产过程和生产活动十分复杂，包括从原材料到成品所经过的毛坯制造、机械加工、装配、涂漆、运输、仓储等所有的过程及开发设计、计划管理、经营决策等所有的活动，是一个有机的、集成的生产系统。

制造系统是生产系统中的一个重要组成部分，即由原材料变为产品的整个生产过程，它包括毛坯制造、机械加工、装配、检验和物料的储存、运输等所有工作。在制造系统中，存在着以生产对象和工艺装备为主体的“物质流”、以生产管理和工艺指导等信息为主体的“信息流”，以及为了保证生产活动正常进行而必需的“能量流”，如图 1-1 所示。

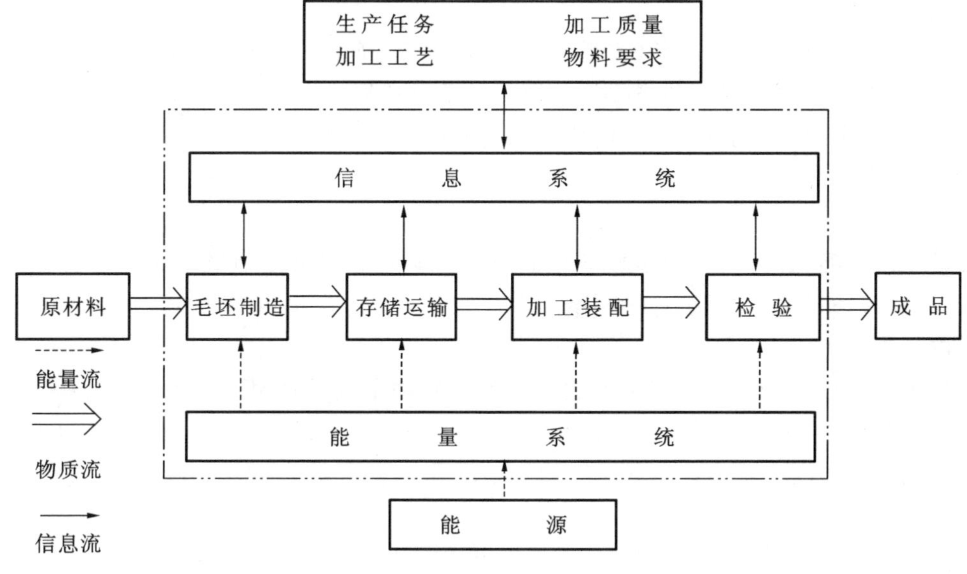

图 1-1　制造系统的组成

1.2.2　机械制造工艺系统

机械制造系统中，机械加工所使用的机床、刀具、夹具和工件组成了一个相对独立的系统，称为工艺系统，如图 1-2 所示。工艺系统的各个环节互相关联、互相依赖、共同配合，实

现预定的机械加工功能。

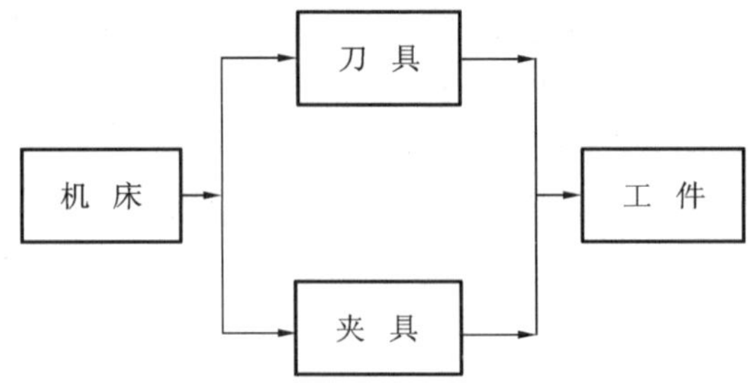

图 1-2 工艺系统的组成

1.2.3 机械产品的生产类型

1. 生产纲领

企业根据市场需求和自身的生产能力制订生产计划。在计划期内应当生产的产品品种、产量和进度计划称为生产纲领。计划期一般为一年，所以产品的生产纲领一般就是年产量。零件的生产纲领 N 应当计入备品和废品的数量，常按下式计算：

$$N=Qn(1+a)(1+b)$$

式中：Q——产品的年产量；

n——每台产品中该零件的数量；

a、b——零件生产备品率(%)、废品率(%)。

2. 生产类型

生产纲领的大小决定了产品(或零件)的生产类型，而各种生产类型下又具有不同的工艺特征，因此生产纲领是制订和修改工艺规程的重要依据。

根据工厂(车间或班组)生产专业化程度的不同，存在着三种不同的生产类型，即大量生产、成批生产和单件生产。

1)大量生产

大量生产产品的产量大，大多数工作是按照一定的节拍重复地进行某一零件某一工序的加工。例如汽车、手表、手机等的制造。

2)成批生产

成批生产是指一年中轮番周期地制造一种或几种不同的产品，每种产品均有一定的数量，制造过程具有一定的重复性。一次投入或产出的同一产品(或零件)的数量称为生产批量。批量的大小主要根据生产纲领、零件的大小、资金的周转、调整费用及仓库的容量等因素来确定。

按照批量的大小，成批生产又可分为小批生产、中批生产和大批生产。

3)单件生产

单件生产是指单个地生产不同的产品。例如重型机器制造、专用设备制造、新产品试制等多采用单件生产方式。

由于大批生产的工艺特点与大量生产相似，小批生产的特点与单件生产相似，因此生产类型也可分为大批大量生产、中批生产、单件小批生产。

生产纲领和生产类型的关系随产品的种类、大小和复杂程度而不同。表1-1给出了机械产品的生产类型与生产纲领的关系。

表1-1 机械产品生产类型与生产纲领的关系 （单位：件/年）

生产类型	零件生产纲领		
	重型机械	中型机械	轻型机械
单件生产	≤5	≤20	≤100
小批生产	>5～100	>20～200	>100～500
中批生产	>100～300	>200～500	>500～5 000
大批生产	>300～1 000	>500～5 000	>5 000～50 000
大量生产	>1 000	>5 000	>50 000

3. 不同生产类型的工艺特征

不同生产类型具有不同的工艺特征，各种生产类型下的工艺特征见表1-2。

表1-2 不同生产类型的工艺特征

项目	单件小批生产	中批生产	大批大量生产
加工对象	经常变换	周期性变换	固定不变
毛坯及余量	手工造型铸造、自由锻。毛坯精度低，加工余量大	部分金属模铸造、部分模锻。毛坯精度和余量中等	广泛采用金属模机器造型和模锻。毛坯精度高、余量小
机床设备	通用机床，机群式排列，数控机床	部分专用机床，部分流水排列，部分数控机床	广泛采用专机，流水线布置
工艺装备	通用工装为主，必要时采用专用工装	广泛采用专用夹具，部分采用专用的刀具、量具	广泛采用高效专用工装
装夹方式	通用夹具或划线找正	部分采用专用夹具装夹，少数采用划线找正	夹具装夹
装配方式	广泛采用修配法	大多数采用互换法	互换法
操作水平	高	一般	较低
工艺文件	工艺过程卡	工艺卡	工艺过程卡、工艺卡、工序卡
生产率	低	一般	高
加工成本	高	一般	低

随着科学技术的发展和市场需求的变化，生产类型的划分正在发生深刻的变化，传统的大批大量生产往往不能很好地适应市场对产品及时更新换代的需求，多品种中、小批量生产的比重逐渐上升。随着数控加工和成组技术的普及，各种生产类型下的工艺特征也在起着相应的变化。

1.3 机械制造过程与零件的加工方法

1.3.1 机械制造过程

1. 机械制造过程

机械制造过程是指用机械制造的方法改变生产对象(材料、毛坯)的形状、尺寸、相对位置以及性能,使其成为机械零部件的过程,它包括毛坯制造、机械加工、装配等工艺过程。

2. 机械加工工艺过程

机械加工工艺过程是指用机械加工的方法改变生产对象(毛坯)的形状、尺寸、相对位置及性能,使其成为零件的过程。机械加工工艺过程直接决定零件及产品的质量和性能,对产品的成本、生产周期都有较大的影响,是整个工艺过程的重要组成部分。

3. 机械加工工艺过程的组成

机械加工工艺过程组成如图 1-3 所示,工艺过程由若干工序组成,工序是最基本的组成单元。每一个工序又可依次细分为安装、工位、工步和走刀。

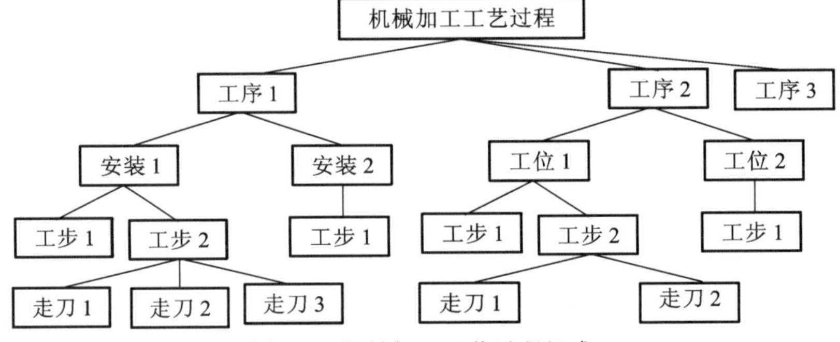

图 1-3 机械加工工艺过程组成

1)工序

工序是指一个或一组工人,在一个工作地对同一个或同时对几个工件所连续完成的那一部分工艺过程。工作地、工人、工件、连续作业是构成工序的四个要素,其中任何一个要素变更即构成新的工序。一个工艺过程需要包括哪些工序,是由被加工零件结构的复杂程度、加工要求和生产类型决定的。表1-3所示为阶梯轴不同生产类型的工艺过程。

表 1-3 阶梯轴不同生产类型的工艺过程

零件图	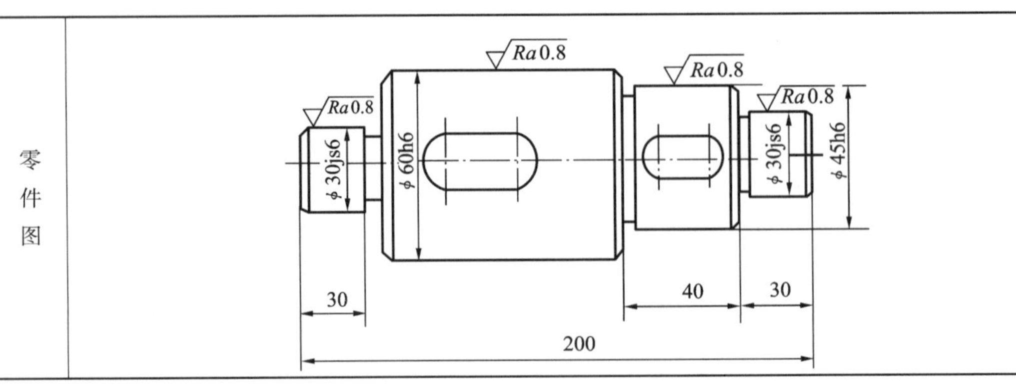

续表

单件、小批量生产工艺过程			大批、大量生产工艺过程		
工序号	工 序 内 容	设备	工序号	工 序 内 容	设备
1	车端面、钻中心孔(两头)；粗、半精车外圆，切槽，倒角	车床	1	同时铣两头端面、钻中心孔	组合机床
2	铣键槽、去毛刺	铣床	2	粗车外圆	车床
			3	半精车外圆、倒角、切退刀槽	车床
3	磨外圆	磨床	4	铣键槽	铣床
			5	去毛刺	钳工台
			6	磨外圆	磨床

2）安装

安装是工件经一次装夹后所完成的那部分工序。在一个工序中，可以有一次或多次装夹。一次装夹即为一个安装工序。

3）工位

在工件的一次安装中，通过分度(或移位)装置，使工件相对于机床经过不同的位置顺次进行加工。此时工件在机床上占据的每一个位置称为工位。如图 1-4 所示为立轴式回转工作台多工位加工的例子，共四个工位，依次为装卸工位、钻孔工位、扩孔工位、铰孔工位。

4）工步

工步是指加工表面、加工工具、主要切削用量(切削速度、进给量)不变的条件下所连续完成的那一部分工序内容。有时，同一表面往往要用同一工具加工几次才能完成，每次加工完成的工步内容称为一个工作行程或一次走刀。为了提高效率，有时采用多刀同时切削的方法，这样的工步称为复合工步。如图 1-5 所示为转塔车床加工齿轮内孔及外圆的一个复合工步。

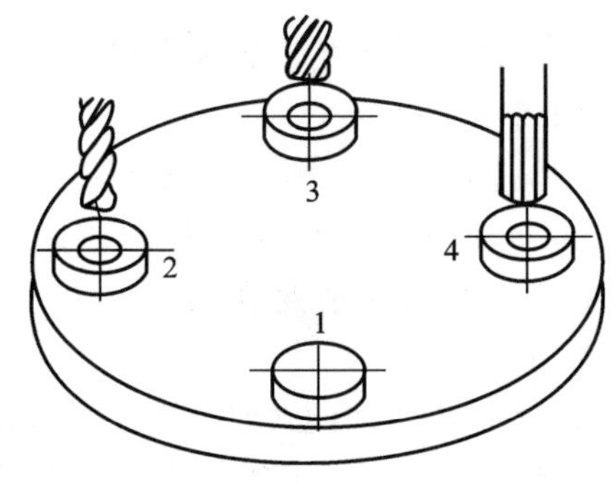

图 1-4　多工位加工

工位 1：装卸工件；工位 2：钻孔；
工位 3：扩孔；工位 4：铰孔

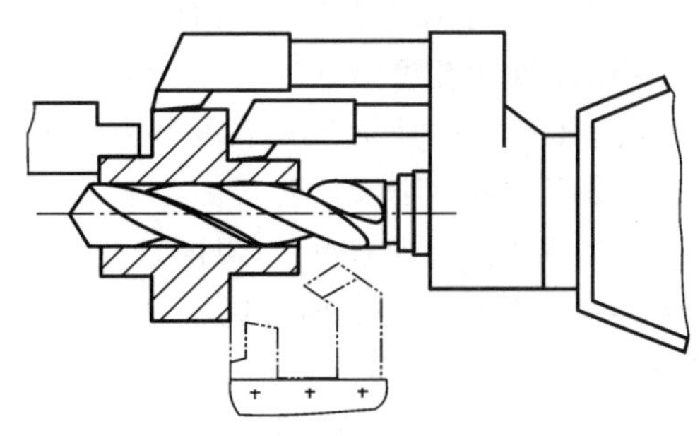

图 1-5　立轴转塔车床复合工步

1.3.2 机械零件的加工方法

零部件的加工和装配随着产品的结构特点、生产类型(生产批量)以及工厂生产条件的不同,其方法也不尽相同。按零件加工时加工工具与零件之间是否需要机械作用力,可将机械零件的加工方法分为机械加工和特种加工两种。

1. 机械加工

机械加工按成形零件时是否产生废料可分为净成形和切削加工。

1)净成形

净成形是指由原材料到零件成形后不再加工(或仅需少量加工)就可用作机械零件的成形技术。所采用的净成形技术方法不同,所获得的机械零件尺寸精度、形位精度和表面质量也不尽相同。

净成形技术涵盖精密铸造成形(失蜡铸造和压铸)、精密塑性成形(精密模锻、冷挤压成形)以及精密注塑成形等,其特点是加工不产生切屑,因此原材料利用率高,生产效率高,常用于机械零件毛坯或形状比较复杂的中小零件加工制造。

2)切削加工

切削加工即由原材料(毛坯)到零件需经过切削加工(产生切屑废料)得到所需零件的形状、尺寸和精度的一种加工方法,如车削、铣削、钻镗孔、磨削等加工方法。切削加工虽产生切屑,材料利用率较低、零件生产率较低,但其加工精度高,目前仍然是高精度机械零件的主要加工方法。

切削加工时按加工的精度、切削速度以及机床运动的控制方法又可分为以下四种。

(1)普通机械加工　普通机械加工是指采用传统的机床设备进行的切削加工。

普通切削加工因受机床、夹具、刀具所组成的加工装备系统的精度、刚度以及切削机理的影响,加工精度仍然有限。目前阶段,普通切削加工的误差范围为1～10 μm,通常称为微米加工。

(2)精密与超精密加工　精密加工是指加工精度和表面质量超过普通切削加工,达到很高水平的加工工艺。现阶段加工误差可在0.1～1 μm内,表面粗糙度$Ra<0.1$ μm,称为亚微米加工。

超精密加工是指加工精度和表面质量达到最高水平的加工工艺。其加工误差可以控制到<0.1 μm,表面粗糙度$Ra<0.01$ μm,已发展到纳米加工的水平。

(3)高速加工　高速加工是指采用超硬材料的刀具,通过极大地提高切削速度和进给速度,达到提高材料切除率,提高加工精度和加工表面质量的现代加工技术。以切削速度和进给速度界定,高速加工的切削速度和进给速度为普通切削速度的5～10倍;以主轴转速界定,高速加工的主轴转速不小于1 0000 r/min。

(4)数字化(数控)加工　数字化加工是以数值与符号构成的信息(加工程序),通过脉冲信号控制机床自动运动,实现零件机械加工的加工方法。数字化加工的最大特点是能极大地提高加工精度和加工质量的重复性、稳定性,保证加工零件质量的一致。

2. 特种加工

特种加工是不需利用工具直接对加工对象施加作用力的一种加工工艺，如电火花成形加工、电火花线切割加工、激光加工、超声波加工、离子束加工、光刻化学加工等。特种加工因为不是依靠工具与加工对象之间的直接作用而成形零件，因此对加工对象的材质、硬度没有要求，特别适合高硬度、难加工材料的复杂表面的加工，但加工效率不及机械加工。

除了上述机械加工和特种加工以外，为适应机械制造的可持续发展，20 世纪末在机械制造领域又提出了绿色制造的概念。

绿色制造又称清洁生产或面向环境的制造。绿色制造技术是指在保证产品功能、质量、成本的前提下，综合考虑环境影响和资源效率的现代制造模式。它使得在设计、制造、使用到报废的整个产品生命周期中都能节约资源和能源，不产生环境污染或使环境污染最小化。

1.4 本课程研究的内容和学习方法

1.4.1 本课程的研究内容

本课程的研究内容主要是机械零件的加工质量、效率和成本问题，如图 1-6 所示车床主轴的机械加工，加工表面多，加工技术要求高，首先必须研究各个表面的加工方法、加工顺序、采用的加工设备及工艺装置。为了要保证机械加工质量，提高机械加工效率和降低机械加工成本，还须研究机械加工（金属切削）过程中的一些物理现象及加工质量的控制方法。

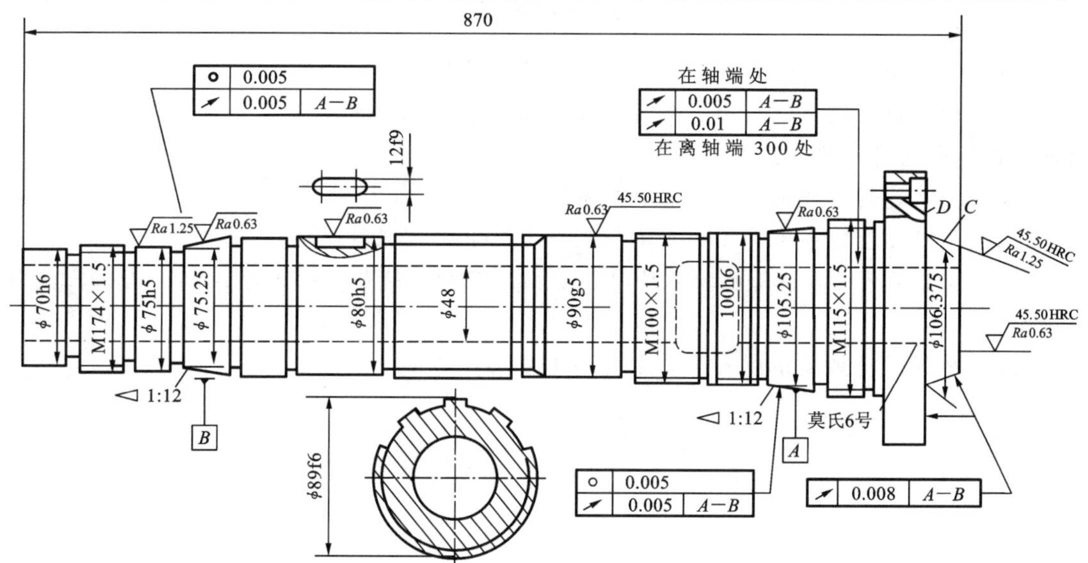

图 1-6 车床主轴

由以上车床主轴的机械加工实例可知：机械加工是一个复杂的系统，其制造过程包括的内容很多。限于本课程的性质和学时，本课程主要研究机械产品生产过程中的机械加工过程及质量控制。其主要内容包括金属切削过程中的基本原理、基本规律;机械加工装备(机床、刀具、夹具)的结构特点及应用;机加工质量及控制方法;机械加工工艺规程和装配工艺规程的制订,并对现代制造技术及发展作一定的介绍。

1.4.2 课程的特点及学习方法

机械制造技术基础课程的特点归纳起来有以下几点。

(1)既是一门技术基础课,又是一门专业课。作为技术基础课,要求学生掌握机械制造技术的基本知识和基本理论,为后续专业课程学习打下良好的基础。作为专业课,随着科学技术和经济的发展,课程内容会不断地更新和充实;课程在理论上和体系上会不断地完善和提高。

(2)课程的综合应用性高。本课程是在机械制图、机械设计、工程力学、工程材料、金属工艺学、互换性与技术测量、机电传动与控制等课程的基础上开设的专业化的综合应用课程。

(3)课程的实践性强,与生产实际联系十分密切。

(4)课程的工程性强。本课程研究的内容,要从工程应用的角度去理解和掌握,不能完全照搬理论和公式,因为工程实际问题和理论问题总是存在差别的。

本课程的学习方法应根据各人的具体情况而定,基本学习方法是:注意掌握机械制造的基本概念;注意学习机械制造的基本方法;注意了解常用机械装备的典型结构和应用;注意理论联系实际;重视与课程有关的各教学环节的学习,如实验、实习、课程设计和习题解答等。

复习思考题

1.1 你是什么时候开始接触到机械制造活动的?是什么活动?

1.2 你认为机械制造业对一个国家的重要性表现在哪些方面?你认为我国制造业与世界先进水平尚有哪些差距?

1.3 什么是制造系统?什么是工艺系统?

1.4 生产类型可分为哪几种?不同生产类型有何工艺特征?

1.5 试说明表1-3中阶梯轴零件单件小批生产时机械加工的工序、安装、工位、工步数及内容。

1.6 举例说明机械零件表面的主要加工方法。

第 2 章　金属切削过程

内容提要

本章主要介绍金属切削过程的基本知识、金属切削刀具的几何参数、金属切削过程及现象、影响切削过程的因素及变化规律、基本规律的应用等内容。金属切削的基本规律及其应用研究主要以切屑形成机理为基础，对金属切削加工过程中的各种现象(如切削力、切削热、切削温度和刀具磨损等)进行研究，可以解决生产中出现的问题，如积屑瘤、振动和切屑的卷曲与折断等。

2.1　金属切削概述

金属切削加工实质上是刀具与工件相互运动的过程，其目的是将工件上多余的金属切除，并在高效率、低成本的前提下，保证工件的尺寸精度、形状精度、位置精度和表面质量要求。

2.1.1　切削运动与加工表面

车削加工是金属切削最常见的加工方法，图 2-1 所示为外圆车削时刀具和工件之间的切削运动以及工件上变化着的三个表面。

1. 切削运动

用刀具切除工件上多余的金属，刀具和工件之间必须具有一定的相对运动，该运动称为切削运动。切削运动包含主运动和进给运动。

1）主运动

使刀具和工件产生相对运动，以切除工件上多余金属的基本运动称为主运动。主运动速度最高，消耗功率最大，如图 2-1 中工件的旋转运动。切削加工中，主运动只有一个。如图 2-2 所示，车削时，工件的旋转运动是主运动；钻削、铣削和磨削时，刀具或砂轮的旋转运动是主运动；刨削时，刀具或工作台的往复直线运动是主运动。

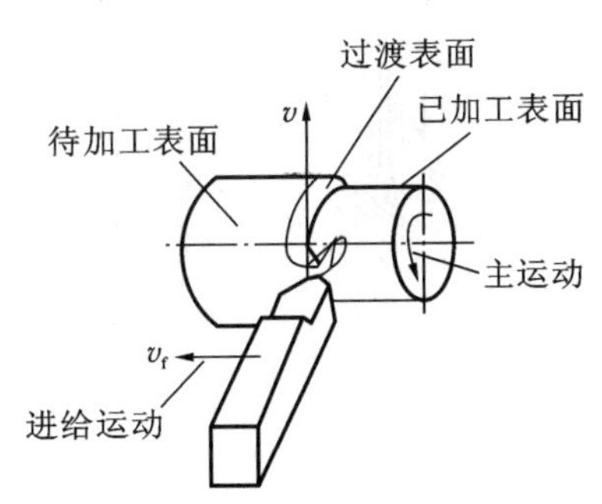

图 2-1　外圆车削的切削运动与加工表面

2）进给运动

与主运动配合，连续不断地切除工件上多余金属，以切削出整个工件加工表面的运动称为进给运动。如图 2-1 所示的车刀的直线运动。进给运动有时是一个，有时是几个，也可以没有进给运动，如拉削加工，如图 2-2 所示。

2. 工件表面

在切削过程中，工件上存在三个变化着的表面，即待加工表面、过渡表面和已加工表面，如图 2-1 所示。

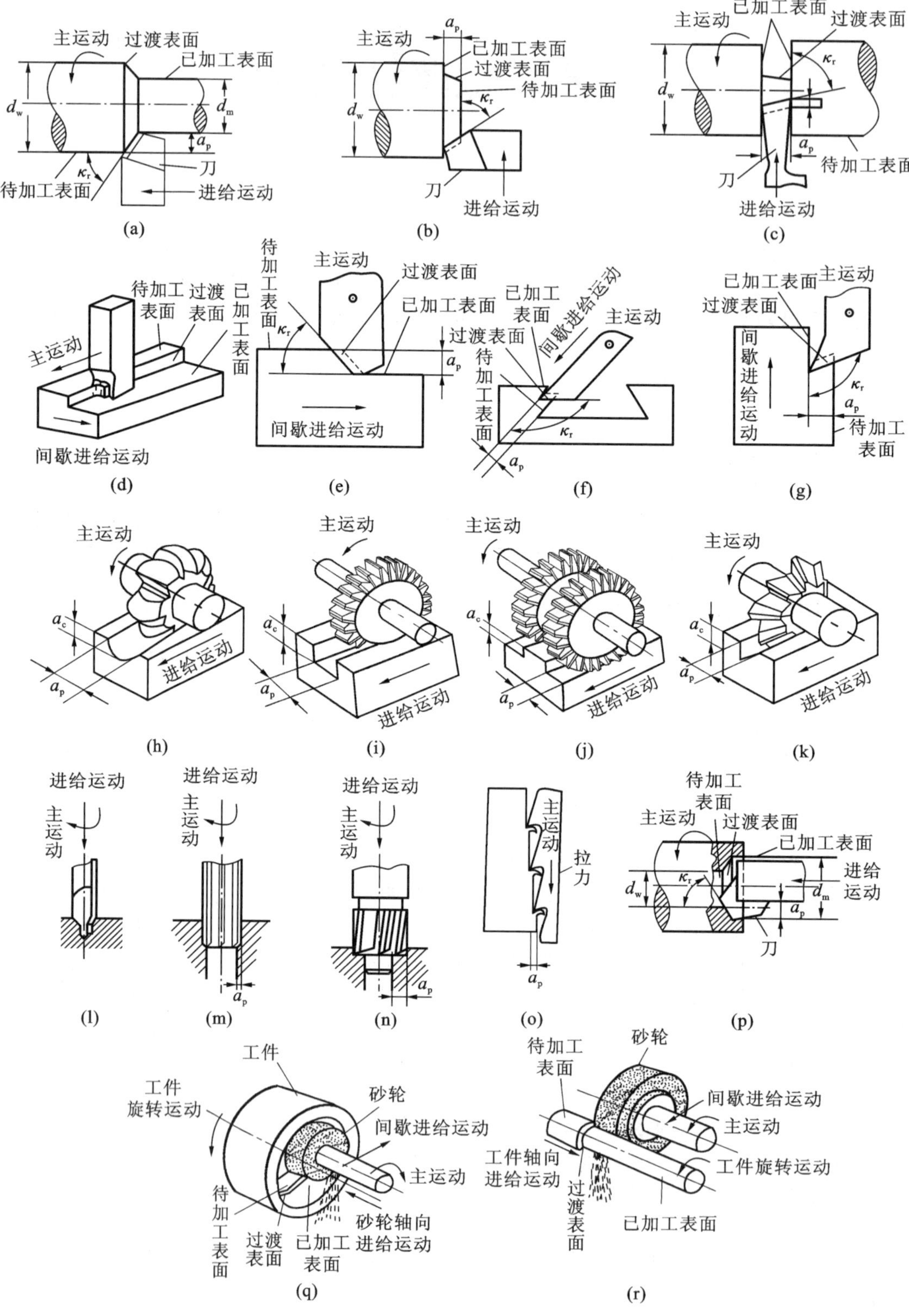

图 2-2 各种切削的加工运动和加工表面

1）待加工表面

待加工表面是指工件上多余金属即将被切除的表面，随着切削的进行，待加工表面逐渐减小或消失。

2）已加工表面

已加工表面是指工件上多余金属被切除后形成的新表面。随着切削的进行，已加工表面逐渐变大。

3）过渡表面

切削过程中，待加工表面与已加工表面之间相连接的表面，或主刀刃正在切削的表面，称为过渡表面。

2.1.2　切削用量

在切削加工过程中，需要针对不同的工件材料、刀具材料和其他加工要求来选择适宜的切削速度 v、进给量 f（进给速度 v_f）和背吃刀量 a_p。切削速度、进给量和背吃刀量通常称为切削用量三要素。

1. 切削速度 v

主运动的线速度称为切削速度。若主运动为旋转运动，刀刃上各点的切削速度可能是不同的，一般将刀刃上的最大切削速度看做该切削过程的切削速度。如外圆切削时，切削速度可由下式计算：

$$v=\frac{\pi d_w n_w}{1\ 000}(\text{m/min 或 m/s}) \tag{2-1}$$

式中：d_w——工件上待加工表面的直径（mm）；

n_w——工件主运动的转速（r/min 或 r/s）。

2. 进给量 f

进给量 f 是主运动件每转一转或每完成一次行程时，工件与刀具在进给运动方向上的相对位移量。进给量分为每转进给量 f(mm/r)、每行程进给量 f(mm/st)和每齿进给量 f_z(mm/z)。外圆车削时 f 的单位为 mm/r，平面刨削时为 mm/st。

进给速度 v_f 是刀具相对于工件在进给运动方向的速度，单位为 mm/s。对于多齿刀具，若刀具齿数为 z，进给量与进给速度、每齿进给量的关系为

$$v_f=fn=f_z zn(\text{mm/min}) \tag{2-2}$$

3. 背吃刀量 a_p

背吃刀量 a_p 是工件上待加工表面和已加工表面之间的垂直距离。如图 2-3 所示，车削外圆时，背吃刀量 a_p 为

$$a_p=\frac{d_w-d_m}{2}(\text{mm}) \tag{2-3}$$

式中：d_w——工件待加工表面的直径（mm）；

d_m——工件已加工表面的直径（mm）。

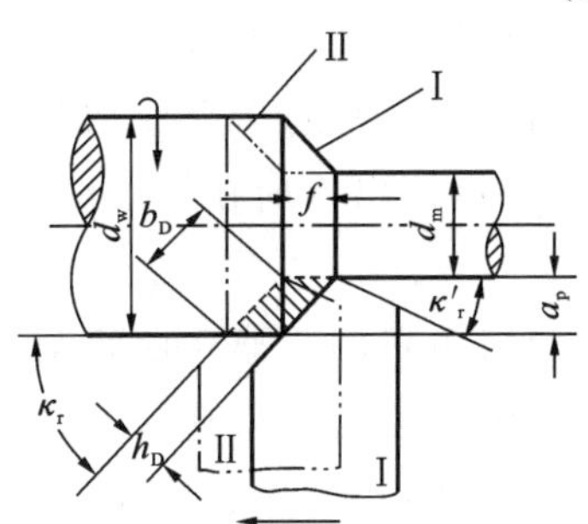

图 2-3　车削外圆时的进给量和背吃刀量

2.1.3 切削层参数与切削方式

1. 切削层参数

在切削过程中，刀具或工件沿进给方向移动一个 f 或 f_z 时，刀具的切削刃从工件待加工表面切下的金属层称为切削层。切削层参数是指切削层的截面尺寸，它决定刀具所承受的载荷。现以外圆车削为例来说明切削层参数。如图 2-4 所示，车削外圆时，工件每转一转，车刀沿工件轴线移动一个进给量 f 的距离，主切削刃及其对应的工件过渡表面也由位置Ⅱ移至位置Ⅰ，Ⅰ—Ⅱ之间的一层金属被切下。

1）切削厚度 a_c

垂直于过渡表面度量的切削层尺寸称为切削厚度。外圆纵车时有 $a_c = f\sin\kappa_r$。由此可见，当 f 或 κ_r 增大时，a_c 变大。

2）切削宽度 a_w

沿过渡表面度量的切削层尺寸称为切削宽度。刀具为直线刃时有 $a_w = a_p/\sin\kappa_r$。当刀刃为曲线刃时（见图 2-5），各点的 κ_r 不相同，切削厚度不相同。

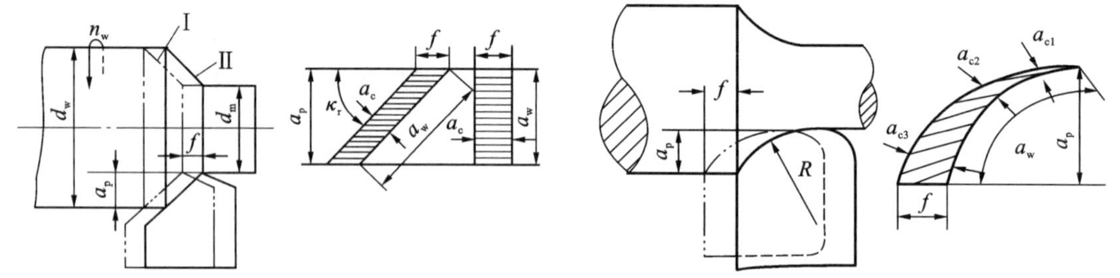

图 2-4 外圆纵车时的切削参数

图 2-5 曲线切削刃上各点 a_c 及 a_w

3）切削面积 A_c

切削层厚度与切削层宽度的乘积称为切削层公称横截面积，简称为切削面积 A_c，即

$$A_c = a_c a_w = f a_p \ (\mathrm{mm}^2)$$

2. 切削方式

1）直角切削和斜角切削

直角切削是指刀刃垂直于合成切削运动方向的切削方式，如图 2-6(a)所示。斜角切削是指刀刃不垂直于合成切削运动方向的切削方式，如图 2-6(b)所示。采用直角切削方式时，切屑流出方向在刀刃法平面内；采用斜角切削方式时，切屑流出方向不在刀刃法平面内。

2）自由切削与非自由切削

自由切削是指只有一条直线刀刃参与切削的切削方式。其特点是刀刃上各点切屑流出方向一致，且金属变形在二维平面内。图 2-6(a)所示既是直角切削方式，又是自由切削方式，故称为直角自由切削。曲线刀刃或两条以上刀刃参与切削的切削方式称为非自由切削。

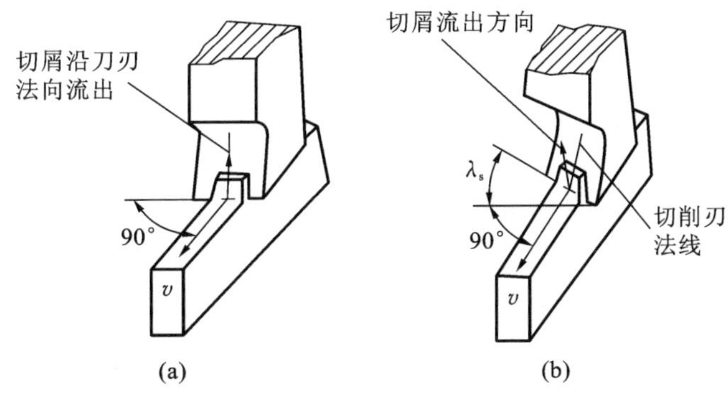

图 2-6　直角切削和斜角切削

(a)直角切削;(b)斜角切削

在实际生产中,切削方式多为非自由切削。在研究金属变形时为了简化条件,常按直角自由切削方式进行分析。

2.2　金属切削刀具的几何参数

金属切削刀具的种类很多,结构各异,但各种刀具的切削部分具有共同的特征。外圆车刀是最基本、最典型的刀具,图 2-7 是外圆车刀的组成图。车刀是由刀柄和切削部分(刀头)组成的。刀柄用来夹持车刀,即便于车刀在车床上的装夹。切削部分用于切削工件上的多余金属。其他刀具刀齿的切削部分与车刀的切削部分基本相同。

2.2.1　刀具切削部分的结构要素

如图 2-7 所示,刀具切削部分由刀面(三个)、刀刃(两个)和刀尖(一个)等结构要素构成。

1. 前刀面 A_γ

刀具上切屑沿其流过的表面称为前刀面。

2. 主后刀面 A_α

刀具上与工件过渡表面相对应的表面称为主后刀面。

3. 副后刀面 A'_α

刀具上与工件已加工表面相对应的表面称为副后刀面。

4. 主切削刃 S

前刀面与主后刀面的交线承担主要的切削工作,因而称为主切削刃。

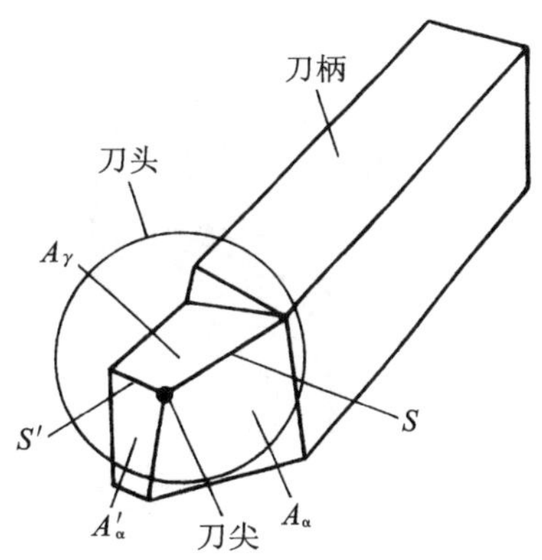

图 2-7　外圆车刀的切削部分

5. 副切削刃 S'

副切削刃是前刀面与副后刀面的交线,它协助主切削刃切除多余金属,形成已加工表面。

6. 刀尖

主切削刃和副切削刃的相交部分称为刀尖。

2.2.2 刀具角度的参考平面

由前刀面、主后刀面和副后刀面组成的切削部分，其结构形状取决于各组成刀面之间的相互位置。而刀具的几何形状决定了刀具的锋利程度，也影响刀具承受切削载荷的能力。而刀面相对于工件的位置，既影响切屑的流出方向，也影响切削载荷的分布，还会影响被加工表面的形状和表面质量。

由此可见，要保证加工过程的正常进行，不仅要控制刀具切削部分的几何形状，还要控制刀面相对于工件加工表面的位置。为便于确定刀面相对于工件加工表面的位置，引入刀具几何角度标注的参考平面(见图 2-8)。

1. 基面 P_r

基面是指通过主切削刃上选定点，垂直于主运动速度方向的平面。

2. 切削平面 P_s

切削平面是指通过主切削刃上选定点，与主切削刃相切并垂直于基面 P_r 的平面。

3. 副切削平面 P'_s

副切削平面是指通过副切削刃上选定点，与副切削刃相切并垂直于基面 P_r 的平面。

4. 正交平面 P_o

正交平面是指通过主切削刃上选定点，同时垂直于基面 P_r 和切削平面 P_s 的平面。

5. 法平面 P_n

法平面是指通过主切削刃上选定点，同时垂直于主切削刃的平面。

6. 背平面 P_p

背平面是指通过主切削刃上选定点，同时垂直于基面 P_r 和进给运动方向的平面。

7. 假定工作平面 P_f

假定工作平面是指通过主切削刃上选定点，同时垂直于 P_r 和 P_p 的平面。

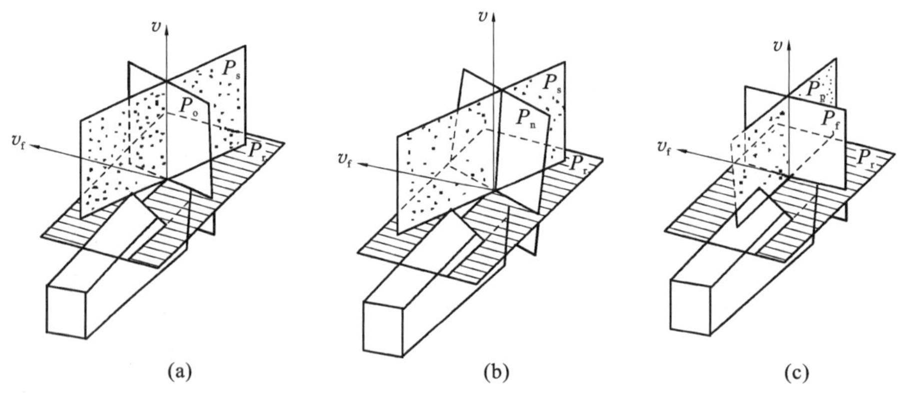

图 2-8 刀具标注角度参考系

(a)正交平面参考系；(b)法平面参考系；(c)背平面、假定工作平面参考系

2.2.3 刀具标注角度参考系

为了便于设计和制造刀具，预先要假定刀具的运动条件和安装条件，以此确立的平面参

考系称为刀具标注角度参考系，或称为静止参考系。例如，要确定外圆车刀的标注角度，首先要假定切削刃上选定点的主运动方向与刀具底面垂直，进给方向与刀体中心线垂直，刀刃的选定点与要加工的工件轴线等高。常用的标注角度参考系有正交平面参考系、法平面参考系和背平面、假定工作平面参考系。

1. 正交平面参考系

正交平面参考系由 P_r-P_s-P_o 组成，如图 2-8(a)所示。这是目前生产中最常用的刀具标注角度参考系。

2. 法平面参考系

法平面参考系由 P_r-P_s-P_n 组成，如图 2-8(b)所示。

3. 背平面、假定工作平面参考系

背平面、假定工作平面参考系由 P_r-P_p-P_f 组成，如图 2-8(c)所示。

各国采用的刀具标注角度参考系不同，我国主要采用正交平面参考系兼用法平面参考系。

2.2.4　刀具的标注角度

在刀具标注角度参考系中确定的切削刃和各刀面相对于参考平面的方位角度，称为刀具的标注角度。刀具标注角度是刀具工作图上用于限定刀具切削部分的形状所标注的角度，也是制造、刃磨和检查刀具所需要的角度。由于标注刀具角度的参考系沿切削刃各点可能是变化的，故所定义的刀具角度均指明是切削刃上选定点的角度。

1. 正交平面参考系内的标注角度(见图 2-9)

1)在正交平面 P_o 内的标注角度

(1)前角 γ_o：在正交平面 P_o 内度量的基面 P_r 与前刀面 A_γ 之间的夹角。

(2)后角 α_o：在正交平面 P_o 内度量的主后刀面 A_α 与切削平面 P_s 之间的夹角。

(3)楔角 β_o：在正交平面内度量的主后刀面 A_α 与前刀面 A_γ 之间的夹角。楔角 β_o 为派生角度，$\beta_o = 90° - (\alpha_o + \gamma_o)$。

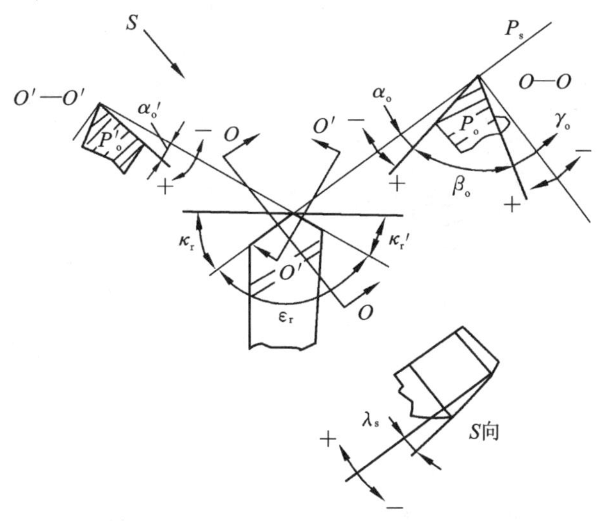

图 2-9　外圆车刀正交平面参考系标注角度

2)在切削平面 P_s 内的标注角度

刃倾角 λ_s:在切削平面 P_s 内度量的主切削刃 S 与基面 P_r 之间的夹角。

3)在基面 P_r 内的标注角度

(1)主偏角 κ_r:在基面 P_r 内度量的切削平面 P_s 与进给方向之间的夹角。

(2)副偏角 κ'_r:在基面 P_r 内度量的副切削平面 P'_s 与进给运动反方向之间的夹角。

(3)刀尖角 ε_r:在基面内度量的切削平面 P_s 和副切削平面 P'_s 之间的夹角。也可以定义为主切削刃 S 和副切削刃 S' 在基面 P_r 上投影的夹角。刀尖角 ε_r 为派生角度,$\varepsilon_r = 180° - (\kappa_r + \kappa'_r)$。

为便于描述前角 γ_o、后角 α_o 和刃倾角 λ_s 对切削过程的影响,按其对应的刀面相对于参考平面的位置,规定了上述三个角度的正负,其正负号的判定如图 2-9 所示。

车削外圆时,当给定刃倾角 λ_s 和主偏角 κ_r 后,即确定了主切削刃 S 在空间的方位。再进一步给定前角 γ_o 和后角 α_o 后,就确定了前刀面 A_γ 和主后刀面 A_α 的方位。对于单刃刀具,若给定这四个独立角度,就可确定它的切削部分的几何形状。对于同时具有主切削刃 S 和副切削刃 S' 的刀具,还必须给出与副切削刃 S' 有关的两个独立角度,即副偏角 κ'_r 和副后角 α'_o,这样该刀具切削部分的几何形状才能确定。当以刀尖为选定点建立正交平面参考系时,这六个独立角度既确定了刀具切削部分的几何形状,也确定了刀具相对于工件的位置。

2. 法平面参考系内的标注角度

法平面参考系中的基面和切削平面与正交平面参考系的定义相同,在基面和切削平面内的标注角度与在正交平面参考系中的相同,所以只需定义法平面 P_n 内的标注角度即可(见图 2-10)。

(1)法前角 γ_n:在法平面内度量的前刀面 A_γ 与基面 P_r 之间的夹角。

(2)法后角 α_n:在法平面内度量的主后刀面 A_α 与切削平面 P_s 之间的夹角。

(3)法楔角 β_n:在法平面内度量的前刀面 A_γ 与主后刀面 A_α 之间的夹角。法楔角 β_n 为派生角度,$\beta_n = 90° - \gamma_n - \alpha_n$。

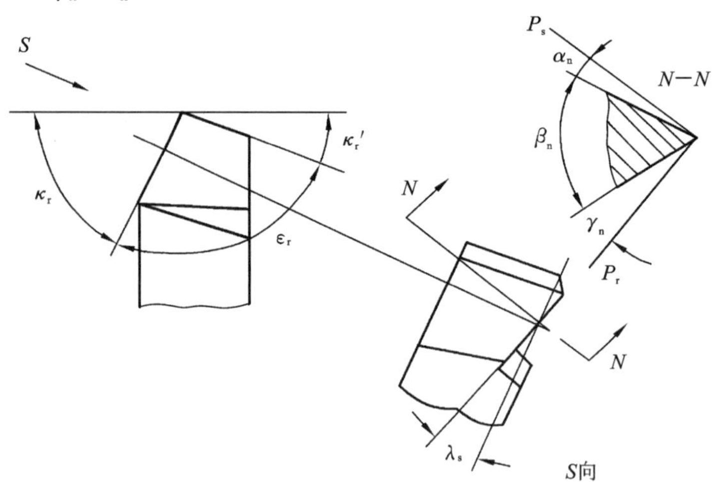

图 2-10 外圆车刀法平面参考系标注角度

3. 背平面、假定工作平面参考系内的标注角度

背平面、假定工作平面参考系中的标注角度如图 2-11 所示。在基面 P_r 内的标注角度与在正交平面参考系内的标注角度相同。背平面 P_p 内的标注角度有背前角 γ_p、背后角 α_p 和背楔角 β_p；假定工作平面 P_f 内有侧前角 γ_f、侧后角 α_f 和侧楔角 β_f。

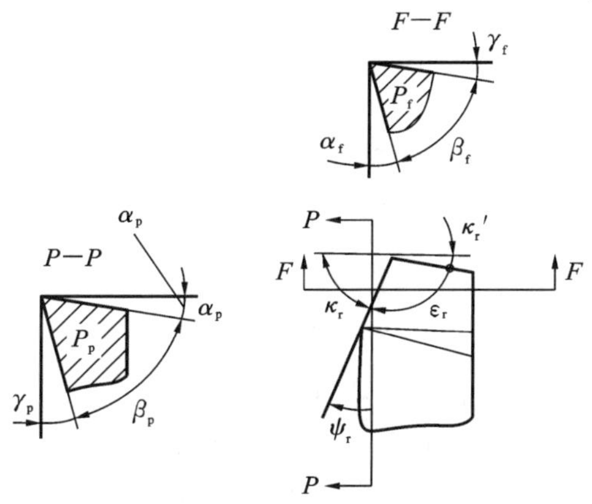

图 2-11　外圆车刀背平面、假定工作平面参考系标注角度

2.2.5　刀具的工作角度

在实际加工中如果考虑进给运动和刀具的实际安装条件，则刀具的工作角度不等于刀具的标注角度。但通常进给速度远小于主运动速度，所以在一般安装条件下，刀具的工作角度近似地等于标注角度。只有在进给运动引起刀具角度值变化较大时(如车螺纹或丝杠、铲背和钻孔时)才计算工作角度。

1. 进给运动对刀具工作角度的影响

1)横向进给运动对工作角度的影响

以切断为例(见图 2-12)，当考虑进给运动后，主切削刃上选定点相对于工件的运动轨迹为一平面阿基米德螺旋线，切削平面变为通过主切削刃并与螺旋线相切的平面 P_{se}，基面也相应倾斜，变为 P_{re}，角度变化值为 μ。工作正交平面仍为 P_o 平面。此时在刀具工作角度参考系 P_{re}-P_{se}-P_o 内，刀具工作角度 γ_{oe} 和 α_{oe} 分别为

$$\left.\begin{aligned}\gamma_{oe}&=\gamma_o+\mu\\\alpha_{oe}&=\alpha_o-\mu\\\tan\mu&=\frac{v_f}{v}=\frac{fn}{\pi dn}=\frac{f}{\pi d}\end{aligned}\right\}\tag{2-4}$$

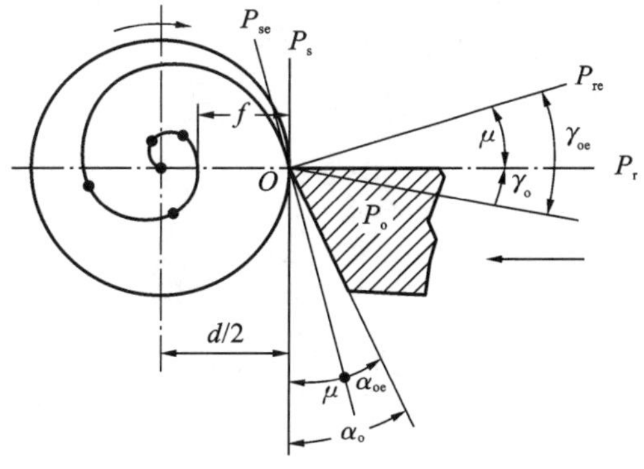

图 2-12　横向进给运动对工作角度的影响

由式(2-4)可知，进给量 f 越大，μ 也越大，说明对于大进给量的切削，不能忽略进给运动对刀具角度的影响。另外，随着刀具横向进给不断进行，d 越来越小，μ 值随之增大。当刀具靠近工件中心时，μ 值急剧增大，工作后角 α_{oe} 将变为负值。

2）纵向进给运动对工作角度的影响

同理，纵向进给车削时也是由于工作中基面 P_r 和切削平面 P_s 发生了变化，工作角度随之发生变化。如图 2-13 所示，假定车刀 $\lambda_s=0$，考虑进给运动后工作基面垂直于合成切削速度方向，工作切削平面 P_{se} 为切于螺旋面的平面，刀具工作角度参考系倾斜了一个 μ_f 角，则在假定工作面内的工作角度为

$$\left.\begin{aligned}\gamma_{fe}&=\gamma_f+\mu_f\\ \alpha_{fe}&=\alpha_f-\mu_f\\ \tan\mu_f&=\frac{f}{\pi d}\end{aligned}\right\}\tag{2-5}$$

在正交平面内的角度为

$$\left.\begin{aligned}\gamma_{oe}&=\gamma_o+\mu_o\\ \alpha_{oe}&=\alpha_o-\mu_o\\ \tan\mu_o&=\tan\mu_f\cdot\sin\kappa_r\end{aligned}\right\}\tag{2-6}$$

由式(2-5)可知，μ_f 值与进给量和工件直径 d_w 有关。一般外圆车削的 μ_f 值不超过 $30'\sim40'$，因此可以忽略不计。但在车螺纹，特别是车大螺旋升角的多头螺纹时，μ_f 的值很大，必须进行工作角度的计算。

2. 刀尖位置高低的影响

安装刀具时，刀尖不一定在机床的主轴中心高度上，如果刀尖高于机床主轴中心高度（见图2-14），此时选定点 A 的基面和切削平面已经变为过点 A 的径向平面 P_{re} 和与之垂直的切削平面 P_{se}，其工作前角和后角分别为 γ_{pe}、α_{pe}。可见，刀具工作前角比标注角度 γ_p 大，工作后角比标注后角 α_p 小。其计算公式为

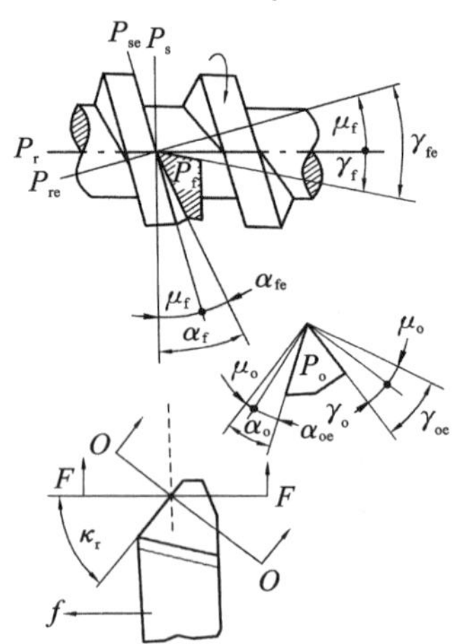

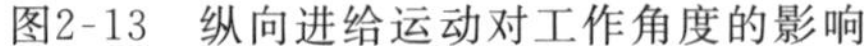
图2-13 纵向进给运动对工作角度的影响

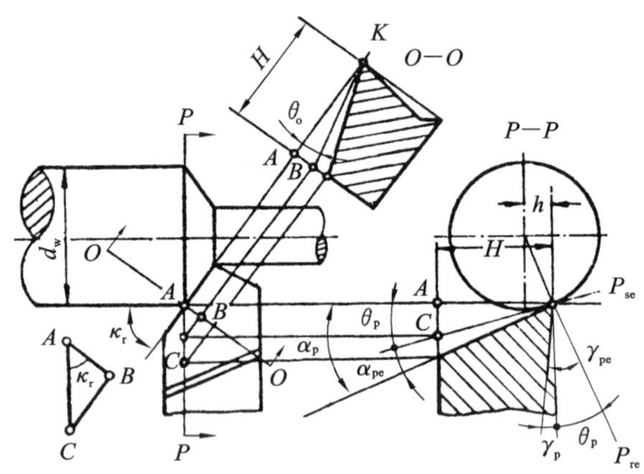

图 2-14 刀刃选定点位置高低与工作角度

$$\left.\begin{aligned}\gamma_{pe}&=\gamma_p+\theta_p\\ \alpha_{pe}&=\alpha_p-\theta_p\\ \theta_p&=\arctan\frac{h}{\sqrt{(d_w/2)^2-h^2}}\end{aligned}\right\}\tag{2-7}$$

式中：θ_p——刀尖位置变化引起前角、后角的变化值（°）；

h——刀尖高于机床中心的数值（mm）。

在正交平面内的角度为 γ_{oe}、α_{oe}、θ_o，其计算式分别为

$$\gamma_{oe}=\gamma_o+\theta_o,\quad \alpha_{oe}=\alpha_o-\theta_o,\quad \tan\theta_o=\tan\theta_p\cdot\cos\kappa_r$$

3. 刀杆轴线不垂直于进给方向时的影响

如图 2-15 所示，当刀杆轴线不垂直于进给方向时（刀杆轴线偏转 G 角度），工作主偏角和工作副偏角与标注主偏角和标注副偏角的关系为

$$\kappa_{re}=\kappa_r\pm G;\quad \kappa_{re}'=\kappa_r'\mp G$$

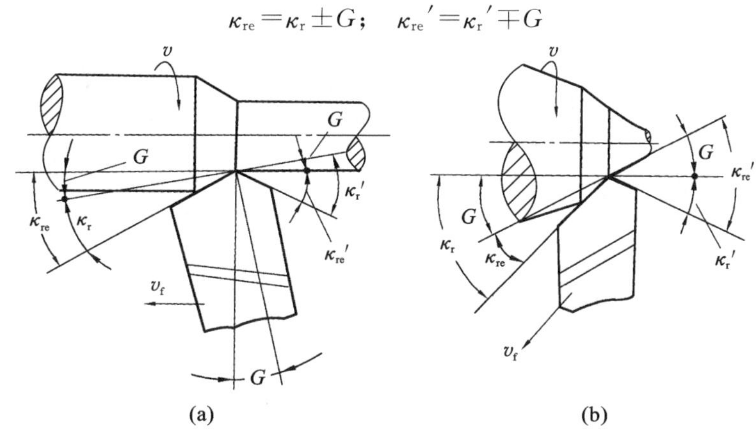

图 2-15　刀杆轴线不垂直于进给方向

(a)刀头左偏；(b)刀头右偏

2.3　金属切削过程

金属切削过程是指通过切削运动，由刀具从工件上切下多余的金属层而形成切屑和已加工表面的过程。切削过程中切削区域内切削层金属会发生变形，这是金属切削过程中最基本的物理现象，其规律是研究切削力、切削热、切削温度和刀具磨损等现象的重要理论基础。

2.3.1　切削层金属的挤压与切削

在切削过程中，切削层金属在刀具的作用下将经过一系列复杂的过程，从而变成切屑。在这一过程中，刀具前刀面对切削层金属进行挤压，产生切削层金属的剪切滑移变形这一最基本的现象，切屑形成的本质就是切削层金属的剪切滑移和剪切破坏。

切削过程可以用金属挤压过程模型加以描述，如图 2-16 所示。

1. 正挤压

如图 2-16(a)所示，金属材料受正压力 F 作用时，材料在其横截面上受到均匀的压应力作用，根据纯剪切理论，金属材料会沿 AB 或 OM 面发生剪切滑移，直至材料发生剪切断裂。

2. 偏挤压

如图 2-16(b)所示，金属材料一部分受挤压时，被挤压金属由于受到 OB 线以下母体材

料的阻碍，不能沿 AB 面滑移，而只能沿 OM 面滑移。当刀具的前角γ_o和刃倾角λ_s均等于零时，刀具对切削层金属的作用就相当于偏挤压的情况。

3. 切削

如图 2-16(c)所示，刀具对切削层金属的作用与偏挤压情况类似。切削层金属在刀具的挤压作用下，产生弹性变形；剪切应力增大至屈服点，产生塑性变形，金属层沿 *OM* 面滑移；剪切应力与滑移量继续增大，达到断裂强度，金属层与母体脱离，形成切屑，沿前刀面流出。

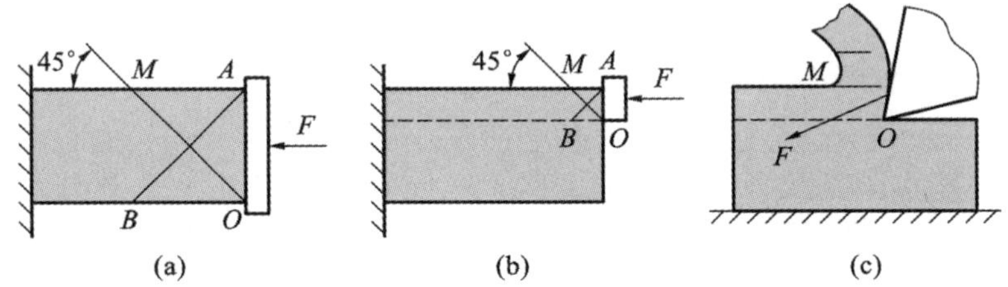

图 2-16 金属挤压与切削过程比较

(a)正挤压；(b)偏挤压；(c)切削

2.3.2 切削层金属的变形

1. 变形区的划分

现以直角自由切削方式切削塑性材料为基础模型来研究切屑的形成。根据实验中切削层金属在刀具作用下变成切屑的形态，切削层金属变形区大体上可划分为三个部分。图 2-17 所示为金属切削过程中的滑移线和流线示意图。

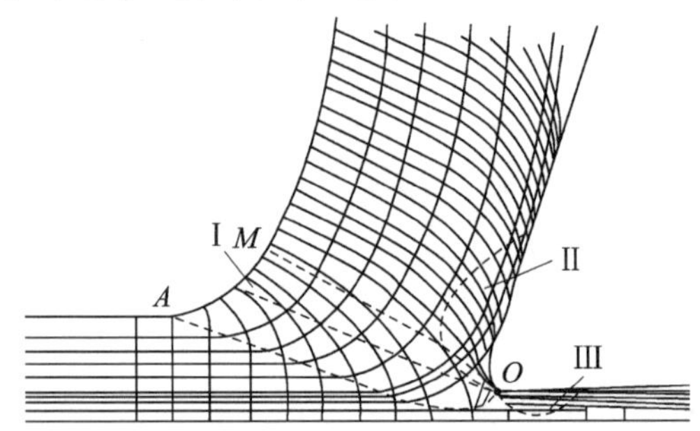

图 2-17 金属切削过程中的滑移线和流线示意图

1)第一变形区Ⅰ

从 *OA* 线开始金属发生剪切变形，到 *OM* 线金属晶粒的剪切滑移基本结束，*AOM* 区域称为第一变形区(或剪切区)。该区域是切屑变形的基本区，其特征是晶粒发生剪切滑移，并产生加工硬化。

2)第二变形区Ⅱ

该区是刀-屑接触区。切屑沿前刀面流出时受到挤压和摩擦，使切屑底部与前刀面接触，区域内的晶粒进一步剪切滑移。其特征是晶粒剪切滑移剧烈呈纤维化，纤维化方向与前刀面平行，有时有滞流层。

3)第三变形区Ⅲ

该区是刀具后刀面与工件已加工表面接触区,已加工表面受到刀刃钝圆部分及后刀面的挤压和摩擦,金属晶粒进一步剪切滑移,有时也呈纤维化,其方向平行于已加工表面,并产生加工硬化和回弹现象。

三个变形区汇集在切削刃附近,应力集中而又复杂,三个变形区内的变形相互影响。

2. 第一变形区内金属的变形

图 2-18 是金属在第一变形区的变形过程示意图。设切削层中某点 P 向切削刃逼近,在刀具的挤压作用下产生弹性变形,当逼近到点 1 时剪切应力达到材料剪切屈服强度 τ_s,点 P 向前移动的同时,也开始沿剪切面滑移,其合成运动使其从点 1 流动到点 2 而不是点 2′,2′—2 是滑移距离。在滑移过程中,由于硬化现象,剪应力不断增大。点 P 继续逼近刀刃,剪切滑移持续发生,点 P 从点 2 继续滑移到点 3,直至点 4 时剪切滑移结束,沿平行于前刀面的方向流出。OA 线为剪切滑移开始发生的线,称为始滑移线;OM 线为剪切滑移结束的线,称为终滑移线。切削层金属在 AOM 区域内通过剪切滑移变成切屑。图 2-19 为塑性材料切削时切削区域的金相显微照片。

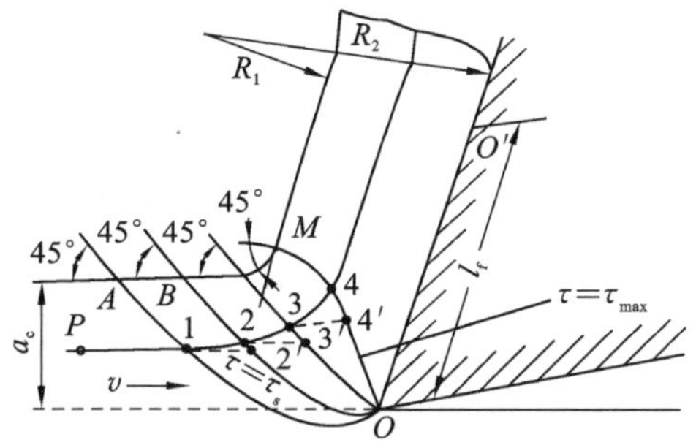

图 2-18　第一变形区金属的滑移

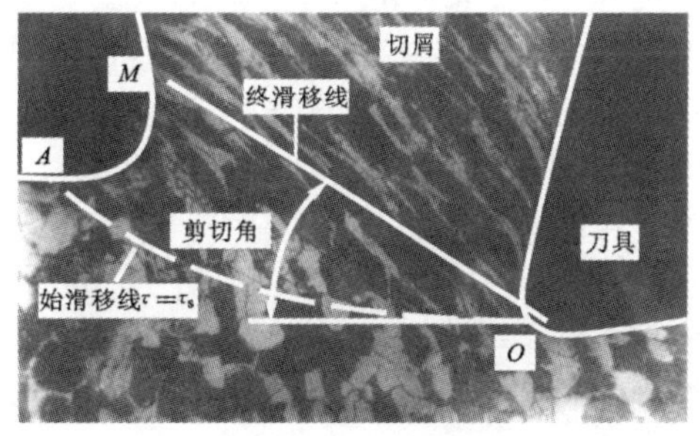

图 2-19　塑性材料切削时切削区域的金相显微照片

切削层金属的变形,从其微观晶体结构看,就是金属原子沿晶格中晶面的滑移。现用图 2-20 所示的模型来说明。设金属晶粒是圆形的(见图 2-20(a)),当受到剪应力后晶格中晶面发生滑移,晶粒呈椭圆形,直径 AB 变为椭圆长轴 $A'B'$(见图 2-20(b)),最后晶粒纤维化,方向沿 $A''B''$(见图 2-20(c))。由图 2-21 可知,晶粒纤维化方向与晶粒滑移方向不一致,成一 ψ 夹角,这是由于在剪切滑移的同时,金属晶粒发生转动的结果。实际上,在一般切削速度范围内,第一变形区的宽度仅为 0.02～0.2 mm,可以将其看成一个面,称为剪切面。剪切面与切削速度方向之间的夹角称为剪切角,用 φ 表示。

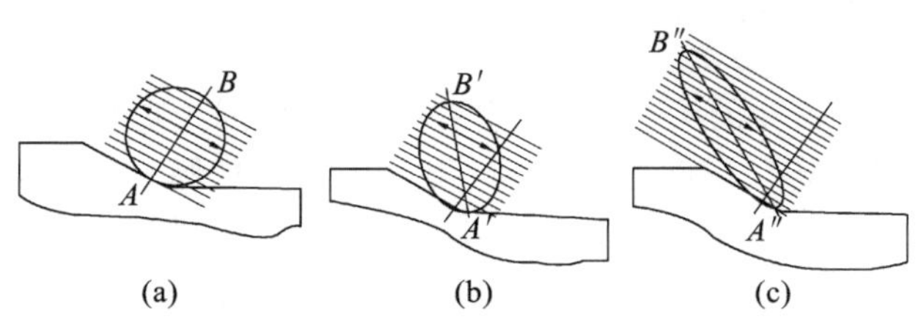

图 2-20　晶粒滑移示意图

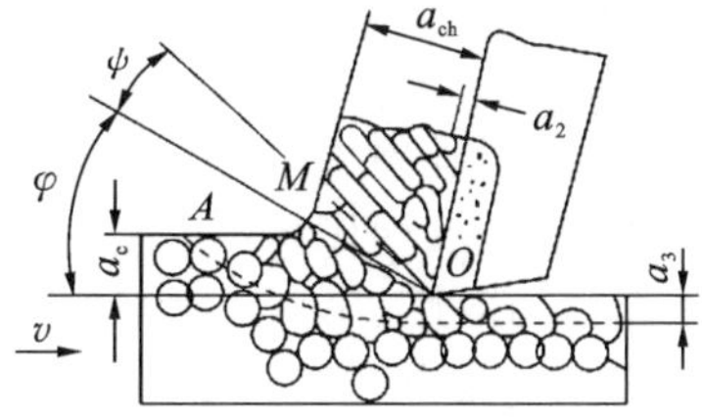

图 2-21　滑移与晶粒的伸长

1)变形系数 ξ

由实验可知,切屑厚度 a_{ch} 一般大于切削层厚度 a_c,切屑长度 l_{ch} 小于切削层长度 l_c,如图2-22所示。切屑厚度与切削层厚度之比称为厚度变形系数,用 ξ_a 表示;切削层长度与切屑长度之比称为长度变形系数,用 ξ_l 表示。即 $\xi_a=a_{ch}/a_c$,$\xi_l=l_c/l_{ch}$,由此可知,ξ_a、ξ_l 均是大于1的系数。由于切屑宽度与切削层宽度变化很小,根据体积不变定律有 $\xi_a=\xi_l=\xi$。ξ 越大,说明切屑越厚、越短。变形系数能直观反映切屑的变形程度,而且容易求得,因此在生产中经常采用。

2)剪切角 φ

由图2-23可知,在相同切削条件下,剪切角越大,剪切面积越小,切屑厚度 a_{ch} 越小(a_c 不变),故变形程度越小,切削比较省力。

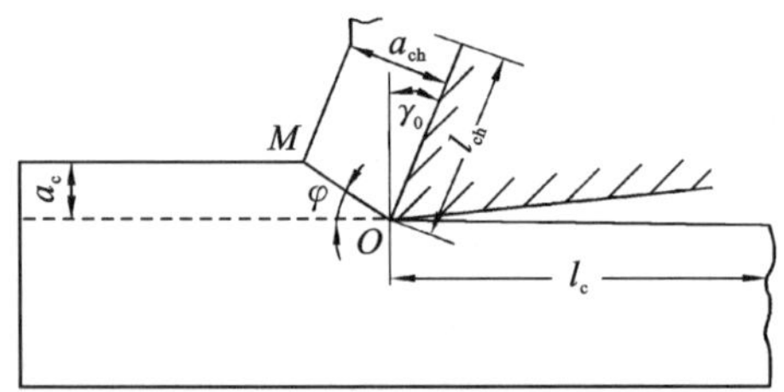

图2-22 变形系数的求法

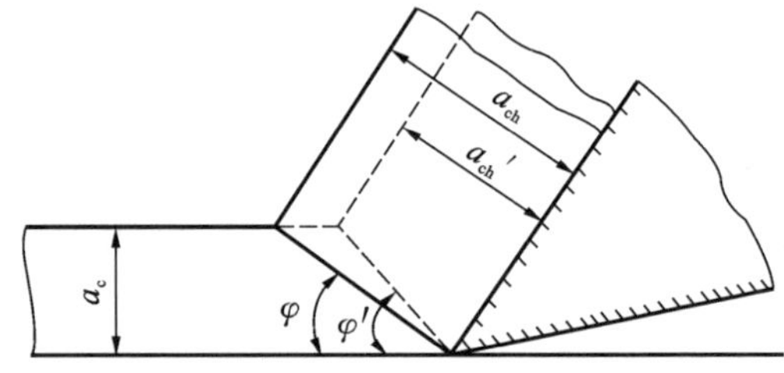

图2-23 φ 角与剪切面面积的关系

如图2-24所示,Δs 是厚度为 Δy(在垂直于剪切面的方向上)的切削层金属由开始产生剪切滑移变形到形成切屑的过程中在剪切滑移面上的滑移距离。Δs 与 Δy 之比,即单位切削层厚度上的剪切滑移距离,称为剪应变,用 ε 表示。由剪应变 ε 的定义,可以导出剪应变 ε 与剪切角和前角的关系为

$$\varepsilon=\Delta s/\Delta y$$

而 $\Delta s=NP$,$\Delta y=MK$,故

$$\varepsilon=NP/MK=(NK+KP)/MK=\cot\varphi+\tan(\varphi-\gamma_o) \tag{2-8}$$

整理式(2-8)可得

$$\varepsilon=\frac{\cos\gamma_o}{\sin\varphi\cos(\varphi-\gamma_o)} \tag{2-9}$$

变形系数 ξ、剪切角 φ 和剪应变 ε 之间的关系可以由图2-22求得,即

$$\xi=\frac{a_{ch}}{a_c}=\frac{OM\sin(90^\circ-\varphi+\gamma_o)}{OM\sin\varphi}=\frac{\cos(\varphi-\gamma_o)}{\sin\varphi} \tag{2-10}$$

经变换可写成

$$\tan\varphi=\frac{\cos\gamma_o}{\xi-\sin\gamma_o} \tag{2-11}$$

将式(2-11)代入式(2-8)可得 ξ 和 ε 的关系为

$$\varepsilon=\frac{\xi^2-2\xi\sin\gamma_o+1}{\xi\cos\gamma_o} \tag{2-12}$$

ξ、φ、ε 均可用于表示切削过程中变形程度的大小,但是它们三者是根据纯剪切理论提出的,而切削过程比较复杂,既有剪切又有挤压和摩擦的作用,用上述三个指标表示切屑变形有一定局限性。例如,当 $\xi=1$ 时,$a_{ch}=a_c$,似乎切屑没有变形,但事实上切屑存在剪切滑移变形。式(2-12)表示了 ξ 和 ε 的关系,也只有当 $\xi>1.5$ 时,两者才基本成正比。

3. 第二变形区(刀-屑接触区)的变形与摩擦

切削层金属在第一变形区内剪切滑移后形成切屑,沿前刀面流出时受到挤压和摩擦,靠

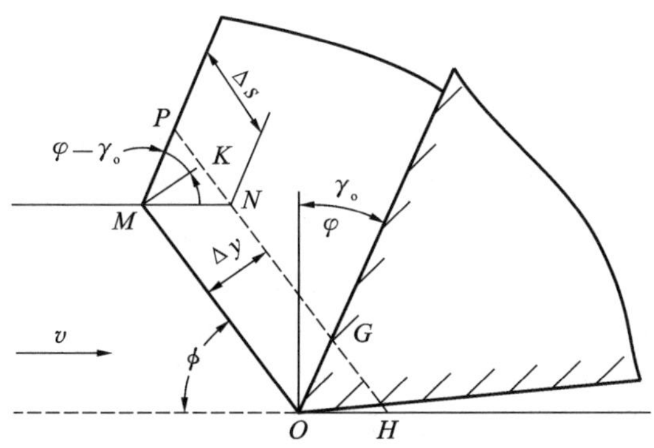

图 2-24 剪切变形示意图

近前刀面的切屑底层进一步变形，该区域称为第二变形区。第二变形区的特征是：切屑底层晶粒纤维化，流速减慢甚至会滞留在前刀面上；切屑发生弯曲；刀-屑接触区温度升高等。

由此可见，第二变形区的挤压和摩擦影响切屑的流出，因此必然影响第一变形区金属的变形，影响剪切角 φ 的大小。

1）剪切角 φ 与前刀面上摩擦角 β 的关系

切屑的受力如图 2-25(a)所示。作用在前刀面上的法向力 F_n 和摩擦力 F_f，与作用在剪切面上的正压力 F_{ns} 和剪切力 F_s，是相互平衡的两对力。简化后如图 2-25(b)所示。其中 F_r 为切削合力，φ 是剪切角，β 是 F_n 与 F_r 之间的夹角，称为摩擦角。F_z 是切削运动方向的分力，F_y 是与切削运动方向垂直的分力。

由图 2-25(c)知，切削合力 F_r 与剪切力 F_s 之夹角为 $\varphi+\beta-\gamma_o$。由材料力学理论可知

$$\varphi+\beta-\gamma_o=\frac{\pi}{4}$$

$$\text{或}\ \varphi=\frac{\pi}{4}-(\beta-\gamma_o)=\frac{\pi}{4}-\omega \tag{2-13}$$

由图 2-25(c)可知，$\omega(\omega=\beta-\gamma_o)$ 为切削合力 F_r 与切削速度方向的夹角，称为作用角。

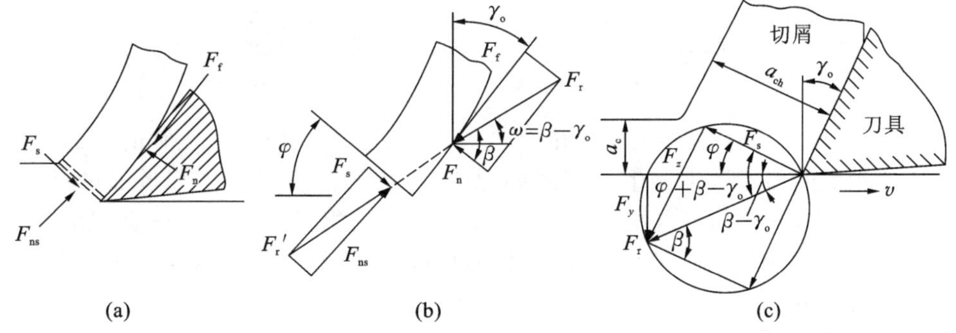

图 2-25 作用在切屑上的力及其角度关系

由式(2-13)可得出如下结论：

①前角 γ_o 增大时，φ 角增大，变形减小，故在保证刀刃有足够强度的条件下，增大前角可以改善切削过程；

②摩擦角 β 增大时，φ 角减小，变形增大，故提高刀具刃磨质量或使用切削液，可以减小前刀面上的摩擦，对切削过程有利。

2）前刀面上的摩擦与积屑瘤现象

（1）前刀面上的摩擦　切削塑性金属材料时，切屑与前刀面之间的压力约为 2～3 GPa，温度可达 400～1 000 ℃，切屑底部与前刀面发生黏结现象，亦称“冷焊”现象。“冷焊”现象表明切屑流过前刀面时，其底层金属出现“滞留”，也就意味着此处不是物理意义上的刚体之间的摩擦，而是切屑内部滞流层金属和流动层金属之间的相对剪切滑移，称为内摩擦。内摩擦力的大小与材料的剪切屈服应力特性及黏结面积大小有关。图 2-26 所示为切屑与前刀面有黏结时的摩擦情况。刀-屑接触面可分为两个区域，即黏结区和滑动区。黏结区的摩擦为内摩擦，单位切向力等于材料的剪切屈服极限 τ_s；滑动区的摩擦为外摩擦，其单位切向力 τ_r 逐渐减小到零。刀-屑接触面上的正应力 σ_r，在刀尖处最大，逐渐减小到零。若以 τ_r/σ_r 表示摩擦系数 μ，显然，前刀面上各点摩擦系数是变化的。令 μ 为前刀面上的平均摩擦系数，根据内摩擦规律得

$$\mu=\frac{\tau_s A_{f1}}{\sigma_{av} A_{f1}}=\frac{\tau_s}{\sigma_{av}} \tag{2-14}$$

式中：A_{f1}——内摩擦部分的接触面积；

σ_{av}——内摩擦部分的平均正应力；

τ_s——工件材料的剪切屈服强度。

由于 τ_s 随温度升高而略有下降，σ_{av} 随材料硬度、切削厚度、切削速度及刀具的前角而变化，其变化范围较大，故 μ 是变化的。

（2）积屑瘤现象　由于刀具前刀面与切屑接触面上的摩擦，当切削速度不高且形成连续切屑时，加工钢料或其他塑性材料，常常在刀刃处黏附一块剖面呈三角状的硬块，其硬度是工件材料硬度的 2～3 倍，称为积屑瘤，如图 2-27 所示。

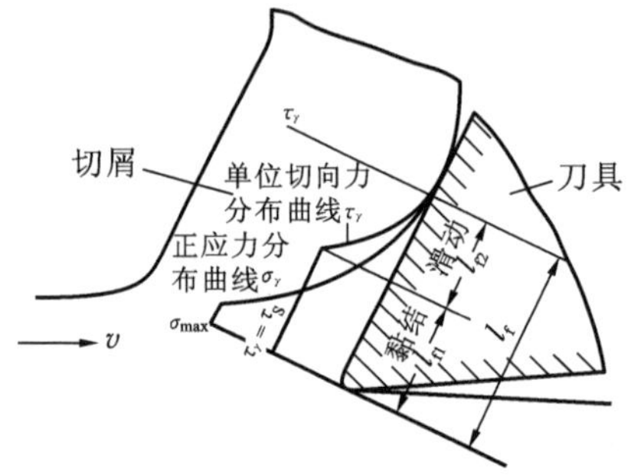

图 2-26　切屑与前刀面摩擦示意图

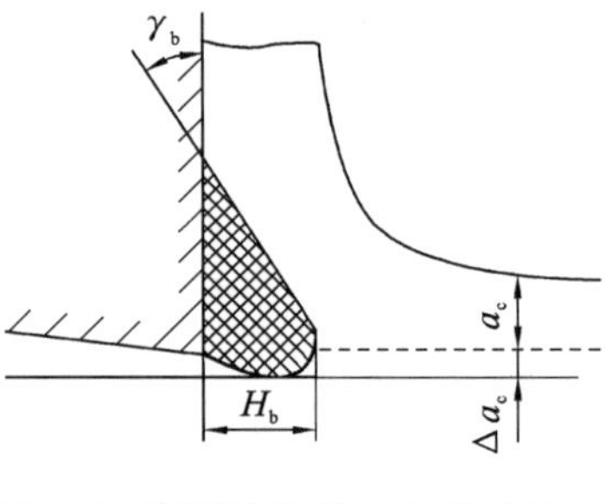

图 2-27　积屑瘤前角 γ_b 与伸出量 Δa_c

刀-屑接触面间的摩擦是产生积屑瘤的原因，压力和温度是产生积屑瘤的条件。工件材料硬化指数越大，越容易形成积屑瘤。实验证明，形成积屑瘤有一最适宜切削温度（对于碳素钢，最适宜温度为 300～500℃），此时积屑瘤高度 H_b 最大，当温度高于或低于此温度时，积屑瘤高度皆减小。

积屑瘤对切削过程的影响如下。

①使实际前角 γ_b 增大。积屑瘤黏结在前刀面上，加大了刀具的实际前角，可使切削力减小。积屑瘤越高，实际前角越大。

②使切削厚度增大。积屑瘤使刀具切削厚度值增大 Δa_c。由于积屑瘤的产生、成长、脱落是一个周期性的动态过程，Δa_c 的变化容易引起振动。

③使加工表面粗糙度增大。积屑瘤不稳定，易破裂，使加工表面变得粗糙。

④影响刀具耐用度。积屑瘤相对稳定时，可代替刀刃切削，提高刀具耐用度；积屑瘤不

稳定时，破裂部分有可能引起硬质合金刀具的剥落，反而降低刀具耐用度。

显然，积屑瘤有利有弊。粗加工时，对精度和表面粗糙度要求不高，如果积屑瘤能稳定生长，则可以代替刀具进行切削，保护刀具，同时可减小切削变形。精加工时，为保证加工表面质量，不允许出现积屑瘤。精加工时避免或减小积屑瘤的主要措施如下：

①降低切削速度，使切削温度降低到不易产生黏结现象；

②采用高速切削，使切削温度高于积屑瘤消失的极限温度；

③增大刀具前角，减小刀具前刀面与切屑的接触压力；

④使用润滑性好的切削液，精研刀具表面，降低刀-屑接触面的摩擦系数；

⑤适当提高工件材料的硬度，减小材料硬化指数。

2.3.3　切屑变形的规律

1. 工件材料对切屑变形的影响

工件材料的强度、硬度越高，切屑与前刀面的摩擦越小，切屑越容易排出，切屑变形越小。

2. 刀具前角对切屑变形的影响

前角 γ_o 越大，则 φ 角越大，变形越小(见图 2-28)，切屑流出越容易。

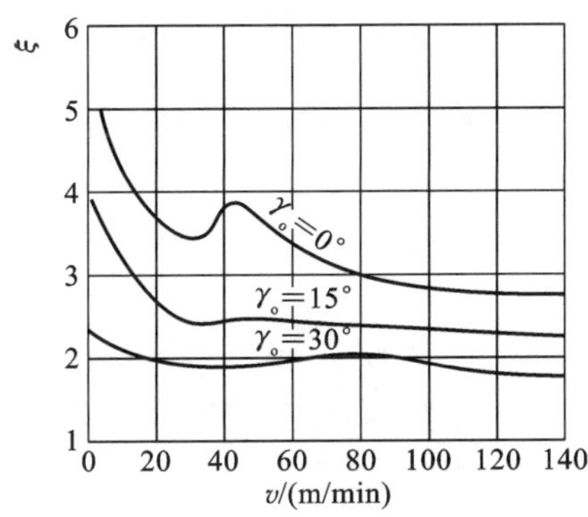

图 2-28　前角对变形系数的影响

3. 切削厚度对切屑变形的影响

切削厚度 a_c 增加，则前刀面上的法向力增加，摩擦系数减小，φ 角增大，变形系数 ξ 减小。图 2-29表示 v 及 f 对变形系数 ξ 的影响。可见在无积屑瘤情况下，$f(a_c)$越大，变形系数 ξ 越小。

4. 切削速度对切屑变形的影响

切削速度对切屑变形的影响较复杂，由图 2-29 可知，在无积屑瘤区，v 越大，ξ 越小。因为塑性变形比弹性变形来得慢，切削速度低时始滑移线为 OA(见图 2-30)，当切削速度 v 增大时，金属流动速度大于塑性变形速度，因此使始滑移线 OA 滞后至 OA'，第一变形区由 AOM 变成 $A'OM'$，剪切角 φ 增大，故变形系数 ξ 减小。

在有积屑瘤区，低速时随切削速度增大，积屑瘤逐渐增大，刀具实际前角增大，因此，变形减小。当积屑瘤高度 H_b 达到最大值时，实际前角最大，切屑变形系数 ξ 最小。如果 v 继续增大，则积屑瘤开始减小，实际前角也减小，而变形系数 ξ 增大，直至积屑瘤消失，变形系数达到最大值。所以切削速度对切屑变形的影响曲线呈驼峰状。

总之，减小切屑变形和改善刀-屑接触面之间的摩擦是改进刀具和获得较理想切削过程的关键。

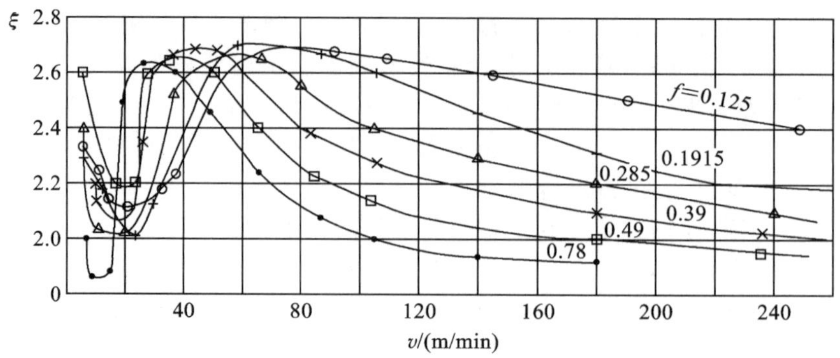

图 2-29 切削速度及进给量对变形系数的影响

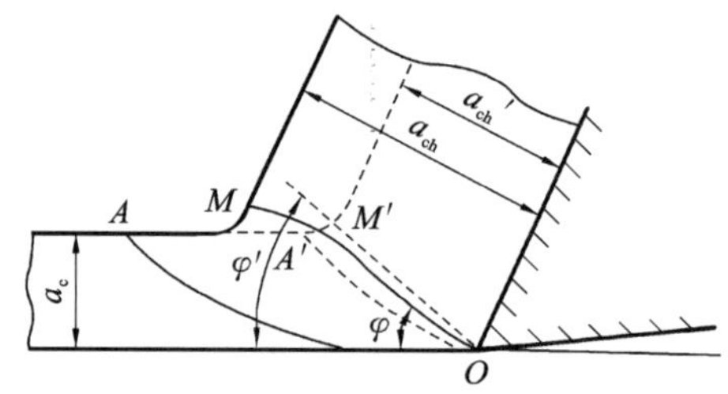

图 2-30 切削速度对剪切角的影响

2.4 切削力与切削功率

切削力是金属切削过程中的一个重要物理现象，是计算切削功率，设计刀具、机床和机床夹具以及制订切削用量的重要依据，也是自动化生产中作为监控的参数之一。

2.4.1 切削力

1. 切削力的来源

金属切削时，刀具切除工件上的多余金属所需要的力称为切削力。它主要来源于三个方面(见图 2-31)：克服工件材料弹性变形的力；克服工件材料塑性变形的力；克服刀-屑、刀-工接触面之间的摩擦力。

2. 切削合力及其分解

作用在刀具上的切削合力 F_r 可分解为常用的相互垂直的三个分力(见图 2-32)。

F_z——主切削力或切向力，是切削合力在主运动方向上的投影，其方向垂直于基面。F_z 是计算切削功率的主要力，也是设计机床零件和计算刀具强度的重要依据。

F_y——背向力或径向力，它是在基面内并与进给方向垂直的分力。F_y 使工件产生弯曲变形并可能引起振动。

F_x——进给抗力或轴向力，它是在基面内并与进给方向平行的分力。F_x 是设计进给机构和计算进给功率的依据。

F_z、F_y、F_x 之间的比例关系随着刀具材料、几何参数、工件材料及刀具磨损状态的不同

存在较大的变化。显然

$$F_r = \sqrt{F_z^2 + F_N^2} = \sqrt{F_z^2 + F_y^2 + F_x^2} \tag{2-15}$$

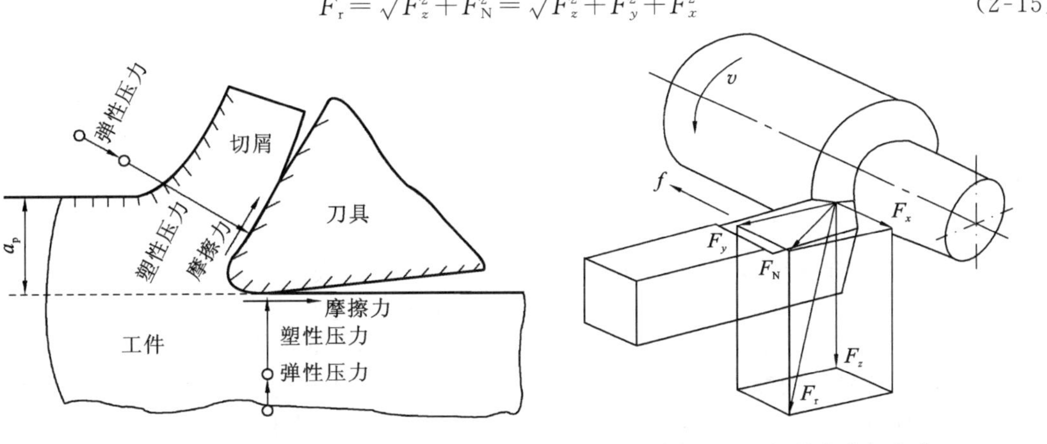

图 2-31　切削力的来源　　　　图 2-32　切削合力与分力

3. 影响切削力的主要因素

1）工件材料的影响

（1）工件材料的强度、硬度越高，虽然切屑变形略有减小，但总的切削力还是增大的。

（2）工件材料的化学成分不同，如含碳量多少不同、所含合金元素不一样等，所需切削力也不同。

（3）热处理状态不同，所需切削力也不同，如表 2-1 所示。

（4）材料硬化指数不同，所需切削力也不同。如不锈钢硬化指数大，所需切削力大；铜、铝、铸铁及脆性材料硬化指数小，所需切削力就小。

表 2-1　硬质合金外圆车刀切削几种常用材料的单位切削力

工件材料				单位切削力/(N/mm²)	实验条件			
名称	牌号	制造、热处理状态	硬度/(HBS)		刀具几何参数			切削用量范围
钢	45 钢	热轧或正火	187	1 962	$\gamma_o=15°$ $\kappa_r=75°$ $\lambda_s=0$	前刀面带卷屑槽	$b_{\gamma1}=0$	$v=1.5\sim1.75$ m/s $a_p=1\sim5$ mm $f=0.1\sim0.5$ mm/r
		调质	229	2 305			$b_{\gamma1}=0.1\sim0.15$ mm $\gamma_{o1}=-20°$	
		淬火及低温回火	44HRC	2 649			$b_H=0$	
	40Cr	热轧或正火	212	1 962			$b_H=0.1\sim0.15$ mm $\gamma_{o1}=-20°$	
		调质	285	2 305				
灰铸铁	HT200	退火	170	1 118		$b_H=0$ 平前刀面无卷屑槽		$v=1.17\sim1.42$ m/s $a_p=2\sim10$ mm $f=0.1\sim0.5$ mm/r

2）切削用量的影响

（1）背吃刀量 a_p 和进给量 f　当 a_p 和 f 增加时，切削面积增加，切削力也增加。但 a_p 增加时变形系数 ξ 不变，切削力按正比关系增加，而 f 增加时变形系数 ξ 减小，因此，切削力不按正比关系增加，f 对切削力的影响比 a_p 的影响小。

（2）切削速度 v　切削速度对切削力的影响规律与对切屑变形的影响基本相同。图 2-33 表示用 YT15 硬质合金车刀加工 45 钢（$a_p=4$ mm，$f=0.3$ mm/r）时切削速度对切削力的影响曲线。切削塑性金属时，在积屑瘤区，由于积屑瘤现象使刀具实际前角增大，切屑变形减小，切削力减小。在无积屑瘤时，随 v 的增加，切削力减小。切削脆性金属时，v 增加，切削力略有减小。

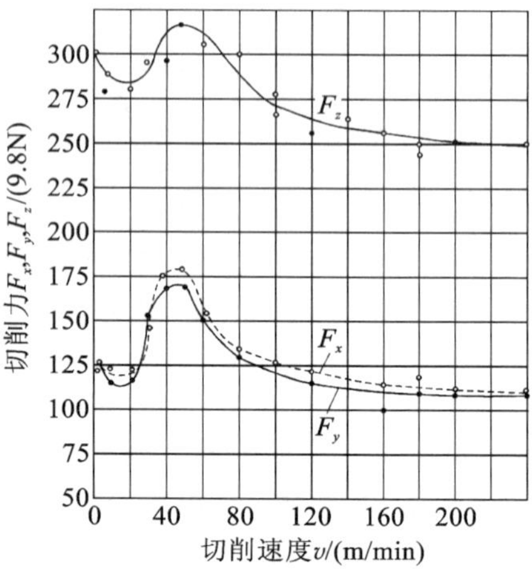

图 2-33　切削速度对切削力的影响

3）刀具几何参数的影响

（1）前角的影响　前角对切削力影响较大。当切削塑性金属时，切削力随前角增加而减小。因为前角增加，剪切角 φ 增大，变形系数 ξ 减小，切屑流出阻力减小。前角对切削力的影响程度随 v 增加而减小。加工脆性金属时前角对切削力影响不明显。

（2）负倒棱的影响　在锋利的切削刃上磨出负倒棱（见图 2-34），可以提高刃口强度，从而提高刀具使用寿命。但负倒棱导致切削变形增加，切削力增大。负倒棱宽度为 b_{r1}，切屑与刀具前刀面的接触长度为 l_f。当 $b_{r1}<l_f$ 时，切屑沿前刀面流出，正前角仍起作用，但切削力比无倒棱的要大些；而当 $b_{r1}>l_f$ 时，切屑沿负倒棱而不是沿前刀面流出，切削力相当于 $\gamma_o=\gamma_{o1}$ 的负前角车刀的切削力。当有负倒棱时，切削力经验公式应加修正系数。

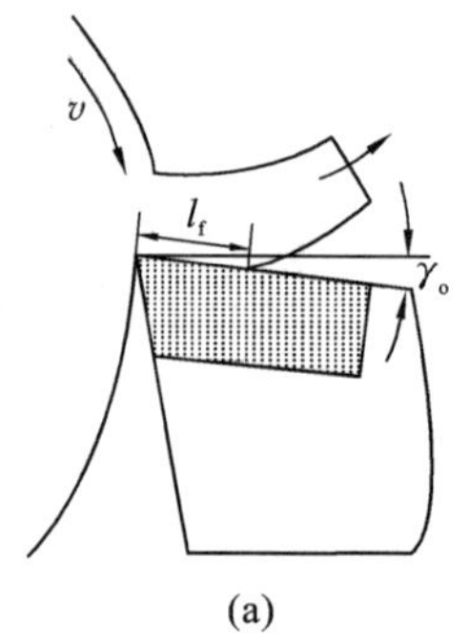

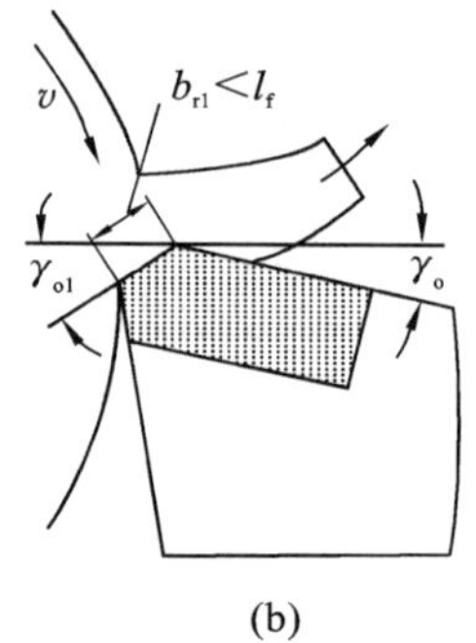

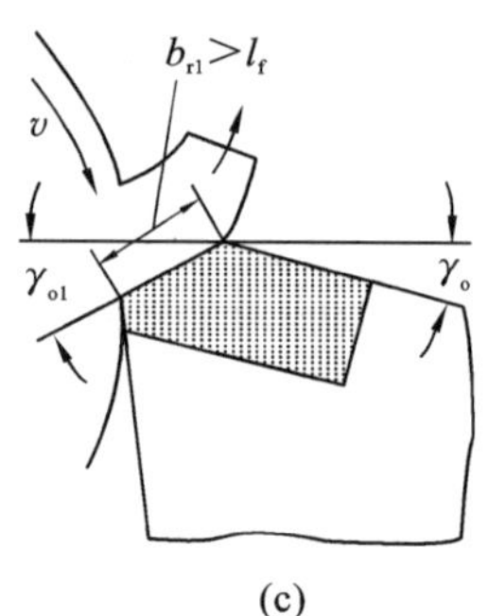

图 2-34　车刀负倒棱对切屑流出的影响

（3）主偏角的影响　主偏角主要是通过切削厚度和刀尖圆弧曲线长度的变化来影响变形，从而影响切削力。主偏角对切削力的影响如图 2-35 所示。当 $\kappa_r<60°$ 时，随着 κ_r 增加，a_c 增大，变形减小，切削力减小；当 $\kappa_r>75°$ 时，虽然 a_c 增大，但刀尖圆弧刃工作长度增大引起变形增加，且占主导作用，故切削力增大。主偏角增大时，引起在基面内分力 F_y 减小，F_x 增加。

（4）刀尖圆弧半径的影响　在一般的切削加工中，刀尖圆弧半径对切削力的影响较小，但刀尖圆弧半径增大时切削厚度 a_c 减小，圆弧刃工作部分平均主偏角减小，在基面内分力 F_y 增大，而 F_x 减小。

（5）刃倾角的影响　实验证明，刃倾角 λ_s 在 $-40°\sim40°$ 内变化时，F_z 没有什么变化。但 λ_s 的变化会引起切削合力方向的变化，使 F_y 随 λ_s 增大而减小，而 F_x 则增大。

以上是影响切削力的主要因素，在生产实际中还有许多因素，如刀具材料摩擦系数、刀具磨损状态、切削时是否使用切削液以及切削液的润滑性能等，都会不同程度地影响切削力。到目前为止，世界上许多学者对切削力的理论进行研究并建立了很多理论公式，但尚未有与实际情况完全相符合的公式。由于公式结果与实际相差太大，生产、科研中通常用经验公式或测力仪测量切削力。

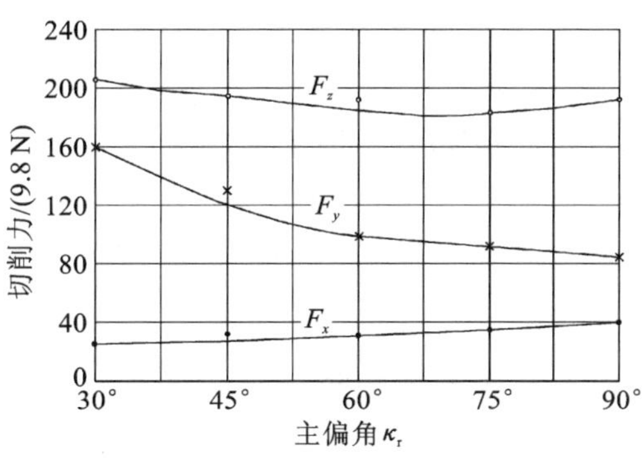

图 2-35　主偏角对切削力的影响

4. 切削力的计算

1）利用经验公式计算

通过大量实验，将测力仪测得的切削力数据，用数学方法进行处理，得到切削力的经验公式。通常采用切削力的指数公式为

$$\left.\begin{aligned} F_z &= C_{Fz} a_p{}^{x_{Fz}} f^{y_{Fz}} v^{n_{Fz}} K_{Fz} \\ F_y &= C_{Fy} a_p{}^{x_{Fy}} f^{y_{Fy}} v^{n_{Fy}} K_{Fy} \\ F_x &= C_{Fx} a_p{}^{x_{Fx}} f^{y_{Fx}} v^{n_{Fx}} K_{Fx} \end{aligned}\right\} \tag{2-16}$$

式中：C_{Fz}、C_{Fy}、C_{Fx}——工件材料和切削条件对三个分力的影响系数；

x_{Fz}、y_{Fz}、n_{Fz}，x_{Fy}、y_{Fy}、n_{Fy}，x_{Fx}、y_{Fx}、n_{Fx}——切削用量对三个切削分力影响的指数；

K_{Fz}、K_{Fy}、K_{Fx}——实际切削条件与经验公式不符时的修正系数（各指数、修正系数值可查阅金属切削手册或机械加工工艺手册）。

2）利用单位切削力计算

单位切削力是指单位切削面积上的切削力，用 p 表示，其计算式为

$$p = \frac{F_z}{A_c} = \frac{F_z}{a_p f} = \frac{F_z}{a_w a_c} (\text{N/mm}^2) \tag{2-17}$$

表 2-1 给出了几种常用材料的单位切削力，若已知单位切削力和切削面积即可求得切削力。

5. 切削力的测量

1）通过测量机床功率求切削力

利用测功率表测量机床的功率，然后求得切削力的大小，该方法误差较大。

2）利用测力仪测量切削力

通常使用的切削测力仪有两种：电阻应变片式测力仪和压电晶体式测力仪。这两种测力仪都可以测出 F_z、F_y、F_x 三个分力，后者精度较高。

2.4.2　切削功率

切削功率是指切削力在切削过程中所消耗的功率，用 P_m 表示，即

$$P_m = \left(F_z v + \frac{F_x n_w f}{1\,000}\right) \times 10^{-3} (\text{kW}) \tag{2-18}$$

由于 $F_x < F_z$，进给速度又很小，因此 F_x 消耗的功率可忽略不计，于是

$$P_m = F_z v \times 10^{-3} (\text{kW}) \tag{2-19}$$

由切削功率 P_m 可求得机床电动机功率 P_E，即

$$P_E \geqslant P_m / \eta_m \tag{2-20}$$

式中：η_m——机床传动效率，一般可取0.75～0.85。

2.5 切削热与切削温度

切削热和由它产生的切削温度，直接影响到前刀面上的摩擦系数、积屑瘤的产生、刀具的磨损、工件加工精度以及已加工表面质量等。

2.5.1 切削热的来源及传出

切削过程中所消耗的能量几乎全部转化为热量。根据切削过程的三个变形区理论，切削热来源于切屑的变形功和前、后刀面的摩擦功。切削塑性材料时，变形与摩擦都较大，产生热量多；切削脆性材料时，主要是后刀面摩擦，发热量少。按切削热的来源，单位时间产生的热量为

$$q = P_m = F_z v$$

当用硬质合金车刀切削 $\sigma = 0.637$ GPa的结构钢时，

$$F_z = C_{Fz} a_p f^{0.75} v^{-0.15} K_{Fz}$$

故

$$q = F_z v = C_{Fz} a_p f^{0.75} v^{0.85} K_{Fz} \tag{2-21}$$

由式(2-21)可知，切削用量三要素中，a_p 对 q 的影响最大，其次是 v，f 的影响最小。

切削热主要由切屑、工件、刀具以及周围介质传出（见图2-36）。工件、刀具材料导热系数、热容量大小直接影响工件、刀具传出热量的多少，切削速度大小影响切屑带走热量多少。如果采用切削液，介质传出的热量将增加很多。经过车削与钻削实验，各因素传出热量的比例为：车削时，切屑带走50%～86%，车刀传出10%～40%，工件传出3%～9%，周围介质（空气）传出1%。切削速度越高、切削厚度越大，切屑带走热量越多；钻削时，切屑带走28%，刀具传出14.5%，工件传出52.5%，周围介质传出5%。

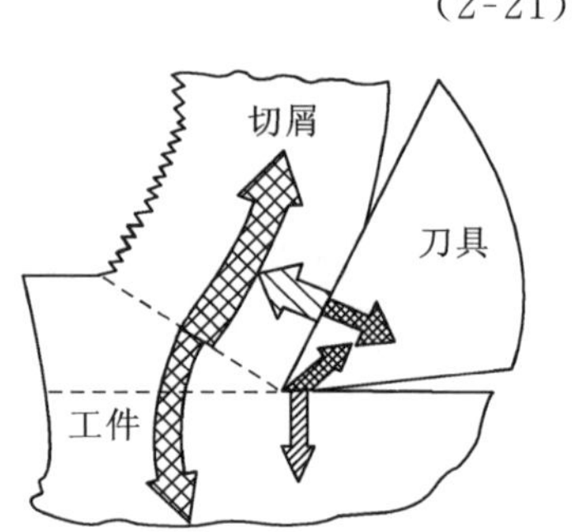

图2-36 切削热的产生与传出

2.5.2 切削区的温度及其分布

切削区的平均温度称为切削温度。它是切削过程中产生的切削热与切屑、工件、刀具和介质传出的热两者平衡后使切削区形成的温度。

1. 切削温度的测量

目前对切削温度的测量常用以下两种方法：自然热电偶法和人工热电偶法。

1）自然热电偶法

图2-37为自然热电偶法测量切削温度的示意图。在切削时，化学成分不同的刀具材料和工件材料，在切削高温作用下形成一热端，与刀具、工件保持室温的一端（冷端）必然有热电势产生（称赛贝克效应），用仪表测出这一热电势，再与事先作出的这两种材料的标定曲线进行对照，就可得出切削温度的平均值。

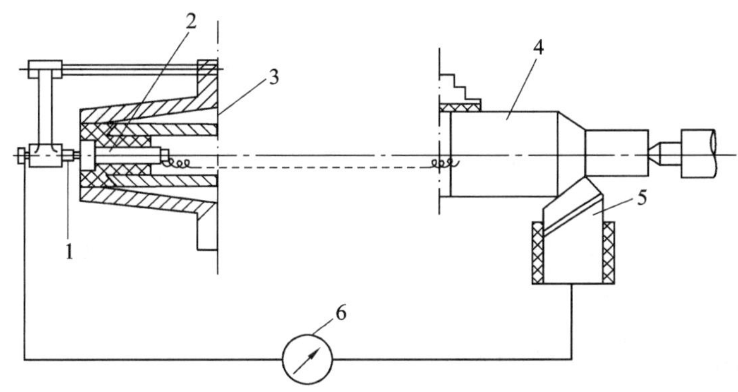

图 2-37　自然热电偶法测量切削温度示意图

1—铜顶尖(与支架绝缘);2—铜销;3—车床主轴尾部;4—工件;5—车刀;6—毫伏计

2)人工热电偶法

将两种预先标定的金属丝组成热电偶(或标准的热电偶),热端焊接在被测点上,两冷端用仪器连接起来,仪器可测得切削时的热电势数值,参照该标准热电偶的标定曲线,便可得出被测点的温度值。用人工热电偶法可以测量切削区内任一点的温度,因此,可用人工热电偶法测量切屑、刀具、工件上不同点的温度。

2. 切削温度的分布

图 2-38、图 2-39 所示是用人工热电偶法测得的各点温度数据,再经过传热学理论计算得出的工件、刀具和切屑的二维切削温度分布和切削不同工件材料时的温度分布。

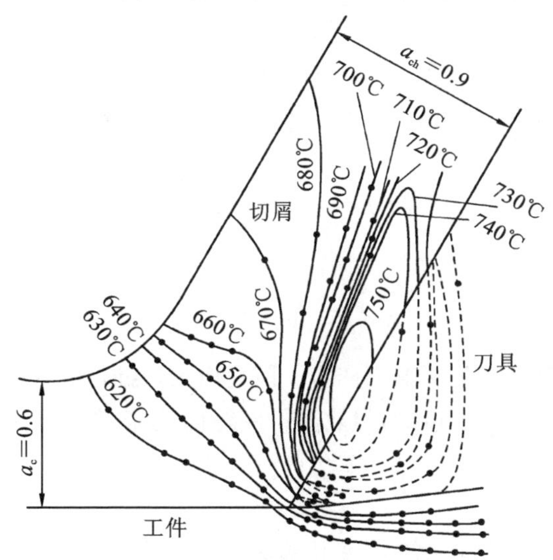

图 2-38　二维切削中的温度分布

工件材料:低碳易切钢;刀具角度:$\gamma_o=30°$;$\alpha_o=7°$;切削厚度:$a_c=0.6$ mm;切削速度:$v=22.86$ m/min,干切削;预热 611℃

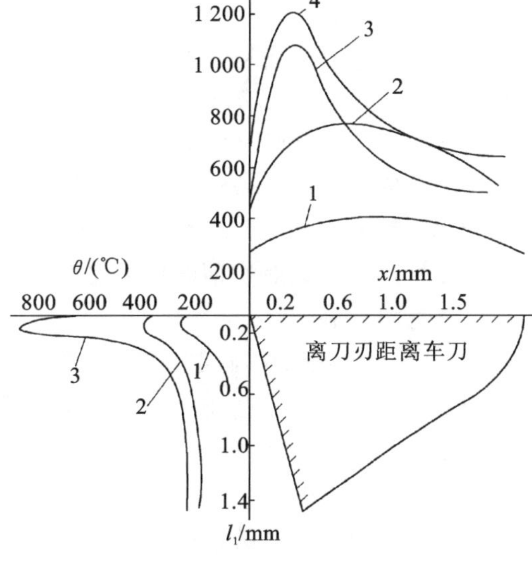

图 2-39　切削不同材料的温度分布

切削速度:$v=30$ m/min;进给量:$f=0.2$ mm/r

1—45 钢-YT15;2—GCr15-YT14;

3—钛合金-BT2-YG8;4—BT2-YT15

由图 2-28、图 2-39 可以得出以下结论。

(1)刀-屑接触面上温度高且梯度很大,这主要是切削速度较高、切削热来不及传导所致。

(2)前刀面和后刀面上温度最高点不在切削刃上,而是在离切削刃有一定距离的地方,这主要是摩擦热沿刀面逐渐积累,而摩擦后半段散热条件改善,前刀面滑动区为外摩擦,摩擦减小且散热条件改善,温度又下降导致的。

(3)刀具材料和工件材料的导热系数越小,前、后刀面上的温度越高,如高温合金和钛合金的导热系数低,切削温度高,因此切削时宜采用低的切削速度,以降低刀具上的温度。

2.5.3 影响切削温度的主要因素

在分析影响切削温度的因素时,应该从产生切削热和散热两个方面来分析。

1. 切削用量对切削温度的影响

经实验得出的切削温度经验公式为

$$\theta = C_{\theta} v^{z_{\theta}} f^{y_{\theta}} a_{p}^{x_{\theta}} (℃) \tag{2-22}$$

式中:θ——实验时测得的切削区平均温度;

C_{θ}——切削温度系数;

z_{θ}、y_{θ}、x_{θ}——v、f、a_p 影响切削温度的指数。用硬质合金刀具切削碳钢时,z_{θ}=0.41~0.26,y_{θ}=0.15,x_{θ}=0.05。

由式(2-22)可得出以下结论。

(1)切削速度对切削温度影响最大,因为随着 v 的增加,摩擦热增加,又来不及传出,产生热积聚现象,但切削速度提高使变形减小,因此,θ 不随 v 成正比增加。

(2)进给量 f 对切削温度的影响次之。一方面,f 增加时,单位时间切削体积增加,切削温度升高;另一方面,f 增加时 a_c 增加,变形减小,而且切屑热容量增大,由切屑带走的热量增加,所以切削区切削温度的上升不显著。

背吃刀量 a_p 对切削温度的影响最小。因为虽然 a_p 增加使产生的热量增加,但 a_w 也随着 a_p 增加,散热条件大大改善,故影响最小。

2. 刀具几何参数对切削温度的影响

1)前角的影响

前角对切削温度的影响主要是通过其对变形和摩擦的影响而产生。前角增大,变形减小,切削温度降低。但当 γ_o 大于 18°~20°时,虽然变形小、产生热量少,但散热条件恶化,故切削温度不但不降低,反而有可能升高。

2)主偏角的影响

主偏角对切削温度的影响主要是通过其对切削刃工作长度和刀尖角变化的影响而产生。当主偏角减小时,a_w 增加,而 a_c 减小,同时刀尖角 ε_r 增大,总的散热条件改善,故切削温度减小。

3. 工件材料对切削温度的影响

工件材料对切削温度的影响取决于工件材料的强度、硬度、导热性等。合金钢强度高,比普通钢消耗功率大,而且导热系数小,散热性差,故切削温度高。切削脆性材料时由于形成崩碎切屑,变形与摩擦都小,故切削温度低。

4. 刀具磨损对切削温度的影响

刀具磨损较严重时，刀具刃口变钝，切屑变形增大，同时后刀面与工件之间摩擦增大，两者均使切削热增加，切削温度升高。刀具磨损是影响切削温度的主要因素之一。

掌握了切削温度的变化规律，就可以控制刀具的磨损和已加工表面的质量。

2.6　刀具磨损和刀具使用寿命

刀具在切削过程中会被磨损而使切削力增大、切削温度升高，影响已加工表面质量和生产率。有时刀具尚未磨损到重新刃磨或更换新刀时，会发生突然损坏而失效，称为破损。刀具的磨损和破损不仅影响已加工表面质量和生产率，甚至会使切削过程无法继续进行。因此研究刀具的磨损和破损的规律是非常重要的。

2.6.1　刀具磨损的形态

刀具磨损是指刀具在正常的切削过程中，由于物理的或化学的作用，使刀具原有的切削性能逐渐丧失。在切削过程中，前、后刀面不断与切屑、工件接触，在接触区里存在着强烈的摩擦，同时，在接触区里又有很高的温度和压力。因此，随着切削的进行，前、后刀面都将逐渐磨损。刀具磨损呈现为以下三种形态。

1. 前刀面磨损

切削塑性材料时，切削厚度较大，前刀面承受巨大的压力和摩擦力，而且切削温度很高，使前刀面产生月牙洼磨损，如图2-40所示。月牙洼离切削刃有一定的距离，其长度取决于切屑宽度，而其宽度取决于切屑厚度。随着切削进行，月牙洼长度基本不变，宽度和深度逐渐扩展。前刀面月牙洼磨损程度通常用月牙洼深度 KT 表示（见图2-41(a)、(b)）。

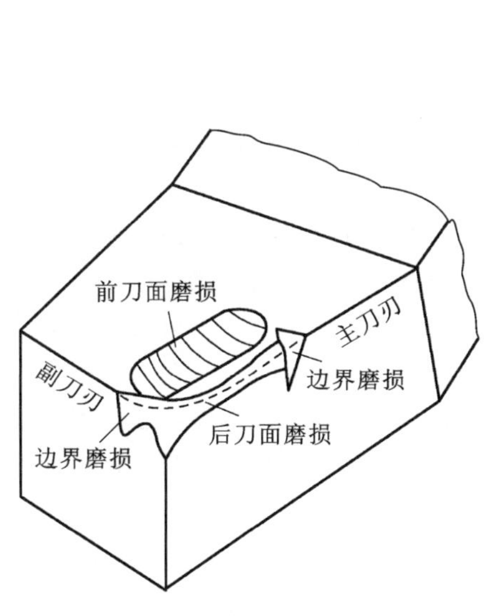

图2-40　刀具的磨损形态

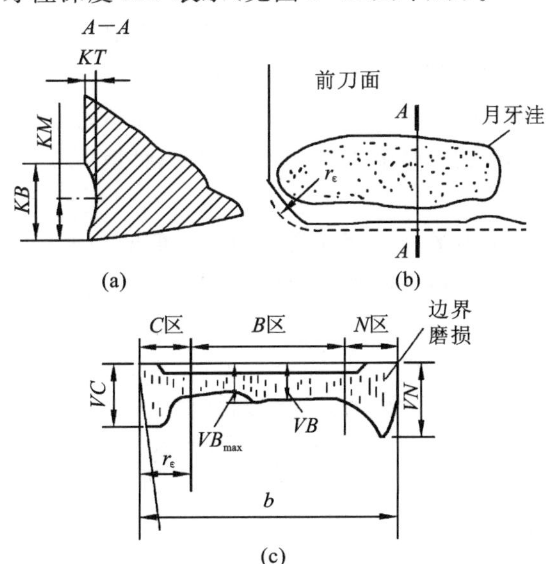

图2-41　刀具磨损的测量位置

2. 后刀面磨损

切削过程中，后刀面与工件已加工表面间存在着压力和摩擦，从而产生磨损。通常加工脆性材料或以较小切削厚度切削塑性材料时主要发生后刀面磨损。如图 2-41(c)所示，由于切削刃各点工作条件不同，其后刀面磨损带是不均匀的。C 区和 N 区磨损严重，其磨损带最大宽度分别以 VC 和 VN 表示。中间磨损较均匀(B 区)，以平均磨损带宽度 VB 表示，而最大磨损带宽度以 VB_{max} 表示。

3. 边界磨损

边界磨损实际上属于后刀面磨损的边界部分，即在主、副后刀面上，主切削刃与待加工表面对应位置、副切削刃与已加工表面对应位置处的磨损。边界磨损在后刀面磨损带中最为严重。主要原因如下。

(1)边界处属切削刃受力(压应力和剪应力)最大位置，承受很大的机械应力。

(2)边界处属切削刃参与切削的边缘位置，存在很大的温度梯度，将引起很大的热应力。

(3)边界处受到周围介质(如切削液)中元素的作用加剧了磨损。

(4)边界处受到待加工表面硬皮或硬化层作用加剧了磨损。

2.6.2 刀具磨损的主要原因

在切削过程中，刀具的切削条件不同，其磨损的原因也不同。刀具磨损经常是机械作用和热作用、化学作用的综合结果，实际情况很复杂，尚待进一步研究。到目前为止，认为刀具磨损的原因主要是以下五个。

1. 硬质点磨损

硬质点磨损是工件材料中的硬质点或积屑瘤碎片使刀具表面产生机械划伤，从而造成的刀具磨损。各种刀具都会产生硬质点磨损，对于硬度较低的刀具材料或低速刀具，如高速钢刀具及手工刀具等，硬质点磨损是主要因素。

2. 黏结磨损

黏结磨损是指刀具与工件材料(或切屑)的接触面上在足够的压力和温度作用下，达到原子间距离而产生冷焊，黏结点因相对运动，晶粒或晶粒群受剪或受拉而被对方带走而造成的磨损。

黏结点的分离面通常在硬度较低的一方，即工件上。但刀具材料往往组织不均匀，存在内应力以及疲劳微裂纹等缺陷，分离面也会发生在刀具一方，造成刀具磨损。

由于刀具材料与工件材料的性质不同，切削条件不同，刀具黏结磨损的强度也不同。

3. 扩散磨损

扩散磨损是指刀具表面与被切出的工件新鲜表面接触，在高温下，两摩擦面的化学元素获得足够的能量，相互扩散，改变了接触面双方的化学成分，降低了刀具材料的性能，从而造成的刀具磨损。

例如：用硬质合金车刀加工钢料，在 800～1 000℃高温时，硬质合金中的 Co、W 和 C 等元素迅速扩散到切屑、工件中去；工件中的 Fe 则向硬质合金表层扩散，使硬质合金形成新的低硬度、高脆性的复合化合物层，从而使刀具磨损加剧。刀具扩散磨损与化学成分有关，并随着温度的升高而增加。

4. 化学磨损

化学磨损又称氧化磨损，是指刀具与周围介质（如空气中的O，切削液中的极压添加剂S、Cl等），在一定的温度下发生化学作用，在刀具表面形成硬度低、耐磨性差的化合物，加速刀具的磨损。化学磨损最容易发生在靠近工件待加工表面的切削刃处，是造成刀具边界磨损的主要原因之一。化学磨损的强度取决于刀具材料中元素的化学稳定性以及切削温度的高低。

5. 热电磨损

刀具与工件材料在高温下形成热电势，当形成闭合回路时将有热电流产生，在热电流的作用下，加快了元素的扩散速度，使刀具磨损加快，由此而形成热电磨损。

总之，在不同的刀具材料、工件材料及切削条件下，磨损原因和磨损强度是不同的。图2-42所示为用硬质合金刀具加工钢料时，在不同的切削速度（切削温度）下硬质点磨损、黏结磨损、扩散磨损和化学磨损所占比重。由图可见，在低速（低温）区以硬质点磨损和黏结磨损为主；在高速（高温）区以扩散磨损和化学磨损为主。刀具的磨损是一个复杂的过程，磨损原因之间相互作用，如热电磨损促使扩散磨损加剧，扩散磨损又促使黏结磨损、硬质点磨损加剧。归根结底，刀具磨损与温度有至关重要的联系。

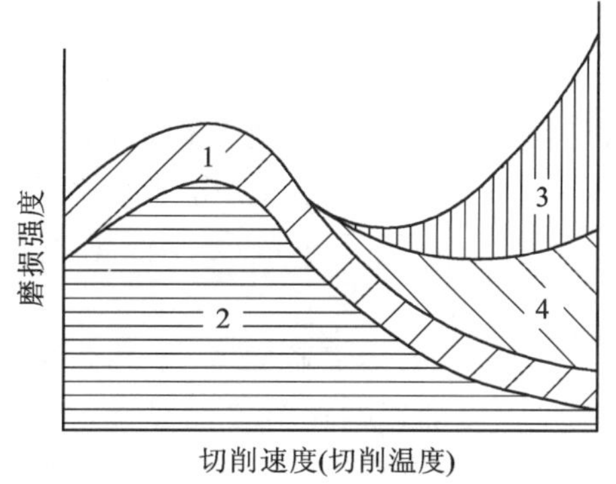

图2-42 切削速度对刀具磨损强度的影响

1—硬质点磨损；2—黏结磨损；3—扩散磨损；4—化学磨损

2.6.3 刀具磨损过程及磨钝标准

1. 刀具磨损过程

在正常条件下，随着刀具的切削时间延续，刀具的磨损量将增加。通过实验得到如图2-43所示的刀具后刀面磨损量VB与切削时间的关系曲线。由图可知，刀具磨损过程分三个阶段。

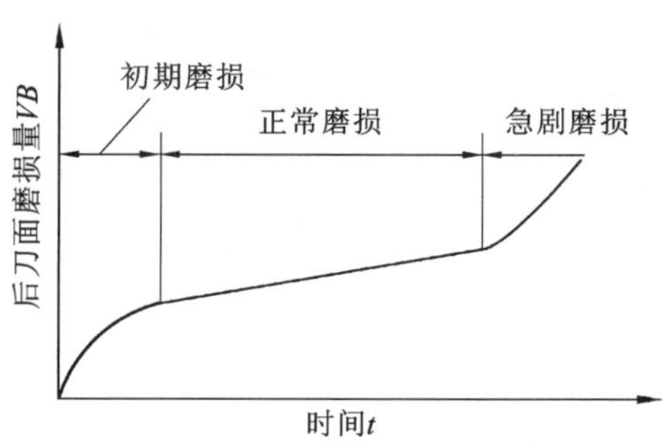

图2-43 刀具磨损的典型曲线

1）初期磨损阶段

初期磨损阶段的特点是在极短的时间内，VB增大很快。由于新刃磨的刀面较粗糙，刀-工接触面之间为峰点接触，故磨损很快。初期磨损量的大小与刀具刃磨质量有很大的关系，通常 VB＝0.05～0.1 mm。经过研磨的刀具初期磨损量小，而且耐用度高。

2）正常磨损阶段

经过初期磨损阶段之后，后刀面上被磨出一条狭窄的棱面，压应力减少，磨损量均匀而缓慢地增加，经历的切削时间较长。这就是正常磨损阶段，也是刀具工作的有效阶段。

3）急剧磨损阶段

当磨损带宽度增加到一定限度之后，切削力与切削温度迅速升高，磨损带宽度急剧增加。为合理使用刀具及保证加工质量，应在此阶段之前及时复磨或更换刀具。

2. 刀具的磨钝标准

刀具磨损到一定的程度时将不能继续使用，这个磨损限度称为磨钝标准。

粗加工时依据生产中产生的各种现象，可以判断刀具是否达到磨钝标准，如观察切屑的颜色、加工表面是否出现挤压亮带、摩擦尖叫声以及切削振动情况等。精加工时常以表面粗糙度及尺寸精度为依据判断刀具是否达到磨钝标准。

一般刀具的后刀面都会发生磨损，其对加工质量和切削力、切削温度的影响比前刀面显著，同时后刀面磨损量易于测量，因此，通常按后刀面磨损宽度来制订磨钝标准。国际标准 ISO 统一规定以 1/2 背吃刀量处后刀面磨损带宽度 VB 作为刀具的磨钝标准，如图 2-44 所示。

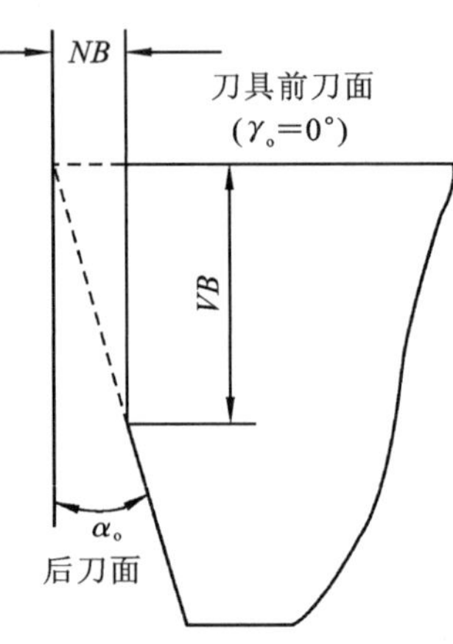

图 2-44 车刀的径向磨损量

自动化生产中的精加工刀具常以工件径向上刀具磨损量 NB 作为衡量刀具的磨钝标准，称为刀具径向磨损量，如图 2-44 所示。

国际标准 ISO 推荐的车刀耐用度试验磨钝标准如下。

高速钢和陶瓷刀具磨钝标准可以是下列任何一种：①产生破损；②如果后刀面在 B 区内（见图 2-41）存在有规则的磨损，取 VB＝0.3 mm；③如果后刀面在 B 区内存在无规则的磨损、划伤、剥落或有严重的沟痕，取 VB_{max}＝0.6 mm。

硬质合金刀具磨钝标准可以是下列的任何一种：①VB＝0.3 mm；②如果后刀面存在无规则的磨损，VB_{max}＝0.6 mm；③前刀面磨损量 KT＝0.06＋0.3f。

2.6.4 刀具耐用度及其合理选择

刀具耐用度是指刀具刃磨后开始切削，一直到磨损量达到刀具的磨钝标准时所经过的净切削时间，用 T（s 或 min）表示。

1. 切削速度与刀具耐用度的关系

因为切削速度对切削温度影响最大，对刀具磨损影响最大，故对刀具耐用度影响也最大。在一定切削条件下，切削速度越高，刀具耐用度越低。现通过实验方法求得 v-T 关系。实验前先选定刀具后刀面的磨钝标准，然后固定其他切削条件，在常用速度范围内，取不同的切削速度 $v=v_1, v_2, v_3, \cdots$ 进行刀具的磨损试验，得到如图 2-45 所示的一组刀具磨损曲线。根据规定的磨钝标准，求出对应于不同 v 的 T。在双对数坐标中确定（v_1，T_1），（v_2，

T_2),(v_3,T_3),…各点,发现它们成线性关系,如图 2-46 所示。其方程为

$$\lg v=-m\lg T+\lg C_0$$

式中:m——该直线的斜率,$m=\tan\varphi$;

C_0——$T=1$s(或 min)时的切削速度值。

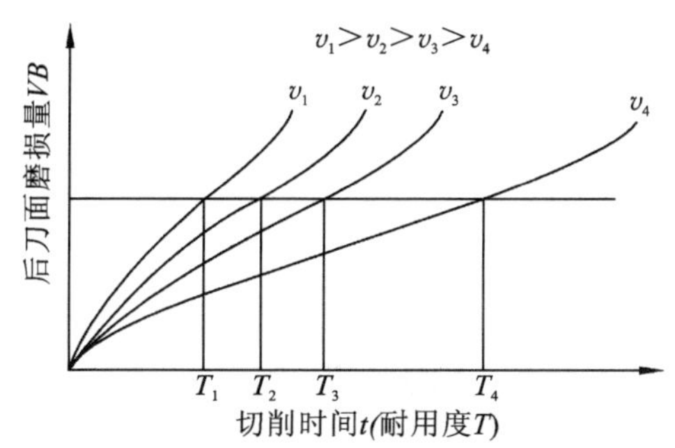

图 2-45 刀具的磨损曲线

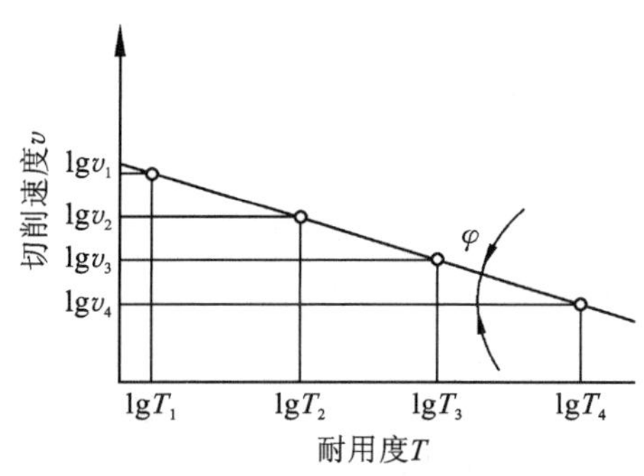

图 2-46 双对数坐标中的 v-T 曲线

因此
$$vT^m=C_0 \tag{2-23}$$

由图 2-46 可知,该直线斜率 m 越小,说明 v 对 T 影响越大,因此 v 稍微增加,使 T 下降很大,说明刀具材料耐磨性能差。如高速钢刀具材料 $m=0.1\sim0.125$,硬质合金刀具 $m=0.2\sim0.3$,陶瓷刀具 $m=0.4$,可见陶瓷刀具耐磨性较好。

应当指出,在较宽的切削速度范围内,特别是在低速区内,v-T 关系就不再是单调函数,这主要是由于积屑瘤现象影响了刀具的耐用度。

2. 进给量和背吃刀量与刀具耐用度的关系

按照与求 v-T 关系的方法,同样可以求得 f-T、a_p-T 关系,即

$$fT^{m_1}=C_1 \tag{2-24}$$

$$a_pT^{m_2}=C_2 \tag{2-25}$$

综合式(2-23)、式(2-24)、式(2-25),可以得到切削用量三要素与刀具耐用度的关系为

$$T=\frac{C_T}{v^{1/m}f^{1/m_1}a_p{}^{1/m_2}}$$

令 $x=1/m$,$y=1/m_1$,$z=1/m_2$,则

$$T=\frac{C_T}{v^xf^ya_p^z} \tag{2-26}$$

式中:C_T——耐用度系数,与刀具、工件材料和切削条件有关;

x、y、z——指数,分别表示切削用量三要素对刀具耐用度影响的程度。

用 YT5 硬质合金车刀切削 $\sigma_b=0.637$ GPa 的碳钢时($f>0.7$ mm/r),切削用量与刀具耐用度的关系为

$$T=\frac{C_T}{v^5f^{2.25}a_p{}^{0.75}} \tag{2-27}$$

或

$$v=\frac{C_T}{T^{0.2}f^{0.45}a_p{}^{0.15}} \tag{2-28}$$

由式(2-27)可以看出,v 对 T 的影响最大,其次是 f,a_p 最小。显然,切削用量对刀具耐

用度 T 的影响规律符合对切削温度的影响规律，反映出切削温度对刀具的磨损和耐用度有重要影响。

3. 合理耐用度的选择

刀具耐用度与切削用量有密切关系。在生产中，选择刀具耐用度的原则是根据优化目标确定的。一般按最大生产率、最低成本和最大利润为目标选择刀具耐用度。

1）最大生产率耐用度（T_p）

最大生产率是指工件（或工序）加工所用时间最短。最大生产率耐用度是指以工件（工序）加工生产率最大为原则确定的刀具耐用度。

2）最低成本耐用度（T_c）

最低成本耐用度是指以每个零件（或工序）加工费用最低为原则确定的刀具耐用度。因此，选择刀具耐用度时，当需要完成紧急任务或产品供不应求以及完成限制性工序时，可采用最大生产率耐用度；在一般生产中，常采用最低成本耐用度。

选择耐用度时，复杂刀具应选择高一些；对刀、调整刀具复杂时应选择高一些；对于加工大件的刀具应选择高一些；可转位刀具应选择刀具耐用度低一些。

3）最大利润耐用度（T_{pr}）

按最低成本原则确定刀具耐用度时，加工工时将长于最短工序工时；如果按最大生产率原则确定刀具耐用度，则工序成本将高于最低成本。因此，有时为了兼顾两方面的要求，提出最大利润率耐用度，以获得最大的利润。

2.6.5 刀具破损

刀具破损是指刀具在切削过程中尚未达到磨钝标准，发生突然损坏而不能继续使用。刀具的破损已成为当前刀具损坏的重要形式。特别是用脆性大的刀具进行断续切削，或切削高强度、高硬度的工件材料时，刀具破损更为常见。

1. 刀具脆性破损

1）刀具脆性破损形态主要有以下四种。

（1）崩刃　崩刃是指在切削刃上产生小的缺口。它属早期轻度破损，常发生在高脆性刀具材料如陶瓷刀具上。崩刃缺口较大时，则不能继续使用。

（2）剥落　剥落现象常发生在脆性刀具材料的前、后刀面上，剥落物呈片状，剥落面积较大。这种破损与刀具表面组织中的缺陷和接触面上的摩擦、压力有关，特别在产生积屑瘤、黏屑现象、有冲击载荷时容易发生。

（3）碎断　碎断是指在切削刃上发生的小块碎裂或大块断裂。如果发生小块碎裂，刀具有可能通过重新刃磨修复再使用。如果发生大块断裂则刀具不能继续使用。这种破损是由于切削载荷过大、刀具存在缺陷或疲劳裂纹所致。

（4）裂纹破损　裂纹破损是指在较长时间连续切削后，由于疲劳而引起裂纹的一种破损。当机械应力裂纹（裂纹方向平行于切削刃）和热冲击引起的热应力裂纹（方向垂直于切削刃）不断扩展，又相互合并时，就会引起碎裂或断裂。

2）刀具脆性破损的原因

刀具脆性破损主要是由于切削时受到冲击负荷、热冲击所致。

（1）机械应力　在切削时，由于机械载荷作用，刀片内产生很大的应力。机械应力使刀片薄弱处产生裂纹，并在载荷反复作用下使裂纹扩展，在一定条件下使崩刃或者碎裂现象发生。

（2）热应力　在断续切削时，特别是在使用切削液不充分时，刀具切入工件时承受高温，切出工件时刀具被冷却，冷热交替作用于刀具表面，由于热冲击而产生微裂纹，随着切削的进行，微裂纹逐渐扩展，或形成龟裂，在机械应力的作用下造成脆性断裂。因此刀具的脆性破损是由于机械应力和热应力共同作用所致。

2. 刀具的塑性破损

刀具的塑性破损是指在切削过程中，由于高温和高压的作用，有时在前、后刀面和切屑、工件的接触层上，刀具表层材料发生塑性流动而丧失切削能力。

刀具的塑性破损与刀具材料和工件材料的硬度比有关。硬度比越高，越不容易发生塑性破损。合金工具钢和高速钢刀具因其耐热性差，容易发生塑性破损；硬质合金、陶瓷刀具的高温硬度高，一般不容易发生塑性破损。

3. 防止刀具破损的措施

为了防止或减少刀具破损，在提高刀具材料的强度和抗振性能的基础上，可以采取以下措施。

（1）正确选择刀具材料的种类和牌号。

（2）合理确定切削用量，以控制切削力和切削温度。

（3）合理选择刀具的几何参数，以控制刀具的受力性质和强化刀具。

（4）提高工艺系统的刚性，减少振动。

2.7　刀具几何参数的选择

当刀具材料和刀具结构确定之后，刀具切削部分的几何参数对切削性能的影响十分重要。例如切削力的大小、切削温度的高低、切屑的连续与碎断、加工质量的好坏以及刀具耐用度、生产效率、生产成本的高低等都与刀具几何参数有关。因此，合理选择刀具几何参数是提高金属切削效益的重要措施之一。

合理选择刀具几何参数的原则是在保证加工质量的前提下，尽可能地使刀具耐用度高、生产效率高和生产成本低。但在生产中应根据具体情况决定哪一项是主要目标，如：粗加工和半精加工时，主要考虑生产率和刀具耐用度；精加工时，主要考虑保证加工质量。值得注意的是，刀具几何参数之间相互影响又相互联系。一个参数改变对刀具切削性能的影响既有有利方面，也有不利方面，要综合考虑。

2.7.1 前角及前刀面形式的选择

1. 前角的功用及选择

1）前角的功用

前角是刀具上重要的几何参数之一，它决定切削刃的锋利程度和坚固程度。除此之外，前角对切削过程有如下影响。

（1）增大前角能减小切屑变形，减小切削力和切削功率。

（2）增大前角能改善刀-屑接触面上的摩擦状况，降低切削温度和刀具磨损，提高刀具耐用度。

（3）增大前角能减小或抑制积屑瘤，减小振动，从而改善加工表面质量。

但是，增大前角会使刀楔角减小，散热条件和刀尖的强度削弱，引起刀具耐用度下降。因此，在一定的切削条件下，存在着一个刀具耐用度最大的前角值，这个前角称为合理前角 γ_{opt}，如图 2-47、图 2-48 所示。

2）前角的选择

合理的前角主要取决于工件材料和刀具材料的种类和性质以及加工精度要求。选择前角的原则如下。

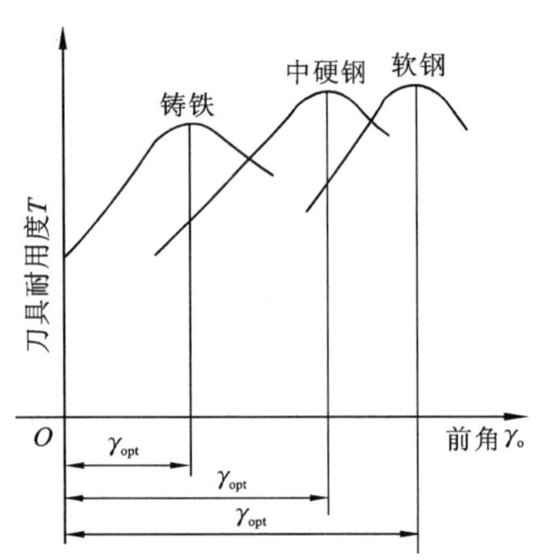

图 2-47 加工不同材料时的合理前角

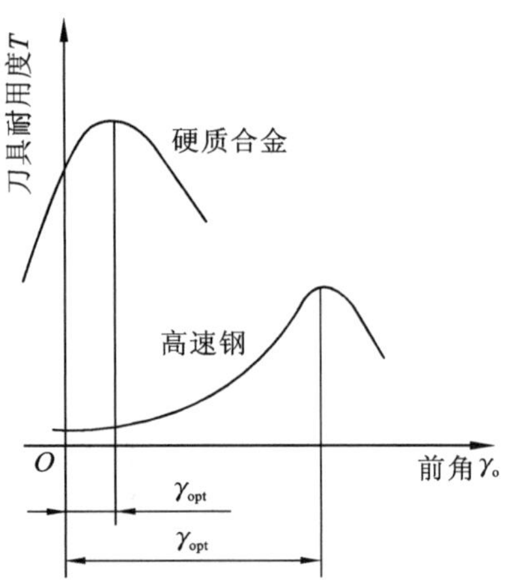

图 2-48 不同刀具材料的合理前角

（1）工件材料塑性越大，前角合理值越大；塑性越小，前角合理值越小，如图 2-48 所示。这是由于切削塑性大的材料时，前角对切屑变形影响显著，所以增大前角后切削力减小，刀具磨损小。加工脆性材料时，由于产生崩碎切屑，切削力集中在切削刃附近，前角对切屑变形影响不大，同时为了防止崩刃，应选择较小的前角。当工件材料的强度、硬度大时，为保证刀尖的强度，前角应选择较小些。

（2）刀具材料抗弯强度和冲击韧度越高，合理前角越大（如图 2-48 中的高速钢）；抗弯强度、冲击韧度低则合理前角越小（如图 2-48 中的硬质合金）。

（3）粗加工时切削力大，特别是断续切削时冲击力较大，合理前角小；精加工时切削力小，要求刃口锋利，合理前角大。工艺系统刚性较差或机床功率小时，前角应大些。自动机床刀具前角取小些，以提高切削的稳定性和刀具耐用度。

用硬质合金刀具加工一般钢时，可取前角 $\gamma_o=10°\sim20°$；加工铸铁时，取 $\gamma_o=8°\sim12°$。

2. 前刀面形式的选择

常见的前刀面形式有以下五种。

1）正前角平面型（见图 2-49(a)）

这是前刀面的最基本形式，其制造简单，刀刃锋利，但刀尖强度较差，卷屑和断屑能力差，常用于精加工。

2）正前角平面带倒棱型（见图 2-49(b)）

这种前刀面是在正前角平面形式基础上沿切削刃磨出很窄的棱边（负倒棱）而形成的。这种形式增强了刀刃强度，常用于脆性大的刀具材料，如陶瓷、硬质合金，特别适于在断续切削时使用。负倒棱宽度必须选择适当，否则会变成负前角切削。负倒棱宽度 $b_{r1}=(0.3\sim0.8)f$，粗加工时取大值，精加工时取小值；负倒棱前角 $\gamma_{o1}=-5°\sim-10°$（硬质合金刀具）。

3）正前角曲面带倒棱型（见图 2-49(c)）

这种前刀面是在图 2-49(b)基础上磨出一定曲面形成的。该曲面起卷屑作用，并且增大前角，改善切削条件，主要用于粗加工和半精加工塑性材料。

4）负前角单平面型（见图 2-49(d)）

用硬质合金刀具切削高强度、高硬度材料，如切削（粗加工）淬火钢或带硬皮并有冲击时采用此种形式的前刀面。其最大特点是抗冲击能力强。

5）负前角双平面型（见图 2-49(e)）

当刀具磨损同时发生在前、后刀面时，为了减少前刀面刃磨面积，充分利用刀片材料，可采用负前角双平面形式。

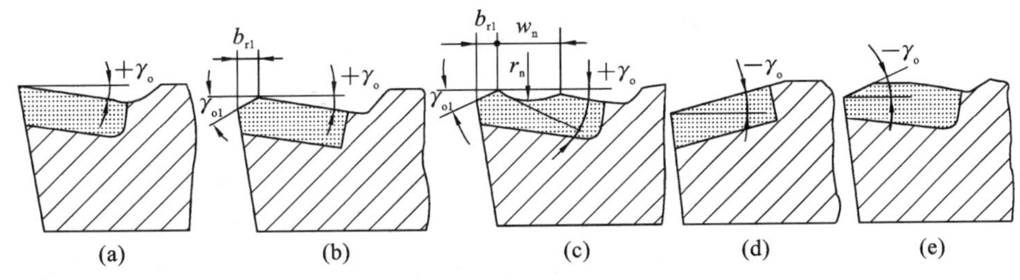

图 2-49 刀具前刀面的形式

(a)正前角平面型；(b)正前角平面带倒棱型；(c)正前角曲面带倒棱型；(d)负前角单平面型；(e)负前角双平面型

3. 前刀面的形式与切屑控制

在生产实践中常看到多种切屑形状，其中连绵不断的带状屑会缠绕在工件或刀具上，划伤工件，损坏刀具。在高速切削或自动化生产中，对切屑的控制往往成为生产的关键。因此，研究切屑的控制（卷屑和断屑）方法和机理对生产是十分重要的。切屑的控制问题主要取决于前刀面的形式与尺寸参数。

1）切屑的形状

按形成机理，切屑有带状屑、挤裂屑、单元屑和崩碎屑四种。按切屑处理及运输要求，切屑的形状大体分为带状屑、C形屑、崩碎屑、螺卷屑、长紧卷屑、宝塔状卷屑和发条状屑等，如图 2-51 所示。切屑的形状不但与工件材料、切削参数有关，而且与前刀面形式有关。

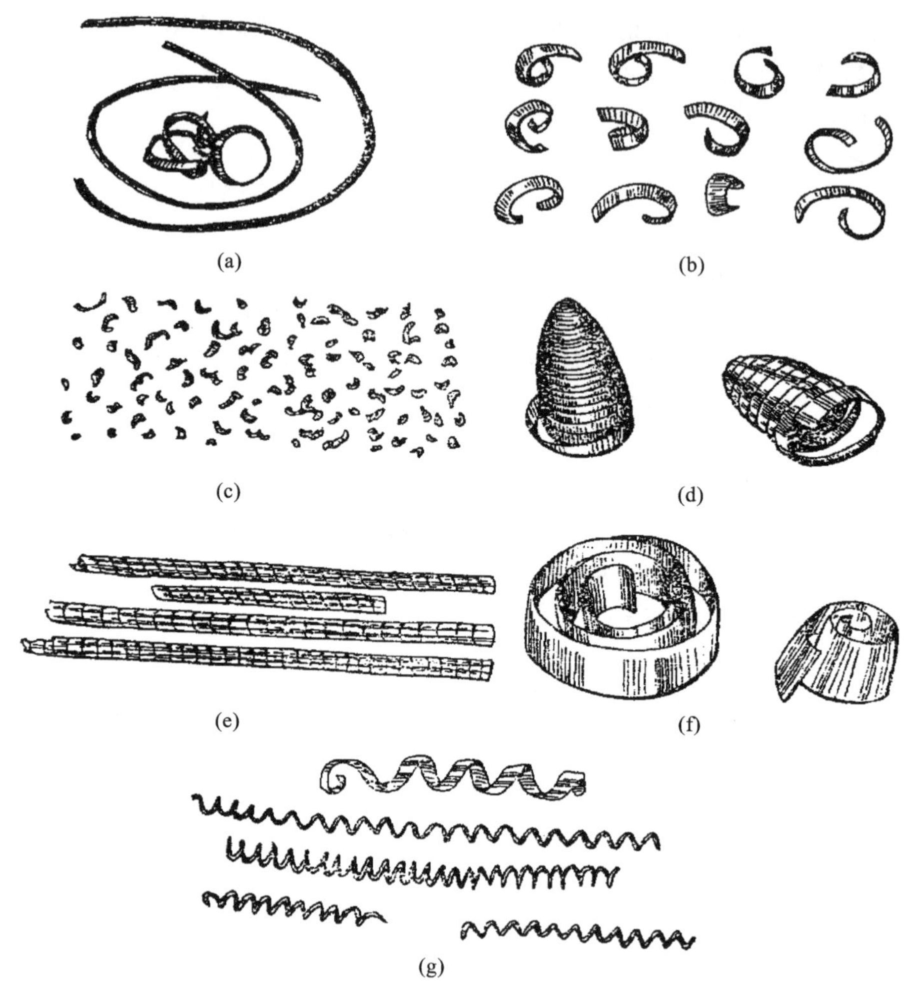

图 2-50 切屑的各种形状

(a)带状屑;(b)C形屑;(c)崩碎屑;(d)宝塔状卷屑;(e)长紧卷屑;(f)发条状卷质;(g)螺卷屑

在不同的切削加工条件下,对切屑的形状要求也不同。产生带状屑时虽然切削平稳,但带状屑易缠绕在工件或刀具上,会划伤工件表面、损伤刀具,甚至伤人。为了清除方便,人们常常将带状屑转变成螺卷屑或长紧卷屑。C形屑不缠绕工件,也不易伤人,是一种比较好的屑形,但其高频率的碰撞和折断会影响切削过程的平稳性,同时影响已加工表面粗糙度,所以精车时希望形成长螺卷屑。在重型车床上采用大的切削厚度和大的进给量车削钢件时,C形屑易损坏切削刃和崩飞伤人,所以希望得到发条状卷屑。在自动化生产中宝塔状切屑是理想形状的切屑,处理方便。加工脆性金属(如铸铁、黄铜)时,为避免碎屑飞溅或磨损导轨,应设法使切屑连成卷状,形成假带状屑。

2)卷屑机理

为了得到要求的切屑形状,需要使切屑卷曲。卷屑的基本原理是:设法使切屑在沿前刀面流出时,受到额外的作用力而产生附加的变形而卷曲。具体方法有以下两种。

(1)自然卷屑机理 切屑沿正前角平面型前刀面流出,切削速度 v 不是很高时,在积屑瘤的作用下，切屑往往自行卷曲(见图 2-51(a))。

(2)卷屑槽卷屑机理　前刀面上磨出卷屑槽或选择带卷屑槽的刀片，当切屑流出并受附加力后产生卷曲(见图 2-51(b))。

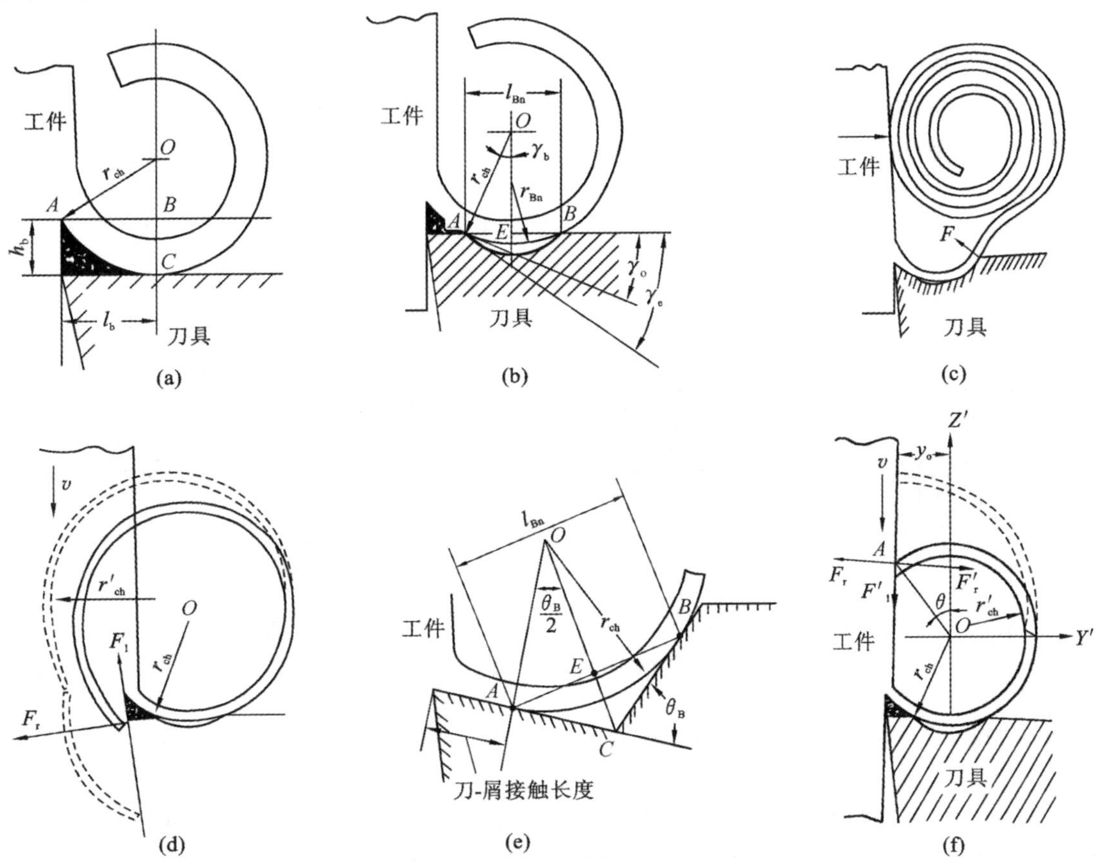

图 2-51　几种切屑的卷曲、折断机理

(a)自然卷屑机理；(b)卷屑槽卷屑机理；(c)发条状切屑碰到工件上折断的机理；

(d)切屑碰到后刀面上折断的机理；(e)卷屑台的卷屑机理；(f)C 形屑撞在工件上折断的机理

3)断屑原理

切屑在切削过程中受到较大变形(基本变形)后，其硬度提高，塑性降低，材质变脆，从而为切屑的折断创造了条件。切屑流出时，受到卷屑槽或断屑台的阻挡，再次产生变形(附加变形)，进一步脆化，当它碰到后刀面或过渡表面时即可折断，如图 2-51(c)～(f)所示。

2.7.2　后角的功用及选择

1. 后角的功用

后角大小影响后刀面与工件已加工表面之间的摩擦，影响刀楔角的大小。后角的主要功用如下。

(1)增大后角可以减少刀具的磨损，提高加工表面质量。

(2)增大后角，在 VB 相同、达到磨钝标准时磨去金属体积多，刀具耐用度高；但在 NB

相同时，则磨去的金属体积少，刀具耐用度低，如图 2-52 所示。

(3)后角增大，刀楔角减小，刀尖圆弧半径减小，刀刃锋利，易切入工件，减小变质层深度。但后角太大时，刀楔角显著减小，散热条件变差，同时削弱刀刃强度，使刀具耐用度降低或者发生刀具破损。

2. 后角的选择

刀具后角主要依据切削厚度(或按粗、精加工)选择。精加工时切削厚度小，主要是后刀面磨损，为了使刀刃锋利应取较大后角；粗加工时，切削厚度大，切削力大、切削温度高，应取较小的后角，以增大刀刃的强度，改善散热条件。工件材料的强度、硬度高时宜选小的后角；材料的韧度大时宜选大的后角。工艺系统刚性差时，为防止振动，宜选小的后角，以增加阻尼，甚至磨出消振棱(见图 2-53)。对于各种有尺寸精度要求的刀具，为了限制重磨后刀具尺寸的变化，宜选择较小的后角。车削一般钢和铸铁时，车刀后角通常取 6°～8°。

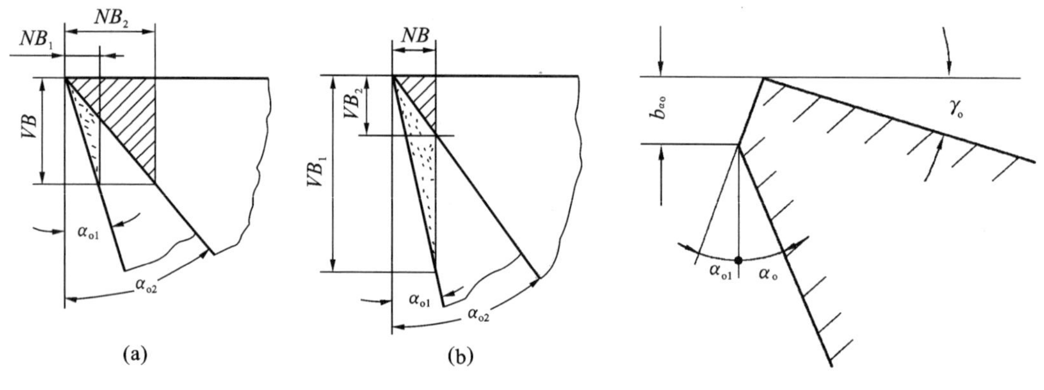

图 2-52　后角大小对刀具磨损体积的影响

(a)VB 一定；(b)NB 一定

图 2-53　消振棱车刀

副后角的功用与主后角基本相同，例如车刀的副后角可取 4°～6°。切断刀和切槽刀受结构强度的影响，副后角只能取 1°～2°，如图 2-54 所示。

2.7.3　主、副偏角的功用及选择

主偏角、副偏角以及刀尖形状均会影响刀尖强度、散热面积、热容量，以及刀具耐用度和已加工表面质量。

1. 主偏角的功用及选择

1)主偏角的功用

(1)主偏角减小时，刀尖角增大，会使刀尖强度提高，散热面积增大，刀具耐用度提高。

(2)主偏角减小时，切削宽度 a_w 增大，切削厚度 a_c 减小，切削刃工作长度增大，单位切削刃载荷减小，有利于提高刀具的耐用度。

(3)主偏角减小时，将使 F_y 分力增大，易引起振动，使工件弯曲变形，降低加工精度。

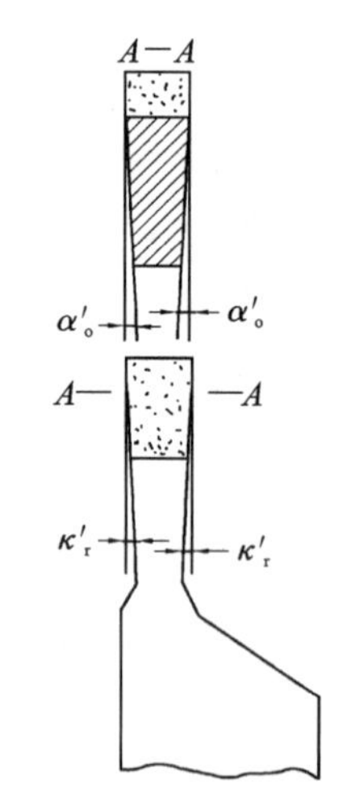

图 2-54　切断刀副后角和副偏角

(4)主偏角会影响切屑形状、流出方向和断屑性能。

(5)主偏角会影响加工表面的残留高度。

2)主偏角的选择

(1)工件材料的强度、硬度高时,选用较小的主偏角可以增大刀尖强度、散热面积及减小切削刃单位长度上的载荷。

(2)用硬质合金刀具粗加工和半精加工时应选择较大的主偏角,以利于减小振动和断屑。

(3)工艺系统刚性好时,宜选取较小的主偏角,以提高刀具耐用度;刚度不足,如加工细长轴时,宜取较大的主偏角,甚至取 $\kappa_r \geqslant 90°$,以减小径向力。

2. 副偏角的选择

选择副偏角时应考虑以下因素。

(1)已加工表面粗糙度值小时,应选择小的副偏角,有时磨出修光刃,如图 2-55 所示。

(2)工艺系统刚性较差时,副偏角不宜选择太小,以不致引起振动为原则。

(3)对于切断刀、切槽刀,考虑刀具的结构强度,副偏角一般取 1°～3°。

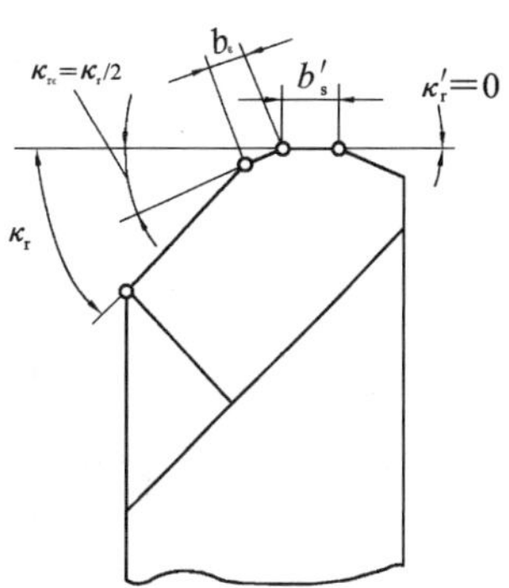

图 2-55 修光刃

2.7.4 刃倾角的功用及选择

1. 刃倾角的功用

由于刃倾角和前角决定着前刀面的倾斜状况,切削时有如下功用。

1)控制切屑流出方向

如图 2-56 所示,当 $\lambda_s=0°$时,切屑在前刀面上近似沿主切削刃的法线方向流出;当 $\lambda_s<0°$时,切屑流向已加工表面;当 $\lambda_s>0°$时,切屑流向待加工表面。

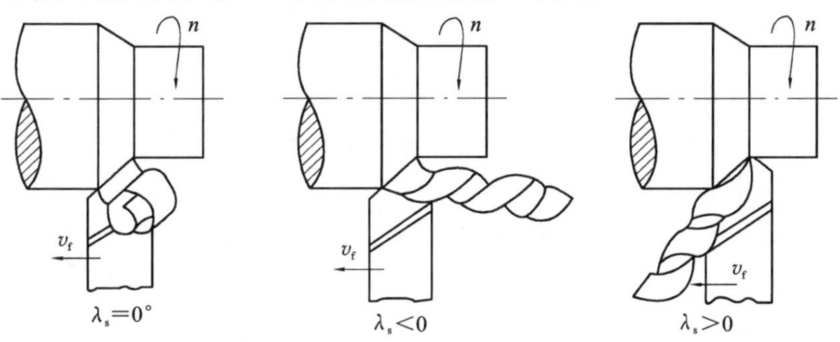

图 2-56 刃倾角对排屑方向的影响

2)影响切削刃的锋利程度

如图 2-57 所示,当 $\lambda_s \neq 0°$时,切屑在前刀面上流出方向与切削刃法线呈一夹角 ψ_λ, ψ_λ角称为流屑角。在流屑剖面内,实际刀尖钝圆半径 $r_{\beta e}<r_\beta$,因此,切削刃锋利性增大,对微量切削很有利。图 2-58 所示为$|\lambda_s|$对实际刀尖钝圆半径的影响情况。

3)影响切削刃切入时接触点的变化

如图 2-59 所示:当 $\lambda_s<0°$时,切削刃上离刀尖较远的点先接触工件;当 $\lambda_s=0°$时,切削刃上各点同时接触工件;$\lambda_s>0°$时,刀尖先接触工件。断续切削时,希望第一接触点不要发生在刀尖位置。

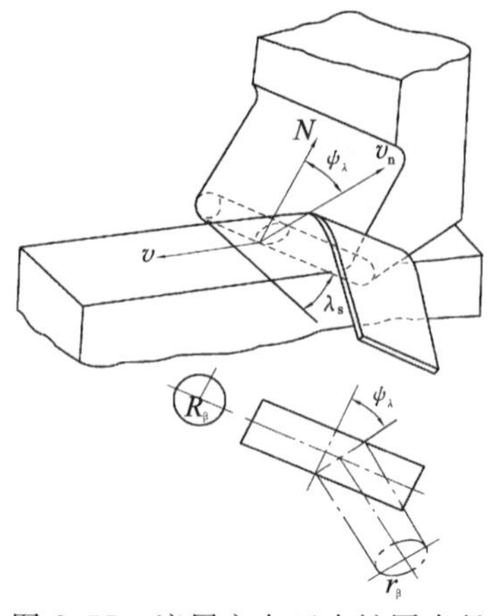

图 2-57　流屑方向刀尖钝圆半径

4)影响切入、切出时的平稳性

由图 2-59 可知,当 $\lambda_s=0°$时,切削刃同时切入、切出工件,切削力大,切削时有冲击现象;当 $\lambda_s\neq0°$时,切削刃逐渐切入、切出工件,切削平稳。

5)影响切削分力的比值

以外圆车刀为例,λ_s由 10°变化到$-45°$时,F_y 增加约 1 倍,F_x 减少 2/3,F_z 基本不变。

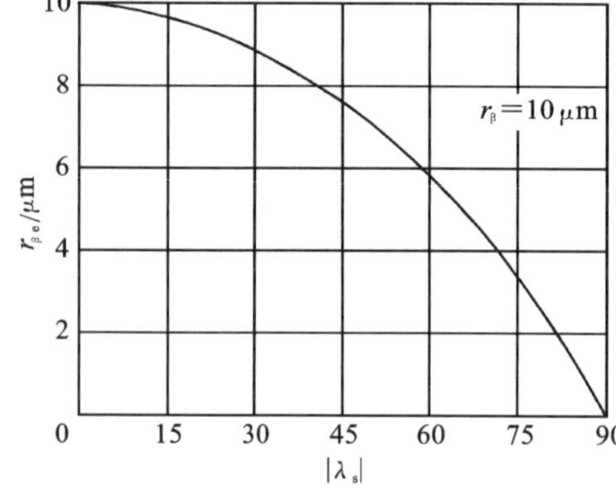

图 2-58　刃倾角对实际刀尖钝圆半径的影响

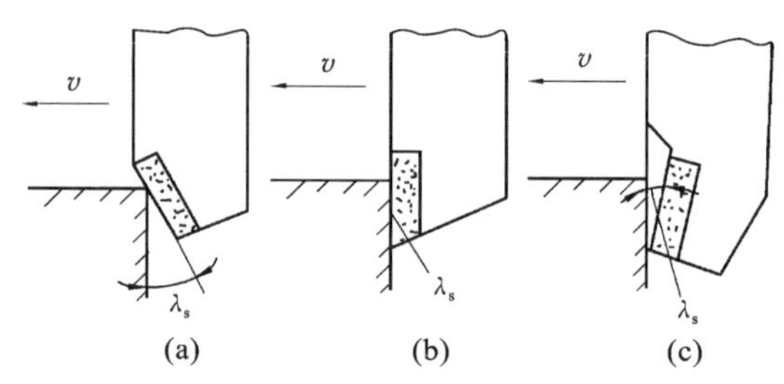

图 2-59　刃倾角对切削刃冲击点的影响图

(a)$\lambda_s<0$;(b)$\lambda_s=0$;(c)$\lambda_s>0$

6)影响切削刃的工作长度

当 a_p 不变时,λ_s 绝对值越大,切削刃工作长度越长,单位切削载荷越小,刀具耐用度越高。

2. 刃倾角的选择原则

(1)采用硬质合金刀具加工一般的钢料、铸铁时,粗加工应取 $\lambda_s=0°\sim-5°$,精加工时应取 $\lambda_s=0\sim+5°$,有冲击载荷时应取 $\lambda_s=-5°\sim-15°$。

(2)加工高强度钢、高锰钢及淬硬钢时,应取 $\lambda_s=-20°\sim-30°$。

(3)工艺系统刚度不足时,尽量不采用负的刃倾角。

(4)微量切削时取 $\lambda_s=45°\sim75°$。

(5)对于金刚石、立方氮化硼等脆性大的刀具,取 $\lambda_s=0\sim-5°$。

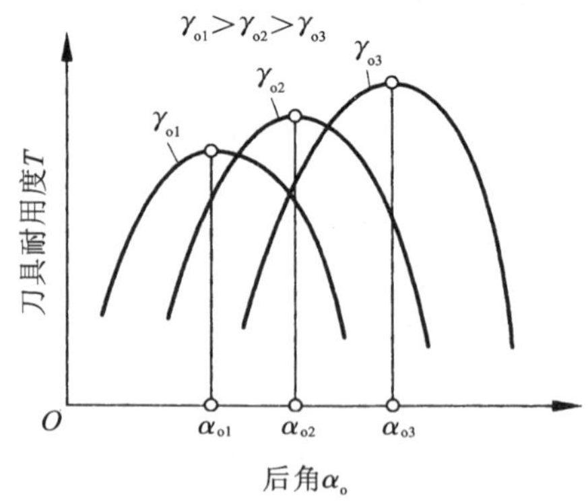

图 2-61　不同前角时的合理后角

应该指出,刀具各参数之间既相互联系又相互影响,如图 2-60 所示。考虑刀具耐用度时,改变前角时,合理后角同时发生变化。任何刀具的合理几何参数,都应该综合考虑各方面因素后确定。

2.8 工件材料的切削加工性与切削用量选择

2.8.1 工件材料的切削加工性

工件材料的切削加工性是指在一定的切削条件下，工件材料切削加工的难易程度。切削加工性是一个相对的概念。如低碳钢，从切削力和切削功率方面来衡量则加工性好，从已加工表面粗糙度方面来衡量则加工性不好。

1. 衡量切削加工性的指标

切削过程的要求不同，切削加工性的衡量指标也不同。

1）刀具耐用度指标

在相同的切削条件下加工不同的材料时，在一定的切削速度下刀具耐用度 T 越大或一定耐用度下所允许的切削速度 v_T 越高，加工性越好；反之，加工性越差。

在一定刀具耐用度下，某种材料允许的切削速度 v_T 是生产和实验中最常用的衡量加工性的指标。通常以 $\sigma_b=0.735$ GPa 的正火状态下 45 钢的刀具耐用度 $T=60$ min 时允许的切削速度 v_{60} 为基准，记作 $(v_{60})_j$，其他各种材料的 v_{60} 与之相比，比值 K_r 即为这种材料的相对加工性。即

$$K_r=v_{60}/(v_{60})_j \tag{2-29}$$

$K_r>1$，说明该材料的加工性比 45 钢好；$K_r<1$，说明该材料的加工性比 45 钢差。常用工件材料相对加工性 K_r 可分为八级，如表 2-2 所示。

2）已加工表面质量指标

如果切削加工时容易获得好的加工质量（包括表面粗糙度、加工硬化程度和表面残余应力等），材料的切削加工性就好；反之则差。精加工时常以此作为衡量加工性的指标。

3）切削力或切削功率指标

在相同切削条件下加工不同材料时，切削力或切削功率越大，切削温度越高，则材料的加工性越差；反之，加工性越好。在粗加工或机床的刚度、动力不足时，可采用切削力或切削功率作为衡量加工性的指标。

4）切屑的处理性能指标

切削加工时切屑的处理性能（指切屑的卷曲、折断和清理等）越好，则材料的加工性越好；反之，加工性越差。利用数控机床、组合机床、自动机床或自动线加工时，常以此作为衡量加工性的指标。

2. 影响材料加工性的因素

根据材料学理论，影响材料加工性的因素主要有化学成分、金相组织、力学性能、物理性能及化学性能等，其中材料的力学性能、物理性能及化学性能是由化学成分和金相组织决定的。

表 2-2 材料的相对加工性等级

加工性等级	名称及种类		相对加工性	代表性材料
1	很容易切削材料	一般有色金属	>3.0	5-5-5 铜铅合金、9-4 铝铜合金、铝镁合金
2	容易切削材料	易切削钢	2.5～3.0	退火 15Cr，σ_b＝0.373～0.441 GPa 自动机钢，σ_b＝0.393～0.491 GPa
3		较易切削钢	1.6～2.5	正火 30 钢，σ_b＝0.441～0.549 GPa
4	普通材料	一般钢及铸铁	1.0～1.6	正火 45 钢、灰铸铁
5		稍难切削材料	0.65～1.0	2Cr13，调质，σ_b＝0.834 GPa 85 钢，σ_b＝0.883 GPa
6	难切削材料	较难切削材料	0.5～0.65	45Cr，调质，σ_b＝1.03 GPa 65Mn，调质，σ_b＝0.932～0.981 GPa
7		难切削材料	0.15～0.5	50CrV，调质，1Cr18Ni9Ti，某些钛合金
8		很难切削材料	<0.15	某些钛合金、铸造镍基高温合金

1）工件材料的力学性能

一般情况下，工件材料的硬度（包括常温硬度、高温硬度、硬质点和加工硬化等方面）、强度越高，塑性、韧性越大，弹性模量越小，其加工性越差；反之，则越好。但在生产实际中不能孤立地考虑这些因素，而应根据不同的材料，对多种影响因素进行综合考虑，如低碳钢，虽然其硬度很低，但塑性很大，其加工性并不是很好。

2）工件材料的物理性能

在材料的物理性能中，导热系数对切削加工性有直接的影响。切削过程中所产生的切削热分别从切屑、工件及刀具传出。工件材料的导热系数越高，刀具与工件及切屑摩擦面上的温度就越低，刀具磨损越小，耐用度越高，工件切削性越好；反之，则越差。

3）工件材料的化学性能

某些材料在切削温度高时，易引起化学反应：如镁合金易燃烧；钛合金在切削时与空气中的氧和氮发生反应，形成硬脆的化合物，使切屑成短碎片状，切削力和切削热集中在切削刃附近；切削液有时会和某些材料起化学反应等。这些都对材料的切削性能有一定的影响。

3. 改善工件材料切削加工性的途径

1）对材料进行热处理

通过热处理可以改善材料的金相组织和物理力学性能，这是生产实践中最常用的方法。如高碳钢和工具钢硬度高，有较多的网状、片状渗碳体组织，通过球化退火可以降低其硬度。热轧状态的中碳钢组织不均匀，有时表面有硬皮，经过正火可使其组织均匀，硬度适中，改善其切削加工性。低碳钢塑性过高，可通过冷拔或正火适当降低其塑性，提高硬度，改善其切削加工性。

2）调整材料的化学成分

存在于钢中的一些元素如硫（S）、磷（P）、铅（Pb）等，几乎不能与钢的基体固溶，而以金属或金属夹杂物的状态分布，在切削过程中起到减小变形和摩擦力的作用，使钢的切削性能得到改善。为了改善切削加工性能而提高这些元素含量，所得到的钢称为易切削钢。它具有良好的加工性，可使刀具耐用度提高、切削力减小、切屑易折断等。但应注意的是硫、磷等元素的含量变化会影响钢的力学性能，如硫元素会使钢在高温下脆性增大，而磷会造成“冷脆”现象。

2.8.2　切削用量的选择

合理地选择切削用量对保证加工质量、降低加工成本和提高生产率有着非常重要的意义。随着机床、刀具和工件等条件的不同，切削用量的合理值有较大的变化。

选择切削用量时，要考虑到它对生产率、刀具耐用度和已加工表面质量的影响，最后确定切削用量的合理值。

所谓切削用量的合理值是指充分发挥机床、刀具的性能，在保证加工质量的前提下，获得高的生产率和低的加工成本的切削用量值。

1. 切削用量与加工生产率的关系

车削外圆时，按切削工时 t_m 计算的生产率为

$$P=\frac{1}{t_m}=\frac{10^3 vfa_p}{\pi d_w L_w Z_\Sigma} \tag{2-30}$$

式中：L_w——工件加工长度（mm）；

Z_Σ——加工总余量（mm）。

由式(2-30)可知，切削用量三要素分别与生产率成线性关系，即提高任一要素都能以相同的比例提高生产率。但切削用量三要素对刀具耐用度的影响却不相同。

在常用切削用量范围内，当刀具耐用度一定时，切削用量之间的关系为

$$v=\frac{C}{a_p^{x_v} f^{y_v}} \tag{2-31}$$

硬质合金车刀在不使用切削液切削碳素钢时，$x_v=0.15$，$y_v=0.35$，代入上式得

$$v=\frac{C}{a_p^{0.15} f^{0.35}} \tag{2-32}$$

(1)当 f 不变，a_p 增至 $3a_p$ 时，若仍保持刀具合理的耐用度，则 v 必须降低15%，此时生产率 $P_{3a_p}\approx 2.6P$，即生产率提高至原来的2.6倍。

(2)当 a_p 不变，f 增至 $3f$ 时，若仍保持刀具合理的耐用度，则 v 必须降低32%，此时生产率 $P_{3f}\approx 2P$，即生产率提高至原来的2倍。

由此可见，增大 a_p 比增大 f 更有利于提高生产率。但是 a_p 的选择常受到工序余量的限制，一旦确定，则 a_p 为常数。由式(2-30)可得：当 f 增大2倍时，生产率增大1.3倍；当 v 增大2倍时，生产率反而下降87%。

2. 切削用量对刀具耐用度的影响

由式(2-27)可见，v、f、a_p 任一项增大时，都会使刀具耐用度下降，但对其影响最大的是 v，其次是 f，对其影响最小的是 a_p。因此，从刀具的耐用度方面考虑，应首先选取最大的 a_p，再选取大的 f，最后按刀具耐用度公式计算 v 值。这就是粗加工时选择切削用量的原则。

3. 切削用量对加工表面粗糙度的影响

进给量 f 直接影响已加工表面的残留高度，因而对加工表面粗糙度影响最大。a_p对切削变形、摩擦及积屑瘤等无明显影响，但 a_p 增大后，切削力增大，易引起振动，会降低加工精度和表面粗糙度。切削速度 v 增大至一定值时，可抑制积屑瘤，使切削变形、切削力和表面粗糙度减小。

由以上分析可知，在粗加工时主要是以提高生产效率为主，因此在工艺系统强度、刚度允许的情况下，通常选取大的背吃刀量和进给量，按刀具耐用度来计算切削速度。在半精加工和精加工时，主要以保证加工质量为主，通常采用较小的背吃刀量和进给量，为避免或减小积屑瘤，对硬质合金刀具宜采用较高的切削速度，对高速钢刀具宜采用较低的切削速度。当然，选择切削速度时，应避开工艺系统的颤振区，以防止振动影响加工精度和表面粗糙度。

2.9 切削液的种类与选用

在切削加工过程中合理使用切削液，可以改善切屑、工件与刀具的摩擦状况，降低切削力和切削温度，减少刀具磨损，抑制积屑瘤和鳞刺（在已加工表面上呈鱼鳞状的毛刺）的生长，从而提高生产率和加工质量。

2.9.1 切削液的作用机理

切削液主要起冷却和润滑的作用，同时还具有良好的清洗作用和防锈作用。此外，要求切削液无毒无异味、绿色环保、不影响人体健康、不变质及具有良好的化学稳定性等。

1. 冷却作用

切削液的冷却作用主要是靠热传导带走切削区的大量热量，以降低切削温度，提高刀具耐用度和加工表面质量。对耐热性差的刀具，切削液的冷却作用尤其重要。

切削液的冷却效果取决于切削液的性质（如导热系数、比热、汽化热和汽化速度等）、用量（如流量、流速和压力等）以及使用方法。水溶液的导热系数及比热比油大得多，故水溶液的冷却性能比切削油好，乳化液介于两者之间。

2. 润滑作用

在切削过程中，刀具与切屑、工件接触面上的摩擦剧烈，而且压力很大（1 GPa 以上），温度很高（500 ℃以上）。在这种条件下，使用切削液后切削区摩擦界面上也不可能达到完全流体润滑摩擦状态，而是属于边界润滑摩擦状态。使用切削液后，切削液将从刀-屑、刀-工接触界面的微小间隙在相对运动下形成泵吸现象时渗入其中，如图 2-61 所示。在切屑剪切区的剪切裂纹处，汽化切削液分子直接渗入并吸附在摩擦界面和剪切面上。因此，在切削过程中，切削液可以减小接触界面上的摩擦，使剪切角增大，刀具与切屑接触长度缩短，抑制或消除积屑瘤，从而提高刀具的耐用度和加工表面质量。表 2-3 是采用几种切削液与干切削时的润滑效果比较。

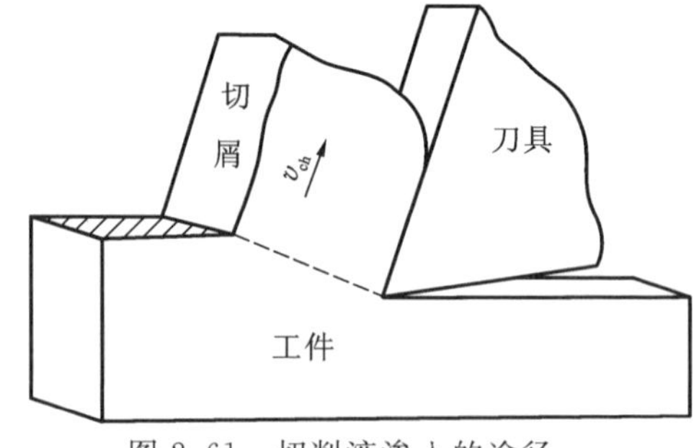

图 2-61 切削液渗入的途径

表 2-3　几种切削液与干切削时润滑效果比较表

切削液种类	剪切角 φ	变形系数 ξ	摩擦系数 μ
—(干切削)	15°15′	2.9	0.90
乳化液	22°50′	2.7	0.83
矿化脂肪油+矿物油(非活性)	24°20′	2.6	0.72
菜籽油	25°12′	2.3	0.68
氯化硫化矿物油+脂肪油(活性)	25°30′	2.2	0.66

3. 清洗作用

在加工脆性工件形成崩碎切屑或加工塑性工件形成粉末切屑(如磨削)时，要求切削液具有良好的清洗和冲刷作用。切削液的清洗性能与其渗透性、流动性、使用的压力和流量有关。这种切削液通常以水为主，添加表面活性剂和少量的矿物油。

4. 防锈作用

在使用切削液时，由于切削液的飞溅，工件、机床、刀具等受到污染，因此要求切削液具有绿色环保和防锈性能。切削液的防锈性能主要取决于防锈添加剂的作用。

2.9.2　切削液的种类

金属切削加工中最常用的切削液可分为三大类：水溶液、乳化液和切削油。

1. 水溶液

水溶液的主要成分是水，它的冷却性能好，呈透明状，便于操作者观察。但其易使金属生锈，且润滑性能欠佳。因此，常在水溶液中加入一定的添加剂，使其既能保持冷却性能又有良好的防锈性能和一定的润滑性能。水溶液冷却性能最好，最适用于磨削加工。

2. 乳化液

以水为主加入适量的乳化油而成。乳化油是由矿物油、乳化剂配制而成，再用 95%～98%水稀释后得到的，呈乳白色或半透明状。乳化液尽管润滑性能优于水溶液，但润滑性能仍较差，而且防锈性能也较差。为了提高其润滑和防锈性能，需加入一定量的油性添加剂、极压添加剂和防锈添加剂，配成极压乳化液或防锈乳化液。

3. 切削油

切削油的主要成分是矿物油，少数采用植物油或复合油。纯矿物油不能在摩擦界面上形成牢固的润滑膜，常加入油性添加剂、极压添加剂和防锈添加剂以提高润滑和防锈性能。

2.9.3　切削液的添加剂

为了使切削液具有各种使用性能，通常加入某些化学物质，这些化学物质称为添加剂。

切削液中常见的添加剂有：油性添加剂、极压添加剂、防锈添加剂、防霉添加剂、防泡沫添加剂和乳化剂等。

1. 油性添加剂

油性添加剂含有极性分子，它能在金属表面形成牢固的吸附膜，以减少摩擦。这种吸附膜耐高温性差，故主要用于低速精加工。

2. 极压添加剂

常用的极压添加剂是含有硫、磷、氯、碘的有机化合物。它在高温下与金属表面发生化学反应形成化学润滑膜,能在高温下保持润滑作用。

3. 乳化剂

乳化剂用于对矿物油和水进行乳化,形成稳定的乳化液。乳化剂是一种表面活性剂,它有极性端和非极性端。极性端亲水,非极性端亲油,从而使水与油连接起来,降低油与水的界面张力,使油微小的颗粒稳定均匀地分布在水中形成水包油乳化液。相反的是油包水乳化液。金属切削中应用水包油乳化液。

此外,还有其他添加剂(见表 2-4)。

表 2-4 切削液中的添加剂

分类		添加剂
油性添加剂		动植物油,脂肪酸及其皂,脂肪醇,脂类、酮类、胺类等化合物
极压添加剂		硫、磷、氯、碘等有机化合物(如氯化石蜡、二烷基二硫代磷酸锌等)
防锈添加剂	水溶性	亚硝酸钠、磷酸三钠、磷酸氢二钠、苯甲酸钠、苯甲酸胺、三乙醇胺等
	油溶性	石油磺酸钡、石油磺酸钠、环烷酸锌、二壬基萘磺酸钠等
防霉添加剂		苯酚、五氯酚、硫柳汞等化合物
抗泡沫添加剂		二甲基硅油
助溶添加剂		乙醇、正丁醇、苯二甲酸酯、乙二醇醚等
乳化剂(表面活性剂)	阴离子型	石油磺酸钠、油酸钠皂、松香酸钠皂、高碳酸钠皂、磺化蓖麻油、油酸三乙醇胺等
	非离子型	平平加(聚氧乙烯脂肪醇醚)、司本(山梨糖醇油酸酯)、吐温(聚氧乙烯山梨糖醇油酸酯)
乳化剂		乙二醇、乙醇、正丁醇、二乙二醇单正丁基醚、二甘醇、高碳醇、苯乙醇胺、三乙醇胺

2.9.4 切削液的选用

切削液的品种繁多、性能各异,在切削加工时应根据工件材料、刀具材料、加工方法和加工要求的具体情况合理选用,以取得良好的效果。

1. 根据刀具材料和加工要求选用

对于低速刀具如高速钢刀具,为了降低切削温度和减少摩擦应使用切削液。粗加工时选用冷却性能好的切削液;精加工时选用润滑性好的切削液,以保证加工表面质量。

对于硬质合金刀具,由于其耐热性好,一般不使用切削液。如果必须使用削液,应连续、充分、大流量使用,以防止热冲击产生内应力而降低刀具的耐用度和已加工表面质量。

2. 根据工件材料选用

加工钢等塑性材料时应选用切削液。加工铸铁等脆性材料时一般不选用切削液,以免污染工作场地。如果必须使用,则采用煤油或轻柴油等与切屑容易分离的切削液。对于高强度钢、高温合金钢等难加工材料，应选用极压性能优良的切削液，以适应极压润滑摩擦状况，起到降低切削温度和减小摩擦的效果，从而提高刀具耐用度和加工表面质量。

3. 根据加工方法选用

在钻孔、攻螺纹、铰孔和拉削等加工中，由于钻头（丝锥、铰刀、拉刀）导向部分和校准部分与已加工表面摩擦较大，通常选用乳化液、极压乳化液和极压切削油；对成形刀具、螺纹刀具及齿轮刀具，应保证其有较高的耐用度，通常选用润滑性能好的切削油、高浓度的极压乳化液或极压切削油；对于磨削加工，由于磨屑微小而且磨削温度很高，故选用冷却和清洗性能好的切削液，如水溶液、乳化液。磨削难加工材料时，宜选用有一定润滑性能的水溶液和极压乳化液。

2.9.5 切削液的使用方法

不仅要合理选用，而且要选择正确的使用方法才能充分发挥切削液的作用。切削液常用的使用方法有：浇注法、高压冷却法和喷雾冷却法。

1. 浇注法

浇注法是最常用的切削液使用方法。这种方法使用方便，设备简单，但切削液流量大，压力低，不易进入切削区的最高温度处，因此，冷却、润滑效果皆不理想。

2. 高压冷却法

高压冷却法是利用高压(1～10 MPa)切削液直接作用于切削区周围进行冷却润滑并冲走切屑的方法，效果好于浇注法，但需要高压冷却装置。深孔加工时常用此法。

3. 喷雾冷却法

喷雾冷却法是以压力为0.3～0.6 MPa的压缩空气，通过喷雾装置使切削液雾化，高速喷射到切削区，在高温下迅速汽化，吸收大量的热量，达到良好的冷却效果。该方法实现清洁生产，并能显著地提高刀具耐用度和加工表面质量，但需要高压气源和喷雾装置。

复习思考题

2.1 试分析外圆车削、端面车削、刨削、铣削的切削运动及工件上的各表面。

2.2 何谓切削用量？其三要素的含义是什么？

2.3 切削层参数有哪些？它们与背吃刀量和进给量有何关系？

2.4 切削方式有哪几种？实际生产中多用哪种切削方式？

2.5 车刀切削部分由什么组成？

2.6 在正交平面参考系中标注车刀各角度：$\kappa_r=60°$，$\kappa'_r=45°$，$\gamma_o=10°$，$\alpha_o=5°$，$\lambda_s=-10°$。

2.7 试以横车（切断）为例，说明车刀工作角度与标注角度的关系。

2.8 端面车削时，当刀尖高（或低）于工件中心时，车刀的前角、后角有何变化？

2.9 刀具切削部分材料应具备哪些基本性能？为什么？

2.10 刀具材料有哪几种？常用牌号有哪些？性能如何？常用于何种刀具？如何选用？

2.11 说明涂层硬质合金、涂层高速钢刀具的品种、特点及应用范围。

2.12 从化学成分、物理和力学性能及应用范围，说明金属陶瓷、立方氮化硼和金刚石刀具材料的特点。

2.13 刀具材料与被加工材料应如何匹配？怎样根据工件材料的性质和切削条件正确选择刀具？

2.14 超硬高速钢有哪些品种？我国根据资源条件研制了哪些牌号的超硬高速钢？它们各有何特色？

2.15 试列举普通高速钢的品种与牌号，并说明它们的性能特点。

2.16 试列举常用硬质合金的品种和牌号，并说明它们的性能特点和应用范围。

2.17 画简图说明切屑形成过程。切屑形状分哪几种？各在什么条件下产生？

2.18 衡量切屑变形程度的参数有哪几个？影响切屑变形有哪些因素？各因素如何影响切屑变形？

2.19 积屑瘤是如何产生的？积屑瘤对切削过程有何影响？

2.20 车削加工时三个切削分力 F_x、F_y、F_z 是如何定义的？各分力对加工有何影响？

2.21 如何根据实验数据确定切削力经验公式中的系数和指数？

2.22 切削热有哪些来源？切削热如何传出？

2.23 影响切削温度的因素有哪些？如何影响？

2.24 刀具磨损如何进行度量？刀具磨钝的标准是如何制订的？

2.25 切削用量三要素对刀具使用寿命影响程度有何不同？试分析其原因。

2.26 刀具破损的主要形式有哪些？高速钢和硬质合金刀具的破损形式有何不同？

2.27 影响工件材料切削加工性的主要因素是什么？如何衡量？

2.28 刀具前角、后角各有什么功用？说明选择合理前角、后角的原则。

2.29 主偏角、副偏角各有什么功用？说明选择合理主偏角、副偏角的原则。

2.30 刃倾角有什么功用？说明选择合理刃倾角的原则。

2.31 说明最大生产效率刀具使用寿命和经济刀具使用寿命的含义及计算公式。

2.32 如何合理确定背吃力量、进给量和切削速度？

2.33 切削液有何功用？如何选用？

第3章　金属切削刀具

内容提要

本章主要介绍金属切削刀具材料与分类，各种典型刀具如车刀、铣刀、孔加工刀具、复杂刀具、砂轮的结构特点及应用。

3.1　刀具材料与分类

3.1.1　刀具材料

1. 刀具材料应具备的性能要求

在切削过程中，刀具切削部分与切屑、工件相互接触的表面上直接承受高温、高压以及剧烈的摩擦作用，加工余量不均匀的工件或断续加工时，刀具还受到强烈的冲击和振动，工作条件极其恶劣，因此刀具材料应具备以下性能。

1）高的硬度和耐磨性

硬度是刀具材料应具备的基本性能。刀具要从工件（金属件）上切下切屑，其硬度必须高于工件材料的硬度，通常硬度在 60 HRC 以上。

耐磨性是材料抵抗磨损的能力。一般来说，刀具材料的硬度越高，耐磨性就越好。刀具材料组织中硬质点（碳化物、氮化物等）的硬度越高，数量越多，颗粒越小，分布越均匀，则耐磨性越好。刀具材料的耐磨性不仅取决于它的硬度，也和它的化学成分、强度和显微组织等有关。刀具材料的耐磨性越好，刀具寿命越高，加工精度相对也越高。

2）足够的强度和韧度

切削时，刀具承受很大的切削力，有时刀具承受的力还具有冲击与振动的特性，故刀具材料必须具备承受这种冲击和交变载荷的能力。只有具备足够的强度和韧度，刀具才能承受切削力和切削时产生的冲击与振动，不易发生脆性断裂和崩刃。

3）高的耐热性

刀具切削时，切削区域的温度常高达数百度，甚至 1 000℃以上。刀具材料必须在高温下仍能保持高的硬度、高的耐磨性和足够的韧度，即刀具材料具有高的耐热性。刀具材料的耐热性又称为热硬性或红硬性。耐热性越好，允许的切削速度就越高。耐热性是衡量刀具材料性能的主要标志。

4）良好的工艺性

为了便于制造，刀具切削部分的材料应具有良好的工艺性能，如锻造、焊接、热处理、切削和磨削加工等性能。

5）良好的热物理性能

刀具材料的导热性愈好，切削热愈容易从切削区散走，愈有利于降低切削温度。刀具在断续切削（如铣削）或使用切削液切削时，常常受到很大的热冲击（温度变化剧烈），因而刀具内部会产生裂纹而导致断裂。刀具材料抵抗热冲击的能力可用耐热冲击系数来衡量。

6）经济性

经济性也是评价刀具材料切削性能的一项的重要指标。应尽可能采用原料资源丰富和价格较低的刀具材料。有的刀具（如超硬材料刀具）虽然单件成本很高，但因其使用寿命很长，分摊到每个零件上的成本不一定很高。

此外，在切削加工自动化和柔性制造系统中，也要求刀具的切削性能比较稳定和可靠，有一定的可预测性和高度的可靠性。

实际上，刀具要满足上述所有性能要求是很难的，而且有些性能之间本身是相互矛盾的。如：硬度耐磨性好，则往往韧度低；强度高，则往往工艺性差。因此，在选择刀具材料时，应根据具体情况抓住其中的主要因素。

2. 常用刀具材料的种类与特性

刀具材料的种类很多，金属材料主要有碳素工具钢、合金工具钢、高速钢和硬质合金等，非金属材料主要有陶瓷、人造金刚石、立方氮化硼等。各种刀具材料的使用性能、工艺性能和价格各不相同。目前，在生产中最常用的刀具材料有高速钢和硬质合金。陶瓷材料和超硬刀具材料（金刚石和立方氮化硼）仅应用于有限场合，但它们的显微硬度很高，具有优良的抗磨损能力，刀具耐用度高，能保证高的加工精度，应予以重视。碳素工具钢、合金工具钢因耐热性差，仅用于一些手工工具及切削速度较低的刀具，如手用丝锥、铰刀等。

1）碳素工具钢

碳素工具钢是一种碳的质量分数在 0.8%～1.3%范围的优质钢，常用牌号有 T8A、T10A、T12、T12A 等。这类钢工艺性能良好，经适当热处理，硬度可达 60～65 HRC，有较高的耐磨性，且价格较低。其最大缺点是耐热性差，温度超过 200 ℃后硬度会明显下降，因此允许的切削速度较低（5～10 m/min），只能用于制造低速、简单的手用工具，如锉刀、刮刀及锯条等。

2）合金工具钢

合金工具钢是在碳素工具钢中加入适量的铬（Cr）、硅（Si）、钨（W）、锰（Mn）、钒（V）等元素炼制而成的（所含合金总的质量分数不超过 3%～5%）。与碳素工具钢相比，它具有较高的热硬性、耐磨性和韧度，同时热处理后的变形小。其淬火硬度可达 61～65 HRC，热硬性达 325～400 ℃，允许的切削速度为 10～15 m/min，常用于制造细长的或截面积大、刃形复杂的刀具，如铰刀、丝锥、板牙等。其主要牌号有 CrWMn、9SiCr、9Mn2V 等。

3）高速钢

高速钢是高速工具钢的简称，又称锋钢，是加入了较多的钨、铬、钼（Mo）、钒等合金元素的高合金工具钢。高速钢具有较高的硬度（淬火硬度达 62～65 HRC）和耐热性（热硬性达 600 ℃），切削温度在 500～650℃时，还能进行切削。允许的切削速度比碳素工具钢和合金工具钢提高 1～3 倍。高速钢的最大优点是强度高、韧性好，可在有冲击、振动的场合应用，因此可以用于加工有色金属、结构钢、铸铁、高温合金等材料。高速钢的工艺性好，容易磨出锋利的切削刃，适用于制造各类刀具，尤其适用于制造如钻头、拉刀、成形刀具、齿轮加工刀具等结构复杂的刀具。目前，高速钢仍是世界各国制造复杂、精密和成形刀具的材料，是应用最广泛的刀具材料之一。

高速钢按切削性能可分为普通高速钢和高性能高速钢，按制造工艺方法可分为熔炼高速钢和粉末冶金高速钢。常用的几种高速钢的种类、牌号、主要性能和用途见表 3-1。

表 3-1　常用高速钢的种类、牌号、主要性能和用途

种类		牌号	硬度(HRC)			抗弯强度/GPa	冲击韧度/(kJ/m²)	其他特性	主要用途
			常温	500℃	600℃				
普通高速钢	钨系高速钢	W18Cr4V	63～66	56	48.5	2.94～3.3	172～331	可磨削性好	复杂刀具、精加工刀具
	钨钼系高速钢	W6Mo5Cr4V2	63～66	55～56	47～48	3.43～3.92	398～446	韧性、热塑性、耐磨性好，可磨削性差	代替钨系钢用，尺寸较大、承受冲击力较大的刀具、热轧刀具
高性能高速钢	钴高速钢	W2Mo9Cr4VCo8(M42)	66～68	—	55	2.64～3.72	223～291	综合性能好，可磨削性好，但价格特高	切削难加工材料的刀具
	铝高速钢	W6Mo5Cr4V2Al(501)	67～69	60	54～55	2.84～3.82	223～291	性能与M42相当，价格经济得多，可磨削性略差	同上

(1)普通高速钢　普通高速钢的特点是工艺性好，具有较高的硬度、强度及较好的耐磨性和韧性，可用于制造各种刃形复杂的刀具。切削普通钢料时的切削速度一般不高于 60 m/min。按化学成分不同，普通型高速钢可分为钨系和钨钼系两类。

钨系高速钢典型牌号为 W18Cr4V，其中含 W 18%、Cr 4%、V 1%，具有较好的综合力学性能，可制造各种复杂刀具。

钨钼系高速钢典型牌号为 W6Mo5Cr4V2，其中含 W 6%、Mo 5%、Cr 4%、V 2%，这种钢在 W18Cr4V 的基础上以钼取代了一部分钨，其碳化物细小分布均匀，因此抗弯强度、塑性、韧性和耐磨性都高于 W18Cr4V，适于制造尺寸较大、承受冲击较大的刀具(如滚刀、插刀)。由于钼的存在,其热塑性非常好,因此常用于轧制或扭制麻花钻,将逐步取代W18Cr4V,但其可磨削性比 W18Cr4V 略差。

(2)高性能高速钢　高性能高速钢是在普通高速钢的基础上增加一些碳、钒并添加钴(Co)、铝(Al)等合金元素熔炼而成的,其耐热性好,在 630～650 °C 时仍能保持接近 60 HRC 的硬度,适用于加工耐热钢、钛合金、奥氏体不锈钢、高强度钢等难加工材料,生产率与耐用度比普通高速钢高。这种高速钢的种类很多,下面主要介绍三种。

①钴高速钢 W2Mo9Cr4VCo8(M42)　这是一种应用最广的含钴超硬高速钢,常温硬度达67～70 HRC,具有良好的综合力学性能。钴可提高硬度,因此其允许的切削速度较高。因钒含量不高,可磨性好。它还有导热性好的特点,适用于加工导热性差、强度高的高温合金、奥氏体不锈钢等难加工材料。钴高速钢在国外应用较多,我国因钴主要靠进口,故使用不多。

②铝高速钢 W6Mo5Cr4V2Al(501 钢)　铝高速钢是一种无钴的超硬高速钢,是在W6Mo5Cr4V2 钢中加入铝制成的。其常温硬度为 67～69 HRC,600 °C 时仍保持 54～55 HRC,综合性能较好,具有优良的切削性能。国产 W6Mo5Cr4V2Al 的性能已接近国外的W2Mo9Cr4VCo8。因不含钴,生产成本较低,已在我国推广使用。

③粉末冶金高速钢　粉末冶金高速钢是利用高压惰性气体(氢气或氮气)把钢液雾化成粉末后,再经过热压锻轧成材的一种刀具材料。这种钢有效地解决了熔炼高速钢的碳化物共晶偏析问题,结晶组织细小均匀。与熔炼高速钢相比,粉末冶金高速钢材质均匀,韧性好,硬度高,热处理变形小,质量稳定,刃磨性能好,刀具寿命较高。它可用于切削各种难加工材料,特别适合于制造各种精密刀具和形状复杂的刀具、断续切削刀具。

4)硬质合金

硬质合金是用高硬度、难熔的金属碳化物(WC、TiC、TaC、NbC 等)和金属黏结剂(钴、镍(Ni)、钼等)在高温条件下烧结而成的粉末冶金制品。由于合金碳化物是硬质合金的主要成分,具有高硬度、高熔点和化学稳定性好等特点,故其硬度、耐热性和耐磨性都很高,允许的切削速度远高于高速钢,加工效率高且可加工包括淬硬钢在内的多种材料。硬质合金的不足是与高速钢相比,其抗弯强度较低、脆性较大,抗振动和冲击性能也较差。

硬质合金是最常用的刀具材料之一,常用于制造车刀和面铣刀,也可用硬质合金制造深孔钻、铰刀、拉刀和滚刀。尺寸较小和形状复杂的刀具,可采用整体硬质合金制造,但整体硬质合金刀具成本高,其价格是高速钢刀具的 8～10 倍。

国际标准化组织(ISO)把切削用硬质合金分为三类:P 类、K 类和 M 类。

P 类(相当于我国 YT 类)硬质合金由 WC、TiC 和钴组成,也称钨钛钴类硬质合金。这类合金主要用于加工钢料。

K 类(相当于我国 YG 类)硬质合金由 WC 和钴组成,也称钨钴类硬质合金。这类合金主要用来加工铸铁、有色金属及其合金。

M 类(相当于我国 YW 类)硬质合金是在 WC、TiC、钴的基础上再加入 TaC(或 NbC)而成。加入 TaC(或 NbC)后,改善了硬质合金的综合力学性能。这类硬质合金既可以用于加工铸铁、有色金属及其合金,又可以用于加工钢料,还可以用于加工高温合金和不锈钢等难加工材料,有通用硬质合金之称。

常用硬质合金的牌号、性能和使用范围见表 3-2。

表 3-2　常用硬质合金的牌号、性能和使用范围

类型	牌号	物理、力学性能			使用性能			使用范围		相当的 ISO 牌号
		硬度		抗弯强度/GPa	耐磨	耐冲击	耐热	材料	加工性质	
		HRA	HRC							
K 类	YG3	91	78	1.08	↑	↓	↑	铸铁，有色金属及其合金	连续切削时精加工或半精加工，不能承受冲击载荷	K05
	YG6X	91	78	1.37				铸铁、冷硬铸铁、高温合金	精加工、半精加工	K10
	YG6	89.5	75	1.42				铸铁、有色金属及其合金	连续切削粗加工、间断切削半精加工	K20
	YG8	89	74	1.47				铸铁、有色金属及其合金	间断切削粗加工	K30
P 类	YT5	89.5	75	1.37	↓	↑	↓	碳素钢、合金钢	粗加工，可用于间断切削加工	P30
	YT14	90.5	77	1.25				碳素钢、合金钢	连续切削粗加工、半精加工，间断切削精加工	P20
	YT15	91	78	1.13				碳素钢、合金钢	连续切削粗加工、半精加工，间断切削精加工	P10
	YT30	92.5	81	0.88				碳素钢、合金钢	连续切削精加工	P01
M 类	YW1	92	80	1.28		较好	较好	难加工钢材	精加工、半精加工	M10
	YW2	91	78	1.47		好		难加工钢材	半精加工、粗加工	M20

3. 超硬刀具材料

1)陶瓷材料

陶瓷材料是以氧化铝（Al_2O_3）或以氮化硅（Si_3N_4）为基体，加入高温碳化物（如 TiC、WC）和金属添加剂（如镍、铁、钨、钼等）在高温下烧结而成的。刀具常用的陶瓷有纯 Al_2O_3 陶瓷和 TiC-Al_2O_3 混合陶瓷两种。陶瓷材料主要有以下特性。

(1)高的硬度和耐磨性。常温下硬度可达 91～95 HRC，可以切削 60 HRC 以上的硬材料。

(2)高的耐热性。高温下硬度、韧度降低较少，在 1200 ℃ 高温下仍能进行切削。

(3)高的化学稳定性和较小的摩擦系数，抗扩散和抗黏结能力强。

(4)抗弯强度和冲击韧度低。承受冲击载荷的能力较差，容易崩刃。加入合金元素后，抗弯强度有所提高。

陶瓷材料刀具主要用于高硬度、高强度钢及冷硬铸铁等材料的半精加工和精加工。

2)金刚石

金刚石是碳的同素异形体，是目前最硬的物质，其显微硬度达 6 000～10 000 HV。金刚石有以下三类。

(1)天然单晶金刚石　它主要用于非铁材料及非金属的精密加工。单晶金刚石结晶界面有一定的方向，不同晶面上硬度与耐磨性有较大的差异，刃磨时须注意选择刃磨平面。

(2)人造聚晶金刚石　由于天然金刚石价格昂贵，工业上多使用人造金刚石。人造金刚石又分为单晶金刚石和聚晶金刚石(PCD)。聚晶金刚石的晶粒随机排列，属各向同性体，常用于制造刀具。人造金刚石是借助某些合金的触媒作用，在高温高压条件下由石墨转化而成的。人造金刚石抗冲击强度高，可选用较大的切削用量。其结晶无固定方向，可自由刃磨。

(3)金刚石烧结体　它是在硬质合金基体上烧结一层约 0.5 mm 厚的聚晶金刚石而得到的。金刚石烧结体刀具强度较好，能进行断续切削，可多次刃磨。

金刚石刀具可用于加工硬质合金、陶瓷、高硅铝合金、耐磨塑料等高硬度、高耐磨的材料，还可以切削有色金属及其合金。金刚石刀具有非常锋利的切削刃，能切下极薄的切屑，加工冷硬现象较少；有较小的摩擦系数，其切屑与刀具不易产生黏结，不产生积屑瘤，很适于精密加工。但其耐热性差，切削温度不宜超过 700 ℃；强度低、脆性大、对振动敏感，只宜微量切削；与铁的亲和力很强，不适于加工黑色金属材料。人造金刚石目前主要用于制作磨具及磨料，用作刀具材料时主要用于有色金属的高速精细切削。

3)立方氮化硼

立方氮化硼(CBN)是由六方氮化硼在高温高压下加入催化剂转变而成的，是 20 世纪 70 年代出现的材料，硬度高达 8 000～9 000 HV，仅次于金刚石，可耐 1 300～1 500 ℃ 的高温，热稳定性好；它的化学稳定性也很好，即使温度高达 1 200～1 300 ℃ 也不与铁产生化学反应。因此，立方氮化硼作为一种新型超硬磨料和刀具材料，多用于加工钢铁等黑色材料，特别是加工高温合金、淬火钢和冷硬铸铁等难加工材料，具有非常广阔的发展前景。

4)涂层刀具

涂层刀具是在韧度和强度较高的硬质合金或高速钢的基础上，采用化学气相沉积(CVD)、物理化学气相沉积(PVD)、真空溅射等方法，涂敷一薄层（5～12 μm）颗粒极细的耐磨、难熔、耐氧化的硬化物（TiC、TiN、TiC-Al_2O_3）后获得的新型刀片，具有较好的综合切削性能，能够适应多种材料的加工。

4. 刀体材料

刀体一般均用普通碳素钢或合金钢制作，如焊接车刀、镗刀、钻头、铰刀的刀柄。尺寸较小的刀具或切削负荷较大的刀具宜选用合金工具钢或整体高速钢制作，如螺纹刀具、成形铣刀、拉刀等。

机夹、可转位硬质合金刀具，镶硬质合金钻头，可转位铣刀等的刀体可用合金工具钢制作。

对于一些尺寸较小、刚度较差的精密孔加工刀具，如小直径镗刀、铰刀等，为了保证刀体有足够的刚度，宜选用整体硬质合金制作，以提高刀具寿命和加工精度。

3.1.2 刀具分类

刀具有很多种分类方法。如按照切削刃的多少可分为单刃（如车刀）刀具和多刃刀具（如铣刀）；按照标准化程度不同可分为标准刀具（如麻花钻、丝锥）和非标准刀具（如拉刀、成形刀具）；按照尺寸规格的不同可分为定尺寸刀具（如铰刀、扩孔钻）和非定尺寸刀具（如车刀、刨刀）；按照刀具组成形式可分为整体式刀具、装配式刀具和复合式刀具。在实际应用中，通常根据用途和加工方法的不同，把刀具分为以下类型。

（1）车刀　包括各种车刀、刨刀、插刀、镗刀、成形车刀、自动和半自动机床用的刀具，以及一些专用刀具等。

（2）孔加工刀具　包括各种钻头、扩孔钻、铰刀、锪钻、复合孔加工刀具等。

（3）铣刀　包括加工平面的圆柱铣刀、面铣刀等，加工沟槽的立铣刀、键槽铣刀、三面刃铣刀、锯片铣刀等，加工特性面的模数铣刀、凸（凹）圆弧铣刀、成形铣刀等。

（4）拉刀　包括圆拉刀、平面拉刀、成形拉刀（如花键拉刀）等。

（5）螺纹刀具　包括螺纹车刀、螺纹梳刀、丝锥、板牙、螺纹切头、滚丝轮、搓丝板等。

（6）齿轮刀具　包括齿轮滚刀、蜗轮滚刀、插齿刀、剃齿刀、花键滚刀等。

（7）磨具　包括砂轮、砂带、油石和抛光轮等。

3.2 车刀

车刀是金属切削加工中应用最为广泛的刀具之一。车刀多用于各种类型的车床上加工端面、内孔、外圆、切槽及切断、车螺纹等。根据不同的使用要求，车刀采用不同的结构和材料。

3.2.1 常用车刀及其特点

车刀的种类很多，如图 3-1 所示。

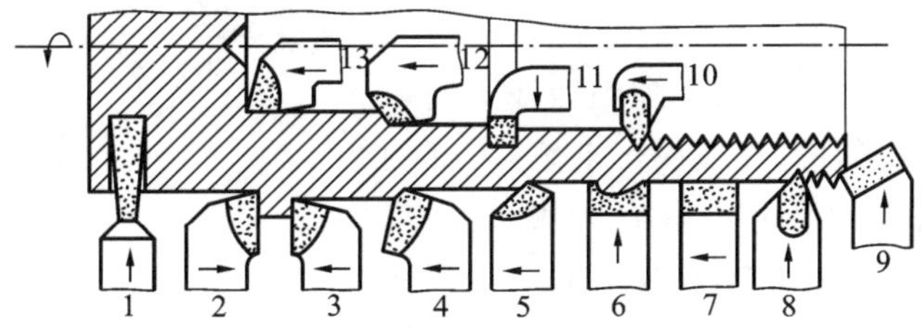

图 3-1　常用车刀的种类及其用途

1—切断刀；2—左偏刀；3—右偏刀；4—弯头车刀；5—直头车刀；6—成形车刀；7—宽刃精车刀；8—外螺纹车刀；9—端面车刀；10—内螺纹车刀；11—内槽车刀；12—通孔车刀；13—盲孔车刀

按切削部分的材料不同，车刀可分为高速钢车刀、硬质合金车刀、陶瓷车刀等。

按用途不同，车刀可分为端面车刀、外圆车刀、内孔车刀、切断车刀、螺纹车刀等。端面车刀用来车削端面和短台阶。外圆车刀用于加工外圆柱和外圆锥表面，它分为直头和弯头两种。弯头车刀可以车削外圆、端面和倒角。切断刀用来切断工件或车沟槽。螺纹刀用于车削螺纹。

按切削刃的复杂程度不同分类，车刀可分为普通车刀和成形车刀。

按结构不同，车刀可分为整体式车刀、焊接式车刀、焊接装配式车刀和机械夹固刀片式车刀。机械夹固刀片式车刀又分为机夹重磨车刀和可转位车刀。

1. 整体式车刀

整体式车刀主要是高速钢车刀，截面为正方形或矩形，俗称“白钢刀”“锋钢刀”。使用时可根据不同的加工要求进行修磨，适合小型车床或加工有色金属件时使用，如图 3-2 所示。

2. 焊接式车刀和焊接装配式车刀

1)焊接式车刀

焊接式车刀是在普通碳钢刀杆上按刀片几何形状开出槽，将硬质合金或高速钢刀片焊接在普通碳钢刀杆上，经过刃磨而成，如图 3-3 所示。其优点是结构简单、紧凑、刚性好、抗振性能好、使用灵活、制造方便，特别是可以根据需要进行刃磨，硬质合金的利用也较充分，故目前在车刀中占相当比重。焊接式适用于各类车刀，特别是小型刀具。

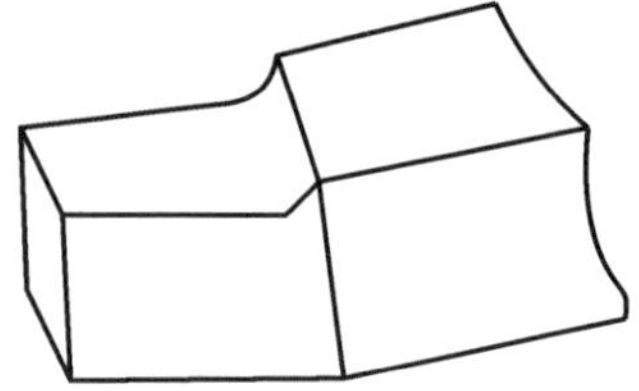

图 3-2　整体式车刀

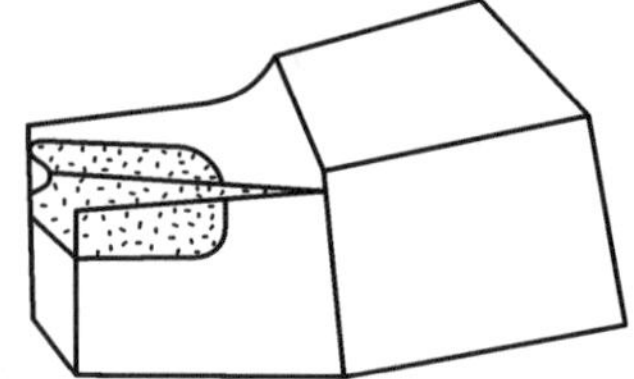

图 3-3　焊接式车刀

焊接式车刀的切削性能主要取决于工人刃磨的技术水平，与现代化高效生产特点不相适应；同时刀杆不能重复使用，当刀片用完以后，刀杆也随之报废。另外由于硬质合金和中碳钢刀杆的线膨胀系数不同，刀片在刃磨和焊接时经受高温作用，冷却后常产生内应力，严重时会导致硬质合金出现裂纹，因此在焊接硬质合金刀片时，应尽可能采用熔化温度较低的焊料，对刀片应缓慢加热和冷却，对于 YT30 等易产生裂纹的硬质合金，应在焊缝中放一层应力补偿片。

2)焊接装配式车刀

焊接装配式车刀(见图 3-4)是将硬质合金刀片钎焊在小刀块上，再将小刀块装配到刀杆上而形成的，避免了焊接产生的应力、裂纹等缺陷，刀杆利用率高，可集中刃磨刀片来获得所需参数，使用灵活方便。这种结构多用于重型车刀。重型车刀体积和质量较大，刃磨整体车刀劳动强度大，采用焊接装配式结构以后，只需装配小刀块，刃磨省力，刀杆也可重复使用。

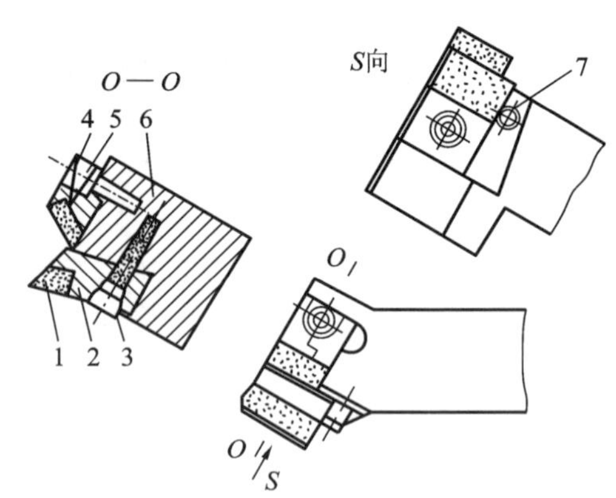

图 3-4　焊接装配式车刀

1—刀片；2—小刀块；3，5—螺钉；4—断屑器；6—刀杆；7—支撑器

3. 机械夹固刀片式车刀

1）机夹重磨车刀

用机械夹固的方法将硬质合金刀片安装在刀杆上的车刀称机夹重磨车刀（见图 3-5）。机夹重磨车刀主切削刃用钝后必须修磨，而且可多次修磨，其优点如下。

（1）刀杆可以重复使用，刀具管理方便。

（2）刀杆可进行热处理，提高硬质合金刀片支承面的硬度和强度，相当于提高了刀片的强度，减少了打刀的危险性，可提高刀具的使用寿命。

（3）由于刀片不经高温焊接，避免了焊接产生的应力、裂纹等缺陷。

（4）刀片可集中刃磨获得所需参数，使用灵活方便。

机夹重磨车刀适用于外圆、端面、切断、螺纹车刀等。

2）可转位车刀

用可转位刀片的机夹车刀称可转位车刀，其与普通机夹车刀的不同点在于刀片为多边形，每一边都可作切削刃，用钝后只需将刀片转位；刀片可迅速转位，刀片上所有切削刃都用钝后，才需要更换刀片；车刀几何参数完全由刀片和刀槽保证，不受工人技术水平的影响。适用于大中型车床加工外圆、端面、镗孔，特别是适用于自动线和数控机床。如图 3-6 所示，可转位车刀由刀片、刀垫、刀杆和夹固元件组成。

图 3-5　机夹重磨车刀

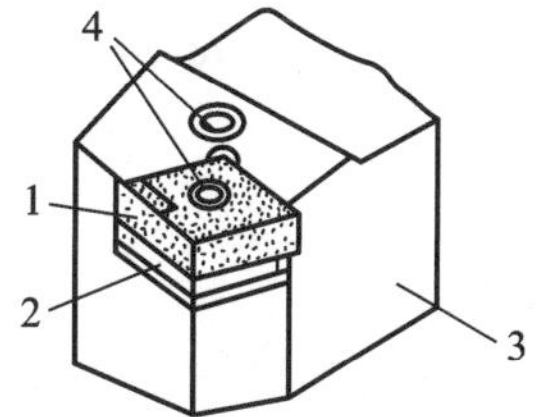

图 3-6　可转位车刀的组成

1—刀片；2—刀垫；3—刀杆；4—夹固元件

可转位车刀多利用刀片上的孔对刀片进行夹固，常用的夹固结构有许多形式。图 3-7 为杠杆式夹固机构：当压紧螺钉下旋时，迫使直杆（或曲杠）倾斜，将刀片压紧；松开时，弹簧能自动托住刀片，便于转位或更换。图 3-8 为偏心销式夹固机构：销杆转动时靠偏心距 e 将刀片压紧。此外，机夹式车刀夹固机构的形式还有直接压紧上压式、直杠式、楔销式夹固机构等。

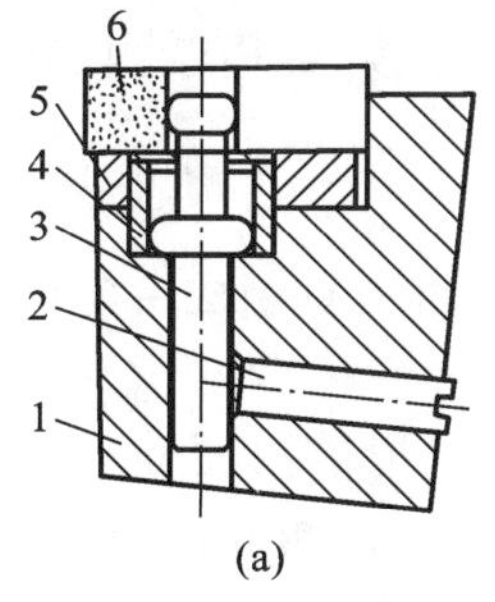

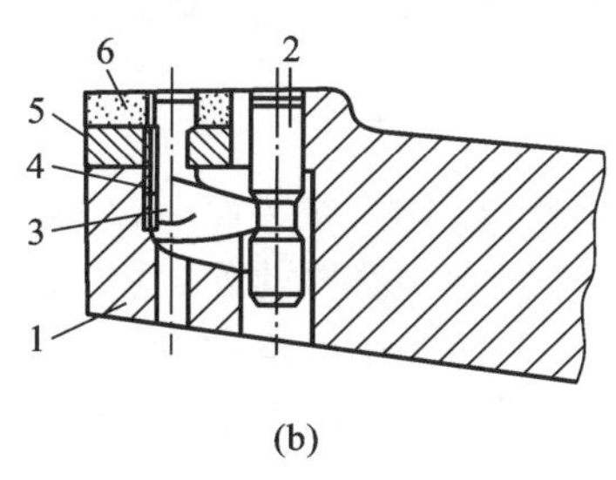

图 3-7　杠杆式夹固结构

（a）直杆；（b）曲杆

1—刀杆；2—螺钉；3—杠杆；4—弹簧；5—刀垫；6—刀片

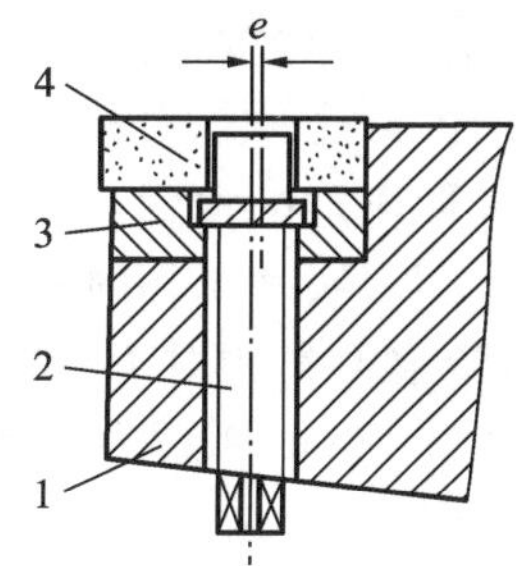

图 3-8　偏心销式夹固机构

1—刀杆；2—偏心销杆；

3—刀垫；4—刀片

3.2.2 成形车刀

成形车刀是一种加工回转体成形表面的专用刀具，它的刀具刃形是根据工件的廓形设计的。成形车刀加工时，只要一次进给切削就能切出成形表面，加工精度主要取决于刀具的设计、制造和安装的质量，不受工人技术水平的影响，所以操作简单，生产率较高。它可以保证被加工工件表面形状和尺寸精度的一致性和互换性。此外，刀具可重磨的次数多，寿命长，重磨时刃磨呈平面的前刀面操作比较方便。但是它的设计和制造比较复杂，成本较高，主要用于中、小型零件的成批和大批大量生产中。由于制造困难，成形车刀多用高速钢制造。

1. 成形车刀的种类

成形车刀按刀体形状不同可分为平体成形车刀、棱体成形车刀和圆体成形车刀等，如图3-9所示。

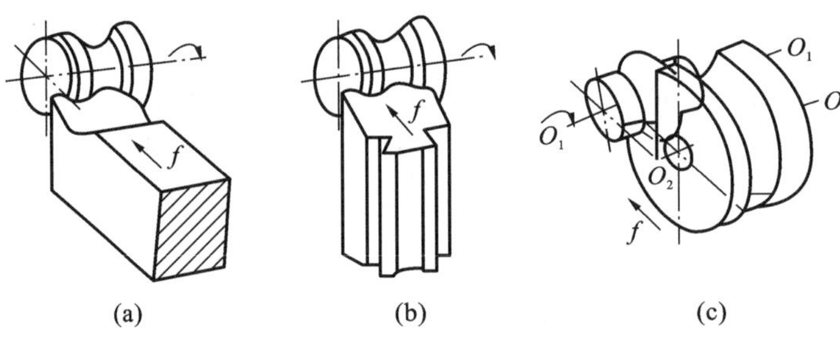

图 3-9 成形车刀

(a)平体成形；(b)棱体成形；(c)圆体成形

1）平体成形车刀

这种成形车刀除了切削刃具有一定的形状要求外，结构上与普通车刀相同，外形呈平条形状，因其允许的重磨次数不多，一般仅用于加工外成形面，如外螺纹面等，其装夹方法与普通车刀一样。

2）棱体成形车刀

这种成形车刀外形呈棱柱体，利用燕尾部分装夹在刀杆燕尾槽中，与平体成形车刀相比，可重磨次数较多，也只能用于加工外成形面。

3）圆体成形车刀

这种成形车刀刀体是带圆柱孔的回转体，切削刃在圆周表面上分布，由于重磨时是磨前刀面，可重磨次数多。安装时利用车刀的圆柱孔作为定位基准与刀杆连接，可用于内、外成形表面加工。这种车刀制造方便，用途较广。

2. 成形车刀的角度

成形车刀实际工作时的前、后角是通过制造、安装而形成的。预先将刀具制成一定的角度，然后依靠刀具相对工件的安装位置，形成所需要的前、后角。

如图3-10(a)所示为棱体成形车刀的前角和后角的形成。制造时，把前刀面和后刀面的夹角，即楔角磨成 $90°-(\gamma_f+\alpha_f)$；安装时，刀体倾斜 α_f 角，即形成所需的前角和后角。

如图3-10(b)所示为圆体成形车刀的前角和后角的形成。制造时，使车刀中心至前刀面的垂直距离为 $h_0=R_1\sin(\gamma_f+\alpha_f)$；安装时，要求刀尖与工件中心等高，刀具中心比工件中心高 $H=R_1\sin\alpha_f$，即形成所需的前角和后角。

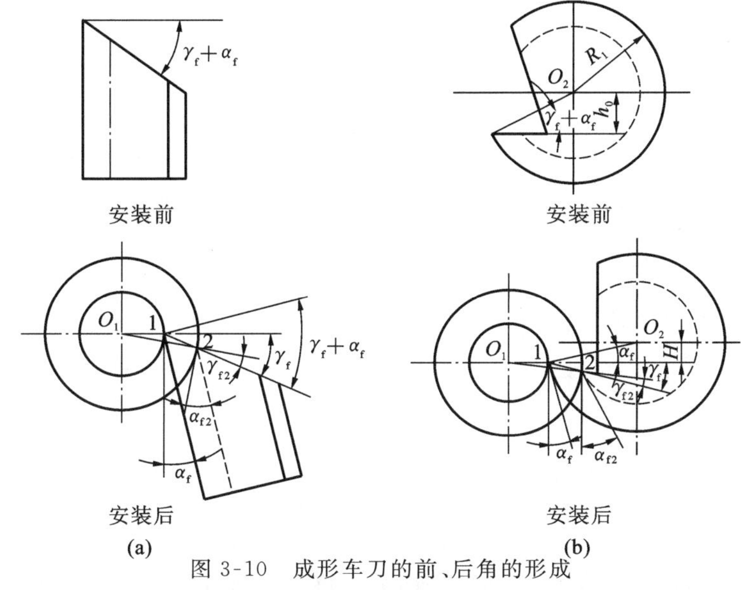

图 3-10 成形车刀的前、后角的形成

(a)棱体成形车刀;(b)圆体成形车刀

成形车刀的前角和后角是指切削刃最外一点,即位于工件中心高度位置的那一点的前角和后角。由图可以看出,当 $\gamma_f>0°$ 时,成形车刀切削刃上的其他点都低于与工件中心等高的最外的点,这些点处的切削平面与基面位置不同,因而前角和后角都不相同:$\gamma_{f2}<\gamma_f$,$\alpha_{f2}>\alpha_f$,即切削刃上离最外点越远的各点,前角越小,后角则越大。圆体成形车刀还由于切削刃上各点的后刀面的切线方向的改变,后角的变化比棱体成形车刀的更大。

3.3 铣刀

铣刀是在铣床上完成切削加工的刀具。铣削加工时,铣刀的旋转为主运动。工件相对于铣刀的直线移动为进给运动。铣削适用于加工各种平面(如水平面、竖直面、斜面)、台阶、沟槽(如直角沟槽、V 形槽、燕尾槽、T 形槽)及各种特殊型面等的加工。

3.3.1 铣削方式与特点

1. 铣削方式

平面铣削有周铣和端铣两种方式,如图 3-11 所示。

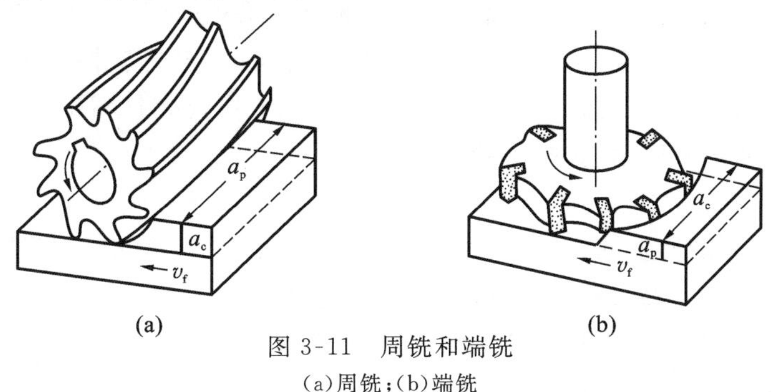

图 3-11 周铣和端铣

(a)周铣;(b)端铣

1)周铣

周铣是用圆柱形铣刀圆周上的刀齿对工件进行切削。根据铣刀旋转方向和工件移动进给方向的关系,周铣可分为逆铣和顺铣两种,如图 3-12 所示。

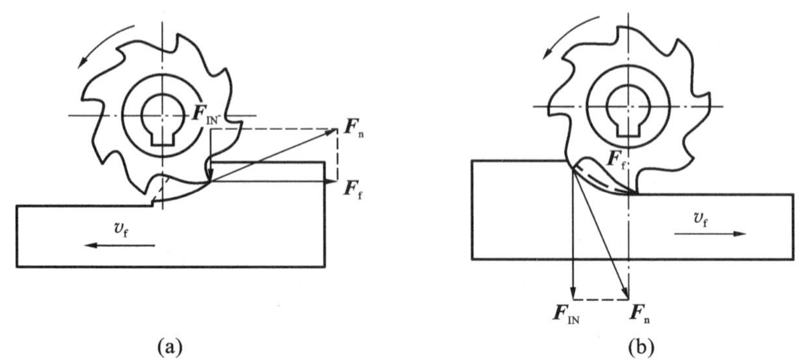

图 3-12 逆铣和顺铣

(a)逆铣;(b)顺铣

(1)逆铣 铣削时,铣刀切入工件时的切削速度方向和工件的进给方向相反,这种铣削方式称为逆铣。每个刀齿的切削层厚度从零增大到最大值,由于铣刀刃处总有圆弧存在,而不是绝对尖锐的,所以在刀齿接触工件的初期,不能切入工件,而是在工件表面上挤压、滑行,使刀尖与工件之间的摩擦加大,加速刀具磨损,同时也使表面质量下降。逆铣时,刀齿对工件的垂直铣削分力向上,上抬工件,不利于工件的夹紧。

(2)顺铣 铣削时,铣刀切入工件时的切削速度方向与工件的进给方向相同,这种铣削方式称为顺铣。顺铣时,刀齿的切削厚度从最大逐渐递减至零,没有逆铣时的滑刀现象,加工硬化程度大为减轻,已加工表面质量较高,刀具使用寿命也比逆铣时长。顺铣时,刀齿对工件的垂直铣削分力将工件压向工作台,从而减少了工件振动的可能性,尤其是在铣削薄而长的工件时,更为有利。

由上述分析可知,从提高刀具耐用度和工件表面质量、增加工件夹持的稳定性等目的出发,一般以采用顺铣法为宜。但是,顺铣时忽大忽小的水平分力 $\boldsymbol{F}_f$ 与工件的进给方向是相同的。而工作台进给丝杠与固定螺母之间一般都存在间隙,如图 3-13 所示,该间隙在进给方向的前方。由于 F_f 的作用(当 F_f 大于进给力时),工件就会连同工作台和丝杠一起向前“窜动”,造成进给量突然增大,甚至引起打刀,加工过程不平稳。“窜动”产生后,间隙在进给方向的后方,又会造成丝杠仍在旋转而工作台暂时不进给的现象。而逆铣时,水平分力 $\boldsymbol{F}_f$ 与进给方向相反,铣削过程中,工作台丝杠始终压向螺母,不致因为间隙的存在而引起工件窜动,加工过程比较平稳。目前,一般铣床未设有消除工作台丝杠与螺母之间间隙的装置,所以在铣削时,粗加工多采用逆铣法,精加工采用顺铣法。

2)端铣

端铣是以端铣刀端面上的刀刃铣削工件表面的一种加工方式。由于端铣刀具有较多同时工作的刀齿,所以加工表面粗糙度较小,采用端铣法时铣刀的耐用度、生产效率都比采用周铣法时高。根据铣刀和工件相对位置的不同,端铣法可以分为对称铣削法和不对称铣削法,如图 3-14 所示。

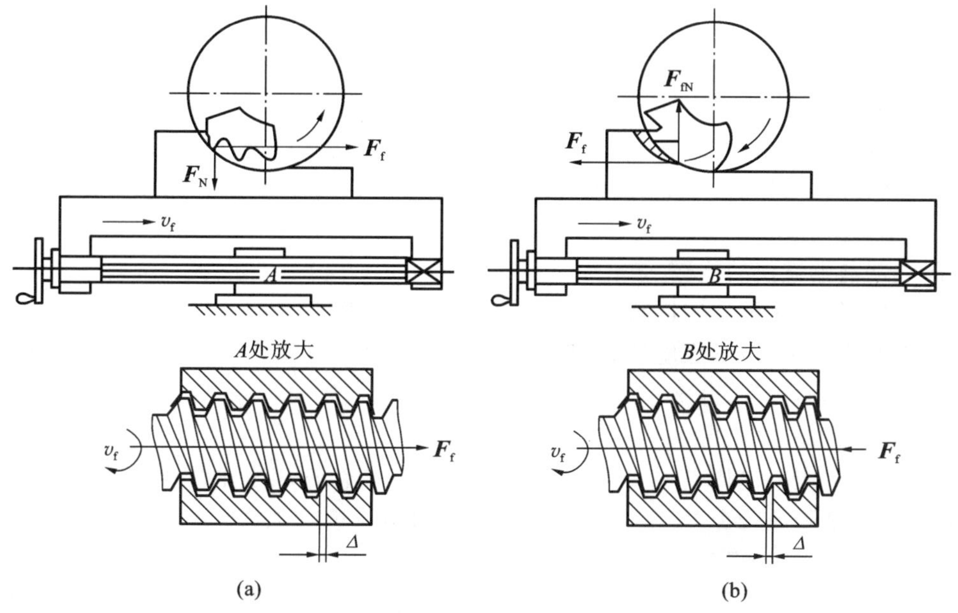

图 3-13 顺铣和逆铣对进给机构的影响

(a)顺铣;(b)逆铣

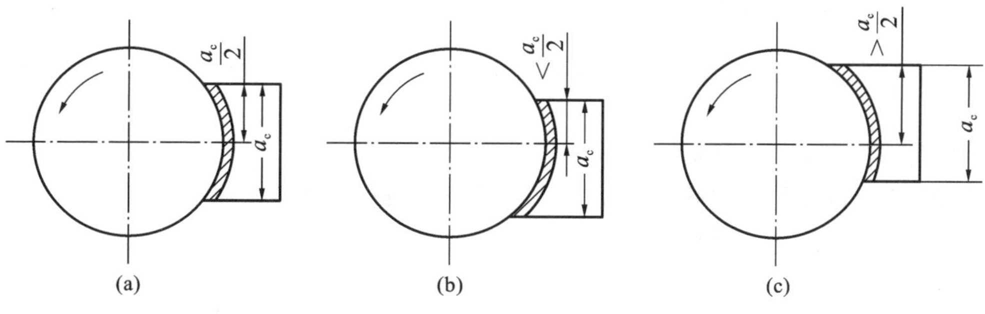

图 3-14 端铣法的方式

(a)对称铣削;(b)不对称逆削;(c)不对称顺削

工件相对铣刀回转中心处于对称位置时的铣削方法称为对称端铣。此时,刀齿切入工件与切出工件时的切削厚度相同。每个刀齿在切削过程中,有一半是逆铣、一半是顺铣。当刀齿刚切入工件时,切屑较厚,没有滑行现象,但在转入顺铣阶段中,对称端铣与圆柱铣刀顺铣方式一样,会使工作台顺着进给方向窜动,造成不良后果。对称端铣方式宜用于加工淬硬钢件,因为对称端铣可以保证刀齿超越冷硬层切入工件,能提高端铣刀的耐用度和获得粗糙度较均匀的加工表面。

铣削时,切入时的切削厚度小于或大于切出时的切削厚度,称为不对称铣削,这种铣削方式又可分为不对称逆铣和不对称顺铣两种。

不对称逆铣时,刀齿切入工件时的切削厚度小于切出时的厚度。这种铣削方式在加工碳钢及高强度合金钢之类的工件时,可减少切入时的冲击,能提高硬质合金端铣刀耐用度。不对称逆铣方式还可减少工作台窜动现象,特别是在铣削中采用大直径的端铣刀加工较窄平面时,切削很不平稳,若采用逆铣成分比较多的不对称端铣方式将更为有利。

不对称顺铣指刀齿以最大的切削厚度切入工件，而以最小的切削厚度切出的铣削。实践证明：不对称顺铣用于加工不锈钢和耐热合金时，可以减少硬质合金刀具的热裂磨损，可使切削速度提高40%～60%，或提高刀具耐用度达3倍之多。

端铣法可以通过调整铣刀和工件的相对位置，调节刀齿切入和切出时的切削层厚度，来达到改善铣削过程的目的。一般情况下，当工件宽度接近铣刀直径时，采用对称铣。当工件较窄时，采用不对称铣。

3）周铣法与端铣法的比较

（1）端铣的加工质量比周铣高。端铣同周铣相比，同时工作的刀齿数多、铣削过程平稳，端铣的切削厚度虽小，但不像周铣时切削厚度最小时为零，并可改善刀具后刀面与工件的摩擦状况，提高刀具耐用度，并减小表面粗糙度，端铣刀的修光刃可修光已加工表面，使表面粗糙度较小。

（2）端铣的生产率比周铣高。端铣的铣刀直接安装在铣床主轴端部，其刀具系统刚性好，同时刀齿可镶硬质合金刀片，易于采用大的切削用量进行强力切削和高速切削，使生产率和加工表面质量得到提高。

（3）端铣的适应性比周铣差。端铣一般只用于铣平面，而周铣可采用多种形式的铣刀加工平面、沟槽和成形面等，因此周铣的适应性强，生产中广泛使用。

3.3.2 铣刀的种类和用途

铣刀为多齿回转刀具，种类很多，结构也不同。一般可按切削部分材料、用途和齿背结构等进行分类。

1. 按铣刀的切削部分材料分类

铣刀分为高速钢铣刀和硬质合金铣刀，高速钢铣刀多为整体式，而硬质合金铣刀是将硬质合金刀齿焊接在普通工具钢的刀体上。

2. 按用途分类

如图3-15所示，铣刀按用途可分为加工平面用铣刀、加工沟槽用铣刀、加工成形面用铣刀三种类型。下面介绍几种常用铣刀的特点及其用途。

1）圆柱铣刀

如图3-15(a)所示为圆柱铣刀，按结构形式它分为高速钢整体制造的圆柱形铣刀和镶焊硬质合金刀片的镶齿圆柱形铣刀。螺旋形切削刃分布在圆柱表面上，没有副切削刃。铣刀的轴线平行于被加工表面。切削时，螺旋形的刀齿是逐渐切入和脱离工作的，所以切削过程比较平稳。圆柱铣刀主要用于卧式铣床上加工宽度小于铣削长度的狭长平面。根据加工要求不同，圆柱铣刀有粗齿和细齿之分。粗齿的容屑槽大，常用于粗加工；细齿常用于精加工。

2）面铣刀

如图3-15(b)所示为面铣刀，主切削刃分布在圆柱或圆锥表面上，端面切削刃为副切削刃，铣刀的轴线垂直于被加工表面。按刀齿材料可分为高速钢和硬质合金两大类，常制成套式镶齿结构。主要用于立式铣床上加工平面，特别适合较大平面的加工，主偏角为90°的面铣刀可以铣削底部较宽的台阶面。用面铣刀加工平面时，同时参加切削的刀齿较多，又有副切削刃的修光作用，使加工表面粗糙度较小，因此可以采用较大的切削用量，生产效率高，应用广泛。

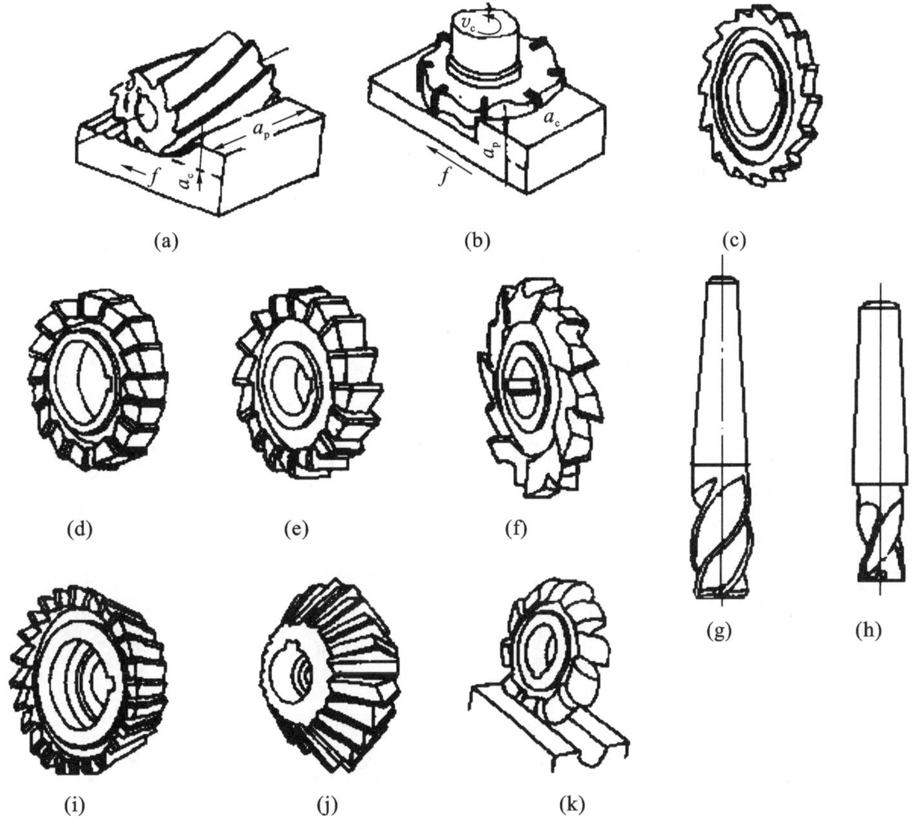

图 3-15　铣刀类型

(a)圆柱铣刀；(b)面铣刀；(c)槽铣刀；(d)两面刃铣刀；(e)三面刃铣刀；
(f)错齿三面刃铣刀；(g)立铣刀；(h)键槽铣刀；(i)单角度铣刀；(j)双角度铣刀；(k)成形铣刀

3)盘形铣刀

盘形铣刀可分为槽铣刀、两面刃铣刀、三面刃铣刀和错齿三面刃铣刀，分别如图 3-15(c)、(d)、(e)、(f)所示。槽铣刀一般用于加工浅槽，两面刃铣刀用于加工台阶面，三面刃铣刀用于切槽和加工台阶面，错齿三面刃铣刀加工时可避免刀刃重复切削、产生振动、影响加工表面质量，常用于粗加工。

4)锯片铣刀

锯片铣刀是薄片的槽铣刀，只在圆周上有刀齿，用于切削窄槽或切断工件。为了避免夹刀，其厚度由边缘向中心减薄，使两侧形成副偏角。

5)立铣刀

如图 3-15(g)所示为立铣刀，用于加工平面、台阶、槽和相互垂直的平面。立铣刀一般由 3～6 个刀齿组成，圆柱表面上的切削刃是主切削刃，端刃是副切削刃。用立铣刀铣槽时槽宽有扩张，故应取直径比槽宽略小的铣刀(0.1 mm 以内)。

6)键槽铣刀

如图 3-15(h)所示为键槽铣刀。它的外形与立铣刀相似，所不同的是它在圆周上只有两个螺旋刀齿，其端面刀齿的刀刃延伸至中心，因此在铣两端不通的键槽时，可以作轴向进给运动。主要用于加工圆头封闭键槽，加工时，要多次垂直进给和纵向进给才能完成键槽加工。重磨时只磨端刃。

7）角度铣刀

角度铣刀可分为单角度铣刀和双角度铣刀，分别如图 3-15(i)、(j)所示，应用于铣削沟槽和斜面。角度铣刀大端和小端直径相差较大时，常造成小端刀齿过密，容屑空间过小，因此常在小端将刀齿间隔地去掉，使小端的齿数减少一半，以增大容屑空间。

8）成形铣刀

如图 3-15(k)所示为成形铣刀。成形铣刀是用于加工成形表面的刀具，其刀齿廓形要根据被加工工件的廓形专门设计。

9）模具铣刀

模具铣刀用于加工模具型腔或凸模成形表面，在模具制造中应用广泛。按工作部分外形可分为圆锥形平头、圆柱形球头、圆锥形球头等。硬质合金模具铣刀可以取代金刚石锉刀和磨头来加工淬火后硬度小于 65 HRC 的各种模具型腔，切削效率可提高几十倍。

3. 按齿背形式分类

按齿背形式分类，铣刀可以分为尖齿铣刀和铲齿铣刀。

1）尖齿铣刀

尖齿铣刀在垂直于刀刃的截面上，其齿背的截面形状有直线形、折线形或曲线形三种，如图 3-16 所示。尖齿铣刀的特点是用钝后需重磨后刀面，制造和刃磨较困难，但刀具耐用度和加工表面质量高，适合在大批量生产中使用。

2）铲齿铣刀

铲齿铣刀的齿背曲线是用铲齿机床铲出的，重磨时只需磨前刀面，可保证刃形不变，刃磨方便，广泛用于成形铣刀。

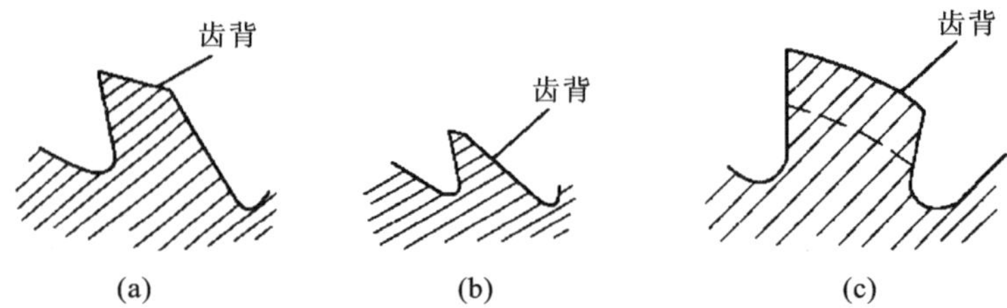

图 3-16　尖齿铣刀刀齿形状

(a)折线形齿背；(b)直线形齿背；(c)曲线形齿背

3.3.3　成形铣刀

成形铣刀是指具有成形切削刃的铣刀，其刃形按工件廓形设计。用成形铣刀可在通用的铣床上加工复杂形状的表面，并获得较高的精度和表面质量，生产效率较高。成形铣刀常加工成形直沟和成形螺旋沟。常见的标准成形铣刀有凸半圆铣刀(见图 3-15(k))、凹半圆铣刀，它们分别用于加工半圆的沟槽和凸起面。成形铣刀轴线相对于被加工表面的位置可以不同，但加工成形柱面(直槽)时，总是将铣刀轴线放在垂直于进给方向的平面中。有时，成形铣刀轴线可以是工件廓形的对称轴，这种铣刀称为指形铣刀。

1. 成形铣刀的铲齿过程

如图 3-17 所示为一把进给前角等于零的平体成形铣刀的铲齿过程，其前刀面置于与铲床中心等高的水平面内。铣刀绕铲齿车床主轴作等速转动的同时，铲刀在具有阿基米德螺线的凸轮控制下向铣刀轴线等速推进。由此可知，铲刀切削刃上的任一点相对铣刀的运动轨迹为阿基米德螺线，即铲刀铲出的成形铣刀的齿背曲线为阿基米德螺线。因铲刀沿铣刀半径方向铲齿，故称为径向铲齿。

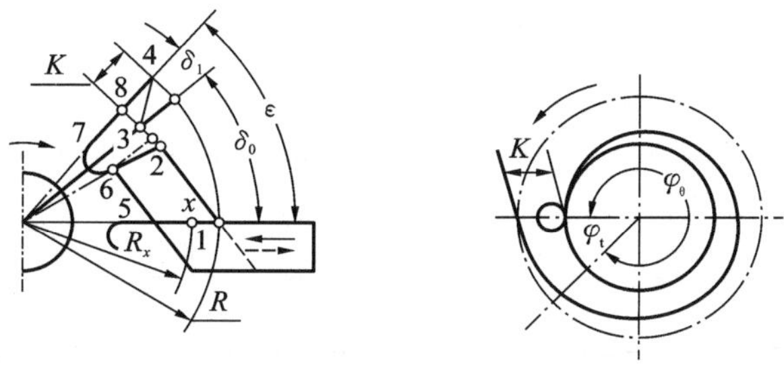

图 3-17　成形铣刀的铲齿过程

当铣刀转过 δ_0 角时，凸轮则转过 φ_0 角，铲刀铲出一个刀齿的齿背。接着，当铣刀再转过 δ_1 角时，凸轮则转过 φ_1 角，铲刀快速复位即作回程运动。总之，当铣刀转过一个齿间角($\varepsilon=2\pi/z$)时，铲刀则完成一个往复行程。这样的过程每重复一次，则铲削完铣刀的一个齿背，并且铲刀恢复原位。

2. 成形铣刀的刃磨

每次沿前刀面径向重磨，可保持刀齿的刃形不变，后角基本不变。

3.4　孔加工刀具

孔加工刀具一般可分为两大类：一类是从实体材料上加工出孔的刀具，常用的有中心钻、麻花钻和深孔钻等；另一类是对工件上已有孔进行再加工的刀具，常用的有扩孔钻、铰刀及镗刀等。

3.4.1　中心钻

中心钻用于轴类等零件端面上的中心孔加工。中心钻有两种形式(见图 3-18)：A 型——不带护锥的中心钻，B 型——带护锥的中心钻。加工直径 $d=1\sim10$ mm 的中心孔时，通常采用不带护锥的中心钻(A 型)，工序较长、精度要求较高的工件，为了避免 60°定心锥被损坏，一般采用带护锥的中心锥(B 型)。

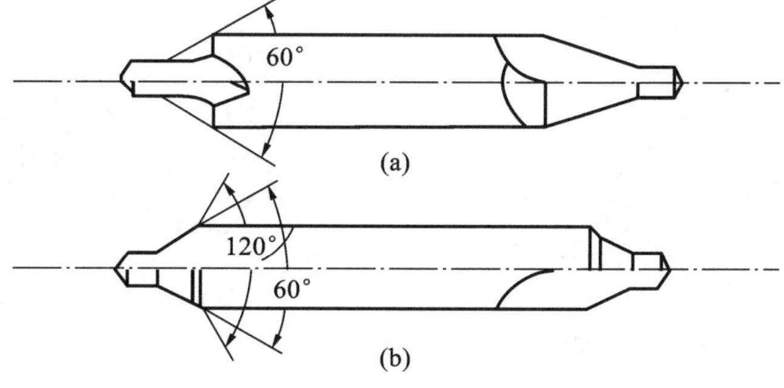

图 3-18　中心钻
(a)A 型——不带护锥；(b)B 型——带护锥

3.4.2 麻花钻

麻花钻是最常用的孔加工刀具。麻花钻加工精度一般能达 IT11～IT13，表面粗糙度 Ra 约为 12.5 μm。

1. 麻花钻的结构

标准麻花钻由工作部分、颈部和柄部三部分组成，如图 3-19 所示。

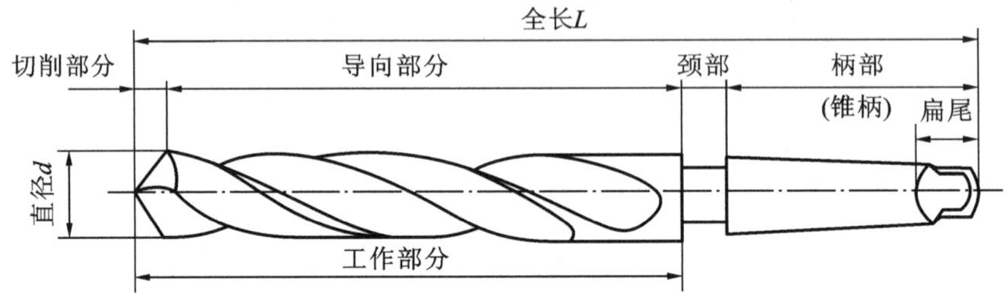

图 3-19 麻花钻的结构

工作部分：是钻头的主要部分，它又分为导向部分和切削部分，分别担任导向与切削工作。钻头的工作部分有两条对称的螺旋槽，用于容屑和排屑和导入切削液。工作部分(刀体)的前端为切削部分，承担主要的切削工作；工作部分后端为导向部分，起引导钻头的作用，也是切削部分的后备部分。

颈部：是柄部与工作部分的过渡部分，磨削柄部时用做砂轮退刀或打印标记的部位，为制造方便，小直径直柄钻头没有颈部。

柄部：是钻头的夹持部分，既用于连接又可传递动力。钻头直径大于 ϕ12 mm 时做成圆锥柄，小直径钻头则做成圆柱柄。

麻花钻有两条主切削刃、两条副切削刃和一条横刃，其切削部分的组成如图 3-20 所示。两条螺旋槽的螺旋面形成两个前刀面，与孔底面(即过渡表面)相对的端面形成两个主后刀面，钻头外缘上与孔壁(即已加工表面)相对的两小段窄棱边形成的刃带是副后刀面，在钻孔时刃带起导向作用，为减小与孔壁的摩擦，刃带沿柄部方向有较小的倒锥量，从而形成副偏角 κ_r。为了使钻头具有足够的强度，麻花钻的中心要有一定的厚度，这就是钻心，钻心直径向钻柄处递增。螺旋槽与主后刀面的两条交线为主切削刃，两个主切削刃由通过钻心处的横刃相连。

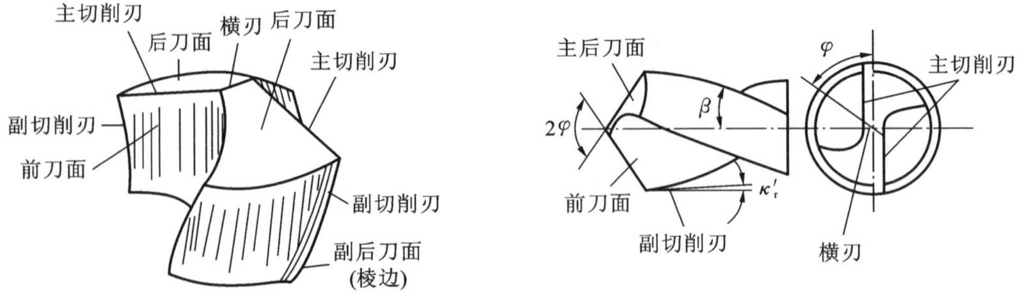

图 3-20 麻花钻切削部分的组成

2. 麻花钻的几何参数

麻花钻的主要几何参数如下。

1)基面 P_r 与切削平面 P_s

由于主切削刃上各点的切削速度方向不同,使各点的切削平面位置和基面位置也不同,不过基面总是包含钻头轴线的平面,如图 3-21(a)所示为切削刃上不同点的切削平面和基面,图 3-21(b)所示为切削刃最外缘 A 点的基面和切削平面。

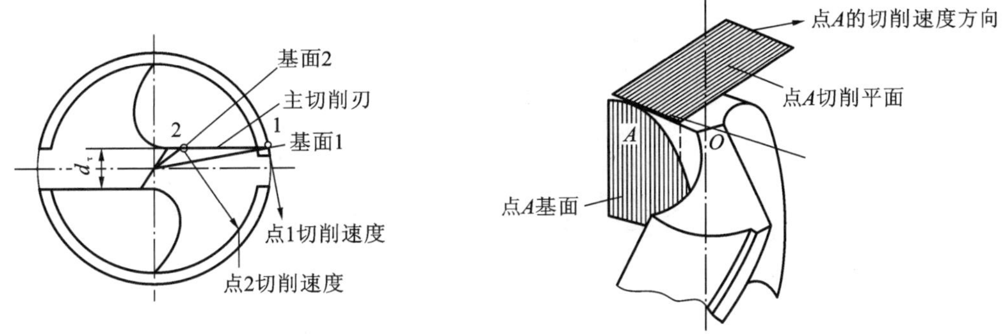

图 3-21　麻花钻的基面 P_r 和切削平面 P_s

(a)切削刃上不同点的切削平面和基面;(b)切削刃最外缘点 A 的基面和切削平面

2)螺旋角 β

螺旋角是螺旋槽刃带棱边螺旋线的切线与钻头轴线间的夹角(见图 3-22(a)),图 3-22(b)为螺旋槽展开图,直径上任意点 x 处的螺旋角 β_x 和最外缘点的螺旋角 β(称钻头螺旋角)分别为

$$\tan\beta_x = \frac{2\pi r_x}{P}$$

$$\tan\beta = \frac{2\pi R}{P} \tag{3-1}$$

则

$$\tan\beta_x = \frac{2\pi r_x}{P} = \frac{r_x}{R}\tan\beta \tag{3-2}$$

式中:R——钻头半径;

r_x——主切削刃任意一点 x 的半径。

由上式可知,螺旋角大小由螺旋槽的导程和钻头直径决定。由于螺旋槽上各点的导程相等,因此在不同直径处的螺旋角是不相同的。钻头外缘处的螺旋角最大,越靠近钻头中心,其螺旋角越小。螺旋角实际上是钻头的进给前角。因此螺旋角大则钻头进给前角大,钻头锋利,切削扭矩和轴向力小,排屑状况好。但是,螺旋角过大,会削弱钻头的强度和散热条件。标准高速钢麻花钻的 $\beta = 25° \sim 32°$。

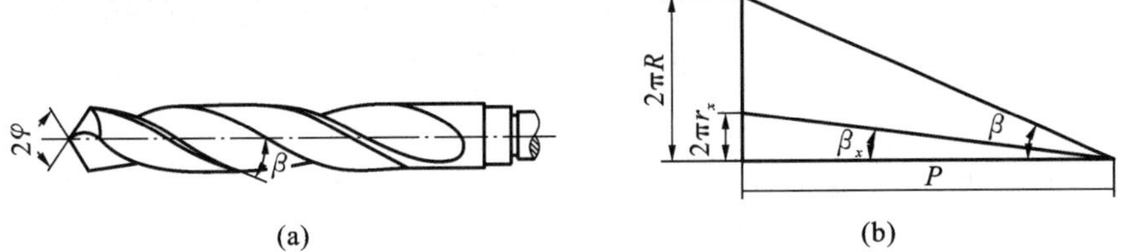

图 3-22　螺旋角

(a)螺旋角;(b)螺旋槽展开图

3)顶角 2φ 和主偏角 κ_r

顶角为两主切削刃在其平行的平面上的投影夹角,如图 3-22(a)所示。标准麻花钻的顶角一般为 $2\varphi=118°$,它在刃磨钻头测量时用,顶角与基面无关。

主偏角 κ_r 是指主切削刃在基面上的投影与进给方向的夹角,如图 3-23 所示,由于主切削刃上各点基面位置不同,主偏角的数值也是变化的。由此可见,主偏角与顶角意义不同。愈接近钻心,主偏角愈小。

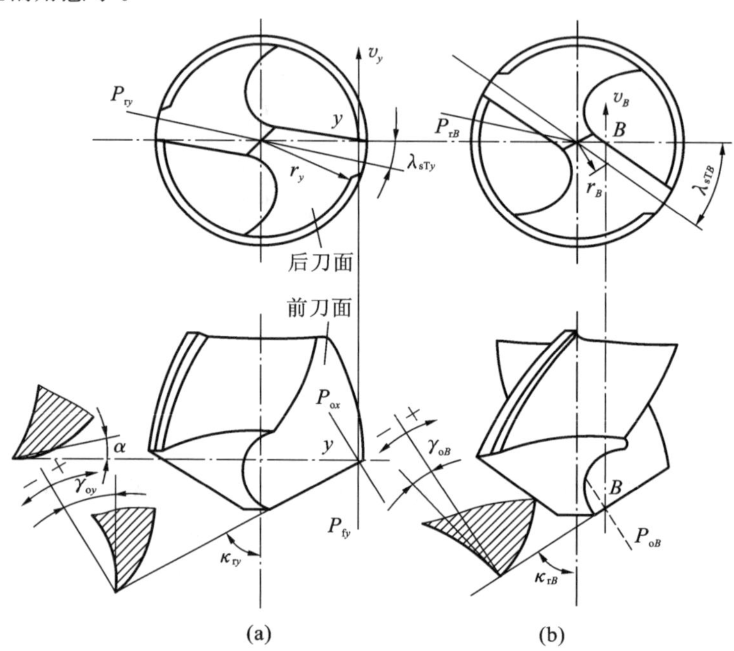

图 3-23 钻头的几何角度

(a)靠近外缘处;(b)靠近钻心处

4)前角 γ_o

主切削刃上任一点的前角 γ_{ox} 与普通车刀相同,也是在主剖面内测量的前刀面与基面之间的夹角。麻花钻的前刀面即是螺旋槽表面,故前角与螺旋角有直接关系;刃倾角 λ_s 的存在,使切削刃上各点的基面位置发生变化;另外,主剖面的位置随主偏角 κ_r 改变而改变。受到上述三个因素的影响,麻花钻切削刃上各点前角变化很大,从外缘到中心,前角从 30°变到$-30°$。

5)后角 α_f

麻花钻的后角并不是与普通刀具一样在主剖面内度量的,而是在以钻心为轴心线的圆柱面的切平面上度量的。这是因为主切削刃上的各点都在绕轴线作圆周运动(忽略进给运动时),而过该选定点圆柱面的切平面内的进给后角,能反映钻头的后刀面与工件加工表面间的摩擦情况,而且便于测量。

麻花钻后刀面常常磨成锥面。要求将钻头后角磨成越靠钻心处后角越大,以改善横刃处的切削条件。

6)端面刃倾角 λ_{sT}

端面刃倾角是主切削刃与基面在端面投影图中的夹角。主切削刃上不同点的刃倾角大小不同，外缘处最小，愈靠近钻心处角度愈大。且钻头主切削刃刃倾角均为负值，使切屑向钻尾方向排出。

7）横刃斜角 ψ 与横刃宽度 b_ψ

钻头的两个主后刀面的相交线称为横刃（见图3-24）。横刃斜角 ψ 是横刃与主切削刃在端面投影上的夹角，通常标准麻花钻的横刃斜角 $\psi=50°\sim55°$；横刃长短为横刃宽度 b_ψ。当后角磨得偏大时，横刃斜角减小，横刃长度增大。因此，在刃磨麻花钻时，可以通过观察 ψ 的大小来判断后角是否磨得合适。

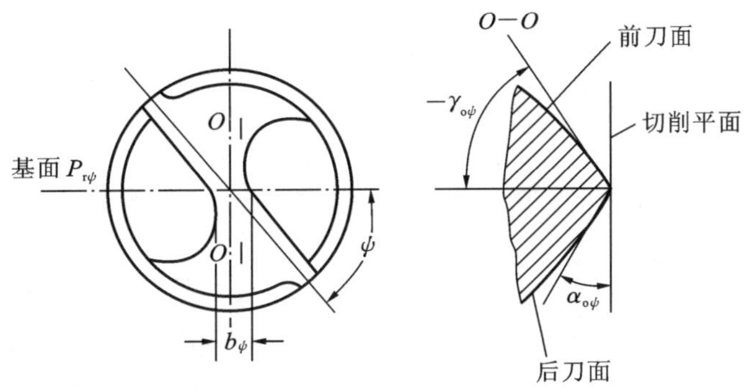

图3-24　麻花钻的横刃

横刃是通过钻头中心的，并且它在钻头端面上的投影为一条直线，因此横刃上各点的基面是相同的。钻削时横刃处发生严重的挤压而造成很大的轴向力，这是由于横刃具有很大的负前角。可见横刃处切削条件很差，对加工工件孔的尺寸精度影响较大。

3. 麻花钻切削部分结构的改进

麻花钻虽然经过多年使用，结构不断改进，但仍然存在着以下主要问题。

（1）主切削刃上各点前角变化很大，外缘处为+30°，靠钻心处逐渐变为−30°，横刃上的前角在−54°～−60°之间，切削条件很差，将产生很大的轴向力，使钻头工作不稳定。

（2）两条主切削刃长，切削宽度大，各点的切削速度差别显著，使切屑卷曲呈宽螺旋卷状，体积大、占空间，排屑不畅，切削液很难进入切削区。

（3）棱边近似为圆柱面，副后角为0°，摩擦大；在主副切削刃交汇处圆弧半径较小，散热条件差，且此点切削速度最大，磨损最快。

针对上述麻花钻存在的问题，根据具体使用情况，对麻花钻切削部分加以修磨改进，可显著改善钻头的切削性能，提高钻削生产率。一般常采用以下措施。

（1）修磨横刃。可采用磨短横刃或磨去整个横刃、加大横刃前角、磨短横刃的同时加大横刃前角等修磨形式，改善麻花钻的切削性能。

（2）加工较硬材料时，可将主切削刃外缘处的前刀面磨去一部分，适当减小该处前角，以保证足够强度，如图3-25(a)所示；当加工较软材料时，在前刀面上磨出卷屑槽，加大前角，以减小切屑变形，降低温度，改善工件表面加工质量，如图3-25(b)所示。

（3）修磨棱边。标准高速钢麻花钻的副后角为0°，在加工无硬皮的工件时，为了减小棱边与孔壁的摩擦，减小钻头磨损，对于直径大于12 mm的钻头，可按如图3-26所示的修磨棱边的方法磨副后角，留出宽度为0.1～0.2 mm的窄棱边。

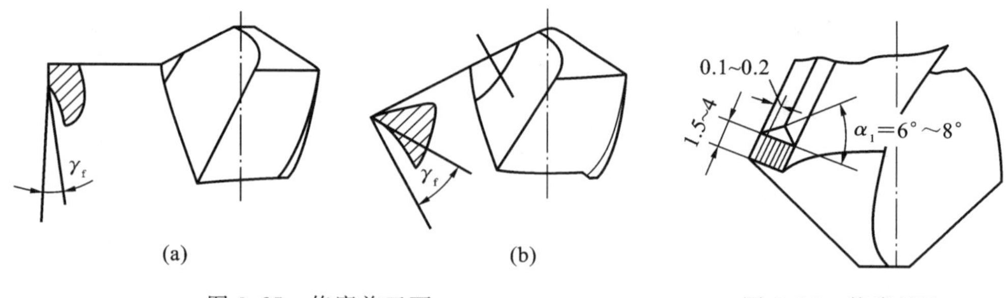

图 3-25 修磨前刀面

(a)加工较硬材料;(b)加工较软材料

图 3-26 修磨棱边

(4)修磨切削刃。为了使散热条件得到改善,在主副切削刃交接处磨出过渡刃,形成双重顶角或三重顶角,如图 3-27(a)所示,后者用于大直径钻头。生产中普遍采用一种圆弧刃钻头,如图 3-27(b)所示是将标准麻花钻的主切削刃外缘处修磨成圆弧。

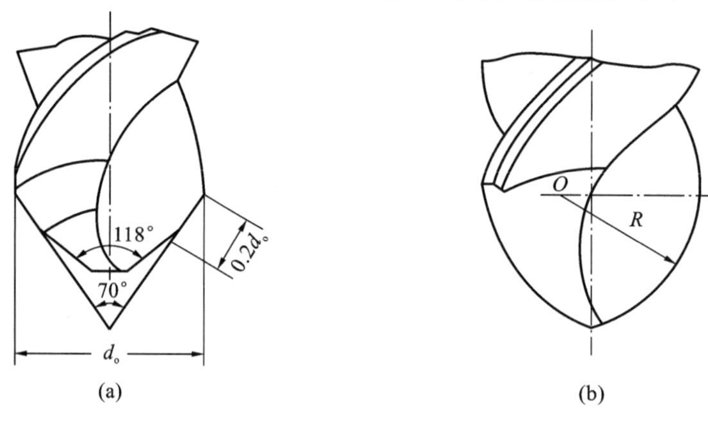

图 3-27 修磨切削刃

(a)磨出过渡刃;(b)修磨成圆弧

(5)磨出分屑槽。在钻头后刀面上磨出分屑槽(见图 3-28),有利于排屑及切削液的注入,使得切削条件大大改善,特别适用于在韧性材料上加工较深的孔。为了避免在加工表面上留下凸起部分,两条切削刃上的分屑槽位置必须相互错开。

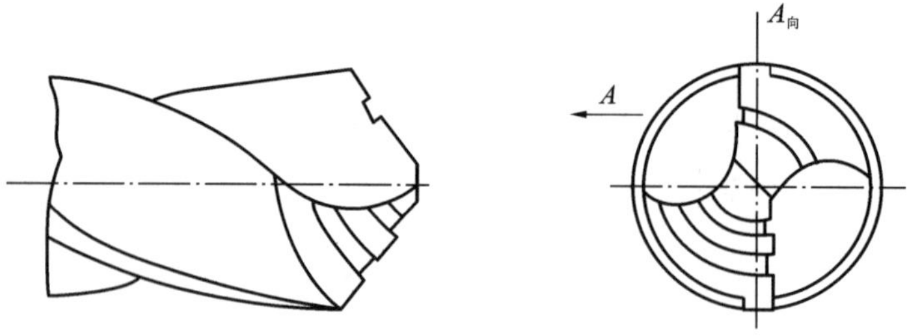

图 3-28 磨出分屑槽

经过大量的实践总结,综合应用上述措施,我国对标准麻花钻进行合理的修磨,创造出适用于加工不同材料的新型钻头——群钻。如图 3-29 所示为中型标准群钻。先磨出两条外刃 AB;然后再在两个后刀面上对称地磨出两个月牙形圆弧槽 BC;最后修磨横刃,使其缩短、变低变尖,形成两条内刃 CD 和一条窄横刃。这样,原来的一个钻尖变为三个尖,使原来的三条刀刃变成七条刀刃。对较大直径钻头在一边外刃上可再磨出分屑槽，以便排屑。经过修磨后的群钻，其切削条件大大改善，刀具耐用度显著提高。此外，加工精度与表面质量也有所改善。根据切削条件不同，群钻修磨的形状也不同。

群钻与标准麻花钻相比，主要有以下优点。

①磨出月牙槽形成凹弧形刃，加大了该处各点的主偏角，也增大了前角，使横刃变短变锋利，从而降低了切削力、切削温度，提高了耐用度。

②由于月牙槽形成三个钻尖，中间比两边高，故定心好，钻入工件快。

③磨出月牙槽使主刀刃形成三段，对于直径大于 15 mm 的钻头，又磨出了分屑槽，改善了排屑与断屑性能，使钻削安全可靠。

④群钻各段后角可分别控制且比标准麻花钻大，故可减少钻头与工件间的摩擦，所以群钻的进给量可增大。

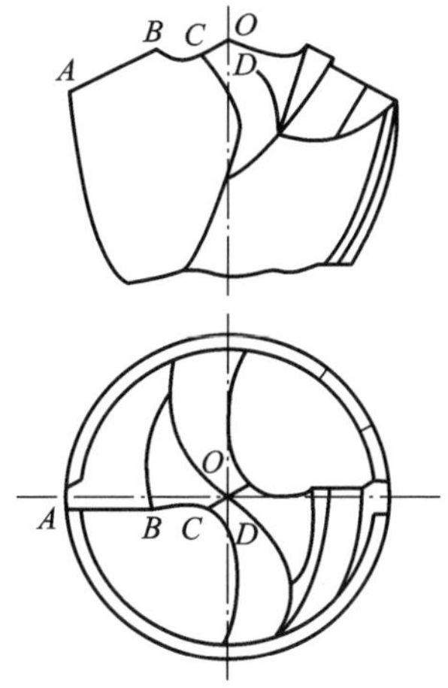

图 3-29 中型标准群钻

总之，群钻是一种修磨得比较完善的先进钻头，但是刃磨比较复杂。高档数控磨刀机床可以完成群钻的自动刃磨。

3.4.3 铰刀

铰削用于中、小直径孔的半精加工和精加工，通常在钻孔和扩孔之后用铰刀切除微量金属层，以提高孔的尺寸精度和减小表面粗糙度。铰削加工精度可达 IT6～IT8，加工表面粗糙度 Ra 可达 1.6～0.4 μm。与钻孔、扩孔一样，只要工件与刀具之间有相对旋转运动和轴向进给运动，就可进行铰削加工。车床、钻床、镗床和铣床都可完成铰孔作业，也可进行手工铰孔。

1. 铰刀的结构

铰刀由工作部分、颈部及柄部三部分组成，其结构如图 3-30 所示。工作部分包括切削部分和校准部分，其中校准部分由圆柱部分与倒锥组成，圆柱部分起校正导向和修光作用，倒锥主要为了减小摩擦；切削部分由引导锥和切削锥组成，切削锥的锥角 2φ 较小，一般为 3°～15°，起主要切削作用。引导锥起引入预制孔作用，也参与切削。

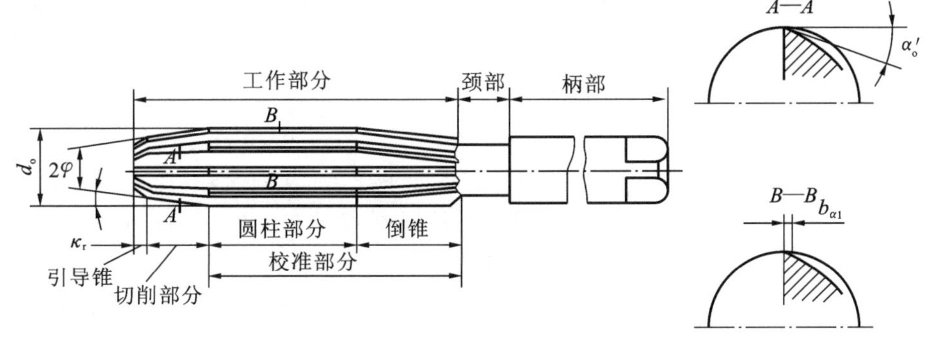

图 3-30 铰刀结构

铰刀刀齿数多，导向性好，刚性好，加工余量小，铰削时工作平稳。铰刀的种类很多，如

图 3-31 所示。铰刀按使用方式可分为手用铰刀和机用铰刀。

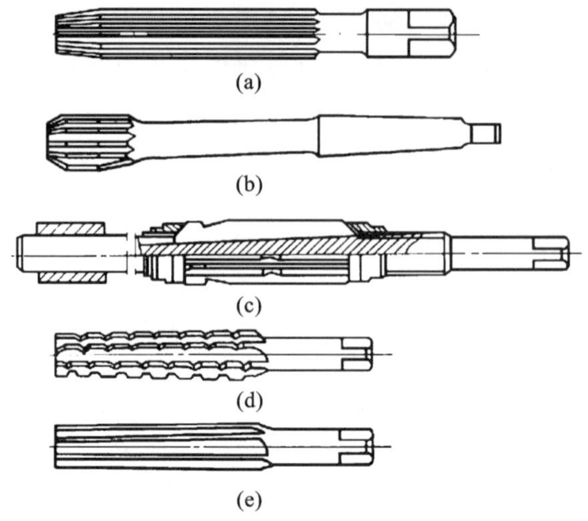

图 3-31 铰刀的种类

(a)手用整体式圆柱铰刀;(b)机用整体式圆柱铰刀;(c)可调式手用铰刀;(d)圆锥粗铰刀;(e)圆锥精铰刀

2. 铰刀的结构参数

1)直径及公差

铰刀是定尺寸刀具,直径及其公差的选取主要取决于被加工孔的直径及其精度,同时,也要考虑铰刀的使用寿命和制造成本。铰刀的公称直径 d_o 是指校准部分中圆柱部分直径,确定铰刀直径和公差时,应考虑被铰削孔的公差、铰刀的制造公差 G、铰刀磨损储备量 H 和铰削后孔径可能产生的扩张量 P 或收缩量 P_1。

铰孔时,由于机床主轴间隙产生的径向圆跳动、铰刀刀齿的径向圆跳动、铰孔余量不均匀而引起的颤动、铰刀的安装偏差、切削液和积屑瘤等因素的影响,会使铰出的孔径大于铰刀校准部分的外径,即产生孔径扩张。这时,铰刀的直径就应减小一些。其极限尺寸可由下式计算:

$$d_{o\,max}=d_{w\,max}-P_{max} \tag{3-3}$$

$$d_{o\,min}=d_{w\,max}-P_{max}-G \tag{3-4}$$

铰孔时,铰削力较大或工件孔壁较薄时,由于工件的弹性变形或热变形的恢复,铰孔后孔径常会缩小。这时,选用的铰刀的直径应增大一些。

$$d_{o\,max}=d_{w\,max}+P_{1min} \tag{3-5}$$

$$d_{o\,min}=d_{w\,max}-G \tag{3-6}$$

2)齿数 z 及槽形

铰刀齿数一般为 4～12 个齿。齿数多,则导向性好,刀齿负荷轻,铰孔质量高。但齿数过多,会降低铰刀刀齿强度和减小容屑空间,通常根据直径和工件材料性质选取铰刀齿数。大直径铰刀取较多齿数;加工韧性材料时取较小齿数,加工脆性材料时取较多齿数。为便于测量直径,铰刀齿数一般取偶数。刀齿在圆周上一般为等齿距分布,在某些情况下,为避免周期性切削负荷对孔表面的影响,也可选用不等齿距结构。

铰刀的齿槽形式有直线型、折线型和圆弧型三种。直线型齿槽制造容易,一般用于 d_o=1～20 mm 的铰刀;圆弧型齿槽具有较大的容屑空间和较好的刀齿强度,一般用于

$d_o>20$ mm的铰刀；折线齿槽常用于硬质合金铰刀，以保证硬质合金刀片有较好刚性支撑面和足够的刀齿强度。

铰刀齿槽有直槽和螺旋槽两种。直槽铰刀刃磨、检验方便，生产中常用；螺旋槽铰刀切削过程平稳。螺旋槽铰刀的螺旋角根据被加工材料选取：加工铸铁件等时取 $\beta=7°\sim8°$；加工钢件时取 $\beta=12°\sim20°$；加工铝等轻金属件时取 $\beta=35°\sim45°$。

3）铰刀的几何角度

（1）前角 γ_o 和后角 α_o　铰削时由于切削厚度小，切屑与前刀面只在切削刃附近接触，前角对切削变形的影响不显著。为了便于制造，一般取 $\gamma_o=0°$。粗铰塑性材料时，为了减小变形及抑制积屑瘤的产生，可取 $\gamma_o=5°\sim10°$；对于硬质合金铰刀，为防止崩刃，取 $\gamma_o=0°\sim5°$。为使铰刀重磨后直径尺寸变化小些，取较小的后角，一般取 $\alpha_o=6°\sim8°$。切削部分的刀齿刃磨后应锋利，不留刃带，校准部分刀齿则必须留有 0.05～0.3 mm 宽的刃带，以起修光和导向作用，也便于铰刀制造和检验。

（2）主偏角 κ_r　主偏角 κ_r 的大小影响铰刀参加工作的长度和切屑厚薄以及各分力间的比值，对加工质量有较大影响。如 κ_r 小，则参加工作的切削刃较长，切屑薄，轴向力小，且切入时的导向好；但变形较大，而切入和切出的时间也长。因此手用铰刀宜取较小的 κ_r 值，通常 $\kappa_r=0.5°\sim1°$。机用铰刀工作时，其导向和进给由机床保证，故 κ_r 可选用较大值。一般在加工钢材时，取 $\kappa_r=15°$；铰削铸铁和脆性材料时，取 $\kappa_r=3°\sim5°$；加工盲孔时，取 $\kappa_r=45°$。

（3）刃倾角 λ_s　在铰削塑性材料时，高速钢直槽铰刀切削部分的切削刃沿轴线倾斜15°～20°形成刃倾角 λ_s，它适用于加工余量较大的通孔。为便于制造，对于硬质合金铰刀一般取 $\lambda_s=0°$。

3.4.4　镗刀

镗床上用的刀具种类较多，除了可用钻床所用的各种孔加工刀具和铣床所用的各种铣刀外，多采用单刃镗刀、微调镗刀和浮动镗刀。

1. 单刃镗刀

如图 3-32 所示为单刃镗刀的类型，其切削部分与普通车刀相似，刀体较小，适用于孔的粗、精加工，有整体式（见图 3-32(a)）和机夹式（见图 3-32(b)、(c)、(d)）两种。整体式单刃镗刀常用于加工小直径孔。大直径孔一般采用机夹式单刃镗刀，将镗刀头安装在镗杆的孔中。在镗盲孔或阶梯孔时，为使镗刀头在镗杆内有较大的安装长度，并具有足够的位置安置调节螺钉 1 和压紧螺钉 2，常将镗刀头在镗杆内倾斜安装（见图 3-32(d)）。镗通孔时，镗刀头安装如图 3-32(b)、(c)所示。

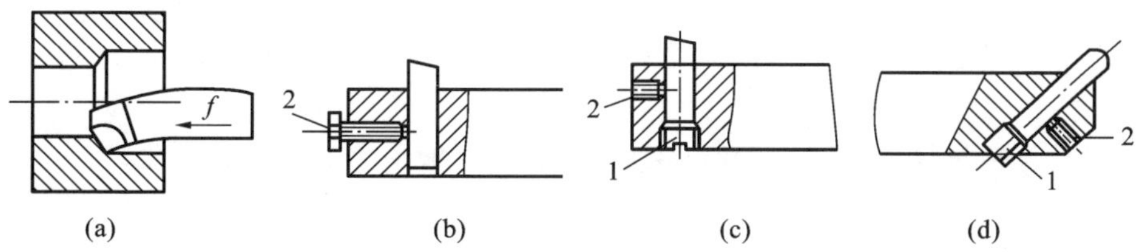

图 3-32　单刃镗刀的类型

(a)整体式单刃镗刀；(b)机夹式单刃镗刀；(c)机夹式单刃镗刀；(d)机夹式单刃镗刀

1—调节螺钉；2—压紧螺钉

2. 微调镗刀

机夹式单刃镗刀尺寸调节费时，调节精度不易控制。如图 3-33 所示为一种坐标镗床和数控机床上常用的微调镗刀。它具有调节尺寸容易、调节精度高的优点，主要用于精加工。微调镗刀用调节螺母 5、波形垫圈 4 将微调螺母 2 连同镗刀头 1 一起固定在固定座套 6 上，再用螺钉 3 将固定座套 6 固定在镗杆上。调节时，转动带刻度的微调螺母 2，使镗刀头径向移动达到预定尺寸。镗盲孔时，镗刀头在镗杆上倾斜 53°8′。微调螺母的螺距为 0.5 mm，微调螺母上刻有 80 格，调节时，微调螺母每转过 1 格，镗刀头沿径向移动量为

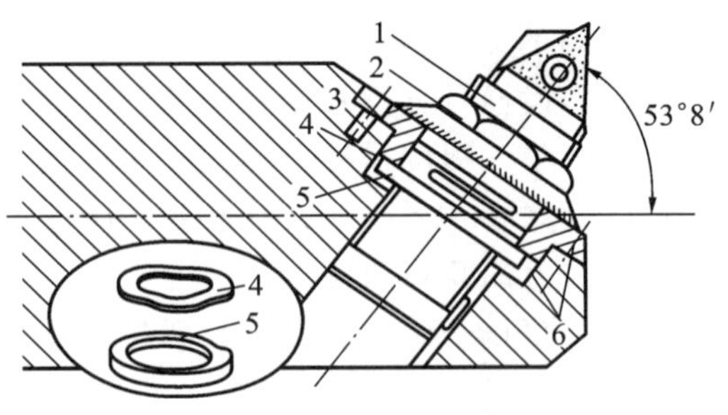

图 3-33 微调镗刀

1—镗刀头；2—微调螺母；3—螺钉；4—波形垫圈；5—调节螺母；6—固定座套

$$\Delta R=[(0.5/80)\sin53°8'] \text{ mm}=0.005 \text{ mm}$$

旋转调节螺母 5，使波形垫圈 4 和微调螺母 2 产生变形，以产生预紧力消除螺纹副的轴向间隙。

3. 双刃镗刀

双刃镗刀有两个切削刃对称地分布在镗杆轴线的两侧参与切削，背向力互相抵消，不易引起振动。固定式双刃镗刀如图 3-34 所示，刀片可采用焊接式或可转位式，工作时镗刀头通过斜楔或在两个方向上倾斜的螺钉夹紧在镗杆上，适用于直径 $d>40$ mm 的孔的粗镗和半精镗加工。

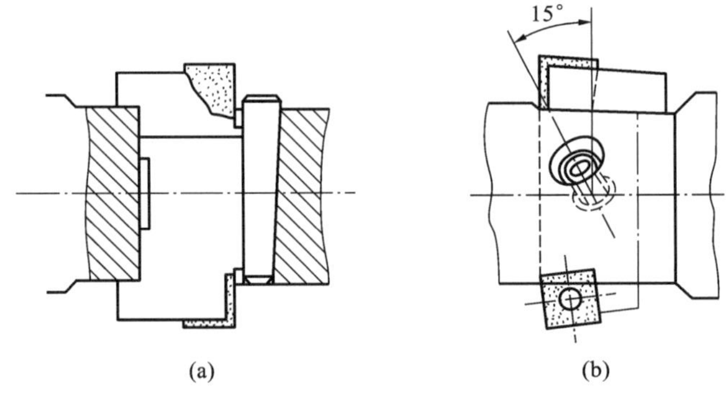

图 3-34 固定式双刃镗刀

(a)用楔夹紧；(b)用双向倾斜的螺钉夹紧

3.5 复杂刀具

复杂刀具包括螺纹刀具、拉刀和齿轮加工刀具，一般由专业化刀具厂生产。

3.5.1 螺纹刀具

螺纹刀具是指加工内、外螺纹表面的刀具。按螺纹加工方法，可将螺纹刀具分为切削加工螺纹刀具和滚压螺纹刀具。切削加工螺纹刀具可分为车刀类、铣刀类、拉刀类螺纹刀具，其中应用较广的是丝锥。

1. 丝锥

丝锥是加工内螺纹的刀具。按切削方式和结构的不同，可分为手用丝锥、机用丝锥、螺母丝锥、锥形丝锥、板牙丝锥、拉削丝锥、挤压丝锥和螺旋槽丝锥等。

1）丝锥的结构与几何参数

图 3-35 所示为丝锥的外形结构，它由工作部分和柄部共同组成。工作部分包括切削部分和校准部分，实际上是一个轴向开槽的外螺纹。槽向有直槽和螺旋槽两种，其中螺旋槽丝锥排屑效果好，并使实际工作前角增大，降低转矩。切削部分担负着整个丝锥的切削工作。为了切入导向并使切削负荷能分配到几个刀齿上，切削部分一般磨出锥角 2φ。校准部分有完整的齿形，以控制螺纹参数并引导丝锥沿轴向运动。柄部方尾的作用是与机床连接或通过扳手传递扭矩。丝锥轴向开槽以容纳切屑，同时形成前角，切削锥顶刃与齿形侧刃经铲磨形成后角。丝锥的中心部是锥心，用以保持丝锥的强度。

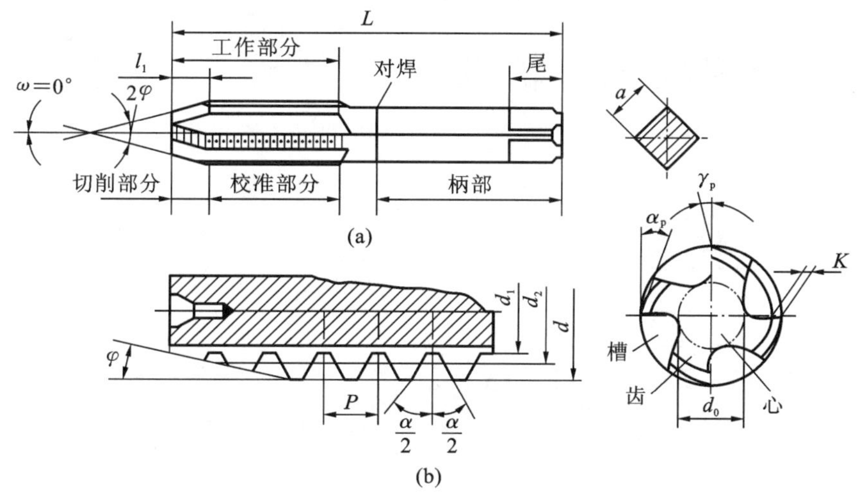

图 3-35　丝锥的结构

丝锥的参数包括螺纹参数与切削参数两部分。螺纹参数如大径 d、中径 d_2、小径 d_1、螺距 P、牙形角 α 及螺纹旋向（一般为右旋）等，这几个参数应根据按被加工螺纹的规格来选择。切削参数如锥角 2φ、端剖面前角 γ_p、后角 α_p 和槽数 z 等，这几个参数应根据被加工的螺纹的精度、尺寸来选择。对于一般材料中、小规格的通孔螺纹，可用单只丝锥加工完成。但在螺孔尺寸较大和材料硬度、强度较高的工件上加工通孔或盲孔螺纹时，单只丝锥在切削能力和加工质量上往往不能满足要求。此时宜采用由 2～3 只丝锥组成的成组丝锥依次切削，使切削工作由 2～3 只丝锥分担。参与切削的丝锥依次被称为头锥、二锥和精锥。

2）几种主要类型丝锥的结构特点

常用的几种丝锥如图 3-36 所示，下面详细介绍其中几种丝锥的结构特点。

（1）手用丝锥　如图 3-36(a)所示，手用丝锥的刀柄为方头圆柄，齿形不铲磨，加工时手工操作，常用于单件小批生产和修配工作。手用丝锥因切削速度较低，常用优质碳素工具钢 T12A 和合金工具钢 9SiCr 制造。

（2）机用丝锥　如图 3-36(b)所示，机用丝锥是用于在机床上加工螺纹的丝锥，其刀柄除有方头外，还有环形槽，以防止丝锥从夹头中脱落。机用丝锥的螺纹齿形均经铲磨。因机床传递的扭矩大，导向性好，常用单只丝锥加工。有时加工直径大、材料硬度高或韧度好的

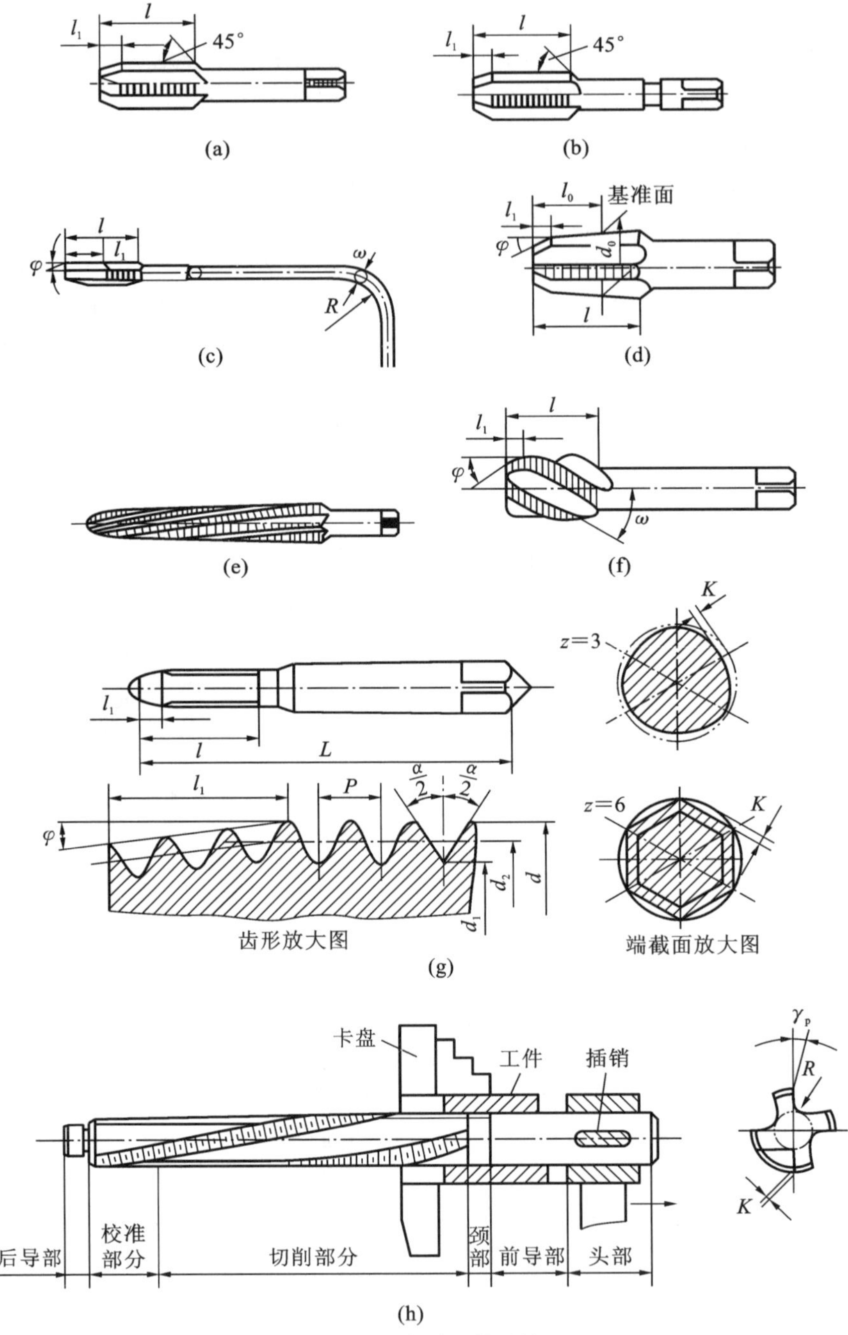

图 3-36 常用几种丝锥

(a)手用丝锥;(b)机用丝锥;(c)螺母丝锥;(d)锥形丝锥;

(e)板牙丝锥;(f)螺旋槽丝锥;(g)挤压丝锥;(h)拉削丝锥

螺孔,也用成组丝锥依次进行切削。机用丝锥因其切削速度较高,工作部分常用高速钢制造,并与 45 钢的刀柄经对焊而成。一般用于成批或大量生产通孔和盲孔螺纹加工。

(3)挤压丝锥　如图 3-36(g)所示为挤压丝锥的结构。其特点是不开容屑槽,也无切削刃。它是利用塑性变形原理加工螺纹的,可用于加工中小尺寸的内螺纹。它的主要优点是挤压后的螺纹表面组织紧密，耐磨性好，攻螺纹后扩张量极小，螺纹加工精度高，无排屑问题，可高速攻螺纹，生产率高，材料利用率高，丝锥寿命长。挤压丝锥主要适用于加工高精度、高强度的塑性材料工件，适合在自动化设备上使用。

(4)拉削丝锥　如图3-36(h)所示，拉削丝锥可用于加工梯形、方形、三角形单头与多头螺纹。在卧式车床上一次拉削成形，操作简单，生产效率高，质量稳定。拉削丝锥实质是一把螺旋拉刀，它的结构和几何参数综合了丝锥、铲齿成形铣刀及拉刀三种刀具的结构。其中螺纹部分的参数、切削锥角、校准部分的齿形等都属于梯形丝锥参数。后角、铲削量、前角及齿形角修正都按铲齿成形铣刀设计方法计算。头、颈和引导部分的设计与拉刀类似。

2. 其他螺纹刀具

1)板牙

板牙是加工和修整外螺纹的标准刀具之一，它的基本结构是一个螺母，轴向开出容屑槽以形成切削齿前面。因结构简单，制造方便，故在小批量生产中应用广泛。加工普通外螺纹常用圆板牙，其结构如图3-37(a)所示。圆板牙左、右两个端面上都磨出切削锥角，齿顶经铲磨形成后角。板牙的廓形在内表面，很难加工，校准部分的后角不但为零，而且热处理的变形等缺陷也难以消除。因此，板牙只能用于精度要求不高的螺纹加工。

2)螺纹切头

螺纹切头是一种组合式螺纹刀具，分为自动板牙切头和自动丝锥切头两类，通常是开合式。图3-37(b)所示为加工外螺纹的圆梳刀螺纹切头。工作时，梳刀合拢，几把梳刀同时切削。切削结束，梳刀自动张开，这时切头快速退回，梳刀又自动合拢，准备下一个工作循环，生产效率很高。梳刀可多次重磨，使用寿命较长。板牙头结构复杂，成本较高，通常在转塔、自动或组合机床上使用。

3)螺纹铣刀

螺纹铣刀可分为盘形、梳形与铣刀盘三类，多用于批量大且铣削精度要求不高场合的螺纹加工。如图3-37(c)所示为盘形螺纹铣刀粗切蜗杆或梯形螺纹时的工作情况。铣刀与工件轴线交错成φ角。由于是铣螺旋槽，为了减少铣槽的干涉，通常将直径选得较小，齿数选择较多，以保持铣削平稳。为改善切削条件，刀齿两侧可磨成交错结构，以增大容屑空间，但需要有一个完整的齿形以供检验。梳形螺纹铣刀由若干个环形齿纹构成，宽度大于工件的长度，并且一般做成铲齿结构，用于专用的铣床上加工较短的三角形螺纹，如图3-37(d)所示。工件每转一周，则铣刀相对于工件的轴线移动一个导程，即可铣出全部螺纹。铣刀盘是用硬质合金刀头高速铣削的螺纹刀具。常见的有内、外旋风铣削刀盘，刀盘轴线相对工件轴线倾斜一个螺旋升角，刀盘高速旋转形成主运动。工件每转一周，旋风头沿工件轴线移动一个导程为进给运动。螺纹表面是切削刃回转时形成的表面在各个不同连续位置时的包络面。

4)螺纹滚压工具

滚压螺纹属于无屑加工，适合于滚压塑性材料。由于效率高，精度好，螺纹强度高，工具寿命长，该工艺已广泛用于制造螺纹标准件、丝锥和螺纹量规等。常用的滚压工具是滚丝轮和搓丝板。

如图3-37(e)所示为滚丝轮的工作情况。滚丝轮成对在滚丝机上使用，两个滚丝轮螺纹方向相同且与工件螺纹方向相反，以同一方向旋转。滚丝时动轮逐渐向静轮靠拢，工件表面被挤压形成螺纹。两轮中心距到达预定尺寸后，停止进给，继续滚转几圈以修正螺纹廓形，然后退出，取下工件。

如图 3-37(f)所示，搓丝板由动板、静板组成，成对使用。两搓丝板螺纹方向相同，与工件螺纹方向相反。工件进入两板块之间，立即被夹住，随着搓丝板的运动迫使其转动，搓丝板上凸起的螺纹逐渐压入工件而形成螺纹。搓丝板受行程的限制，只能加工直径小于24 mm的螺纹。由于压力较大，螺纹易变形，所以工件圆柱度误差较大。

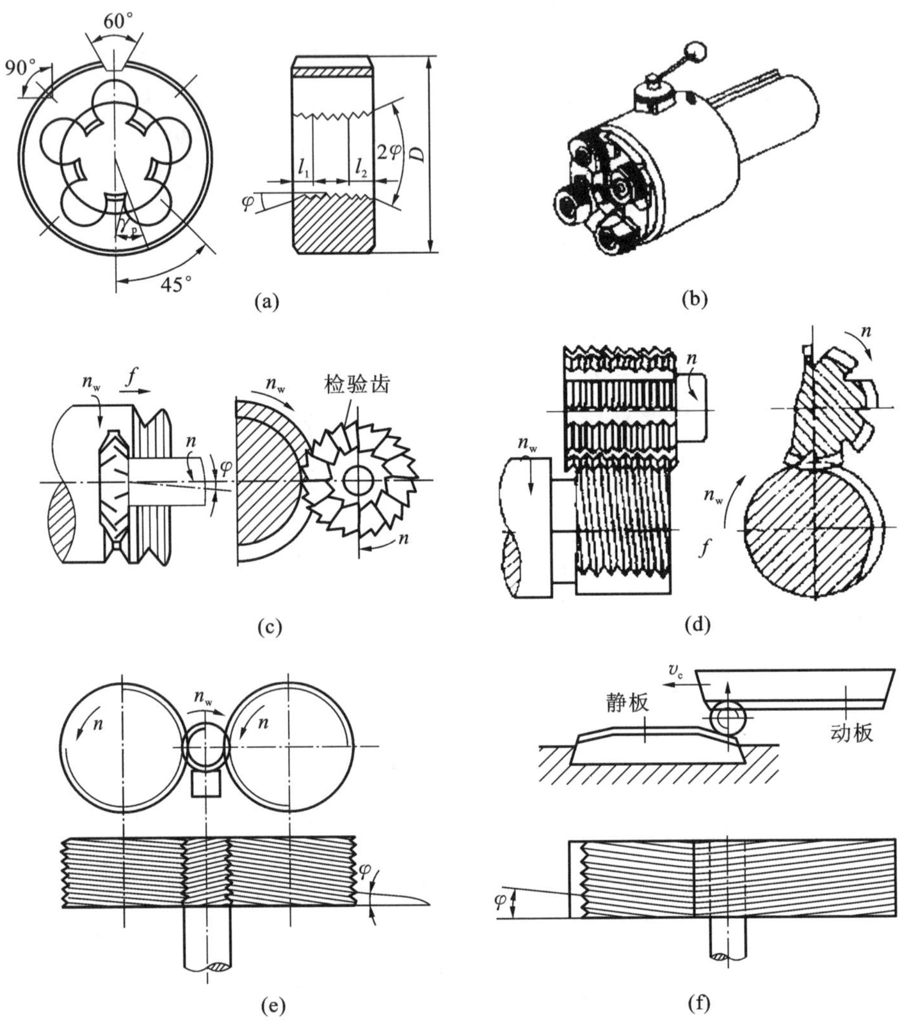

图 3-37　其他螺纹刀具

(a)圆板牙；(b)螺纹切头；(c)盘形螺纹铣刀；
(d)梳形螺纹铣刀；(e)滚丝轮；(f)搓丝板

3.5.2　拉刀

1. 拉削过程及拉削特点

拉削时，拉刀沿其轴线作等速直线运动，由于拉刀的后一个(或一组)刀齿高出前一个(或一组)刀齿，所以能够依次从工件上切下金属层，从而获得所需的表面，如图 3-38 所示。

拉削加工与其他切削加工方法比较，具有以下特点。

(1)生产率高。拉刀是多齿刀具,同时参加工作的刀齿多,切削刃的总长度大,又多为直线运动,一次行程即完成粗、半精及精加工,因此生产率很高。

(2)加工后工件精度与表面质量高。拉削时的切削速度很低(一般 $v_c=1.02\sim8$ m/min),拉削过程平稳,切削厚度小(一般精切齿的切削厚度 $h=0.005\sim0.015$ mm),因此可加工出精度为 IT7,表面粗糙度 Ra 不大于 0.8 的工件。

(3)拉刀使用寿命高。由于拉削速度很低,而且每个刀齿实际参加切削的时间极短,因此拉刀使用寿命很高。

(4)加工范围广,可拉削各种特型表面。图 3-39 所示是其中的一些例子。

(5)拉削运动简单。拉削只有主运动,拉削过程的进给量即相邻两刀齿的齿高差。

(6)由于拉刀构造比较复杂,制造成本高,因此一般多用于大量或成批生产。

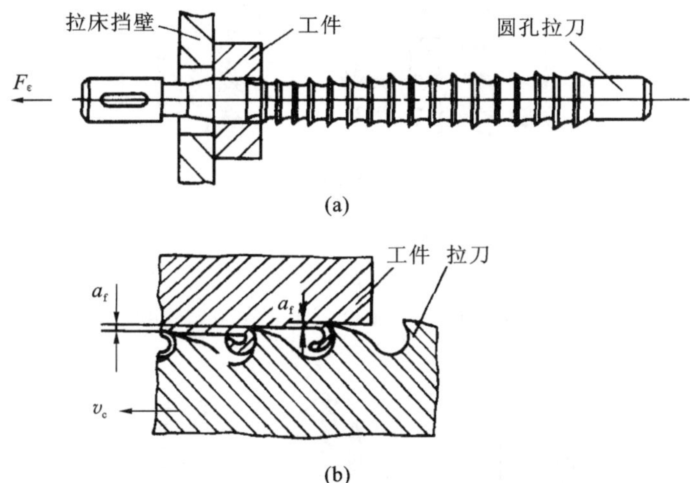

图 3-38　拉削过程及拉削特点

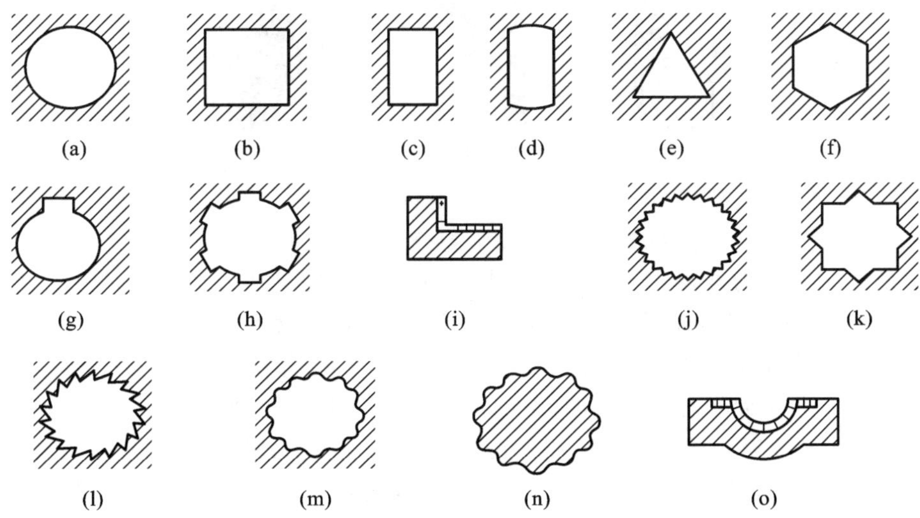

图 3-39　拉削加工典型截面形状

(a)圆孔;(b)方孔;(c)长方孔;(d)鼓形孔;(e)三角孔;(f)六角孔;(g)键槽;(h)花键槽;(i)相互垂直面;(j)齿形孔;(k)多边形孔;(l)棘爪孔;(m)内齿轮孔;(n)外齿轮;(o)成形表面

2. 拉刀的分类

拉削加工方法应用广泛，拉刀的种类很多。按加工工件表面的不同，分为内拉刀和外拉刀两类。

内拉刀是用于加工工件内表面的。常见的有圆孔拉刀、键槽拉刀及花键拉刀等（见图3-40）。

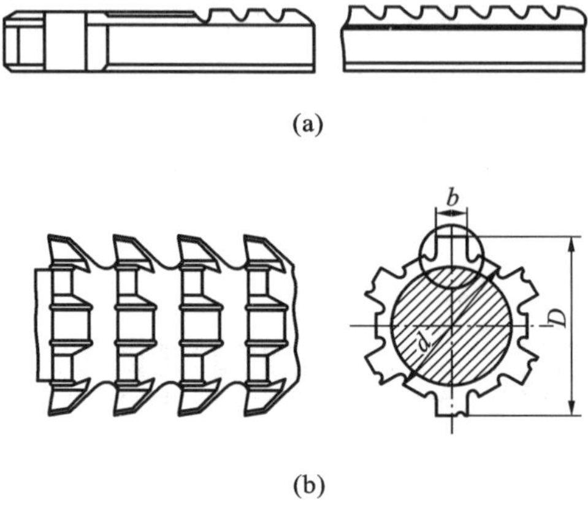

图 3-40 内拉刀

(a)键槽拉刀；(b)花键拉刀

加工外表面的拉刀，称外拉刀，图 3-41(a)、(b)、(c)所示的分别为平面拉刀、成形表面拉刀和齿轮拉刀等。

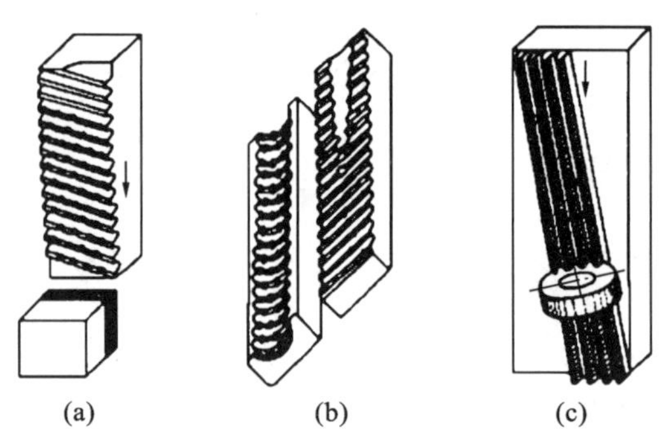

图 3-41 外拉刀

(a)平面拉刀；(b)成形表面拉刀；(c)齿轮拉刀

拉刀的结构可分为整体式与组合式两类。整体式结构主要用于中、小型尺寸的高速钢拉刀；组合式结构主要用于大尺寸和硬质合金拉刀，这样不仅可以节省贵重的刀具材料，而且当拉刀刀齿磨损或破损后，能够更换，延长整个拉刀的使用寿命。

拉刀一般是在拉伸状态下工作的(见图 3-42(a))，如在压缩状态下工作的，则称为推刀(见图 3-42(b))。为避免推刀在工作中弯曲，因此将其做得比较短(其长度与直径之比一般不超过 12～15)。推刀用于加工余量较小的各种形状的内表面及修整热处理后(硬度小于45HRC)的变形量，应用范围不如拉刀广泛。由于推刀的外形与拉刀相似，它们的切削过程有许多共性，因此习惯上把推刀也列入拉刀类。

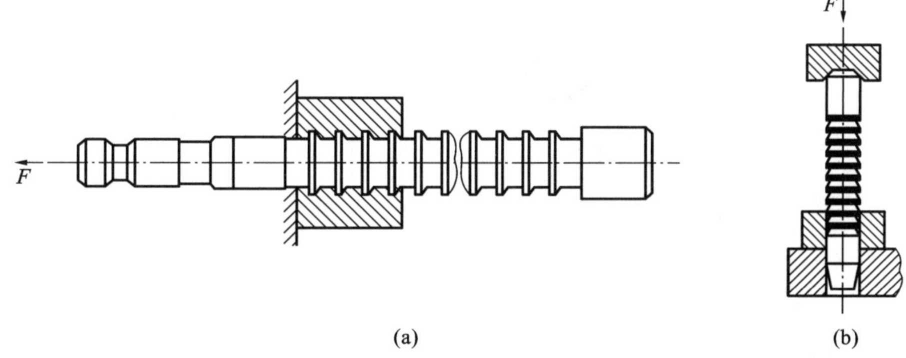

图 3-42 拉刀与推刀的工作情况

(a)拉刀；(b)推刀

3. 拉刀的组成部分

拉刀的类型不同，其结构上虽各有特点，但它们的组成部分仍有共同之处。图 3-43 所示为圆孔拉刀的组成部分。

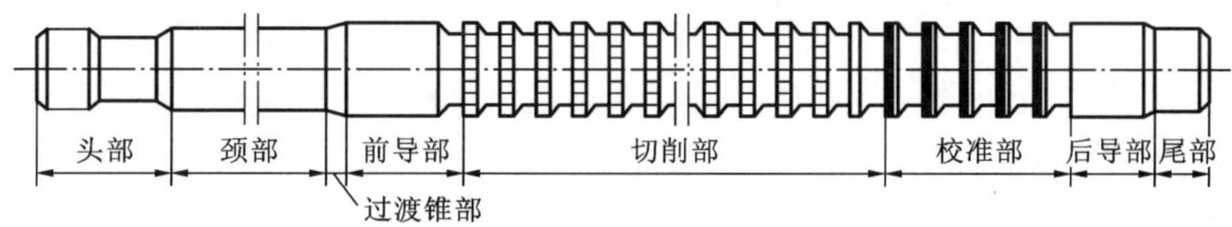

图 3-43 圆孔拉刀的组成

圆孔拉刀由头部、颈部、过渡锥部、前导部、切削部、校准部、后导部及尾部组成。其各部分功能如下。

头部——拉刀的夹持部分，用于传递拉力。

颈部——头部与过渡锥部之间的连接部分，并便于头部穿过拉床挡壁，也是打标记的地方。

过渡锥部——使拉刀前导部易于进入工件孔中，起对准中心的作用。

前导部——起引导作用，防止拉刀进入工件孔后发生歪斜，并可检查拉前孔径是否符合要求。

切削部——担负切削工作，切除工件上所有余量，它由粗切齿、过渡齿与精切齿三部分组成。

校准部——切削很少，只切去工件弹性恢复量，起提高工件加工精度和表面质量的作用，也作为精切齿的后备齿。

后导部——用于保证拉刀工作即将结束离开工件时的正确位置，防止工件下垂损坏已加工表面与刀齿。

尾部——只有当拉刀又长又重时才需要，用于支撑拉刀，防止拉刀下歪。

4. 拉刀切削部分几何参数

拉刀切削部分的主要几何参数如图 3-44 所示。图中：a_f 为齿升量，即切削部前、后刀齿（或组）高度之差；p 为齿距，即两相邻刀齿之间的轴向距离；b_{a1} 为刃带，用于在制造拉刀时控制刀齿直径，也为了增加拉刀校准齿前刀面的可重磨次数，提高拉刀使用寿命，有了刃带，还可提高拉削过程的稳定性；γ_o 为拉刀前角；α_o 为拉刀后角。

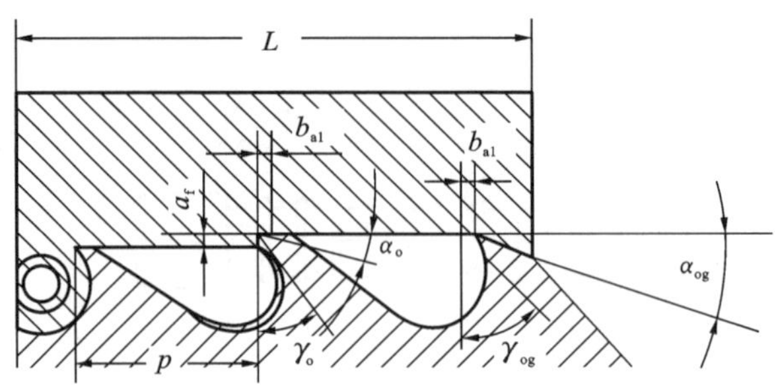

图 3-44 拉刀切削部分几何参数

5. 拉削方式

拉削方式是指拉刀把加工余量从工件表面切下来的方式。它决定每个刀齿切下的切削层的截面形状，即所谓拉削图形。拉削方式选择得恰当与否，直接影响到刀齿载荷的分配、拉刀的长度、切削力的大小、拉刀的磨损和耐用度及加工表面质量和生产率。

拉削方式可分为分层拉削和分块拉削两大类。分层拉削包括成形式和渐成式两种，分块拉削目前常用的有轮切式和综合轮切式两种。

1)分层拉削方式

(1)成形式　按成形式设计的拉刀，各刀齿的廓形与被加工表面的最终形状一样，它们一层层地切去加工余量，由拉刀的最后一个切削齿和校准齿切出工件的最终尺寸和表面，采用这种拉削方式能达到较小的表面粗糙度。但由于每个刀齿的切削层宽而薄，单位切削力大，是需要较多的刀齿才能把余量全部切除。按成形式设计的拉刀较长，刀具成本高、生产率低，并且不适于加工带硬皮的工件。

(2)渐成式　按渐成式设计的拉刀，各刀齿可制成简单的直线或圆弧形，它们一般与被加工表面的最终形状不同，被加工表面的最终形状和尺寸是由各刀齿切出的表面连接而成的。这种拉刀制造比较方便，但其加工具有成形式的同样缺点，且加工出的工件表面质量较差。

2)分块拉削方式

(1)轮切式　按轮切式设计的拉刀，拉刀的切削部分是由若干组齿组成。每个齿组中有2～5个刀齿，它们的直径相同，共同切下加工余量中的一层金属，每个刀齿仅切去一层中的一部分。如图 3-45(a)所示为三个刀齿列为一组的轮切式拉刀刀齿的结构与拉削图形。前两个刀齿(1、2)无齿升量，在切削刃上磨出交错分布的大圆弧分屑槽，但为了避免第三个刀齿切下整圈金属，其直径应较同组其他刀齿直径略小。

轮切式与分层拉削方式比较，它的优点是：切削刃的宽度较小，但切削厚度较分层拉削方式要大得多。虽然每层金属要有一组(两个或三个)刀齿切除，但由于切削厚度要比分层拉削方式大 2～10 倍，所以在同一拉削用量下，所需刀齿的总数减少了许多，拉刀长度大大缩短，不仅节省了贵重的刀具材料，生产率也大为提高。在刀齿上分屑槽的转角处，强度高、散热良好，故刀齿的磨损量也较小。

轮切式拉刀主要适用于加工尺寸大、余量大的内孔，并可以用来加工带有硬皮的铸件和锻件。此种拉刀的结构较复杂，拉后工件的表面粗糙度较大。

(2)综合轮切式　按综合轮切式设计的拉刀，集中了成形式与轮切式的优点，即粗切齿制成轮切式结构，精切齿采用成形式结构，这样既缩短了拉刀长度，提高生产效率，又能获得

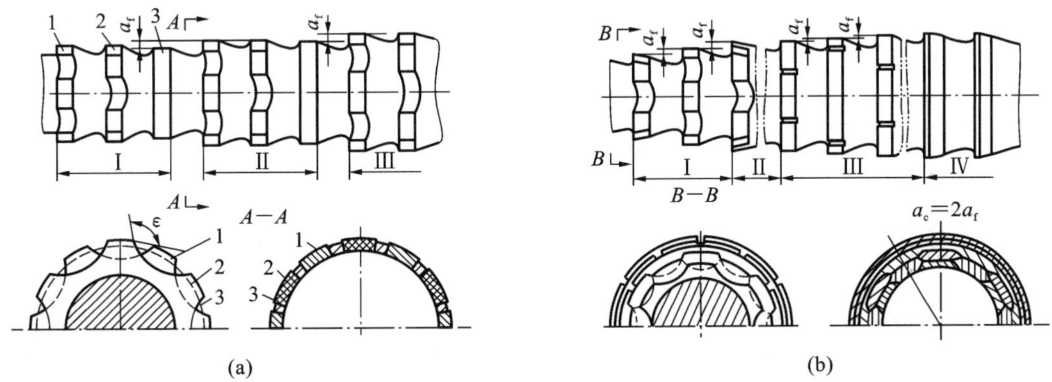

图 3-45 分块拉削方式

(a)轮切式;(b)综合轮切式

较好的工件表面质量。如图 3-45(b)所示为综合轮切式拉刀刀齿的结构与拉削图形。拉刀上粗切齿Ⅰ与过渡齿Ⅱ采用轮切齿式刀齿结构,各齿均有较大的齿升量。过渡齿齿升量逐渐减小。精切齿Ⅲ采用成形式刀齿结构,其齿升量较小。校正齿无齿升量。

综合轮切式拉刀刀齿齿升量分布合理,拉削平稳,加工表面质量高,但制造困难。

3.5.3 齿轮加工刀具

齿轮加工刀具是指用于加工齿轮齿形的刀具。由于齿轮的种类很多,相应的齿轮刀具种类也极其繁多。按被切齿轮的类型,齿轮加工刀具可分为渐开线圆柱齿轮刀具、蜗轮刀具、锥齿轮刀具、非渐开线齿轮刀具四大类。按齿轮齿形的形成原理可分为成形法齿轮刀具和展成法齿轮刀具两大类。

3.5.3.1 成形法齿轮刀具

成形法齿轮刀具的切削刃形状与被切齿轮齿槽形状和尺寸相同或近似相同。这类刀具有盘形齿轮铣刀、指状齿轮铣刀、齿轮拉刀。

盘形齿轮铣刀(见图 3-46(a))是一种铲齿成形铣刀,通常用它在卧式铣床上利用分度头加工直齿或斜齿齿轮。其加工精度和生产率较低,仅适合于单件生产或修配工作中加工精度要求不高的齿轮。

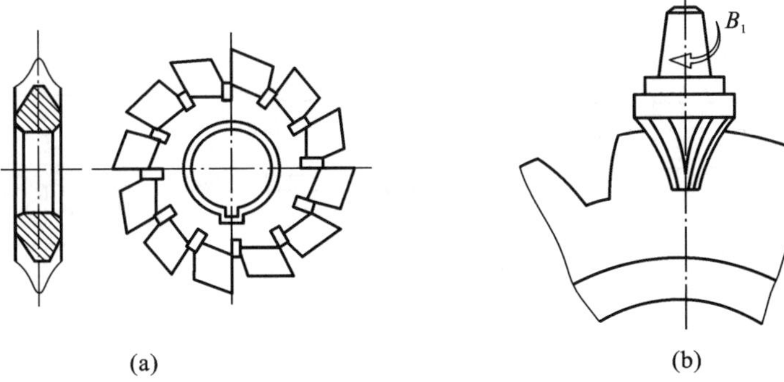

图 3-46 成形齿轮铣刀

(a)盘形齿轮铣刀;(b)指状齿轮铣刀

指状齿轮铣刀(见图 3-46(b))实质上是一种成形立铣刀,可做成铲齿或尖齿结构,加工齿轮时和盘形齿轮铣刀一样,刀具旋转,工件沿齿槽作进给运动,每铣完一个齿,再通过分度头分度。该类铣刀主要用于加工大模数直齿、斜齿以及人字齿轮等。指状齿轮铣刀工作时相当于一个悬臂梁,几乎整个刃长都参加切削,切削力大,刀齿负荷重,宜采用小进给量切削。

齿轮拉刀属于专用精密成形齿轮刀具,用在拉床上加工渐开线内齿轮或花键,其加工精度和生产率较高,但刀具制造成本高,常用于大量生产。

3.5.3.2 展成法齿轮刀具

展成法齿轮刀具是根据齿轮啮合原理而设计出的切齿刀具。切齿时,刀具与工件相当于一对齿轮(或齿条与齿轮)的无间隙的啮合运动。因此,除刀具的主运动外,刀具与工件还有相对的啮合运动,称为展成运动。工件齿形就是由刀具齿形在展成运动中若干位置包络形成的。展成法齿轮刀具的切削刃廓形不同于被切齿轮的槽形。

用展成法切齿时,用一把齿轮刀具可以加工模数与压力角相同而齿数不同的齿轮,由齿轮加工机床保证的展成运动实现连续分度,加工精度和生产效率都较高,是齿轮加工的主要方法,大量生产中被广泛采用。

展成法齿轮刀具有插齿刀、齿轮滚刀、剃齿刀等。

1. 插齿刀

1)插齿刀的工作原理与分类

插齿刀形状像一个齿轮,为了实现切削,在齿顶和齿侧做出后角,端面做出前角。插齿工作原理就是插齿刀同被加工工件作为一对渐开线齿轮作无间隙的展成运动,在展成过程中插齿刀逐渐切出工件的齿形,插齿刀切削刃在工件端平面内连续投影位置的包络线就是工件的齿形。

插齿刀有盘形、碗形、锥柄等标准形式,如图 3-47 所示。插齿刀有三个精度等级,即 AA 级、A 级和 B 级,分别用于加工 6~8 级精度的齿轮。盘形插齿刀是较常用插齿刀,用于加工外齿轮和齿数较多的内齿轮,也可用来加工齿条、人字齿轮。碗形插齿刀因插齿刀刀体凹孔较深,使夹紧用螺母可容纳在插齿刀刀体内,故可用来加工塔形或带凸肩的齿轮。锥柄插齿刀主要用来加工内齿轮。

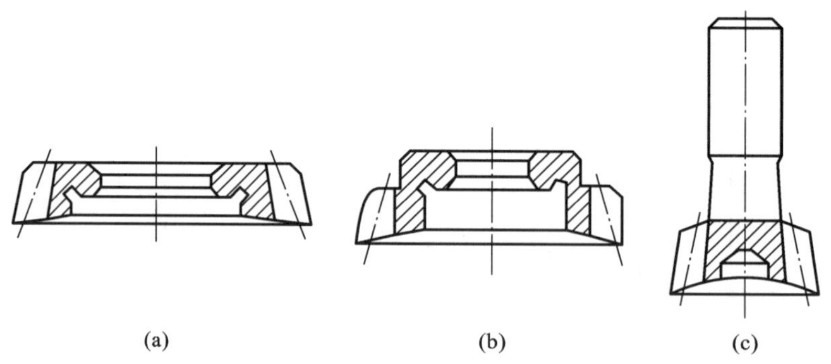

图 3-47 插齿刀形式

(a)盘形插齿刀;(b)碗形插齿刀;(c)锥柄插齿刀

2)插齿刀结构与几何角度

(1)插齿刀各端剖面齿形　为了形成插齿刀的顶刃后角,其顶刃后刀面沿轴向做成圆锥面。为了形成侧刃后角,在不同端剖面内的分圆齿厚也要逐渐沿轴向缩小。因此,除切削刃处于铲形齿轮的齿形表面上外,后刀面其他部分均缩在铲形齿轮之内。插齿刀用钝后重磨前刀面,重磨后的刀齿顶圆、根圆直径减小,分圆齿厚减薄。为了保证新、旧插齿刀所切出的工件有相同正确的齿形,则重磨后的切削刃应为同一基圆的渐开线,而只是调节插齿刀与工件的啮合中心距。

由上述分析可知,插齿刀的各个不同端剖面是基圆直径相同而变位系数不同的变位齿轮。如图3-48所示,新插齿刀前端面Ⅰ—Ⅰ剖面中,变位系数X_f最大,齿顶圆直径最大,分圆齿厚最厚;使用到最后的端剖面Ⅱ—Ⅱ时的变位系数$X_{\text{Ⅱ}}$最小,齿顶圆直径最小,分圆齿厚最薄。在中间的某一剖面O—O中$X_o=0$,称此剖面为插齿刀原始剖面。原始剖面O—O内的齿高和齿厚是标准的。设各剖面与原始剖面之间的距离为b,则变位量X为

$$X=xm=b\tan\alpha_{pa}$$

$$x=\frac{b}{m}\tan\alpha_{pa} \tag{3-7}$$

式中:x——某一剖面齿形的变位系数;

b——某一剖面与原始剖面的距离。在原始剖面前端为正值,在后端为负值;

α_{pa}——齿顶处在背平面内的后角。

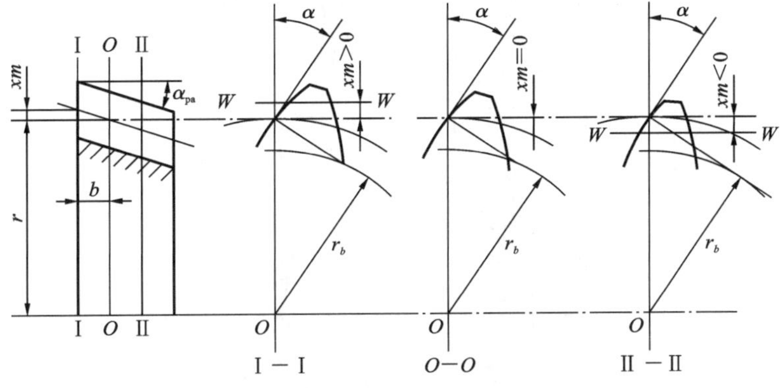

图3-48　插齿刀在不同剖面中的齿形

根据变位齿轮参数计算式,可得出插齿刀在某一变位系数为x的剖面中的有关参数。

分圆半径

$$r=\frac{mz}{2} \tag{3-8}$$

顶圆半径

$$r_a=\frac{mz}{2}+(h_a{}^*+C^*)m+xm \tag{3-9}$$

根圆半径

$$r_h=\frac{mz}{2}-(h_a{}^*+C^*)m+xm \tag{3-10}$$

分圆齿厚

$$S=\frac{\pi m}{2}+2xm\tan\alpha \tag{3-11}$$

由于插齿刀在不同剖面内的齿形为同一模数和压力角的变位齿轮，它也可以与相同模数、压力角而变位系数不同的齿轮正确啮合。因此插齿刀既可用于加工标准齿轮，也可用于加工变位齿轮。插齿时，插齿刀与齿坯的中心距为

$$a_{01}=\frac{(z_1+z)m\cos\alpha}{2\cos\alpha'} \tag{3-12}$$

$$\mathrm{inv}\alpha'=\frac{z(x_1+x)}{z_1+z}\tan\alpha+\mathrm{inv}\alpha \tag{3-13}$$

式中：z_1、z——齿轮与插齿刀齿数；

x_1、x——齿轮与插齿刀的变位系数；

α——分圆压力角。

(2)插齿刀齿侧面形状　为分析插齿刀齿侧面形状，在图3-49中任取插齿刀的两个端剖面Ⅰ—Ⅰ、Ⅱ—Ⅱ，各面距原始剖面的距离为b_1、b_2，变位系数为x_1、x_2，分圆齿厚为s_1、s_2，对应的中心半角为δ_1、δ_2。

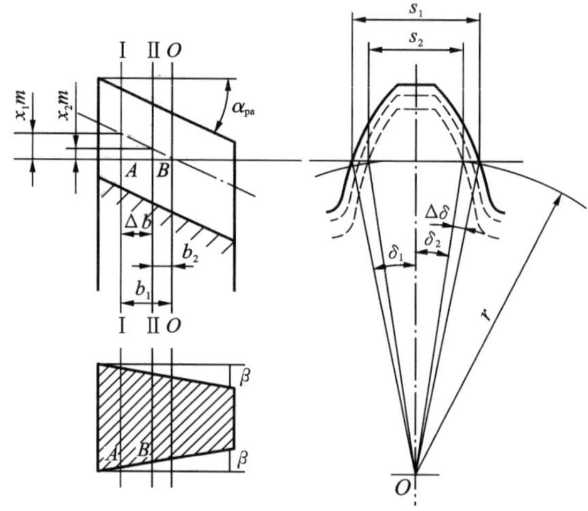

图3-49　插齿刀侧面形状分析

设插齿刀顶刃处在背平面内后角为α_{pa}，齿形角为α，分圆半径为r，由式(3-11)可计算出δ_1、δ_2分别为

$$\delta_1=\frac{s_1}{2r}=\frac{1}{2r}\left(\frac{\pi m}{2}+2x_1m\tan\alpha\right)$$

$$\delta_2=\frac{s_2}{2r}=\frac{1}{2r}\left(\frac{\pi m}{2}+2x_2m\tan\alpha\right)$$

$$\Delta\delta=\delta_1-\delta_2=\frac{m\tan\alpha}{r}(x_1-x_2) \tag{3-14}$$

由式(3-7)可知

$$b_1=\frac{x_1m}{\tan\alpha_{pa}}$$

$$b_2=\frac{x_2m}{\tan\alpha_{pa}}$$

$$\Delta b=b_1-b_2=\frac{m}{\tan\alpha_{pa}}(x_1-x_2) \tag{3-15}$$

由式(3-14)和式(3-15)得

$$\frac{\Delta b}{\Delta\delta}=\frac{r}{\tan\alpha\cdot\tan\alpha_{pa}}=\text{定值} \tag{3-16}$$

式(3-16)说明，当插齿刀左侧面沿分圆柱展开，在剖面Ⅰ—Ⅰ上的点 A 移动到剖面Ⅱ—Ⅱ上点 B 的同时，还将绕其轴线顺时针转过 $\Delta\delta$ 角，且 Δb 与 $\Delta\delta$ 成正比，即作螺旋运动，其轨迹为螺旋线。右侧面情况与左侧面情况相同，只是螺旋方向相反。同理，可以证明分圆柱外任意圆柱面与齿侧面的交线也是螺旋线。由分析可知，插齿刀各端面刃形为渐开线，齿侧表面在轴向圆柱剖面内是螺旋线，故插齿刀齿侧面形状为渐开螺面。一侧相当于左旋斜齿轮，另一侧相当于右旋斜齿轮。齿侧面在分圆处的螺旋角 β 为

$$\tan\beta=\frac{\Delta\delta r}{\Delta b}=\tan\alpha\cdot\tan\alpha_{pa} \tag{3-17}$$

式(3-17)表明，分圆螺旋角 β 由顶刃后角 α_{pa} 和分圆压力角 α 确定，不能任意选定。

由斜齿轮性能可以得出基圆处螺旋角 β_b 与分圆处螺旋角有如下关系式：

$$\tan\beta_b=\frac{r_b}{r}\tan\beta=\cos\alpha\tan\beta=\sin\alpha\tan\alpha_{pa} \tag{3-18}$$

(3)插齿刀前角　为了改善切削条件，将插齿刀的前刀面做成圆锥面，以形成顶刃前角 γ_{pa}，一般取 $\gamma_{pa}=5°$。

2. 齿轮滚刀

齿轮滚刀是一种利用展成法加工齿轮的刀具，滚刀在未形成切削刃前是一个齿数少、螺旋角大的螺旋齿轮，其实质就是一个蜗杆。形成切削刃后，其切削刃应位于该蜗杆的螺旋表面上，这个螺旋面所构成的蜗杆称为滚刀的基本蜗杆。

1)齿轮滚刀的基本蜗杆

齿轮滚刀的基本蜗杆有三种：渐开线蜗杆、阿基米德蜗杆和法向直廓蜗杆。

(1)渐开线蜗杆　渐开线蜗杆的实质是一个齿数很少(一般为一个齿)的斜齿轮。其端截面的齿形为渐开线，齿侧表面为渐开螺旋面。因此，基本蜗杆为渐开线的滚刀通过展成运动可切出正确的渐开线齿形。如图3-50所示，设一螺旋升角为 α_0 的直角三角形绕在一个半径为 r_b 的基圆柱上，当此直角三角形绕基圆柱展开时，其斜边在空间运动的轨迹所构成的表面就是渐开螺旋面，也就是说，基圆柱上的切平面与渐开螺旋面的交线是一条直线，且与基圆柱端剖面成 α_0 的夹角。

根据这一重要特性，只要采用齿形角为 α_0 的车刀安装在高于或低于蜗杆中心 r_b 的位置上，即可车削出左渐开螺旋或右渐开螺旋面。

齿轮滚刀理论上正确的基本蜗杆是渐开线蜗杆，采用这种基本蜗杆的齿轮滚刀称为渐开线齿轮滚刀，但渐开线蜗杆无论做成直槽还是螺旋槽，其轴向齿形和法向齿形都不是直线，且检查滚刀齿形很困难。在生产中，采用近似的基本蜗杆来代替它，称为齿轮滚刀的近似造型。

(2)阿基米德蜗杆　阿基米德蜗杆的实质是一个梯形螺杆。蜗杆齿侧表面为阿基米德螺旋面，轴向齿形为直线(轴向齿形角为 α_x)，端剖面的齿形为阿基米德螺旋线。因阿基米

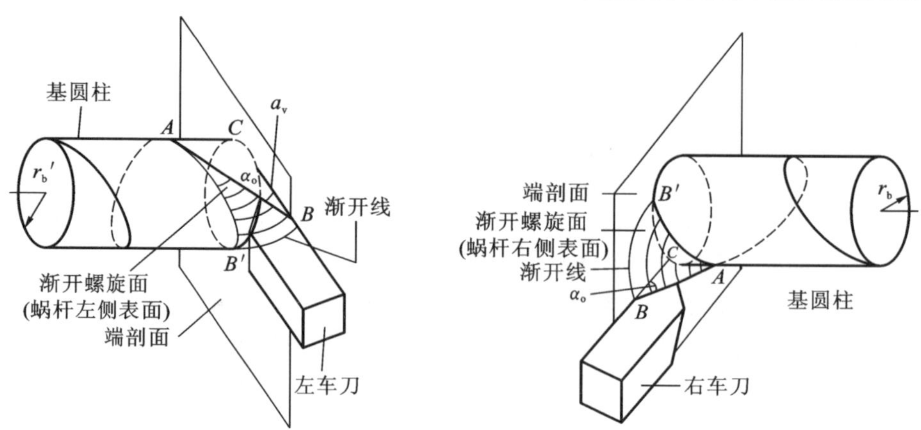

图 3-50 渐开线蜗杆的形成

德螺旋线较近似于渐开线，故可用阿基米德蜗杆代替渐开线蜗杆来制造滚刀。

阿基米德蜗杆的轴向齿形为直线，只要采用轴向齿形角为 α_x 的直线零前角车刀安装在蜗杆的轴心线上，即可车削出阿基米德螺旋面，如图 3-51 所示，制造工艺简便，故生产中使用的滚刀大多为阿基米德蜗杆滚刀。

比较阿基米德蜗杆和渐开线蜗杆的轴向齿形可知，前者切出的工件齿形不是正确的渐开线齿形，而会将其齿顶和齿根部分多切去一些，从而产生齿形误差。实践表明所产生的齿形误差很小，一般不超过 10 μm，对齿轮精度影响很小。

(3)法向直廓蜗杆　在车削阿基米德蜗杆时，车刀的左、右切削刃工作角度不同，特别是蜗杆螺旋升角较大时，其差别更大。为了改善切削条件，可将车刀绕刀柄轴线旋转一个角度，将零前角的车刀前刀面置于蜗杆螺旋线的法向平面内，从而使车刀左、右切削刃工作角度相同(见图 3-52)，就可加工出法向直廓蜗杆。

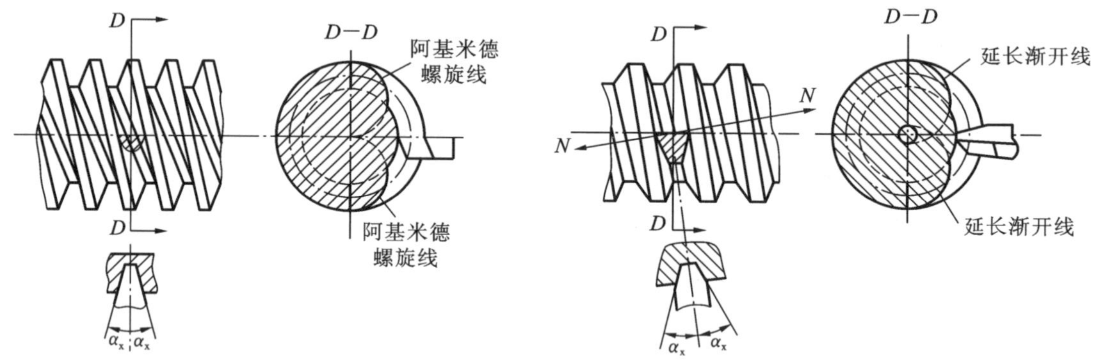

图 3-51 阿基米德蜗杆的车削　　图 3-52 法向直廓蜗杆的车削

法向直廓蜗杆是在法向有直线齿形的蜗杆，在轴向剖面内为曲线齿形，在端剖面为延长渐开线，理论上也接近于渐开线，其产生的齿形误差比阿基米德螺旋线要大。

法向直廓蜗杆主要用于大模数、多头滚刀。

2)阿基米德齿轮滚刀的结构和参数

齿轮滚刀有整体式和镶片式两种结构形式。生产中常见的结构形式是：模数 $m=1\sim10$ 的齿轮滚刀采用整体结构，模数 $m=9\sim40$ 的齿轮滚刀采用镶片结构，以节省刀具材料。

图 3-53 为整体齿轮滚刀结构图，它由刀体和刀齿两部分组成。刀体包括滚刀内孔、端面、键槽、轴台。滚刀内孔和端面是安装定位基准；键槽用于传递切削转矩；轴台外圆与滚刀基本蜗杆同轴，安装时可用来校正滚刀的径向跳动。刀齿部分由基本蜗杆加工出前、后刀面及有关切削角度和参数，担负切削任务。

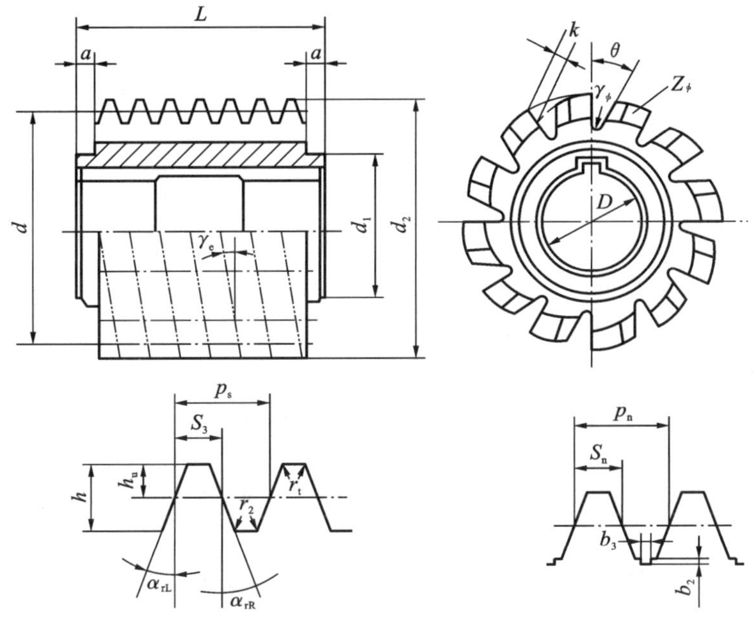

图 3-53　整体式齿轮滚刀

滚刀的参数可归纳为三类：切削参数、齿形参数和结构参数。

(1)切削参数　滚刀的切削参数包括刀齿前刀面、后刀面的几何角度及参数。滚刀刀齿前刀面位置由容屑槽及前角确定；刀齿后刀面由顶刃后角及左、右侧刃后角确定。

①容屑槽　为形成刀齿的前刀面，滚刀基本蜗杆上须开出容屑槽。滚刀容屑槽有直槽和螺旋槽两种形式。直槽形式的容屑槽与轴心线平行。滚刀做成直槽，制造、刃磨和检验方便，故标准滚刀均采用此类形式。但直槽滚刀的左、右侧刃的工作前角不一致，导致被加工齿轮齿面质量有差异。滚刀螺旋升角 γ_z 愈大，其差异愈明显。$\gamma_z>5$ 的大模数、多头滚刀、蜗轮滚刀等的容屑槽均做成螺旋槽。容屑槽的螺旋角定义在滚刀分度圆上，用符号 β_k 表示。其螺旋方向与蜗杆螺旋方向相反，在数值上一般取 $\beta_k=\gamma_z$。容屑槽导程 p_k 可在滚刀分圆柱展开图中求得(见图 3-54)。

$$p_k=\frac{\pi d}{\tan\beta_k}=\frac{p_z}{\tan\beta_x\cdot\tan\gamma_z}=\frac{p_z}{\tan^2\beta_k} \tag{3-19}$$

式中：d——滚刀分圆直径；

p_z—滚刀基本蜗杆导程。

②滚刀的前角　滚刀的前角规定在假定工作平面(端平面)内度量。顶刃处的前角用符号 γ_{fe}表示，如图 3-55 所示。

$$\sin\gamma_{fe}=\frac{2e}{d_e} \tag{3-20}$$

式中：e ——前刀面偏距；

d_e——滚刀外径。

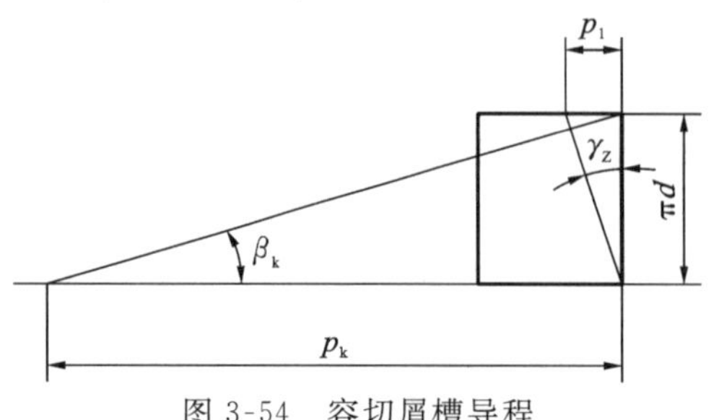

图 3-54 容切屑槽导程

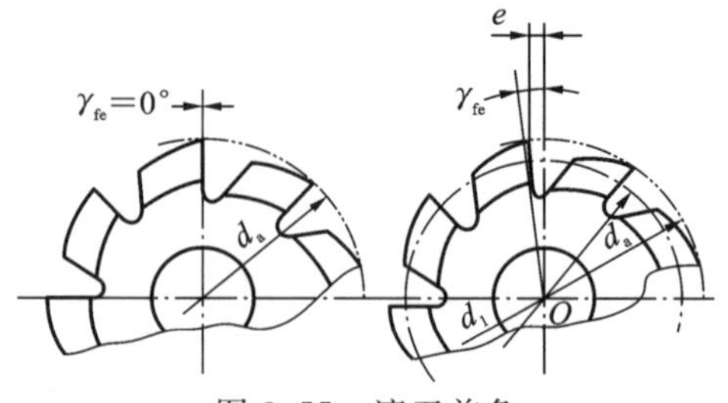

图 3-55 滚刀前角

滚刀的前角可设计为零前角或正前角。零前角滚刀便于制造、刃磨和检验，标准齿轮滚刀采用零前角。采用正前角可改善滚刀切削性能，提高切齿质量，在设计、生产中已推广采用。一般精滚刀取 $\gamma_{fe}=9°$，粗加工滚刀 $\gamma_{fe}=12°\sim15°$。

③滚刀的后角 为了使滚刀的顶刃和侧刃具有后角，且当滚刀沿前刀面刃磨后切削刃形不变，即切削刃仍在基本蜗杆上，则滚刀的顶刃和两侧刃都需要铲齿和铲磨。要说明的是，滚刀重磨后，其分圆齿厚减小，齿顶高也减小。为了保证被切齿轮分度圆齿厚不变，应相应减小滚刀与被切齿轮的中心距，这相当于减小了滚刀的变位量，刃磨后的齿轮滚刀可视为变位齿轮。

(2)齿形参数 滚刀的齿形参数包括模数、齿高、齿厚、齿形角等。

①法向齿形尺寸 由齿轮啮合原理可知，滚刀法向模数 m_n 与分圆压力角 α_n 分别等于被切齿轮的法向模数与分圆压力角。滚刀齿形的法向尺寸可由被切齿轮法剖面内参数决定。

法向齿距

$$p_n=\pi m_n \tag{3-21}$$

法向分圆齿厚

$$S_n=\frac{1}{2}\pi m_n\pm\Delta S_n \tag{3-22}$$

对于标准滚刀，$\Delta S_n=0$；对于要求齿做薄以形成啮合侧隙的齿轮，ΔS_n 取正值；对于剃齿、磨齿前的滚刀，ΔS_n 为精切加工余量，取负值。ΔS_n 的数值大小可参见有关设计手册。

齿顶高

$$h_\alpha=m_n(h_\alpha{}^*+C^*) \tag{3-23}$$

全齿高

$$h_0=2m_n(h_\alpha{}^*+C^*) \tag{3-24}$$

齿顶、齿根圆角半径

$$r_1=r_2=0.3m_n$$

对于 $m_n>4$ mm 的滚刀，齿形根部应制出铲磨用退刀槽，其参数有宽度 b_x、深度 h_K、圆角半径 r_K。

②轴向齿形尺寸 轴向齿形在齿高方向的尺寸与法向齿形相同，轴向齿距与轴向齿厚分别为

轴向齿距

$$p_s = \frac{p_n}{\cos\gamma_z} \tag{3-25}$$

轴向齿厚

$$S_x = \frac{S_N}{\cos\gamma_z} \tag{3-26}$$

③齿形角 齿轮滚刀的法向齿形角可由被切齿轮分度圆压力角确定，而在制造和检验滚刀时，必须知道其刀齿在轴向的齿形角 α_K，因此，在设计滚刀时，应将轴向齿形角算出并标注在设计图上。

对于直槽零前角滚刀，因刀齿前刀面处于基本蜗杆的轴向剖面中，其轴向齿形角为

$$\tan\alpha_x = \frac{\tan\alpha_n}{\cos\gamma_z} \tag{3-27}$$

或

$$\cot\alpha_x = \cot\alpha_n \cdot \cos\gamma_z$$

(3)结构参数 齿轮滚刀结构参数包括外形结构尺寸、容屑槽参数等。

①外形结构尺寸 滚刀外形结构尺寸有外径 d_e、安装孔径 D、全长 L、轴台直径 d_1 及轴台宽度 a，这些基本尺寸都已标准化(见 GB/T6083—2001《齿轮滚刀 基本型式和尺寸》)，设计时可参照进行。

②端面齿槽参数 滚刀端面表达的齿槽参数有齿槽数 z_K、槽形角 θ、槽深 H_K、槽底圆弧半径 r_R、铲削量 K、不铲磨部分铲削量 K_1 等。

3)齿轮滚刀的选用与安装

在加工齿轮时，选用适当的滚刀很重要。滚刀的法向模数和法向齿形角应选得与被加工齿轮的法向模数和法向齿形角相同。同时还应注意滚刀的精度等级是否与齿轮要求的精度等级相当。用低精度滚刀加工精密齿轮是不可取的，用精度过高的滚刀加工一般的齿轮也是不可取的。工具厂供应的标准齿轮滚刀(GB/T 6083—2001)都是阿基米德齿轮滚刀，有 AA 级、A 级、B 级和 C 级几个精度等级，分别用来加工 7 级、8 级、9 级、10 级精度的齿轮。滚刀的心轴应选得较短，以增强刚性和减小振动。滚刀安装时，应尽量靠近滚齿机的主轴孔一端，并用千分表检查滚刀两端轴台的径向跳动量(见图 3-56)，不能超过允许值，两端的跳动方向应一致，以免滚刀轴线安装偏斜。

为了延长滚刀的寿命，滚刀可以沿轴向窜刀，使每个刀齿磨损均匀。如图 3-57 所示，若滚刀圆周方向 8 个刀齿，设滚刀与齿轮展成中心位置的刀齿为 0 号，由此分界，编号 1，2，3，…为切入边刀齿。编号 −1，−2，−3，…为切出边刀齿。滚刀工作时从最大编号齿依次参加切削。实践证明，滚刀最大磨损的刀齿在切入边第 3～7 号齿。因此，这几个刀齿后面磨损达到 0.25～0.3 mm 时，就可进行一次轴向窜刀，即在滚刀心轴上调整垫圈的厚度或用其他方法，使滚刀沿齿轮旋转的反方向轴向移动一个齿距，使磨损最大刀齿逐渐远离展成中心，直到刀齿全部用完为止。

滚齿时，为了切出准确的直线或螺旋线齿形，应使滚刀和工件处于准确的“啮合”位置，即滚刀在切削点的螺旋线方向应与被加工齿轮齿槽方向一致，为此须将滚刀轴线与工件端面安装成一定的角度，即为安装角，用 δ 表示。

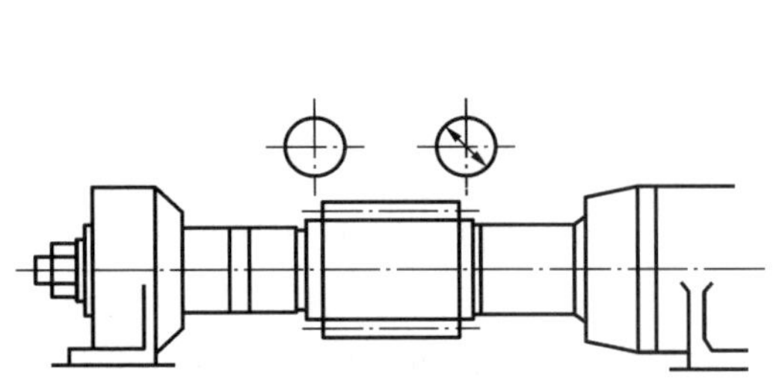

图 3-56 滚刀轴台径向跳动量的检查

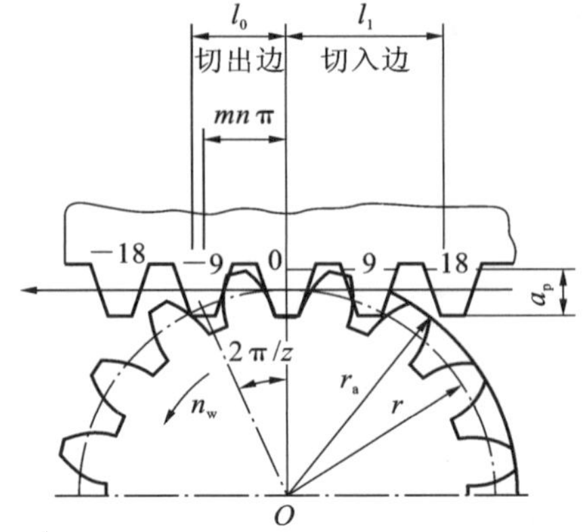

图 3-57 滚刀切削区及刀齿的编号

加工直齿圆柱齿轮时，滚刀的安装角 $\delta=\pm\omega$，如图 3-58 所示。

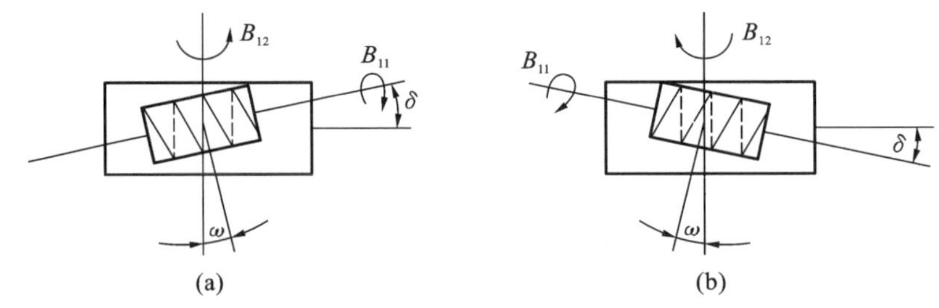

图 3-58 螺旋滚刀加工直齿圆柱齿轮安装角

(a)右旋滚刀滚切直齿轮；(b)左旋滚刀滚切直齿轮

在滚齿机上加工直齿圆柱齿轮时，滚刀的轴线是倾斜的，安装角等于滚刀的螺旋升角 ω（对立式滚齿机而言）。滚刀扳动方向则取决于滚刀的螺旋线方向。

加工螺旋角为 β 的斜齿圆柱齿轮时，由于滚刀和工件的螺旋方向都有左、右方向之分，则它们之间共有四种不同的组合，滚刀的安装角 $\delta=\beta\pm\omega$。当 β 与 ω 异向时，取正值；同向时，取负值，滚刀的扳动方向如图 3-59 所示。加工斜齿齿轮时，应尽量选用与工件螺旋方向相同的滚刀，这样可使滚刀的安装角较小，有利于提高机床的运动平稳性与加工精度。

3. 蜗轮滚刀

蜗轮滚刀是加工传动蜗轮用的刀具，是利用蜗轮蜗杆的啮合原理来加工蜗轮的。蜗轮滚刀相当于原蜗杆，只是在上面做出切削刃，这些切削刃都在原蜗杆的螺旋面上。与齿轮滚刀一样，这个蜗杆亦称为蜗轮滚刀的基本蜗杆。

蜗轮滚刀的基本蜗杆类型应与同被切蜗轮相啮合的工作蜗杆的类型相符合，且主要参数如模数 m、压力角 α、分圆直径 d_0、螺纹头数 z_0、螺旋方向和螺旋升角 γ_0 均须与工作蜗杆一致。此外，蜗轮滚刀加工蜗轮时的中心距一般应与蜗轮副的装配中心距严格相同。因此，每加工一种不同类型参数的蜗轮时，就单独需要一把蜗轮滚刀，而不像齿轮滚刀那样，可以加工模数、压力角相同而齿数、螺旋角不同的许多齿轮。

生产上应用的普通圆柱蜗杆有阿基米德蜗杆、法向直廓蜗杆和渐开线蜗杆。由于阿基米德蜗杆和相应的滚刀齿形容易检查，这种蜗轮副和相应的蜗轮滚刀在生产中用得最多，其次是法向直廓蜗杆，它比较容易磨削，用得也比较多。渐开线蜗杆的制造和检查都比较困

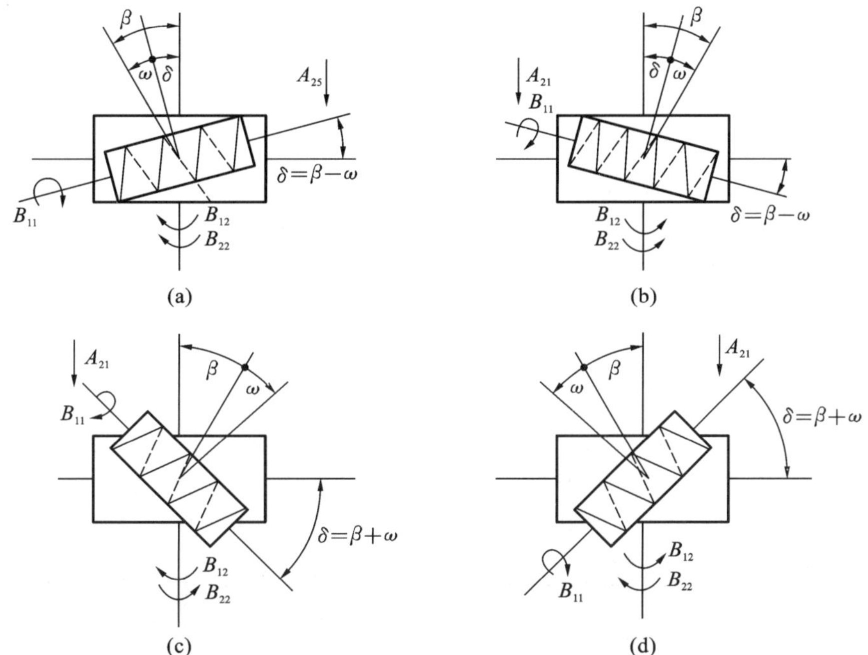

图 3-59 螺旋滚刀加工斜齿圆柱齿轮安装角

(a)左旋滚刀滚切左旋齿轮;(b)右旋滚刀滚切右旋齿轮;

(c)左旋滚刀滚切右旋齿轮;(d)右旋滚刀滚切左旋齿轮

难,生产中用得很少。

蜗轮滚刀的外观与齿轮滚刀很相似,设计过程和方法也大致相同,这里只介绍不同点。

1)按工作蜗杆设计滚刀基本蜗杆

蜗轮滚刀基本蜗杆除轴向模数、轴向压力角与工作蜗杆一致外,蜗杆类型、蜗杆头数 z_o、蜗杆螺旋升角 γ_d、螺旋方向、分圆直径 d_o 也须与工作蜗杆严格一致。

2)滚刀外径

滚刀的外径 d_{e0} 应大于工作蜗杆 d_{e1},以使滚刀用钝后仍有必要的径向间隙 c。一般新滚刀留出的备磨量为 0.1 mm,则有

$$d_{e0}=d_{e1}+2(c+0.1m) \tag{3-28}$$

3)滚刀底径

滚刀底径 d_{i0} 一般取工作蜗杆底径 d_{i1}。如滚刀刀齿强度不足,可取 $d_{i0}>d_{i1}$,但要保证滚刀的底径与被切蜗轮的顶圆之间至少保持 0.1 mm 的间隙。

4)法向齿厚

螺旋升角 $\gamma_{z0}>5^\circ$ 的阿基米德蜗轮滚刀和法向直廓蜗轮滚刀,其齿厚标注在法向齿形上。法向齿厚 s_{n0} 的确定要考虑滚刀重磨后刀齿减薄的补偿问题,这一点与齿轮滚刀不同。因为齿轮滚刀重磨后刀齿厚度减薄时,只要减小滚刀与被切齿轮的中心距即可切出齿厚合乎要求的齿轮。而蜗轮则不同,它与被切蜗轮的中心距等于蜗轮副的中心距,不能随意变动。因此设计蜗轮滚刀时,必须考虑重磨后刀齿减薄的补偿问题,将新蜗轮滚刀的齿厚做厚些。其分圆法向齿厚 S_{n0} 为

$$S_{n0}=(\pi m/2)\cos\gamma_{z0}+\Delta S_{n0} \tag{3-29}$$

式中：S_{n0}——分圆法向齿厚增量，可取 $\Delta S_{n0}=\Delta ms/2$，$\Delta ms$ 为工作蜗杆螺牙齿厚的最小减薄量，一般为 0.16～0.75 mm，生产中有时取 $S_{n0}=0$。

5）滚刀切削部分长度

径向进给时切削部分长度为

$$L=L_1+\pi m$$

式中：L_1——工作蜗杆螺纹部分长度。

切向进给时切削部分长度为

$$L=(4.5\sim5)P_{x0}$$

6）蜗轮滚刀结构

按滚刀装夹方式，滚刀结构可分为三种类型，即套式带轴向键结构（见图 3-60(a)）、套式带端面键结构（见图 3-60(b)）、整体带柄（见图 3-60(c)）。设计时根据滚刀的强度和结构，如满足滚刀最小壁厚大于 1/3 孔径，则应尽可能采用套式带轴向键结构形式。

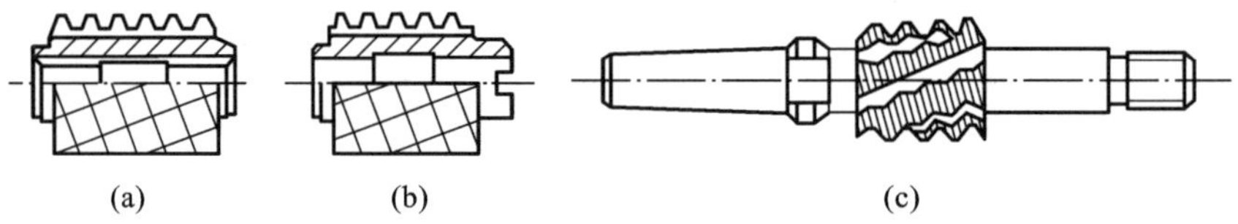

图 3-60 蜗轮滚刀结构类型

(a)套式带轴向键结构；(b)套式带端面键结构；(c)整体带柄结构

7）剃齿刀

如图 3-61 所为剃齿工作原理，由于剃齿运动过程在原理上属于一对交错轴斜齿轮啮合传动过程，所以剃齿刀实质上是一个高精度的螺旋齿轮，并且在齿面上沿齿向开了很多刀刃槽，其加工过程是剃齿刀带动工件作双面无侧隙的对滚，并对剃齿刀和工件施加一定压力，在对滚过程中二者沿齿向和齿形面均产生相对滑移，利用剃齿刀沿齿向开出的锯齿刀槽沿工件齿向切去一层很薄的金属，在工件的齿面方向因剃齿刀无刃槽，虽有相对滑动，但不起切削作用。

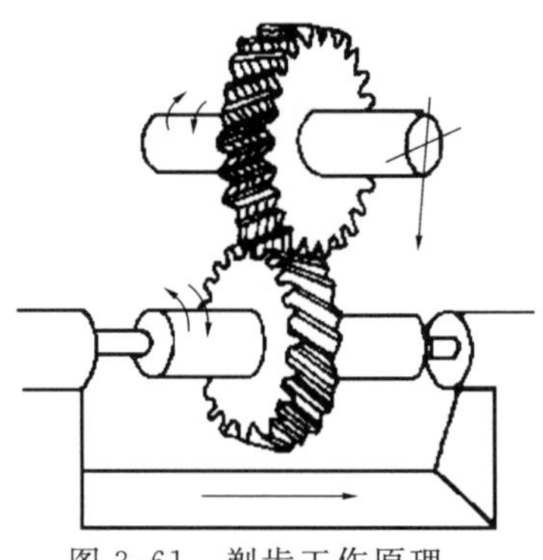

图 3-61 剃齿工作原理

剃齿刀常用于淬火前的软齿面圆柱齿轮的精加工，其精度可达 IT8 左右，且生产效率很高，应用十分广泛。

3.6 磨削与砂轮

磨削是机械制造中最常用的加工方法之一。它的应用范围很广，可以磨削各种高硬、超硬材料，可以磨削各种表面，可以用于荒加工（磨削钢坯、割浇冒口等）、粗加工、精加工和超精加工。磨削后工件尺寸精度可达 IT6～IT4，表面粗糙度 Ra 可达 0.025～1 μm。

3.6.1 磨削过程

磨削也是一种切削加工。砂轮表面上分布着许多磨粒，每个磨粒就相当于一个刀齿。但磨粒上的刀齿具有较大的负前角，平均为$-65°\sim-80°$。负前角切削是磨削的一个特点。

磨粒的切削过程如图3-62所示，可分为滑擦、刻划和切削三个阶段。

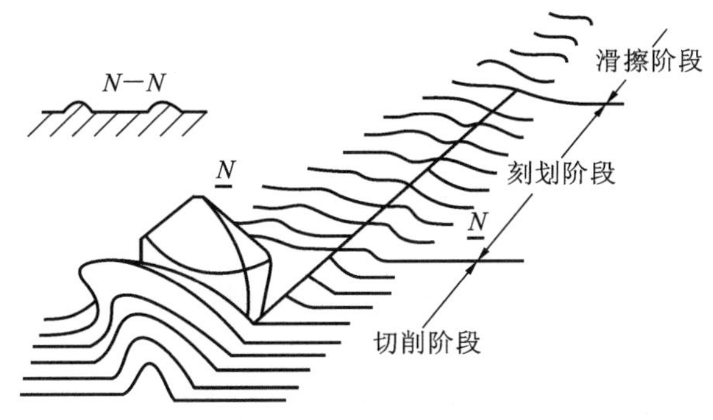

图3-62 单个磨粒的磨削过程

1. 滑擦阶段

磨粒切刃开始与工件接触，由于磨粒有很大的负前角和较大的刃口圆弧半径，切削厚度非常小，只是在工件表面上滑擦而过，工件仅产生弹性变形。磨粒继续前进时，随着挤入深度增大而与工件间的压力逐步增大，表面金属由弹性变形逐步过渡到塑性变形。

2. 刻划阶段

工件材料开始产生塑性变形，就表示磨削过程进入刻划阶段。此时磨粒切入金属表面，由于金属的塑性变形，磨粒的前方及两侧出现表面隆起现象，在工件表面刻划成沟纹，这一阶段磨粒与工件间挤压摩擦加剧，磨削热显著增加。

3. 切削阶段

随着切削厚度的增加，在达到临界值时，被磨粒推挤的金属明显地滑移而形成切屑。

磨削塑性材料时，形成带状切屑(见图3-63(a))；磨削脆性材料时，形成挤裂切屑(见图3-63(b))；在磨削的高温下，切屑熔化可成为球状或灰烬形态(见图3-63(c)、(d))。

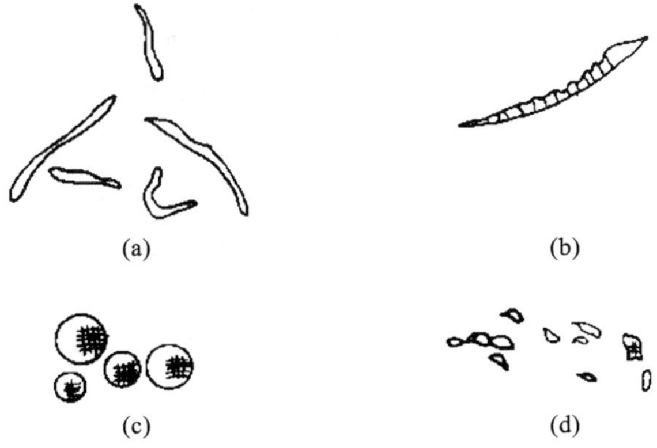

图3-63 磨屑形态

(a)带状；(b)挤裂状；(c)球状；(d)灰烬

综上所述，磨粒对工件的作用包括滑擦作用、刻划作用和切削作用。砂轮表面上比较凸出的磨粒以切削作用为主（也有刻划作用）。凸起高度不大和较钝的磨粒在工件表面上刻划出沟痕，工件材料向两边隆起，无明显切屑产生。比较凹下或已钝化的磨粒既不切削，也不刻划，只在表面滑擦，起摩擦抛光作用。磨削过程的实质是滑擦、刻划和切削综合作用的过程。

3.6.2 磨削特点与磨削温度

1. 磨削特点

与普通切削加工相比，磨削具有如下特点。

1）能加工硬度很高的材料

磨削能加工车、铣等其他方法所不能加工的各种硬材料，如淬硬钢、冷硬铸铁、硬质合金、宝石、玻璃和超硬材料氮化硅等。

2）能加工出精度高、表面粗糙度很小的表面

由于磨削径向进给量小，每齿切削量小，加上砂轮经过精细修整后具有微刃等高性，磨削可以达到很高的加工精度，尺寸精度通常可达 IT4～IT6，表面粗糙度 Ra 可达0.01～0.8 μm。

3）磨削温度高

由于磨削过程中产生的切削热多，而砂轮本身的传热性差，使得磨削区温度很高。所以在磨削过程中，为了避免工件烧伤和变形，应施以大量的切削液进行冷却。磨削钢件时，广泛使用乳化液和苏打水做切削液。

4）磨削时径向分力大

磨削时径向分力很大，为切削时径向力的 1.6～3.2 倍，在径向分力的作用下，机床、砂轮、工艺系统会产生弹性变形，使得实际磨削深度比名义磨削深度小。因此在磨去主要加工余量以后，随着磨削力的减小，工艺系统弹性变形恢复，应继续光磨一段时间，直到磨削火花消失。

5）砂轮有自锐作用

在磨削过程中，磨粒的破碎产生新的较锋利的棱角，以及由于磨粒的脱落而露出一层新的锋利磨粒，能够部分地恢复砂轮的切削能力，这种现象称为砂轮的自锐作用。磨削加工时，常常通过适当选择砂轮硬度等途径，来充分发挥砂轮的自锐作用，提高磨削的生产效率。必须指出，磨粒随机脱落的不均匀性，会使砂轮失去外形精度；破碎的磨粒和切屑也会造成砂轮堵塞，因此，砂轮磨削一定时间后，仍需进行修整以恢复其切削能力和外形精度。

6）磨削加工的工艺范围广

磨削不仅可以加工外圆面、内圆面、平面、成形面、螺纹、齿形等各种表面，还常用于各种刀具的刃磨。随着毛坯制造工艺水平的提高，加工余量不断减小，以及磨床、磨具、磨削工艺和冷却技术的发展，磨削已可以直接用于毛坯经济地、高效地切除大量金属。因此，在工业发达国家中，磨床在机床总数中的比重已占到 30%～40%，且有不断增长的趋势。磨削在机械制造业中将得到日益广泛的应用。

2. 磨削温度

磨削时由于速度很高，而且切除单位体积金属所消耗的能量也高（为车削时的10～20倍），因此磨削温度很高。磨削区温度可分为：砂轮磨削区温度 θ_A 和磨粒磨削点温度 θ_{dot}（见图3-64），两者是不能混淆的。因为磨粒磨削点温度 θ_{dot} 瞬时可达1 000 ℃左右，而砂轮磨削区温度 θ_A 只有几百度。虽然切削热传入工件，工件温度上升却不到几十度，但工件的温升会影响工件的尺寸、形状精度。因此磨粒磨削点温度不但影响加工表面质量，而且与磨粒的磨损等关系密切；磨削区温度会导致磨削表面烧伤和出现裂纹。

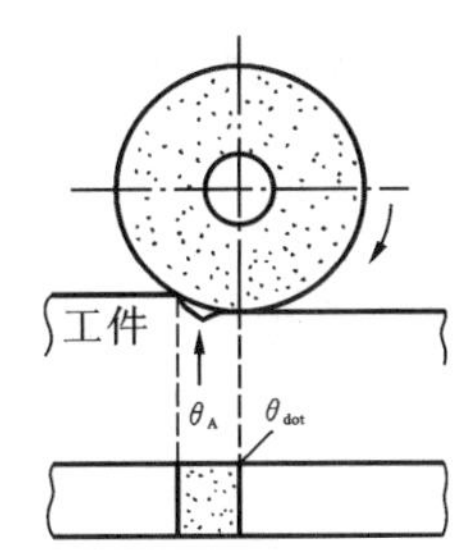

图3-64　砂轮磨削区温度和磨粒磨削点温度

1）磨削热的来源

由于磨粒对工件的切削可分滑擦、刻划和切削三个阶段，因此磨削时所消耗的能量也可分为滑擦能、刻划能和切屑形成能三个部分。切屑形成能又可分为剪切区的剪切能和切屑沿磨粒前刀面流出的摩擦能两个部分。剪切区的剪切能一般认为接近于工件金属的熔化能。这部分剪切能量是由磨削中的强烈切应变所引起的。磨削的切应变率为车削的十倍以上。磨粒的滑擦能是由磨粒的磨损平面与工件间的摩擦产生的。当磨粒磨损增加时，这部分的能量消耗将明显增加。经研究分析发现：切屑形成能有45%～55%传入工件，刻划能约有75%传入工件，滑擦能约有69%传入工件，后两者的其余部分由热对流散失。

2）影响磨削温度的主要因素

（1）砂轮速度　砂轮速度增大，会使单位时间内的工作磨粒数增多，单个磨粒的切削厚度变小，挤压和摩擦作用加剧，滑擦热显著增多，此外，还会使磨粒在工件表面的滑擦次数增多。这些都将促使磨削温度升高。

（2）工件速度　工件速度增大即热源移动速度增大，工件表面温度可能有所降低，但不明显，这是由于工件速度增大后，增大了金属切除量，从而增加了发热量。因此，为了更好地降低磨削温度，应该在提高工件速度的同时，适当降低径向进给量，使单位时间内的金属切除量保持为常值或略有增加。

（3）径向进给量　径向进给量的增大，将导致磨削过程中磨削变形力和摩擦力的增大，从而引起发热量的增多和磨削温度的升高。

（4）工件材料　金属的导热性越差，则磨削区的温度越高。对钢来说，含碳量高，则导热性差。铬、镍、铝、硅、锰等元素的加入会使导热性显著变差，合金的金相组织不同，导热性也不同，按奥氏体、淬火和回火马氏体、珠光体的顺序变好。磨削冲击韧度和强度高的材料，磨削区温度也比较高。

（5）砂轮硬度与粒度　用软砂轮磨时的磨削温度低，反之则磨削温度高。由于软砂轮的自锐性好，砂轮工作表面上的磨粒经常处于锐利状态，减少了由于摩擦和弹、塑性变形而消耗的能量，所以磨削温度较低。砂轮的粒度粗时磨削温度低，其原因在于砂轮粒度粗，则砂轮工作表面上单位面积上的磨粒数少，在其他条件均相同的情况下与细粒度的砂轮相比，和工件接触面的有效面积较小，并且单位时间内与工件加工表面摩擦的磨粒数较少，有助于磨削温度的降低。

3)磨削温度对工件表面的影响

磨削温度对工件表面的影响主要表现在工件表面烧伤和加工表面的残余应力等方面。

(1)工件表面烧伤　由于磨削时产生高温,使工件加工表面的金属组织发生相变,其硬度和塑性等也发生相应的变化,这种表层变质的现象称为表面烧伤。

烧伤的表面呈黄褐色或黑色,它是工件表面在高温下形成的氧化膜,氧化膜的颜色随烧伤的程度不同而发生变化,轻度的烧伤需经过酸洗才会呈现出来。实际上,在磨削各种钢料时,烧伤产生于磨粒磨损达到一定限度时,这一限度随操作条件及工件材料不同而改变。研究表明:砂轮上磨损面积超过总工作面积的4%时,就会出现烧伤。

磨削时,已加工表面硬度将发生变化。当工件表面温度显著地超过钢的回火温度但仍低于相变温度时,表面会变软。当工件表面温度超过相变温度723 ℃时,就会形成奥氏体,随后被工件深处较冷的基体淬硬而得到马氏体硬层,这就称为二次淬火烧伤。对硬化钢来说,在磨削时加工表面层受热,在里层较冷基体的淬硬下,引起再硬化所需达到的工件表层温度约为843 ℃,磨粒的磨削点温度往往超过此值。但由于是瞬时作用,故工件表面不一定会发生明显范围的烧伤。

工件表面烧伤的特征是磨削力增加、砂轮磨损率增加和加工表面质量变差。表面烧伤会损坏零件表层组织,影响零件的质量和寿命。此时必须更新或修整砂轮。减小和防止烧伤的主要措施是:减少磨削过程中产生的热量和加速热量的散发。可以采用以下方法:正确地选择砂轮,并保持砂轮良好的切削性能;选择合适的磨削方法;选择合理的切削用量;采用好的切削液及正确的润滑方法等。

(2)加工表面的残余应力　磨削后的表面往往有残余拉应力和压应力。残余压应力可提高零件的疲劳强度和耐磨性,而残余拉应力却会使零件表面翘曲,强度降低。当拉应力超过材料的强度极限时,就会使零件产生裂纹。表面裂纹会严重地影响零件表面的质量,在交变载荷作用下,微小的裂纹将会迅速扩展导致零件损坏。

引起磨削表面残余应力的原因是残留的塑性变形和热影响(温度引起的不均匀的热胀冷缩)和相变作用(金属组织相交引起的体积变化)。实践表明:无论是经过珩磨的还是铣削的加工表面,输入的机械功均会引起残余压应力。在磨削中由高温引起的残余拉应力常常小于由机械功引起的残余压应力。往复磨削比单方向的平面磨削所产生的残余应力大些。用软砂轮进行超缓进给磨削时,不存在可以察觉的残余拉应力而仅存在表面压应力。但对软钢或硬钢进行重负荷磨削时,则在较深的表面中产生较高的残余拉应力,而且在软钢中应力分布更深。

减小残余应力的措施是:降低磨削温度和工件表面的温度梯度;控制恰当的进给量;适当增加清磨次数。其中最主要的控制方法是采用切削液。有效的润滑能够减少工件与砂轮接触区的热输入,并减小对加工表面的热干扰。

试验表明,在未烧伤的工件中没有裂纹。裂纹总是与表面烧伤或接近烧伤相伴而生。显微照片表明:裂纹与原始的奥氏体晶界十分密合。这与工件热处理时引起的内应力有关。因此,减少磨削裂纹形成的途径之一是改善磨削前的热处理规范,以减小晶界上的淬火变形。此外,在磨削时使用油剂切削液也能抑制烧伤,并使裂纹出现几率小。

3.6.3 砂轮的特性与应用

用于磨削加工的磨具有砂轮、砂带、油石等,其中砂轮用得最多。

砂轮是由许多极硬的磨粒材料经过结合剂黏结而成的多孔体,砂轮的性质则取决于磨料、结合剂、磨料的粒度、砂轮的硬度和组织结构。磨料、结合剂和制造工艺的不同,砂轮的特性可能相差很大,对磨削加工的精度和生产率影响很大。

1. 砂轮特性

砂轮特性包括磨料、粒度、结合剂、硬度、组织、形状和尺寸等。

1)磨料

磨料是砂轮的主要成分,直接担负切削工作。磨料在磨削过程中承受着强烈的挤压力及高温的作用,所以必须具有很高的硬度、强度、耐热性和相当的韧性。用于制造砂轮的磨料通常有刚玉类、碳化物类和氮化物类三类。磨料分为天然和人造磨料两大类,目前主要使用的是人造磨料。其组成要素、代号、性能和适用范围如表3-3所示。

表3-3 砂轮的组成要素、代号、性能和适用范围

系别	名称	代号	性能	适用磨削范围
刚玉	棕刚玉	A	棕褐色,硬度较低,韧度较好	碳钢、合金钢、铸铁
	白刚玉	WA	白色、硬度较A高,磨粒锋利,韧度差	淬火钢、合金钢、高速钢
	铬刚玉	PA	玫瑰红色,韧度较WA好	高速钢、不锈钢、刀具刃磨
碳化物	黑碳化物	C	黑色光泽,比刚玉类硬度高、导热性好、韧度差	铸铁、黄铜、非金属材料
	绿碳化物	GC	绿色带光泽,比C硬度高、耐热性差	硬质合金、宝石、光学玻璃
超硬磨料	人造金刚石	MBD、RVD	白色、黑色、淡绿色,硬度最高,耐热性差	硬质合金、宝石、陶瓷
	立方氮化硼	CBN	棕黑色,硬度仅次于MBD,韧度较MBD好	高速钢、不锈钢、耐热钢

2)粒度

粒度是指磨料颗粒的大小,分为磨粒与微粉两组。粒度号是指每英寸筛网长度上筛孔的数目,粒度号越大,磨粒越细。当磨料的颗粒小于40 μm时称为微粉(w),微粉颗粒尺寸用μm表示。粒度的选择主要与加工表面粗糙度和生产率有关。粗磨时,磨削余最大、表面质量要求不高,应选用较粗磨料;精磨时,余量小、表面质量要求高,可用较细磨料。常用砂轮粒度号及其使用范围如表3-4所示。

表 3-4 常用砂轮粒度号及其使用范围

类别	粒度号		适用范围
磨粒	粗粒	8#、10#、12#、14#、16#、20#、22#、24#	粗磨，磨钢锭、切断钢坯、打磨铸件毛刺等
	中粒	30#、36#、40#、46#、	一般磨削，加工表面粗糙度 Ra 可达 0.8μm
	细粒	54#、60#、70#、80#、90#、100#	半精磨、精磨和成形磨削，加工表面粗糙度 Ra 达 0.1～0.8 μm
	微粒	120#、150#、180#、200#、220#、240#	半精磨、精磨、超精磨和成形磨削、刀具刃磨、珩磨
微粉	W60、W50、W40、W28、W20、W14、W10、W7、W5、W3.5、W2.5、W1.5、W1、W0.5		精磨、精密磨、超精磨、珩磨、螺纹磨、超精密磨、镜面磨、精研，加工表面粗糙度 Ra 值可达 0.05～0.10 μm

3）结合剂

砂轮中用以黏结磨料的物质称结合剂。砂轮的强度、抗冲击性、耐热性及耐腐蚀能力主要取决于结合剂的性能。此外，它对磨削温度、磨削表面质量也有一定的影响。结合剂的种类、代号、性能及使用范围如表 3-5 所示。陶瓷结合剂由于耐热、耐水、耐油、耐酸碱腐蚀，且强度大，应用范围最广。

表 3-5 常用结合剂的种类、代号、性能及使用范围

结合剂	代号	性能	适用范围
陶瓷	V	耐热、耐腐蚀、气孔率大，易保持廓形，弹性差	最常用，适用于各类磨削加工
树脂	B	强度较陶瓷高，弹性好，耐热性差	适用于高速磨削、切断、开槽等
橡胶	R	强度较橡胶高，更富弹性，气孔率小，耐热性差	适用于切断、开槽及做无心磨的导轮
青铜	Q	强度最高，导电性好，磨耗少，自锐性差	适用于金刚石砂轮

4）硬度

砂轮硬度不是指磨料的硬度，而是指结合剂对磨粒黏结的牢固程度，是指砂轮表面上的磨粒在外力作用下脱落的难易程度，易脱落的称为软砂轮，反之称为硬砂轮。同一种磨料可做成不同硬度的砂轮，砂轮的软硬取决于结合剂的性能、数量及砂轮的制造工艺。

砂轮的硬度对磨削生产率、磨削表面质量都有很大的影响。如果砂轮太硬，磨粒磨钝后仍不能脱落，磨削效率很低，工作表面很粗糙并可能烧伤。如果砂轮太软，磨粒还未磨钝已从砂轮上脱落，砂轮损耗大，形状不易保持，影响工件质量。砂轮的硬度合适，磨粒磨钝后因磨削力增大自行脱落，使新的锋利的磨粒露出，砂轮具有自锐性，则磨削效率高。砂轮硬度代号以英文字母表示，字母顺序越大，砂轮硬度越高。砂轮的硬度分级如表 3-6 所示。

表 3-6 砂轮的硬度分级

等级	超软			软			中软		中		中硬			硬		超硬
代号	D	E	F	G	H	J	K	L	M	N	P	Q	R	S	T	Y
选择	磨未淬硬钢选用 L～N，磨淬火合金钢选用 H～K，磨削高质量表面选用 K～L，硬质合金刀具选用 H～L															

砂轮硬度的选用原则如下。

(1)工件材料愈硬，应选用愈软的砂轮。这是因为硬材料易使磨粒磨损，需用较软的砂轮以使磨钝的磨粒及时脱落。但是磨削有色金属(铝、黄铜、青铜等)、橡胶、树脂等软材料，也要用较软的砂轮，因为这些材料易使砂轮堵塞，选用软的砂轮可使堵塞处较易脱落，露出尖锐的新磨粒。

(2)砂轮与工件磨削接触面积大时，磨粒参加切削的时间较长，较易磨损，应选用较软的砂轮。

(3)半精磨与粗磨相比，要用较软的砂轮，以免工件发热烧伤。但精磨和成形磨时为了使砂轮廓形保持较长时间，则需用较硬一些的砂轮。

(4)砂轮空隙率较低时、为防止砂轮堵塞，应选用较软的砂轮。

5)组织

砂轮的组织是指磨粒、结合剂和空隙三者在砂轮内分布的紧密或疏松的程度。砂轮的组织号以磨粒所占砂轮体积的百分比来确定。组织号分 15 级，以阿拉伯数字 0～14 表示，组织号越大，磨粒所占砂轮体积的百分数越小，砂轮组织越松。砂轮的组织代号如表 3-7 所示。

表 3-7 砂轮的组织代号

组织代号	0	1	2	3	4	5	6	7	8	9	10	11	12	13	14
磨料/(%)	62	60	58	56	54	52	50	48	46	44	42	40	38	36	34
疏密度	紧　密				中　等				疏　松					大气孔	
使用范围	重载荷、成形、精密磨削、间断以及自由磨削，或加工硬脆材料				外圆、内圆、无心磨以及工具磨、淬火钢工件以及刀具刃磨等				粗磨及磨削韧度大、硬度低的工件。适合磨削薄壁、细长工件，或砂轮与工件接触面大的磨削场合以及平面磨削等					有色金属、塑料等非金属，以及热敏感性大的合金	

砂轮组织代号大，则组织松，砂轮不易被磨屑堵塞，切削液和空气能进入磨削区域，可降低磨削区域的温度，减少工件因发热引起的变形和烧伤，故适用于粗磨、平面磨、内圆磨等磨削接触面积较大的工序，以及磨削热敏感性较强的材料、软金属或薄壁工件。

砂轮组织代号小，则组织紧密，气孔百分率小，砂轮较硬，容易被磨屑堵塞、磨削效率低，但可承受较大磨削压力，砂轮廓形可保持长久，故适用于重压力下磨削，如手工磨削以及精磨、成形磨削。

2. 砂轮的形状、尺寸和标志

为了适应在不同类型的磨床上磨削各种形状和尺寸工件的需要，将砂轮制成了各种标准的形状和尺寸。常用的几种砂轮形状、代号和用途见表 3-8。

表 3-8 常用砂轮的形状、代号

砂轮名称	代号	简 图	主要用途
平形砂轮	1		用于磨外圆、内圆、平面、螺纹及无心磨等
双斜边形砂轮	4		用于磨削齿轮和螺纹
薄片砂轮	41		主要用于切断和开槽等
筒形砂轮	2		用于立轴端面磨
杯形砂轮	6		用于磨平面、内圆及刃磨刀具
碗形砂轮	11		用于导轨磨及刃磨刀具
碟形砂轮	12		用于磨铣刀、铰刀、拉刀等，大尺寸的用于磨齿轮端面

砂轮的标志印在砂轮端面上。其顺序是：形状代号、尺寸、磨料、粒度号、硬度、组织号、结合剂、允许的磨削速度。例如：

砂轮 1—300×50×75—A60L5V—35m/s

其中：1 表示形状代号（1 代表平形砂轮）；300 表示外径 D；50 表示厚度 T，75 表示孔径；A 表示磨料（棕刚玉）；60 表示粒度号：L 表示硬度；5 表示组织号；V 表示结合剂（陶瓷）：35 表示最高工作速度。

选用砂轮时，其外径在可能情况下尽量选大些，可使砂轮圆周速度提高，以降低工件表面粗糙度和提高生产率。砂轮宽度应根据机床的刚度、功率大小来决定。机床刚性好、功率大、可使用宽砂轮。

3. 砂轮的平衡与修整

砂轮的重心与其旋转中心不重合，会使砂轮在高速旋转时产生振动，轻则影响加工质量，严重时会导致砂轮破裂和机床损坏。为使砂轮平稳地工作，一般直径大于 125 mm 的新砂轮或经过多次修整的旧砂轮都要进平衡，使砂轮的重心与其旋转轴线重合。

砂轮工作一定时间后，磨粒逐渐变钝，砂轮工作表面空隙被磨屑堵塞，砂轮几何形状也会发生改变，造成磨削质量和生产率都下降，最后使砂轮丧失切削能力，这时需要对砂轮进行修整，以便磨钝的磨粒脱落，恢复砂轮的切削能力和外形精度。修整砂轮通常用金刚石笔进行，利用高硬度的金刚石将砂轮表层的磨料及磨屑清除掉，修出新的磨粒刃口，恢复砂轮的切削能力，并校正砂轮的外形。

复习思考题

3.1 根据刀具工作的具体条件说明刀具应具备的性能。

3.2 刀具常用材料有哪些？各有何用途？

3.3 按用途分类，车刀有哪些种类？各有何用途？按结构分类，车刀有哪些种类？各有何用途？

3.4 试以周铣为例说明铣削时切削厚度是如何变化的。

3.5 周铣和端铣各有几种铣削方式？试述各种铣削方式的特点。

3.6 麻花钻由哪几部分组成，各部分的作用是什么？

3.7 麻花钻的前角是如何形成的，为什么外径处大、内径处小？

3.8 麻花钻的后角是如何形成的，为什么内径处大、外径处小？

3.9 麻花钻有哪些结构缺陷，如何修磨？

3.10 螺纹刀具有哪些类型？它们的用途如何？

3.11 什么是拉削？拉削方式可分为几大类？

3.12 齿轮刀具的主要类型有哪些，它们的工作原理如何？

3.13 磨削过程包括哪些内容？磨削温度的影响因素？

3.14 砂轮有哪些组成要素？什么是砂轮硬度？砂轮硬度与磨料硬度和结合剂硬度各有什么关系？

第4章　金属切削机床

内容提要

本章主要介绍了金属切削机床的分类和型号编制方法以及车床、铣床、磨床、滚齿机、插齿机、数控机床和数控加工中心的工艺范围、工作原理。另外，对孔加工机床(钻床、镗床)、刨床、拉床、插床以及组合机床等也作了简单介绍。

4.1　机床概述

金属切削机床是金属切削加工的主要设备，它是用切削的方法将金属毛坯加工成机器零件的机器，是制造机器的机器，又称为"工作母机"，习惯上称为机床。

4.1.1　机床的组成

机床的品种和规格繁多，用于完成各种各样的切削加工任务，它们大体由以下几部分构成。

(1)动力源　它是为机床提供动力(功率)和运动的驱动部分。

(2)传动系统　它包括主传动系统、进给传动系统和其他运动的传动系统，如变速箱、进给箱等部件。

(3)支承件　它是用于安装和支承其他固定或运动的部件，承受其重力和切削力，如床身底座、立柱等。

(4)工作部件　工作部件包括以下内容：

①与主运动和进给运动有关的执行部件，如主轴及主轴箱、工作台及其滑板、滑枕等安装工件或刀具的部件；

②与工件和刀具有关的部件或装置，如自动上下料装置、自动换刀装置、砂轮修整器等；

③与上述部件或装置有关的分度、转位、定位机构和操纵机构等。

(5)控制系统　它用于控制各工作部件的正常工作，主要是电气控制系统，有些机床局部采用液动或气动控制系统，数控机床则是采用的数控系统。

(6)冷却系统　它用于对加工工件、刀具及机床的某些发热部位进行冷却。

(7)润滑系统　它用于对运动部位进行润滑，以减少摩擦、磨损和发热。

(8)其他装置　如排屑装置、自动测量装置等。

4.1.2　机床的分类

机床的传统分类方法主要是按加工性质和所用刀具进行分类的。根据我国制订的机床型号编制方法，目前将机床分为11大类：车床、钻床、镗床、磨床、齿轮加工机床、螺纹加工机床、铣床、刨插床、拉床、锯床以及其他机床。每一类机床又按工艺范围、布局形式和结构等分为10组，每一组又细分为若干系(系列)。

在上述基本分类方法的基础上，还可以根据机床其他特征进一步区分。同类机床按工艺范围(通用性程度)又可分为通用机床、专门化机床和专用机床。

1. 通用机床

通用机床可用于多种零件的不同工序加工，加工范围较广，通用性较大，但结构比较复杂。这种机床主要适用于单件小批生产，例如普通卧式车床、万能升降台铣床等。

2. 专门化机床

专门化机床的工艺范围较窄，专门用于加工某一类或几类零件的某一道(或几道)特定工序，如曲轴车床、凸轮轴车床等。

3. 专用机床

专用机床的工艺范围最窄，只能用于某一种零件的某一道特定工序，适用于大批大量生产，如机床主轴箱的专用镗床、车床导轨的专用磨床和各种组合机床等。

同类型专用机床按工作精度可分为普通精度机床、精密机床和高精度机床。专用机床按自动化程度分为手动、机动、半自动和自动机床，按质量与尺寸分为仪表机床、中型机床(一般机床)、大型机床(重量达10 t)、重型机床(大于30 t)和超重型机床(大于100 t)，按主要工作部件的数目可以分为单轴的、多轴的或单刀的、多刀的等。

随着机床的发展，其分类方法也将不断变化。现代机床正向数控化方向发展，数控机床的功能日趋多样化，工序更加集中。现在的数控机床已经集中了越来越多的传统机床的功能。例如，数控车床在卧式车床功能的基础上，集中了转塔车床、仿形车床、自动车床等多种车床的功能；车削中心在数控车床功能的基础上，又加入了钻、铣、镗等类机床的功能，并对主轴进行伺服控制(C轴控制)。又如，具有自动换刀功能的镗铣加工中心机床，集中了钻、铣、镗等多种类型机床的功能，习惯上称为“加工中心”(machining center)，有的加工中心的主轴既是立式又是卧式，集中了立式加工中心和卧式加工中心的功能。可见，数控化引起了机床传统分类方法的变化，这种变化主要表现在机床品种不是越分越细，而是趋向综合。

4.1.3 机床的技术性能

为了能正确选择和合理使用机床，必须很好地了解机床的技术性能。机床的技术性能是有关加工范围、加工质量和经济性等的性能。一般机床的技术性能包括下列内容。

1. 工艺范围

机床的工艺范围是指机床适应不同生产要求的能力，即机床上可以完成的工序种类，能加工的零件类型和尺寸、毛坯和材料的种类。根据工艺范围的大小，机床分为通用机床、专门化机床和专用机床。通用机床有较大的工艺范围，但结构比较复杂，自动化程度和生产率常较低，适用于产品批量小、加工对象经常变动的单件小批生产；专门化和专用机床的工艺范围较通用机床窄，但机床结构简单，自动化程度和生产率常较高，适用于大批大量生产。

2. 技术参数

机床的技术参数主要包括尺寸参数、运动参数和动力参数。在机床使用说明书中都给出了机床的主要技术参数(也称技术规格)，如主参数和其他尺寸参数，运动部件的行程范围，主轴、刀架、工作台等执行件的运动速度，电动机的功率，机床的轮廓尺寸和重量等。据此可合理进行机床的选用。

3. 加工质量

加工质量主要指加工精度和表面粗糙度，由机床、刀具、夹具、切削条件和操作者技能等因素决定。机床的加工质量是指在正常工艺条件下所能达到的经济精度，主要由机床本身的精度保证。为发挥机床的效能而又能满足不同加工精度的要求，有些通用机床制成了不同的精度等级，如普通精度级、精密级和高精度级。

4. 生产率和自动化程度

机床的生产率是指在单位时间内机床所能加工的工件数量，它直接影响生产效率和生产率。一般机床的自动化程度越高，机床的生产效率越高，同时有利于保证产品质量稳定。选择机床时必须注意这一点。

5. 人机关系

人机关系主要指机床应操作方便、省力、安全可靠、易于维护和修理等。

4.1.4 机床的型号

机床的型号是赋予每种机床的一个代号，用以简明地表示机床的类型、通用特性和结构特性、主要技术参数等内容。我国现在最新的机床型号，是按 2008 年颁布的 GB/T15375—2008《金属切削机床型号编制方法》编制的。该标准规定，机床型号由汉语拼音字母和阿拉伯数字按一定的规律组合而成。

1. 通用机床的型号编制

通用机床的型号由基本部分和辅助部分组成，中间用“/”隔开，读作“之”。基本部分需统一管理，辅助部分纳入型号与否由企业自定，型号的构成如图 4-1 所示。

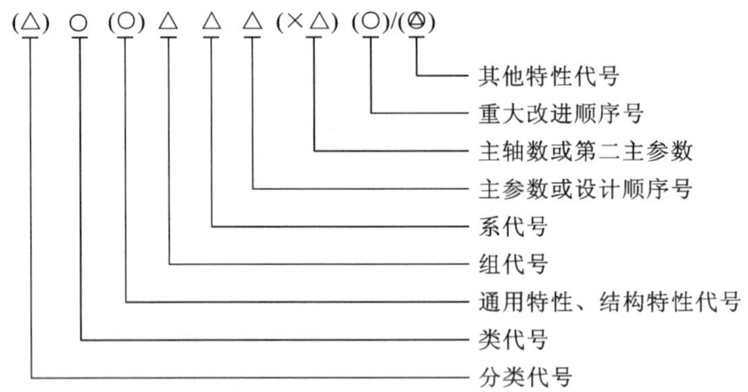

图 4-1 普通机床型号表示方法

注：()表示可有可无；○表示大写汉语拼音字母；△表示数字；

◎表示大写汉语拼音字母或阿拉伯数字或两者兼之。

1）机床的类代号

机床的类代号用该类机床名称汉语拼音的第一个大写字母表示，见表 4-1。当需要时每类可分为若干分类，分类代号位于类代号之前，作为型号的首位，用阿拉伯数字表示。第一分类代号前的“1”省略，第“2”、“3”分类代号应予以表示。如磨床类分为 M、2M、3M。

表 4-1　普通机床的类别和分类代号

类别	车床	钻床	镗床	磨床			齿轮加工机床	螺纹加工机床	铣床	刨插床	拉床	锯床	其他机床
代号	C	Z	T	M	2M	3M	Y	S	X	B	L	G	Q
读音	车	钻	镗	磨	二磨	三磨	牙	丝	铣	刨	拉	割	其他

2）通用特性代号和结构特性代号

这两种特性代号用大写的汉语拼音字母表示，位于类代号之后。

(1)通用特性代号　通用特性代号具有统一的固定含义，在各类机床的型号中表示的意义相同，如表 4-2 所示。当某类机床除有普通型外还有表中某种通用特性时，在类代号之后加通用特性代号予以区分，如“CK”表示数控车床。如果某类机床仅有某种通用特性而无普通型时，通用特性不必表示，如 C1107 型单轴纵切自动车床，由于这类车床没有非自动型，所以不必用“Z”表示通用特性。当在一个型号中需同时使用 2～3 个通用特性代号时，一般按重要程度排列顺序，如“MBG”表示半自动高精度磨床。

表 4-2　机床的通用特性代号

通用特性	高精度	精密	自动	半自动	数控	加工中心(自动换刀)	仿形	轻型	加重型	简式或经济型	柔性加工单元	数显	高速
代号	G	M	Z	B	K	H	F	Q	C	J	R	X	S
读音	高	密	自	半	控	换	仿	轻	重	简	柔	显	速

(2)结构特性代号　对主参数值相同而结构性能不同的机床，在型号中加结构特性代号予以区分，它在型号中没有统一的含义，只在同类机床中起区分机床结构、性能的作用，为避免混淆，通用特性已用的字母及“I”、“O”都不能作为结构特性代号。如“CA6140”其中的“A”表示该机床在结构上区别于“C6140”型车床。当型号中已有通用特性代号时，结构特性代号应排在通用特性代号之后。

3）机床组、系的划分原则及代号

每类机床划分为 10 个组，每组又划分为 10 个系(系列)，都使用一位阿拉伯数字表示，位于类代号或通用特性代号和结构特性代号之后。在同类机床中，主要布局或使用范围基本相同的机床，即为同一组；在同一组机床中，主参数相同、主要结构及布局形式相同的机床，即为同一系。机床的类、组划分如表 4-3 所示。

表 4-3　金属切削机床类、组划分

组别 类别	0	1	2	3	4	5	6	7	8	9
车床 C	仪表车床	单轴自动车床	多轴自动、半自动车床	回轮、转塔车床	曲轴及凸轮轴车床	立式车床	落地及卧式车床	仿形及多刀车床	轮、轴、辊、锭及铲齿车床	其他车床

续表

类别 \ 组别		0	1	2	3	4	5	6	7	8	9
钻床 Z			坐标钻床	深孔钻床	摇臂钻床	台式钻床	立式钻床	卧式钻床	铣钻床	中心孔钻床	其他钻床
镗床 T				深孔镗床		坐标镗床	立式镗床	卧式铣镗床	精镗床	汽车、拖拉机修理用镗床	其他镗床
磨床	M	仪表磨床	外圆磨床	内圆磨床	砂轮机	坐标磨床	导轨磨床	刀具刃磨床	平面及端面磨床	曲轴、凸轮轴、花键轴及轧辊磨床	工具磨床
	2M		超精机	内圆珩磨机	外圆及其他珩磨机	抛光机	砂带抛光及磨削机床	刀具刃磨及研磨机床	可转位刀片磨削机床	研磨机	其他磨床
	3M		球轴承套圈沟磨床	滚子轴承套圈滚道磨床	轴承套圈超精机		叶片磨削机床	滚子加工机床	钢球加工机床	气门、活塞及活塞环磨削机床	汽车、拖拉机修磨机床
齿轮加工机床 Y		仪表齿轮加工机床		锥齿轮加工机床	滚齿及铣齿机	剃齿及珩齿机	插齿机	花键轴铣床	齿轮磨齿机	其他齿轮加工机	齿轮倒角及检查机
螺纹加工机床 S					套螺纹机	攻螺纹机		螺纹铣床	螺纹磨床	螺纹车床	
铣床 X		仪表铣床	悬臂及滑枕铣床	龙门铣床	平面铣床	仿形铣床	立式升降台铣床	卧式升降台铣床	床身铣床	工具铣床	其他铣床

续表

类别＼组别	0	1	2	3	4	5	6	7	8	9
刨插床 B		悬臂刨床	龙门刨床			插床	牛头刨床		边缘及模具刨床	其他刨床
拉床 L			侧拉床	卧式外拉床	连续拉床	立式内拉床	卧式内拉床	立式外拉床	键槽、轴瓦及螺纹拉床	其他拉床
锯床 G			砂轮片锯床		卧式带锯床	立式带锯床	圆锯床	弓锯床	锉锯床	
其他机床 Q	其他仪表机床	管子加工机床	木螺钉加工机		刻线机	切断机	多功能机床			

4)主参数的表示方法

机床主参数代表机床规格大小，用折算值(主参数乘以折算系数，一般取两位数字)表示，位于系代号之后。几种常见机床的主参数和折算系数见表 4-4。某些通用机床，当无法用一个主参数表示时，则在型号中用设计顺序号表示。机床的主轴数应以实际数值列入型号，置于主参数之后，用“×”分开，读作“乘”，单轴可以省略。第二主参数(多轴机床的主轴数除外)一般不予表示，它是指工作台面长度、最大跨距、最大工件长度等。

表 4-4　常见机床的主参数和折算系数

机床名称	主参数名称	主参数折算系数	第二主参数
卧式车床	床身上最大回转直径	1/10	最大工件长度
立式车床	最大车削直径	1/100	最大工件高度
摇臂钻床	最大钻孔直径	1	最大跨度
卧式镗床	镗轴直径	1/10	—
外圆磨床	最大磨削直径	1/10	最大磨削长度
升降台式铣床	工作台面宽度	1/10	工作台面长度
龙门铣床	工作台面宽度	1/100	工作台面长度
插床及牛头刨床	最大插削及刨削长度	1/10	—
龙门刨床	最大刨削宽度	1/100	最大刨削长度
拉床	额定拉力	1/1	最大行程

5)机床的重大改进序号

当机床的结构、性能有更高的要求,并需按新产品重新设计、试制和鉴定时,按改进的先后顺序在型号基本部分的尾部加 A、B、C 等汉语拼音字母(但“I”、“O”两个字母除外),以区别原机床的型号。

6)其他特性代号

其他特性代号主要用以反映各类机床的特性,应置于辅助部分之首。其中同一型号机床的变型代号,一般应放在其他特性代号之首。如:对于数控机床,可用来反映不同的控制系统等。对于加工中心,可用以反映控制系统、自动交换主轴头、自动交换工作台等;对于柔性加工单元,可用以反映自动交换主轴箱;对于一机多能机床,可用以补充表示某些功能;对于一般机床,可用以反映同一型号机床的变型;等等。

其他特性代号,可用汉语拼音字母(但“I”、“O”两个字母除外)表示,当单个字母不够用时,可将两个字母组合起来使用,如 AB、AC、AD 等,或 BA、CA、DA 等。其他特性代号,也可用阿拉伯数字表示,还可用阿拉伯数字和汉语拼音字母组合表示。

例如,CA6140 型卧式车床型号含义为

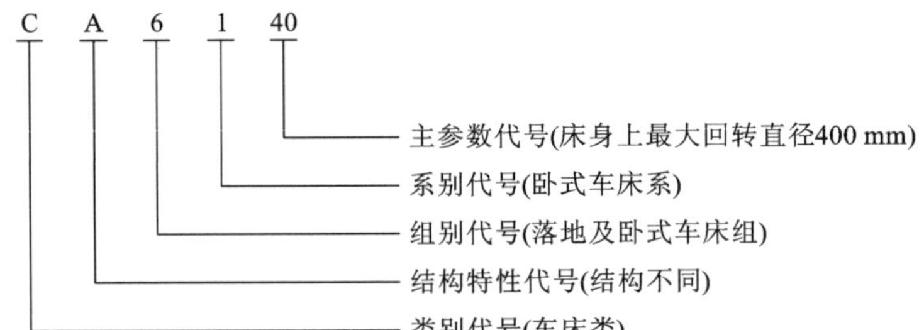

又如,某机床厂生产的最大磨削直径为 320 mm 的半自动高精度外圆磨床,其型号为 MBG1432*A*,其表示意义如下。

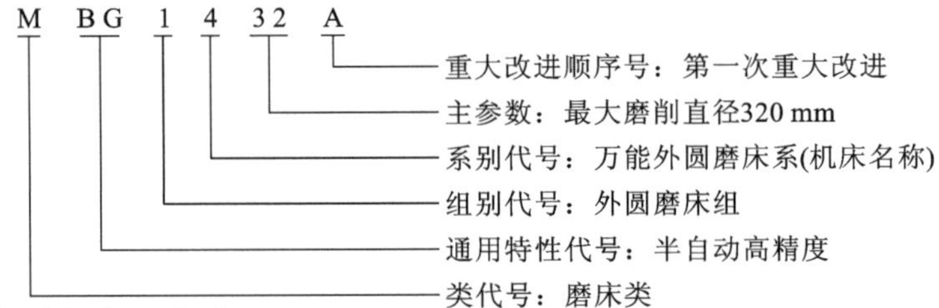

2. 专用机床型号表示方法

专用机床的型号一般由设计单位代号和设计顺序组成。设计单位代号包括机床生产厂和机床研究单位代号(位于型号之首)。专用机床的设计顺序号,按该单位的设计顺序号排列,由 001 起始,位于设计单位代号之后,并用“—”隔开,读作“至”。

例如,北京第一机床厂设计制造的第 100 种专用机床为专用铣床,其型号为 B1—100。

3. 机床自动线型号表示方法

由通用机床或专用机床组成的机床自动线,其代号为“ZX”,读作“自线”,它位于设计单位代号之后,并用“—”分开,读作“至”。机床自动线设计顺序号的排列与专用机床的设计顺序号相同,位于机床自动线代号之后。

例如:北京机床研究所以通用机床或专用机床为某厂设计的第一条机床自动线,其型号为 JCS－ZX001。

4.1.5　机床的运动与传动

机床运动分析是为了研究机床所应具有的各种运动及其相互关系。首先，根据在机床上加工的各种表面和使用的刀具类型，分析得到这些表面的方法和所需的运动。在此基础上，分析为了实现这些运动，机床必须具备的传动联系，实现这些传动的机构以及机床运动的调整方法，为合理设计机床、使用机床打下基础。

1. 零件表面的形状及其形成方法

切削加工是零件成形的一种有效方法，任何一种经切削加工得到的机械零件，其形状都是由若干便于刀具切削加工获得的表面组成的，这些表面包括平面、圆柱面、圆锥面以及各种成形表面。从几何观点看，这些规则表面都可以看成是一条线（母线）沿另一条线（导线）运动而形成的（如图 4-2 中的工件表面）。母线和导线统称为表面的发生线，在用机床加工零件表面的过程中，工件、刀具之一或两者同时按一定的规律运动形成两条发生线，从而生成所要加工的表面。常用的形成发生线的方法有四种。

1）轨迹法

轨迹法是指利用刀具切削点按一定规律的轨迹运动来对工件进行加工的方法。如图 4-2(a)所示，刀具切削点 1 沿着轨迹 3 运动，形成工件的母线。工件回转形成导线，从而形成旋转表面。采用轨迹法形成发生线时，刀具需按一定轨迹进行成形运动，刀具的运动精度直接影响加工表面精度。

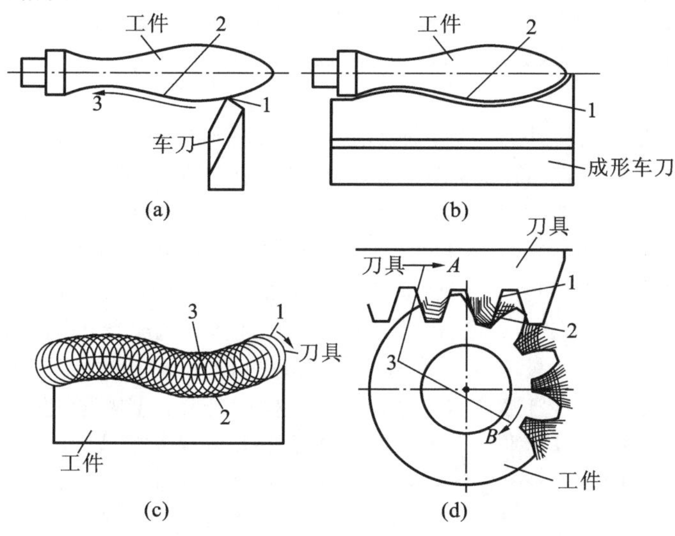

图 4-2　形成发生线的四种方法

(a)轨迹法；(b)成形法；(c)相切法；(d)展成法

2）成形法

利用刀刃的形状来控制加工表面的形状的发生线形成方法称为成形法。如图 4-2(b)所示，刀刃的形状 1 就是母线 2 的形状，工件回转形成导线，从而形成加工表面。用成形法来形成发生线时，刀具不需要专门的成形运动，表面精度主要靠刀刃的精度来保证。

3）相切法

用铣刀、砂轮等旋转类刀具加工时，刀具自身旋转的同时按一定的轨迹运动，这种发生线形成方法称为相切法。如图 4-2(c)所示，刀具旋转并且刀具中心按轨迹 3 运动，切削点 1

与工件相切就形成了发生线2。用相切法形成发生线时，刀具需要有两个独立的成形运动，即刀具的旋转和刀具中心按一定规律的运动。

4）展成法

用展成法生成发生线时，工件的旋转与刀具的旋转（或移动）两个运动之间必须保持严格的运动协调关系，即刀具与工件之间犹如一对齿轮之间或齿轮与齿条之间作啮合运动，如图4-2(d)所示。在这种情况下，两个运动不是彼此独立的，而是相互联系、密不可分的，它们共同组成一种复合运动，即展成运动。

2. 机床的运动

在机床上，为了获得所需的工件表面形状，必须使刀具和工件完成表面成形运动。此外，机床还有多种辅助运动。

1）表面成形运动

机床加工零件时，为获得所需的表面，工件与刀具之间作相对运动，既要形成母线，又要形成导线，于是形成两条发生线所需的运动的总和就是形成该表面所需的运动。机床上形成被加工表面所需的运动，称为机床的工作运动又称为表面成形运动。工作运动是机床上最基本的运动。每个运动的起点、终点、轨迹、速度、方向等要素的控制和调整方式，对机床的布局和结构有重大的影响。表面成形运动根据其复杂程度分为简单运动和复合运动，根据其在切削加工中所起的作用又可分为主运动和进给运动。

简单成形运动就是一个成形运动，是由单独的旋转运动或直线运动构成的，如牛头刨床刨削工件。复合成形运动就是由两个或两个以上旋转运动或直线运动，按照某种确定的运动关系组合而成的成形运动，如车削螺纹时的成形运动。

2）辅助运动

机床上除表面成形运动外，还需要辅助运动来实现机床的各种辅助动作，这些运动与表面成形过程没有直接关系，统称为辅助运动。辅助动作的种类很多，主要包括以下几种。

（1）各种空行程运动　空行程运动是指进给前后的快速运动和各种调位运动。例如，在装卸工件时，为避免碰伤操作者或划伤工件表面，刀具与工件应相对退离。在进给开始之前需快速引进，使刀具与工件接近；进给结束后应快退。例如车床的刀架或铣床的工作台，在进给前后都有快进或快退运动。调位运动是在调整机床的过程中，把机床的有关部件移到要求的位置的运动。例如摇臂钻床，为使钻头对准被加工孔的中心，可转动摇臂和使主轴箱在摇臂上移动。又如龙门式机床，为适应工件的不同高度，可使横梁升降。这些都是调位运动。

（2）切入运动　切入运动用于保证被加工表面获得所需要的尺寸。

（3）分度运动　加工若干个完全相同的均匀分布的表面时，为使表面成形运动得以周期地继续进行的运动称为分度运动。如车削多头螺纹，在车完一条螺纹后，工件相对于刀具要回转$1/K$周（K为螺纹头数）才能车削另一条螺纹表面。这个工件相对于刀具的旋转运动就是分度运动。多工位机床的多工位工件台或多工位刀架也需要分度运动。

（4）操纵和控制运动　操纵和控制运动包括启动、停止、变速、换向、部件与工件的夹紧、松开、转位以及自动换刀、自动测量、自动补偿等。

辅助运动虽然不参与表面成形过程，但对机床整个加工过程是必不可少的，同时对机床的生产效率和加工质量也有重大影响。

3. 机床的传动联系和传动原理图

1）机床的传动链

在机床上为了得到所需要的运动，需要通过一系列的传动件把执行件和动力源（例如把主轴和电动机)，或者把执行件和执行件(例如把主轴和刀架)连接起来，以构成传动联系。构成一个传动联系的一系列传动件称为传动链。根据传动联系的性质，传动链可分为以下两类。

(1)外联系传动链　传动链的两个末端件的转角或移动量(称为“计算位移”)之间如果没有严格的比例关系要求则为外联系传动链。外联系传动链联系动力源(如电动机)和机床执行件(如主轴、刀架和工作台等)，使执行件得到预定速度的运动，并传递一定的动力，此外，外联系传动链还包括变速机构和换向(改变运动方向)机构等。外联系传动链传动比的变化只影响生产率或表面粗糙度，不影响发生线的性质。因此，外联系传动链不要求动力源与执行件间有严格的传动比关系。例如，在车床上用轨迹法车削外圆柱面时，主轴的旋转和刀架的移动就是两个互相独立的成形运动，有两条外联系传动链。主轴的转速和刀架的移动速度只影响生产率和表面粗糙度，不影响圆柱面的性质。传动链的传动比不要求很准确。工件的旋转和刀架的移动之间也没有严格的相对速度关系。

(2)内联系传动链　内联系传动链联系复合运动之内的各个运动分量，因而对传动链所联系的执行件之间的相对速度(或相对位移量)有严格的要求，用来保证运动的轨迹。例如，在卧式车床上用螺纹车刀车螺纹时，为了保证所加工螺纹的导程，主轴(工件)每转一周，车刀必须移动一个导程。联系主轴与刀架之间的螺纹传动链，就是一条内联系传动链。再如，用齿轮滚刀加工直齿圆柱齿轮时，滚刀每转 $1/K$ 转(K 是滚刀头数)，工件必须转 $1/z_{工}$ 转($z_{工}$ 为工件的齿数)。联系滚刀旋转和工件旋转的传动链就是内联系传动链。内联系传动链有严格的传动比要求，否则就不能保证被加工表面的性质，例如，车螺纹时如果传动比不准确，就不能得到要求的导程，加工齿轮时就不能得到正确的渐开线齿形。

2)传动原理图

通常，传动链包括各种传动机构，如带传动机构、定比齿轮副、齿轮齿条副、丝杠螺母副、蜗杆蜗轮副、滑移齿轮变速机构、离合器变速机构、交换齿轮或挂轮架以及各种电的、液压的和机械的无级变速机构等。在设计传动路线时，可以先撇开具体机构，把上述各种机构分成两大类：一类是固定传动比的传动机构，简称定比传动机构，例如定比齿轮副、丝杠螺母副以及蜗杆蜗轮副等；另一类是变换传动比的机构，简称换置机构，例如变速箱、挂轮架和数控机床中的数控系统等。为了便于研究机床的传动联系，常用一些简明的符号表达执行件与运动源之间的传动联系，并不表达实际传动机构的种类和数量，这种用来描述传动原理和传动路线的简图就是传动原理图。图4-3为传动原理图常使用的一部分符号，其中，表示执行件的符号还没有统一的规定，一般采用较直观的图形表示。为了把运动分析的理论推广到数控机床，图中引入了画数控机床传动原理图时所要用到的一些符号，例如电的联系符号、脉冲发生器符号等。

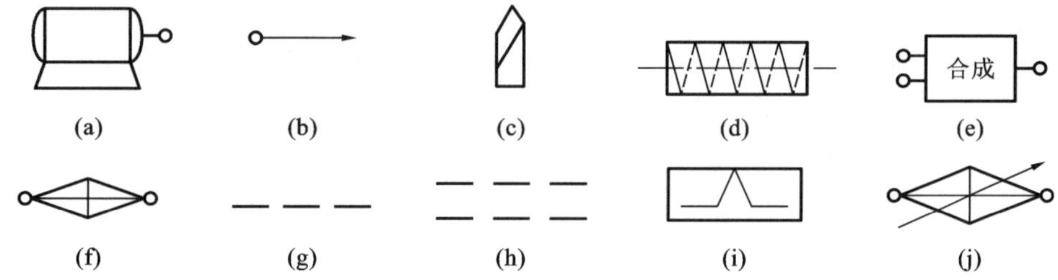

图4-3　传动链原理图常用的一些示意符号

(a)电动机；(b)主轴；(c)车刀；(d)滚刀；(e)合成机构；(f)传动比可变换的换置机构；(g)传动比不变的机械联系；(h)电的联系；(i)脉冲发生器；(j)快调换置机构——数控系统

图 4-4 所示为卧式车床的传动原理。卧式车床在形成螺旋表面时需要一个运动——刀具与工件间相对的螺旋运动，这个运动是复合运动。其可分解为两部分：主轴的旋转 B 和车刀的纵向移动 A。因此，车床应有两条传动链：①联系复合运动两部分 B 和 A 的内联系传动链，即主轴—4—5—u_f—6—7—丝杠；②联系动力源与这个复合运动的外联系传动链。外联系传动链可由动力源联系复合运动中的任一环节。考虑到大部分动力应输送给主轴，故外联系传动链联系动力源与主轴，图 4-4 中为：电动机—1—2—u_v—3—4—主轴。

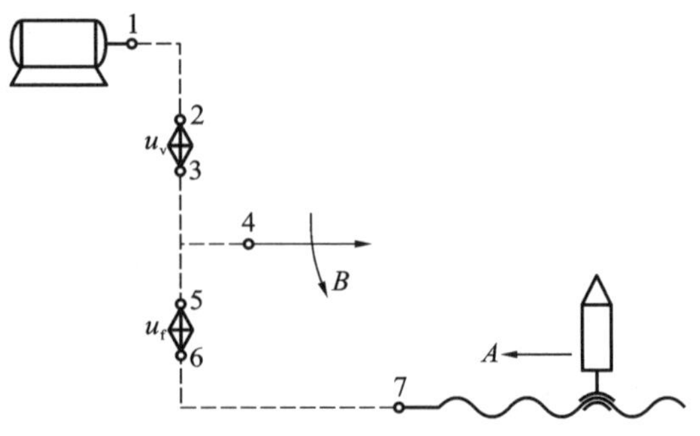

图 4-4 卧式车床车螺纹时的传动原理

4.2 车床

车床的种类很多，按其结构和用途，主要可分为以下几类：卧式车床和落地车床；立式车床；转塔车床；单轴和多轴自动、半自动车床；仿形车床和多刀车床；数控车床和车削中心；各种专门化车床，如凸轮轴车床、曲轴车床、车轮车床及铲齿车床等。此外，在大批量生产的工厂中还有各种各样的专用车床。在所有的车床中，以卧式车床应用最广。

4.2.1 卧式车床

下面以 CA6140 型卧式车床为例进行介绍。CA6140 型车床具有典型的卧式车床布局，它的通用性程度较高，加工范围较广。适合于中、小型的各种轴类和盘套类零件的加工；能车削内外圆柱面、圆锥面、各种环槽、成形面及端面；能车削常用的米制、英制、模数制及径节制四种标准螺纹，也可以车削加大螺距螺纹、非标准螺距及较精密的螺纹；还可以进行钻孔、扩孔、铰孔、滚花和抛光等工作。车床床身最大回转直径为 400 mm，最大工件长度为 2 000 mm，主轴内孔直径为 48 mm，主电动机功率为 7.5 kW，加工的外圆圆柱度、圆度的精度为 0.01 mm，Ra 为 1.25～2.5 μm。图 4-5 所示为卧式车床所能加工的典型表面。

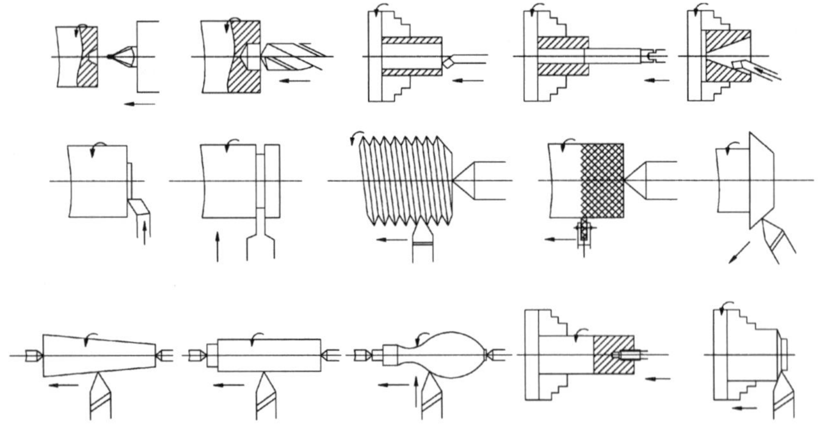
图 4-5 卧式车床所能加工的典型表面

1. CA6140 型卧式车床的主要组成

如图 4-6 所示为 CA6140 型卧式车床的外形图，它主要由以下部分组成。

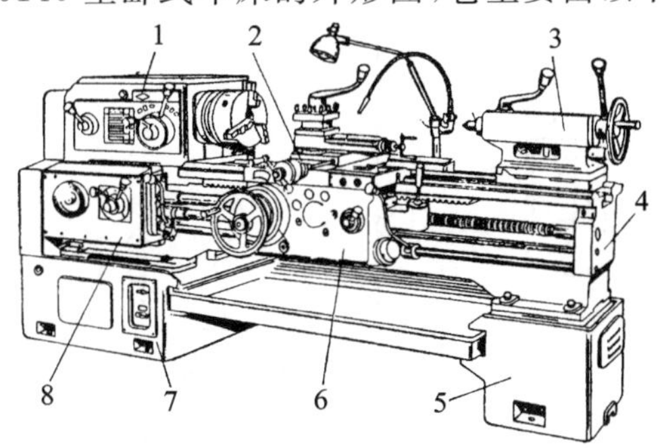

图 4-6　卧式车床外形图

1—主轴箱；2—刀架；3—尾座；4—床身；5—右床腿；6—溜板箱；7—左床腿；8—进给箱

1）主轴箱

主轴箱部件由箱体、主轴、传动轴、轴上传动件、变速操纵机构、润滑密封件等组成。主轴通过前端的卡盘或者花盘带动工件作主运动完成旋转，也可以安装前顶尖通过拨盘带动工件旋转。

2）刀架及滑板

四方刀架上可以装夹刀具。滑板俗称托板，由上、中、下三层组成。床鞍（即下滑板或称大托板）可沿床身导轨作纵向进给运动。中滑板（即中托板）装在下滑板上，可以作横向进给运动，用来控制车外圆、车内孔时的背吃刀量以及实现加工端面、切断、车槽等。上滑板（即小托板）装在中滑板上，用来纵向调节刀具位置和实现手动纵向进给运动，还可以相对中滑板偏转一定角度后带动刀具斜向进给，用来车削内外短锥面。

3）尾座

尾座可沿其导轨纵向调整位置，其上可安装顶尖，支撑长工件的后端以加工长圆柱体，也可以安装孔加工刀具加工孔。尾座可横向作少量的调整，用于加工小锥度的外锥面。

4）进给箱

进给箱内部装有进给运动的传动及操纵装置，通过改变进给量的大小，可改变所加工螺纹的种类及螺距。

5）床身及床腿

床身是机床的支撑件，它安装在左床腿和右床腿上并支撑在地基上。床身上安装着机床的各部件，并保证它们之间具有相互准确位置。床身上面有纵向进给运动导轨和尾座纵向调整移动导轨。

6）溜板箱

溜板箱与纵向滑板（床鞍）相连，通过光杠或丝杠接受自进给箱传来的运动，并将运动传递给刀架，从而实现刀架的纵、横向移动或车螺纹。溜板箱上装有各种操作手柄和按钮。

2. CA6140 型车床的传动系统

机床的传动系统图应画在一个能反应机床基本外形和各主要部件相互位置的平面上，并尽可能绘制在机床外形轮廓线内，各传动元件应尽可能按运动传递的顺序安排。该图只表示传动关系，不代表各传动元件的实际尺寸和空间位置。如图 4-7 所示是 CA6140 车床的传动系统图，包括主运动传动链和进给运动传动链两部分。图中各种传动元件用简单的规定符号代表，各齿轮所标数字表示齿数。

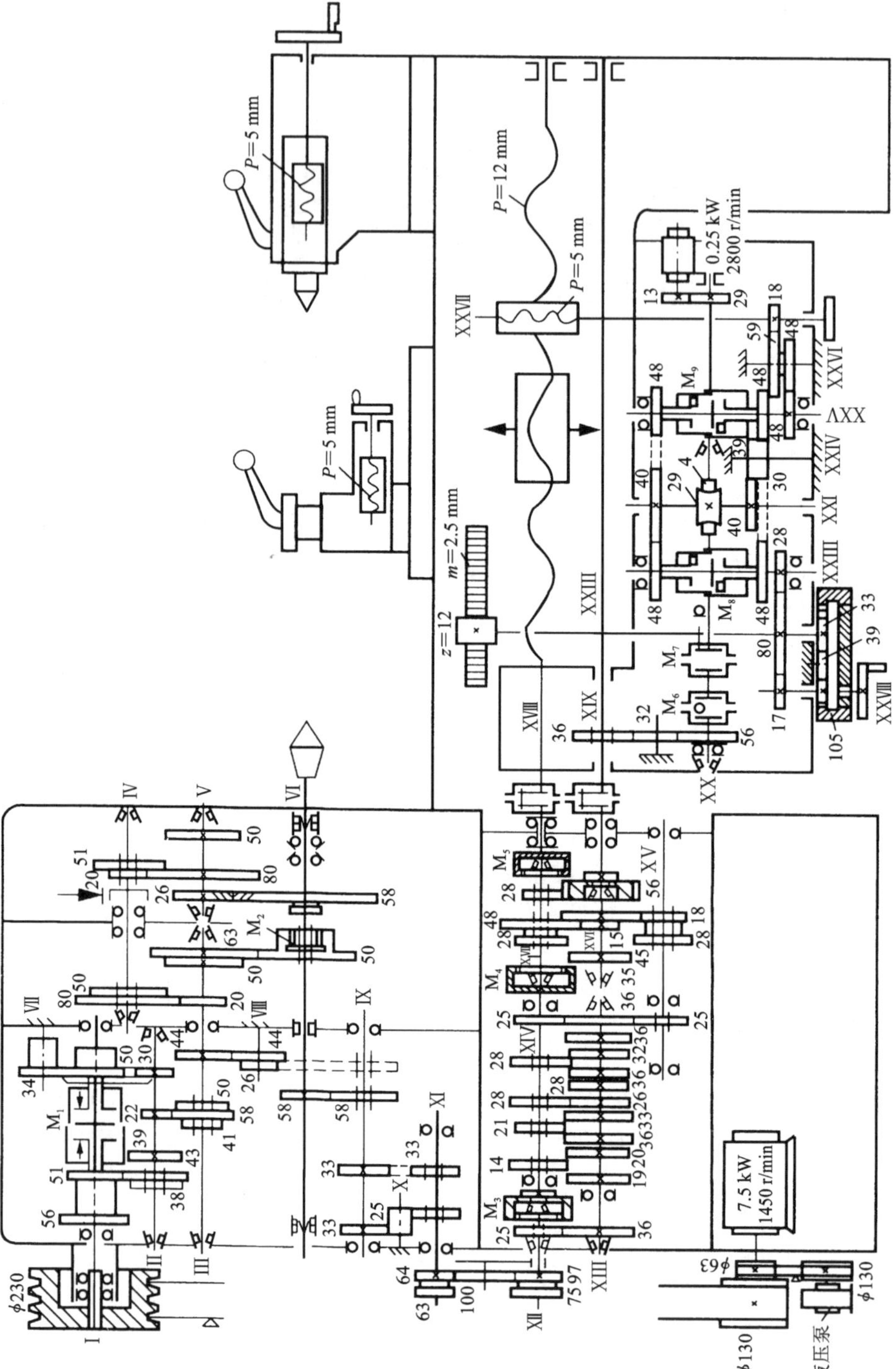

图4-7 CA6140型卧式车床的传动系统图

1）主运动传动链

（1）传动路线　主运动传动链的两末端件是电动机和主轴。电动机的功用是把动力源（电动机）的运动及能量传给主轴，使主轴带动工件旋转，主轴可以获得 24 级正转转速和 12 级反转转速。运动由电动机经 V 带传至主轴箱中的轴Ⅰ。在轴Ⅰ上装有双向多片式摩擦离合器 M_1，用来控制主轴（轴Ⅵ）正转、反转或停止。M_1 的左、右两部分分别与空套在轴Ⅰ上的两个齿轮连在一起。当离合器 M_1 向左接合时，主轴正转，轴Ⅰ的运动经 M_1 左部的摩擦片及传动比为$\frac{56}{38}$或$\frac{51}{43}$的齿轮副传给轴Ⅱ，可获得两种转速。当离合器 M_1 向右接合时，主轴反转，轴Ⅰ的运动经 M_1 右部的摩擦片及齿数为 50 的齿轮传给轴Ⅶ上的空套齿轮（$z=34$），然后再传给轴Ⅱ上齿数为 30 的齿轮，使轴Ⅱ转动。这时，由轴Ⅰ传到轴Ⅱ的运动多经过了一个中间齿数为 34 的齿轮，因此，轴Ⅱ的转动方向与经离合器 M_1 左部传动时相反，且只获得一种转速。离合器 M_1 处于中间位置，左、右都不接合时，主轴停转。

轴Ⅱ的运动可分别通过三对齿轮副（传动比分别为$\frac{39}{41}$、$\frac{22}{58}$、$\frac{30}{50}$）传至轴Ⅲ。运动由轴Ⅲ到主轴可以有以下两种不同的传动路线。

①高速传动路线：主轴Ⅵ上的滑动齿轮 Z_{50} 处于左端位置，轴Ⅲ的运动经齿轮副$\frac{63}{50}$直接传给主轴，使主轴得到 450～1400 r/min 的 6 种高转速。

②低速传动路线：主轴Ⅵ上的滑动齿轮 Z_{50} 移到右端位置，使齿式离合器 M_2 啮合，于是轴Ⅲ上的运动就经齿轮副$\frac{20}{80}$或$\frac{50}{50}$传给轴Ⅳ，然后再由轴Ⅳ经齿轮副$\frac{20}{80}$或$\frac{51}{50}$、$\frac{26}{58}$及齿式离合器 M_2 传动主轴，使主轴得到 10～500 r/min 的 24 种低转速。

下面是 CA6140 型卧式车床主运动传动链的传动路线为

$$\text{电动机}-\frac{\phi130}{\phi230}-\text{Ⅰ}-\left\{\begin{array}{l} M_1\ \text{左（正转）}-\left\{\begin{array}{c}\frac{56}{38}\\ \frac{51}{43}\end{array}\right\} \\ M_1\ \text{右（反转）}-\frac{50}{34}-\text{Ⅶ}-\frac{34}{30}\end{array}\right\}-\text{Ⅱ}-\left\{\begin{array}{c}\frac{39}{41}\\ \frac{30}{50}\\ \frac{22}{58}\end{array}\right\}-$$

$$\text{Ⅲ}-\left\{\begin{array}{l}\left\{\begin{array}{c}\frac{20}{80}\\ \frac{50}{50}\end{array}\right\}-\text{Ⅳ}-\left\{\begin{array}{c}\frac{20}{80}\\ \frac{51}{50}\end{array}\right\}-\text{Ⅴ}-M_2\text{（右移）}\\ \qquad\qquad\qquad\frac{63}{50}\qquad\qquad (M_2\ \text{左移})\end{array}\right\}-\text{Ⅵ（主轴）}$$

（2）主轴的转速级数与转速　根据传动系统图和传动路线表达式，主轴正转时，可得 $2\times3=6$种高转速和 $2\times3\times2\times2=24$ 种低转速。因此主轴共可获得 $2\times3\times(1+2\times2)=30$ 级转速，但由于轴Ⅲ-Ⅴ间的四种传动比分别为

$$U_1=\frac{50}{50}\times\frac{51}{50}\approx1;\quad U_2=\frac{50}{50}\times\frac{20}{80}=\frac{1}{4}$$

$$U_3=\frac{20}{80}\times\frac{51}{50}\approx\frac{1}{4};\quad U_4=\frac{20}{80}\times\frac{20}{80}=\frac{1}{16}$$

其中，U_2 和 U_3 相同，所以实际上只有 3 种不同的传动比，故主轴正转的实有级数为 $2\times3\times(2\times2-1)=18$，加上经齿轮副$\frac{63}{50}$直接传动的 6 级高速，主轴正转时实际上只能获得 24 级不同转速。

同理，主轴反转时也只能获得 $3+3\times(2\times2-1)=12$ 级不同转速。

主轴的转速可应用下列运动平衡式计算：

$$n_{主}=1450\times\frac{130}{230}(1-\varepsilon)U_{\text{I-II}}U_{\text{II-III}}U_{\text{III-IV}} \tag{4-1}$$

式中：$n_{主}$——主轴转速(r/min)；

ε——V 带传动的滑动系数，$\varepsilon=0.02$；

$U_{\text{I-II}}$、$U_{\text{II-III}}$、$U_{\text{III-VI}}$——轴Ⅰ-Ⅱ、Ⅱ-Ⅲ、Ⅲ-Ⅵ间的可变传动比。

如图 4-7 所示的齿轮啮合位置(离合器 M_2 拨向左侧)，主轴的转速为

$$\begin{aligned}n_{主}&=1450\times\frac{130}{230}\times(1-0.02)\times\frac{51}{43}\times\frac{22}{58}\times\frac{63}{50}\ \text{r/min}\\&=450\ \text{r/min}\end{aligned}$$

主轴反转时，轴Ⅰ-Ⅱ的传动比大于正转时的传动比，所以反转转速高于正转转速。主轴反转通常不是用于切削而是用于车削螺纹，在完成一次切削后使车刀沿螺旋线退回，而不断开主轴和刀架间的传动链，以免在下一次切削时发生“乱扣”现象。为了节省退回时间，主轴反转时的转速比正转时转速高。

2)进给运动传动链

进给运动传动链的始末(始、末端件分别是主轴和刀架)，其作用是实现刀具纵向或横向移动及变速与换向。它包括车螺纹进给运动传动链和机动进给运动传动链。

(1)车螺纹进给运动传动链 CA6140 型普通车床可以车削米制、英制、模数和径节四种螺纹。车削螺纹时，主轴与刀架之间必须保持严格的传动比关系，即主轴每转一周，刀架应均匀地移动一个导程 P。由此可列出车削螺纹传动链的运动平衡方程式为

$$1_{(主轴)}\times U\times L_S=P \tag{4-2}$$

式中：U——从主轴到丝杠之间全部传动副的总传动比；

L_S——机床丝杠的导程(mm)，CA6140 型车床 $L_S=12$ mm；

p——被加工工件的导程(mm)。

①车削米制螺纹的传动路线　车削米制螺纹时，运动由主轴Ⅵ经齿轮副$\frac{58}{58}$至轴Ⅸ，再经三星轮换向机构$\frac{33}{33}$(车左螺纹时经$\frac{33}{25}\times\frac{25}{33}$)传动轴Ⅹ，再经交换齿轮副$\frac{63}{100}\times\frac{100}{75}$传到进给箱中轴ⅩⅢ，进给箱中的离合器 M_3 和 M_4 脱开，M_5 接合，再经移换机构的齿轮副$\frac{25}{36}$传到轴ⅩⅣ，由轴ⅩⅣ和轴ⅩⅤ间的基本变速组 U_j、移换机构的齿轮副$\frac{25}{36}\times\frac{36}{25}$将运动传到轴ⅩⅥ，再经增倍变速组 U_b 传至轴ⅩⅧ，最后经齿式离合器 M_5 传动丝杠ⅩⅨ，经溜板箱带动刀架纵向运动，完成米制螺纹的加工。其传动路线表达如下：

$$\text{主轴 VI}-\frac{58}{58}-\text{IX}-\left\{\begin{matrix}\frac{33}{33}(\text{右螺纹}) \\ \frac{33}{25}-\text{XI}-\frac{25}{33}(\text{左螺纹})\end{matrix}\right\}-\text{X}-\frac{63}{100}\times\frac{100}{75}-\text{XIII}-\frac{25}{36}-\text{XIV}$$

$$-U_j-\text{XV}-\frac{36}{25}-\frac{25}{36}-\text{XVI}-U_b-\text{XVIII}-M_5(\text{啮合})-\text{XIX}(\text{丝杠})-\text{刀架}$$

由传动系统图和传动路线表达式，可以列出车削米制螺纹的运动平衡式：

$$P=1_{(\text{主轴})}\times\frac{58}{58}\times\frac{33}{33}\times\frac{63}{100}\times\frac{100}{75}\times\frac{25}{36}\times U_j\times\frac{25}{36}\times\frac{36}{25}\times U_b\times 12\ \text{mm} \tag{4-3}$$

式中：U_j、U_b——基本变速组传动比和增倍变速组传动比。

将式(4-3)化简可得

$$P=7U_jU_b \tag{4-4}$$

进给箱中的基本变速组 U_j 为双轴滑移齿轮变速机构，由轴 XIV 上的 8 个固定齿轮和轴 XV 上的 4 个滑移齿轮组成，每个滑移齿轮可分别与邻近的两个固定齿轮相啮合，共有 8 种不同的传动比：

$$U_{j1}=\frac{26}{28}=\frac{6.5}{7};U_{j2}=\frac{28}{28}=\frac{7}{7};U_{j3}=\frac{32}{28}=\frac{8}{7};U_{j4}=\frac{36}{28}=\frac{9}{7}$$

$$U_{j5}=\frac{19}{14}=\frac{9.5}{7};U_{j6}=\frac{20}{14}=\frac{10}{7};U_{j7}=\frac{33}{21}=\frac{11}{7};U_{j8}=\frac{36}{21}=\frac{12}{7}$$

不难看出，除了 U_{j1} 和 U_{j5} 外，其余的 6 个传动比组成一个等差数列。改变 U_j 的值，就可以车削出按等差数列排列的导程组。

进给箱中的增倍变速组 U_b 由轴 XVI-轴 XVIII 间的三轴滑移齿轮机构组成，可变换 4 种不同的传动比：

$$U_{b1}=\frac{18}{45}\times\frac{15}{48}=\frac{1}{8};\quad U_{b2}=\frac{28}{35}\times\frac{15}{48}=\frac{1}{4}$$

$$U_{b3}=\frac{18}{45}\times\frac{35}{28}=\frac{1}{2};\quad U_{b4}=\frac{28}{35}\times\frac{35}{28}=1$$

它们之间依次相差 2 倍，改变 u_b 的值，可将基本组的传动比成倍地增加或缩小。

把 U_j、U_b 的值代入式(4-4)，得到 $8\times4=32$ 种导程值，其中符合标准的有 20 种，见表 4-5。可以看出，表中的每一行都是按等差数列排列的，而行与行之间成倍数关系。

表 4-5　CA6140 型普通车床米制螺纹导程　（单位：mm）

导程 P / 基本组 U_j / 增倍组 U_b	$\frac{26}{28}$	$\frac{28}{28}$	$\frac{32}{28}$	$\frac{36}{28}$	$\frac{19}{14}$	$\frac{20}{14}$	$\frac{33}{21}$	$\frac{36}{21}$
$u_{b1}=\frac{18}{45}\times\frac{15}{48}=\frac{1}{8}$	—	—	1	—	—	1.25	—	1.5
$u_{b2}=\frac{28}{35}\times\frac{15}{48}=\frac{1}{4}$	—	1.75	2	2.25	—	2.5	—	3
$u_{b3}=\frac{18}{45}\times\frac{35}{28}=\frac{1}{2}$	—	3.5	4	4.5	—	5	5.5	6
$u_{b4}=\frac{28}{35}\times\frac{35}{28}=1$	—	7	8	9	—	10	11	12

从表 4-5 可以看出，此传动路线能加工的最大螺纹导程是 12 mm。如果需车削导程大于 12 mm 的米制螺纹，应采用扩大导程传动路线。这时，主轴Ⅵ的运动（此时 M_2 接合，主轴处于低速状态）经斜齿轮传动副$\frac{58}{26}$到轴Ⅴ，经背轮机构$\frac{80}{20}$与$\frac{80}{20}$或$\frac{50}{50}$至轴Ⅲ，再经$\frac{44}{44}$、$\frac{26}{58}$（轴Ⅸ上的滑移齿轮（$z=58$）处于右位，与轴Ⅷ上的齿轮（$z=26$）啮合传到轴Ⅸ，其传动路线为

$$\text{主轴Ⅵ}-\left\{\begin{matrix}(\text{扩大导程})\frac{58}{26}-\text{Ⅴ}-\frac{80}{20}-\text{Ⅳ}-\left\{\begin{matrix}\frac{50}{50}\\ \frac{80}{20}\end{matrix}\right\}-\text{Ⅲ}-\frac{44}{44}\times\frac{26}{58}\\ (\text{正常导程})\frac{58}{58}\end{matrix}\right\}-\text{Ⅸ}-(\text{接正常导程传动路线})$$

从传动路线表达式可知，扩大螺纹导程时，主轴Ⅵ到轴Ⅸ的传动比如下。

当主轴转速为 40～125 r/min 时，

$$U_1=\frac{58}{26}\times\frac{80}{20}\times\frac{50}{50}\times\frac{44}{44}\times\frac{26}{58}=4$$

当主轴转速为 10～32 r/min 时，

$$U_2=\frac{58}{26}\times\frac{80}{20}\times\frac{80}{20}\times\frac{44}{44}\times\frac{26}{58}=16$$

而正常螺纹导程下，主轴Ⅵ到轴Ⅸ的传动比为

$$U=\frac{58}{58}=1$$

所以，通过扩大导程传动路线可将正常螺纹导程扩大 4 倍或 16 倍。用 CA6140 型车床车削大导程米制螺纹时，最大螺纹导程为 $P_{max}=12\times16\ \text{mm}=192\ \text{mm}$。

②车削英制螺纹　英制螺纹是英、美等少数英寸制国家所采用的螺纹标准。我国部分管螺纹也采用英制螺纹。英制螺纹以每英寸长度上的螺纹扣数 α（扣/in）表示，其标准值也按分段等差数列的规律排列。英制螺纹的导程 $P_\alpha=1/\alpha$（in）。由于 CA6140 型车床的丝杠是米制螺纹，被加工的英制螺纹也应换算成以毫米为单位的相应导程值，即

$$P_\alpha=\frac{1}{\alpha}\text{in}=\frac{25.4}{\alpha}\ \text{mm}$$

车削英制螺纹时，对传动路线作如下变动，首先，改变传动链中部分传动副的传动比，使其包含特殊因子 25.4；其次，将基本组两轴的主、被动关系对调，以使分母为等差级数。其余部分的传动路线与车削米制螺纹时相同。其运动平衡式为

$$\begin{aligned}P_\alpha&=1_{(\text{主轴})}\times\frac{58}{58}\times\frac{33}{33}\times\frac{63}{100}\times\frac{100}{75}\times\frac{1}{U_j}\times\frac{36}{25}\times U_b\times12\\&=\frac{4}{7}\times25.4\times\frac{1}{U_j}\times U_b\end{aligned}\tag{4-5}$$

将 $P_\alpha=25.4/\alpha$ 代入式(4-5)得

$$\alpha=\frac{7}{4}\times\frac{U_j}{U_b}\qquad\text{扣/in}\tag{4-6}$$

变换 U_j、U_b 的值，就可得到各种标准的英制螺纹。

③车削模数螺纹　模数螺纹主要用在米制蜗杆中，模数螺纹螺距 $P=\pi m$，P 也是分段

等差数列。所以模数螺纹的导程为

$$P_m = k\pi m \tag{4-7}$$

式中：P_m——模数螺纹的导程（mm）；

k——螺纹的头数；

m——螺纹模数。

模数螺纹的标准模数 m 也是分段等差数列。车削时的传动路线与车削米制螺纹的传动路线基本相同。由于模数螺纹的螺距中含有 π 因子，因此车削模数螺纹时所用的交换齿轮与车削米制螺纹时不同，需用 $\frac{64}{100}\times\frac{100}{97}$ 来代替 $\frac{63}{100}\times\frac{100}{75}$ 引入常数 π，其运动平衡式为

$$P_m = 1_{(主轴)}\times\frac{58}{58}\times\frac{33}{33}\times\frac{64}{100}\times\frac{100}{97}\times\frac{25}{36}\times U_j\times\frac{25}{36}\times\frac{36}{25}\times U_b\times 12 \tag{4-8}$$

式(4-8)中 $\frac{64}{100}\times\frac{100}{97}\times\frac{25}{36}\approx\frac{7\pi}{48}$，其绝对误差为 0.00004，相对误差为 0.00009，这种误差很小，一般可以忽略。将运动平衡方程式整理后得

$$m = \frac{7}{4k}U_j U_b \tag{4-9}$$

变换 U_j、U_b 的值，就可得到各种不同模数的螺纹。

④车削径节螺纹　径节螺纹主要用于同英制蜗轮相配合，即为英制蜗杆，其标准参数为径节，用 DP 表示，其定义为：对于英制蜗轮，将其总齿数折算到每一英寸分度圆直径上所得的齿数值。根据径节的定义可得蜗轮齿距 P 为

$$P = \frac{\pi D}{z} = \frac{\pi}{z/D} = \frac{\pi}{DP}\quad \text{in} \tag{4-10}$$

式中：P——蜗轮齿距；

z——蜗轮的齿数；

D——蜗轮的分度圆直径(in)。

只有英制蜗杆的轴向齿距 P_{DP} 与蜗轮齿距 π/DP 相等才能正确啮合，而径节制螺纹的导程为英制蜗杆的轴向齿距为

$$P_{DP} = \frac{\pi}{DP}(\text{in}) = \frac{25.4k\pi}{DP}\ (\text{mm}) \tag{4-11}$$

标准径节的数列也是分段等差数列。径节螺纹的导程排列的规律与英制螺纹相同，只是含有特殊因子 25.4π。车削径节螺纹时，可采用英制螺纹的传动路线，但挂轮需换为传动比为 $\frac{64}{100}\times\frac{100}{97}$ 的，其运动平衡式为

$$P_{DP} = 1_{(主轴)}\times\frac{58}{58}\times\frac{33}{33}\times\frac{64}{100}\times\frac{100}{97}\times\frac{1}{U_j}\times\frac{36}{25}\times U_b\times 12 \tag{4-12}$$

式(4-12)中 $\frac{64}{100}\times\frac{100}{97}\times\frac{36}{25}\approx\frac{25.4\pi}{84}$，将运动平衡方程式整理后得

$$DP = 7k\frac{U_j}{U_b} \tag{4-13}$$

变换 U_j、U_b 的值，可得常用的 24 种螺纹径节。

⑤车削非标准螺纹和精密螺纹　所谓非标准螺纹是指利用上述传动路线无法得到的螺纹。这时需将进给箱中的齿式离合器 M_3、M_4 和 M_5 全部啮合，被加工螺纹的导程 $L_工$ 依靠调整挂轮的传动比 $U_挂$ 来实现。其运动平衡式为

$$L_工 = 1_{(主轴)} \times \frac{58}{58} \times \frac{33}{33} \times U_挂 \times 12 \quad \text{mm} \tag{4-14}$$

所以，挂轮的换置公式为

$$U_挂 = \frac{a}{b} \times \frac{c}{d} \times \frac{L_工}{12} \tag{4-15}$$

适当地选择挂轮齿数 a、b、c 及 d，就可车出所需要的非标准螺纹。同时，由于螺纹传动链不再经过进给箱中任何齿轮传动，减少了传动件制造和装配误差对被加工螺纹导程的影响，若选择高精度的齿轮做挂轮，则可加工精密螺纹。

(2)机动进给运动传动链　机动进给运动传动链主要是用来加工圆柱面和端面，为了减少螺纹传动链丝杠及开合螺母磨损，保证螺纹传动链的精度，机动进给是由光杠经溜板箱传动的。

①纵向机动进给传动链　CA6140 型车床纵向机动进给量有 64 种。当运动由主轴经正常导程的米制螺纹传动路线时，可获得正常进给量。这时的运动平衡式为

$$f_纵 = 1_{主轴} \times \frac{58}{58} \times \frac{33}{33} \times \frac{63}{100} \times \frac{100}{75} \times \frac{25}{36} \times U_j \times \frac{25}{36} \times \frac{36}{25} \times U_b \times \frac{28}{56} \times \frac{36}{32} \times \frac{32}{36}$$

$$\times \frac{4}{29} \times \frac{40}{48} \times \frac{28}{80} \times \pi \times 2.5 \times 12 \ (\text{mm/r})$$

将上式化简可得

$$f_纵 = 0.711 U_j U_b \tag{4-16}$$

通过改变 U_j、U_b 的值，可得到 32 种正常进给量(范围为 0.08～1.22 mm/r)，其余 32 种进给量可分别通过英制螺纹传动路线(范围为 0.86～1.59 mm/r 的 8 种较大的进给量)和扩大导程传动路线(范围为 0.028～0.054 mm/r 的 8 种细进给量和 1.71～6.33 mm/r 的 16 种加大进给量)得到。

②横向机动进给传动链　由传动系统图分析可知，当横向机动进给与纵向进给的传动路线一致时，所得到的横向进给量是纵向进给量的一半，横向与纵向进给量的种数相同，都为 64 种。

③刀架快速机动移动　为了缩短辅助时间，提高生产效率，CA6140 型卧式车床的刀架可实现快速机动移动。刀架的纵向和横向快速移动由快速移动电动机(P=0.25 kW，n=2 800 r/min)传动，经齿轮副$\frac{13}{29}$使轴 XXII 高速转动，再经蜗轮蜗杆副$\frac{4}{29}$、溜板箱内的转换机构，使刀架实现纵向或横向的快速移动。快移方向由溜板箱中双向离合器 M_6 和 M_7 控制。其传动路线表达式为

$$快速移动电动机 - \frac{13}{29} - \text{XXII} - \frac{4}{29} - \text{XXIII} - \begin{Bmatrix} M_6 - 纵向 \\ M_7 - 横向 \end{Bmatrix}$$

为了节省辅助时间及简化操作，在刀架快速移动过程中，不必脱开进给运动传动链。这时，为了避免转动的光杠和快速电动机同时传动轴 XX 而导致其损坏，在齿轮(z=56)与轴 XX 之间装有超越离合器 M_6。

4.2.2　立式车床

立式车床适于加工径向尺寸大而轴向尺寸相对较小且形状比较复杂的大型和重型零件，如各种机架、箱体、壳类零件。立式车床是汽轮机、水轮机、重型电动机、矿山冶金等重型机械制造厂不可缺少的加工设备，在一般机械加工中使用也很普遍。立式车床在结构布局上的主要特点是主轴垂直布置，并有一个直径很大的圆形工作台，供安装工件之用，工作台台面处于水平位置，因而装夹和校正笨重工件比较方便。此外，由于工件及工作台的重量由床身导轨或推力轴承承受，大大减轻了主轴及其轴承的载荷，因而较易保证加工精度。

常用的立式车床有单柱立式车床和双柱立式车床两种，如图 4-8 所示。前者加工直径较小，最大加工直径一般小于 1 600 mm。后者加工直径较大，最大加工直径通常大于 2 000 mm。

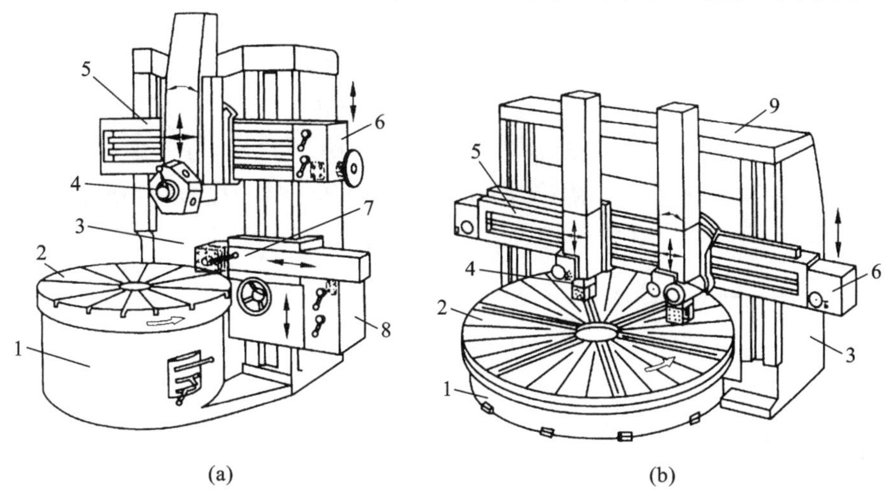

图 4-8　立式车床外形图

(a)单柱立式车床；(b)双柱立式车床

1—底座；2—工作台；3—立柱；4—垂直刀架；5—横梁；

6—进给箱；7—侧刀架；8—侧刀架进给箱；9—顶梁

单柱立式车床具有一个箱形的立柱，与底座固定地连接成一整体，构成机床的支承骨架(见图 4-8(a))。工作台装在底座的环形导轨上，工件装夹在它的台面上，由它带动绕垂直轴线旋转以完成主运动。在立柱的垂直导轨上装有侧刀架和横梁，横梁的水平导轨上装有一个垂直刀架。垂直刀架可沿横梁导轨移动作横向进给，以及沿刀架滑座的导轨移动作垂直进给。刀架滑座可左右扳转一定角度，以便刀架作斜向进给。因此，垂直刀架可用来完成车内外圆柱面、内外圆锥面，切端面、切槽等工序。在垂直刀架上通常带有一个五角形的转塔刀架，它除了可安装各种车刀以完成上述工序外，还可安装各种孔加工刀具，以进行钻、扩、铰孔等工序。侧刀架可沿立柱导轨移动作垂直进给，还可沿刀架滑座的导轨移动作横向进给。侧刀架可用于完成车外圆、切端面、切外沟槽和倒角等工序。垂直刀架和侧刀架的进给运动或者由主运动传动链传来，或者由装在进给箱上的单独电动机传动。两个刀架在进给运动方向上都能作机动快速移动，以完成快速靠近、快速退回和调整位置等辅助运动。横梁连同垂直刀架一起，可沿立柱导轨上下移动，以适应加工不同高度工件的需要。横梁移至所需位置后，可手动或自动夹紧在立柱上。

双柱立式车床具有两个立柱(见图 4-8(b))，它们通过底座和上面的顶梁连接成一个封闭的框架。横梁上通常装有两个垂直刀架，尺寸不大的机床上其中一个刀架往往也带有转塔刀架。双柱立式车床可有一个侧刀架，装在右立柱的垂直导轨上。大尺寸的立式车床常不带侧刀架。

4.2.3 转塔、回轮车床

普通车床的使用范围广、灵活性大，但是机床上能安装的刀具较少，尤其是孔加工刀具，在加工形状比较复杂、须用多把刀具顺次地切削工件时，就要经常装卸刀具，这样将影响机床的生产率。成批生产这类工件时，为了避免装卸刀具，应用转塔、回轮车床。转塔、回轮车床是在普通车床的基础上发展起来的(将普通车床的尾架去掉，在此处安装可以纵向移动的多工位刀架，并在传动及结构上作相应的改变)。在转塔、回轮车床上，根据工件的加工工艺情况，预先将所用的全部刀具安装在机床上，并调整好每组刀具的行程终点位置(由可调整的挡块(挡铁)来加以控制)。加工时用这些刀具轮流地进行工作，机床调整妥当后，加工每个工件时不必再反复地装卸刀具及测量工件尺寸。因此，在成批生产中加工复杂工件时，转塔、回轮车床的生产率比普通车床高。为了进一步提高生产率，在转塔、回轮车床上应尽可能使用多刀同时加工。图4-9是在转塔、回轮车床上加工的典型零件。

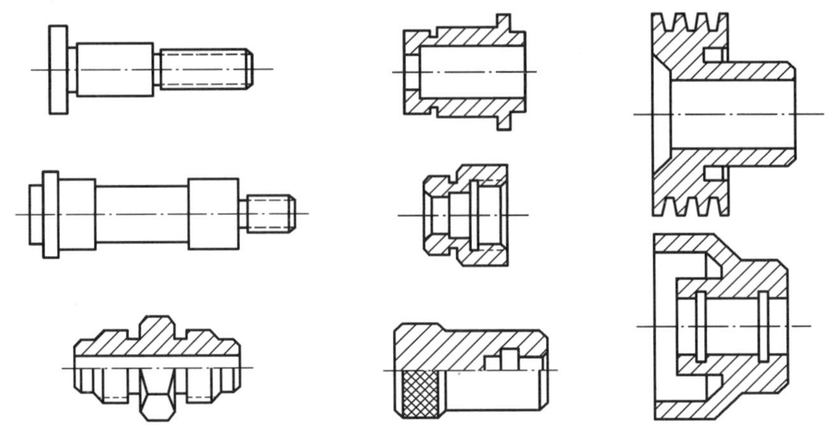

图 4-9 在转塔、回轮车床上加工的典型零件

1. 转塔车床

图 4-10 是转塔车床的外形图，它除了有横刀架以外，还有一个转塔刀架。横刀架既可以在床身的导轨上作纵向进给，切削大直径的外圆柱面，也可以作横向进给以加工内外端面和沟槽。转塔刀架只能作纵向进给，它主要是用于车削外圆柱面及对内孔进行钻、扩、铰或镗等加工。由于在转塔车床上加工的螺纹通常是精度要求不高的紧固螺纹，所以在转塔车床上没有丝杠，螺纹是由丝锥或板牙加工出来的。

由于转塔刀架可以安装多把刀具，可实现多刀同时加工，因此可缩短加工时间；刀架上的全部刀具可以按照工艺卡中要求预先调整妥当，在加工过程中可以节省装卸刀具的辅助时间；在机床上设有横向和纵向行程挡块，在加工过程中用以限制刀架的行程。因此，在加工过程中不必像在普通车床上加工那样，频繁地对刀和测量工件尺寸，从而节省了很多辅助

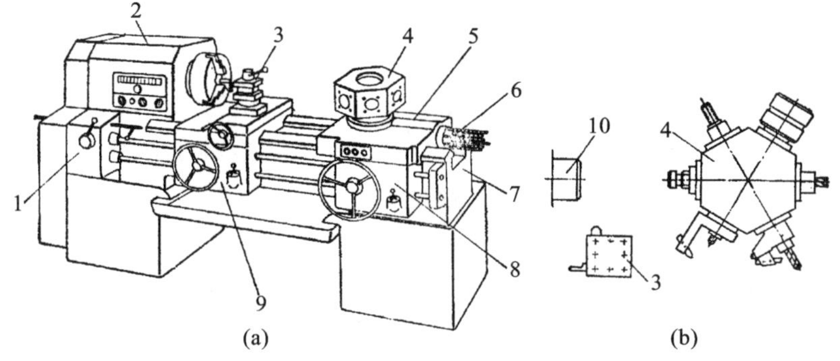

图 4-10　转塔车床

(a)车床外形；(b)转塔刀架

1—进给箱；2—主轴箱；3—横刀架；4—转塔刀架；5—纵向刀具溜板；
6—定程装置；7—床身；8—转塔刀架溜板箱；9—横刀架溜板箱；10—主轴

时间。所以，用转塔车床在成批加工复杂零件时，能有效地提高生产率。但是，在转塔车床上预先调整刀具和行程挡块需要花费较多的时间，因此在单件小批生产中使用，就受到一定的限制。在大批大量生产中，自动车床和半自动车床具有更高的生产率，这时往往用自动和半自动车床来代替转塔车床。

2. 回轮车床

回轮车床的外形如图 4-11(a)所示。在回轮车床中没有前刀架，只有一个回轮刀架。回轮刀架的轴心线是水平布置的(见图 4-11(b))，它与主轴中心线相平行。在回轮刀架的端面有许多安装刀具的孔，通常有 12 个或 16 个。当刀具孔转到最上端位置时，与主轴中心正好同心。回轮刀架可沿着床身导轨作纵向进给运动。机床作成形车削、切槽及切断等工作时，需作横向进给。横向进给是由回轮刀架的缓慢转动来实现的。在横向进给过程中，刀尖运动的轨迹是圆弧，刀具的前角和后角是变动的。但由于工件的直径较小，而回轮刀架的直径却相对地大得多，所以刀具前角和后角的变化量很小，对切削工作影响不大。回轮车床主要用于加工直径较小的工件。它所应用的毛坯多半是棒料。

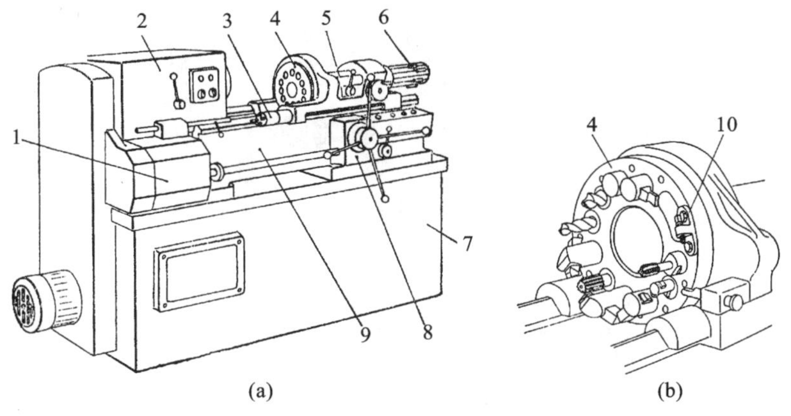

图 4-11　回轮车床

(a)回轮车床外形；(b)回轮刀架

1—进给箱；2—主轴箱；3—刚性纵向定程机构；4—回轮刀架；5—纵向刀具溜板；
6—纵向定程机构；7—底座；8—溜板箱；9—床身；10—横向定程机构

4.2.4 自动车床

自动机床是指那些在调整好后无须工人参与便能自动完成表面成形运动和辅助运动，并能自动地重复其工作循环的机床。若机床能自动完成预定的工作循环，但装卸工件仍由人工进行，这种机床称为半自动机床。相应地，符合上述定义的车床就称为自动或半自动车床。

机床实现自动化可以显著减少辅助时间，并为多刀多工位同时加工创造有利条件，因而可有效地提高劳动生产率，还可以大大地减轻工人的劳动强度，改善劳动条件。自动机床能实现自动工作循环主要靠自动控制系统。大量的自动和半自动车床采用了凸轮和挡块控制的自动控制系统，这种系统工作稳定可靠，但当加工工件改变时，要花费较多时间去设计和制造凸轮，而且停机调整的时间较长，因此，它只适用于大批大量生产。

自动和半自动车床种类繁多。按自动化程度，可分为自动机床、半自动机床；按主轴数目，可分为单轴机床、多轴机床；按工艺特征，可分为纵切机床、横切机床等。下面介绍CM1107型精密单轴纵切自动车床。图4-12是CM1107型单轴纵切自动车床的外形图，机床由底座、床身、送料装置、主轴箱、天平刀架、中心架、上刀架、三轴钻铰附件和分配轴等部件组成。最大加工棒料直径为7 mm，棒料最大进给长度为50 mm，主轴转速为18级1 125～8 000 r/min，分配轴转速为32级0.099～23.2 r/min，刀架数为5。

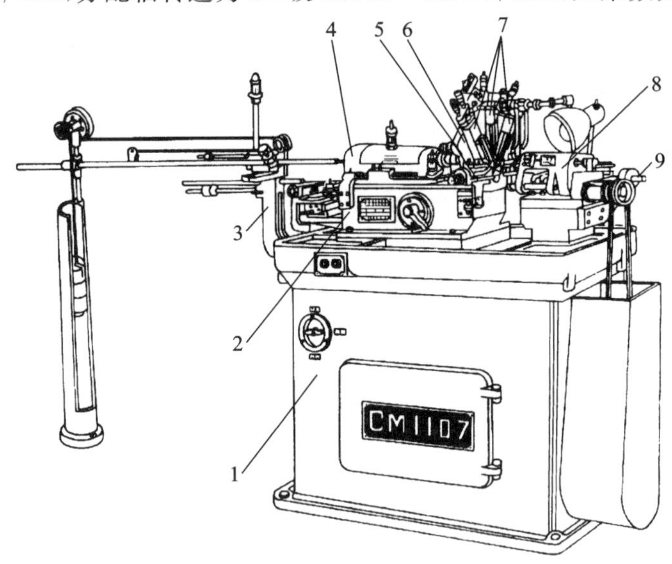

图4-12 CM1107型单轴纵切自动车床外形图

1—底座；2—床身；3—送料装置；4—主轴箱；5—天平刀架；
6—中心架；7—上刀架；8—三轴钻铰附件；9—分配轴

图4-13所示是单轴纵切自动车床的加工原理。棒料2夹在主轴4的弹簧夹头5中，由主轴带动作逆时针方向旋转(从主轴正面观察)，棒料的后端支承在料管8中。通常在单轴纵切自动车床上加工的工件往往是细而长的，为了减少工件因切削力而引起的变形，棒料的前端支承在中心架7的硬质合金支承套6中。上刀架1装在中心架上，它们可以沿工件半径方向移动。天平刀架10可绕中心轴11摆动以实现进给，中心轴位于中心架上，中心架是

固定不动的，所以，机床的纵向进给是由主轴箱3带动工件来实现的。

机床工作循环是从切断刀的退回开始的，切断刀退回后，主轴箱带动棒料向前运动，各刀架根据要求协同动作，加工出所要求的表面。当主轴箱静止、刀具径向进给时，可完成切断、车槽或车端面等工作；如果主轴进给，刀具不动，则车削外圆柱面；当两者同时运动时，则车削锥体或成形表面。零件加工完毕切断后，主轴弹簧夹头5松开，主轴箱向后退出，由于切断刀仍处在切断完毕时的位置，在送料装置的重锤9的作用下，棒料紧靠在切断刀上，并不随主轴箱后退。主轴箱退回到起始位置后，夹头夹紧，然后切断刀退回，机床开始进行下一个新的工作循环。当棒料末端的最后一个工件加工完毕后，机床自动停车。

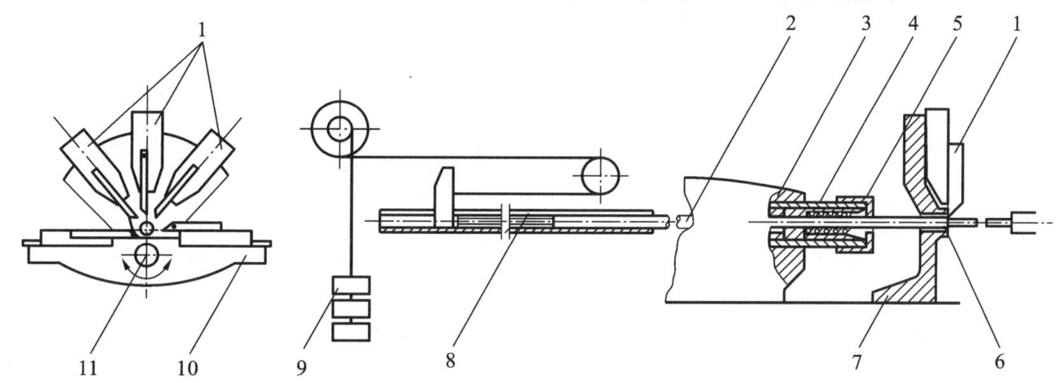

图4-13 CM1107型单轴纵切自动车床的加工原理

1—上刀架；2—棒料；3—主轴箱；4—主轴；5—弹簧夹头；
6—支承套；7—中心架；8—料管；9—重锤；10—天平刀架；11—中心轴

机床右部的三轴钻铰附件(见图4-12)用于孔加工和螺纹加工，由于在加工过程中机床主轴的转速是不能改变的，所以，附件的两根孔加工刀具Ⅰ刀和Ⅱ刀主轴的旋转方向与机床主轴的旋转方向相反，以提高刀具与工件间的相对转速，充分发挥孔加工刀具的切削性能。附件的另一根主轴Ⅲ刀是安装螺纹加工刀具的主轴，它的旋转方向与机床主轴旋转方向相同，但是，转速比机床主轴转速低，两者之间的相对转动使螺纹刀具进行切削。螺纹加工完毕后，主轴制动，切削运动停止，于是刀具便迅速退出。由于受旋转方向限制，此机床不能加工左旋螺纹。

4.3 铣床

铣床是用铣刀进行铣削加工的机床。通常铣削的主运动是铣刀的旋转，工件或铣刀的移动为进给运动，这有利于采用高速切削。由于铣床应用了多刃刀具连续切削，其生产率比刨床高，而且还可以获得较好的加工表面质量。铣床适应的工艺范围较广，可加工各种平面、台阶、沟槽、螺旋面等，铣床典型的加工表面如图4-14所示。在机器制造业中，铣床应用广泛。

铣床的主要类型有升降台式铣床、龙门铣床、工具铣床等，此外，还有仿形铣床、仪表铣床、各种专门化铣床，以及近年来广泛应用的数控铣床。

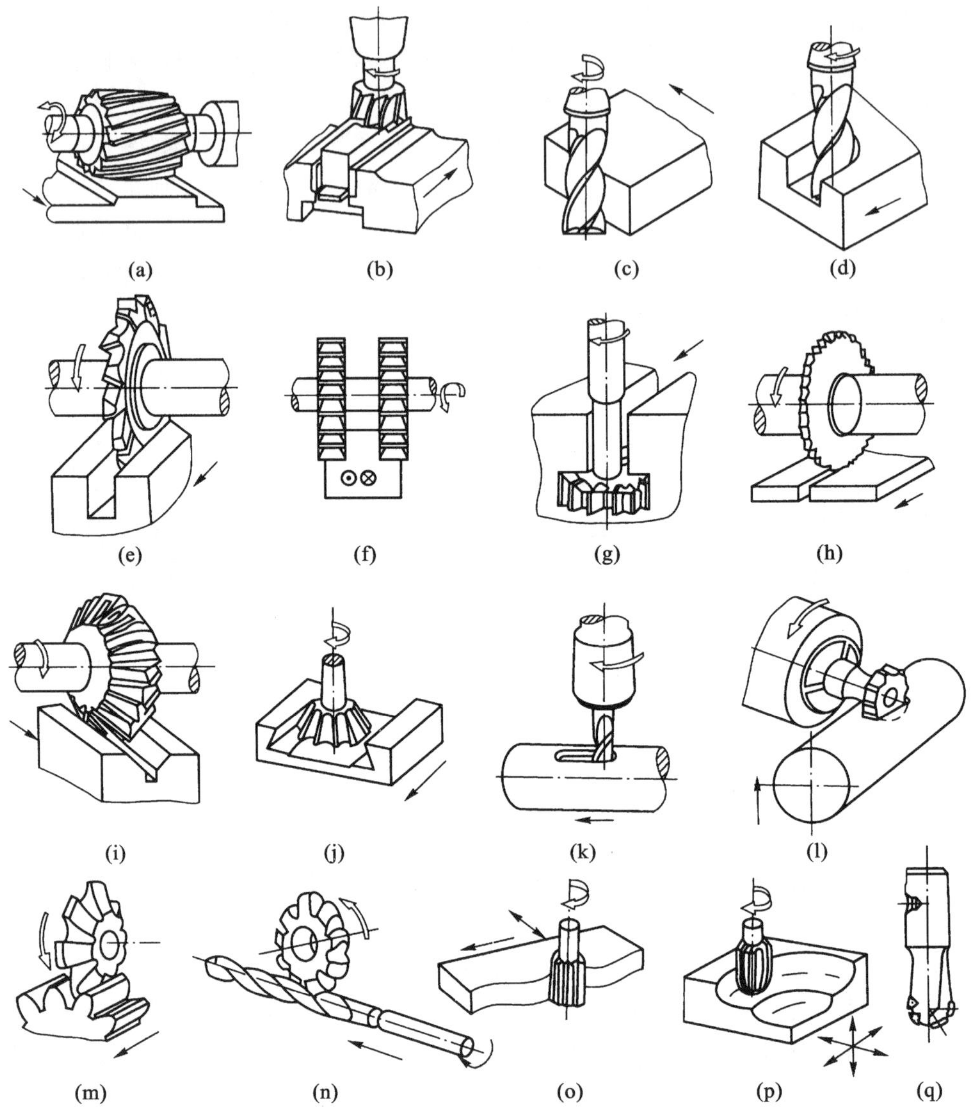

图 4-14 铣床加工的典型表面

4.3.1 升降台式铣床

升降台式铣床是铣床中的主品种，适于在单件小批及成批生产中加工尺寸、重量都不大的小型零件。升降台式铣床按主轴在铣床上布置方式的不同，可分为卧式和立式两种类型。

1. 卧式升降台铣床

卧式升降台铣床的主轴是水平布置的，所以习惯上称为“卧铣”。图 4-15 为卧式升降台铣床外形图。它由床身、悬梁及刀杆支架、铣刀轴（刀杆）、工作台、床鞍、升降台及底座等主要部件组成。床身 1 固定在底座 8 上，用于安装和支承机床的各个部件。床身 1 内装有主轴部件、主传动装置和变速操纵机构等。床身顶部的燕尾形导轨上装有悬梁 2，可以沿水平方向调整其位置。在悬梁的下面装有支架 6，用以支承铣刀轴 3 的悬伸端，以提高铣刀轴的刚度。升降工作台7安装在床身的导轨上，可作竖直方向运动。升降台内装有进给运动和快速移动装置及操纵机构等。升降台上面的水平导轨上装有床鞍5，床鞍5带着其上的工作台和工件可作横向移动，工作台4装在床鞍5的导轨上，可作纵向移动。固定在工作台上的工件，通过工作台、床鞍、升降台，可以在互相垂直的三个方向实现任一方向的调整或进给。铣刀装在铣刀轴3上，铣刀的旋转为主运动。

万能卧式铣床与一般卧式铣床的区别，仅在于万能卧式铣床有回转盘(位于工作台和床鞍之间)，回转盘可绕垂直轴线在±45°范围内转动，工作台能沿调整转角的方向在回转盘的导轨上进给，以便加工不同角度螺旋槽时工作台作斜向进给。

2. 立式升降台铣床

图4-16为立式升降台铣床的外形图。这类铣床与卧式升降台铣床的主要区别在于它的主轴是竖直安装的。立式床身7装在底座6上，床身上装有变速箱，它的工作台3安装在升降台5上，可作 x 方向的纵向运动和 y 方向的横向运动，升降台还可作 z 方向的垂直运动。立式升降台铣床可用于加工平面、沟槽、台阶；由于立铣头可在竖直平面内旋转，因而可铣削斜面；若机床上采用分度头或圆形工作台，还可铣削齿轮、凸轮以及铰刀和钻头等的螺旋面，对于模具加工，立式铣床最适合加工模具型腔和凸模成形表面。

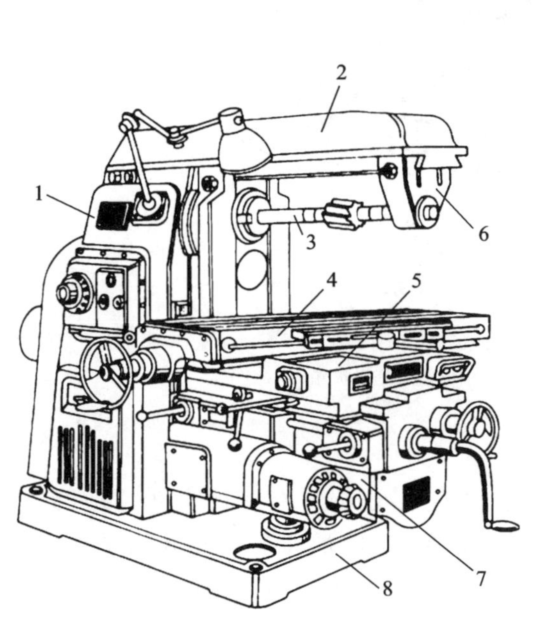

图4-15 卧式升降台铣床

1—床身；2—悬梁；3—铣刀轴；4—工作台；5—床鞍；6—刀杆支架；7—升降台；8—底座

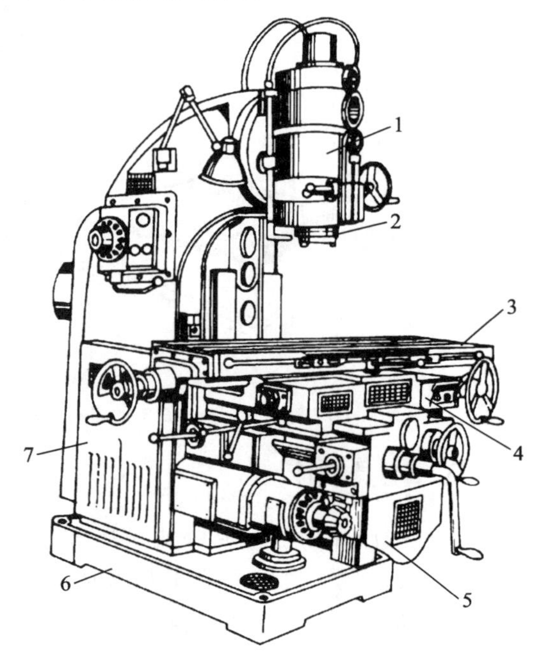

图4-16 立式升降台铣床

1—立铣头；2—主轴；3—工作台；4—床鞍；5—升降台；6—底座；7—床身

4.3.2 龙门铣床

龙门铣床主要用于大中型工件的平面、沟槽加工。可以对工件进行粗铣、半精铣，也可进行精铣加工。图 4-17 是龙门铣床的外形图。机床呈框架式，横梁 5 可以在立柱 4 上升降以适应零件的高度，横梁上装有两个立式铣削主轴箱（立铣头）3 和 6，两个立柱上分别装有两个卧铣头 2 和 8，每个铣头都是一个独立的部件，内装主运动变速机构、主轴和操纵机构，法兰式主电动机固定在铣头的端部。铣刀的旋转运动为主运动。工作台 9 上安装工件，工作台可在床身 1 上作水平的纵向运动。立铣头可在横梁上作水平的横向运动，卧铣头可在立柱上升降。这些运动可以是进给运动，也可以是调整铣头与工件间相对位置的快速调位运动。主轴装在主轴套筒内，可以手摇伸缩，以调整背吃刀量。7 为悬挂式操纵箱，操作位置可以自由选择。由于龙门铣床刚度高，可以用多把铣刀同时加工工件的几个平面或同时加工多个工件，所以龙门铣床的生产效率很高，在成批和大量生产中应用广泛。

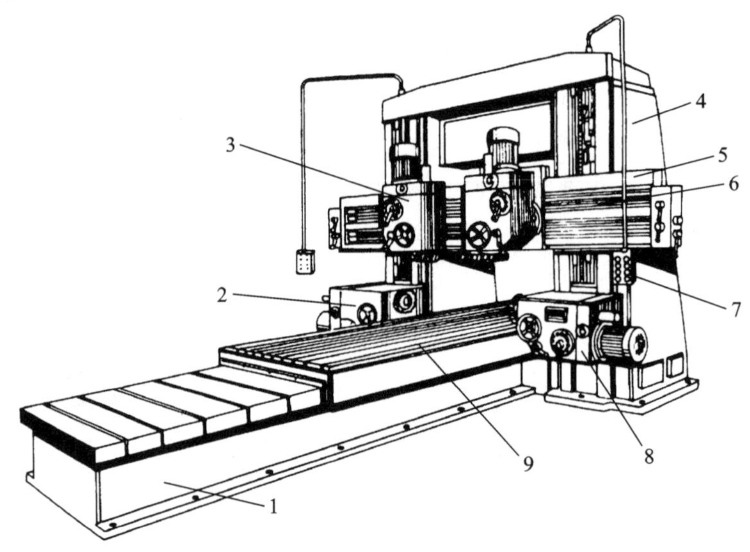

图 4-17 龙门铣床

1—床身；2，8—侧铣头；3，6—立铣头；4—立柱；5—横梁；7—操纵箱；9—工作台

4.3.3 工具铣床

工具铣床除了能完成卧式铣床和立式铣床的加工外，还配备有多种附件，因而扩大了机床的适用性，故称万能工具铣床。它适用于工具车间，用来加工各种形状较复杂的刀具、量具、辅具、夹具及模具零件；也可用于仪器、仪表等行业的加工车间，加工形状复杂的零件。

图 4-18 为万能工具铣床外形及其附件图。横向进给运动由主轴座的移动来实现，纵向及垂直方向进给运动由工作台及升降台移动来实现。机床备有的附件有固定工作台（装在机床上）、可倾斜工作台、回转工作台、平口钳、分度装置（可在竖直平面内调整角度，其上端顶尖可沿工件轴向调整距离）、立铣头、插削头（用于插削工件上的键槽）等。由于采用了各种附件，万能工具铣床能充分发挥一机多能的作用。

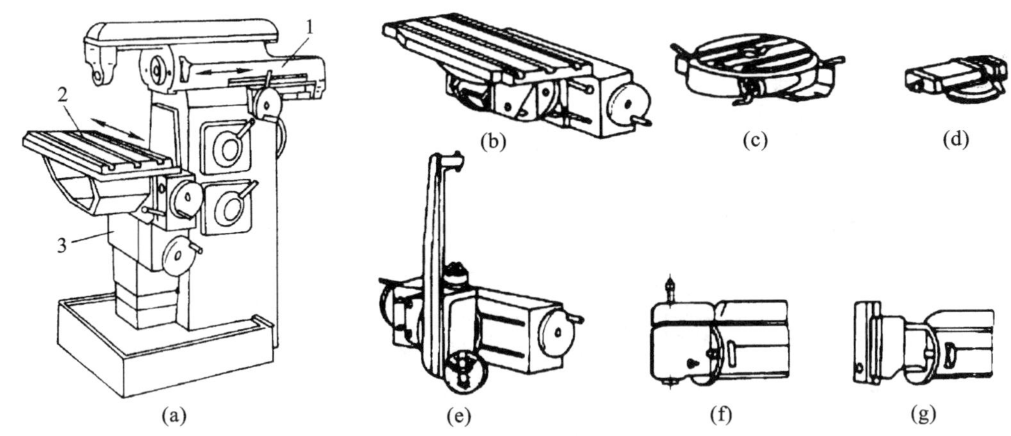

图 4-18 万能工具铣床外形及其附件

(a)万能工具铣床外形；(b)可倾斜工作台；(c)回转工作台；

(d)平口钳；(e)分度装置；(f)立铣头；(g)插削头

1—主轴座；2—固定工作台；3—升降台

4.4 磨床

用磨料或磨具(砂轮、砂带、油石、研磨料)对工件进行磨削加工的机床属于磨床类机床。它主要用于由内外圆柱面和圆锥面、平面、齿轮面等组成的零件的加工，特别是淬硬零件的精加工。常用磨削加工工件的尺寸精度可达 IT5～IT6，表面粗糙度 *Ra* 可达 0.32～1.25 μm；高精度磨床的精密磨削，其尺寸精度可达 0.2 μm，圆度 0.1 μm，表面粗糙度 *Ra* 可控制在 0.01 μm 以下。

通常磨床的磨具旋转运动为主运动，工件或磨具的移动为进给运动(也可由磨具、工件共同完成)。磨床的种类很多，其中主要类型有外圆磨床、内圆磨床、平面磨床、工具磨床、刀具刃磨磨床、各种专门化磨床(如曲轴磨床、凸轮轴磨床、花键轴磨床、活塞环磨床、齿轮磨床、螺纹磨床等)、研磨床、其他磨床(如珩磨机、抛光机、超精加工机床、砂轮机等)。

4.4.1 外圆磨床

M1432A 型万能外圆磨床是普通精度级万能外圆磨床，它主要用于磨削 IT6～IT7 精度的内外圆柱、圆锥表面，还可磨削阶梯轴的轴肩、端平面等，磨削表面粗糙度 *Ra* 为 0.08～1.25 μm。

1. M1432A 型万能外圆磨床的组成

图 4-19 是 M1432A 型万能外圆磨床的外形图，它有下列主要部件。

(1)床身　床身是磨床的基础支承件，其上装有工作台、砂轮架、头架、尾座和横向滑鞍等部件，它们工作时保持准确的相对位置。

(2)头架　头架用于安装及夹持工件，并带动工件旋转。

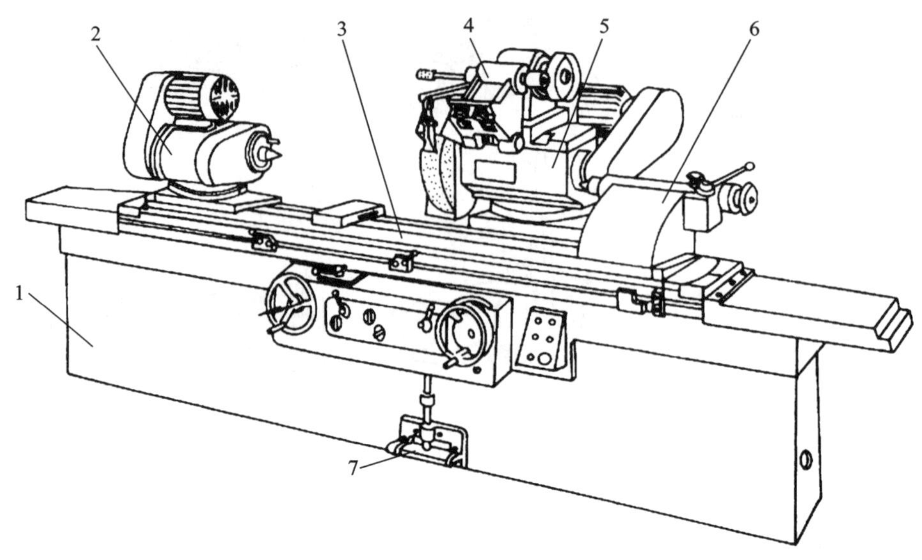

图 4-19　M1432A 型万能外圆磨床

1—床身；2—头架；3—工作台；4—内磨装置；5—砂轮架；6—尾座；7—脚踏操纵板

(3)工作台　工作台由上、下两层组成，上工作台可绕下工作台在水平面内回转一个角度(±10°)，用于磨削锥度较小的长圆锥面。工作台上装有头架与尾座，它们随工作台一起作纵向往复运动。

(4)内圆磨削装置　内圆磨削装置主要由支架和内圆磨具两部分组成，内圆磨具是磨内孔用的砂轮部件，将它做成独立部件，安装在支架孔中，可以方便地进行更换，通常每台磨床都备有几套尺寸限工作转速不同的内圆磨具。

(5)砂轮架　砂轮架用于支承并传动高速旋转的砂轮主轴，当需磨削短锥面时，砂轮架可以在水平面内调整至一定角度(±30°)。

(6)尾座　尾架和前顶尖一起支承工件。

2. M1432A 型万能外圆磨床的基本应用与磨削运动

图 4-20 为 M1432A 型万能外圆磨床加工示意图。用该磨床可以磨削内外圆柱面、圆锥。其基本磨削方法有两种：纵向磨削法和横向磨削法。

纵向磨削也就是纵向进给磨削，简称纵磨，磨削时砂轮的高速旋转为主运动，工件作圆周运动的同时，还随工作台作纵向往复运动，完成轴向进给 f_a。每单次行程或往复行程终了时，砂轮作径向进给 f_r，从而逐渐磨去工件径向的余量，如图 4-20(a)、(b)、(d)所示。为了提高磨削质量，在最后阶段需要进行无径向进给的光磨过程，直至磨削火花消失为止，以消除由于径向磨削力的作用产生的弹性变形。纵磨法因磨削深度小、磨削力小、接触面积小，散热较好，容易得到较高的精度和表面质量，因而应用广泛。但由于走刀次数多，生产效率低，适用于单件小批生产中磨削较长的外圆表面。

横向磨削也就是横向进给磨削，简称横磨，又称切入磨削。采用横磨法磨削外圆表面时，砂轮宽度大于磨削宽度。工件不需作轴向进给，砂轮相对工件连续或断续地作径向进给

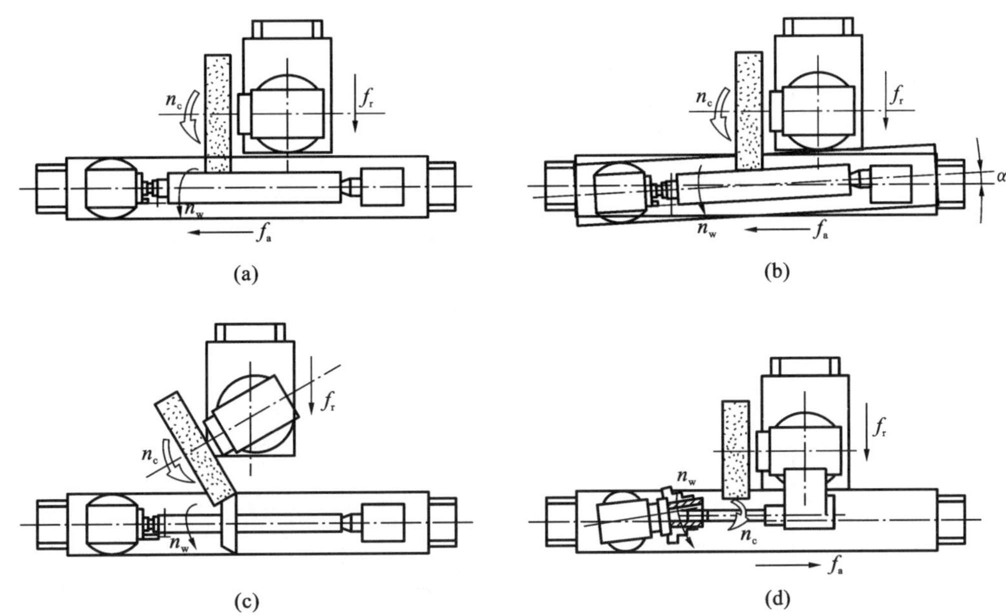

图 4-20　M1432A 型万能外圆磨床典型加工示意图

(a)磨外圆柱面；(b)扳转工作台磨长圆锥面；(c)扳转砂轮架磨短圆锥面；(d)扳转头架磨内圆锥面

f_r。横磨加工如图4-21所示，其中砂轮旋转为主运动。横磨法生产效率高，但加工精度低，表面粗糙度大。主要原因是磨削时工件与砂轮的接触面积大，磨削力大，发热较多，容易产生磨削烧伤和变形，适用于大批大量生产中磨削刚性较好的工件外圆。

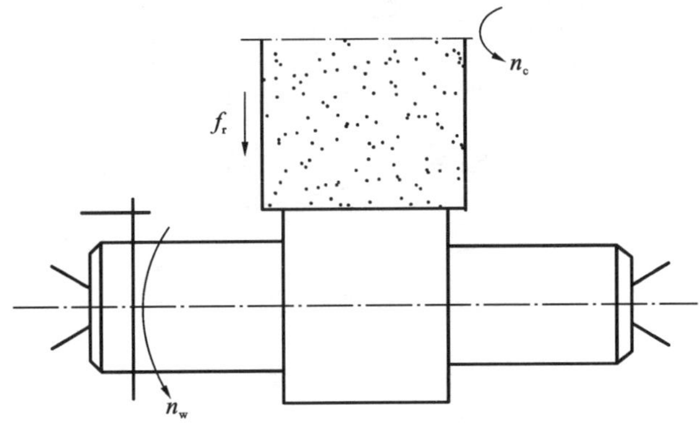

图 4-21　横磨法

4.4.2　内圆磨床

内圆磨床主要用于磨削圆柱形和圆锥形的通孔、盲孔和阶梯孔等，其磨削方法如图4-22所示。内圆磨床的类型有普通内圆磨床、无心内圆磨床和行星式内圆磨床。生产中以普通内圆磨床应用最广。图 4-23 为普通内圆磨床的外形图，主轴箱 3 固定在工作台 2 上，由工作台 2 带动主轴箱 3 沿床身 1 的导轨作纵向往复运动，其行程长度由调节工作台前侧面的挡块来控制。工作台往复运动一次,砂轮架 4 横向进给一次。主轴箱 3 可相对于工作台 2 的导轨偏转一个角度,用以磨削锥孔。

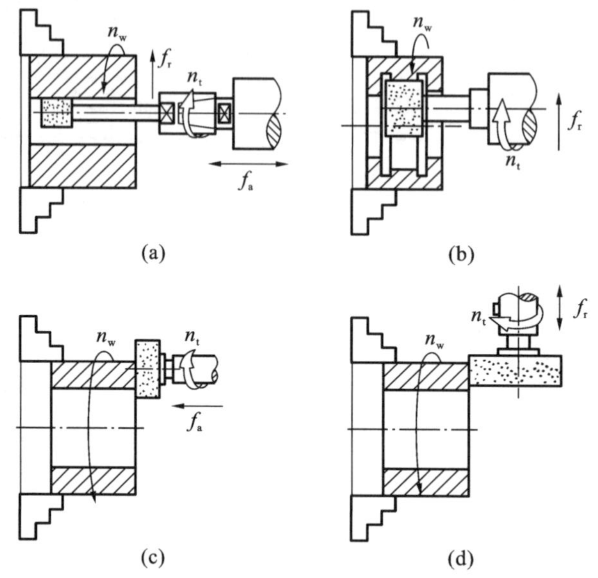

图 4-22 普通内圆磨床的磨削方法

(a)用纵磨法磨孔;(b)用切入法磨孔;(c)用端面磨削法磨削端面;(d)用周磨法磨削端面

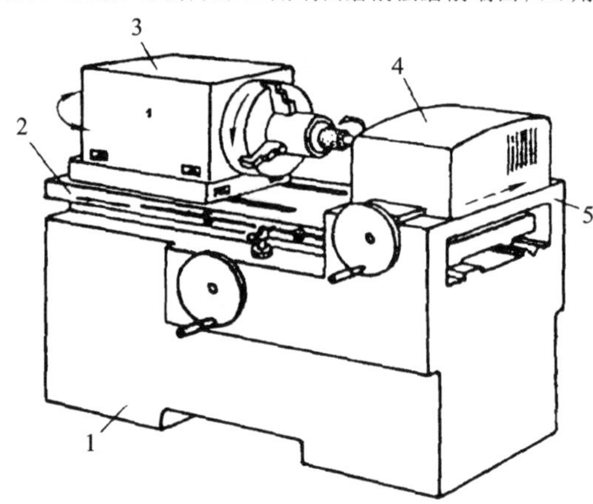

图 4-23 普通内圆磨床

1—床身;2—工作台;3—主轴箱;4—砂轮架;5—床鞍

内圆磨削时,因砂轮直径受工件孔径的限制,砂轮轴径一般为孔径的 0.5～0.9 倍,一般内圆磨头的转速在 25～30 m/s 之间,所以砂轮的线速度较低。因为砂轮轴细而长,刚性差,砂轮与工件内孔接触面积大,因此,内圆磨削的生产效率较低,大多用于单件小批生产。

4.4.3 无心磨床

无心磨床通常指无心外圆磨床。无心外圆磨削是外圆磨削的一种特殊形式。利用无心磨床加工工件的外圆,工件不需打中心孔,且装夹工件省时省力,可连续磨削,所以生产效率较高。图 4-24 所示为一种典型的无心磨床外形图。

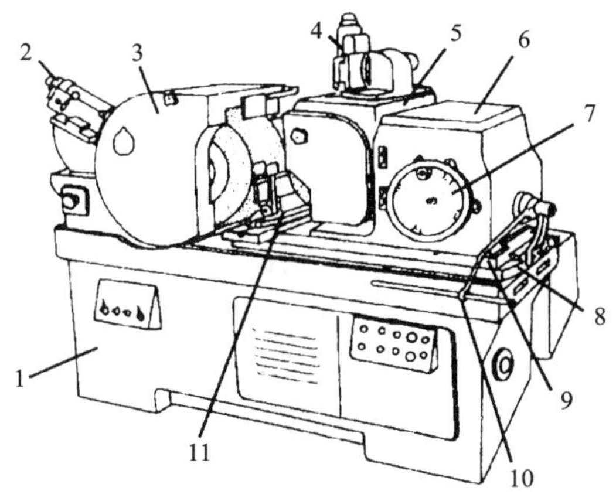

图 4-24　无心外圆磨床

1—床身；2—砂轮修整器；3—砂轮架；4—导轮修整器；5—转动体；6—座架；
7—微量进给手轮；8—底座；9—床鞍；10—手柄；11—托架

在无心磨床上加工工件时，如图 4-25 所示，直接将工件 5 放在砂轮 1 和导轮 2 之间，用托板 3 支承着，以工件被磨削的外圆做定位面。导轮 2 是用树脂或橡胶为结合剂制成的刚玉砂轮，它与工件 5 之间的摩擦系数较大，工件由导轮的摩擦力带动旋转。导轮的线速度一般在 10～50 m/min，工件的线速度基本上等于导轮的线速度。磨削砂轮 1 就是一般外圆磨削砂轮，其线速度很高，一般为 35 m/s 左右，使得磨削砂轮与工件之间有很大的相对速度，这就是磨削工件时的切削速度。为了避免磨削出棱圆形工件，工件中心必须高于磨削砂轮和导轮的连心线，这样，就可使工件在多次转动中逐步被磨圆。

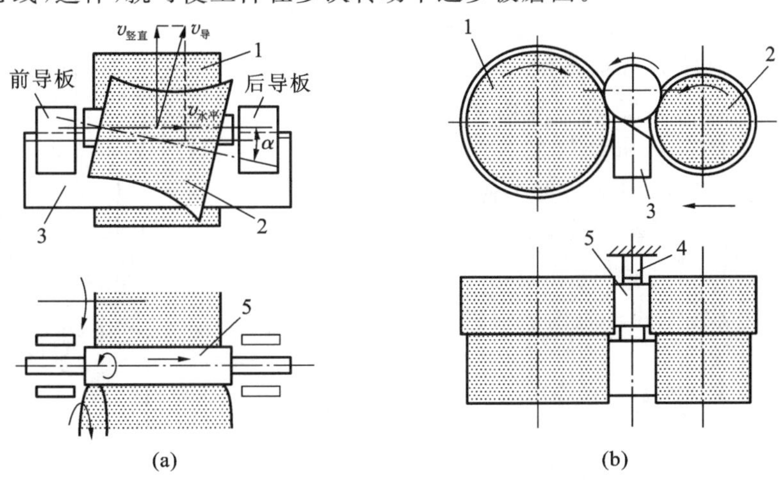

图 4-25　无心外圆磨床磨削示意图

(a)贯穿磨削法；(b)切入磨法

1—砂轮；2—导轮；3—托板；4—挡销；5—工件

无心磨床的磨削方式有两种：贯穿磨削法（纵磨法）和切入磨削法（横磨法）。如图 4-25(a)所示，贯穿磨削时，将工件放到机床进料端的托板上，在前导板的引导下推入磨削区域后，主件旋转，同时依靠导轮产生的轴向水平分力向前移动，从机床的另一端出去即磨削完毕。如图 4-25(b)所示，切入磨削时，将工件放在托板和导轮之间，然后导轮横向切入进给，使磨削砂轮磨削工件，这时导轮的轴心线仅倾斜微小的角度，对工件有微小的轴向推力，使工件靠向挡销4，得到可靠轴向定位。切入磨削法适用于磨削具有阶梯或成形回转表面的工件。

4.4.4 平面磨床

平面磨削一般有两种形式：一种是用砂轮的周边进行磨削，简称周磨；另一种是用砂轮的端面进行磨削，简称端磨。端磨时因为砂轮与工件的接触面积大，即同时参加切削的磨粒数多，因此它的生产效率较周边磨削高，但端磨时磨削热量高，冷却和排屑困难，磨粒磨损不均匀，而周磨不存在端磨时的不利因素，所以磨削质量较高，适合于精磨。

根据磨削方式和机床布局的不同，平面磨床主要有卧轴矩台平面磨床、卧轴圆台平面磨床、立轴圆台平面磨床和立轴矩台平面磨床四种类型，各自的加工方式如图4-26所示。

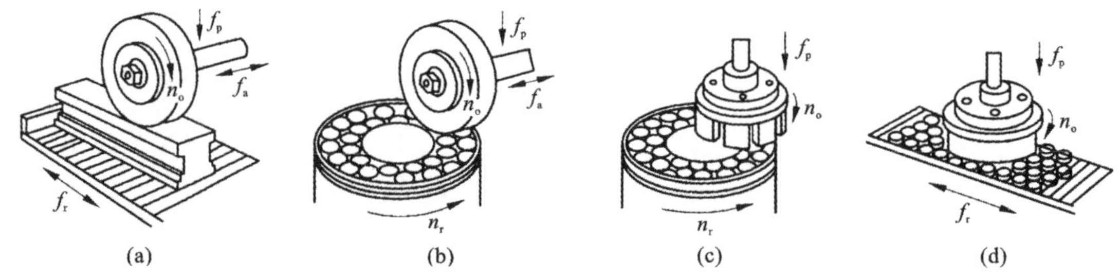

图4-26 平面磨床加工示意图

(a)卧轴矩台式；(b)卧轴圆台式；(c)立轴圆台式；(d)立轴矩台式

图4-27是使用较为普通的卧轴矩台平面磨床的外形图，卧轴矩台平面磨床一般由床身、工作台、砂轮架及机械、液压传动机构等部分组成。在工作台8上装置着电磁吸盘，用来装夹工件，工作台8可沿床身10的顶面导轨作纵向往复运动，砂轮架2沿床鞍3的导轨作周期性的横向进给运动，床鞍3(带着砂轮架2)可沿立柱6的导轨作竖直进给运动。

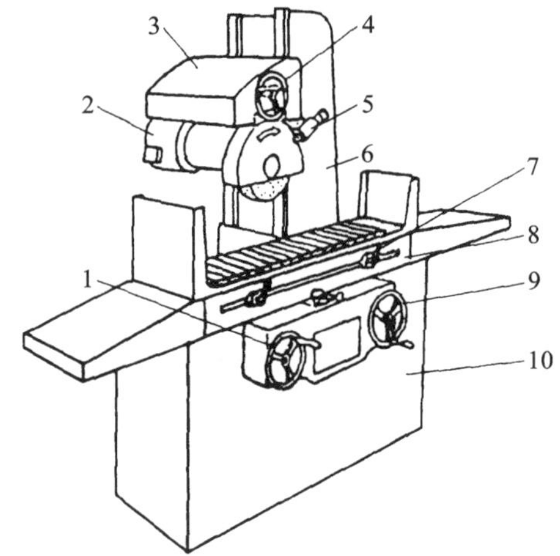

图4-27 卧轴矩台平面磨床

1—纵向移动手轮；2—砂轮架；3—床鞍；4—横向移动手轮；5—砂轮修正器；6—立柱；7—行程挡块；8—工作台；9—竖直进给手轮；10—床身

4.5 齿轮加工机床

齿轮加工机床的种类繁多，一般可分为圆柱齿轮加工机床和锥齿轮加工机床两大类。圆柱齿轮加工机床主要有滚齿机、插齿机等；锥齿轮加工机床又分为直齿锥齿轮加工机床和曲线齿锥齿轮加工机床两类。直齿锥齿轮加工机床有刨齿机、铣齿机、拉齿机等；曲线齿锥齿轮加工机床有加工各种不同曲线齿锥齿轮的铣齿机和拉齿机等。用来精加工齿轮齿面的机床有研齿机、剃齿机、磨齿机等。

4.5.1 齿轮加工原理

按形成齿轮齿形的原理不同,齿轮的切削加工方法可分为两大类,即成形法和展成法。

1. 成形法

用成形法加工齿轮时,刀具的齿形与被加工齿轮的齿槽形状相同。其中最常用的是用盘状模数铣刀或指状模数铣刀在铣床上借助分度装置铣齿轮。如图 4-28 所示,母线(渐开线)用成形法获得,不需成形运动,导线利用相切法形成,需要两个成形运动。齿轮的齿廓形状取决于基圆的大小,由于同一模数的铣刀是按被加工工件齿数范围分号的,每一号铣刀的齿形是按该号中最少齿数的齿轮齿形确定的,因此,用这把铣刀铣削同号中其他齿数的齿轮时齿形有误差。用成形法铣齿轮所需运动简单,不需专门的机床,但要用分度头分度,生产效率低。因此这种方法一般用于单件小批、精度要求低的齿轮生产。

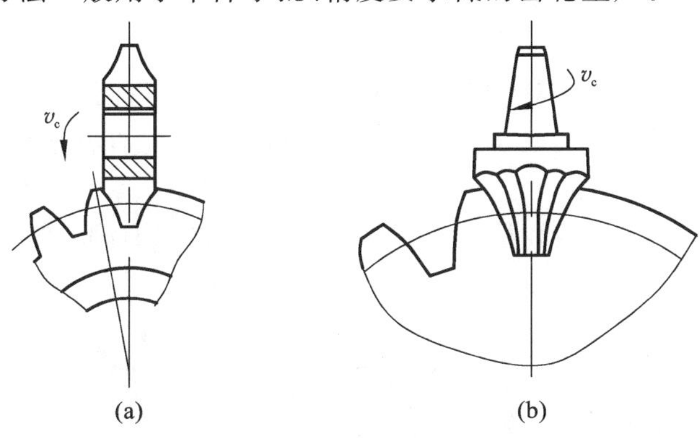

图 4-28 齿轮的成形铣削

(a)盘状齿轮铣刀铣削;(b)指状齿轮铣刀铣削

2. 展成法

用展成法加工齿轮具有较高的生产效率和加工精度,齿轮表面的渐开线采用展成法得到。齿轮加工机床绝大多数采用展成法。

1)插齿原理

如图 4-29 所示,从原理上讲,插齿加工过程相当于一对直齿圆柱齿轮的啮合过程。插齿刀实质是一个端面磨有前角,齿顶及齿侧均磨有后角的齿轮。插齿时,刀具沿工件轴线方向作高速往复直线运动,形成切削加工主运动,同时还与工件作无间隙啮合运动,在工件上加工出全部轮齿齿廓。加工过程中,刀具每往复一次仅切出工件齿槽很小部分,工件齿槽齿面曲线是由插齿刀切削刃多次切削所形成的包络线。插齿机是按展成法加工圆柱齿轮的。插齿开始时,插齿刀和工件除作展成运动外,还要作相对的径向切入运动,直到达到全齿深为止;然后,工件再旋转一周,全部轮齿就切削完毕,插齿刀与工件分开,机床停止。为了减少刀刃的磨损,还需要有让刀运动,即刀具在回程时径向退离工件,切削时复原。

2)滚齿原理

滚齿是根据展成法原理来加工齿轮轮齿的一种方法。滚齿加工过程模拟的是一对交错轴斜齿轮副啮合滚动的过程(见图 4-30(a))。将其中的一个齿轮的齿数减少到一个或几个,轮齿的螺旋倾角变大,就成了蜗杆(见图 4-30(b))。再将蜗杆开槽并铲背,就成了齿轮

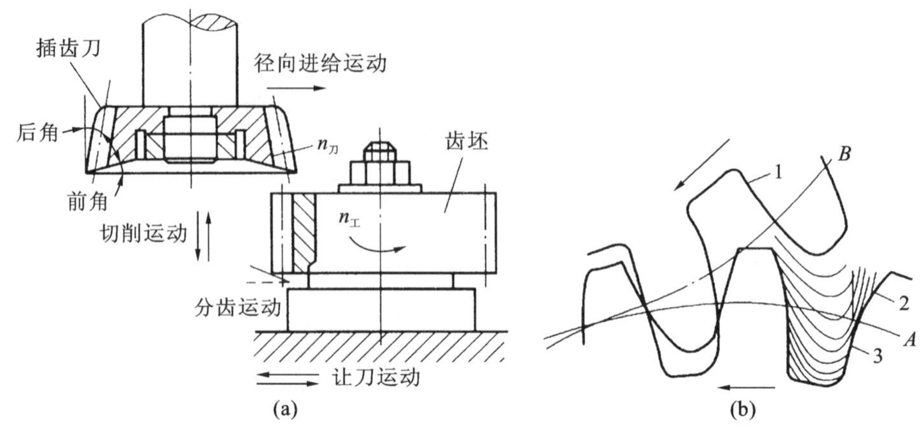

图 4-29 插齿加工

(a)插齿过程;(b)齿廓形成

滚刀(见图 4-30(c))。当机床使滚刀和工件严格地按一对斜齿圆柱齿轮啮合的传动比关系作旋转运动时,滚刀就可在工件上连续不断地切出齿来。将蜗杆开槽后,产生前刀面和切削刃,各个刀齿的切削刃都必须位于这个相当于斜齿圆柱齿轮的蜗杆螺纹表面上,蜗杆称为滚刀的基本蜗杆,但由于其他制造和检查困难,生产中常用的只有阿基米德蜗杆滚刀和法向直廓基本蜗杆滚刀。

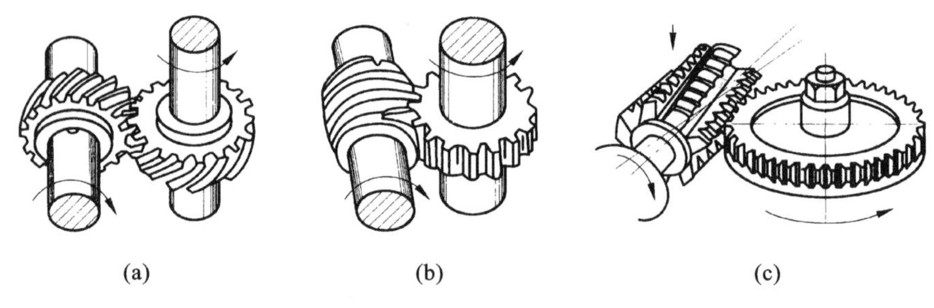

图 4-30 滚齿原理

4.5.2 滚齿机

滚齿机主要用来滚切直齿和斜齿圆柱齿轮,使用蜗轮滚刀还可以用手动径向进给的方式来滚切蜗轮。常见的通用滚齿机有立柱移动式和工作台移动式的两种。Y3150E 型滚齿机属于后者,该滚齿机能够用于加工直齿和斜齿圆柱齿轮。

Y3150E 型滚齿机外形如图 4-31 所示。立柱 2 固定在床身 1 上,刀架溜板 3 可以带动滚刀架 5 沿立柱导轨作竖直方向进给运动或快速移动。滚刀安装在刀杆 4 上,由滚刀架的主轴带动作旋转主运动。滚刀架可绕自身的水平轴线转动,以调整滚刀的安装角度。工件安装在主轴 7 上或者直接安装在工作台上,随工作台一起作旋转运动。工作台和后立柱 8 装在同一溜板上,可沿床身水平导轨移动,以调整工件的径向位置或作手动径向进给运动。后立柱上的支架 6 可通过轴套或顶尖支承工件心轴的上端,这样可以提高滚切加工工作的平稳性。

1. 用滚齿机加工直齿圆柱齿轮的运动和传动

加工直齿圆柱齿轮的成形运动包括形成渐开线齿廓的展成运动(滚刀旋转运动 B_{11} 和

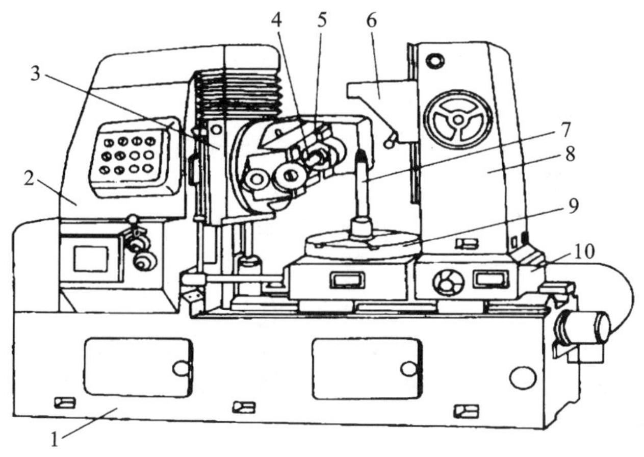

图 4-31　Y3150E 型滚齿机

1—床身；2—立柱；3—刀架溜板；4—刀杆；5—滚刀架；
6—支架；7—主轴；8—后立柱；9—工作台；10—床鞍

工件旋转运动 B_{12}）和形成直线形齿线（导线）所需的滚刀沿工件轴线的移动（A_2）。习惯上往往根据各运动的作用，称工件的旋转运动为展成运动，滚刀的旋转运动为主运动，滚刀沿工件轴线方向的运动为轴向进给运动，并据此来命名这些运动的传动链。图 4-32 为滚切直齿圆柱齿轮的传动原理，它具有以下三条传动链。

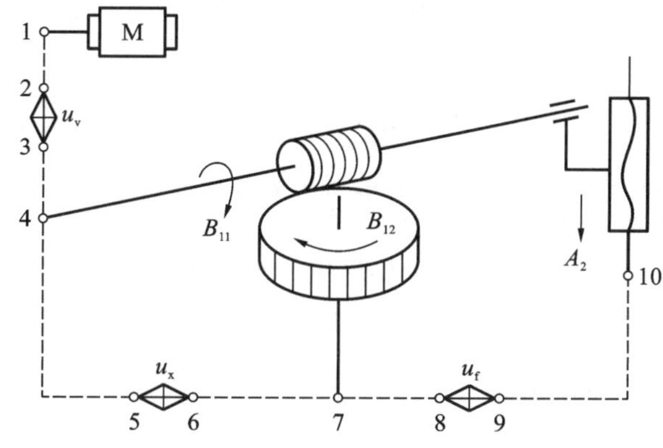

图 4-32　滚切直齿圆柱齿轮传动原理

1）主运动传动链

电动机（M）—1—2—u_v—3—4—滚刀（B_{11}）是一条将动力源（电动机）与滚刀相联系的传动链，滚刀和动力源之间没有严格的相对运动要求，是一条外联系传动链。由于滚刀的材料、直径及工件的材料、硬度、加工精度等诸多因素的不同，需要对滚刀的转速 B_{11} 随时调整，换置机构 u_v 就是滚刀转速 B_{11} 的调速机构。滚刀转速 B_{11} 的大小，并不影响渐开线齿廓的形状，只影响渐开线齿廓的形成快慢。

2）展成运动传动链

展成运动是滚刀与工件之间的啮合运动，是一个复合的表面成形运动，分为滚刀的旋转运动 B_{11} 和工件的旋转运动 B_{12}，复合运动的两部分 B_{11} 和 B_{12} 之间需要有一个内联系传动链，以保持两者之间的相对运动关系。

设滚刀的头数为 K，工件齿数为 z，则滚刀每旋转 $1/K$ 转，工件应该旋转 $1/z$ 转。在图

4-32 中，该传动链为(B_{11})—4—5—u_x—6—7—工作台(B_{12})。

根据蜗轮与蜗杆的啮合原理，工作台(相当于蜗轮)的展成运动方向取决于滚刀(相当于蜗杆)的旋向。采用右旋滚刀加工时，工件按逆时针方向(俯视)转动，用左旋滚刀加工时，工件按顺时针方向转动，即“右逆左顺”。

3)轴向进给运动传动链

切出工件的全齿长，在滚刀转动的同时，滚刀架还要带动滚刀沿工件轴线移动。这个运动是使切削得以连续进行的运动，是进给运动。该传动链为工作台(B_{12})—7—8—u_f—9—10—刀架(A_2)，换置机构 u_f 用于调整轴向进给量的大小和进给方向，以适应不同工件表面粗糙度的要求。轴向进给运动的快慢，并不影响直线形齿线的轨迹(靠刀架轨迹保证)，只影响形成齿线的快慢及被加工齿面的粗糙度。滚刀的轴向进给运动是一个简单成形运动，传动链属于外联系传动链。

2. 滚齿机加工斜齿圆柱齿轮的运动和传动

斜齿圆柱齿轮与直齿圆柱齿轮的不同之处是：斜齿圆柱齿轮的齿线为螺旋线，直齿圆柱齿轮的齿线为直线。对斜齿轮而言，垂直于齿轮轴线的任一截面上的齿廓形状都是渐开线，这和滚切直齿圆柱齿轮形成母线的方法是一致的，都需要主运动和工件的展成运动。但滚切斜齿轮时，轴向进给运动是螺旋运动，是一个复合运动。这个运动可分解为两部分，即滚刀架的轴向直线运动 A_2 和工作台的旋转运动 B_{22}。工作台要同时完成 B_{12} 和 B_{22} 两种旋转运动，B_{22} 通常称为附加运动。

滚切斜齿圆柱齿轮的传动原理如图 4-33 所示。其中，主运动、展成运动及轴向进给运动传动链与加工直齿圆柱齿轮时相同，只是在刀架与工作台之间增加了一条附加运动传动链：滚刀架(滚刀移动 A_{21})—12—13—u_y—14—15(合成)—6—7—u_x—8—9—工作台(工件附加转动 B_{22})，以保证刀架沿工作台轴线方向移动一个螺旋线导程时，工件附加转动为一周，这条内联系传动链，习惯上称为差动链。传动链中的换置机构 u_y，用于适应不同的工件螺旋线导程，传动链中设有换向机构以适应不同的螺旋方向。由于滚切斜齿圆柱齿轮时，工作台的旋转运动既要与滚刀旋转运动配合，组成形成渐开线齿廓的展成运动，又要与滚刀架轴向进给运动配合，组成形成螺旋线齿长的附加运动，加工时工作台实际的旋转运动是上述两个运动的合成。为了工作台能同时接受来自两条传动链的运动而不发生矛盾，在传动链中配置了一个运动合成机构。

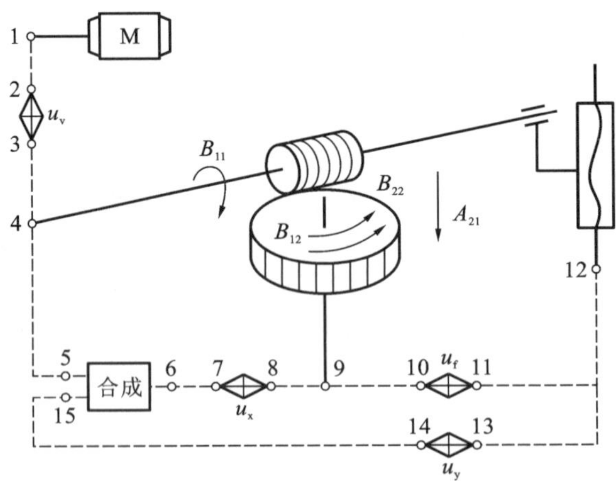

图 4-33　滚切斜齿圆柱齿轮传动原理

4.5.3　插齿机

插齿机一般可用来加工外啮合或内啮合的直齿圆柱齿轮，尤其适合于加工内齿轮、双联齿轮和多联齿轮，而这几种齿轮是用滚齿机无法加工的。装上附件，插齿机还能加工齿条，但插齿机不能加工蜗轮。插齿刀装在主轴的刀架上，作上下的往复插削运动并旋转，工件装在工作台上作旋转运动，并随工作台直线移动，实现径向切入运动。在工作台侧面还有挡块，通过调节可使加工过程自动进行。

1. 插齿机的传动联系

插齿机的传动原理如图 4-34 所示。图中，电动机 M—1—2—u_v—3—5—曲柄偏心盘 A—插齿刀为主运动传动链，u_v 为其换置机构，用于调节插齿刀每分钟往复行程数。曲柄偏心盘 A—5—4—6—u_f—7—8—9—插齿刀主轴套上的蜗杆蜗轮副 B—插齿刀这一传动链为圆周进给运动传动链，传动比为 u_s 的机构为调节插齿刀圆周进给量的换置机构。插齿刀—蜗杆蜗轮副 B—9—8—10—u_x—11—12—蜗杆蜗轮副 C—工件为展成运动传动链，u_c 为调节插齿刀与工件之间传动比的换置机构，使插齿刀转 $1/z_{刀}$ 转时，工件转 $1/z_{工}$。

让刀运动及径向切入运动不直接参与工件加工表面的形成过程，因此没有在图中表示出来。

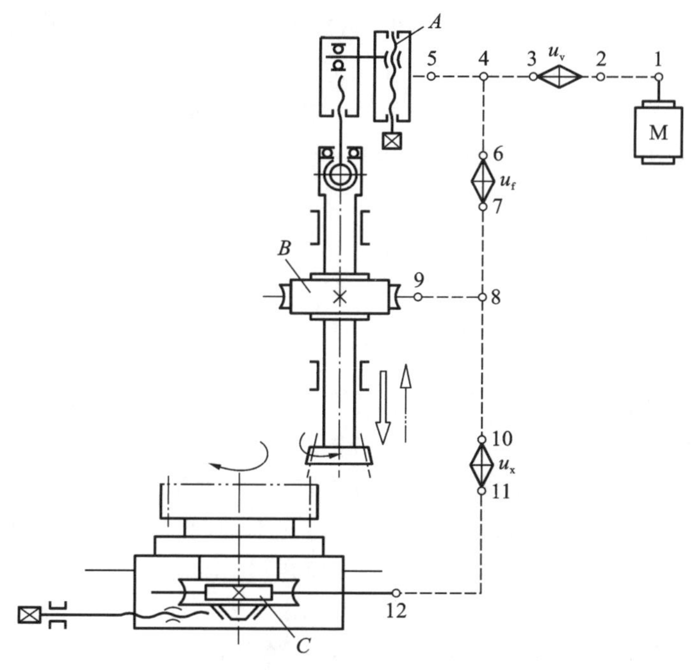

图 4-34　插齿机传动原理图

2. 插齿机的运动

加工直齿圆柱齿轮时，插齿机应具有以下运动。

1）主运动

插齿机的主运动是插齿刀沿其轴向（也是工件轴向）所作的直线往复运动。在一般立式插齿机上刀具垂直向下时为工作行程，向上为回程。

2）展成运动

加工过程中，插齿刀和工件应保持一对圆柱齿轮的啮合运动关系，即在插齿刀转过一个齿时，工件也应准确地转过一个齿。

3）圆周进给运动

插齿刀运动的快慢直接影响工件转动的快慢，同时也决定了插齿刀每一次切削的切削载荷、加工精度和生产率，所以称插齿刀的转动为圆周进给运动。圆周进给量 $f_{圆周}$ 用插齿刀每次往复行程中刀具在分度圆周上所转过的弧长表示，其单位为 mm/往复行程。显然，降低圆周进给量会增加形成齿槽的刀刃切削次数，从而保证齿形曲线的精度。

4）让刀运动

插齿刀向上运动作回程时，为了避免擦伤工件齿面和减少刀具磨损，刀具和工件之间该让开一小段间隙，而在插齿刀向下开始工作行程之前，应迅速恢复到原位，以便刀具进行下一次切削，这种让开和恢复原位的运动称为让刀运动。

插齿机的让刀运动可由安装工件的工作台移动来实现，也可由刀具主轴座的摆动实现。由于工件和工作台的惯性比主轴座大，现在多利用刀具主轴座的摆动来实现让刀运动。

5）径向切入运动

开始插齿时，如果插齿刀径向切入工件太深，将会因切削载荷过大而损坏刀具和工件，为了避免这种情况，工件应该逐渐地向插齿刀（或插齿刀向工件）作径向切入运动。根据工件的材料、模数、精度等条件，插齿加工可分三次三次以上径向切入，直到切入至全齿深。每次径向切入运动结束后，工件都应转过一整转。径向进给量 $f_{径向}$ 大小用插齿刀每次往复行程时工件径向切入的距离表示，其单位为 mm/往复行程。

4.6 钻床和镗床

4.6.1 钻床

钻床一般用于加工直径不大、精度不高的孔，如各种零件上的连接螺钉孔。主要是用钻头在实体材料上钻出孔来，还可在钻床上进行扩孔、铰孔、攻螺纹孔等加工。加工时，将工件夹持（通过夹具或压板）在钻床工作台上，刀具作旋转主运动，同时沿轴向作直线进给运动。由于钻头的刚度一般都较差，常常引起孔径扩大、孔不圆、孔的轴线歪斜等问题。而且钻头是在实体材料包围着的半封闭环境下工作，排屑和散热困难，因此钻削的加工精度较低，一般只能达到 IT10，表面粗糙度 Ra 为 6.3～12.5 μm。为了弥补钻孔精度和表面粗糙度的不足，可以使用钻模，也可以在钻削后进行扩孔、铰孔等半精加工和精加工。铰孔的精度一般为 IT6～IT7，表面粗糙度 Ra 为 0.4～1.6 μm。

1. 台式钻床

台式钻床简称台钻，实质上是一种小型立式钻床，最大钻孔直径一般在 16 mm 以下，最小可以加工十分之几毫米的孔。台钻小巧、灵活、使用方便，适用于加工单件小批生产的小型零件上的各种小孔，主要用于电器、仪表和一般机器制造业的钳工、装配工作中。

2. 立式钻床

图 4-35 为立式钻床的外形图。加工时工件直接或通过夹具安装在工作台上，主轴的旋转运动由电动机经变速箱传动。加工时主轴既作旋转的主运动，又作轴向的进给运动。工作台和进给箱可沿立柱上的导轨调整其上、下位置，以适应在不同高度的工件上进行钻削加工。立式钻床不适于加工大型零件，生产率也不高，常用于单件小批生产加工中小型工件。

3. 摇臂钻床

为适应机械制造业不同部门的需要，摇臂钻床有多种结构形式。图 4-36 是一种摇臂钻床的外形图，它由底座、立柱、摇臂和主轴箱等部件组成。摇臂可绕立柱回转和升降，主轴箱又可在摇臂上作水平移动。主轴很容易地被调整到所需的加工位置上，这就为在单件小批生产中加工大而重的工件上的孔带来了很大的方便。

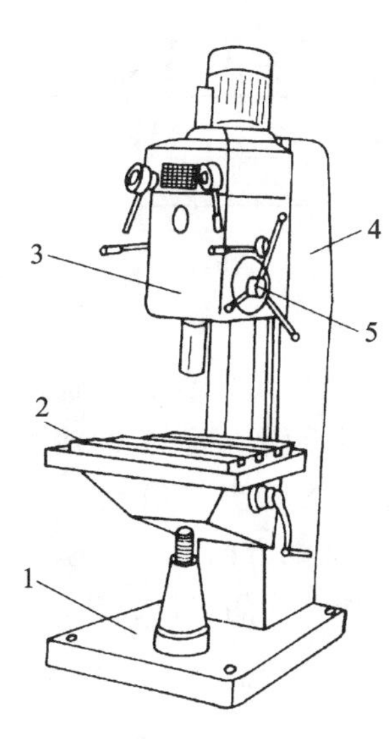

图 4-35　立式钻床

1—底座；2—工作台；3—主轴箱；4—立柱；5—旋转手柄

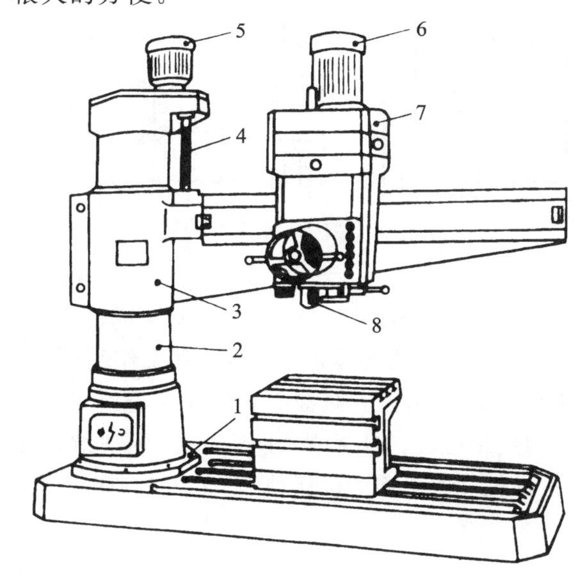

图 4-36　摇臂钻床

1—底座；2—立柱；3—摇臂；4—丝杠；5，6—电动机；7—主轴箱；8—主轴

4. 深孔钻床

深孔钻床是专门用来加工深孔(长径比大于 5～10 的孔)的专门化机床。例如，枪孔、炮筒孔和机床主轴及液压缸、模具上的顶杆孔等深孔，如果采用一般钻孔方法，钻头既旋转又进给，容易偏斜，排屑困难，很难满足加工要求。深孔钻床在加工时，由主轴带动工件旋转实现主运动，特制的深孔钻头只作直线进给运动。这样，有利于钻头沿着工件的旋转轴线进给，防止深孔钻偏。深孔钻床采用卧式布局，便于装夹工件及排屑。此外，深孔钻床还具备冷却液输送装置，加工时可将高压冷却液从深孔钻头的中心孔送到切削部位进行冷却，并冲出切屑。

4.6.2　镗床

镗床通常用于加工精度较高的孔，特别适用于对孔的中心距和相互位置精度、孔的中心至基准面的尺寸都有严格要求的孔系加工，如各种变速箱的轴承孔。

1. 卧式镗床

卧式镗床应用较为普遍，其工艺范围非常广泛，除用于镗孔外，还可用于铣端面、车凸缘的外圆、车沟槽、车螺纹、钻孔、扩孔和铰孔等，图 4-37 所示为卧式镗床的主要加工方法。

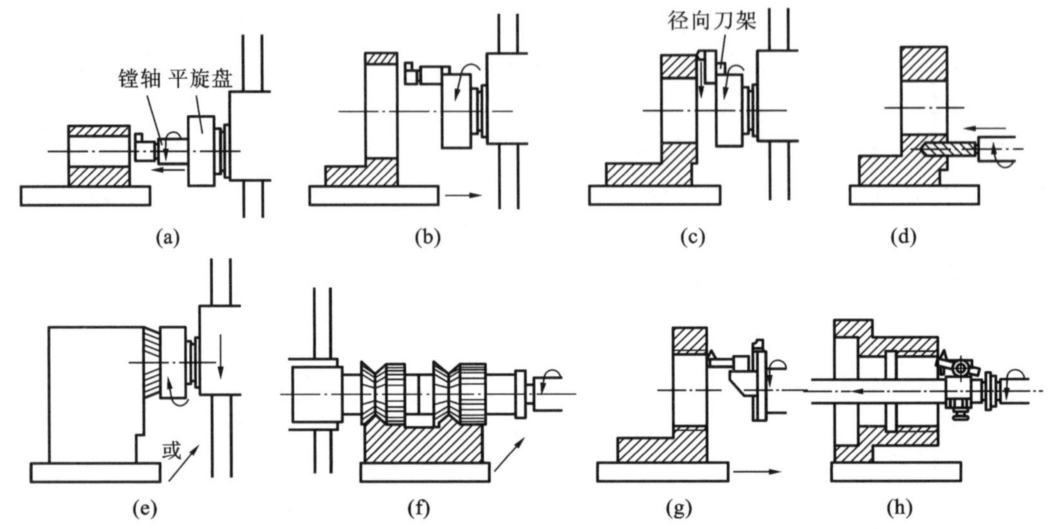

图 4-37 卧式镗床的主要加工方法

图 4-38 所示为卧式镗床，它的主要组成部件有床身、前立柱、主轴箱、工作台和带后支承架的后立柱等。卧式铣镗床主要有下列工作运动：镗轴 4 和平旋盘 5 的旋转主运动，镗轴 4 的轴向进给运动，平旋盘刀具溜板 6 的径向进给运动，主轴箱 8 的竖直进给运动，工作台 3 的纵向和横向进给运动。机床的辅助运动有：主轴箱 9、工作台 3 等在进给运动方向上的快速调位移动，后立柱 2 的纵向调位移动，后支承架 1 的竖直调位移动，以及工作台 3 的转位运动。

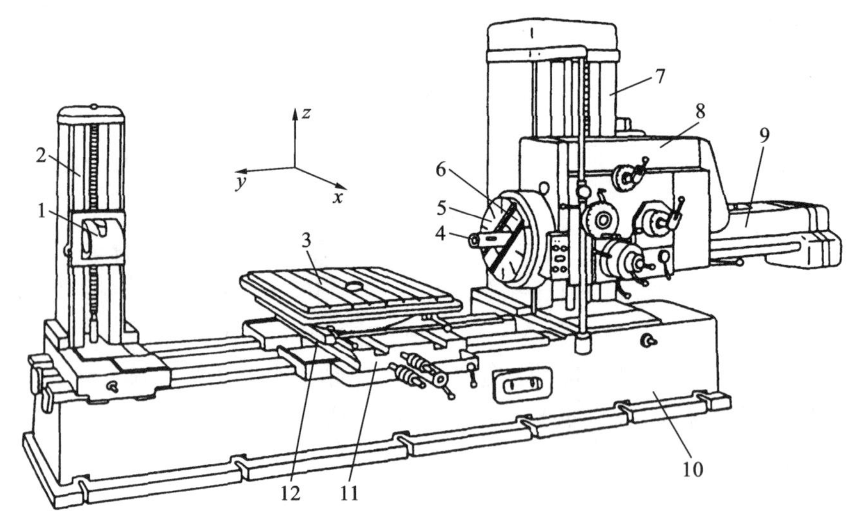

图 4-38 卧式镗床

1—支承架；2—后立柱；3—工作台；4—镗轴；5—平旋盘；6—溜板；7—前立柱；
8—主轴箱；9—后尾筒；10—床身；11—下滑座；12—上滑座

在卧式镗床上镗孔，其坐标位置由垂直移动主轴箱和横向移动工作台来确定。机床上具有测量主轴箱(主轴)和工作台(工件)位移量的坐标测量装置，以实现刀具与工件的精确定位。

卧式镗床既可以完成粗加工(如粗镗、粗铣、钻孔等)，也可以进行精加工(如精镗孔等)，所以工件可以一次装夹完成大部分甚至全部加工工序。

2. 坐标镗床

坐标镗床是一种高精度机床，它的特点除了机床主要零、部件的制造精度和装配精度很高，并具有良好的刚性和抗振性外，还具有精密测量装置，以提高刀具、工件移动时的坐标位置精度，所以，坐标镗床主要于用镗削精密孔(IT5 级或更高)，如钻模、镗模和检具上的精密孔。除了对这些孔本身的精度要求很高外，还对孔的中心距、孔至某一基面的距离或几个孔相互间的位置精度要求都非常高。坐标镗床也在生产车间中，用于加工中小批量的精密孔系的零件。

坐标镗床的工艺范围很广，除镗孔外，它还可进行钻孔、扩孔、铰孔、精铣平面、切槽、精密刻度、样板的精密划线、孔距及直线尺寸的精密测量等工作，因此，坐标镗床是一种用途比较广泛的精密机床。图 4-39 所示的卧式坐标镗床适用于加工轴线与安装基面平行的孔系和铣削侧面。

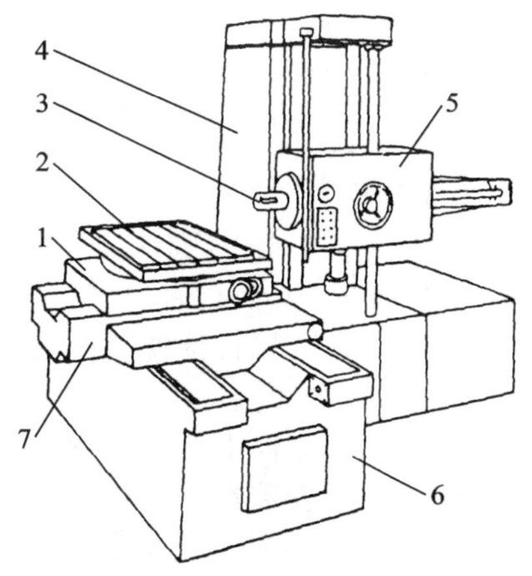

图 4-39　卧式坐标镗床

1—上滑座；2—回转工作台；3—主轴；4—立柱；5—主轴箱；6—床身；7—下滑座

3. 金刚镗床

金刚镗床是一种高速精密镗床，因采用金刚石镗刀而得名，现已大量采用硬质合金刀具。这种机床的特点是切削速度很高(加工钢件 $v_c=1.7\sim3.3$ m/s，加工有色金属件 $v_c=5\sim25$ m/s)，而背吃刀量和进给量极小(背吃刀量一般不超过 0.1 mm，进给量一般为 0.01～0.14 m/r)，因此可以获得很高的加工精度(孔径精度一般为 IT6～IT7，圆度误差不大于 3～5 μm)和表面质量(表面粗糙度 Ra 一般为 1.25～0.08 μm)。

金刚镗床的主轴短而粗，刚度好，传动平稳，这是它能加工出低粗糙度和高精度孔的重要条件。金刚镗床常用在汽车、航空工业中成批、大量生产精加工汽缸、连杆、活塞等零件上的精密孔。

4.7　其他机床

4.7.1　刨床、插床与拉床

1. 刨床

刨床是用刨刀加工工件的机床，主要用于加工各种平面和沟槽。刨床的主运动和进给运动是直线运动，由于工件的尺寸和重量不同，表面成形运动有不同的分配形式。使用刨床加工，刀具较简单，但生产率较低(加工长而窄的平面除外)，因而主要用于单件小批生产及机修车间，在大批量生产中往往被铣床所代替。典型表面的刨床加工如图 4-40 所示。刨床常见的种类主要有牛头刨床和龙门刨床。

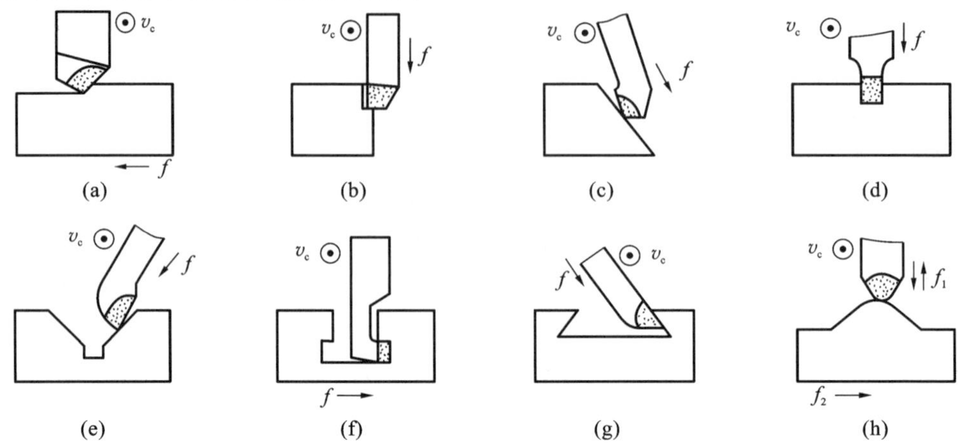

图 4-40 典型表面的刨床加工

(a)刨水平面；(b)刨端面；(c)刨侧面；(d)刨直槽；
(e)刨 V 形槽；(f)刨 T 形槽；(g)刨燕尾槽；(h)刨成形面

1)牛头刨床

牛头刨床适于加工尺寸和重量较小的工件，多用于切削各种平面和沟槽。牛头刨床因滑枕和刀架形似牛头而得名，刨刀装在滑枕的刀架上作纵向往复运动。如图 4-41 所示，床身 1 的顶部有水平导轨，滑枕 2 由曲柄连杆机构等带着刀架 3 沿导轨作往复直线运动。横梁 5 可连同工作台 4 沿床身上的导轨上、下移动调整位置，以适应不同的工作高度。刀架 3 可以在左、右两个方向上调整角度以刨削斜面，并能在刀架座的导轨上做进给运动或切入运动。刨削时，工件安装在工作台上并随工作台沿横梁上导轨作间歇性的横向进给运动。

牛头刨床的特点是调整方便，但由于是单刃切削，而且切削速度低，回程时不工作，所以生产效率低，适用于单件小批生产。刨削精度一般为 IT7～IT9，表面粗糙度 Ra 为 3.2～6.3 μm。牛头刨床的主参数是最大刨削长度，例如，B6050 型牛头刨床的最大刨削长度为 500 mm。

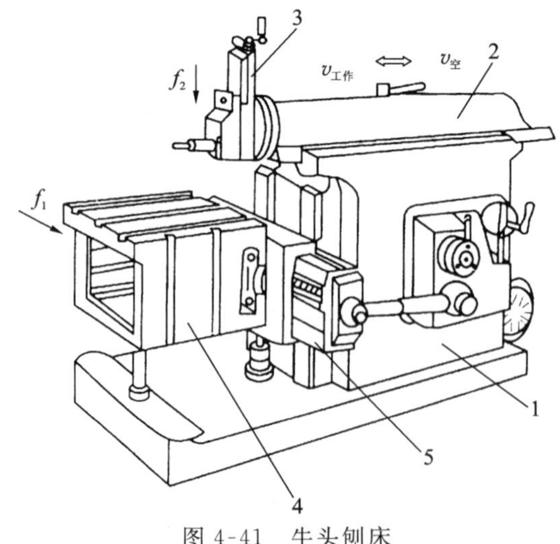

图 4-41 牛头刨床

1—床身；2—滑枕；3—刀架；4—工作台；5—横梁

2）龙门刨床

龙门刨床因有一个由顶梁和立柱组成的龙门式框架结构而得名，工作台带着工件通过龙门框架作直线往复运动，多用于加工大平面（尤其是长而窄的平面），也用来加工沟槽或同时加工数个中小零件的平面。如图4-42所示，工作台9可带动工件沿床身导轨作纵向往复主运动，立柱3、7固定在床身10的两侧，由顶梁4连接，横梁2可在立柱上作上下移动，装在横梁上的垂直刀架5、6可在横梁上作间歇的横向进给运动，两个侧刀架1、8可沿立柱导轨作间歇的上下移动进给，每个刀架上的滑板都能绕水平轴线转动一定的角度，刀座还可沿滑板上的导轨移动。应用龙门刨床进行精密刨削，可得到较高的精度（直线度为0.02 mm/1 000 mm）和表面质量（表面粗糙度 Ra 为1.6～6.3 μm）。大型机床的导轨通常是用龙门刨床精刨完成的。龙门刨床的主参数是最大刨削宽度。大型龙门刨床往往附有铣头和磨头等部件，这样就可以使工件在一次安装后完成刨、铣及磨平面等工作。

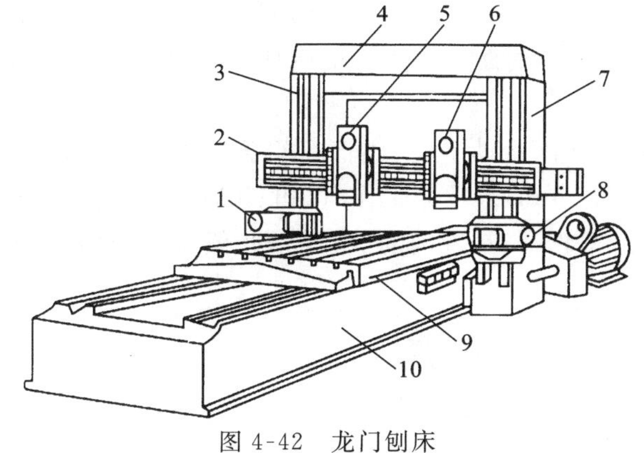

图4-42 龙门刨床

1,5,6,8—刀架；2—横梁；3,7—立柱；4—顶梁；9—工作台；10—床身

2. 插床

插床是用插刀加工工件表面的机床，主要有普通插床、键槽插床、龙门插床和移动式插床等几种。普通插床的外形如图4-43所示。由滑枕4带着刀架沿导轨作上下往复运动，且为主运动，床鞍1和溜板2可带动工件分别作横向与纵向的进给运动。圆工作台3和分度装置5一起作分度运动，以插削按一定角度分布的几个键槽。键槽插床的工作台与床身连成一体，从床身穿过工件孔向上伸出的刀杆带着插刀作上下往复运动和断续的进给运动，工件安装不像普通插床那样受到立柱的限制，故多用于加工大型零件（如螺旋桨等）孔中的键槽。插床的主参数是最大插削长度。

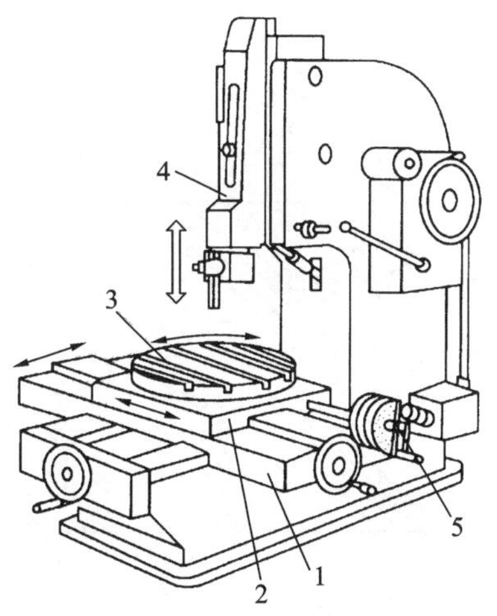

图4-43 插床

1—床鞍；2—溜板；3—圆工作台；4—滑枕；5—分度装置

插床与刨床一样，也是使用单刃刀具（插刀）来切削工件，但刨床是卧式布局，插床是立式布局。插床的生产率和精度都较低，多用于单件小批生产

中加工内孔键槽或花键孔，也可以加工平面、方孔或多边形孔等，在成批生产中常被铣床或拉床代替。但在加工不通孔或有障碍台肩的内孔键槽时，还是要利用插床。

3. 拉床

拉床有内(表面)拉床和外(表面)拉床两类，有卧式的，也有立式的。拉床的主参数是额定拉力，常见为 50～400 kN。拉床一般用于加工通孔、平面及成形表面，图 4-44 为适于拉削的一些典型表面形状。拉削时，拉刀使被加工表面在一次走刀中成形，所以拉刀只有主运动而没有进给运动。图 4-45 是几种常见拉床的示意图。图 4-45(a)所示为卧式内拉床，是拉床中最常用的，用以拉花键孔、键槽和精加工孔。图 4-45(b)所示为立式内拉床，常用于在齿轮淬火后，校正花键孔的变形。这时切削量不大，拉刀较短，故为立式。拉削时常从拉刀的上部向下推。图 4-45(c)所示为立式外拉床，用于加工汽车、拖拉机汽缸等零件的平面。图 4-45(d)所示为连续式外拉床，毛坯从拉床左端装入夹具，连续地向右运动。经过拉刀下方时拉削顶面，到达右端时加工完毕，从机床上卸下。它用于大量生产中加工小型零件。

拉削加工时，切屑薄，切削运动平稳，因而可得到较高的加工精度(IT6 或更高)和较小的表面粗糙度(Ra0.4～1.6 μm)。拉床工作时，粗、精加工可在拉刀通过工件加工表面的一次行程中完成，因此生产率较高，是铣削的 3～8 倍。但拉刀结构复杂，成本较高，因此仅适用于大批量生产。

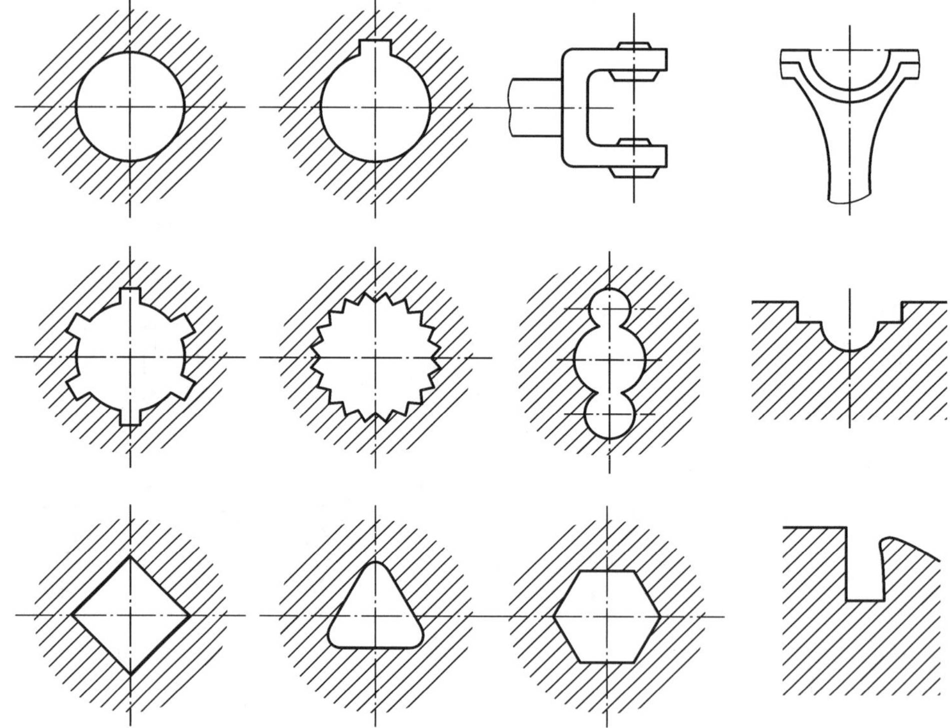

图 4-44 拉削加工的典型表面形状

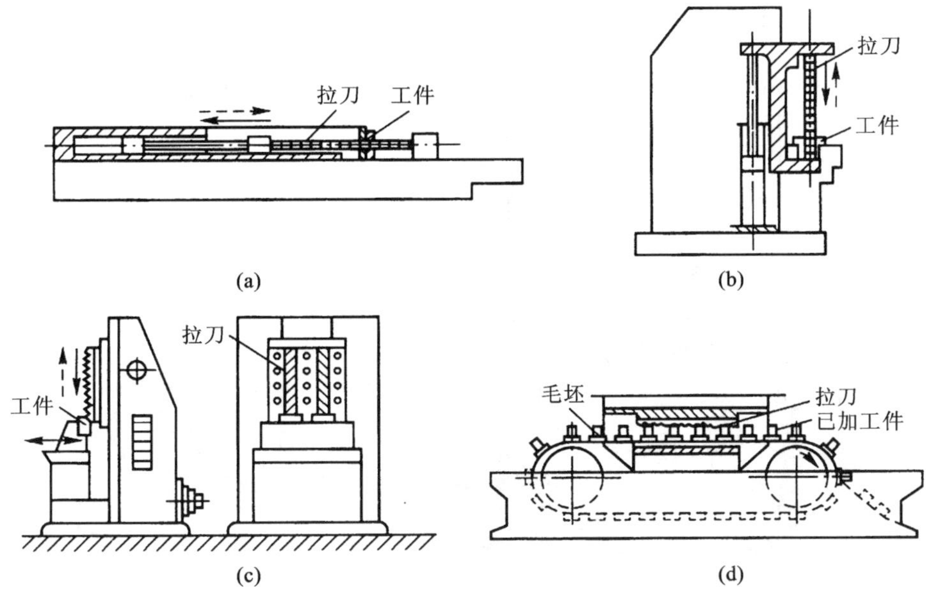

图 4-45 拉床

(a)卧式内拉床;(b)立式内拉床;(c)立式外拉床;(d)连续式外拉床

4.7.2 组合机床

在大批量生产中,为了提高生产率,就要缩短加工时间和辅助时间,而且要尽可能使辅助时间和加工时间重合,在某个工位装夹某个工件的同时,进行多刀加工,使工序高度集中,因而广泛采用组合机床。

组合机床是以已经系列化、标准化的通用部件,配以按工件特定形状和加工工艺设计的专用部件和夹具,组成的半自动或自动专用机床。它一般采用多轴、多刀、多工序、多面或多工位同时加工的方式,生产效率比通用机床高几倍至几十倍,适于在大批量生产中对一种或几种类似零件的一道或几道工序进行加工,并可以组成自动生产线。组合机床既具有专用机床结构简单、生产率和自动化程度高的特点,又具有一定的重新调整能力,可以适应工件变化的需要。

1. 组合机床的工艺范围

组合机床主要用于平面加工和孔加工。平面加工包括铣平面、锪(刮)平面、车端面;孔加工包括钻、扩、铰、镗孔及倒角、车槽、攻螺纹、锪沉孔、滚压孔等。此外,还可以完成打印、清洗、热处理、自动装配和在线自动检测等非切削工序。

组合机床在汽车、柴油机、拖拉机、电动机、仪器仪表、缝纫机、自行车、冶金、纺织等工业领域的大批量生产中已获得广泛应用,在一些中小批量生产的企业,如机床、工程机械等制造业中也已推广应用。组合机床最适用于加工各种大中型箱体类零件,如汽缸盖、汽缸体、变速箱体、电动机座、仪表壳等零件,也可用来完成轴套类、轮盘类、叉架类、盖板类零件部分或全部工序的加工。

2. 组合机床的组成及工艺特点

图 4-46 所示为立卧复合式三面钻孔组合机床,用于同时加工工件的两侧面和顶面上的许多孔。它由侧底座、立柱底座、立柱、动力箱、滑台、中间底座等通用部件及多轴箱、夹具等专用部件组成。组合机床的专用部件往往也是由大量的通用零件和标准件组成的,因此,设

计、制造和调整很方便。

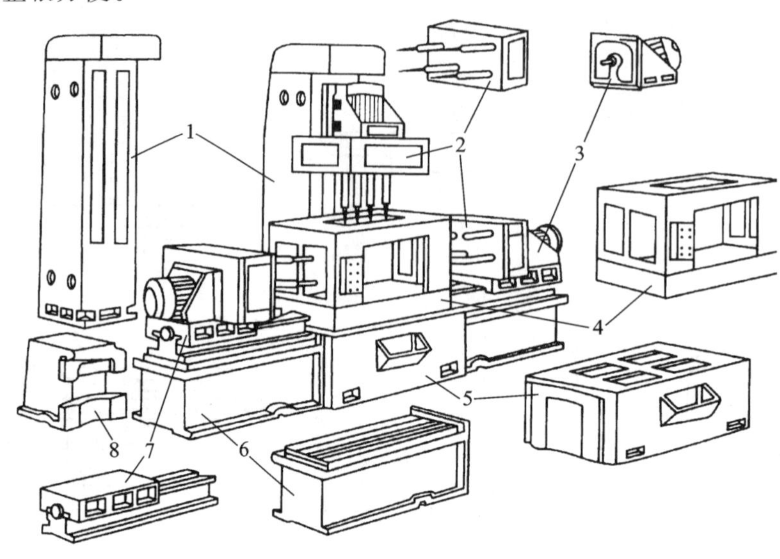

图 4-46 组合机床的组成

1—立柱;2—主轴箱和刀具;3—动力箱;4—夹具;5—中间底座;6—侧底座;7—动力滑台;8—立柱底座

与一般专用机床相比,组合机床具有以下特点。

(1)组合机床采用较多的通用零部件和少量的专用零部件,故设计和制造周期短,而且便于使用和维修。

(2)组合机床的通用部件经过了长期生产实践考验,且由专业厂家集中成批制造,质量易于保证,机床加工精度稳定,工作可靠,制造成本也较低。

(3)当加工对象改变时,通用件、部件可以重复使用,有利于企业产品的更新换代。

(4)因为组合机床工序集中,可多面、多工位、多刀同时加工,故生产率很高。又常与专用夹具配套,对操作工人技术水平要求低,且产品质量稳定。

(5)组合机床很容易组成自动线,实现联合操作与控制。

4.7.3 数控机床与加工中心

1. 数控机床

数控机床也称数字程序控制机床,是一种以数字化代码作为指令,由数字控制系统进行处理而实现自动控制的机床。它是综合应用计算机技术、自动控制、精密测量和机械设计等领域的先进技术成果而发展起来的一种新型自动化机床。它的出现和发展有效地解决了多品种、小批量生产精密、复杂零件的自动化加工问题。图 4-47 是某型号数控车床的外形图。

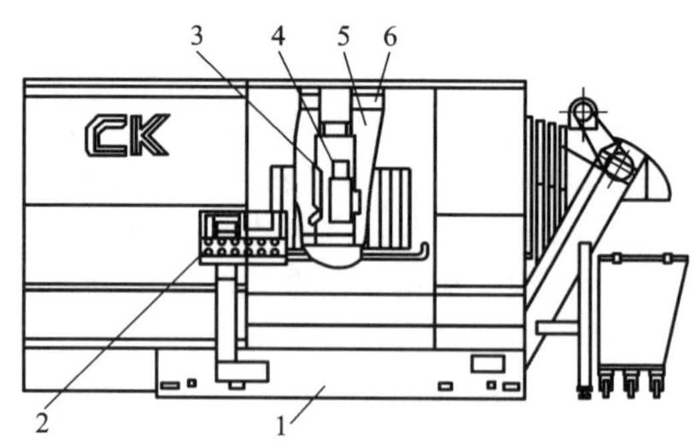

图 4-47 某数控车床的外形图

1—底座;2—操作台;3—转塔刀架;4—刀架;5—后斜床身;6—导轨

数控机床具有加工精度高、适应性强、生

产效率高、易于实现自动化和成本高等特点。数控机床的种类繁多，根据数控机床的功能和组成不同，可以从不同的角度对数控机床进行分类：按工艺用途分为金属切削类数控机床、金属成形类数控机床、数控特种加工类数控机床等；按运动方式分为点位控制数控机床、直线控制数控机床、轮廓控制数控机床；按控制方式分为开环控制数控机床、半闭环控制数控机床和闭环控制数控机床；按数控机床的性能分为经济型数控机床、中档数控机床和高档数控机床。

2. 加工中心

加工中心是备有刀库并能自动更换刀具对工件进行多工序加工的数字机床。工件经一次装夹后，数字控制系统能控制机床按不同工序（或工步）自动选择和更换刀具，自动改变机床主轴转速、进给量和刀具相对工件的运动轨迹及其他辅助机能，依次完成工件多工序的加工。通常，加工中心仅指主要完成镗铣加工的机床。将这种多工序集中完成的方法，扩展到各种类型的数控机床，就得到了车削中心、滚齿中心、磨削中心等。为适应多品种、小批量生产的需要，还出现了能实现切削、磨削以及特种加工的复合加工中心。加工中心具有刀具库及自动换刀机构、回转工作台、交换工作台等，有的加工中心还有可交换式主轴头或卧-立式主轴。加工中心由于工序的集中和自动换刀，减少了工件的装夹、测量和机床调整等时间，使机床的切削时间达到机床开动时间的 80%左右（普通机床仅为 15%～20%），同时也减少了工序之间的工件周转、搬运和存放时间，缩短了生产准备周期，有利于保证工件的加工质量，提高了生产率。

图 4-48 所示的立式加工中心是一台具有自动换刀装置的小型数控立式钻铣床。把工件一次装夹后，可自动连续对工件各个表面完成铣、镗、锪、钻、铰和攻螺纹等多道工序，适用于小型板料、盘类、模具类和箱体类等复杂零件的多品种、小批量加工。

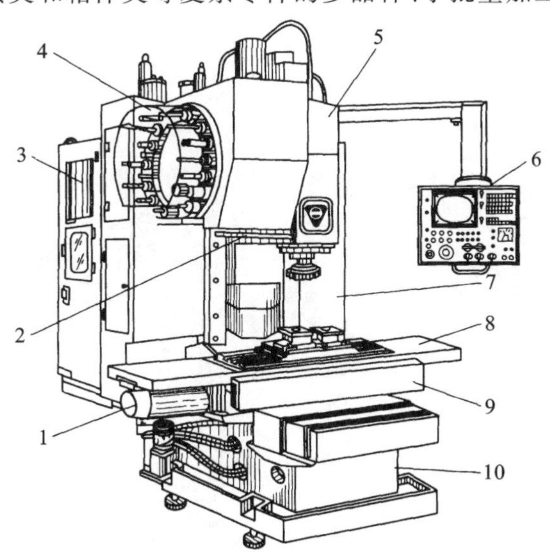

图 4-48 立式加工中心

1—直流伺服电动机；2—换刀机械手；3—数控柜；4—盘式刀库；5—主轴箱；6—操作面板；7—驱动电源柜；8—工作台；9—滑座；10—床身

复习思考题

4.1 机床常用的技术指标有哪些？

4.2 指出下列机床型号中各个字母和数字代号所代表的具体含义：

MMB1320B　　Z5625×4A/DH　　CK6415　Y3150E

4.3 举例说明什么是表面成形运动，什么是内联系传动链，什么是外联系传动链。

4.4 写出在CA6140型车床上加工米制螺纹（$P=16$ mm，$K=1$）时的运动平衡方程，并说明主轴的转速范围。

4.5 铣床有哪些类型？各适用于什么场合？

4.6 简述无心磨削的工作原理及类型。

4.7 各类机床中，可以用来加工外圆、内孔、平面和沟槽的各有哪些机床？它们的适用范围有何区别？

4.8 分析滚切斜齿圆柱齿轮时所需要的运动有哪些？

4.9 卧式镗床有哪些主运动和进给运动？

4.10 什么是组合机床？它与通用机床和一般专用机床有何区别？

4.11 简述加工中心的特点与应用范围。

第5章　机床夹具

内容提要

机床夹具是机械加工工艺系统的一个重要组成部分。本章主要讨论工件在夹具中的定位和夹紧以及夹具的选用与设计方法等基本原理。其主要内容包括:机床夹具的功用、分类和组成;六点定位原理、常见的定位方式及其定位元件、定位误差及其分析与计算;夹紧装置的组成和设计要求、夹紧力的确定、典型夹紧机构;通用夹具的选用、专用夹具设计及其举例。

5.1　夹具概述

机床夹具是机械加工工艺系统的一个重要组成部分。夹具安装在机床上,用以装夹工件和引导刀具,使工件在机床上正确定位并夹紧,保证加工出合格的产品。

5.1.1　夹具的功用

机床夹具的主要功用就是完成工件在机床上的正确定位并夹紧工件,以保证工件的加工精度和生产率。

工件的定位方法有直接找正定位法(目测找正和划线找正法)和夹具装夹法两种,如图5-1所示。

直接找正定位法是以工件的有关表面或专门划出的线痕作为找正依据,用划针或指示表进行找正,将工件正确定位,然后将工件夹紧。以侧边为依据用划针找正如图5-1(a)所示。图5-1(b)所示为磨孔时用指示表找正。图5-1(c)所示为刨削零件平面时,以专门划出的加工线痕为依据,用划针在机床上进行找正,从而将工件正确定位。这种方法定位简单,不需专

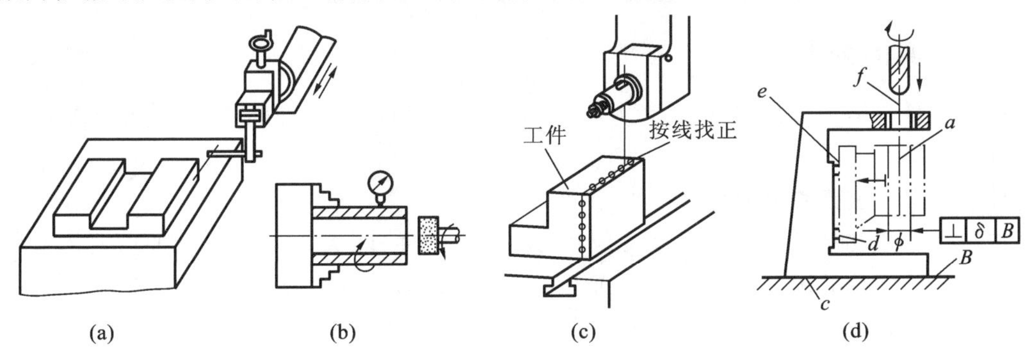

图5-1　工件的装夹方式

(a)刨削时用划针找正;(b)磨孔时用指示表找正;(c)划线找正;(d)夹具找正

门设备，但精度不高，生产率低，因此多用于单件小批量生产。

夹具定位法是依靠夹具将工件定位、夹紧，以保证工件相对于刀具、机床的正确位置。采用此种方法时需要专用装置来安装工件，工件首先在夹具中定位，然后夹具再在机床上定位。图 5-1(d)所示是一个专供加工轴承座孔的钻床夹具。毛坯的底面 d 与夹具的 f 面接触定位，以保证加工时钻头轴线到底面的距离要求，从而保证了一批工件的加工精度稳定性和高效生产。

用夹具装夹工件有以下几个特点。

(1)工件在夹具中的正确定位，是通过工件上的定位基准面与夹具上的定位元件相接触而实现的。因此，不再需要找正便可将工件夹紧。

(2)由于夹具预先在机床上已调整好位置(也有在加工过程中再进行找正的)，因此，工件也就通过夹具相对于机床有了正确的位置。

(3)通过夹具上的对刀装置，保证了工件加工表面相对于刀具的正确位置。

(4)装夹基本上不受工人技术水平的影响，能比较容易和稳定地保证加工精度。

(5)装夹迅速、方便，能减轻劳动强度，显著地减少辅助时间，提高劳动生产率。

(6)能扩大机床的工艺范围。如图 5-2 所示，可设计一夹具安装在车床的溜板上，主轴和尾座支承镗杆并旋转进行加工，将车削转换成镗削。

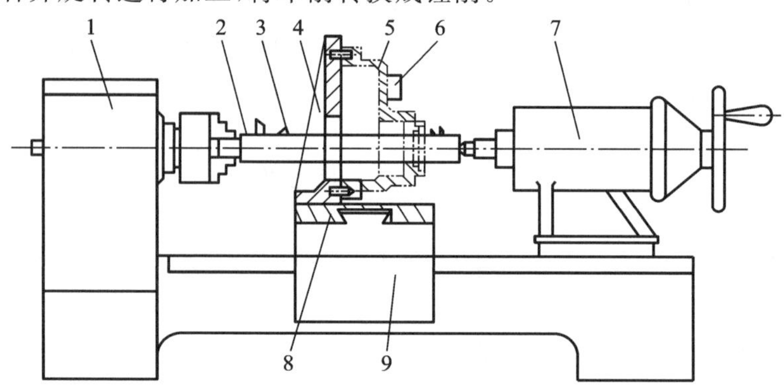

图 5-2 扩大机床工艺范围的方法

1—床头；2—镗杆；3—镗刀；4—夹具；5—工件；
6—夹紧装置；7—尾座；8—溜板；9—溜板箱

5.1.2 夹具的分类

机床夹具的种类很多，形状千差万别。为了设计、制造和管理的方便，往往按某一属性对其进行分类。

1. 按夹具的通用特性分类

按通用特性夹具可分为通用夹具、专用夹具、可调夹具、组合夹具、成组夹具和自动线夹具等类型。这种分类法反映夹具在不同生产类型中的通用特性，是选择夹具的主要依据。

1)通用夹具

通用夹具是指结构、尺寸已规格化，且具有一定通用性的夹具，如三爪自定心卡盘、四爪单动卡盘、台虎钳、万能分度头、中心架、电磁吸盘等。其特点是适用性强、不需调整或稍加调整即可装夹一定形状范围内的各种工件。这类夹具已商品化，且已成为机床附件。采用这类夹具可缩短生产准备周期，减少夹具品种，从而降低生产成本。其缺点是夹具的加工精度不高，生产率也较低，且较难装夹形状复杂的工件，故适用于单件小批生产。

2）专用夹具

专用夹具是针对某一工件的某一工序的加工要求而专门设计和制造的夹具。其特点是针对性极强，没有通用性。在产品相对稳定、批量较大的生产中，常用各种专用夹具，可获得较高的生产率和加工精度。专用夹具的设计制造周期较长，随着现代多品种及中、小批生产的发展，专用夹具在适应性和经济性等方面已产生许多问题。

3）可调夹具

可调夹具是针对通用夹具和专用夹具的缺陷而发展起来的一类新型夹具。对不同类型和尺寸的工件，只需调整或更换原来夹具上的个别定位元件和夹紧元件便可使用。可调夹具的通用范围大，适用性广，但加工对象不太固定。可调夹具在多品种、小批量生产中得到广泛应用。

4）成组夹具

这是在成组加工技术基础上发展起来的一类夹具。它是根据成组加工工艺的原则，针对一组形状相近的零件专门设计的，也是具有通用基础件和可更换调整元件组成的夹具。这类夹具从外形上看和可调夹具不易区别，但它与可调夹具相比，具有使用对象明确、设计科学合理、结构紧凑、调整方便等优点。

5）组合夹具

组合夹具是一种模块化的夹具，并已商品化。标准的模块元件具有较高的精度和较好的耐磨性，可组装成各种夹具，夹具用毕即可拆卸，留待组装新的夹具。由于使用组合夹具可缩短生产准备周期，元件能重复多次使用，并具有可减少专用夹具数量等优点，因此组合夹具对于单件、中小批多品种生产和数控加工是一种较经济的夹具。

6）自动线夹具

自动线夹具一般分为两种：一种为固定式夹具，它与专用夹具相似；另一种为随行夹具，使用中夹具随着工件一起运动，并将工件沿着自动线从一个工位移至下一个工位进行加工。

2. 按夹具使用的机床分类

按使用的机床分类，可把夹具分为车床夹具、铣床夹具、钻床夹具（钻模）、镗床夹具（镗模）、磨床夹具、齿轮机床夹具、数控机床夹具等。

3. 按夹具动力源来分类

按夹具的夹紧动力源可将夹具分为手动夹具和机动夹具两大类。为减轻劳动强度和确保安全生产，手动夹具应有扩力机构与自锁性能。常用的机动夹具有气动夹具、液压夹具、气液夹具、电动夹具、电磁夹具、真空夹具和离心力夹具等。

5.1.3 夹具的组成

虽然机床夹具的种类繁多，但它们的工作原理基本相同，其结构组成如图5-3所示，有以下几个部分。

1. 定位支承元件

定位支承元件的作用是确定工件在夹具中的正确位置并支承工件，是夹具的主要功能元件之一。图 5-3 所示为用来加工拨叉零件上孔的钻床夹具，大平面和 V 形块作定位支承元件，用于保证拨叉上被加工孔轴线与导向套轴线重合、拨叉端面与导向套轴线垂直，从而保证工件加工的精度。

2. 夹紧装置

夹紧装置的作用是将工件压紧夹牢，并保证在加工过程中工件的正确位置不变，如图 5-3 所示的螺纹压头。

3. 对刀元件和导向元件

对刀元件和导向元件是保证工件加工表面与刀具之间的正确位置的元件。用于确定刀具在加工前正确位置的元件称为对刀元件；用于确定刀具位置并引导刀具进行加工的元件称为导向元件，如图 5-3 所示的钻套。

4. 连接定向元件

这种元件用于将夹具与机床连接并确定夹具对机床主轴、工作台或导轨的相互位置，如图 5-3 所示的定向键。

5. 其他装置或元件

根据加工需要，有些夹具上还设有分度装置、靠模装置、上下料装置、工件顶出装置、电动扳手和平衡块等，以及标准化了的其他连接元件。

6. 夹具体

夹具体是夹具的基体骨架，用来配置、安装各夹具元件，使之组成一整体。常用的夹具体为铸件结构、锻造结构、焊接结构和装配结构。

上述各组成部分中，定位元件、夹紧装置、夹具体是夹具的最基本组成部分。

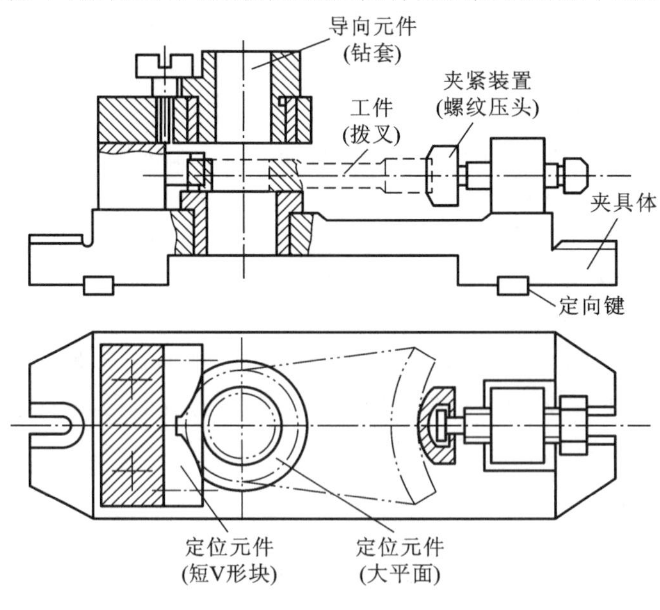

图 5-3　夹具的组成

5.2　工件的定位

5.2.1　六点定位原理

1. 工件的自由度

由刚体运动学可知，一个自由刚体，在直角坐标空间仅有六个自由度。如图 5-4(a)所示的工件，它在空间的位置是任意的。它既能沿 Ox、Oy、Oz 三个坐标轴移动，称为移动自由度，分别表示为 $\vec{x}$、$\vec{y}$、$\vec{z}$；又能绕 Ox、Oy、Oz 三个坐标轴转动，称为转动自由度，分别表示为 $\overset{\curvearrowright}{x}$、$\overset{\curvearrowright}{y}$、$\overset{\curvearrowright}{z}$。

2. 六点定位原理

要使一个自由刚体在空间有一个确定的位置，就必须对相应的六个自由度进行约束，分别限制刚体的六个运动自由度。如果对工件的六个自由度都加以限制了，工件在空间的位置也就完全被确定下来了。因此，定位实质上就是限制工件的自由度。限制刚体运动自由度通常采用支承点的方法。如图 5-4(b)所示，使用一个支承点可限制工件的一个自由度(直线自由度)，一个面内的两个支承点，可限制工件的两个自由度(一个直线、一个旋转自由度)，一个面内三个不共线的支承点，可限制工件的三个自由度(一个直线、两个旋转自由度)，若一个面内再增加多个支承点，也不会增加限制工件自由度的个数。因此，要用合理设置的六个支承点来限制工件的六个自由度，使工件在夹具中的位置完全确定，这就是六点定位原理。如图 5-4(b)所示，在夹具体上按要求设置的六个支承钉限制了工件的六个自由度。

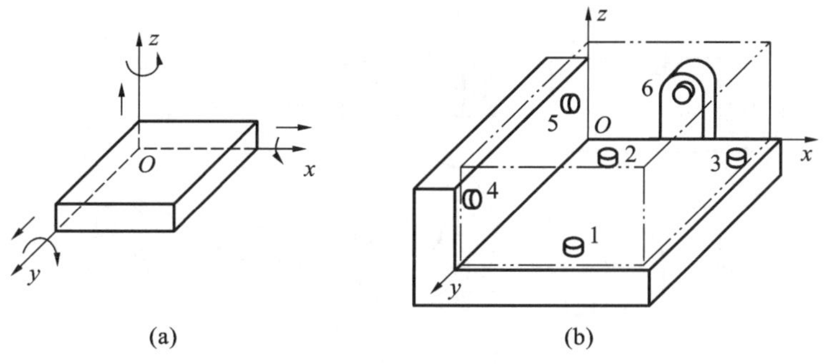

图 5-4　工件的自由度与定位

(a)工件的自由度；(b)六点定位原理

通过上述分析可知，六点定位原理说明了以下几个主要问题。

(1)定位支承点是由定位元件抽象而来的。在夹具的实际结构中，定位支承点是通过具体的定位元件体现的，即支承点不一定用点或销的顶端，而常用面或线来代替。根据数学概念可知，两个点决定一条直线，三个点决定一个平面，即一条直线可以代替两个支承点，一个平面可代替三个支承点。在具体应用时，还可用窄长的平面(条形支承)代替直线，用较小的平面来代替点。

(2)定位支承点与工件定位基准面始终保持接触，才能起到限制自由度的作用。

(3)分析定位支承点的定位作用时，不考虑力的影响。工件的某一自由度被限制，是指工件在某个坐标方向有了确定的位置，并不是指工件在受到使其脱离定位支承点的外力时不能运动。工件在外力作用下不能运动，要靠夹紧装置来实现。

3. 工件在夹具中定位的几种情况

图 5-5 所示为在工件上加工不通槽的工序图。槽宽由刀具直径保证，但是要保证高度尺寸 60 mm，就需要限制 $\widehat{x}$、$\widehat{y}$、$\vec{z}$；要保证位置尺寸 20 mm，就需要限制 $\vec{x}$、$\widehat{z}$；要保证长度尺寸 80 mm，就需要限制 $\vec{y}$。所以六个自由度都要限制，即实现六点定位。若矩形槽为通槽，那么对 y 轴的移动自由度不加限制也能保证加工要求，此时可采用五点定位。由此可见，在对工件进行定位时，必须限制影响加工要求的自由度，不影响加工要求的自由度可限制也可不限制，应视具体情况而定。

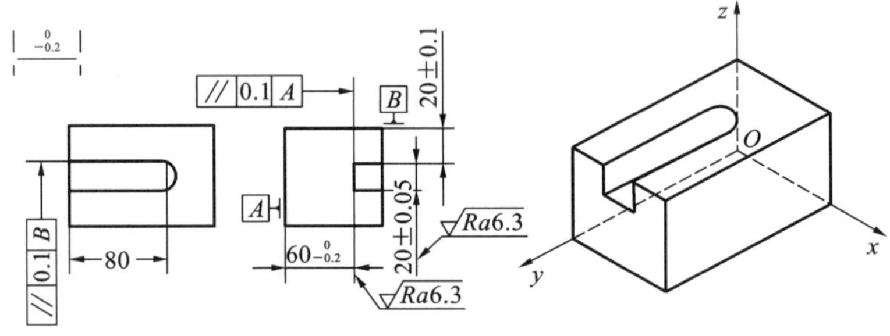

图 5-5　矩形槽工序图

在选定了定位基准面后，应在加工工序图上标注定位符号，关于这些符号已有我国机械行业 JB/T 5061—2006《机械加工定位、夹紧符号》标准。图 5-6 所示为典型零件定位、夹紧符号的标注。

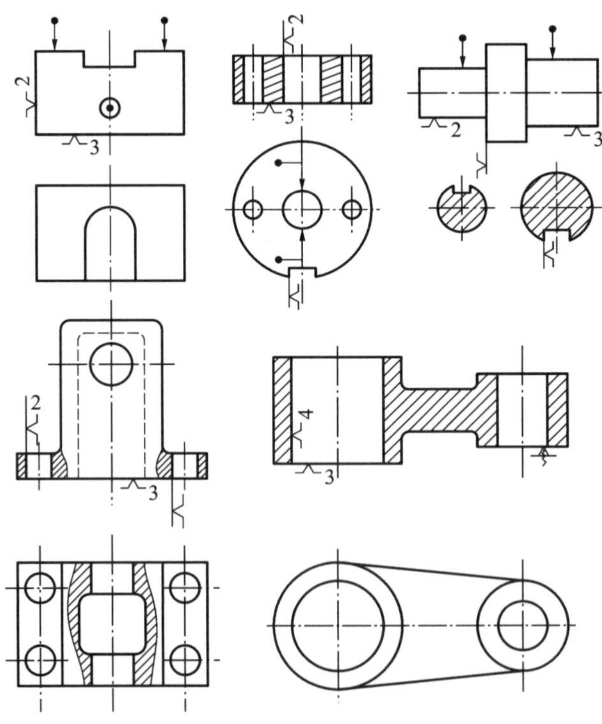

图 5-6　典型零件定位、夹紧符号的标注

工件在夹具中定位,是通过工件上的定位基准面与夹具上的定位元件相接触而实现的。要想正确定位,首先应正确选择定位基准,其次是选择合适的定位元件。工件定位基准与夹具的定位元件接触形成定位副,实现工件的定位。定位时为实现应限制的自由度,在夹具上设计了多个定位副。不同的定位副组合可得到完全定位、不完全定位、欠定位和重复定位四种定位方式。

1)完全定位

定位过程中工件六个自由度只是限制过一次称为完全定位,即六点定位。图5-4(b)所示采用了一面(三点)、一支承板(两点)和一支承钉(一点)限制了工件的六个自由度。

2)不完全定位

若工件每个自由度只是限制一次,限制的自由度数少于六个,且能保证加工精度要求,称为不完全定位。图5-7(a)所示为在车床上加工通孔,根据加工要求,不需要限制 $\vec{x}$ 和 $\overset{\curvearrowright}{x}$ 两个自由度,故用三爪卡盘夹持限制其余四个自由度即可。图(b)所示为磨平板工件平面,工件只有厚度和平行度要求,故只需限制 $\overset{\curvearrowright}{x}$、$\overset{\curvearrowright}{y}$、$\vec{z}$ 三个自由度,在磨床上采用电磁工作台即可实现。

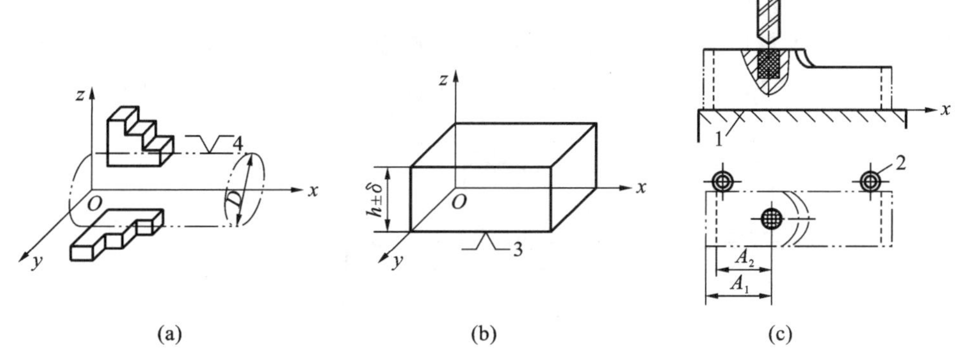

图5-7 定位方式

(a)在车床上加工通孔;(b)磨平面;(c)钻孔

3)欠定位

若工件加工要求应该限制的自由度,在定位过程中没有限制,称为欠定位。如图5-7(c)所示,工件用支承面1和两个圆柱销2定位,按此定位方式,$\vec{x}$ 自由度没被限制,属欠定位。工件在 x 方向上的位置不确定,如图中的双点画线和虚线所示,因此钻出孔的位置也不确定,无法保证尺寸 A 的精度。只有在 x 方向设置一个止推销,工件在 x 方向才能取得确定的位置。欠定位无法保证加工要求,因此,工件在夹具中定位时,决不允许有欠定位现象产生。

4)重复定位

若工件的一个或几个自由度在定位过程中被两个或两个以上的定位元件重复限制,称为重复定位(又称过定位)。如图5-8(a)所示为孔与端面联合定位情况。由于大端面限制了 $\vec{z}$、$\overset{\curvearrowright}{x}$、$\overset{\curvearrowright}{y}$ 三个自由度,长销限制了 $\vec{x}$、$\vec{y}$、$\overset{\curvearrowright}{x}$、$\overset{\curvearrowright}{y}$ 四个自由度,可见 $\overset{\curvearrowright}{x}$、$\overset{\curvearrowright}{y}$ 被两个定位元件重复限制,出现重复定位。图5-8(b)所示为平面与两个孔联合定位情况。平面限制了 $\vec{z}$、$\overset{\curvearrowright}{x}$、$\overset{\curvearrowright}{y}$ 三个自由度,两个短圆柱销限制了 $\vec{x}$、$\vec{y}$、$\overset{\curvearrowright}{z}$ 三个自由度,在短圆柱销连心线方向自由度被重复限制,出现重复定位。

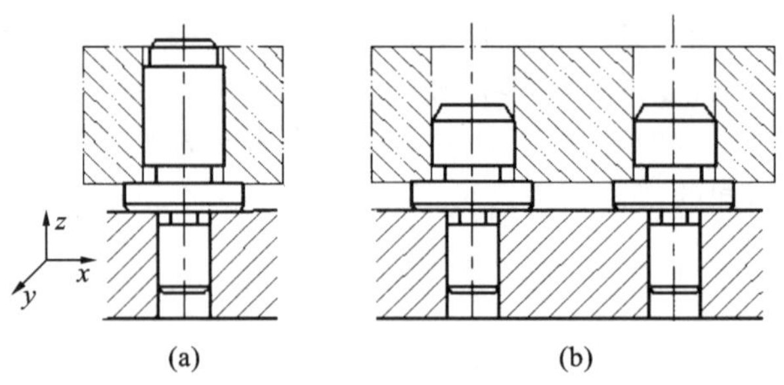

图 5-8 重复定位类型

(a)孔与端面联合定位;(b)平面与两个孔联合定位

重复定位可能导致定位干涉或工件装不上定位元件,进而导致工件或定位元件产生变形、定位误差增大,因此在定位设计中应该尽量避免重复定位。消除或减小重复定位的方法主要有如下两种。

(1)改变定位元件结构,使定位元件重复限制自由度的部分不起定位作用。如图 5-9(b)中将大端面改为小端面,图 5-9(c)中在工件与大端面间加球形垫圈。

(2)提高工件定位基准之间以及定位元件工作表面之间的位置精度。这样也可消除因重复定位而引起的不良后果,仍能保证工件的加工精度,而且有时还可以提高工件的局部刚度和工件定位的稳定性。因此,当加工刚性差的工件时,重复定位亦可合理应用。

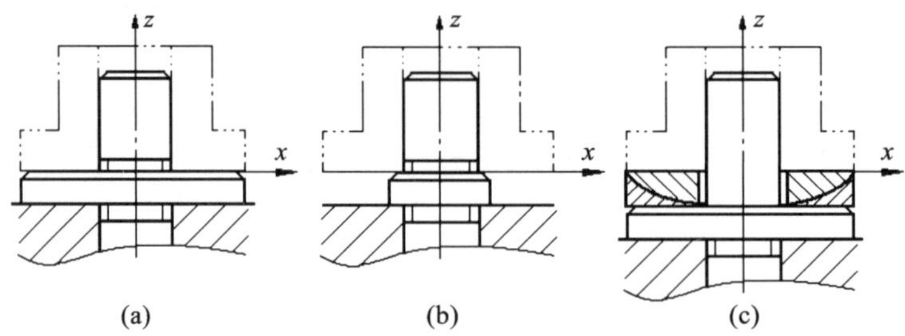

图 5-9 改变定位元件结构、减少重复定位的方法

4. 定位元件

工件在夹具中定位时,使用的定位元件结构形式与接触的工件表面、支承方式有关,表 5-1 所示为常用定位元件及其限制的工件自由度。

表 5-1 常用定位元件及其限制的工件自由度

工件定位基面	定位元件	定位简图	定位元件特点	限制的自由度
平面	支承钉			1,2,3——$\vec{z}$,$\overset{\frown}{x}$,$\overset{\frown}{y}$ 4,5——$\vec{x}$,$\overset{\frown}{z}$ 6——$\vec{y}$
	支承板			1,2——$\vec{z}$,$\overset{\frown}{x}$,$\overset{\frown}{y}$ 3——$\vec{x}$,$\overset{\frown}{z}$

续表

工件定位基面	定位元件	定位简图	定位元件特点	限制的自由度
内圆柱面 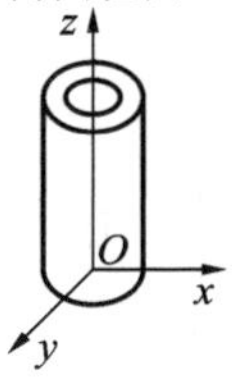	定位销（心轴）	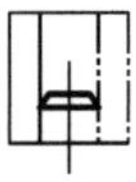	短销（短心轴）	$\vec{x},\vec{y}$
		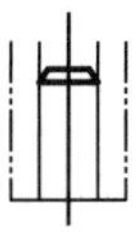	长销（长心轴）	$\vec{x},\vec{y}$ $\overset{\curvearrowright}{x},\overset{\curvearrowright}{y}$
	锥销	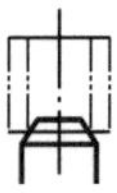		$\vec{x},\vec{y},\vec{z}$
		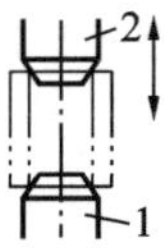	1—固定销 2—活动销	$\vec{x},\vec{y},\vec{z}$ $\overset{\curvearrowright}{x},\overset{\curvearrowright}{y}$
外圆柱面 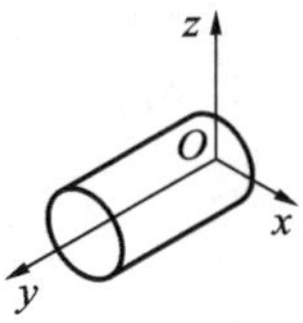	定位套	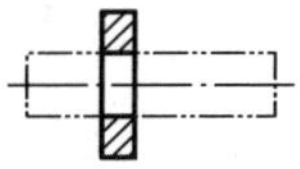	短套	$\vec{x},\vec{z}$
		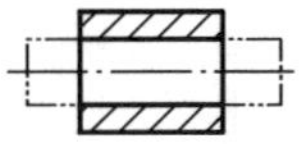	长套	$\vec{x},\vec{z}$ $\overset{\curvearrowright}{x},\overset{\curvearrowright}{z}$
	半圆套	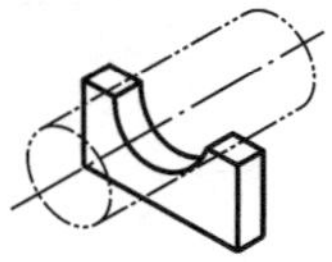	短半圆套	$\vec{x},\vec{z}$
			长半圆套	$\vec{x},\vec{z}$ $\overset{\curvearrowright}{x},\overset{\curvearrowright}{z}$
	锥套			$\vec{x},\vec{y},\vec{z}$
		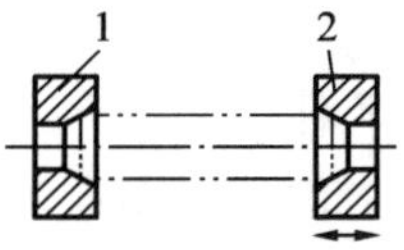	1—固定锥套 2—活动锥套	$\vec{x},\vec{y},\vec{z}$ $\overset{\curvearrowright}{x},\overset{\curvearrowright}{z}$

续表

工件定位基面	定位元件	定位简图	定位元件特点	限制的自由度
外圆柱面 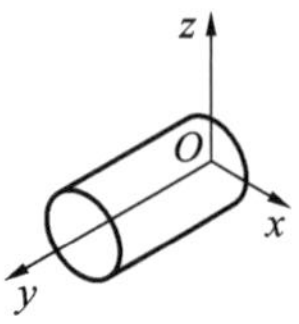	支承板或支承钉	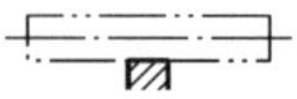	短支承板或支承钉	$\vec{z}$
			长支承板或两个支承钉	$\vec{z}$，$\overset{\frown}{x}$
	V 形块	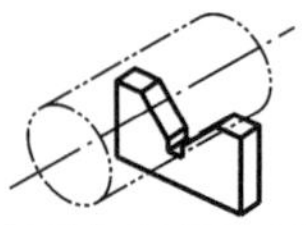	窄 V 形块	$\vec{x}$，$\vec{z}$
		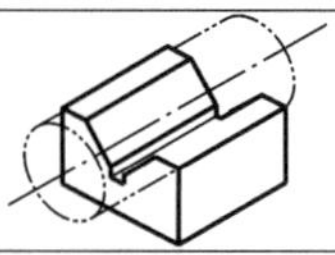	宽 V 形块	$\vec{x}$，$\vec{z}$ $\overset{\frown}{x}$，$\overset{\frown}{z}$
端面和内圆柱面 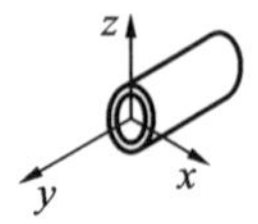	一面一长圆柱销	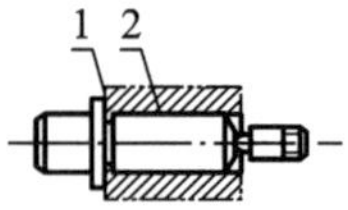	端面 1	$\vec{y}$，$\overset{\frown}{x}$，$\overset{\frown}{z}$
			外圆柱面 2	$\vec{x}$，$\vec{z}$ $\overset{\frown}{x}$，$\overset{\frown}{z}$
			一面一长圆柱销组合	$\overset{\frown}{x}$，$\overset{\frown}{z}$ （被重复限制） $\vec{y}$，$\vec{x}$，$\vec{z}$
一面两孔 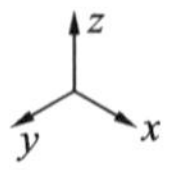	一面两销	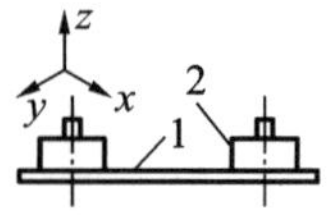	面	$\vec{z}$，$\overset{\frown}{x}$，$\overset{\frown}{y}$
			圆柱销 1	$\vec{x}$，$\vec{y}$
			圆柱销 2	$\vec{x}$，$\vec{y}$
			组合	$\vec{x}$（被重复限制） $\vec{z}$，$\vec{y}$，$\overset{\frown}{x}$，$\overset{\frown}{y}$，$\overset{\frown}{z}$
		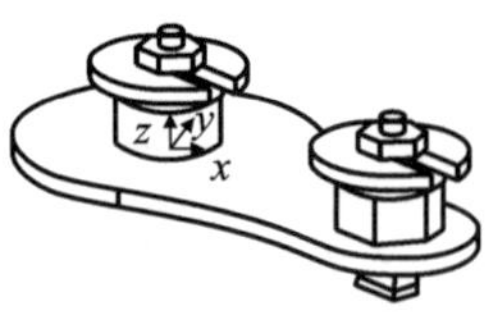	面	$\vec{z}$，$\overset{\frown}{x}$，$\overset{\frown}{y}$
			圆柱销	$\vec{x}$，$\vec{y}$
			削边销	$\vec{y}$
			组合	$\vec{x}$，$\vec{y}$，$\vec{z}$ $\overset{\frown}{x}$，$\overset{\frown}{y}$，$\overset{\frown}{z}$

1）工件以平面定位时的定位元件

使用过程中固定不动并限制工件的自由度起定位作用的元件称为固定支承元件。支承元件主要有支承钉（球头、齿纹头、平头）和支承板（平面型和槽型）两种，如图 5-10 所示。

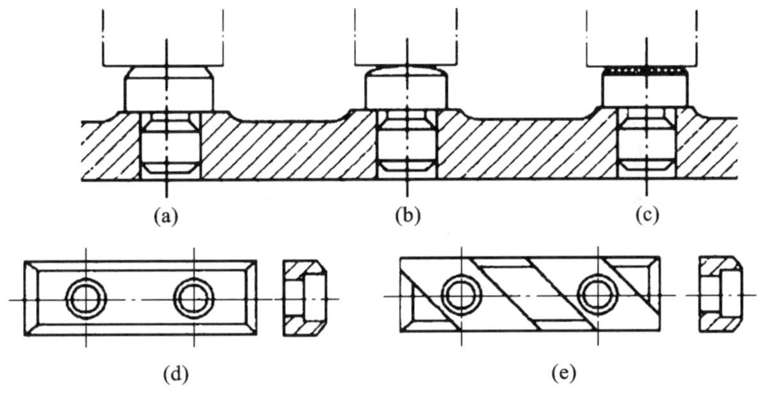

图 5-10 工件表面为平面定位时的定位元件

(a)平头支承钉;(b)球头支承钉;(c)齿纹头支承钉;(d)平面型支承板;(e)槽型支承板

(1)支承钉 用于小平面未加工或已加工表面的定位。平头支承钉用于经过精加工的表面定位。球头支承钉为点接触,可保证接触位置相对稳定,但易磨损,夹紧时易使加工表面产生压陷,产生较大安装误差,不易使几个支承钉保持在同一平面内,常用于未加工表面定位。网纹顶面与定位面摩擦力较大,可阻碍工件移动,加强定位稳定性,但易积屑,多用在光滑表面的侧面定位。支承钉尾部与夹具体上的孔配合,可选择 H7/r6 或 H7/n6 加中间套(可换):支承钉尾部与夹具体上的孔配合,可选择 H7/r6 或 H7/n6。

(2)支承板 用于较大已加工表面的定位,所以常出现在精基准定位中。一个支承板相当于两个支承钉,可消除两个自由度。常见的结构形式有平面型和槽型两种。平面型支承板制造简单,常用于侧面定位;槽型支承板切有斜槽,易于清屑,常用于底面定位。支承板主要用于难以用支承钉合适、稳定地定位的场合,如工件刚度不足,定位面又小,并且切削力不能恰好作用在支承上,以及在薄板上钻孔、支承钉易使工件变形的场合。在承受较大力的场合使用支承板可保护精加工表面,且安装方便。

直径 $D \leqslant 12$ mm 的支承钉和小型支承板,常使用较好的 T7A 钢、淬硬 60～64 HRC 的材料。对于 $D>12$ mm 的支承钉和大型支承板,一般用 20 钢渗碳淬火,渗碳深度为 0.8～1.2 mm,硬度至 60～64 HRC,为保持几块支承板在同一平面上,在装配后应将顶部进行统一磨削。有精度要求或使支承板装配牢固时,需加定位销。

(3)调节支承元件 在工件定位过程中,调节支承元件的支承高度在一定范围内可进行调整,调整后用锁紧螺母锁紧固定不动。调节支承元件就是限制工件的自由度、起定位作用的元件,如图 5-11 所示。调节支承元件适用于毛坯分批制造、其形状和尺寸变化较大的粗基准定位,或采用同一夹具、形状相同而尺寸不同的工件及专用可调夹具或组合夹具。可调支承在一批工件加工前调整一次。

(4)自位支承(浮动支承)元件 自位支承元件是具有几个活动工作点的元件。当压下其中一点时,其余的点将上升,直至全部与工件定位基准接触为止,其作用仍相当于一个固定支承。在工件定位过程中,元件能自动调整支承的位置。如图 5-12 所示,由于增加了与工件定位基准面接触的点数,故可提高工件的安装刚性,用于以粗基准定位、刚性不足或不连续表面的定位。如两点自位支承限制一个自由度,三点自位支承也限制一个自由度。

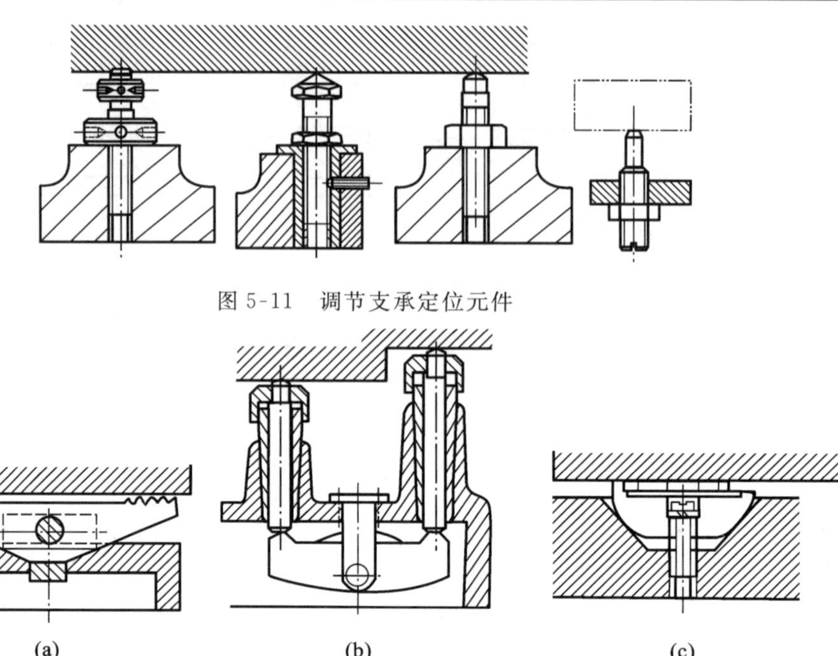

图 5-11　调节支承定位元件

图 5-12　自位支承

(a)两点自位支承;(b)两点自位支承;(c)三点自位支承

(5)辅助支承元件　辅助支承元件用来提高装夹刚度和定位稳定性,不起定位作用,它是工件定位完成后参与作用的元件。生产中,由于工件形状以及夹紧力、切削力、工件重力等原因,工件在定位后还可能产生变形或定位不稳定。为了提高工件的安装刚性和稳定性,常需设置辅助支承。如图 5-13 所示,工件以平面 A 定位,铣削槽 C。在 B 处设置辅助支承,则可以增加工件的安装刚度,由于辅助支承是在工件定位后才参与支承的,因此不起限制自由度的作用,只起减小工件变形和振动的作用。各种辅助支承元件在每次卸下工件后必须松开,装上工件后再进行调整和锁紧。另外,辅助支承元件不应破坏原有定位效果。

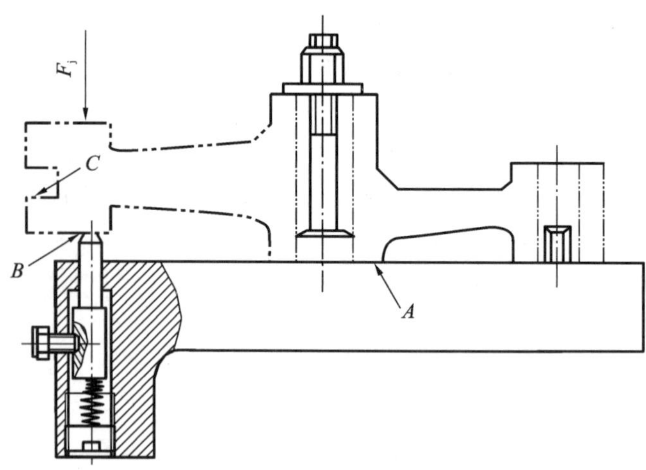

图 5-13　辅助支承元件应用

辅助支承的结构形式应视生产批量和具体生产条件而定。在单件小批生产中常用螺旋式辅助支承，如图 5-14(a)所示；生产批量较大时可用自位式辅助支承，如图 5-14(b)所示，也可用推引式辅助支承，如图 5-14(c)所示。

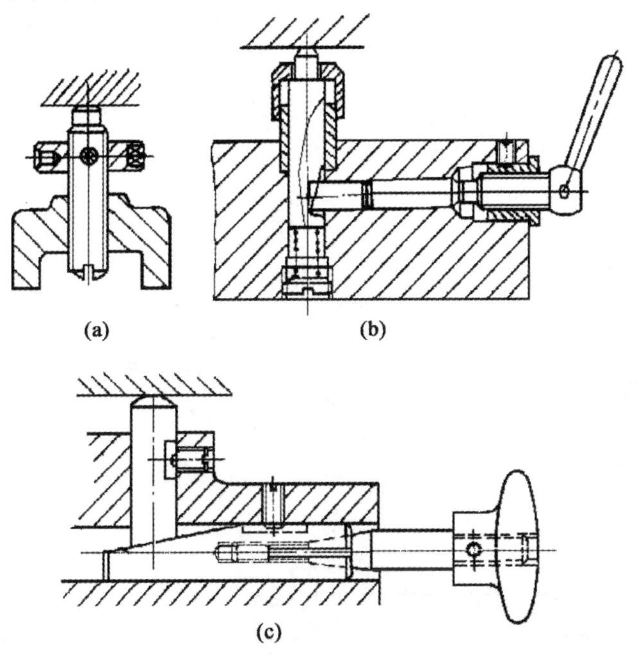

图 5-14　辅助支承元件

(a)螺旋式辅助支承；(b)自位式辅助支承；(c)推引式辅助支承

2)工件以内圆柱面定位时的定位元件

在加工中，工件以孔定位较常见，如连杆、套筒、法兰盘和各种杂件等均采用孔定位。实现定位的元件有定位销、定位心轴及圆锥销等。

(1)定位销　如图 5-15 所示，定位销工作部分的直径可根据工件的具体情况按 g5、g6、f6、f7 制造。定位销可用小过盈配合压入夹具体孔中。当定位销需要经常更换时，可采用如图 5-15(d)所示的结构形式。圆柱定位销的结构和尺寸已标准化，不同直径的定位销有其相应的结构形式，可根据工件定位内孔的直径选用。

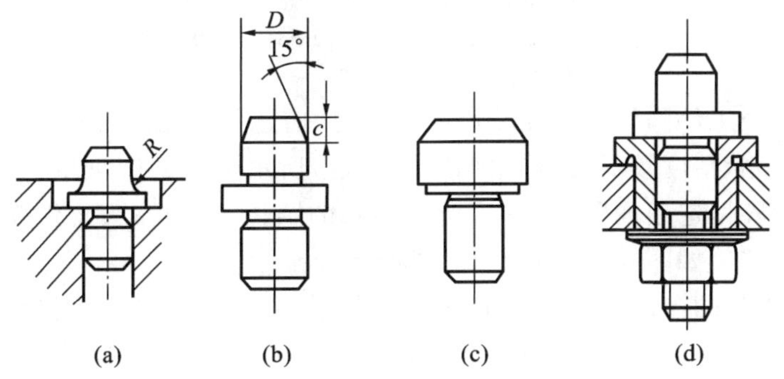

图 5-15　定位销

(2)定位心轴　定位心轴主要用在车、铣、磨及齿轮加工等机床上加工套筒和盘类零件。

定位基准可为已加工过的圆柱孔或花键孔。定位心轴的结构形式较多，图 5-16 所示为几种常见的圆柱心轴。

图 5-16(a)所示为间隙配合心轴，其工作表面一般按基孔制 h6、g6 或 f7 制造。这种心轴结构简单，装卸工件方便，但定心精度低，仅在工件同轴度要求不高时采用。图 5-16(b)所示为过盈配合心轴。过盈配合心轴由引导部分、工作部分和与传动部分(如鸡心夹头等)相联系的部分组成。引导部分的作用是使工件迅速而正确地套入心轴，其直径按 e8 制造，长度约为基准孔长度的一半。工作部分直径按 r6 制造。当工件孔的长径比 $L/D>1$ 时，心轴工作部分应稍带锥度。心轴上的凹槽是供车削工件端面时退刀用的。图 5-16(c)所示为花键心轴，它用于加工以花键孔为定位基准的工件。

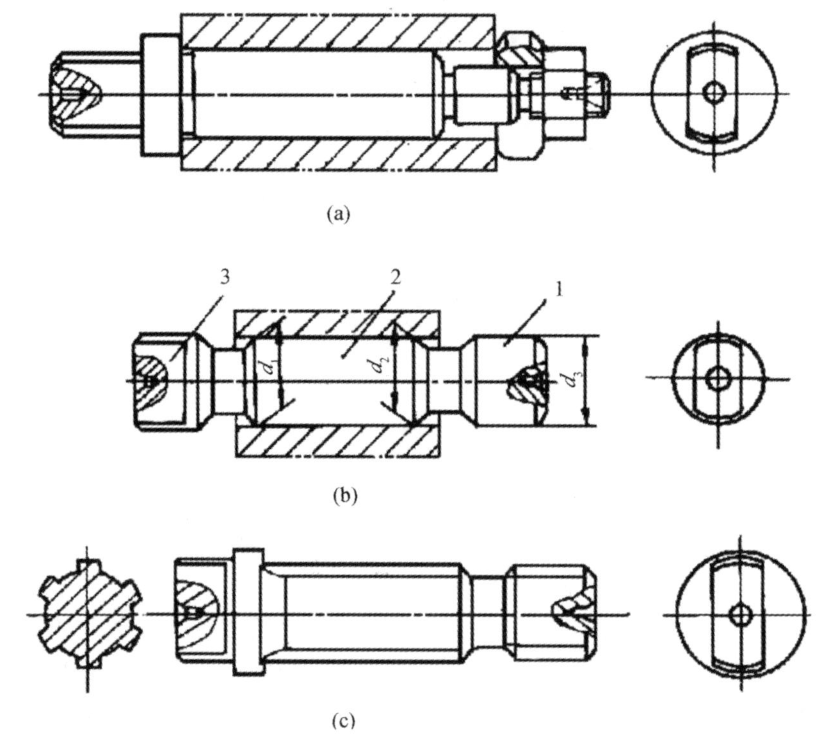

图 5-16 常用圆柱心轴

(a)间隙配合心轴；(b)过盈配合心轴；(c)花键心轴

1—引导部分 2—工作部分 3—传动部分

(3)圆锥销 当工件圆柱孔用孔端边缘定位时，需选用圆锥定位销，如图 5-17 所示。当工件圆孔端边缘形状精度较低时，选用如图 5-17(a)所示形式的圆锥定位销；当工件圆孔端边缘形状精度较高时，选用如图 5-17(b)所示形式的圆锥定位销；当工件需用平面和圆孔端边缘同时定位时，选用如图 5-17(c)所示形式的活动锥销。

圆锥销限制工件的 $\vec{x}$、$\vec{y}$、$\vec{z}$ 三个自由度。工件以单个圆锥销定位时容易倾斜，故应和其他定位元件组合定位。如图 5-18 所示的几种组合定位方式，均限制了工件的五个自由度。

(4)小锥度心轴 如图 5-19 所示，在小锥度心轴上定位，定心精度较高，但其轴向基准位移误差较大，工件还有倾斜。小锥度心轴是以工件孔与心轴表面的弹性变形夹紧工件的，

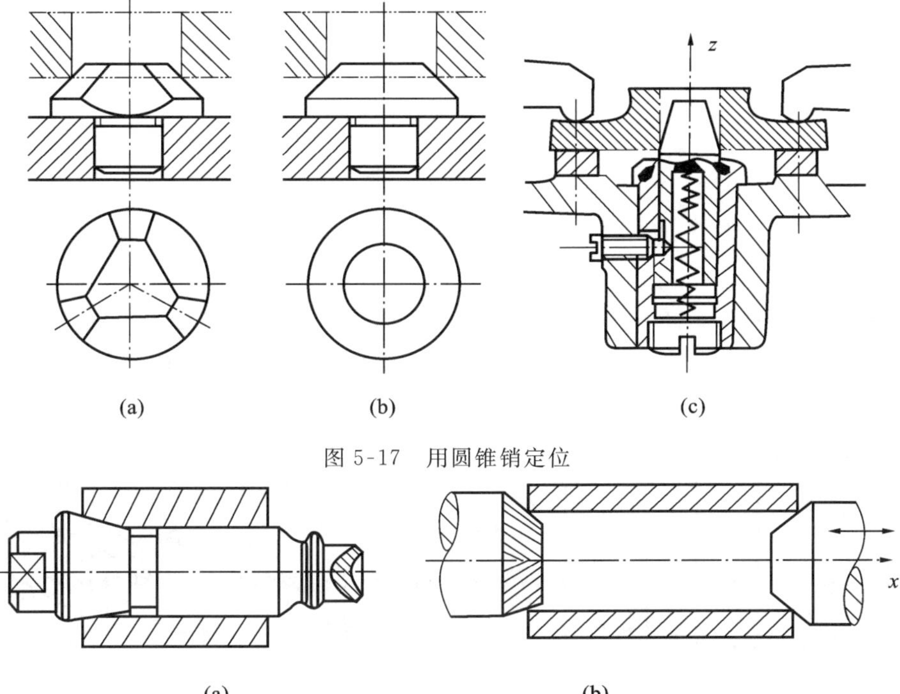

图 5-17　用圆锥销定位

图 5-18　组合定位

(a)圆锥-圆柱组合定位；(b)两圆锥组合定位

故传递的扭矩较小，装卸工件不方便，且不能加工端面。一般用于工件定位孔的精度不低于 IT7 的精车和磨削加工。设计小锥度心轴，主要是确定锥度 K。生产中推荐 $K=1/1\ 000\sim1/5\ 000$，选择锥度 K 值越小，定心精度越高，且夹紧越可靠。

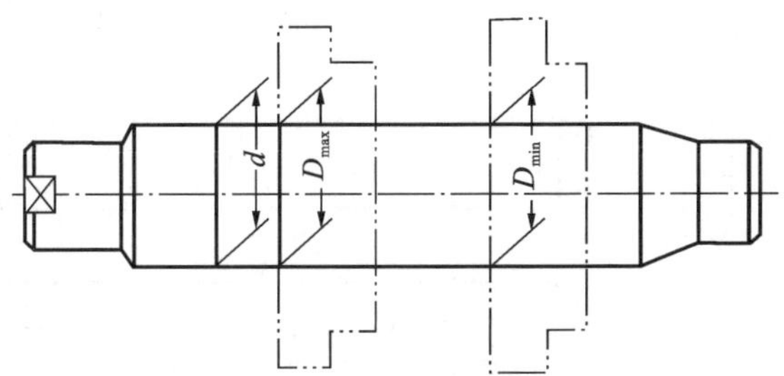

图 5-19　小锥度心轴

3)工件以外圆柱面定位时的定位元件

工件以外圆柱面定位时，常用 V 形块、定位套、半圆套、自动定心夹紧机构(如三爪卡盘、弹簧夹头、锥孔、自动定心夹头)、圆锥套等定位，其中 V 形块应用最广。

(1)V 形块　V 形块结构其参数已标准化，主要参数包括：心轴直径 D、两限位基面间的夹角 α(有 60°、90°、120°三种)、V 形块的高度 H、V 形块的定位高度 T、V 形块的开口尺寸 N，如图 5-20 所示。常用的 V 形块有 90°和 120°夹角的两种。用 V 形块定位对中性好(水平方向)，但所定位的工件水平轴中心位置(垂直方向)会随 V 形块夹角及工件直径的误差而发生变化。

V形块有整体式、镶淬硬支承板或硬质合金、活动式、固定式、可调整式的几种。图5-21(a)所示为短V形块,可限制两个自由度;图5-21(b)、(c)、(d)所示为长V形块,或相当于两个短V形块的组合,可限制四个自由度。

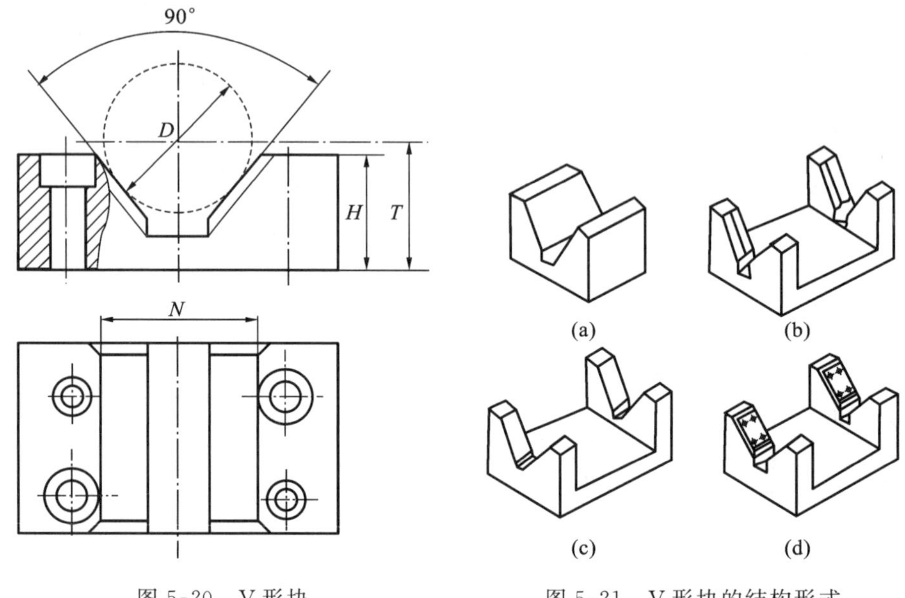

图5-20　V形块

图5-21　V形块的结构形式

(a)短V形块;(b)、(c)、(d)长V形块

活动V形块既能起到定位作用又能起到夹紧作用,如图5-22所示。短活动V形块只能限制工件的一个直线自由度,长活动V形块能限制工件的一个直线和一个旋转自由度。

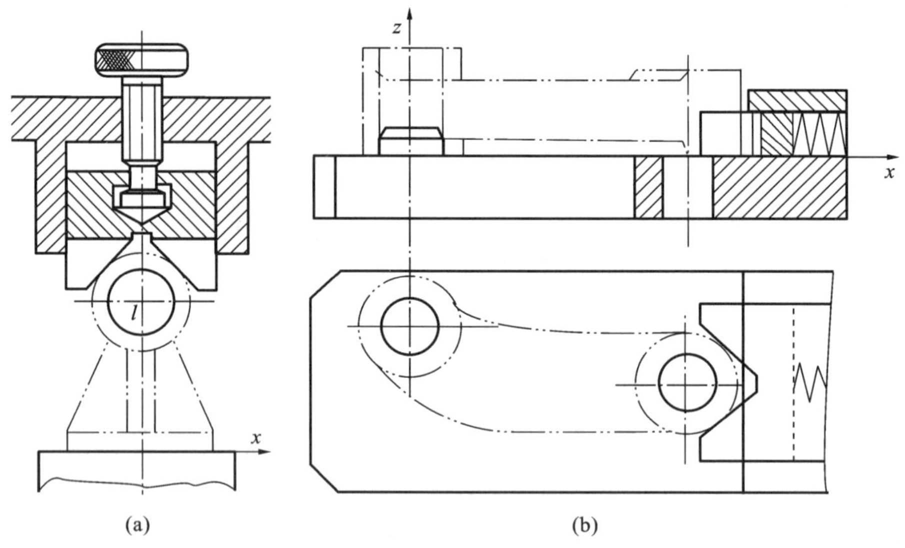

图5-22　活动V形块的应用

(2)定位套　如图5-23所示,定位套结构简单,定心精度不高,夹紧工件时需要轴向夹紧。当工件外圆与定位圆孔配合较松时,易使工件倾斜,因而常利用套筒内孔及端面一起定位。当端面较大时,定位孔应短些,以避免产生过定位。定位套与夹具体装配时,若尺寸较

小，常采用较紧的 H7/r6 或 H7/s 配合，若尺寸较大，常采用较松的 H7/h6 或 H7/js6 配合，装入后再将螺钉拧紧。

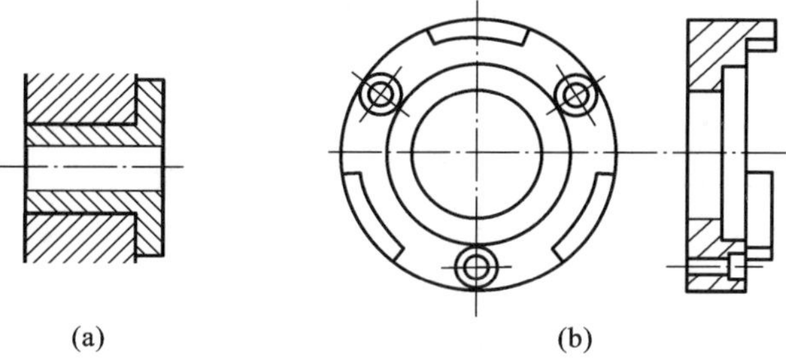

图 5-23　常用定位套

(3)半圆套　如图 5-24 所示，半圆套下半孔起定位作用，上半孔起夹紧作用。其主要用于大型轴类零件的精密轴颈定位，以便于安装。

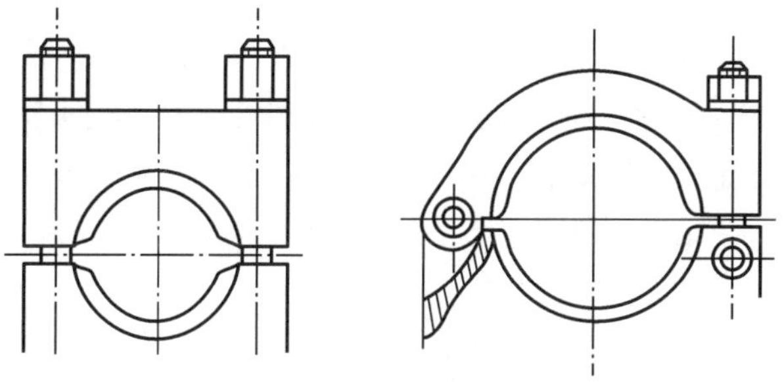

图 5-24　半圆套

(4)自动定心夹紧机构　在机构中起定位和夹紧作用的是一个元件，此元件能使工件的轴线总能与定位轴线重合。采用三爪卡盘、弹簧夹头、锥孔、自动定心夹头是常见的自动定心夹紧方式，如图 5-25 所示。

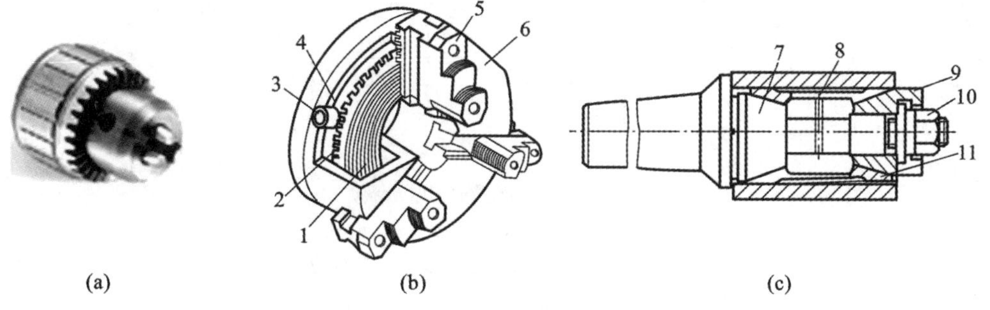

图 5-25　自动定心机构

(a)卡头；(b)三爪卡盘；(c)手动弹簧心轴

1—螺旋槽；2—大锥齿轮；3—扳手插入方孔；4—小锥齿轮；5—卡爪；6—卡盘体；7—锥体；8—防转销；9—锥套；10—螺母；11—弹性筒夹

定心夹紧机构的特点是：

①定位和夹紧用的是同一元件；

②元件之间有精确的联系；

③能同时等距离地移向或退离工件；

④能将工件定位基准的误差对称分布。

(5)圆锥套　如图 5-26 所示为通用的外拨顶尖，工件以圆柱面的端部在外拨顶尖的锥孔中定位，锥孔中齿纹带动工件旋转，顶尖体的锥柄部分插入机床主轴孔中连接。

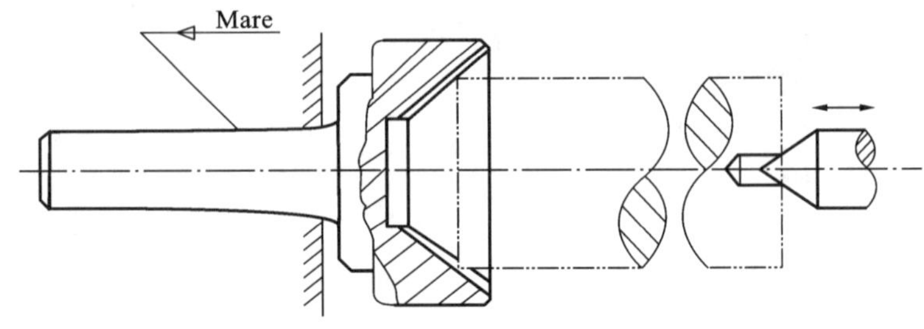

图 5-26　圆锥套

4)工件以组合表面定位时的定位元件

在实际加工过程中，工件往往不是采用单一表面定位，而是以组合表面定位。常见的有平面与平面组合、平面与孔组合、平面与外圆柱面组合、平面与其他表面组合、锥面与锥面组合等。例如，在加工箱体工件时，往往采用一面两孔组合定位，如图 5-26 所示。定位元件采用一个平面和两个短圆柱销，两孔直径分别为 $D_{0}^{+\delta D1}$、$D_{20}^{+\delta D2}$，两孔中心距为 $L\pm\delta_{LD}$，两销直径分别为 $d_{1-\delta_{d1}}^{0}$、$d_{2-\delta_{d2}}^{0}$，两销中心距为 $L\pm\delta_{Ld}$。由于平面限制了 $\overset{\frown}{x}$、$\overset{\frown}{y}$、$\vec{z}$ 三个自由度，第一个定位销限制了 $\vec{x}$、$\vec{y}$ 两个自由度，第二定位销限制了 $\vec{x}$ 和 $\overset{\frown}{z}$ 两个自由度，发生了重复定位状况，故有可能使工件两孔无法套在两定位销上，如图 5-27(a)所示。

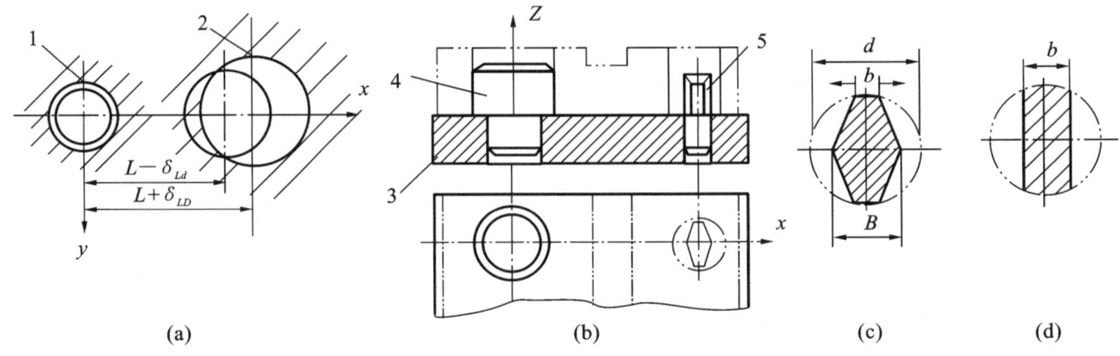

图 5-27　一面两孔组合定位

(a)孔；(b)平面

1,2—孔；3—平面；4—短圆柱销；5—短削边销

解决重复定位问题的方法有如下几种。

(1)减小第二个销子的直径。但销子直径减小，配合间隙加大，将使工件绕第一个销子的转角误差加大。

(2)使第二个销子可沿 x 方向移动，但所需结构复杂。

(3)第二个销子采用削边销结构，即采取在重复定位方向上，将第二个圆柱销削边，如图 5-27(b)所示。这样，平面限制 $\overset{\frown}{x}$、$\overset{\frown}{y}$、$\vec{z}$ 三个自由度，短圆柱销限制 $\vec{x}$、$\vec{y}$ 两个自由度，短的削边销(菱形销)限制 $\overset{\frown}{z}$ 一个自由度。采用这种方法时不需要减小第二个销子直径，因此转角误差较小。图 5-27(c)所示削边销的截面形状为菱形，又称菱形销，用于直径小于 50 mm 的孔，图5-27(d)所示削边销的截面形状常用于直径大于50 mm的孔。

在实际设计中，削边销尺寸设计的方法步骤如下。

①确定两销中心距。两销中心距的基本尺寸等于两孔中心距的基本尺寸(两孔中心距应转化为对称标注)。两销中心距的偏差一般取两孔中心距偏差的1/5～1/3，当孔距公差大时取小值，反之取大值，以便于制造。

②确定第一个定位销直径尺寸 d_1。取 $d_{1max}=D_{1min}$，定位销的直径公差一般按g6、f7配合选取，最后应对销尺寸进行圆整处理。

③确定削边销宽度 b 和 B 值。削边销的结构尺寸已经标准化，设计时应尽量按照标准选用。削边销的宽度 b 和 B 值可根据表5-2选取。

表5-2　削边销的结构尺寸　(单位：mm)

配合孔 D_2	>3～6	>6～8	>8～20	>20～24	>24～30	>30～40	>40～50
b	2	3	4	5		6	8
H	$D_2-0.5$	D_2-1	D_2-2	D_2-3	D_2-4	D_2-5	

④计算削边销直径尺寸 d_2。先计算出削边销与孔配合的最小间隙，再计算削边销直径尺寸 d_2，并将按g6或f7选取偏差，然后圆整处理。削边销与孔配合的最小间隙为

$$\Delta_{2min}=\frac{2b(\delta_{LD}+\delta_{LD})}{D_2}$$

$$d_2=D_2-\Delta_{2min}$$

式中：Δ_{2min}——削边销与孔配合的最小间隙(mm)；

b——削边销的宽度(mm)；

δ_{LD}、δ_{Ld}——工件上两孔中心距公差和夹具上两销中心距公差(mm)；

D_2——工件上削边销定位孔直径(mm)；

d_2——削边销直径尺寸(mm)。

5.2.2　定位误差分析与计算

1. 定位基准与限位基准

图5-28所示为圆柱面和平面组成的两种定位副。为方便分析定位误差，将工件上与定位元件接触的面称为定位面，定位元件上与工件接触的面称为限位面，其理想状态为基准，因此平面的基准就是平面度误差为零的理想平面。圆柱面的基准就是其轴线。由于定位副的形式不同，其基准的体现也不同。如用两顶尖装夹轴时，轴两中心孔的公共轴线为定位基准，两顶尖的公共轴线为限位基准。轴在V形块上定位时，轴的轴线为定位基准，V形块的设计心轴直径中心为限位基准。一面两销定位时，面的理想状态为定位和限位基准，而两销的中心连线是防止工件旋转的限位基准，工件两孔的中心连线是防止工件旋转的定位基准。

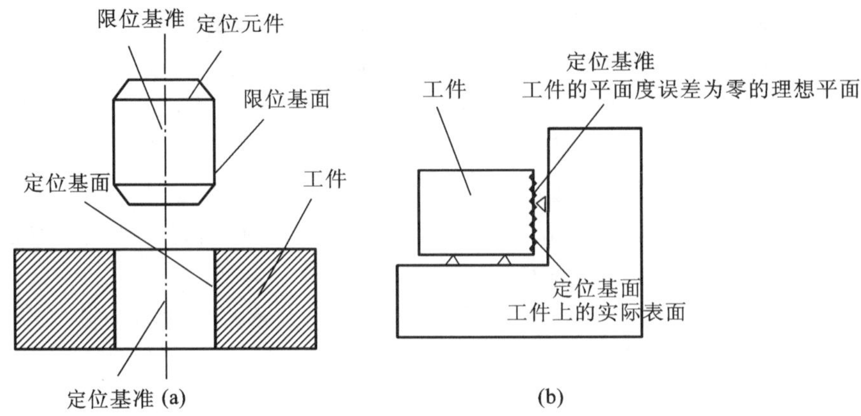

图 5-28 定位副及定位副各元素的名称

2. 定位误差

对于一批工件，每个工件彼此在尺寸、形状和相互位置上均有差异，这就使得对同一批工件在同一个夹具中进行定位时，工件的各个表面具有不同的位置精度。使用夹具装夹工件按调整法进行加工时，对一批工件而言，如不计加工过程中的其他误差，产生工序尺寸误差的原因，就在于由于定位造成的同一批工件的每个工件的工序基准位置不一致。所以，定位误差是由于工件定位造成的被加工表面的工序基准在沿工序尺寸或位置要求方向上的最大可能变动量，用 ΔD 表示。若按试切法加工则不考虑定位误差。计算定位误差的目的就是判断定位精度，看定位方案能否保证加工要求，是决定定位方案是否合理的重要依据。一般定位误差与加工精度应满足

$$\Delta D \leqslant (1/3 \sim 1/5)T \tag{5-1}$$

式中：T——工件的工序尺寸公差或位置公差。

3. 造成定位误差的原因

造成定位误差的原因有以下两个方面：其一是定位基准与工序基准不一致所引起的定位误差，称基准不重合误差，即工序基准相对定位基准在加工尺寸方向上的最大变动量，以 ΔB 表示；其二是定位基准面和定位元件本身的制造误差和装配关系所引起的定位误差，称基准位移误差，即定位基准的相对位置在加工尺寸方向上的最大变动量，以 ΔW 表示。故定位误差为在加工尺寸方向上的基准位移误差与基准不重合误差的代数和，即

$$\Delta D = \Delta W \pm \Delta B \tag{5-2}$$

1）基准不重合误差

图 5-29(a)所示的工序简图，在工件上铣缺口，加工尺寸为 A 和 B。图 5-29(b)所示的是加工示意图，工件以底面和 E 面定位。C 是确定夹具与刀具相互位置的对刀尺寸，在一批工件的加工过程中，C 的大小是不变的。加工尺寸 A 的工序基准是 F，定位基准是 E，两者不重合。当一批工件逐个在夹具上定位时，受尺寸 $S \pm \delta_S/2$ 的影响，工序基准 F 的位置是变动的。F 的变动影响 A 的大小，给 A 造成误差，这个误差就是基准不重合误差，即

$$\Delta S = A_{max} - A_{min} = S_{max} - S_{min} = \Delta B$$

显然，基准不重合误差应等于定位基准与工序基准不重合造成的加工尺寸的变动量，数值上等于是定位基准到工序基准的定位尺寸的变动量，这样便可以得到下面两个结论。

(1)当工序基准的变动方向与加工尺寸的方向相同时，基准不重合误差等于定位尺寸的公差，即

$$\Delta B=\delta_S$$

(2)当工序基准的变动方向与加工尺寸的方向不同时，基准不重合误差等于定位尺寸的公差与 α 角的余弦的乘积，即

$$\Delta B=\delta_S\cos\alpha \tag{5-3}$$

式中：α——工序基准的变动方向与加工尺寸方向间的夹角。

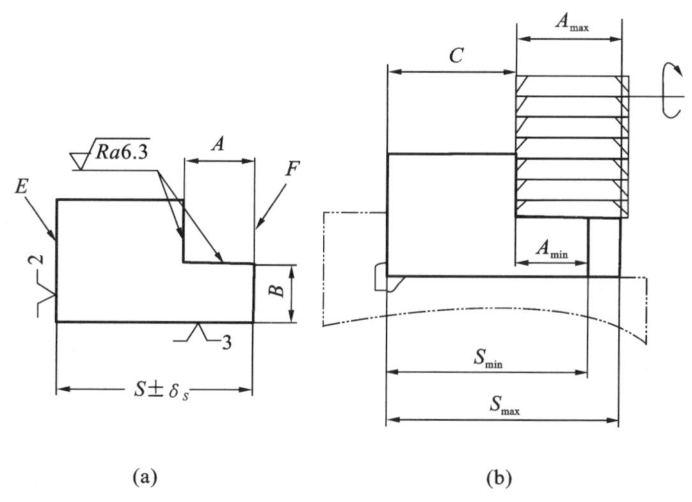

图 5-29 基准不重合误差

(a)工序简图；(b)加工示意图

2)基准位移误差

图 5-30(a)是在圆柱面上铣键槽时的工序图，加工时工件以内孔定位，使用圆柱心轴做定位元件，以圆柱面形成定位副。因此工件内孔中心线是工序基准，内孔表面是定位基面。圆柱心轴(定位元件)的中心线是限位基准，外圆表面是限位基面。从理论上分析，如果工件圆孔直径和心轴外圆直径做成完全一样的，则内孔表面与心轴表面重合，即为无间隙配合，这时二者的中心线也重合，因此可以看作以内孔中心线为定位基准，如图 5-30(a)所示，故尺寸 H 保持不变，即不存在因定位而引起的误差。然而，实际上定位副不可能制造得十分准确，有时为了使工件易于安装，须使定位副间有一最小配合间隙。这样就不能像理论上分析的那样，使工件圆孔中心和心轴中心保持完全同轴。于是，当心轴水平放置时，工件圆孔将因重力等影响单边搁置在心轴的上母线上，如图 5-30(b)、(c)所示。此时刀具位置未变，而同批工件的定位基准位置却在 O 和 O_1 之间变动，导致工序基准的位置也发生变化，使一批工件中所测得的值却在 O_1 与 O_2 之间变动，这一批工件中所测得的尺寸 H 有了误差。不过，这一误差不是由基准不重合引起的，而是由定位副的制造误差(定位副的配合间隙)所导致的。这种由定位副制造误差及定位副间的配合间隙引起的定位基准在加工尺寸方向上的最大位置变动范围称为基准位移误差，以 ΔW 表示。

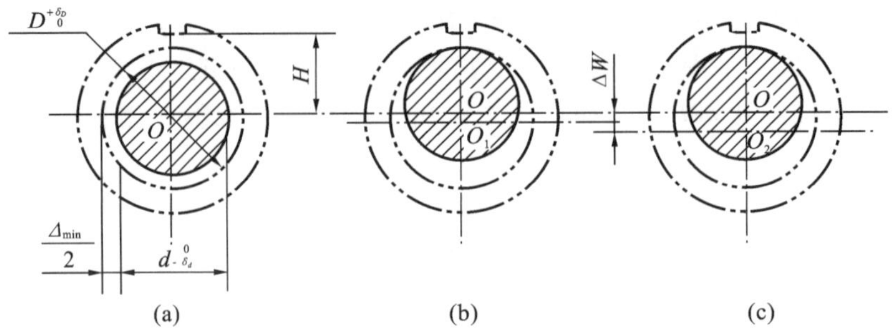

图 5-30 固定边接触基准位移误差

(a)工序图;(b)、(c)加工示意图

本例中,孔与定位心轴为固定边接触,一批工件定位基准可能出现的最大位移范围是由圆孔和心轴间最大间隙所决定的,即

$$\begin{aligned}\Delta W &= A_{max} - A_{min}\\ &= \frac{1}{2}(D_{max} - d_{min}) = \frac{1}{2}(\delta_D + \delta_d)\end{aligned} \tag{5-4}$$

式中:ΔY——基准位移误差(mm);

D_{max}——孔的最大直径(mm);

d_{min}——轴的最小直径(mm);

δ_D——工件孔的最大直径公差(mm);

δ_d——圆柱心轴和圆柱定位销的直径公差(mm)。

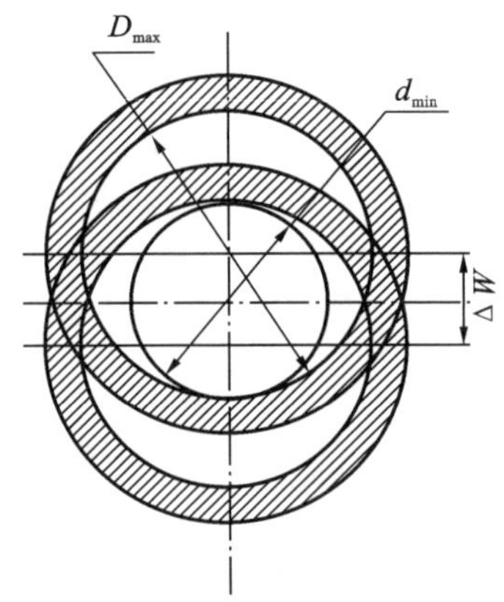

图 5-31 任意边接触基准位移误差

若孔与定位心轴为任意边接触,如图 5-31 所示,一批工件定位基准可能出现的最大位移范围为

$$\begin{aligned}\Delta W &= X_{max} = (D_{max} - d_{min})\\ &= (\delta_D + \delta_d) + X_{min}\end{aligned} \tag{5-5}$$

由此可见,减小定位副配合间隙,即可减小基准位移误差 ΔW 值,从而提高定位精度。

3)定位误差合成

定位误差是基准不重合误差与基准位移误差的合成。计算时,可先算出基准不重合误差和基准位移误差,然后将两者按具体条件进行合成,合成条件如下。

(1)若工序基准不在定位基面上(工序基准与定位基准为两个独立的表面),即基准不重合误差 ΔB 与基准位移误差 ΔY 无相关公共变量,则

$$\Delta D = \Delta W + \Delta B \tag{5-6}$$

(2)若工序基准在定位基面上,即基准不重合误差 ΔB 与基准位移误差 ΔW 有相关公共变量,则

$$\Delta D = \Delta W \pm \Delta B \tag{5-7}$$

“±”的确定方法:当 ΔW 和 ΔB 是由同一误差因素导致产生的,这时称 ΔW 和 ΔB 关联,此时如果它们方向相同,合成时取“+”号;如果它们方向相反,合成时取“-”号。当两者不关联时,可直接采用两者的和叠加计算定位误差,如图 5-32 所示。

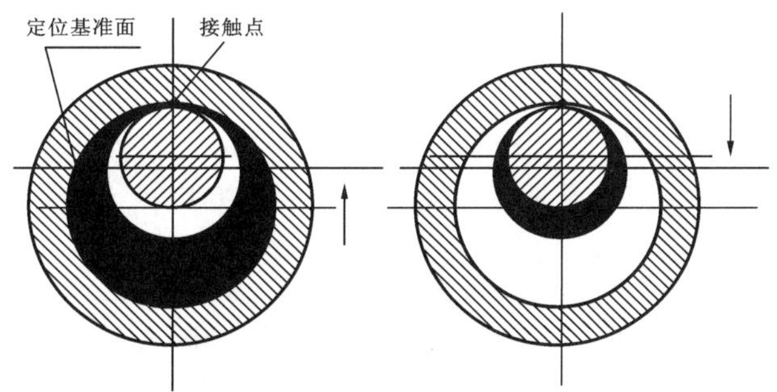

图 5-32 定位误差合成"±"符号判断

需要注意的是，定位误差是在采用调整法加工一批工件时产生的，采用逐件试切法加工，则根本不存在定位误差。下面讨论常见定位方法的定位误差分析与计算。

4. 常见定位误差的分析和计算

分析和计算定位定误差的目的，就是为了判断所采用的定位方案能否保证加工要求，以便对不同方案进行分析比较，从而选出最佳方案，它是决定定位方案时的一个重要依据。

1）工件以平面定位

图 5-33 所示为铣台阶面的两种定位方案。若按图 5-33(a)所示定位方案铣工件上的台阶面 C，要求保证尺寸(20±0.15) mm。下面分析和计算其定位误差。

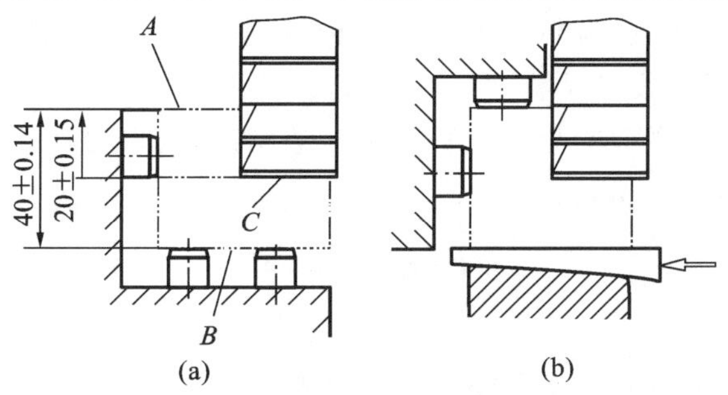

图 5-33 铣台阶面的两种定位方案

由工序简图知，加工尺寸(20±0.15) mm 的工序基准(也是设计基准)是 A 面，而图(a)中定位基准是 B 面，可见定位基准与工序基准不重合，必然存在基准不重合误差。这时的定位尺寸是(40±0.14) mm，与加工尺寸方向一致，所以基准不重合误差的大小就是定位尺寸的公差，即 $\Delta B=0.28$ mm。若定位基准 B 面制造得比较平整光滑，则同批工件的定位基准位置不变，不会产生基准位移误差，即 $\Delta W=0$。所以有

$$\Delta D=\Delta B+\Delta W=\Delta B=0.28\ \text{mm}$$

而加工尺寸(20±0.15) mm 的公差为

$$\delta=0.30\ \text{mm}$$

所以

$$\Delta D=0.28\ \text{mm}>\delta/3=1/3\times0.30\ \text{mm}=0.10\ \text{mm}$$

由式(5-1)可知，定位误差太大，而留给其他加工误差的允差值就太小了，只有 0.02 mm，所以在实际加工中容易出现废品，所以此方案不宜采用。若改为图 5-33(b)定位方案，则由于定位基准与工序基准重合，所以定位误差为零。但此定位方案中的工件需从下向上夹紧，夹紧方案不够理想，且使夹具结构复杂。

2)工件以外圆柱定位

下面主要分析工件以外圆柱在 V 形块上定位的情况。如不考虑 V 形块的制造误差,则工件定位基准在 V 形块的对称面上,因此工件中心线在水平方向上的位移为零。但在垂直方向上,因工件外圆有制造误差,因而存在基准位移,如图 5-34(a)所示。其值为

$$\Delta W = O_2O_1 = \frac{O_1A}{\sin\frac{\alpha}{2}} - \frac{O_2B}{\sin\frac{\alpha}{2}} = \frac{\frac{1}{2}d}{\sin\frac{\alpha}{2}} - \frac{\frac{1}{2}(d-\delta_d)}{\sin\frac{\alpha}{2}} = \frac{\delta_d}{2\sin\frac{\alpha}{2}} \tag{5-8}$$

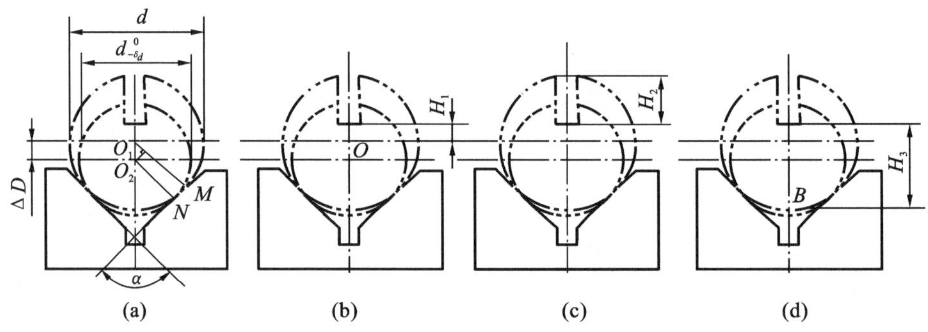

图 5-34 工件在 V 形块上定位时定位误差分析

图 5-34(b)、(c)、(d)所示为同一工件的三种不同工序尺寸标注情况,工件直径尺寸为 $d_{-\delta_d}^{\ 0}$,其定位误差的分析计算如下。

图 5-34(b)所示为工序基准与定位基准重合的情况,此时 $\Delta B=0$,只有基准位移误差,故影响工序尺寸 H_1 的定位误差为

$$\Delta D = \Delta W = \frac{\delta_d}{2\sin\frac{\alpha}{2}} \tag{5-9}$$

图 5-34(c)所示工序基准选在工件上母线 A 处,工序尺寸为 H_2。此时,工序基准与定位基准不重合,其误差为 $\Delta B=\delta_d/2$,基准位移误差 ΔW 同上。由于 ΔB 和 ΔW 均是由于工件直径尺寸制造误差引起的,属于关联误差因素,因此采用合成法计算时需判断其正负。其判断方法如下:当工件直径尺寸减小时,工件定位基准将下移;当工件定位基准位置不变时,若工件直径尺寸减小,则工序基准 A 下移,两者变化方向相同,故定位误差计算应采用和合成为

$$\Delta D = \Delta W + \Delta B = \frac{\delta_d}{2\sin\frac{\alpha}{2}} + \frac{\delta_d}{2} \tag{5-10}$$

图 5-34(d)所示工序基准选在工件下母线 B 处,工序尺寸为 H_3。当工件直径尺寸变小时,定位基准将下移,但工序基准将上移,因此定位误差计算应采用差合成为

$$\Delta D = \Delta W - \Delta B = \frac{\delta_d}{2\sin\frac{\alpha}{2}} - \frac{\delta_d}{2} \tag{5-11}$$

可以看出,当式(5-9)、式(5-10)和式(5-11)中的 α 相同时,以工件下母线为工序基准时,定位误差最小,而以工件上母线为工序基准时定位误差最大,所以图 5-34(d)所示尺寸标注方法最好。可见,工件在 V 形块上定位时,定位误差随加工尺寸的标注方法不同而异。

另外，随V形块夹角 α 的增大，定位误差减小，但夹角过大时，将引起工件定位不稳定，故一般采用90°夹角的V形块。

3）工件以圆柱孔定位

工件以单一圆柱孔定位时常用的定位元件是圆柱定位心轴或定位销（见图5-35），此时定位误差的计算有两种情形：工件孔与定位心轴（或定位销）采用过盈配合和间隙配合。

（1）工件孔与定位心轴（或定位销）过盈配合的定位误差计算。由于工件孔与心轴（或定位销）为过盈配合，定位副间无间隙，定位基准的位移量为零，所以 $\Delta W=0$。

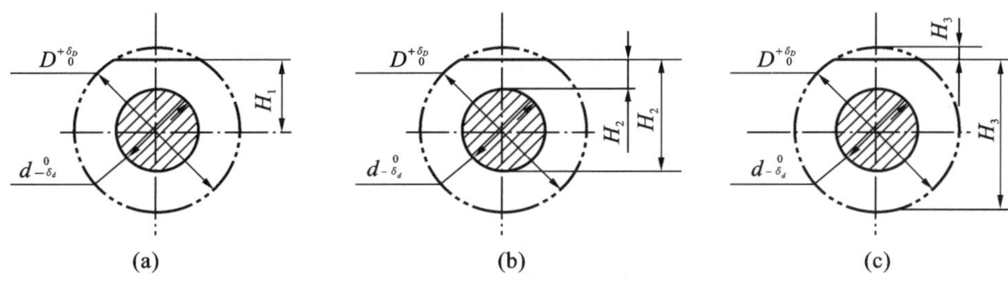

图5-35 工件以圆柱孔在过盈配合心轴上定位时的定位误差分析

若工序基准与定位基准重合，如图5-35(a)中的 H_1 尺寸，则定位误差为

$$\Delta D=\Delta B+\Delta W=0 \tag{5-12}$$

若工序基准在工件定位孔的母线上，如图5-35(b)中的 H_2 尺寸，则定位误差为

$$\Delta D=\Delta B+\Delta W=\Delta B=\frac{\delta_d}{2} \tag{5-13}$$

若工序基准在工件外圆母线上，如图5-35(c)中的 H_3 尺寸，则定位误差为

$$\Delta D=\Delta B+\Delta W=\Delta B=\frac{\delta_D}{2} \tag{5-14}$$

（2）工件孔与定位心轴（或定位销）采用间隙配合的定位误差计算。

①工件孔与定位心轴（或定位销）水平放置。如图5-36所示，工件孔与定位心轴（或定位销）水平放置。图5-36(a)所示为理想定位状态，工序基准（孔中心线）与定位基准（心轴轴线）重合，$\Delta B=0$，但由于工件的自重作用，工件孔与定位心轴（或定位销）的上母线单边接触，孔中心线相对于定位心轴（或定位销）轴线将总是下移。图5-36(b)所示为可能产生的最小下移状态，图5-36(c)所示为可能产生的最大下移状态。由于定位副的制造误差，将产生定位基准位移误差，孔中心线在铅垂方向上的最大变动量为

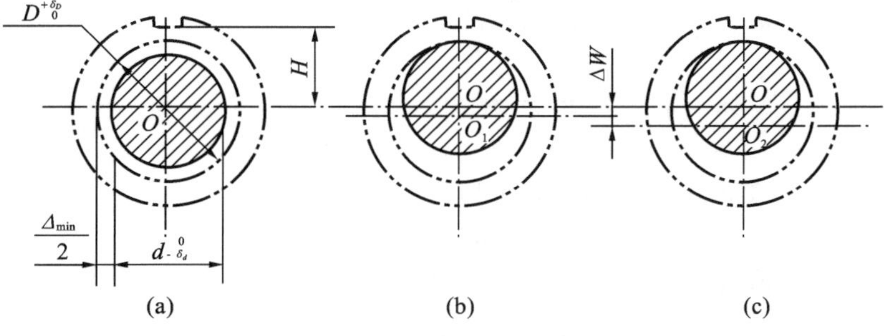

图5-36 工件孔与定位心轴间隙配合水平放置定位误差计算

$$\Delta W = O_1O_2 = OO_2 - OO_1 = \frac{D_{\max} - d_{\min}}{2} - \frac{D_{\min} - d_{\max}}{2} = \frac{\delta_D + \delta_d}{2} \tag{5-15}$$

需要注意：基准位移误差 ΔW 是最大位置变化量，而不是最大位移量。ΔW 计算结果中没有包含 $\Delta_{\min}/2$，这是因为 $\Delta_{\min}/2$ 是常值系统误差，可以通过调刀消除。因此，在确定调刀尺寸时对此应加以注意。

对基准不重合误差，则应视工序基准的不同而作不同的处理。

②工件孔与定位心轴（或定位销）垂直放置。如图 5-37 所示，工件孔与定位心轴（或定位销）垂直放置，定位心轴（或定位销）与工件内孔则可能以任意边接触，应考虑加工尺寸方向的两个极限位置及孔轴的最小配合间隙 $\Delta_{\min}$ 的影响，此时对 $\Delta_{\min}$ 无法预先在调整刀具尺寸时予以补偿，所以在加工尺寸方向上的最大基准位移误差可按最大孔和最小轴配合求得孔中心线位置的变动量：

$$\Delta W = \delta_{D_1} + \delta_{d_1} + \Delta_{\min} = \Delta_{\max} \tag{5-16}$$

对基准不重合误差则应视工序基准的不同而异。

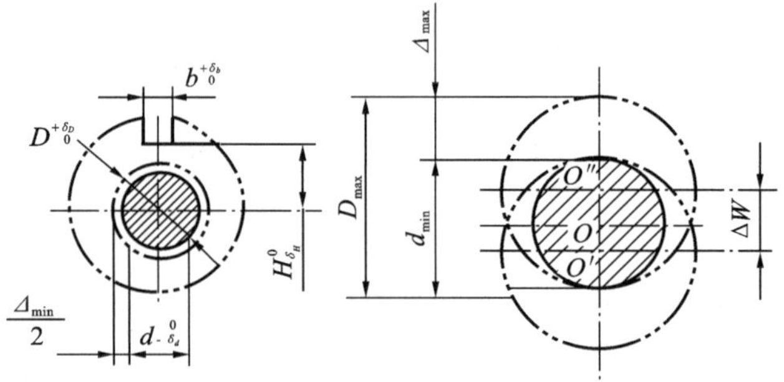

图 5-37 工件孔与定位心轴间隙配合垂直放置定位误差计算

4）工件以一面两孔定位

图 5-38 所示为工件的一面两孔定位的情形。

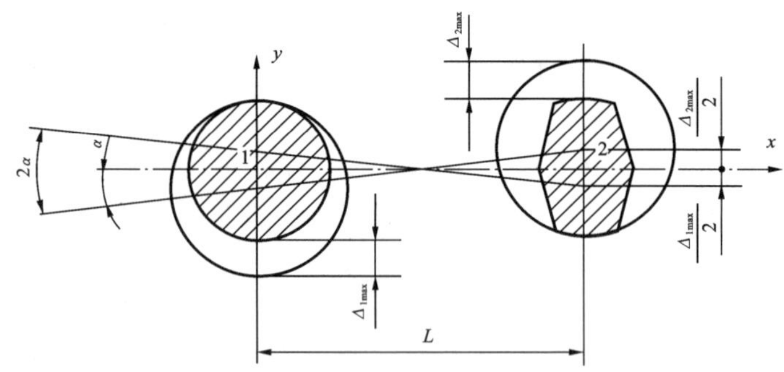

图 5-38 孔中心距的转角误差

（1）“1”孔中心线在 x、y 方向的最大位移为

$$\Delta_{D(1x)} = \Delta_{D(1y)} = \delta_{D_1} + \delta_{d_1} + \Delta_{1\min} = \Delta_{1\max} \tag{5-17}$$

（2）“2”孔中心线在 x、y 方向的最大位移分别为

$$\Delta_{D(2x)} = \Delta_{D(1x)} + 2\delta_{L_D} \tag{5-18}$$

$$\Delta_{D(2y)} = \delta_{D_2} + \delta_{d_2} + \Delta_{2\min} = \Delta_{2\max} \tag{5-19}$$

(3)两孔中心连线对两销中心连线的最大转角误差为

$$\Delta_{D(\alpha)}=2\alpha=2\arctan\frac{\Delta_{1\max}+\Delta_{2\max}}{2L} \tag{5-20}$$

以上定位误差都属于基准位移误差。

5)应用举例

例5-1　如图5-39所示,求加工尺寸A的定位误差。

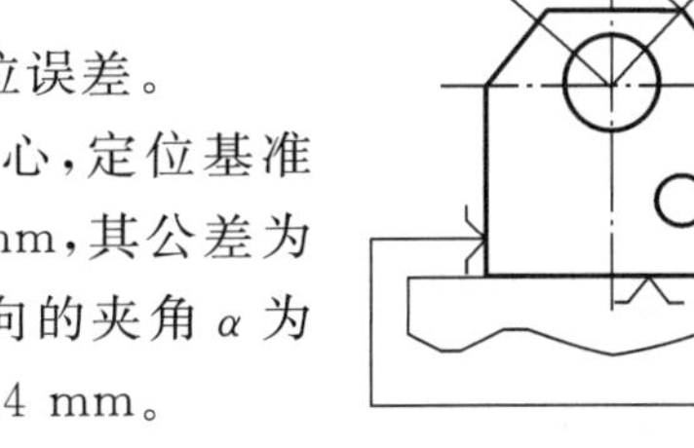

图5-39　工件平面定位误差

解　(1)定位基准为底面,工序基准为圆孔中心,定位基准与工序基准不重合。两者之间的定位尺寸为50 mm,其公差为$\delta_S=0.2$ mm,工序基准的位移方向与加工尺寸方向的夹角α为45°,根据式(5-3),$\Delta B=\delta_S\cos\alpha=0.2\cos45°=0.1414$ mm。

(2)定位基准与限位基准无移动变化

$$\Delta W=0$$

(3)总定位误差

$$\Delta D=\Delta B=0.1414\ \text{mm}$$

例5-2　用图5-40所示的定位方式铣削连杆的两个侧面,计算加工尺寸(10±0.2) mm和(12±0.1) mm的定位误差。

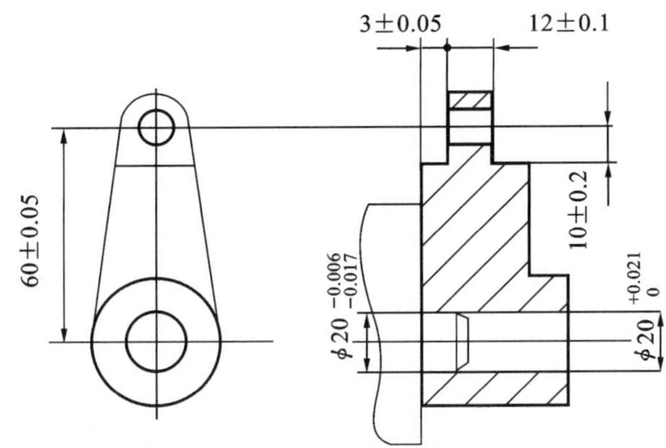

图5-40　工件圆孔定位误差

解　由于定位采用一面一销方式,所以有:

(1)加工(12±0.1) mm尺寸时,由于工序基准与定位基准不重合,存在基准不重合误差,不存在基准位移误差,ΔB等于定位基准到工序基准定位尺寸的公差,即尺寸(3±0.05) mm的公差

$$\Delta B=0.1\ \text{mm}$$

(2)加工(10±0.02) mm尺寸时,由于工序基准与定位基准不重合,存在基准不重合误差,同时存在基准位移误差,并且为单方向移动。

ΔB等于定位基准到工序基准定位尺寸的公差,即尺寸(60±0.05) mm的公差,故

$$\Delta B=0.1\ \text{mm}$$

ΔW等于定位基准限位基准的变动量,其值等于孔的公差加轴的公差的1/2,即

$$\Delta W=[(0.017-0.006)+0.021]\ \text{mm}/2=0.016\ \text{mm}$$

总定位误差$\Delta D=\Delta B\pm\Delta W$,由于工序基准不在定位基面上,所以$\Delta D=\Delta B+\Delta W$

$$\Delta D=\Delta B+\Delta W=0.1\ \text{mm}+0.016\ \text{mm}=0.116\ \text{mm}$$

5.3 工件的夹紧

将工件定位后，通过一定的机构产生夹紧力将其固定的过程称为夹紧。夹紧时要求使工件保持准确的定位位置，保证在加工过程中，受到切削力等外力作用时不产生位移或振动。这种产生夹紧力的机构称为夹紧装置。

5.3.1 夹紧装置的组成和要求

1. 夹紧装置的组成

如图 5-41 所示，夹紧装置由动力源 3、传力机构 2 和夹紧元件 1 三部分组成。

1）动力源

动力源是产生夹紧力的装置，夹紧分为手动夹紧和机动夹紧两种。手动夹紧的动力源来自人力，用时比较费时费力。为了改善劳动条件和提高生产率，目前在大批量生产中均采用机动夹紧。机动夹紧的动力源来自气动、液压、气液联动、电磁、真空等动力夹紧装置。图 5-41 所示的汽缸就是一种动力源装置。

2）传力机构

传力机构的作用是改变作用力的大小和方向，并具有一定的自锁性能，一旦夹紧力消失后，仍能保证整个夹紧系统处于可靠的夹紧状态，这一点在手动夹紧时尤为重要。图 5-41 所示的传力杆就是传力机构。

3）夹紧元件

夹紧元件是直接与工件接触完成夹紧作用的最终执行元件。图 5-41 所示的压板就是夹紧元件。

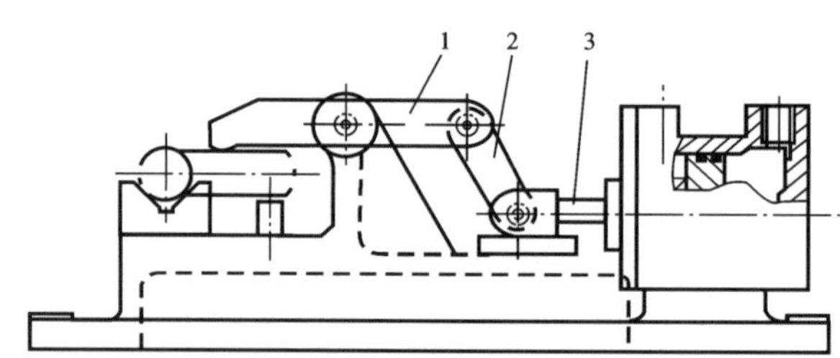

图 5-41 夹紧装置的组成

1—压板；2—传力杆；3—汽缸

2. 夹紧装置的基本要求

(1)夹紧过程中，不改变工件定位后所占据的正确位置。

(2)夹紧力的大小适当，一批工件的夹紧力要稳定不变，在加工过程中保证工件不变形，不振动。

(3)夹紧装置的复杂程度与工件的生产纲领相适应。

(4)工艺性好，使用性好，便于制造和维修，操作方便。

5.3.2 夹紧力的确定

夹紧力的确定包括夹紧力的方向、作用点和大小三要素的确定。

1. 夹紧力方向的确定

1)夹紧力应朝向主要限位面

对工件多个方向夹紧时，朝向主要定位面的夹紧力应是主要夹紧力，以保证定位稳定。如图5-42所示，直角支座镗孔时要求孔与A面垂直，所以应以A面为主要定位基面，图5-42(a)中所示的$\boldsymbol{F}_j$朝向主要定位基面，则有利于保证加工孔轴线与A面的垂直度。图5-42(b)所示中的$\boldsymbol{F}_j$都不利于保证镗孔轴线与A面的垂直度。

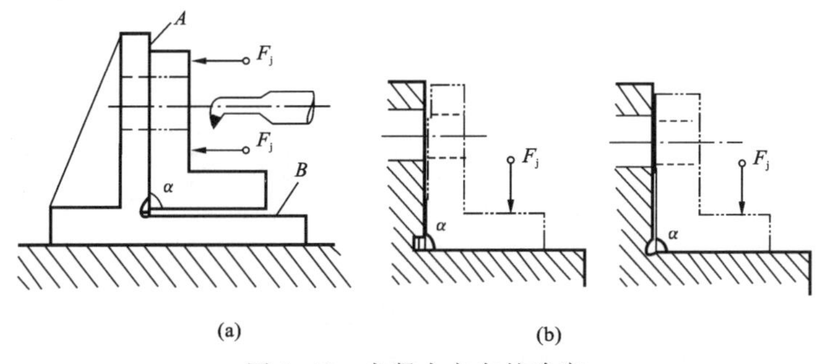

图5-42 夹紧力方向的确定

(a)夹紧力方向合理;(b)夹紧力方向不合理

2)夹紧力的方向应有利于减小夹紧力

夹紧力的方向应有利于减小夹紧力，以减小工件的变形、减轻劳动强度。为此，夹紧力$\boldsymbol{F}_j$的方向最好与切削力$\boldsymbol{F}$、工件的重力$\boldsymbol{G}$的方向重合。图5-43所示为工件在夹具中加工时常见的几种受力情况。显然，图5-43(b)所示夹紧力方向合理，图5-43(a)所示夹紧力方向不合理。

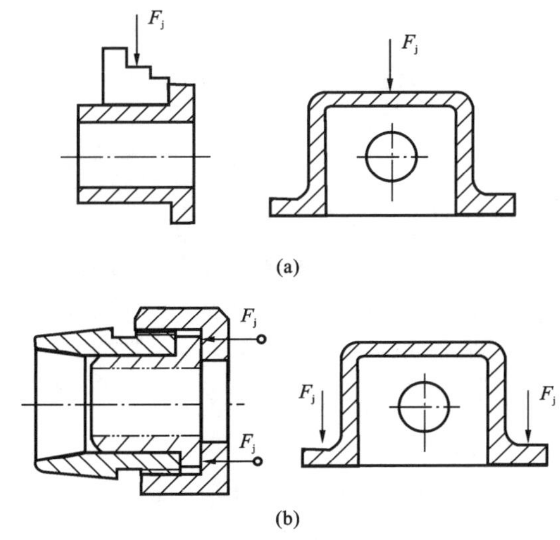

图5-43 夹紧力方向的实例

(a)夹紧力方向不合理;(b)夹紧力方向合理

3）夹紧力的方向应指向刚性较好的方向

由于工件在不同方向上刚度是不等的，不同的受力表面也因其接触面积大小而变形各异，尤其在夹压薄壁零件时，更需注意使夹紧力的方向指向工件刚性最好的方向。

2. 夹紧力作用点的确定

1）夹紧力的作用点应落在定位元件的支承范围内

应尽可能使夹紧点与支承点对应，使夹紧力作用在支承面上。如图 5-44(a)、(b)、(c)所示，夹紧力作用在支承面范围之外，会使工件倾斜或移动，夹紧时将破坏工件的定位；图 5-44(d)所示夹紧力作用点的选择是合理的。

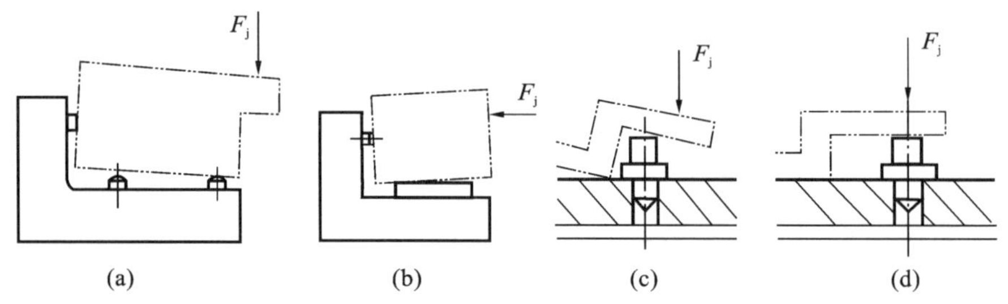

图 5-44 夹紧力作用点的位置

(a)、(b)、(c)夹紧力作用点不合理；(d)夹紧力作用点合理

2）夹紧力的作用点应选在工件刚性较好的部位

将夹紧力的作用点选在工件刚性较好的部位对刚度较差的工件尤其重要，如图 5-43(b)所示。

3）夹紧力的作用点应尽量靠近加工表面

夹紧力的作用点应尽量靠近加工表面，以防止工件产生振动和变形，提高定位的稳定性和可靠性。图 5-45 所示工件的加工部位为两端面，由于主夹紧力作用点加工表面较远，易引起加工振动，会使表面粗糙度增大，故在靠近加工部位的地方设置辅助支承，增加了一个夹紧点。

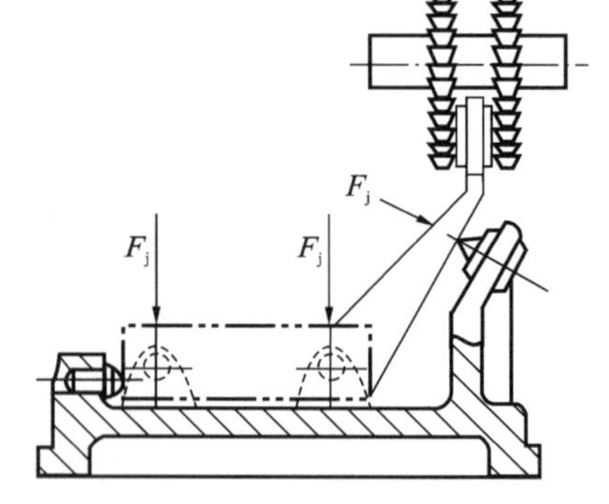

图 5-45 夹紧力的作用点应尽量靠近加工表面

3. 夹紧力大小的确定

合理确定夹紧力的大小，有利于保证定位稳定、夹紧可靠及正确确定夹紧装置的结构尺寸。夹紧力的大小要适当。夹紧力过小则夹紧不牢靠，在加工过程中工件可能发生位移而破坏定位，其结果轻则影响加工质量，重则造成工件报废甚至发生安全事故。夹紧力过大会使工件变形，也会对加工质量不利。

理论上，夹紧力的大小应与作用在工件上的其他力（力矩）相平衡，而实际上，夹紧力的大小还与工艺系统的刚度、夹紧机构的传递效率等因素有关，计算是很复杂的。因此，实际设计中常采用估算法、类比法和试验法确定所需的夹紧力。

当采用估算法确定夹紧力的大小时，为简化计算，通常将夹具和工件看成一个刚性系统。根据工件所受切削力、夹紧力(对大型工件应考虑重力、惯性力等)的作用情况,找出加工过程中对夹紧最不利的状态,按静力平衡原理计算出理论夹紧力,最后再乘以安全系数作为实际所需夹紧力,即

$$F_j = KF_{j0}$$

式中:F_j——实际所需夹紧力(N);

F_{j0}——在一定条件下,由静力平衡算出的理论夹紧力(N);

K——安全系数,粗略计算时,对于粗加工取 $K=2.5\sim3$,对于精加工取 $K=1.5\sim2$。

夹紧力三要素的确定,实际是一个综合性问题。必须全面考虑工件结构特点、工艺方法、定位元件的结构和布置等多种因素,才能最后确定并具体设计出较为理想的夹紧装置。

4. 减小夹紧变形的措施

当工件很难找出合适的夹紧点时,可以采取以下措施减少夹紧变形。

(1)增加辅助支承和辅助夹紧点 如图 5-45 所示,增加一个辅助支承点及辅助夹紧力 F_j,就可以使工件获得满意的夹紧状态。

(2)分散着力点 用一块活动压板将夹紧力的着力点分散成两个或四个,从而改变着力点的位置,减少着力点的压力,获得减少夹紧变形的效果,如图 5-46(a)所示。

(3)利用对称变形 加工薄壁套筒时,采用图 5-46(b)方法加宽卡爪,以获得变形量的统计平均值,也可以达到所要求的加工精度。

(4)增加压紧件接触面积 如图 5-46(c)所示,将螺纹底部面积增大,可加大和工件的接触面积,减小接触点的比压,从而减小夹紧变形。

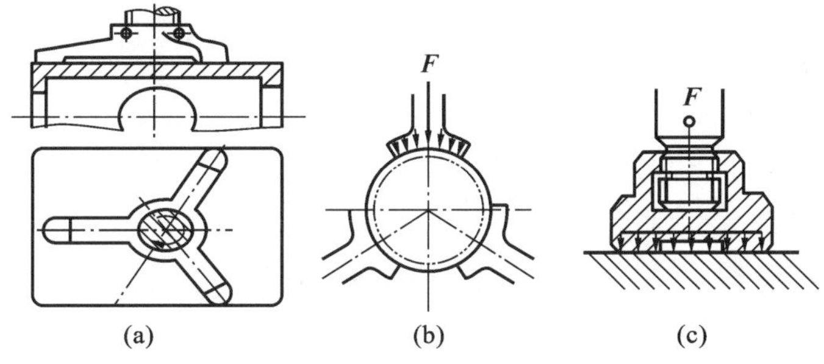

图 5-46 减小夹紧变形的措施

(a)分散着力点;(b)利用对称变形;(c)增加压紧件面积

5.3.3 典型夹紧机构

机床夹具中所使用的夹紧机构种类很多,其中最基本的形式有斜楔、偏心轮、螺旋等类型。

1. 斜楔夹紧机构

斜楔是夹紧机构中最基本的增力和锁紧元件。斜楔夹紧机构是利用楔块上的斜面直接或间接(如用杠杆等)将工件夹紧的机构,如图 5-47 所示。

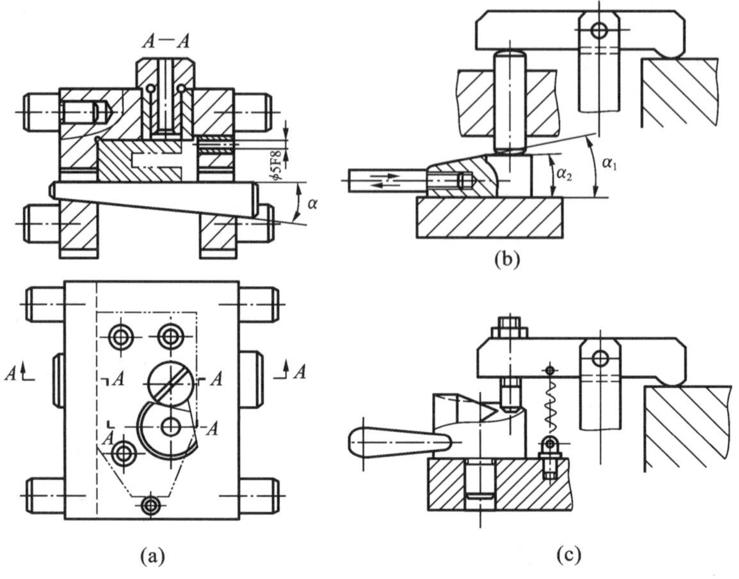

图 5-47 斜楔夹紧机构

1）斜楔夹紧力的计算

斜楔在夹紧过程中的受力分析如图 5-48 所示，工件与夹具体给斜楔的作用力分别为 F_Q 和 F_R；工件和夹具体与斜楔的摩擦力分别为 F_2 和 F_1，相应的摩擦角分别为 φ_2 和 φ_1。F_R 与 F_1 的合力为 F_{R1}，F_Q 与 F_2 的合力为 F_{Q1}。当斜楔处于平衡状态时，根据静力平衡方程，可得斜楔对工件所产生的夹紧力 F_Q 为

$$F_Q=\frac{F_P}{\tan\varphi_2+\tan(\alpha+\varphi_1)} \tag{5-21}$$

式中：F_P——斜楔所受的外力(N)；

φ_1、φ_2——斜楔与夹具体和工件间的摩擦角(°)；

α——斜楔的楔角(°)，通常取 6°～10°。

由于 α、φ_1 和 φ_2 均较小，设 $\varphi_2=\varphi_1=\varphi$，上式可简化为

$$F_Q=\frac{F_P}{\tan(\alpha+2\varphi)} \tag{5-22}$$

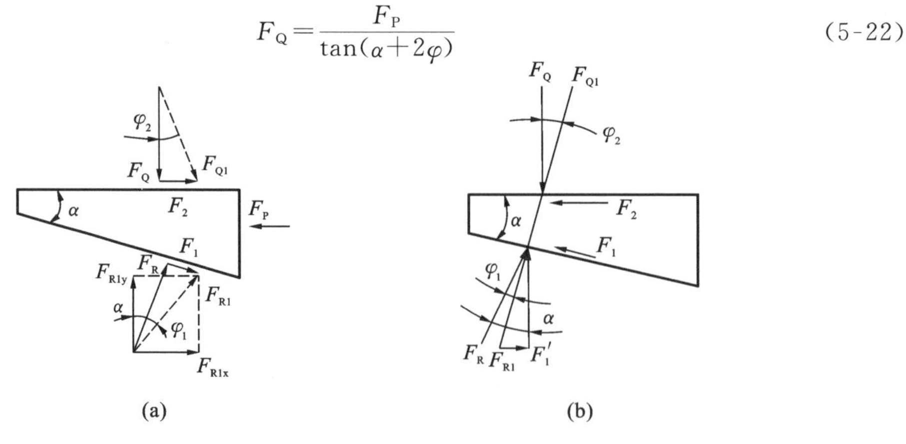

图 5-48 斜楔夹紧受力分析

2)斜楔夹紧的自锁条件

当工件夹紧并撤除外力 F_P 后,夹紧机构依靠摩擦力的作用,仍能保持对工件的夹紧状态的现象称为自锁。根据这一要求,当撤除 F_P 后,摩擦力的方向与斜楔松开的趋势相反。斜楔受力分析如图5-48(b)所示。要使斜楔能够保证自锁,必须满足下列条件:

$$F_{Q1}\sin\varphi_2 \geqslant F_{R1}\sin(\alpha-\varphi_1) \tag{5-23}$$

根据二力平衡原理有 $F_{Q1}=F_{R1}$,且由于 α、φ_1 和 φ_2 均较小,则斜楔夹紧的自锁条件为

$$\alpha \leqslant \varphi_1+\varphi_2 \tag{5-24}$$

钢铁表面间的摩擦系数一般为 $f=0.1\sim0.15$,可知摩擦角 φ_1 和 φ_2 的值为 $5.75°\sim8.5°$。因此,斜楔夹紧机构满足自锁的条件是:$\alpha\leqslant11.5°\sim17°$。但为了保证自锁可靠,一般取 $\alpha=10°\sim15°$或更小些。

3)斜楔夹紧的扩力比(扩力系数)

扩力比是指在夹紧力 F_P 作用下,夹紧机构所能产生的夹紧力 F_Q 与 F_P 的比值,用符号 i_P 表示,斜楔夹紧的扩力比为

$$i_P=\frac{F_Q}{F_P}=\frac{1}{\tan\varphi_2+\tan(\alpha+\varphi_1)} \tag{5-25}$$

4)斜楔夹紧机构的行程比

一般把斜楔的移动行程 L 与工件需要的夹紧行程 S 的比值称为行程比,用符号 i_S 表示。i_S 在一定程度上反映了对某一工件夹紧的夹紧机构的尺寸大小。斜楔夹紧机构的行程比为

$$i_S=\frac{L}{S}=\frac{1}{\tan\alpha} \tag{5-26}$$

从式(5-25)、式(5-26)可知:当夹紧 F_P 和斜楔行程 L 一定时,楔角 α 越小,则产生的夹紧力 F_Q 和夹紧行程比 i_S 就越大(夹紧行程 S 却越小)。此时楔面的工作长度加大,致使结构不紧凑,夹紧速度变慢。所以在选择楔角 α 时,必须同时兼顾扩力比和夹紧行程,不可顾此失彼。

5)斜楔夹紧机构应用

选用斜楔夹紧机构时,应根据需要确定斜角 α。凡有自锁要求的楔块夹紧,其斜角 α 必须小于 2φ(φ 为摩擦角),通常取 $\alpha=6°\sim10°$。在现代夹具中,斜楔夹紧机构常与气压、液压传动装置联合使用,由于气压和液压可保持一定压力,楔块斜角 α 不受此限,可取更大些,一般在 $15°\sim30°$内选择。斜楔夹紧机构结构简单,操作方便,但传力系数小,夹紧行程短,自锁能力差,很少直接应用于手动夹紧,而常用在工件尺寸公差较小的机动夹紧机构中。

2. 螺旋夹紧机构

采用螺旋直接夹紧或与其他元件组合实现夹紧工件的机构,统称为螺旋夹紧机构。螺旋夹紧机构不仅结构简单、容易制造,而且自锁性能好、夹紧可靠,夹紧力和夹紧行程都较大,是夹具中用得最多的一种夹紧机构。

螺旋夹紧机构的主要元件(如螺杆、压块、手柄等)已经标准化,设计时可参考有关夹具设计手册。

1)螺旋夹紧机构的夹紧力计算

图 5-49 所示为螺旋夹紧的受力分析。当工件处于夹紧状态时,根据力矩的平衡原理,图 5-49(a)所示三个力矩满足下式:

$$M=M_1+M_2 \tag{5-27}$$

式中:M——作用于螺杆的原始力矩(N· mm);

M_1——螺母给螺杆的反力矩(N· mm);

M_2——工件给螺杆的反力矩(N· mm)。

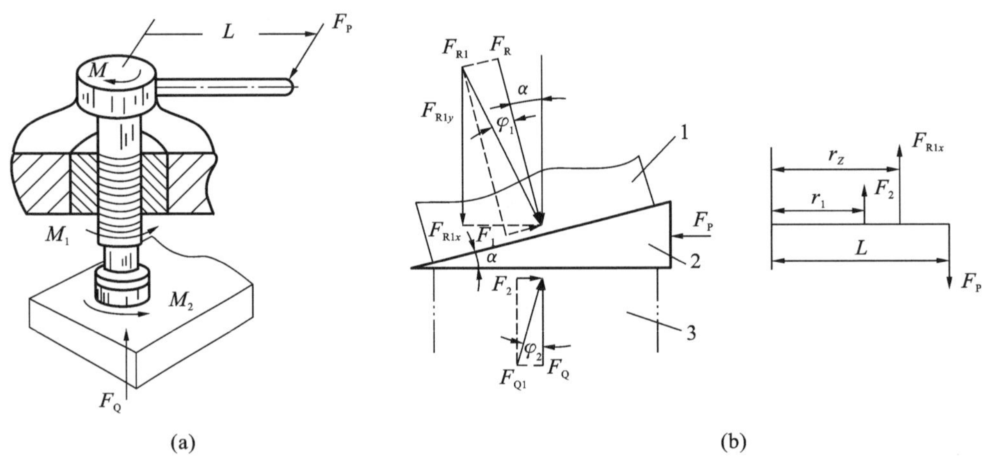

图 5-49 螺旋夹紧受力分析

图 5-49(b)为螺旋沿中径展开图,螺杆可视为楔块,由图可得:

$$\begin{cases} M=F_P\cdot L \\ M_1=F_{R1x}\cdot r_z\cdot r_zF_Q\tan(\alpha+\varphi_1) \\ M_2=F_2\cdot r_1\cdot r_1F_Q\tan\varphi_2 \end{cases} \tag{5-28}$$

式中:F_{R1x}——螺母对螺杆的反作用力 F_{R1} 的水平分力(N),而 F_{R1} 为螺母对螺杆的摩擦力 F_1 和正压力 F_R 的合力;

F_2——工件给螺杆的摩擦阻力(N);

r_z——螺旋中径的一半(mm);

r_1——压紧螺钉端部的当量摩擦半径(mm)。

φ_1——螺母与螺杆间的摩擦角(°);

φ_2——工件与螺杆头部(或压块)间的摩擦角(°);

α——螺旋升角(°),一般为 2°~4°。

由式(5-26)和式(5-27)可得螺旋夹紧机构的夹紧力 F_Q 为

$$F_Q=\frac{F_PL}{r_z\tan(\alpha+\varphi_1)+r_1\tan\varphi_2} \tag{5-29}$$

压紧螺钉端部的当量摩擦半径 r_1 的值与螺杆头部(或压块)的结构有关,压紧螺钉端部的当量摩擦半径计算见表 5-3。

表 5-3　压紧螺钉端部的当量摩擦半径 r_1 的计算　（单位：mm）

接触形式	点接触	平面接触	圆环线接触	圆环面接触
r_1	0	$D/3$	$R\cot\frac{\beta}{2}$	$\frac{1}{3}\frac{D^3-d^3}{D^2-d^2}$
简图		D	β R	d D

2）螺旋夹紧的自锁条件

螺旋夹紧机构的自锁条件和斜楔夹紧机构相同，即

$$\alpha \leqslant \varphi_1 + \varphi_2 \tag{5-30}$$

螺旋夹紧机构的螺旋升角 α 很小（一般为 2°～4°），故自锁性能好。

3）螺旋夹紧的扩力比（扩力系数）

螺旋夹紧的扩力比为

$$i_P = \frac{F_Q}{F_P} = \frac{L}{r_z \tan(\alpha + \varphi_1) + r_1 \tan\varphi_2} \tag{5-31}$$

因为螺旋升角小于斜楔的楔角，而 L 远大于 r_z 和 r_1，可见，螺旋夹紧机构的扩力作用远大于斜楔夹紧机构。

4）螺旋夹紧机构的应用

由于螺旋夹紧机构结构简单，制造容易，夹紧行程大，扩力比大，自锁性能好，在实际设计中得到了广泛应用，尤其适合于手动夹紧机构。但其夹紧动作缓慢，效率低，不宜用于自动化夹紧装置。

（1）简单螺旋夹紧机构　这种装置有两种形式。图 5-50（a）所示的机构螺杆直接与工件接触，容易使工件受损害或移动，一般只用于毛坯和粗加工零件的夹紧。图 5-50（b）所示的是常用的螺旋夹紧机构，其螺钉头部常装有摆动压块，可防止螺杆夹紧时带动工件转动和损伤工件表面，螺杆上部装有手柄，夹紧时不需要扳手，操作方便、迅速。工件夹紧部分不宜使用扳手，且夹紧力要求不大的部位，可选用这种机构。简单螺旋夹紧机构的缺点是夹紧动作慢，工件装卸费时。为了克服这一缺点，可以采用如图 5-51 所示的快速螺旋夹紧机构。

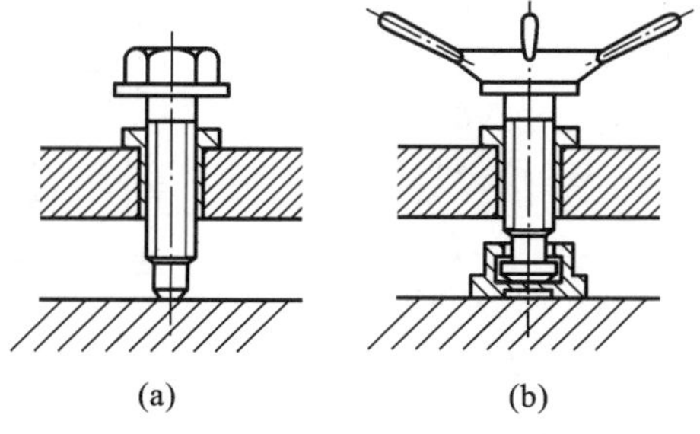

图 5-50　简单螺旋夹紧机构

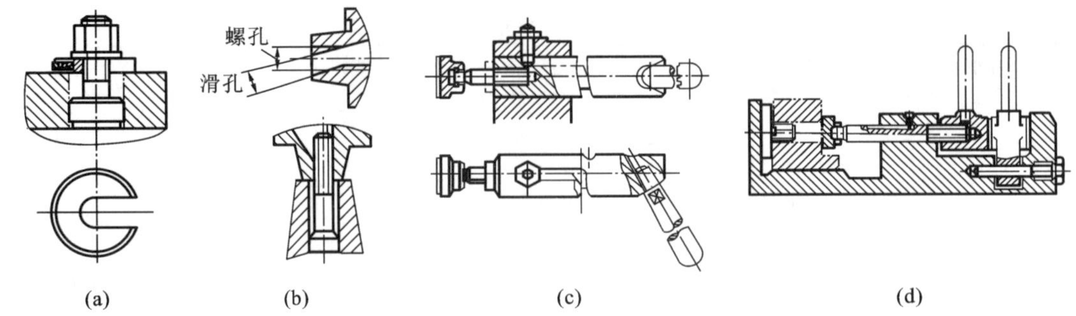

图 5-51 快速螺旋夹紧机构

(2)螺旋压板夹紧机构　在螺旋夹紧机构中,结构形式变化最多的是螺旋压板机构,常用的螺旋压板夹紧机构如图 5-52 所示。

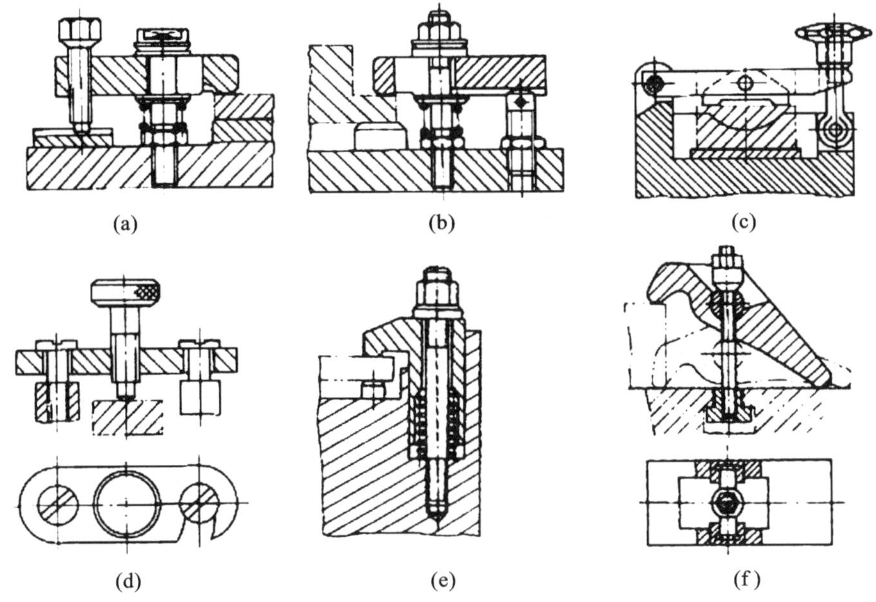

图 5-52 常用的螺旋压板夹紧机构

3. 偏心夹紧机构

偏心夹紧机构是靠偏心轮回转时其半径逐渐增大而产生夹紧力来夹紧工件的。偏心夹紧机构常与压板联合使用,如图 5-53 所示。常用的偏心轮有圆偏心轮和曲线偏心轮。曲线偏心为阿基米德曲线或对数曲线,这两种曲线的优点是升角变化均匀或不变,可使工件夹紧稳定可靠,但制造困难,故使用较少;圆偏心外形为圆,制造方便,应用最广。下面介绍圆偏心夹紧机构。

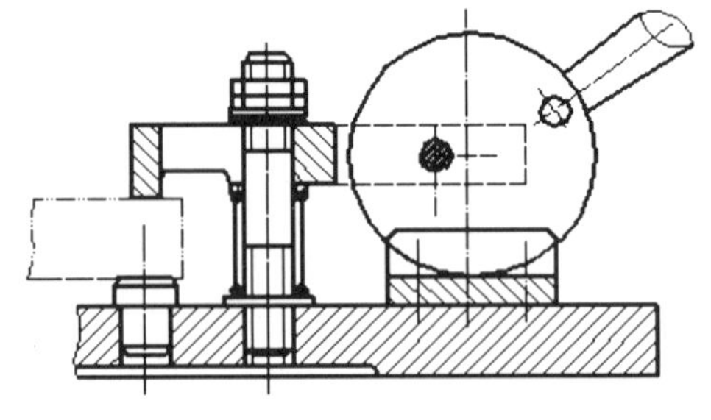
图 5-53 偏心夹紧机构

1)偏心夹紧机构的夹紧原理

偏心夹紧机构的夹紧原理与斜楔夹紧机构相似，只是斜楔夹紧的楔角不变，而偏心夹紧的楔角是变化的。图 5-54(a)所示的偏心轮，展开后如图 5-54(b)所示。不同位置的楔角可用下式求出：

$$\alpha=\arctan\frac{e\sin\gamma}{R-e\cos\gamma} \tag{5-32}$$

式中：α——偏心轮的楔角(°)；

e——偏心轮的偏心距(mm)；

R——偏心轮的半径(mm)；

γ——偏心轮作用点 X 与起始点 O 间的圆心角(°)。

从式(5-32)可以看出，α 随 γ 的变化而变化。当 $\gamma=0°$ 时，$\alpha=0°$；当 $\gamma=90°$ 时，$\alpha\approx\arctan(e/R)$，这时 α 的值接近最大值；当 $\gamma=180°$ 时，$\alpha=0°$。

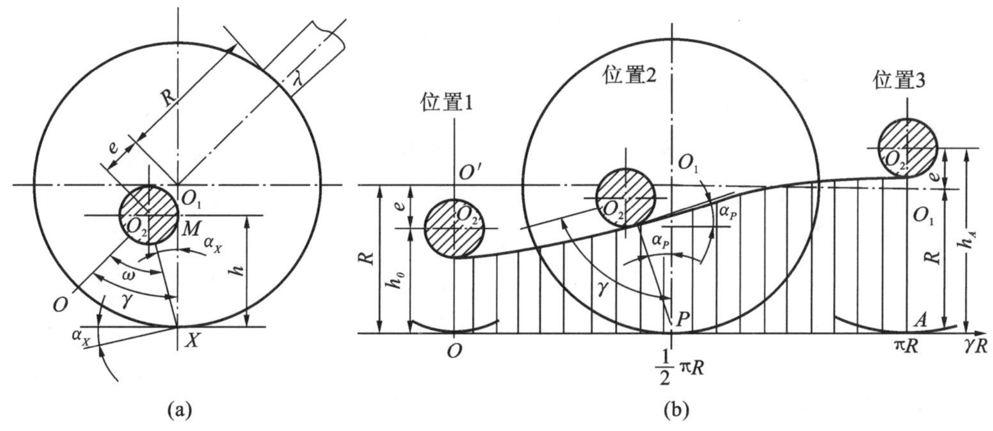

图 5-54　偏心夹紧原理

2)圆偏心夹紧的夹紧力计算

图 5-55 是偏心轮在点 P 处夹紧时的受力情况。此时，可以将偏心轮看做一个楔角为 α 的斜楔，该斜楔处于偏心轮回转轴和工件垫块夹紧面之间。按照斜楔夹紧力计算式(5-20)，可以得到圆偏心夹紧的夹紧力

$$F_Q=\frac{PL}{\rho[\tan\varphi_2+\tan(\alpha+\varphi_1)]} \tag{5-33}$$

式中：L——手柄长度(mm)；

ρ——偏心轮回转轴中心到夹紧点 P 的距离(mm)；

φ_1、φ_2——偏心轮转轴处与作用点处的摩擦角(°)。

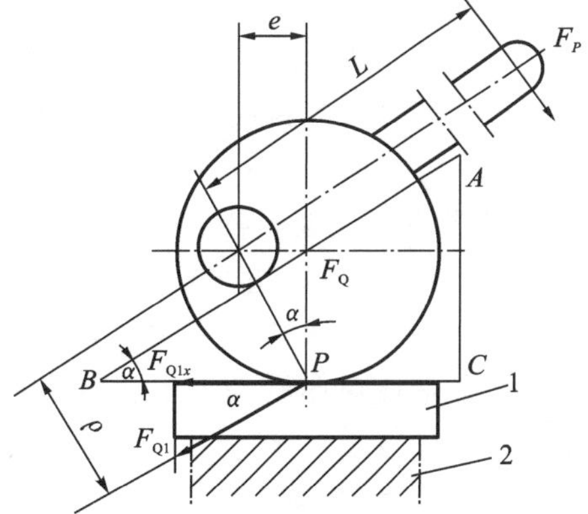

图 5-55　圆偏心夹紧力计算

1—垫块；2—工件

3)圆偏心夹紧的自锁条件

根据斜楔自锁条件,偏心轮工作点 P 处的楔角 $\alpha_P \leqslant \varphi_1+\varphi_2$。忽略转轴处的摩擦,并考虑最不利的情况,可得到偏心夹紧的自锁条件为

$$\frac{e}{R} \leqslant \tan\varphi_2=\mu_2 \tag{5-34}$$

式中:μ_2——偏心轮作用点处摩擦系数。

若 $\mu_2=0.1 \sim 0.15$,则偏心夹紧的自锁条件可写为

$$\frac{R}{e} \geqslant 7 \sim 10 \tag{5-35}$$

4)圆偏心夹紧的扩力比

圆偏心夹紧的扩力比为

$$i_P=\frac{L}{\rho\left[\tan\varphi_2+\tan(\alpha+\varphi_1)\right]} \tag{5-36}$$

圆偏心最大升角为8.13°,而螺旋升角为2°~4°,在一般情况下 $\rho > r_z$,因此,圆偏心夹紧的扩力比远小于螺旋夹紧的扩力比。

5)偏心夹紧机构的应用

偏心夹紧的优点是操作方便,夹紧迅速,结构紧凑;缺点是夹紧行程小,夹紧力小,自锁性能差。因此常用于切削力不大、夹紧行程较小、振动较小的场合。

4. 铰链夹紧机构

铰链夹紧机构是一种增力夹紧机构。其机构简单,增力倍数大,在气压夹具中获得较广泛的运用,如图5-56所示。

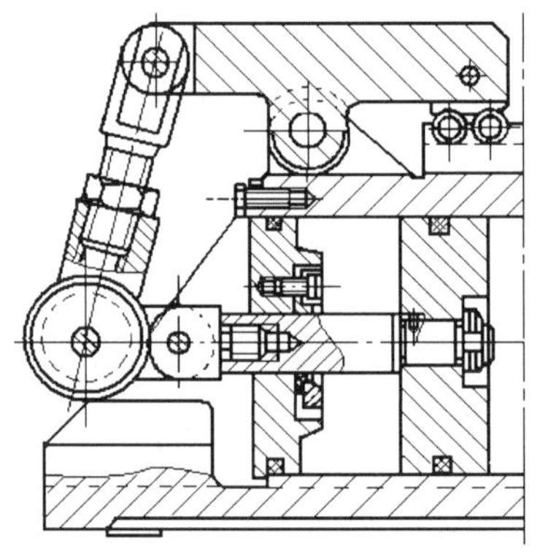

图5-56 铰链夹紧机构

5. 联动夹紧机构

联动夹紧机构是操作一个手柄或用一个动力装置在几个夹紧位置上同时夹紧一个工件(单件多位夹紧)或夹紧几个工件(多件多位夹紧)的夹紧机构。根据工件的特点和要求,为了减少工件装夹时间,提高生产率,简化结构,常采用联动夹紧机构。联动夹紧机构的主要形式及其特点如下。

1)单件联动夹紧机构

单件联动夹紧机构的特点是用一个原始作用力通过不同的传动机构分解成多个输出夹紧点,对一个工件进行夹紧。图5-57(a)、(c)所示为单件同向联动夹紧机构;图5-57(b)所示为单件对向联动夹紧机构;图5-57(d)、(e)所示为单件互垂力或斜交力联动夹紧机构。

2)多件联动夹紧机构

多件联动夹紧机构是用一个原始作用力,通过一定的传动机构实现对数个相同或不同的工件进行夹紧的机构。图5-58(a)、(b)所示为多件平行联动夹紧机构,图5-58(c)所示为对称式多件联动夹紧机构,图5-58(d)所示为多件连续夹紧机构,图5-58(e)所示为复合式多件联动夹紧机构。

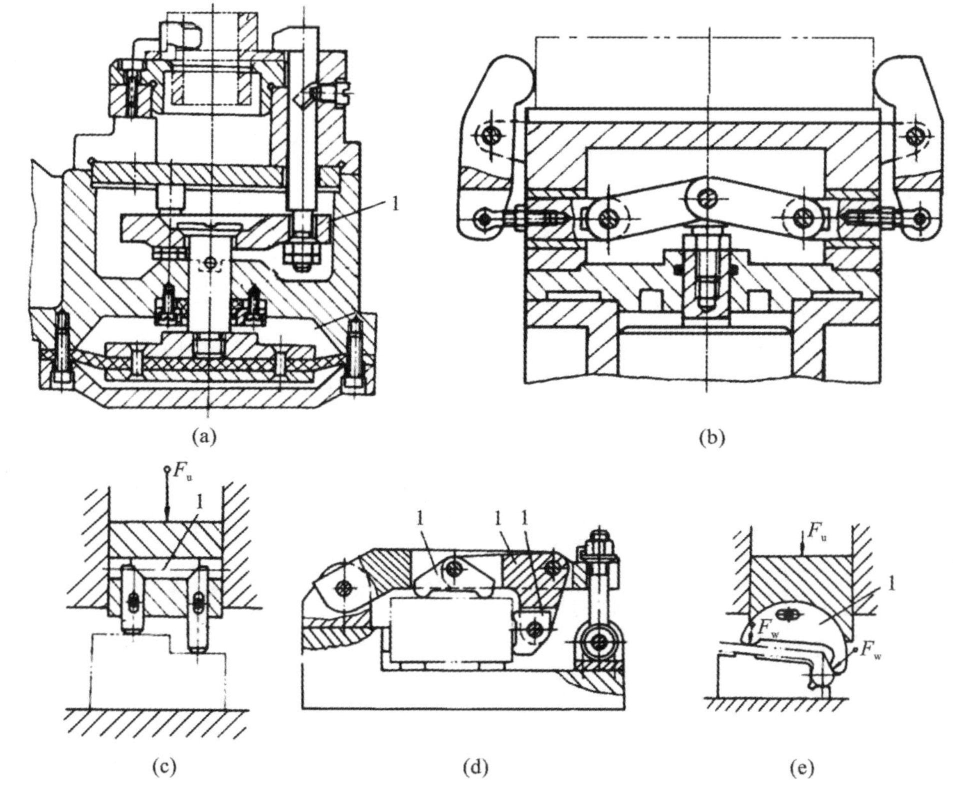

图 5-57　单件联动夹紧机构

1—浮动元件

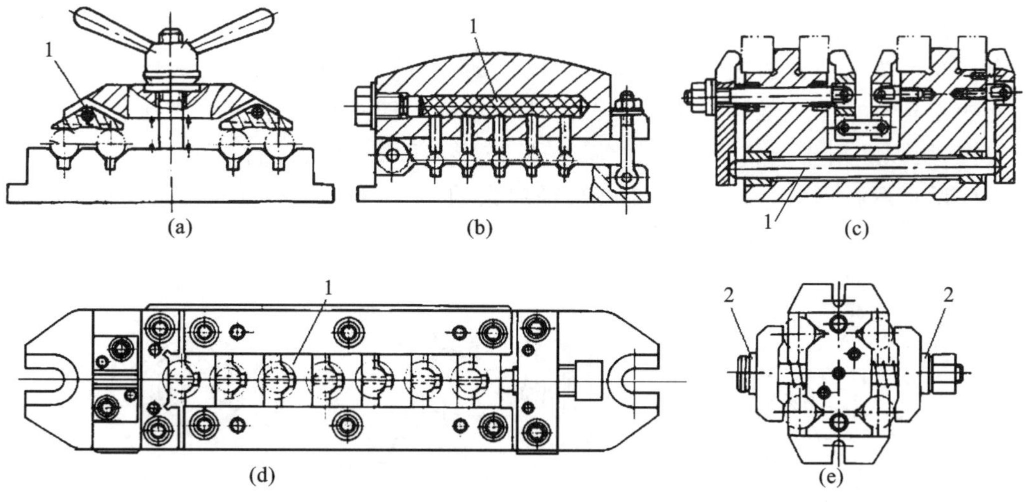

图 5-58　多件联动夹紧机构

1—浮动元件；2—球面垫圈

5.4 典型机床夹具

根据夹具与机床的联系，典型机床夹具有车床夹具、铣床夹具、钻床夹具和镗床夹具等。

5.4.1 车床夹具

1. 车床夹具的分类

根据车床加工特点和夹具在车床上安装的位置，车床夹具分为两种基本类型。

(1)安装在车床主轴上的夹具　这类夹具除了各种卡盘、顶尖等通用夹具或其他机床附件外，还包括根据加工的需要设计的各种心轴和其他专用夹具，加工时夹具随机床主轴一起旋转，切削刀具作进给运动。

(2)安装在滑板或床身上的夹具　对于某些形状不规则和尺寸较大的工件，常常把夹具安装在车床滑板上，刀具则安装在车床主轴上并作旋转运动，夹具作进给运动。加工回转成形面时采用的靠模属于此类夹具。

车床夹具按使用范围，可分为通用车床夹具、专用车床夹具和组合夹具三类。

2. 通用车床夹具

1)三爪自定心卡盘

三爪自定心卡盘的三个卡爪是同步运动的，能自动定心，工件装夹后一般不需找正，装夹工件方便、省时，但夹紧力不太大，所以仅适用于装夹外形规则的中、小型圆形工件，其结构如图 5-25(b)所示。

为了扩大三爪自定心卡盘的使用范围，可将卡盘上的三个卡爪换下来，装上专用卡爪，变为专用的三爪自定心卡盘。

2)四爪单动卡盘

由于四爪单动卡盘的四个卡爪各自独立运动，因此工件装夹时必须将加工部分的旋转中心找正到与车床主轴旋转中心重合后才可车削。四爪单动卡盘找正比较费时，但夹紧力较大，所以适用于装夹大型的方形、椭圆或形状不规则的工件。四爪单动卡盘可装成正爪或反爪两种形式，反爪用来装夹直径较大的工件。四爪单动卡盘及找正方法如图 5-59 所示。

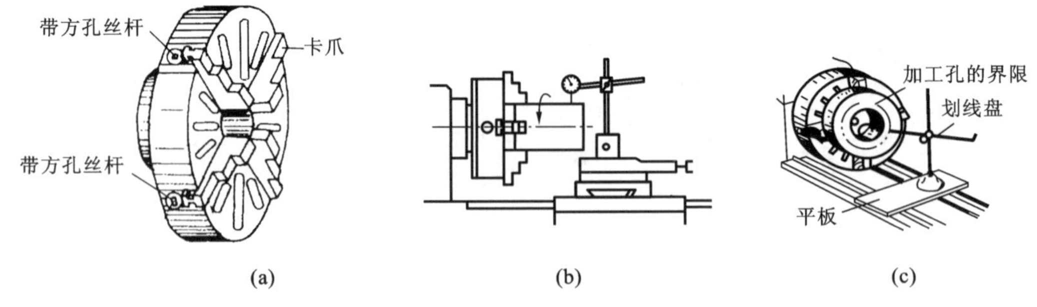

图 5-59　四爪单动卡盘

(a)四爪卡盘；(b)用百分表找正；(c)用划线盘找正

3)花盘

当零件形状不规则,无法使用三爪或四爪卡盘时,可以用花盘装夹。花盘的盘面上有很多长短不同的穿通槽和T形槽,用来安装各种螺栓和压板。有时和角铁配合使用,安装工件时,必须仔细找正,并用平衡铁平衡,以防止转动时产生振动。花盘及用花盘安装工件的方法如图5-60所示。

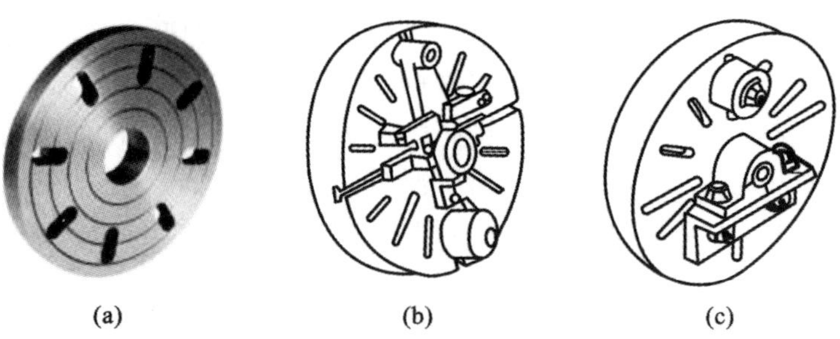

图5-60 花盘及用花盘安装工件的方法

(a)花盘结构图;(b)在花盘上安装工件;(c)花盘与弯板配合安装工件

3. 专用车床夹具

批量生产时,某些零部件无法采用通用车床夹具装夹,需设计制造专用车床夹具,如图5-61所示的角铁式车床夹具,其结构特点是具有类似角铁的夹具体,它常用于加工壳体、支座、接头等类零件上的圆柱面及端面。工件以一平面和两孔为基准在夹具倾斜的定位面和两个销子上定位,用两只钩形压板夹紧。被加工表面是孔和端面。为了便于在加工过程中检验所切端面的尺寸,靠近加工面处设计有测量基准面。此外,夹具上还装有配重和防护罩。

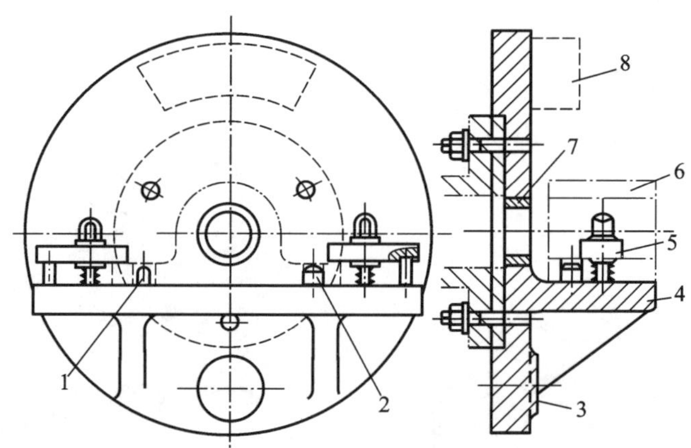

图5-61 角铁式车床夹具

1—削边定位销;2—圆柱定位销;3—轴向定位基面;4—夹具体;5—压板;6—工件;7—导向套;8—平衡块

5.4.2 铣床夹具

1. 铣床夹具的分类

铣床夹具按使用范围可分为通用铣床夹具、专用铣床夹具和组合铣床夹具三类。按工件在铣床上加工的运动特点,可分为直线进给夹具、圆周进给夹具、沿曲线进给夹具(如仿形装置)三类。还可按自动化程度和夹紧动力源的不同(如气动、电动、液压)以及装夹工件数量的多少(如单件、双件、多件)等进行分类。其中,最常用的分类方法是按通用、专用和组合进行分类。

2. 常用铣床通用夹具

铣床常用的通用夹具有机用平口虎钳、回转工作台、三爪自定心卡盘、万能分度头等。

1)机用平口虎钳

机用平口虎钳有普通型和可倾型两种,主要用于装夹长方形工件,也可用于装夹圆柱形工件。图 5-62 所示为机床用平口虎钳,安装时,以工作台面上的 T 形槽定位,通过虎钳体 1 固定在机床上。固定钳口 2 和钳口铁 3 起垂直定位作用,虎钳体 1 上的导轨平面起水平定位作用。活动座 4 作为夹紧元件,在螺母、丝杆的作用下移动。回转底座 6 起回转分度作用。固定钳口 2 上的钳口铁 3 上平面和侧平面也可作为对刀部位,但需与对刀规和塞尺配合使用。

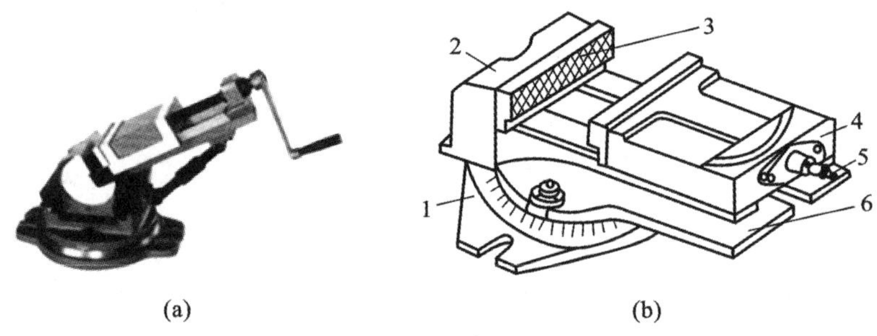

图 5-62 机用平口钳

(a)可倾型;(b)普通型

1—虎钳体;2—固定钳口;3—钳口铁;4—活动座;5—丝杆;6—回转底座

2)回转工作台

回转工作台简称转台,又称圆转台,如图 5-63 所示。其主要功能是铣圆弧曲线外形和沟槽、平面螺旋槽(面)和分度。常用的是立轴式手动回转工作台和机动回转工作台。如图 5-63

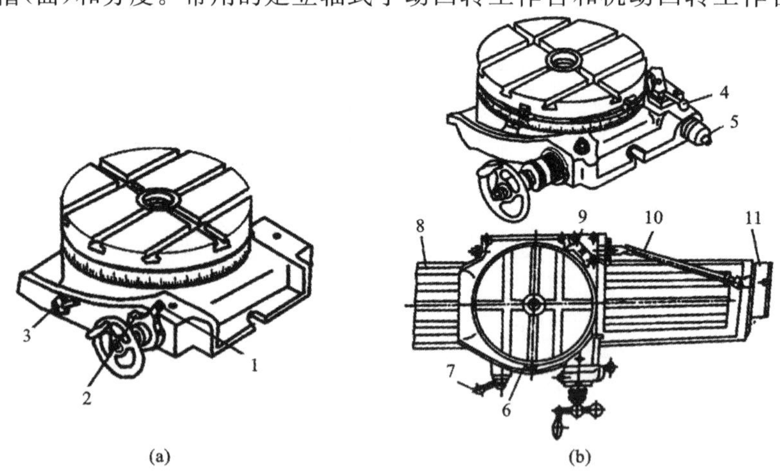

图 5-63 回转工作台

(a)手动回转工作台;(b)手动、机动两用回转工作台

1—偏心销;2—内六角螺钉;3—手柄;4—离合器手柄;5—传动轴;6—挡块;7—紧固手柄;8—机床工作台;9—拨块;10—万向联轴节;11—传动齿轮箱

(a)所示，在加工工件直线部分时，可扳紧手柄，使转台锁紧后进行切削。如松开内六角螺钉，拔出偏心销插入另一条槽内，使蜗轮蜗杆脱开，此时可直接用手推动转台旋转至所需位置。

图 5-63(b)所示回转工作台为机动、手动两用回转工作台。其与手动回转工作台的主要区别是能利用万向联轴器，由机床传动装置带动传动轴，从而使转台旋转。不需机动时，将离合器手柄置于中间位置，直接摇动手轮使转台旋转。

3)万能分度头

图 5-64 所示万能分度头安装在铣床的纵向工作台上，内部由蜗轮和蜗杆进行传动。空心主轴前端有莫氏锥孔，以便插入顶尖支承工件。分度盘上有多圈数目不同的准确等分的孔，摇动分度手柄，可将工件按需要的角度进行分度或在铣螺旋槽时连续地转动工件等。

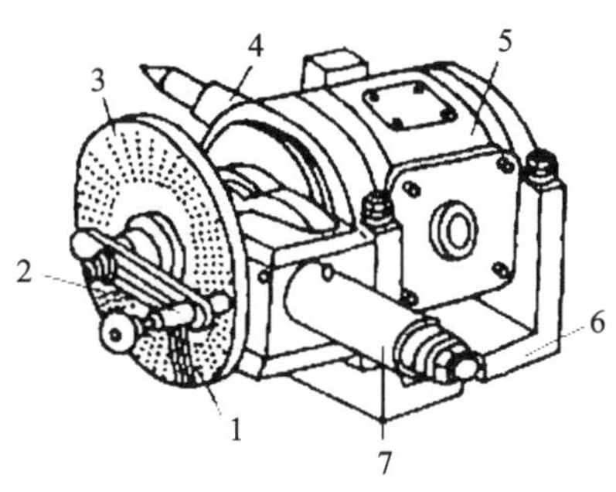

图 5-64　万能分度头

1—扇形叉；2—定位销；3—分度盘(孔盘)；4—主轴；5—回转体；6—底座；7—侧轴

3. 铣床专用夹具

1)直线进给式铣床夹具

如图 5-65 所示为轴上铣键槽的直线进给式铣床夹具。工件以外圆和端面在一组 V 形块 2 和支承钉 8 上实现五点定位；转动操纵手柄 7 带动偏心凸轮 3，从而推动浮动盘 9、拉杆 10 下移，使两个压板 4 同时夹紧两个工件；用对刀块 5 和塞尺来调整铣刀相对于工件的正确位置；夹具通过定位键 6 在铣床上占有确定的位置。这样的夹具可以实现工件的单件、多件平行联动夹紧方式加工，提高了生产效率。这类夹具在铣床上应用最多，它安装在工作台上，加工中随工作台按直线进给方式运动。

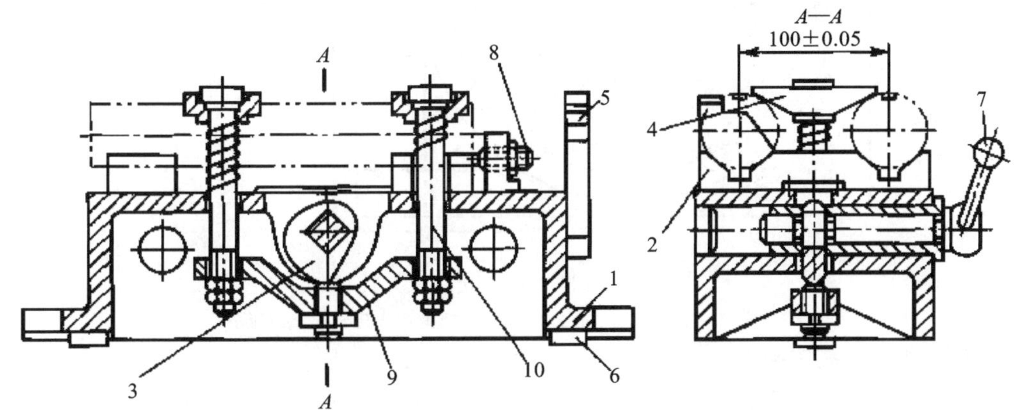

图 5-65　直线进给式铣床

1—夹具体；2—V 形块；3—偏心凸轮；4—压板；5—对刀块；6—定位键；7—操纵手柄；8—支承钉；9—浮动盘；10—拉杆

2)圆周进给式铣床夹具

圆周进给式铣床夹具多用在有回转工作台或回转鼓轮的铣床上，依靠回转台或鼓轮的旋转将工件顺序送入铣床的加工区域，以实现连续切削。在切削的同时，可在装卸区域装卸工件，使辅助时间与机动时间重合，是高效的铣床夹具，适用于大批量生产。

图 5-66 所示为在立式铣床上铣拨叉上、下端面的圆周进给式铣床夹具。工件以圆孔、

端面及侧面在定位销 2 和挡销 4 上定位；液压缸 6 驱动拉杆 10 通过开口垫圈 3 将工件夹紧，夹具上可同时装夹 12 个工件。转台 5 由电动机带动回转，切削区是 AB 扇形区，装卸工件区是 CD 扇形区。

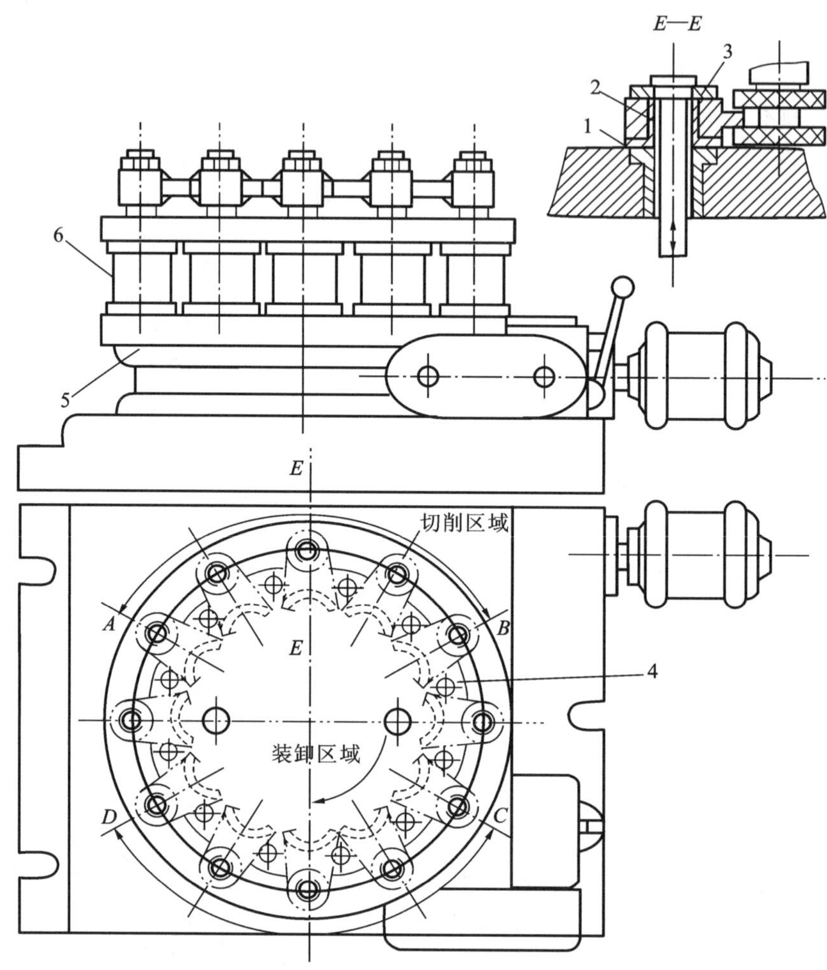

图 5-66 圆周进给式铣床夹具

1—拉杆；2—定位销；3—开口垫圈；4—挡销；5—转台；6—液压缸

3）靠模进给式铣床夹具

该夹具是一种带有靠模的铣床夹具，适用于专用或通用铣床，以加工各种非圆曲面。其按照进给运动方式可分为直线进给式和圆周进给式两种，如图 5-67 所示。

4. 铣床夹具的结构特点

铣床夹具与其他机床夹具的不同之处在于：它通过定位键在机床上定位，用对刀装置决定铣刀相对于夹具的位置。

1）铣床夹具的定位键

铣床夹具在铣床工作台上的安装位置，直接影响被加工表面的位置精度，因而一般是在夹具底座下面装两个定位键。定位键的结构尺寸已标准化，应按铣床工作台的 T 形槽尺寸选定，它和夹具底座以及工作台 T 形槽的配合为 H7/h6、H8/h8。两定位键的距离应力求

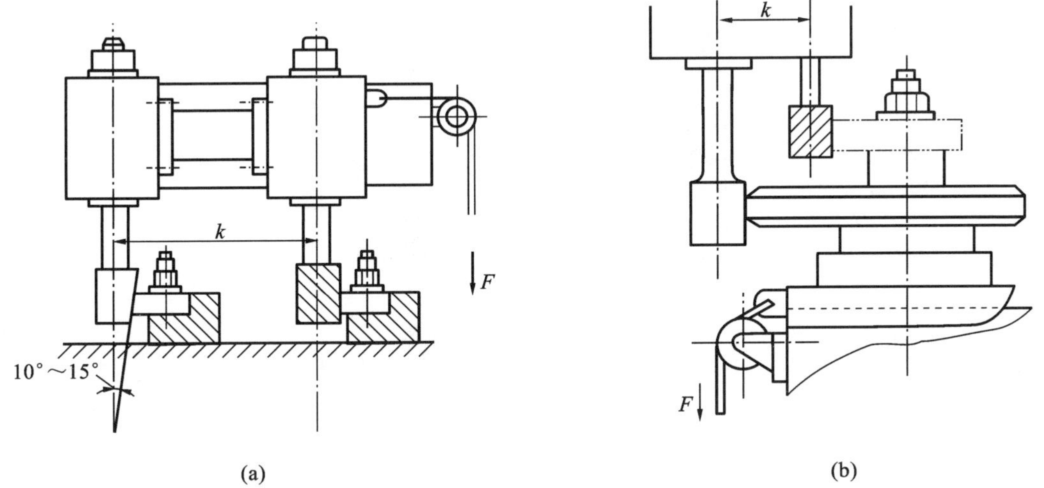

图 5-67　靠模进给式铣床夹具

(a)直线进给式;(b)圆周进给式

最大,以利提高安装精度。定位键有矩形和圆形两种形式,如图 5-68 所示。

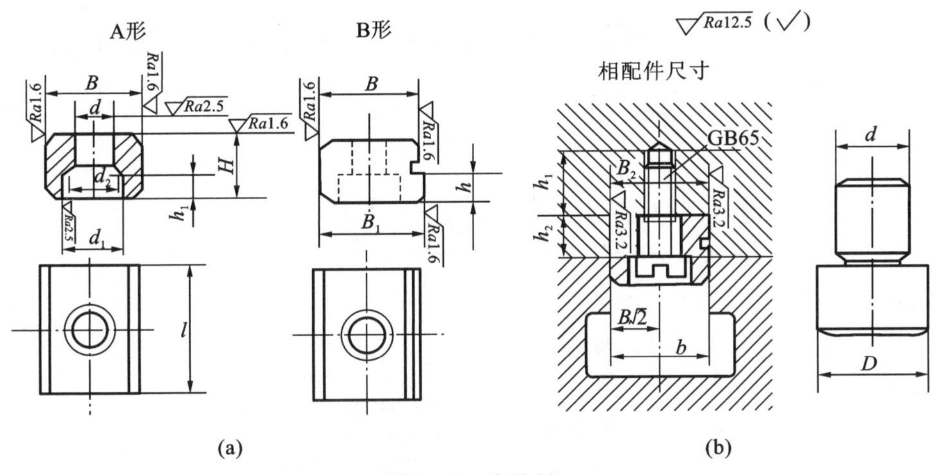

图 5-68　定位键

(a)矩形;(b)圆柱形

图 5-68(b)中剖视图为定位键的安装情况。夹具通过两个定位键嵌入到铣床工作台的同一条 T 形槽中,再用 T 形螺栓和垫圈、螺母将夹具体紧固在工作台上,所以在夹具体上还需要两个穿 T 形螺栓的耳座。如果夹具宽度较大时,可在同侧设置两个耳座,两耳座的距离要和铣床工作台两个 T 形槽间的距离一致。

2)铣床夹具的对刀装置

将铣床夹具在工作台上安装好了以后,还要调整铣刀对夹具的相对位置,以便于进行定距加工。为了使刀具与工件被加工表面的相对位置能迅速而正确地对准,在夹具上可以采用对刀装置。对刀装置由对刀块和塞尺等组成,其结构尺寸已标准化。各种对刀块的结构,可以根据工件的具体加工要求进行选择。如图 5-69 所示是对刀装置及使用简图。

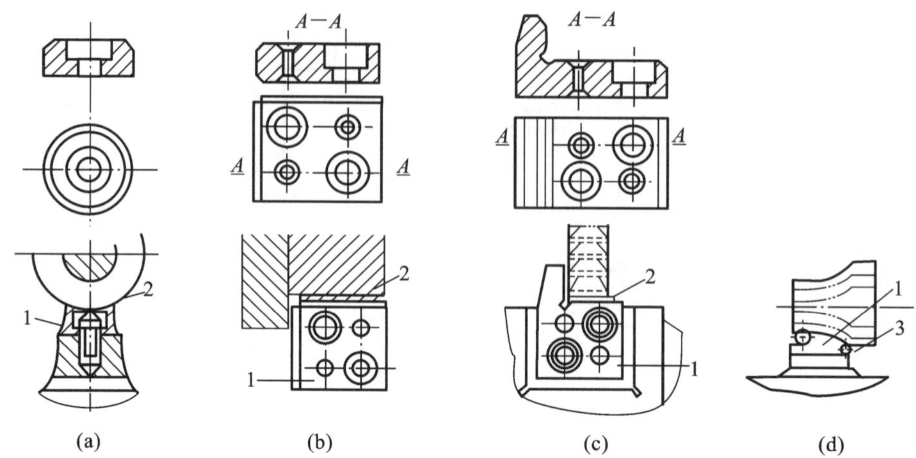

图 5-69 对刀装置

(a)圆形对刀块;(b)方形对刀块;(c)直角对刀块;(d)特殊对刀块

1—对刀块;2—对刀平塞尺;3—对刀圆柱塞尺

5.4.3 钻床夹具

在钻床上进行孔的钻、扩、铰、锪、攻螺纹加工所用的夹具,称为钻床夹具。钻床夹具是用钻套引导刀具进行加工的,所以简称为钻模。钻模有利于保证被加工孔对其定位基准和各孔之间的尺寸精度和位置精度,并可显著提高劳动生产率。

1. 钻床夹具的分类

钻床夹具的种类繁多,根据被加工孔的分布情况和钻模板的特点,一般分为固定式、回转式、移动式、翻转式、盖板式和滑柱式等几种类型。

1)固定式钻模

固定式钻模在使用过程中,夹具和工件在机床上的位置固定不变。固定式钻模常用于在立式钻床上加工较大的单孔或在摇臂钻床上加工平行孔系。

在立式钻床上安装钻模时,一般先将装在主轴上的定尺寸刀具(精度要求高时用心轴)伸入钻套中,以确定钻模的位置,然后将其紧固,这样钻孔所获得的孔精度较高。

如图 5-70 所示的固定式钻模,工件以其端面和键槽与钻模上的定位法兰 3 及键 4 相接触而定位。转动螺母 9 使螺杆 2 向右移动时,通过钩形开口垫圈 1 将工件夹紧。松开螺母 9,螺杆 2 在弹簧的作用下向左移,钩形开口垫圈 1 松开

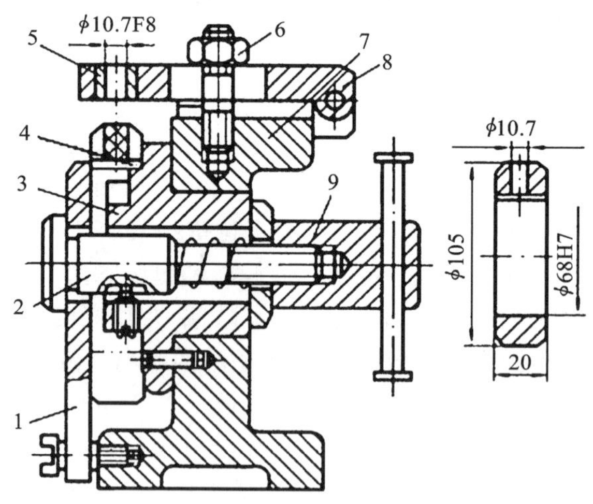

图 5-70 固定式钻模

1—钩形开口垫圈;2—螺杆;3—定位法兰;4—定位键;5—钻套;6—螺母;7—夹具体;8—钻模板;9—螺母

并绕螺钉摆下即可卸下工件。

2)回转式钻模

在钻削加工中,回转式钻模使用较多,它用于加工同一圆周上的平行孔系,或分布在圆周上的径向孔。它有立轴、卧轴和斜轴回转三种基本形式。由于回转台已经标准化,故回转式夹具的设计,在一般情况下是设计一专用的固定钻模和标准回转台联合使用,必要时才设计专用的回转式钻模,其特点是在钻模上设置了分度机构。分度机构主要由转动部分、固定部分、对定机构和锁紧机构组成,如图 5-71 所示。

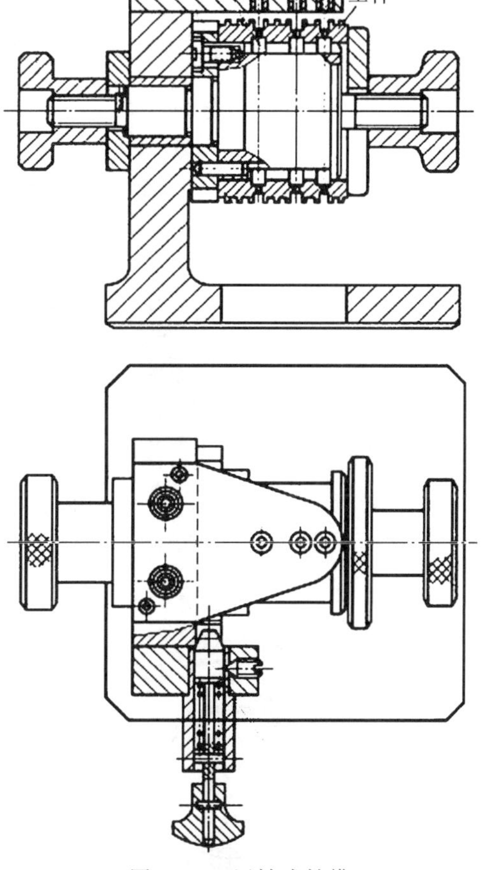

图 5-71　回转式钻模

3)移动式钻模

这类钻模用于钻削中、小型工件同一表面上的多个孔。图 5-72 所示为移动式钻模,用于加工连杆大、小头上的孔。工件以端面及大、小头圆弧面作为定位基面,在定位套 12、13,固定 V 形块 2 及活动 V 形块 7 上定位。先通过手轮 8 推动活动 V 形块 7 压紧工件。然后转动手轮 8 带动螺钉 11 转动,压迫钢球 10,使两片半月键 9 向外胀开而锁紧。V 形块带有斜面,使工件在夹紧分力作用下与定式钻位套贴紧。通过移动钻模,使钻头分别在两个钻套 4、5 中导入,从而加工工件上的两个孔。

4)翻转式钻模

这类钻模主要用于加工中、小型工件分布在不同表面上的孔,图 5-73 所示为用于加工螺塞 4 上三个轴向孔和三个径向孔的翻转式钻模。工件以螺纹大径及台阶面在夹具体 1 上定位,用两个钩形压板 3 压紧工件,夹具体 1 的外形为六角形,工件一次装夹后,可完成六个孔的加工。翻转式钻模主要用于加工小型工件不同表面上的孔。它的结构比回转分度式钻模简单,适合于中、小批量工件的加工。由于加工时钻模需在工作台上翻转,因此夹具的重量不宜过大,一般应小于 10 kg。

5)盖板式钻模

这类钻模没有夹具体,钻模板上除钻套外,还装有定位元件和夹紧装置,只要将它覆盖在工件上即可进行加工,如图 5-74 所示。

盖板式钻模结构简单,一般多用于加工大型工件上的小孔。因夹具在使用时经常搬动,故盖板式钻模所产生的重力不宜超过 100 N。为了减轻重量可在盖板上设置加强肋而减小其厚度,设置减轻孔或用铸铝件。图 5-74 所示为加工箱体零件用的端面法兰孔盖板钻模,以箱体的孔及端面为定位面,盖板式钻模像盖子一样置于图示位置并实现定位,靠滚花螺钉

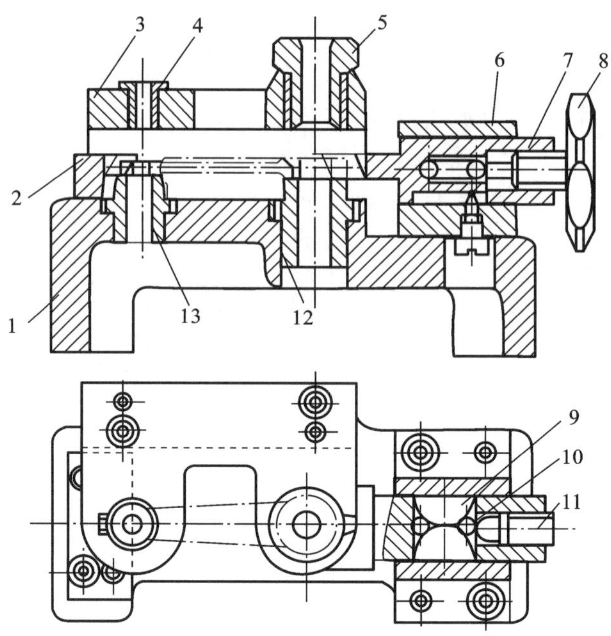

图 5-72 移动式钻模

1—夹具体；2—固定 V 形块；3—钻模板；4，5—钻套；6—支座；7—活动 V 形块；
8—手轮；9—半圆键；10—钢球；11—螺钉；12，13—定位套

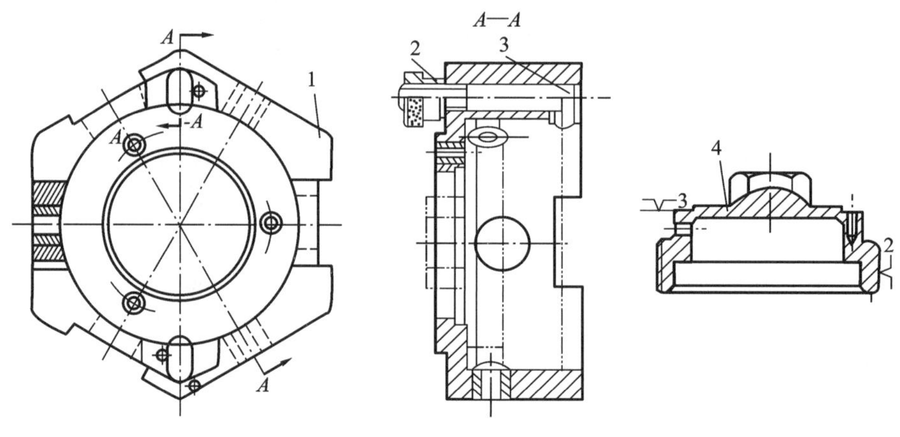

图 5-73 翻转式钻模

1—夹具体；2—夹紧螺母；3—钩形压板；4—螺塞(工件)

2 旋进时压迫钢球使径向均布的三个滑柱 5 顶向工件内孔面，从而实现夹紧。若法兰孔位置精度要求不高时，可不设置夹紧结构，但先钻一个孔后，要插入一销，再钻其他孔。

6)滑柱式钻模

滑柱式钻模是一种带有升降钻模板的通用可调夹具。图 5-75 所示为手动滑柱式钻模的通用结构，它由夹具体、滑柱、钻模板和传动、锁紧机构所组成。使用时，只要根据工件的形状、尺寸和加工要求等具体情况，专门设计制造相应的定位、夹紧装置和钻套等，装在夹具体的平台和钻模板上的适当位置，就可用于加工。转动手柄 6，经过齿轮条的传动和左、右滑柱的导向，便能顺利地带动钻模板升降，将工件夹紧或松开。钻模板在夹紧工件或升降至

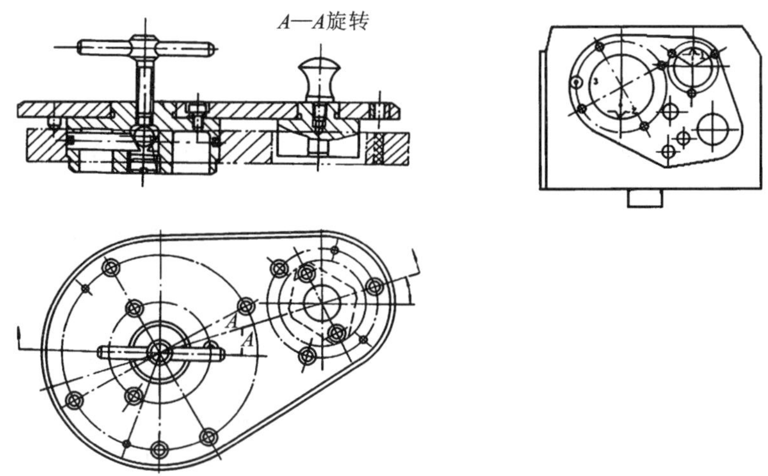

图 5-74　盖板式钻模

一定高度后，必须自锁。

滑柱式钻模可用于大批量生产，也已推广到小批生产中，适用于一般中、小件加工。

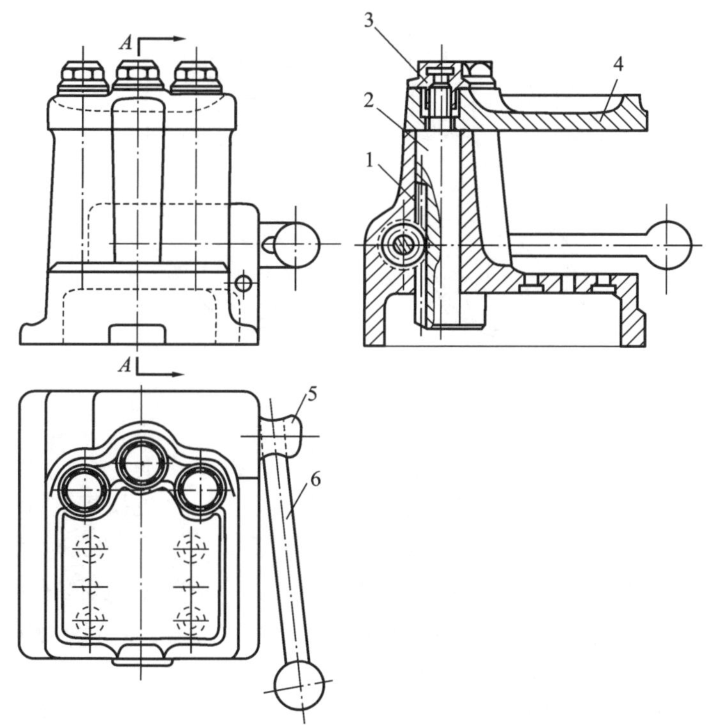

图 5-75　滑柱式钻模

1—夹具体；2—滑柱；3—传动轴；4—钻模板；5—锁紧机构；6—转动手柄

2. 钻床夹具的结构特点

钻床夹具的主要特点是都有一个安装钻套的钻模板。钻套和钻模板是钻床夹具的特殊元件。钻套装配在钻模板或夹具体上，其作用是确定被加工孔的位置和引导刀具加工。

1)钻套的类型

钻套按其结构和使用特点可分为以下四种类型。

(1)固定钻套　它分为 A、B 型两种，如图 5-76(a)、(b)所示。钻套安装在钻模板或夹具体中，其配合为 H7/nb 或 H7/rb。固定钻套的结构简单，钻孔精度高，适用于单一钻孔工序和小批生产。

(2)可换钻套　当工件为单一钻孔工序的大批量生产时，为便于更换磨损的钻套，选用可换钻套(见图 5-76(c))。钻套与衬套之间采用 F7/m6 或 F7/k6 配合，衬套与钻模板之间采用 H7/n6 配合。当钻套磨损后，可卸下螺钉，更换新的钻套。螺钉能防止加工时钻套的转动，或退刀时随刀具自行拔出。

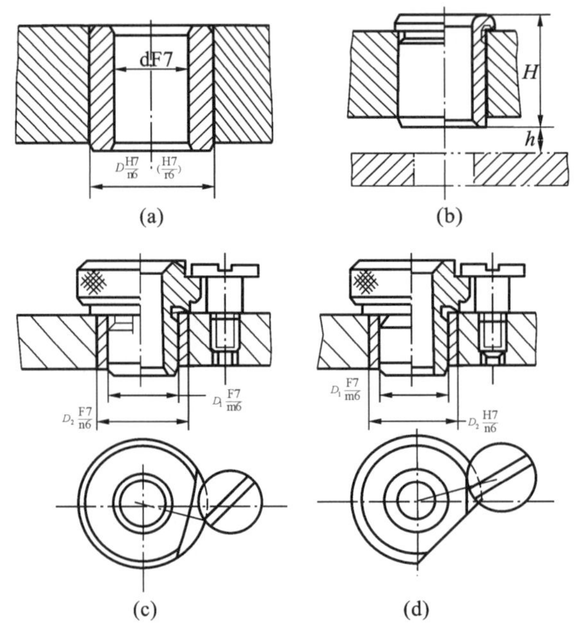

图 5-76　一般钻套类型

(a)A 型固定钻套；(b)B 型固定钻套；(c)可换钻套；(d)快换钻套

(3)快换钻套　当工件需钻、扩、铰多工序加工时，为了快速更换不同孔径的钻套，应选用快换钻套(见图 5-76(d))。快换钻套的有关配合同可换钻套。更换钻套时，将钻套削边转至螺钉处，即可取下钻套。确定削边的方向时应考虑刀具的旋向，以免钻套随刀具自行拔出。

以上三类钻套已标准化，其结构参数、材料、热处理方法等，可查阅有关手册。

(4)特殊钻套　由于工件形状或被加工孔位置的特殊性，需要设计特殊结构的钻套。图 5-77 所示为几种特殊钻套的结构。图 5-77(a)所示为加长钻套，在加工凹面上的孔时使用，为减少刀具与钻套的摩擦，可将钻套引导部分以上的孔径放大。图 5-77(b)所示为斜面钻套，用于在斜面或圆弧面上钻孔，以增加钻头刚度，避免钻头引偏或折断。图 5-77(c)所示为小孔距钻套，为了便于制造，在一个钻套上加工出几个近距离的孔，用圆销确定钻套位置。图 5-77(d)所示为兼有定位与夹紧功能的钻套，在钻套与衬套之间的一段为圆柱间隙配合，一段为螺纹连接，钻套下端为内锥面，可使工件定位。图 5-77(e)所示为使用上下钻套引导刀具的情况。当加工孔较长或与定位基准有较严的平行度、垂直度要求时，只在上面设置一个钻套2,很难保证孔的位置精度。对于安置在下方的钻套4,要注意防止切屑落入刀杆与钻套之间,为此,刀杆与钻套选用较紧的配合(H7/h6)。

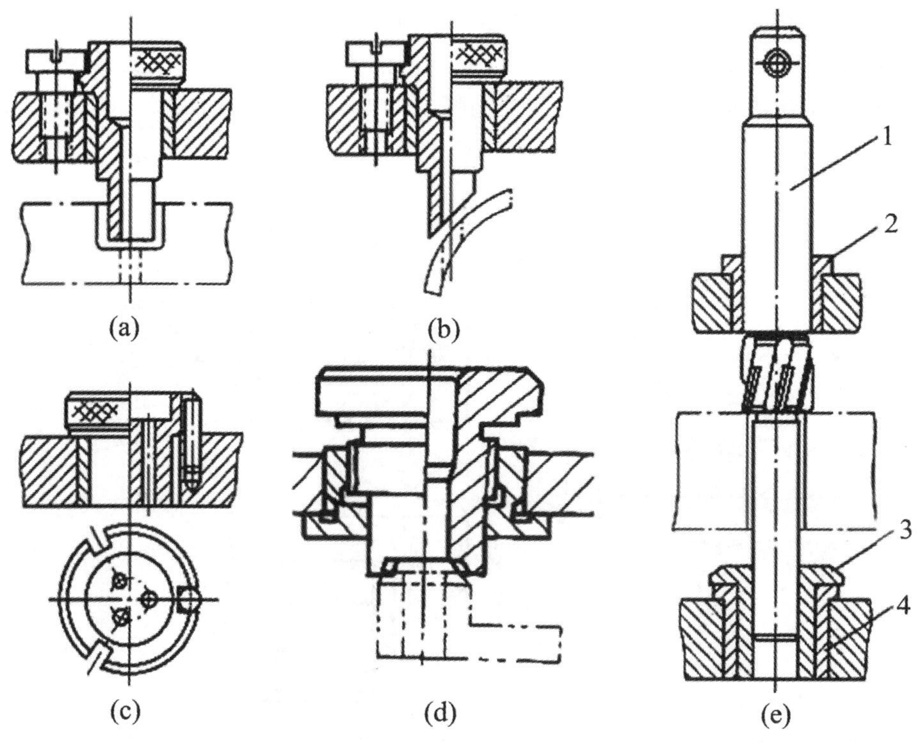

图5-77 特殊钻套

(a)加长钻套;(b)斜面钻套;(c)小孔距钻套;

(d)兼有定位与夹紧功能的钻套;(e)使用上下钻套引导刀具

2)钻模板

钻模板是供安装钻套用的,应有一定的强度和刚度,以防止变形而影响钻套的位置和引导精度。常见的钻模板有以下几种。

(1)固定式钻模板 它是固定在夹具体上的钻模板。图5-78(a)所示为与夹具体铸成一体的钻模板;图5-78(b)所示为与夹具体焊接成一体的钻模板;图5-78(c)所示为用螺钉和销钉与夹具体连接的钻模板,这种钻模板可在装配时调整位置,因而使用较广泛。固定式钻模板结构简单,用于钻孔时所获得孔的精度高。

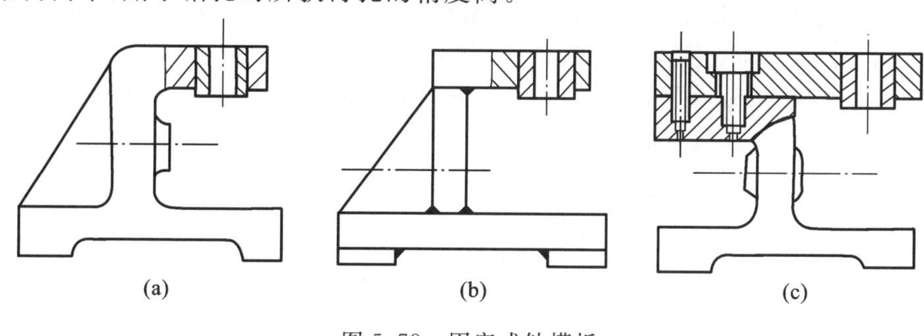

图5-78 固定式钻模板

(2)铰链式钻模板 当钻模板妨碍工件装卸或钻孔后需攻螺纹时,可采用如图5-79所示的铰链式钻模板。铰链销1与钻模板5的销孔采用间隙配合,与铰链座3的销孔采用过盈配合。钻模板5与铰链座3之间采用N7/h6配合。钻套导向孔与夹具安装面的垂直度可通过调整两个支承钉4的高度加以保证。加工时,钻模板5由菱形螺母6锁紧。由于铰链销孔之间存在配合间隙,采用此类钻模板时加工的工件精度比采用固定式钻模板时的低。

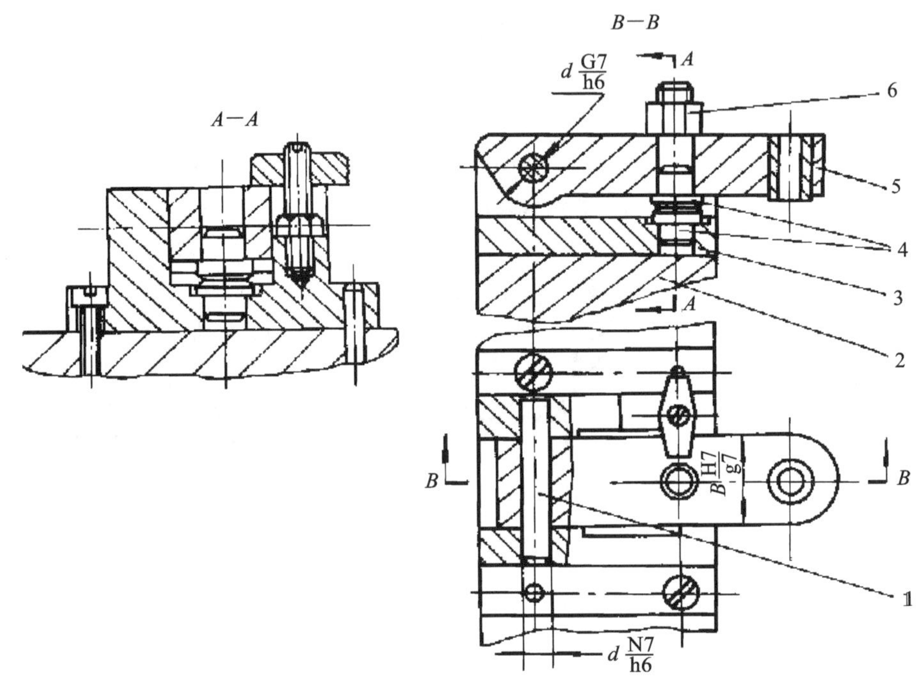

图5-79 铰链式钻模板

1—铰链销;2—夹具体;3—铰链座;4—支承钉;5—钻模板;6—菱形螺母

(3)可卸式钻模板 当装夹工件需要将钻模板卸掉时,则须采用可卸式钻模板。如图5-80所示,当装上要加工的工件后,盖上钻模板时要对准圆柱销2和削边销6,以确定钻模板的位置,然后翻起活节螺栓4,旋紧螺母3,使钻模板连同工件一起夹紧。可卸式钻模板的钻孔精度也较高,但装卸工件时间长、效率较低。

(4)悬挂式钻模板 大批量生产中,加工一般平行孔系时常采用组合机床或在钻床上加多轴传动头进行钻孔,使各孔加工工时重叠,从而显著地提高生产效率。配合组合机床或钻床多轴头钻孔,常用悬挂式钻模板。图5-81所示是悬挂式钻模板的结构,图中钻模板4由锥端紧定螺钉5固定在导柱3上,导柱上部装在多轴传动头的导孔中,这样钻模板就被悬挂起来。导柱下部伸入夹具体6的导套孔中,使钻模板准确定位。当多轴头向下运动时,压缩弹簧2,依靠这个压力使钻模板压紧工件,同时钻头由钻套引导孔中伸出进行钻孔加工。加工完毕后,多轴头带着钻模板向上退回,弹簧复位,将工件松开,钻头也随之缩进钻套内。由于钻模板随多轴头退出,敞开了空间,使装卸工件、清除切屑十分方便。

3)钻床夹具体

为减少夹具底面与机床工作台的接触面积,使夹具放置平稳,一般都在相对钻头送进方

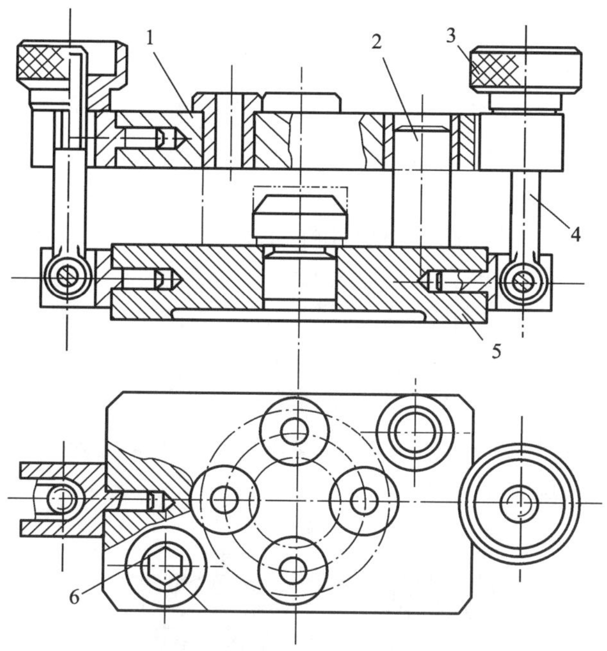

图 5-80　可卸式钻模板

1—可卸钻模板；2—圆柱销；3—螺母；4—活节螺栓；5—夹具体；6—削边销

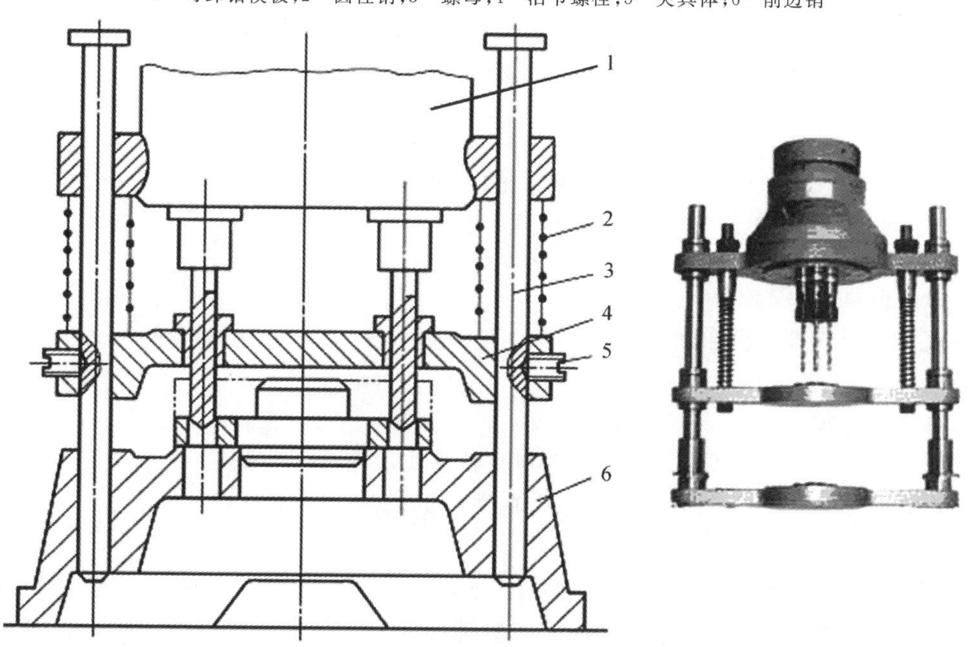

图 5-81　悬挂式钻模板

1—多轴传动头；2—弹簧；3—导柱；4—钻模板；5—紧定螺钉；6—夹具体

向的夹具体上设置四个支脚。

5.4.4 镗床夹具

镗床夹具又称镗模。镗模是一种精密夹具，主要用于加工箱体、支架类零件上的孔或孔系，它既可在各类镗床上使用，也可用于组合机床、车床及钻床。

1. 镗模的组成

镗模一般由定位元件、夹紧装置、导引元件(镗套)、夹具体(镗模支架和镗模底座)四个部分组成。镗套按照被加工孔或孔系的坐标位置布置在镗模支架上。加工零件时作为导向元件引导镗孔刀具或镗杆进行镗孔。图5-82(a)所示为加工尾座孔用的镗模。镗模的两个支承分别设置在刀具的前方和后方，镗刀杆9和主轴浮动连接(见图5-82(b))。工件以底面槽及侧面在定位板3、4及可调支承钉7上定位，采用联动夹紧机构，拧紧夹紧螺钉6，压板5、8同时将工件夹紧。镗模支架1上的回转镗套2用来支承和引导镗杆。镗模以底面A安装在机床工作台上，其位置用B面找正。

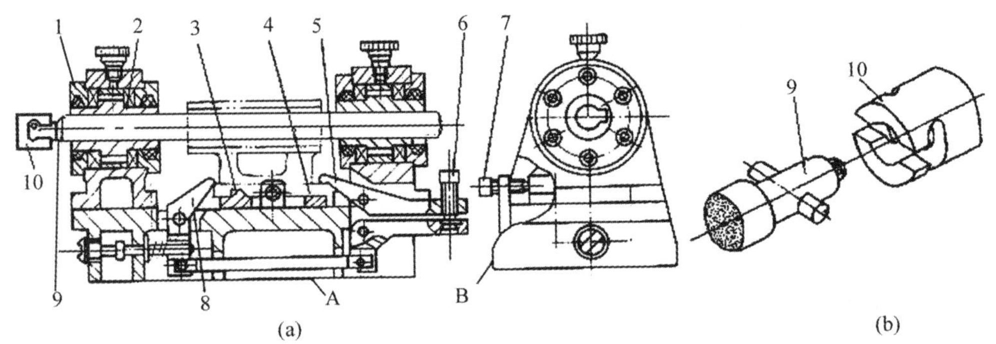

图5-82 加工尾架的镗模

1—支架；2—镗套；3，4—定位板；5，8—压板；6—夹紧螺钉；
7—可调支承钉；9—镗刀杆；10—浮动接头

2. 镗模分类

镗模按镗模支架在镗模上的布置，可分为双支承镗模、单支承镗模及无支承镗床夹具三类。

1)单支承镗模

单支承镗模只有一个导向支承，镗杆与主轴采用固定连接。安装镗模时，应使镗套轴线与机床主轴轴线重合。主轴回转精度将影响镗孔的精度。单支承镗模又分前单支承镗模、后单支承镗模。

(1)前单支承镗模　如图5-83(a)所示，镗模支承设置在刀具的前方，主要用于加工孔径大于60 mm、加工长度$L<D$的通孔。一般镗杆的导向部分直径$d<D$，因导向部分直径不受加工孔径大小的影响，故在多步加工时，可不更换镗套。这种布置也便于在加工中观察和测量，但在立镗时，切屑会落入镗套，故须放置防屑罩。

(2)后单支承镗模　如图5-83(b)所示，镗模镗套设置在刀具的后方。用于立镗时，切削不会影响镗套。当镗削$d<60$ mm、$L<D$的通孔或盲孔时，使镗杆导向部分尺寸$d>D$时，这种形式的镗杆刚度好，加工精度高，装卸工件和更换刀具方便，多步加工时可不更换镗杆。

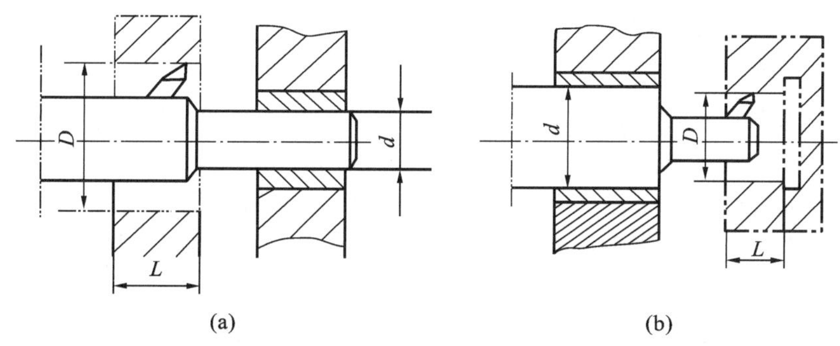

(a)　　(b)

图 5-83　单支承镗模

(a)前单支承镗模;(b)后单支承镗模

2)双支承镗模

双支承镗模上有两个引导镗刀杆的支承,镗杆与机床主轴采用浮动连接,镗孔的位置精度由镗模保证,消除了机床主轴回转误差对镗孔精度的影响。双支承镗模又分前后双支承镗模、后双支承镗模。

(1)前后双支承镗模　如图 5-82(a)所示,两个支承在刀具的前后方,镗杆与主轴浮动连接。浮动连接头的结构如图 5-82(b)所示。此种支承的缺点是镗杆较长,刚性差,更换刀具不方便。当工件同一轴线上孔数较多时,两侧支承间距离很大,应在中间设置支承;当采用单刀刀具镗削同一轴线上的多个等径孔时,镗模应设计让刀机构,一般采用工件抬起一个高度。

(2)后双支承镗模　如图 5-84 所示,两个支承在刀具的后方,镗杆与主轴浮动连接。后双支承镗模适用于不能使用前后支承的条件,如在箱体的一个壁上镗孔或盲孔,此类镗模便于装卸工件和刀具,便于观察和测量。

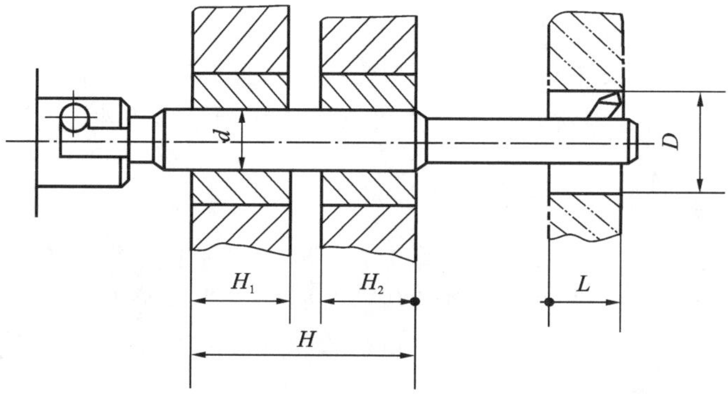

图 5-84　后双支承镗模

3)无支承镗床夹具

工件在刚性好、精度高的金刚镗床、坐标镗床或数控机床、加工中心上镗孔时,夹具上不设镗模支承,加工孔的尺寸和位置精度均由镗床保证。这类夹具只需设计定位装置、夹紧装置和夹具体即可。

5.4.5　数控机床夹具

在现代自动化生产中,数控机床的应用已愈来愈广泛。数控机床加工时,刀具或工作台的运动是由程序控制，按一定坐标位置进行的。因此数控机床夹具具有以下特点。

(1)数控机床夹具上应设置原点(对刀点)。

(2)数控机床夹具不需设置刀具导向装置。这是因为数控机床加工时，机床、夹具、刀具和工件始终保持严格的坐标关系，刀具与工件间不需导向元件来确定位置。

(3)常需在数控机床几个方向上对工件进行加工，因此数控机床夹具应是敞开式的。

(4)数控机床上应尽量选用可调夹具、拼装夹具和组合夹具，因为用数控机床加工工件时常是单件小批生产，必须采用柔性好、准备时间短的夹具。

(5)数控机床夹具的夹紧应牢固可靠、操作方便。夹紧元件的位置应固定不变，防止在自动加工过程中，元件与刀具相碰。

1. 常用数控铣床夹具种类

1)组合夹具

组合夹具适合在小批量生产或研制用的中、小型工件在数控铣床上进行铣加工时用。

2)专用铣削夹具

专用铣削夹具是特别为某一项或类似的几项工件设计制造的夹具，一般在批量生产或研制非需要不可时采用。

3)多工位夹具

多工位夹具可以同时装夹多个工件，可减少换刀次数，也便于一面加工、一面装卸工件，有利于缩短准备时间，提高生产率，较适宜于中批量生产。

4)气动或液压夹具

此类夹具适用于生产批量较大，采用其他夹具又特别费工、费力的工件。这类夹具能减轻工人的劳动强度和提高生产率，但其结构较复杂，造价往往较高，而且制造周期长。

5)真空夹具

真空夹具适用于有较大定位平面或具有较大可密封面积的工件。

除上述几种夹具外，数控铣削加工中也经常采用机用平口虎钳、分度头和三爪自定心卡盘等通用夹具。

2. 数控钻床夹具

数控钻床是数字控制的以钻削为主的孔加工机床。对中小批量又经常变换品种的零件加工优先选用组合夹具。以节省夹具费用和准备时间。为充分利用工作台的有效面积，对中小型零件可考虑在工作台面上同时装夹几个零件进行加工，或设计专用钻模。

3. 加工中心机床夹具

加工中心机床是一种功能较全的数控加工机床。在加工中心上，夹具的任务不仅是夹具工件，而且还要以各个方向的定位面为参考基准，确定工件编程的零点。在加工中心上加工的零件一般都比较复杂。零件在一次装夹中，既要粗铣、粗镗，又要精铣、精镗，需要多种多样的刀具，这就要求夹具既能承受大切削力，又要满足定位精度要求。加工中心的自动换刀(ATC)功能又决定了在加工中不能使用支架、位置检测及对刀等夹具元件。加工中心的高柔性要求其夹具比普通机床结构紧凑、简单，夹紧动作迅速、准确，并有利于减少辅助时间，操作方便、省力、安全，要有足够的刚性，还要灵活多变。根据加工中心机床特点和加工需要，目前常用的夹具结构类型有专用夹具、组合夹具、可调整夹具和成组夹具。

加工中心上零件夹具的选择要根据零件精度等级、零件结构特点、产品批量及机床精度等情况综合考虑。在此，推荐一选择顺序：优先考虑组合夹具，其次考虑可调整夹具，最后考虑专用夹具、成组夹具。当然，还可使用三爪自定心卡盘、机床用平口虎钳等通用夹具。

5.4.6 组合夹具

组合夹具早在20世纪50年代便已出现，现在已是一种标准化、系列化、柔性化程度很高的夹具。它由一套预先制造好的具有不同几何形状、不同尺寸的高精度元件与合件组成，包括基础件、支承件、定位件、导向件、压紧件、紧固件、其他件、合件等。使用时按照工件的加工要求，采用组合的方式组装成所需的夹具。根据组合夹具组装连接基面的形状，可将其分为槽系和孔系两大类。槽系组合夹具的连接基面为T形槽，元件由键和螺栓等元件定位紧固连接。孔系组合夹具的连接基面为圆柱孔组成的坐标孔系。

1. T形槽系组合夹具

T形槽系组合夹具按其尺寸系列有小型、中型和大型的三种，其区别主要在于元件的外形尺寸、T形槽宽度和螺栓及螺孔的直径规格不同。

1）小型系列组合夹具

小型系列组合夹具主要适用于仪器、仪表和电信、电子工业，也可用于较小工件的加工。这种系列元件的螺栓直径为M 8 mm，定位键与键槽宽的配合尺寸为8H7/h6，T形槽之间的距离为30 mm。

2）中型系列组合夹具

中型系列组合夹具主要适用于机械制造工业，这种系列元件的螺栓直径为M12 mm，定位键与键槽宽的配合尺寸为12H7/h6，T形槽之间的距离为60 mm。这是目前应用最广泛的一个系列。

3）大型系列组合夹具

大型系列组合夹具主要适用于重型机械制造工业，这种系列元件的螺栓直径为M16 mm，定位键与键槽宽的配合尺寸为16H7/h6，T形槽之间的距离为60 mm。图5-85所示为盘形零件钻径向分度孔的T形槽系组合夹具的实例和T形槽系组合夹具的元件。

2. 孔系组合夹具

孔系组合夹具元件的连接用两个圆柱销定位、一个螺钉紧固。孔系组合夹具较槽系组合夹具具有更高的刚度，且结构紧凑。图5-86所示为我国近年制造的KD型孔系组合夹具。其定位孔径为ϕ16.01H6，孔距为(50±0.01) mm，定位销直径为ϕ16k5，用直径为M16 mm的螺钉连接。孔系组合夹具用于装夹小型精密工件。由于它便于计算机编程，所以特别适用于加工中心、数控机床等。

3. 组合夹具的特点

(1)组合夹具元件可以多次使用，在变换加工对象后，可以全部拆装，重新组装成新的夹具，以满足新工件的加工要求。但一旦组装成某个夹具，则该夹具便成为专用夹具。

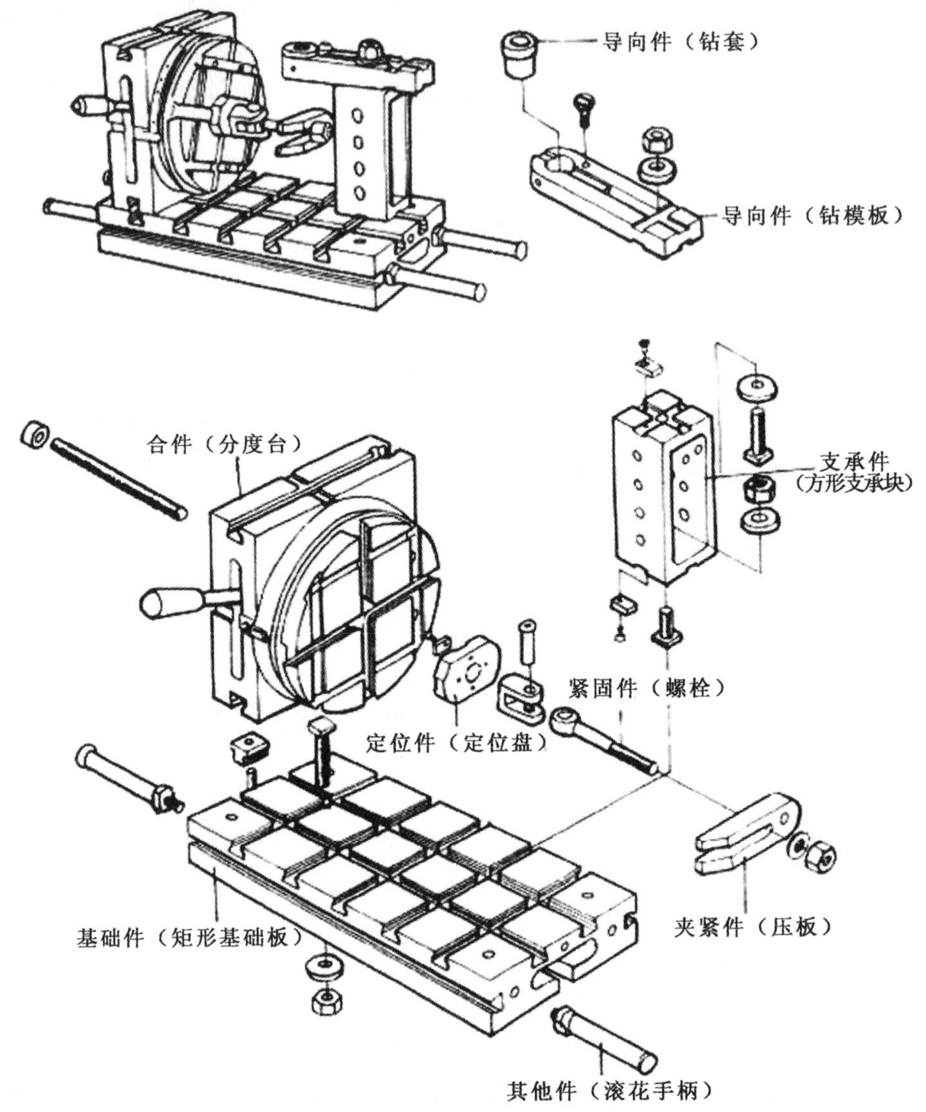

图 5-85　T 形槽系组合夹具应用及组合元件

(2)和专用夹具一样，组合夹具的最终精度是靠组成元件的精度直接保证的，不允许进行任何补充加工，否则将无法保证元件的互换性，因此组合夹具元件本身的尺寸、形状和位置精度以及表面质量要求高。因为组合夹具需要多次装拆、重复使用，故要求有较高的耐磨性。

(3)这种夹具不受生产类型的限制，可以随时组装，以应生产之急，可以适应新产品试制中改型的变化等。

(4)由于组合夹具是由各标准件组合的，因此刚性差，尤其是元件连接的接合面接触刚度对加工精度影响较大。

(5)一般组合夹具的外形尺寸较大，不及专用夹具那样紧凑。

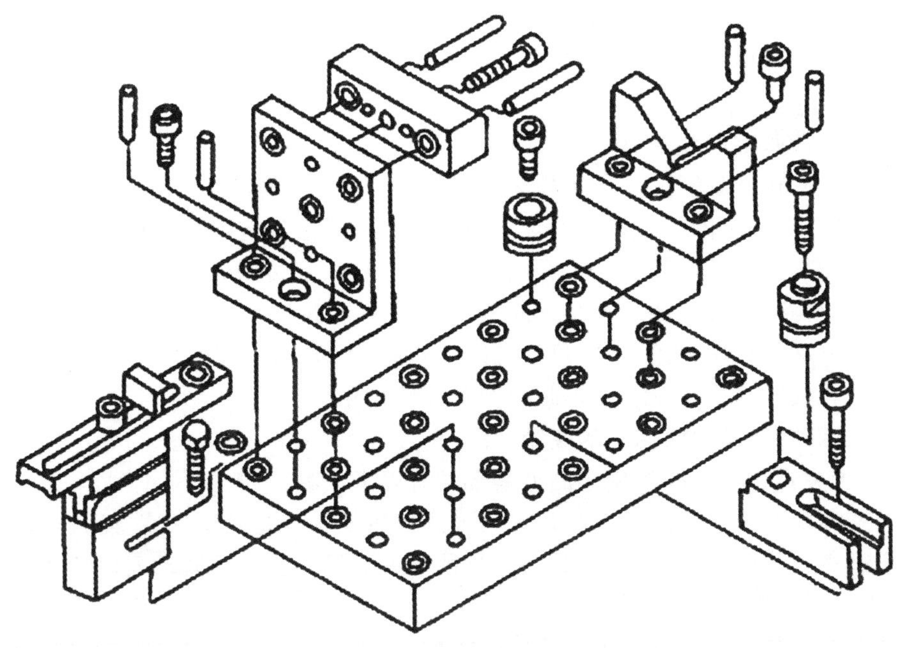

图 5-86　孔形槽系组合夹具

5.4.7　模块化夹具

模块化夹具是一种柔性化的夹具，通常由基础件和其他模块元件组成。所谓模块化是指将同一功能的单元，设计成具有不同用途或性能的，且可以相互交换使用的模块，以满足加工需要的一种方法。同一功能单元中的模块，是一组具有同一功能和相同连接要素的元件，也包括能增加夹具功能的小单元。这种夹具加工对象十分明确，调整范围只限于本组内的工件。模块化夹具与组合夹具之间有许多共同点。它们都具有方形、矩形和圆形基础件。在基础件表面有坐标孔系。两种夹具的不同点是组合夹具的万能性好、标准化程度高，而模块化夹具则为非标准的，一般是为本企业产品工件的加工需要而设计的。产品品种不同或加工方式不同的企业，所使用的模块结构会有较大差别。模块化夹具适用于成批生产的企业。使用模块化夹具可大大减少专用夹具的数量，缩短生产周期，提高企业的经济效益。模块化夹具的设计更依赖于对本企业产品结构和加工工艺的深入分析研究，如对产品加工工艺进行的典型化分析等。在此基础上，合理确定模块的基本单元，以建立完整的模块功能系统。模块化元件应有较高的强度、刚度和耐用性，常用 20CrMnTi、40Cr 等材料制造。

5.4.8　自动线夹具

自动线是由多台自动化单机，借助工件自动传输系统、自动线夹具、控制系统等组成的一种加工系统。常见的自动线夹具有随行夹具和固定式自动线夹具两种。固定式自动线夹具用于工件直接输送的生产线，夹具安装在每台机床上，与专用夹具设计相似。随行夹具常用于形状复杂且无良好输送基面，或虽有良好的输送基面，但材质较软的工件。工件在随行夹具上一次装夹后，随着夹具通过自动线上的输送机构被运送到自动线的各台机床上。随行夹具以规整统一的安装基面在各台机床的机床夹具上定位、夹紧，并进行工件各工序的加工，直到工件加工完毕，随行夹具回到工件装卸工位，进行工件的装卸。随行夹具由四部分组成。

1. 工件的装卸、定位和夹紧

目前使用的自动线随行夹具，工件多数采用人工装卸。当生产需要时也可采用自动装卸。工件在随行夹具上的定位机构的设计与在一般夹具上的定位机构设计相似。工件在随行夹具上的夹紧，应考虑到随行夹具在输送、提升、转向、翻转倒屑和清洗等过程中由于振动所产生的松动现象，工件在随行夹具上应采用自锁夹紧机构。一般较多采用螺旋自锁夹紧机构，因为这种夹紧机构简单可靠，可保证工作过程中不松夹，并可采用机械、气动、液压设备，实现自动化夹紧，以提高生产率，减轻劳动强度。

2. 随行夹具在自动线机床上的夹紧

一般随行夹具在自动线机床上的夹紧形式有以下三种。

(1)夹紧在随行夹具的底板上。该夹紧形式的主要优点是结构紧凑，而且自动线的敞开性好，便于观察刀具的工作及调整；其缺点是由于夹紧机构及一些联动元件往往需设置在机床的底座内，维护、修理及调整均不方便。

(2)从上方夹紧在工件或随行夹具的某机构上。可弥补第一种形式的不足，还能提高夹紧系统的刚度。

(3)由下往上夹紧。具有切屑不会进入夹具定位基面的优点。

3. 随行夹具定位基面和输送基面

目前随行夹具在自动线机床夹具上的定位，绝大多数采用“一面双孔”的定位方法，采用这种方式定位时，随行夹具在各工位上定位时基准统一，可使整个工艺过程实现基准统一，有利于达到随行夹具敞开性的要求。作为定位基面和输送基面的随行夹具底面，必须保证随行夹具能精确定位，并保持精度。

4. 切屑和冷却液的收集和排除机构

图 5-87 所示为连杆加工自动线上用的随行夹具。每个随行夹具上可以安装四个连杆。连杆 4 以端面、小端外缘、大头外缘定位。工件的夹紧依靠装料工位上的电动扳手拧动螺杆 14，并通过杠杆 17 和一系列拉杆和摇杆拉下 3、5、6、7、8 五块压板来实现的。为防止工件偏离正确的位置，应在工件夹紧前用手轮 16 通过压板 15 将工件靠紧在侧面定位件 9、10 和 11 上。随行夹具通过四个滚轮 1 在两条导轨 13 上滚动，以减少定位板的磨损和降低输送器需要的传送力。当随行夹具进到工作位置时，用两个伸缩定位销进行定位，这时两个油缸 12 的活塞杆头上的凸缘插入夹具底座下面的 T 形槽内，油压推动活塞向下时，滚轮 1 通过杠杆机构压缩弹簧而向上抬起，直至随行夹具直接压紧在导轨上为止。

5.5 专用夹具的设计方法

夹具设计一般是在零件的机械加工工艺过程制订之后，按照某一工序的具体要求进行的。制订工艺过程，应充分考虑夹具实现的可能性，而设计夹具时，如确有必要也可以对工艺过程提出修改意见。夹具设计质量的高低，应以能否稳定地保证工件的加工质

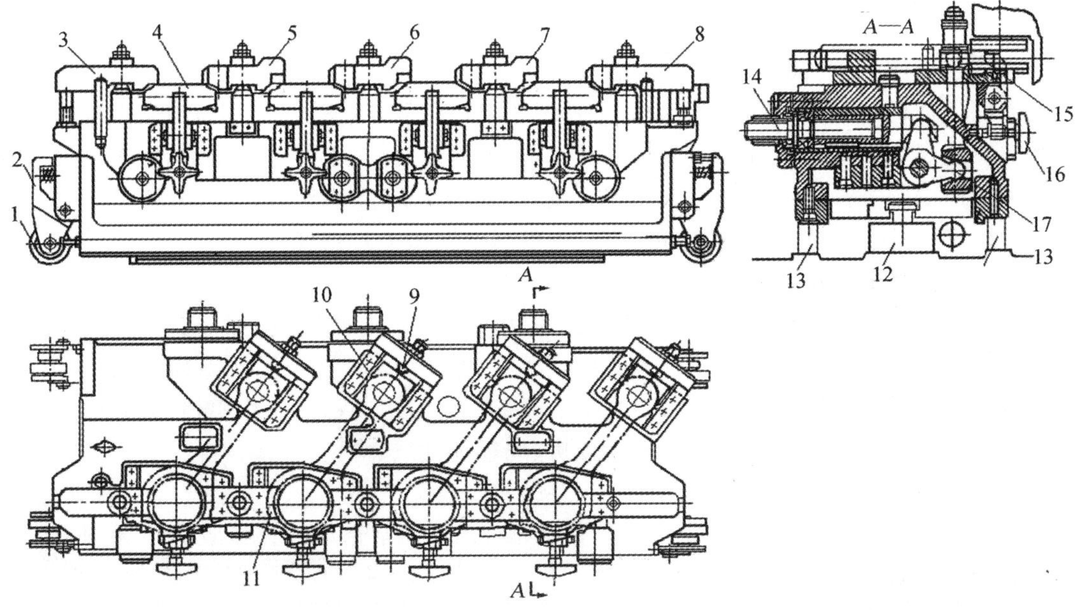

图 5-87 随行夹具

量,提高生产效率,降低成本,方便排屑,使操作安全、省力和制造、维护容易等为其衡量指标。

5.5.1 专用夹具设计的基本要求

一个优良的机床夹具必须满足下列基本要求。

(1)保证工件的加工精度 保证加工精度的关键,首先在于正确地选定定位基准、定位方法和定位元件,必要时还需进行定位误差分析,还要注意夹具中其他零部件的结构对加工精度的影响,确保夹具能满足工件的加工精度要求。

(2)提高生产效率 专用夹具的复杂程度应与生产纲领相适应,应尽量采用各种快速高效的装夹机构,保证操作方便,缩短辅助时间,提高生产效率。

(3)工艺性能好 专用夹具的结构应力求简单、合理,便于制造、装配、调整、检验、维修等。专用夹具的制造属于单件生产,当最终精度由调整或修配保证时,夹具上应设置调整和修配结构。

(4)使用性能好 专用夹具的操作应简便、省力、安全可靠。在客观条件允许的前提下,应尽可能采用气动、液压等机械化夹紧装置,以减轻操作者的劳动强度。专用夹具还应排屑方便。必要时可设置排屑结构,以防止切屑破坏工件的定位和损坏刀具,防止切屑的积聚带来大量的热量而引起工艺系统变形。

(5)经济性好 专用夹具应尽可能采用标准元件和标准结构,力求结构简单、制造容易,以降低夹具的制造成本。因此,设计时应根据生产纲领对夹具方案进行必要的技术经济分析,以提高夹具在生产中的经济效益。

5.5.2 夹具设计的步骤

1. 明确设计要求,认真调查研究,收集设计资料

根据设计任务书,明确本工序的加工技术要求和任务,熟悉加工工艺规程、零件图、毛坯图和有关的装配图,了解零件的作用、形状、结构特点和材料,以及定位基准、加工余量、切削用量和生产纲领等。收集所用机床、刀具、量具、辅助工具和生产车间等资料和情况。收集夹具的国家标准、部颁标准、企业标准等有关资料及典型夹具资料。

2. 确定夹具的结构方案

这是夹具设计的重要阶段。首先确定夹具的类型、工件的定位方案,选择合适的定位元件;再确定工件的夹紧方式,选择合适的夹紧机构、对刀元件、导向元件等其他元件;最后确定夹具总体布局、夹具体的结构形式和夹具与机床的连接方式,绘制出总体草图。对夹具的总体结构,最好设计几个方案,以便进行分析、比较和优选。

3. 绘制夹具总图

遵循国家制图标准,绘图比例应尽可能选取 1∶1;通常选取操作位置为主视图,以便使所绘制的夹具总图具有良好的直观性;视图剖面应尽可能少,但必须能够清楚地表达夹具各部分的结构。绘制夹具总图步骤如下。

(1)用双点画线绘出工件轮廓外形、定位基准和加工表面。将工件轮廓线视为“透明体”,并用网纹线表示出加工余量。

(2)根据工件定位基准的类型和主次,选择合适的定位元件,合理布置定位点,以满足定位设计的相容性。

(3)根据定位对夹紧的要求,按照夹紧五原则选择最佳夹紧状态及技术经济合理的夹紧系统,画出夹紧工件的状态。对空行程和较大的夹紧机构,还应用双点画线画出放松位置,以表示出和其他部分的关系。

(4)围绕工件的几个视图依次绘出对刀、导向元件以及定向键等。

(5)最后绘制出夹具体及连接元件,把夹具的各组成元件和装置连成一体。

(6)确定并标注有关尺寸,夹具总图上应标注的有以下五类尺寸。

①夹具的轮廓尺寸,即夹具的长、宽、高尺寸。若夹具上有可动部分,应包括可动部分极限位置所占的空间尺寸。

②工件与定位元件的联系尺寸,常指工件以孔在心轴或定位销上(或工件以外圆在内孔中)定位时,工件定位表面与夹具上定位元件间的配合尺寸。

③夹具与刀具的联系尺寸,即用来确定夹具上对刀、导引元件位置的尺寸。对于铣、刨床夹具,是指对刀元件与定位元件的位置尺寸;对于钻、镗床夹具,则是指钻(镗)套与定位元件间的位置尺寸,钻(镗)套之间的位置尺寸,以及钻(镗)套与刀具导向部分的配合尺寸等。

④夹具内部的配合尺寸,它们与工件、机床、刀具无关,主要是为了保证夹具装置后能满足规定的使用要求。

⑤夹具与机床的联系尺寸,即用于确定夹具在机床上正确位置的尺寸。对于车、磨床夹具,主要是指夹具与主轴端的配合尺寸;对于铣、刨床夹具,则是指夹具上的定向键与机床工作台上的T形槽的配合尺寸。标注尺寸时,常以夹具上的定位元件作为相互位置尺寸的

基准。

上述尺寸公差的确定可分为两种情况：一是夹具上定位元件之间，对刀、导引元件之间的尺寸公差，它们直接对工件上相应的加工尺寸产生影响，因此可根据工件的加工尺寸公差确定，一般可取工件加工尺寸公差的1/3～1/5；二是定位元件与夹具体的配合尺寸公差，夹紧装置各组成零件间的配合尺寸公差等，则应根据其功用和装配要求，按一般公差与配合原则确定。

(7)规定总图上应控制的精度项目，标注相关的技术条件。夹具的安装基面、定向键侧面以及与其相垂直的平面(称为三基面体系)是夹具的安装基准，也是夹具的测量基准，因而应该以此作为夹具的精度控制基准来标注技术条件。在夹具总图上应标注的技术条件(位置精度要求)有如下几个方面。

①定位元件之间或定位元件与夹具体底面间的位置要求，其作用是保证工件加工面与工件定位基准面间的位置精度。

②定位元件与连接元件(或找正基面)间的位置要求。

③对刀元件与连接元件(或找正基面)间的位置要求。

④定位元件与导引元件的位置要求。

⑤夹具在机床上安装时的位置精度要求。

上述技术条件是保证工件相应的加工要求所必需的，其数量应取工件相应技术要求所规定数值的1/3～1/5。当工件没注明要求时，夹具上的那些主要元件间的位置公差，可以按经验取为(100∶0.02)～(100∶0.05) mm，或在全长上不大于0.03～0.05 mm。

(8)编制零件明细表，夹具总图上还应画出零件明细表和标题栏，写明夹具名称及零件明细表上所规定的内容。

4. 夹具精度校核

在夹具设计中，当结构方案拟定之后，应该对夹具的方案进行精度分析和估算；在夹具总图设计完成后，还应该根据夹具有关元件的配合性质及技术要求，再进行一次复核。这是确保产品加工质量而必须进行的误差分析。

5. 绘制夹具零件工作图

夹具总图绘制完毕后，对夹具上的非标准件要绘制零件工作图，并规定相应的技术要求。对零件工作图应严格遵照所规定的比例绘制。视图、投影应完整，尺寸要标注齐全，所标注的公差及技术条件应符合总图要求，加工精度及表面粗糙度应选择合理。

在夹具设计图纸全部完毕后，还须通过实践来验证设计的科学性，有时还可能要对原设计作必要的修改。因此，要获得一项完善的优秀的夹具设计，设计人员通常应参与夹具的制造、装配、鉴定和使用的全过程。

5.5.3　夹具设计举例

图5-88为在拨叉上钻ϕ8.4 mm孔的工序简图。加工要求是：ϕ8.4 mm孔为自由尺寸，可一次钻削保证。该孔在轴线方向的设计基准是(14.2＋0.10) mm宽槽的对称中心线，要求距离为3.1±0.1 mm；相对于ϕ15.81F8孔中心线的对称度要求为0.2 mm。本工序所用设备为Z525立式钻床。

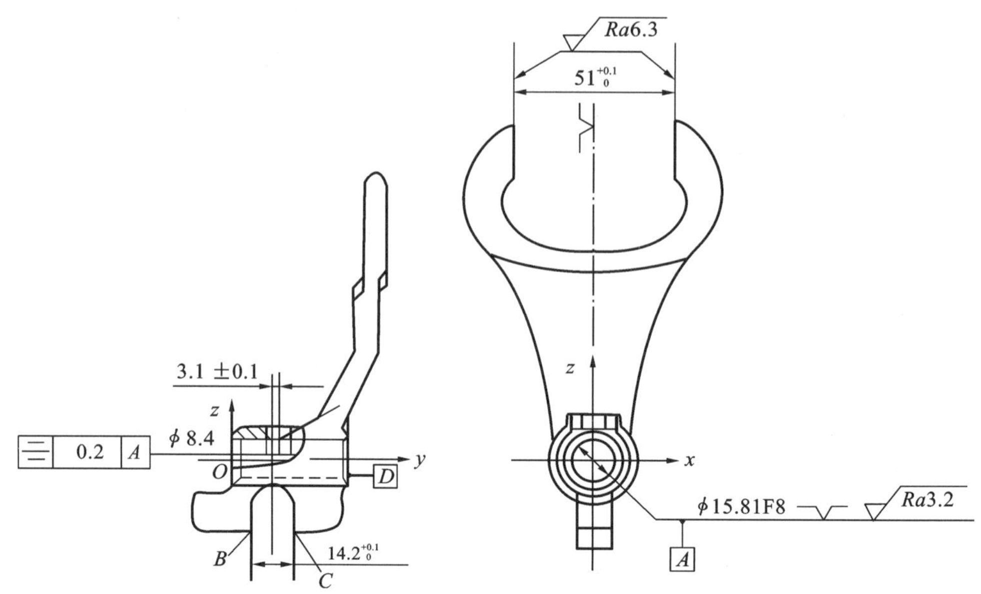

图 5-88　拨叉工序图

1. 确定其定位方案

确定所需限制的自由度数、选择定位基准并确定各基准面上支承点的分布。为保证所钻 φ8.4 mm 孔与 φ15.81F8 中心线对称并垂直，需限制工件的 $\vec{x}$、$\overset{\frown}{x}$、$\overset{\frown}{z}$ 三个自由度 $\vec{y}$；为保证所钻 φ8.4 mm 孔在对称面(yz 面)内，还需限制 $\overset{\frown}{y}$ 自由度；为保证尺寸 3.1±0.1 mm，还需限制自由度 $\vec{y}$。综上所述，应限制工件的五个自由度。

定位基准的选择应尽可能遵循基准重合原则，并尽量选用精基准定位。故以 φ15.81F8 孔作为主要定位基准，设置四支承点限制工件的 $\vec{x}$、$\overset{\frown}{x}$、$\vec{y}$、$\vec{y}$ 四个自由度，以保证所钻孔与基准孔的对称度和垂直度要求；以 $51^{+0.1}_{0}$ mm 宽槽的侧面作定位基准，设置一点，限制 $\vec{y}$ 自由度，由于它离 φ15.81F8 距离较远，故定位准确且稳定可靠；以槽面 B、C 或端面 D 作为止推定位基准，设置一点，限制 $\vec{y}$ 自由度。在 B、C、D 面上定位元件的布置有三种方案：一是以 D 面定位；二是以槽面 B、C 中的一个面定位；三是以槽面 B、C 的对称平面定位。

若以 D 面定位，因工序基准为 $14.2^{+0.1}_{0}$ mm 宽槽的对称面(对称面至 B 面距离尺寸为 $7.1^{+0.05}_{0}$ mm)，并且 D 面到槽的对称面距离要求较低，定位误差较大，故此方案不能采用。若以 B、C 面的一个侧面定位，则基准不重合误差为 $\Delta B=0.05$ mm。若以 B、C 面的对称平面定位，则准不重合误差为 $\Delta B=0$。

在上述三种方案中，第一种方案不能保证加工精度，第二种方案具有结构简单、加工精度可以保证的优点，第三种方案定位误差为零，但结构比前两方案复杂。但从大批量生产的条件考虑，第三种方案中定位元件采用偏心轮，虽然结构复杂，但能完成夹紧任务，因此第三种方案较恰当。

2. 选择定位元件

φ15.81F8 孔采用长圆柱销定位，其配合选为 φ15.81F8/h7。以 $51^{+0.1}_{0}$ mm 宽槽面的定位可采用两种方案，如图 5-89 所示。一种方案是在其中一个槽面上布置一个防转销；另一种方案是利用槽两侧面布置一个大削边销和一个长销构成两销定位。从定位稳定性及有利于夹紧等方面考虑，后一种方案较好。

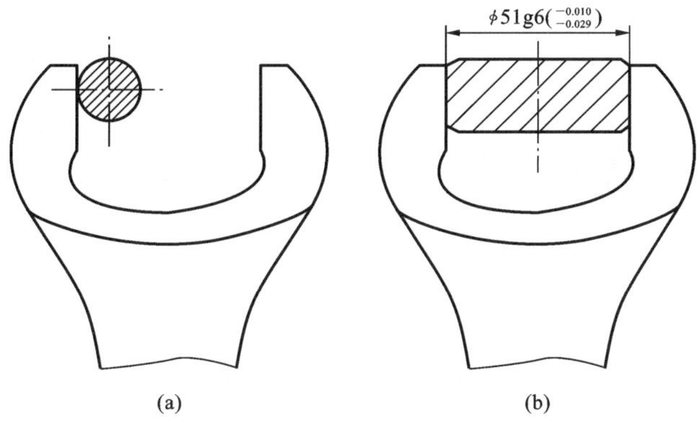

图 5-89　定位元件的选择

(a)布置防转销；(b)布置大削边销和长销

工件沿 y 轴的位置可采用如图 5-90(a)所示的圆弧偏心轮定心夹紧装置，实现 B、C 对称面的定位。如以 B 或 C 面定位，为了装卸工件，应采用可伸缩的定位销，这将会增加夹具结构的复杂性。为了引导钻头，钻套在夹具中的布置如图 5-90(b)所示。

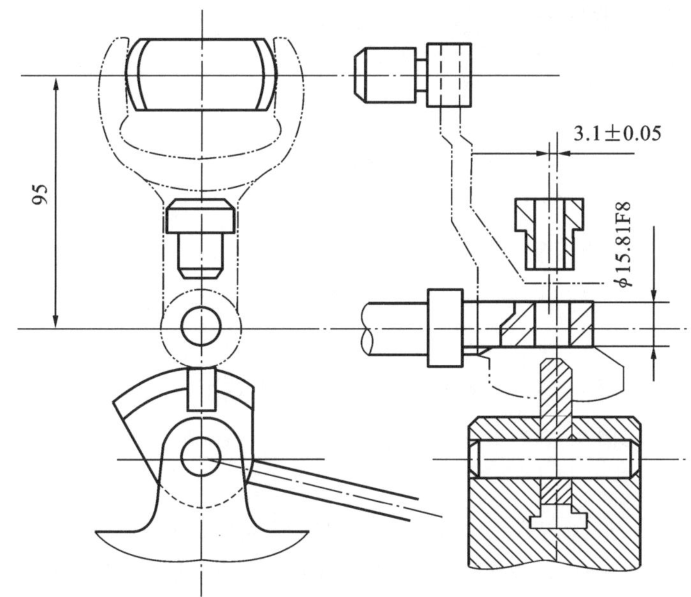

图 5-90　定位夹紧元件的布置

(a)定位夹紧；(b)引导钻套

以上步骤是设计定位装置的一般过程。在实际工作中，其先后顺序可有差异。又由于生产条件等不同，其具体结构也将各异，但分析问题的基本原理和方法是一致的。

3. 总体结构分析设计

按设计步骤，先在各视图部位用双点画线画出工件的外形，然后围绕工件布置定位、夹紧和导向元件，再进一步考虑零件的装卸、各部件结构单元的设计、加工时操作的方便性和结构工艺性等问题，使整个夹具形成一个整体，图 5-91 为该夹具的总体结构设计。

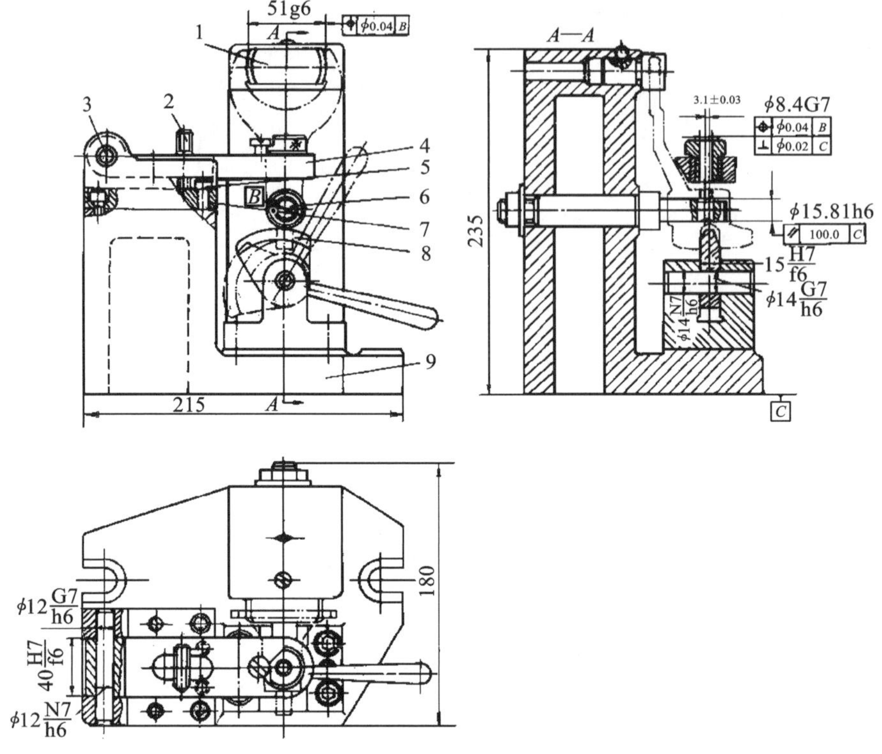

图 5-91 铣槽夹具的装配图

(1)夹具采用整体铸件结构,刚性较好。为保证铸件壁厚均匀,要把内腔掏空。为减少加工面,各部件的结合面处设置铸件凸台。

(2)定位心轴 6 和定位防转扁销 1 均安装在夹具体的立柱上,并通过夹具体上的孔与底面的平行度,保证心轴与夹具底面的平行度。

(3)为了便于装卸零件和钻孔后进行攻螺纹,夹具采用了铰链式钻模板结构。钻模板 4 用销轴采用基轴制装在模板座 7 上,翻下时与支承钉 5 接触,以保证钻套的位置精度,并用锁紧螺钉 2 锁紧。

(4)钻套孔对心轴的位置,在装配时,通过调整模板座来达到要求。在设计时,提出了钻套孔对心轴轴线的位置度要求 φ0.04。夹具调整达到此要求后,在模板座与夹具体上配钻铰定位孔,打入定位销使之位置固定。

(5)偏心轮装在其支座中,安装调整夹具时,偏心轮的对称斜面的中心与夹具钻套孔中心线保持 3.1±0.03 的要求,并在调整好后打入定位销使之固定。

(6)夹紧时,通过手柄顺时针转动偏心轮,使其对称斜面楔入工件槽内,在定位的同时将工件夹紧。由于钻削力不大,故工作可靠。正负该夹具对工件定位考虑合理,且采用偏心轮使工件既定位又夹紧,简化了夹具结构,适用于成批生产。

4. 夹具图的尺寸、公差和技术条件的标注

在夹具总图上应标注下列尺寸。

1)外形轮廓尺寸

外形轮廓尺寸一般是指夹具的最大轮廓尺寸,总长 215 mm,总宽 180 mm,总高 235 mm。有升降部分时,应注出最高和最低位置。由此可见,标出夹具最大外形轮廓尺寸,就可知道夹具在空间实际所占的位置和可能活动的范围,从而可以校核所设计的夹具是否会与机床、刀具发生干涉。

2)工件与定位元件间的联系尺寸

它是指定位元件的工作部分的配合性质(15.81h6、15H7/f6、51g6)、定位平面的平直度或等高性,以及定位表面间的平行度、垂直度等,以便控制订位误差。

3)夹具与刀具间的联系尺寸

该尺寸用来确定夹具上对刀和引导元件的位置,以便控制对刀误差。对铣刨夹具来说,是指对刀元件与定位元件之间的距离。对钻镗类夹具来说,镗套或钻套与定位元件之间的位置尺寸(3.1±0.03) mm、钻(镗)套之间的位置尺寸,以及钻(镗)套与刀具导向部分的配合尺寸(φ8.4G7)。

4)夹具与机床连接部分的尺寸

它反映夹具与机床有关部分的连接关系,用于确定夹具在机床上的正确位置。对于车床、圆磨床夹具,主要指夹具与机床主轴端的连接尺寸;对于铣床、刨床夹具,则指夹具上的定位键与机床工作台上的T形槽的配合尺寸。标注时,通常以夹具上的定位元件作为相互位置尺寸的基准。

5)其他装配尺寸

其他装配尺寸主要包括夹具内部的配合尺寸(40H7/f6、ϕ14N7/h6、ϕ12N7/h6 或 ϕ12G7/h6),它们与机床、刀具、工件无关,是为了保证夹具装配后能满足使用要求而标注的。公差和技术要求应标注以下内容。

(1)定位元件之间或定位元件与夹具底面之间的位置要求。图 5-91 中,定位心轴必须与夹具底面 C 保持一定的平行度要求,才能保证所钻的孔 ϕ8.4 与定位基准孔 ϕ15.81F8 保持一定的垂直度。

(2)定位元件与刀具导向元件之间的相互位置要求。为保证加工孔 ϕ8.4 对定位基准孔 ϕ15.81 的对称度误差不大于 0.2 mm,并保持两轴线有一定的垂直度,对钻套孔 ϕ8.4G7 提出了对定位心轴的位置度要求和对夹具底面的垂直度要求。

复习思考题

5.1　机床夹具通常由哪些部分组成?各组成部分的功能如何?

5.2　何谓定位基准?何谓六点定位原理?试举例说明。

5.3　常见的定位方式有哪些?

5.4　试举例说明什么是工件在夹具中的完全定位、不完全定位、欠定位和过定位?

5.5　限制工件自由度与加工要求有何关系?

5.6 定位元件结构形式与哪些因素有关？举例说明。

5.7 何谓定心夹紧机构？

5.8 何谓定位误差？定位误差是由哪些因素引起的？

5.9 夹紧和定位有何区别？试述夹具的夹紧装置的组成和设计要求。

5.10 试述夹具对夹紧力的三要素（力的作用点、方向、大小）有何要求？

5.11 何谓联动夹紧机构？对联动夹紧机构有哪些要求？

5.12 典型夹紧机构有哪些？

5.13 机床夹具是如何分类的？

5.14 车、铣、刨常用哪些通用夹具？它们的专用夹具各有哪些不同？

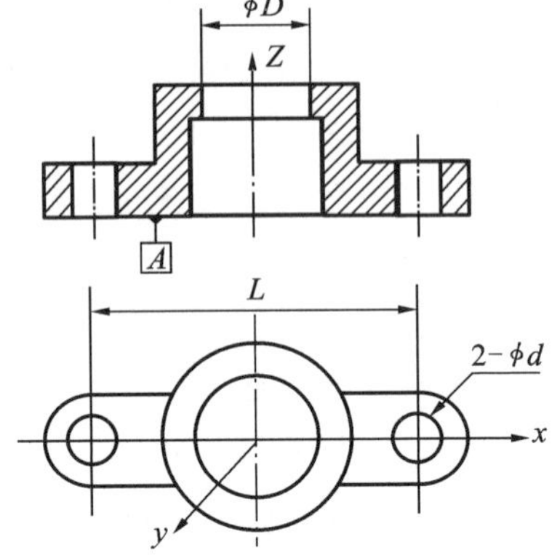

图 5-92 题 5.15 图

5.15 根据图 5-92 所示的工件加工要求，要同时钻 $2\times\phi d$ 孔，A 面、ϕD 均已加工。试确定工件在夹具中定位时应限制的自由度。

5.16 试确定图 5-93 中各定位元件分别限制了工件哪几个自由度，属于哪种定位方式。

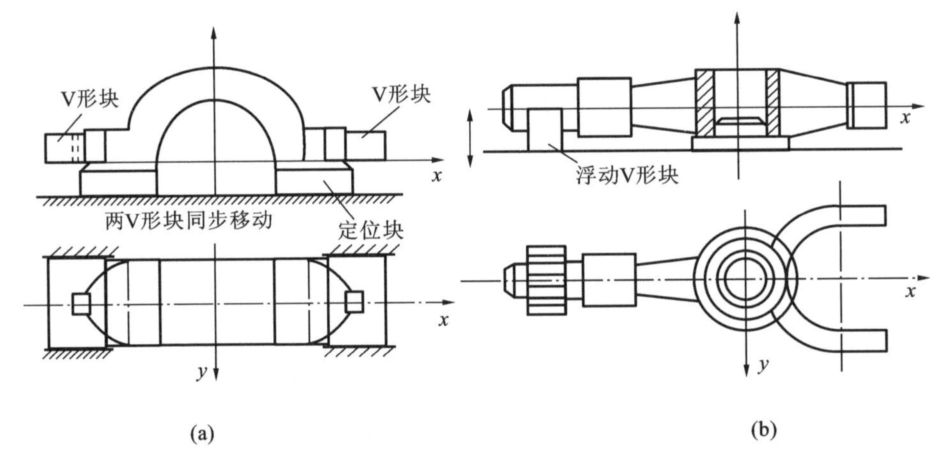

图 5-93 题 5.16 图

5.17 试分析图 5-94 所示的各夹紧机构是否合理，应怎样改进。

5.18 数控机床夹具有何特点？

5.19 组合夹具有何特点？如何使用？

5.20 自动线上使用的夹具与普通夹具有何不同之处？

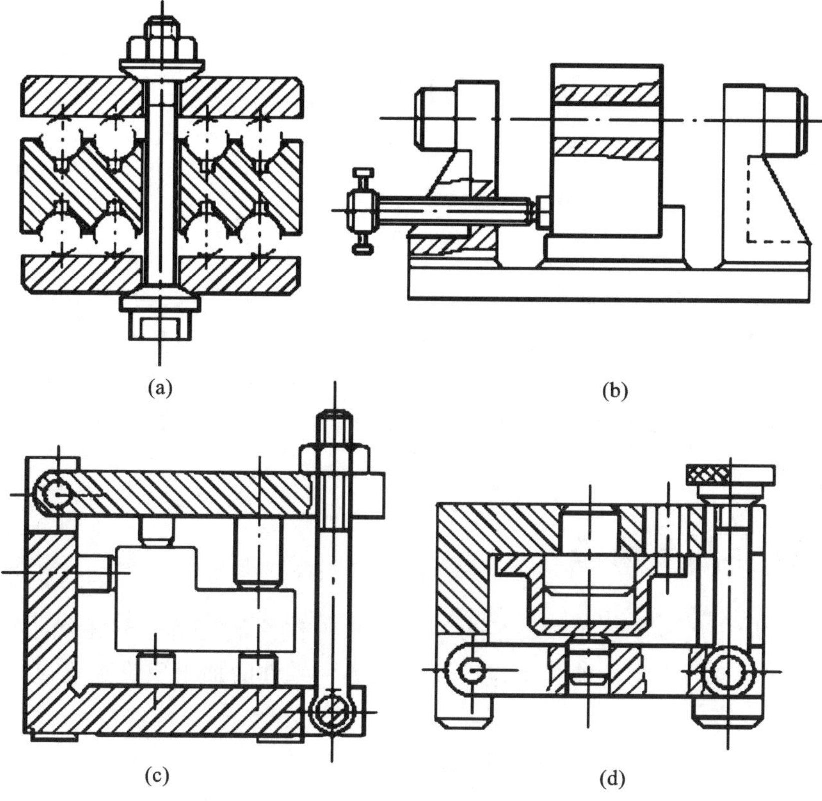

图 5-94　题 5.17 图

第6章 机械加工质量

内容提要

机械产品的加工质量对产品的工作性能和使用寿命影响很大。零件的加工质量一般用加工精度和加工表面质量两个指标表示。机械加工精度的内容主要包括工艺系统各环节中存在的各种原始误差对加工精度的影响以及保证零件加工精度的措施。机械加工表面质量涉及的内容有:表面质量的基本概念、影响表面粗糙度的因素、零件表面变形层物理力学性能及其影响因素。

6.1 机械加工质量概述

机械零件的加工质量决定了零件的力学性能与工作性能,因此,机械加工中,保证零件的加工质量是保证零件力学性能与工作性能的关键。零件的加工质量主要包括加工精度和表面质量两方面内容。

6.1.1 机械加工精度

机械加工误差是指零件加工后的实际几何参数(如几何尺寸、几何形状和相互位置)与理想几何参数之间的偏差。零件加工后实际几何参数与理想几何参数之间的符合程度即为加工精度。加工误差越小,符合程度越高,加工精度就越高。加工精度与加工误差是一个问题的两种提法。所以,加工误差的大小反映了加工精度的高低。

机械加工精度包括尺寸精度、形状精度和位置精度三个方面。

1. 尺寸精度

尺寸精度是指零件的直径、长度、表面距离等尺寸的实际数值与理想数值相接近的程度。尺寸精度是用尺寸误差来控制的。尺寸公差是切削加工中零件尺寸允许的变动量。在基本尺寸相同的情况下,尺寸公差越小,则尺寸精度越高。国家标准 GB/T 1800.1—2009 对尺寸公差等级规定了 IT01、IT0、IT1～IT18 共 20 个公差等级。

2. 形状精度

形状精度是指加工后零件上的线、面的实际形状与理想形状的符合程度。形状精度用形状公差的大小表示,按国家标准 GB/T 1182—2008 的规定,形状公差有直线度、平面度、圆度、圆柱度、线轮廓度和面轮廓度六项。形状公差的圆度、圆柱度分为 12 个等级,其余分为 13 个精度等级。

3. 位置精度

位置精度是指加工后零件上的点、线、面的实际位置与理想位置的符合程度。位置精度用方向公差、位置公差和跳动公差来量度。国标 GB/T1182—2008 规定,方向公差有平行度、垂直度、倾斜度、线轮廓度、面轮廓度公差5项,位置公差有位置度、同心度(用于中心点)、同轴度(用于轴线)、对称度、线轮廓度、面轮廓度6项,跳动公差有圆跳动和全跳动两项。

6.1.2 机械加工表面质量

机器零件的损坏如磨损、疲劳断裂等大多都是从零件表面开始的,机器的工作性能,尤其是它的可靠性及寿命,在很大程度上取决于主要零件的表面质量。工件在机械加工后的表面质量包括加工表面的几何形状特征和加工表面层的物理、力学性能的变化。

1. 加工表面的几何形状特征

加工表面的几何形状特征主要有以下三项。

1)表面粗糙度

表面粗糙度是表面的微观几何形状误差,其大小用评定轮廓的算术平均偏差 Ra、轮廓的最大高度 Rz 来评定。

2)表面波度

表面波度是介于宏观形状误差与微观形状误差之间的带周期性的几何形状误差,其大小以波长 λ 和波高 h 来评定,主要是由加工过程中工艺系统的振动引起的。

3)表面纹理

表面的纹理形式取决于加工类型,如车削纹理和铣削纹理就有很大的区别。纹理的方向有时对零件的摩擦和密封性能有着不可忽视的影响。加工零件时,如有纹理与方向的要求,就必须选择适当的加工方法和方向来满足纹理的要求。

2. 表面层的物理、力学性能

表面层的物理、力学性能根据不同的要求有不同的分法。从使用性能方面考虑有耐磨性、耐疲劳性和耐腐蚀性等。从零件表面自身的物理、力学特征方面考虑,有表面层的加工硬化、表面层金相组织变化和表面层残余应力等。

3. 表面质量对零件使用性能的影响

1)表面质量对耐磨性的影响

表面越粗糙,零件表面的摩擦系数就越大,两相对运动的零件表面磨损也就越快;若表面过于光滑,由于润滑油被挤出以及分子间的吸附作用等,也会加快磨损。因此,接触面的粗糙度有一个最佳值,其值与零件的工作情况有关,工作载荷加大时,表面粗糙度最佳也加大。

加工表面的冷作硬化使摩擦副表面层金属的显微硬度提高,一般可使耐磨性提高。但是冷作硬化程度过高时,冷作硬化将引起金属组织过度疏松,甚至出现裂纹和表层金属的剥落,反而使耐磨性下降。

2)表面质量对疲劳强度的影响

在交变载荷作用下,表面粗糙度的凹谷部位容易引起应力集中,产生疲劳裂纹。表面粗糙度越大,表面的纹痕越深,纹底半径越小,抗疲劳破坏能力就越差。

残余应力对零件疲劳强度的影响也比较显著,表面层残余拉应力将使疲劳裂纹扩大,加速疲劳破坏,而表面层残余压应力能够阻止疲劳裂纹的扩展,延缓疲劳破坏的产生。

3)表面质量对耐蚀性的影响

零件的耐蚀性在很大程度上取决于表面粗糙度。表面粗糙度越大,则凹谷中聚积的腐蚀性物质就越多,耐蚀性就越差。

4)表面质量对配合性质的影响

零件间的配合性质是由过盈量或间隙量来决定的。在间隙配合中,如果零件配合表面的粗糙度大,由于磨损迅速配合间隙将增大,从而降低配合质量,影响配合的稳定性;在过盈配合中,如果表面粗糙度大,装配时表面波峰被挤平,将使实际有效过盈量减少,从而降低配合件的连接强度,影响配合的可靠性。因此,对有配合要求的表面应规定较小的表面粗糙度。

在过盈配合中,如果表面硬化严重,将可能造成表面层金属与内部金属脱落的现象,破坏配合性质和配合精度。表面层残余应力会引起零件变形,使零件的形状、尺寸发生改变,也影响配合性质和配合精度。

6.2　影响加工精度的因素及提高加工精度的工艺措施

在机械加工中,零件的加工精度取决于工件和刀具在加工过程中相互位置的关系。加工时,工件安装在夹具中,夹具又安装在机床上,刀具则通过刀杆和夹具等与机床连接或直接装在机床上。机床提供刀具与工件的相对运动。因此,在机械加工时,机床、夹具、刀具和工件构成了一个系统,称为机械加工工艺系统。工艺系统中的各种误差,在不同的具体条件下,以不同的程度反映为零件的加工误差。通常,将工艺系统的误差称为原始误差,原始误差分类如下。

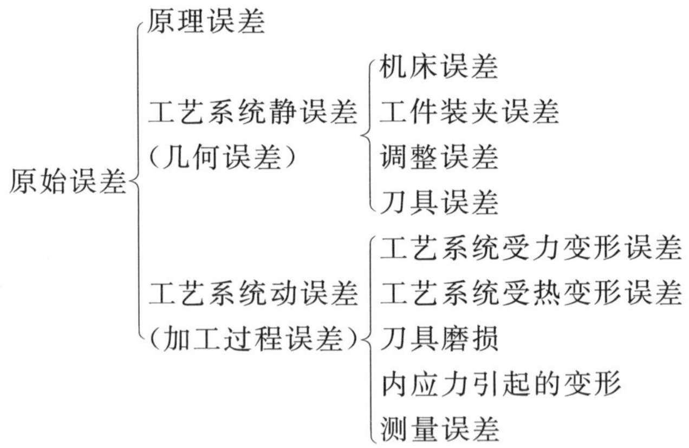

6.2.1　原理误差

从理论上讲,应采用完全正确的刀刃形状并作相应的成形运动,以获得准确的零件表面。但是,这往往会使机床、夹具和刀具的结构变得复杂,造成制造上的困难;或者由于机构环节过多,增加运动中的误差,结果反而得不到高的精度。因此,在生产实际中,为了提高生产率,降低加工成本,常采用近似的加工原理来获得规定范围的加工精度。

例如,使用成形齿轮盘铣刀铣削齿轮时,为了减少铣刀数量,用一把滚刀铣削一定齿数范围内的齿轮，而这把滚刀是按照该齿数范围内最小齿数的齿轮齿廓设计的，所以加工该齿数范围内其他齿数的齿轮时，就会出现加工原理误差。这就是由于采用近似成形运动或近似刀刃轮廓而产生的加工原理误差。

6.2.2　工艺系统的几何误差

工艺系统的几何误差主要指机床、夹具和刀具在制造时产生的误差，以及使用中的调整和磨损误差等。

1. 机床的几何误差

加工的切削运动一般是由机床完成的，机床的几何误差通过成形运动反映到工件表面上。因此机床的几何误差直接影响加工精度，特别那些直接与工件和刀具相关联的机床零部件，其回转运动和直线运动对加工精度影响最大。以下重点分析机床几何误差中对加工精度影响最大的主轴误差、导轨误差和传动链误差。

1）主轴误差

（1）主轴误差的形式　机床主轴作回转运动，其回转中心相对工件或刀具的位置变动直接影响被加工零件的加工精度。由于主轴部件在加工和装配过程中存在主轴轴颈的圆度误差、轴颈或轴承间的同轴度误差、轴承本身的各种误差等使主轴各瞬时回转轴线发生变化，即相对平均回转轴线发生偏移，形成了机床主轴的回转误差。此误差可以分为轴向窜动、径向跳动和倾角摆动三种基本形式，如图 6-1 所示。

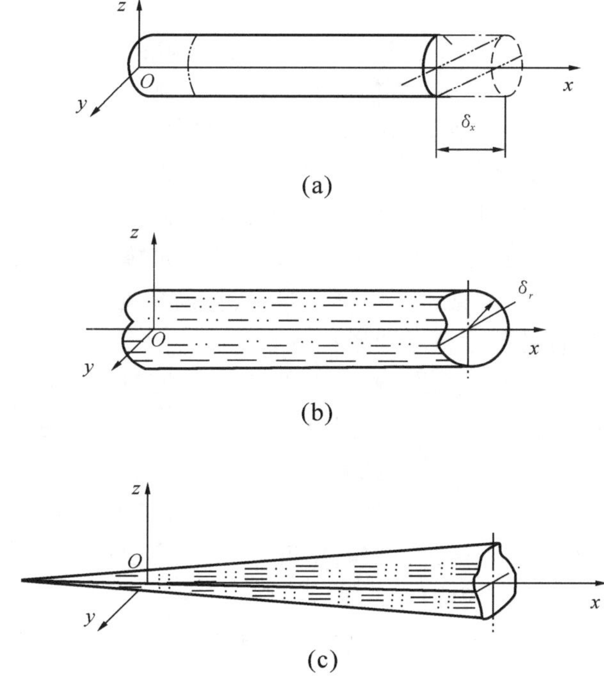

图 6-1　机床主轴的回转误差的形式

（a）轴向窜动；（b）径向跳动；（c）倾角摆动

（2）主轴误差的产生原因　主轴误差的产生是由于存在滑动轴承误差和滚动轴承误差。

滑动轴承的误差主要是指主轴颈和轴承内孔的圆度误差和波度。

对于工件回转类机床(如车床、磨床等),切削力的方向大体上是不变的,主轴在切削力的作用下,主轴轴颈以不同部位与轴承内孔的某一固定部位相接触。因此,影响主轴回转精度的主要是主轴轴颈的圆度误差和波度误差,而轴承孔的形状误差影响较小。如果主轴颈是椭圆形的,那么,主轴每回转一转,主轴回转轴线就有两次径向圆跳动,如图 6-2(a)所示。主轴轴颈表面如有波度,主轴回转时将产生高频的径向圆跳动。

对于刀具回转类机床(如镗床等),由于切削力方向随主轴的回转而回转,主轴颈在切削力作用下总是以其某一固定部位与轴承内表面的不同部位接触。因此,对主轴回转精度影响较大的是轴承孔的圆度误差。如果轴承孔是椭圆形的,则主轴每回转一转,就径向圆跳动一次,如图 6-2(b)所示。轴承内孔表面如有波度,同样会使主轴产生高频径向圆跳动。

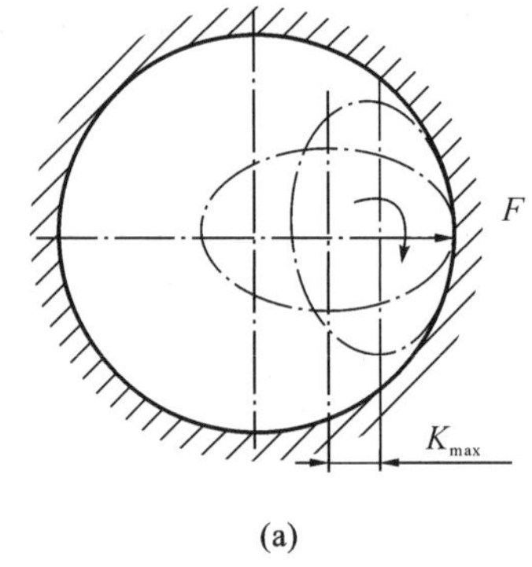

(a)

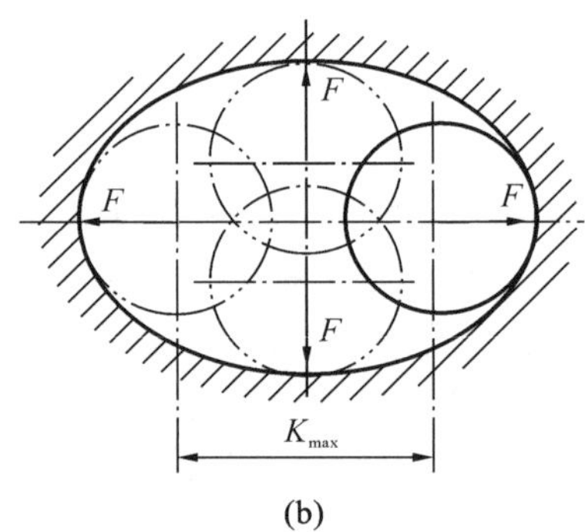

(b)

图 6-2 主轴采用滑动轴承的径向跳动

(a)工件回转类机床;(b)刀具回转类机床

滚动轴承主要受轴承内外环滚道的圆度、波度、滚动体尺寸误差、前后轴承的内环孔偏心、滚道端面跳动及装配质量等因素的影响而产生回转误差。另外,由于滚动体的自转和公转的周期与主轴不一样,主轴的回转精度也会受到影响。

(3)提高主轴回转精度的措施 提高主轴回转精度的措施有以下几点。

①提高主轴部件的精度。根据机床精度要求,选择高精度轴承,合理确定主轴轴颈、箱体主轴孔、调整螺母等零件的尺寸精度和形状精度。

②使主轴回转精度不依赖于主轴部件。由于组成主轴部件的零件多、累积误差大,对回转精度要求很高的主轴,用进一步提高零件精度的方法来满足要求就比较困难。因此可以考虑用使主轴部件的定位功能和驱动功能分开的办法来提高回转精度。例如,磨外圆时,工件由死顶尖定位,主轴仅起驱动作用,主轴部件的误差就不再对主轴回转精度产生影响,所用零件又少,误差累积也少,所以能提高回转精度,但须注意定位元件的精度。

③对滚动轴承进行预紧,以消除间隙。

④提高主轴箱体支承孔、主轴轴颈以及与轴承相配合零件的有关表面的加工精度。

2)机床导轨误差

机床导轨是机床中确定某些主要部件相对位置的基准,也是某些主要部件的运动基准,它的各项误差直接影响被加工工件的精度。直线导轨的导向精度一般包括导轨在水平面内的直线度、在垂直面内的直线度以及前后导轨的平行度(扭曲)等几项主要内容。

（1）水平面内的导轨直线度误差　如图 6-3 所示的车床、磨床等机床的导轨在水平面内的导轨直线度误差 Δ_1 将直接反映在被加工工件表面的法线方向，产生工件半径误差 Δ_R，导轨在水平面内直线度误差对加工精度的影响最大，所以也把这个方向称为误差敏感方向。

$$\Delta_R=\Delta_1$$

（2）垂直平面内的导轨直线度误差　车床、磨床等机床的导轨在垂直面内的直线度误差 Δ_2 也会引起被加工工件的形状误差和尺寸误差。但 Δ_2 对加工精度的影响要比 Δ_1 小得多，所以也把这个方向称为非误差敏感方向，如图 6-3 所示。Δ_2 使刀尖由 a 下降至 b，工件半径误差 Δ_R 为

$$\Delta_R=\frac{\Delta_2^{\ 2}}{2R_1} \tag{6-1}$$

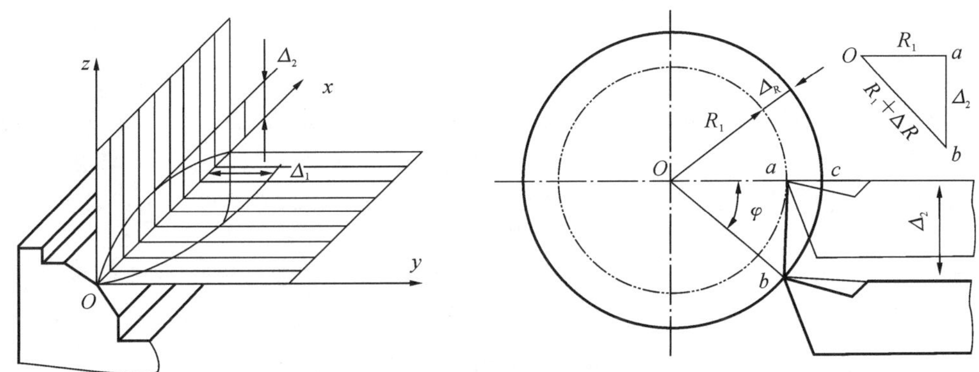

图 6-3　导轨直线度误差引起的加工误差

（3）前后导轨的平行度误差（扭曲）　前后导轨在垂直平面内的平行度误差（扭曲度），会使车床刀架与工件的相对位置发生偏斜，刀尖相对工件被加工表面产生偏移，影响加工精度。如图 6-4 所示，车床三角形导轨相对于平导轨的平行度误差 Δ_3 所引起的工件半径加工误差 Δ_R 为

$$\Delta_R=\frac{H}{B}\Delta_3 \tag{6-2}$$

一般车床的 $H/B\approx2/3$，外圆磨床的 $H/B\approx1$，可见车床和外圆磨床前后导轨的平行度误差对加工精度的影响很大。

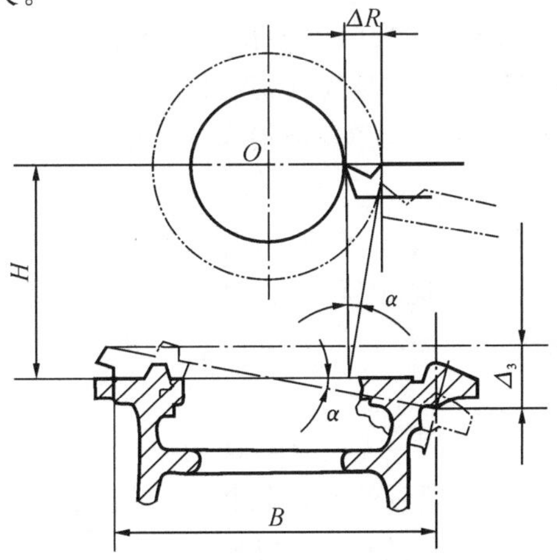

图 6-4　前后导轨扭曲引起的加工误差

此外，导轨与主轴回转轴线的平行度误差也影响工件的加工精度。若车床与主轴回转轴线在水平面内存在平行度误差，会使车出的内、外圆柱面产生锥度；若车床与主轴回转轴线在垂直面内有平行度误差，则加工的圆柱面为双曲回转体。除了导轨本身的制造误差外，导轨的不均匀磨损和安装质量，也是造成导轨误差的重要因素。

3）机床传动链误差

（1）传动链误差的概念　传动链的传动误差，是指内联系的传动链中首、末两端传动件之间相对运动的误差，它是按展成法原理加工工件（如螺纹、齿轮、蜗轮等零件）时影响加工精度的主要因素。例如在滚齿机上用单头滚刀加工直齿轮时，要求滚刀转一周，工件转过一个齿，加工时必须保证工件与刀具间有严格的传动关系，而此运动关系是由刀具与工件间的传动链来保证的。

传动链中的各传动件，如齿轮、蜗轮、蜗杆等有制造误差（主要是影响运动精度的误差）、装配误差（主要是装配偏心）和磨损时，就会破坏正确的运动关系，使工件产生误差，这些误差的累积，就是传动链的传动误差。传动链传动误差一般用传动链末端件的转角误差来衡量。传动链的总转角误差 $\Delta\varphi_{\Sigma}$ 是各传动件误差 $\Delta\varphi_j$ 所引起末端传动件转角误差 $\Delta\varphi_j n$ 的叠加，即 $\Delta\varphi_{\Sigma}=\sum_{j=1}^{n}\Delta\varphi_{j}n$，而传动链中某个传动件的转角误差引起末端传动件转角误差的大小，取决于该传动件到末端件之间的总传动比 i，即 $\Delta\varphi_j n=i_j\Delta\varphi_j$。考虑到各传动件转角误差的随机性，则传动链末端件的总转角误差可用概率法进行估计，即

$$\Delta\varphi_{\Sigma}=\sqrt{\sum_{j=1}^{n}i_j^{\,2}\Delta\varphi_j^{\,2}} \tag{6-3}$$

传动比 i_j 反映了第 j 个传动件的转角误差对传动链误差影响的程度，i_j 越小，末端传动件的转角误差就越小，对加工精度的影响也就越小。

（2）减少传动链传动误差的措施如下。

①减少传动环节，缩短传动链，以减少误差来源。

②提高传动件，特别是末端传动件（如车床丝杆螺母副、滚齿机分度蜗杆副）的制造精度和装配精度。

③在传动链中按降速比递增的原则分配各传动副的传动比。传动链末端传动副的降速比越大，则传动链中其余各传动件误差对传动精度的影响就越小。如齿轮加工机床，分度蜗轮的齿数一般比被加工齿轮的齿数多，可得到很大的降速传动比，一些精密滚齿机的分度蜗轮的齿数在 1 000 齿以上。

④采用误差校正机构。其实质是测出传动误差，在原传动链中人为地加入一个误差，其大小与传动链本身的误差相等且方向相反，从而使二者相互抵消。

2. 工艺系统其他几何误差

1）装夹误差和夹具误差

装夹误差包括定位和夹紧产生的误差。夹具误差包括定位元件、刀具导向元件、分度机构和夹具体等的制造误差以及夹具装配后各元件的相对位置误差、夹具使用过程中其工作表面磨损所产生的误差。装夹误差和夹具误差主要影响工件加工表面的位置精度。

为了减少夹具误差及其对加工精度的影响，在设计和制造夹具时，对于影响工件精度的夹具尺

寸和位置应严加控制，其制造公差可取工件相应尺寸或位置公差的 1/5～1/2。对于易磨损的定位零件和导向零件，除选用耐磨性好的材料外，可制成可拆卸的夹具结构，以便及时更换磨损件。

2）刀具误差

刀具误差主要是刀具的制造误差和磨损误差，其影响程度与刀具的种类有关。

一般刀具，如车刀、铣刀、单刃镗刀和砂轮等，它们的制造误差对工件的加工精度没有直接影响，而加工过程中刀刃的磨损和钝化则会影响工件的加工精度。例如用车刀车削外圆时，车刀的磨损将使被加工外圆增大。同时，随着刀刃的不断磨损和钝化，切削力和切削热会有所增加，也将对加工精度造成一定的影响。

采用成形刀具加工时，刀刃的形状误差以及刃磨、装夹等的误差将直接影响工件的加工精度。

对定尺寸刀具，其尺寸误差直接影响被加工表面的尺寸精度。刃磨时刀刃之间的相对位置偏差及刀具的装夹误差也将影响工件的加工精度。

为了减少刀具的制造误差和磨损，应合理选择刀具材料和规定刀具的加工公差，合理选用切削用量和切削液，正确装夹刀具并及时进行刃磨。

3）调整误差

在加工开始前，为使刀刃和工件保持正确的位置，需要进行调整。在加工过程中，由于刀具磨损等原因使已调整好刀具与工件的位置发生了变化，因此需要进行再调整或校正，使刀具与工件保持正确的相对位置，从而保证各工序的加工精度及其稳定性。调整方式不同，其误差来源也不相同。

(1)试切法调整　试切调整就是通过“试切→测量→调整→再试切”的反复过程来确定刀具的正确位置，从而保证零件加工精度的一种调整方法。这种方法费时、效率低，在单件小批生产中广泛应用。其调整误差的主要来源如下。

①测量误差　量具本身的误差、读数误差以及测量力等所引起的误差都会导致测量误差。

②进给机构的位移误差　试切最后一刀时，由于进给机构常会出现“爬行”现象或刻度不准确，使刀具的实际进给量比手轮转动的刻度值偏小或偏大，造成加工误差。

③切削层厚度变化所引起的误差　由于受切削刃锋利程度的影响，试切最后一刀金属层很薄时，刀刃往往切不下金属而仅起挤压作用。当按此调整位置进行正式切削时，则因新切削段的切深比试切时大，此时刀刃不打滑，切掉的金属要多一点，使正式切削的工件尺寸比试切时的尺寸小，产生尺寸误差。

(2)定程机构位置调整　当用行程挡块、靠模、凸轮等机构来控制刀具进给时，定程机构的制造精度和刚度、与它配合使用的离合器、电气开关、控制阀等的灵敏度以及整个系统的调整精度等都会产生调整误差。这种调整方法简单、费时，大批大量生产应用较多。

(3)样件调整　在各种仿形机床、多刀车床和专用机床的加工中，常用专用样板调整各刀刃之间的相对位置、样板的制造和安装误差，以及对刀误差会引起调整误差。

6.2.3　加工过程误差

在切削力、传动力、惯性力、夹紧力以及重力等的作用下，会产生弹性变形和塑性变形，破坏工艺系统间已调整好的正确位置关系，从而产生加工误差。

1. 工艺系统的刚度

任何一个受力的物体总要产生一定的变形。作用力 F 与其引起的变形量 y 的比值 $k=F/y$ 称为物体的刚度，刚度表现了物体抵抗变形的能力。如果工艺系统受到零件加工表面法向分力 F_p 的作用，工件在该力方向产生的位移为 y_{xt}，则 k_{xt} 称为工艺系统的刚度。

$$k_{xt}=\frac{F_p}{y_{xt}}(\mathrm{N/mm}) \tag{6-4}$$

式中：F_p——工艺系统在零件加工表面的法向分力(N)；

y_{xt}——工件在 F_p 方向产生的位移(mm)。

因为工艺系统是由机床、刀具、夹具和工件组成的，所以工艺系统在某一处的受力变形量 y_{xt} 是各组成环节变形量的合成，即 $y_{xt}=y_{jc}+y_{dj}+y_{jj}+y_{gj}$，则工艺系统的刚度 k_{xt} 为

$$k_{xt}=\frac{1}{\frac{1}{k_{jc}}}+\frac{1}{\frac{1}{k_{jj}}}+\frac{1}{\frac{1}{k_{dj}}}+\frac{1}{\frac{1}{k_{gj}}}(\mathrm{N/mm}) \tag{6-5}$$

式中：y_{jc}、y_{dj}、y_{jj}、y_{gj}——机床、刀具、夹具和工件的变形量(mm)；

k_{jc}、k_{dj}、k_{jj}、k_{gj}——机床、刀具、夹具和工件的刚度(N/mm)。

从式(6-5)可知，如果已知工艺系统各组成部分的刚度，即可求得工艺系统的总刚度。

一般在用刚度计算公式求解某一系统刚度时，应针对具体情况进行分析。如外圆车削时，车刀本身在切削力作用下的变形对加工误差的影响很小，可略去不计，这时计算公式中可省去刀具刚度一项。再如镗孔时，镗杆的受力变形严重地影响着加工精度，而工件(如箱体零件)的刚度一般较大，其受力变形很小，可忽略不计。

2. 工艺系统受力变形引起的加工误差

1)切削力大小变化引起的加工误差

在切削加工中，被加工表面的几何形状误差往往引起切削力的变化，从而造成工件的加工误差。如图 6-5 所示，例如毛坯 A 有椭圆形状误差，把刀具调整到图上虚线位置，那么在毛坯椭圆长轴方向上的背吃刀量为 a_{p1}，短轴方向上的背吃刀量为 a_{p2}，由于背吃刀量的变化，切削力的大小在切削时也发生变化，工艺系统受力产生的位移也随之变化，如果对应于 a_{p1} 产生的位移为 y_1，对应于 a_{p2} 产生的位移为 y_2，则加工出来的工件 B 就会产生椭圆形状误差。

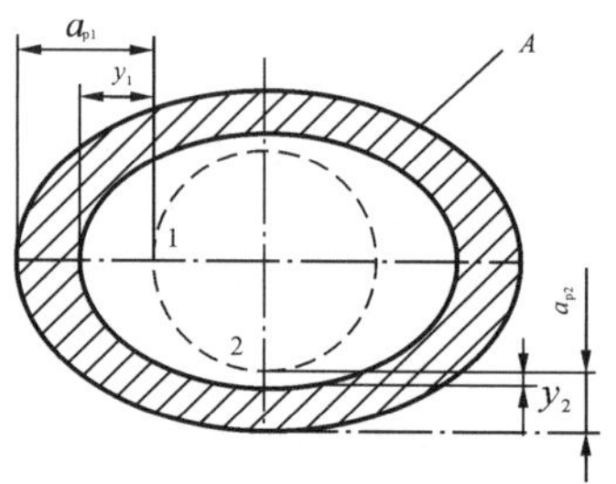

图 6-5 车削时的误差复映

这种由毛坯误差 $\Delta_m=a_{p1}+a_{p2}$ 引起工件的圆度误差 $\Delta_{工}=y_1+y_2$ 的现象称为毛坯误差复映现象。$\Delta_{工}$ 与 Δ_m 的比值 ε 称为误差复映系数，它反映了误差的复映程度。

2)切削力作用点位置变化引起的加工误差

(1)在车床两顶尖间车削短而粗的光轴　如图 6-6(a)所示为在车床上加工短而粗的光轴，由于工件刚度较大，在切削力作用下工件的变形相对于机床、夹具的变形要小得多，而车刀在敏感方向的变形也很小，故可忽略不计。此时，工艺系统的变形完全取决于头架、尾座(包括顶尖)和刀架的变形。当加工中车刀处于图示位置时，在切削分力 F_v 的作用下，头架由点 A 移到点 A'，尾座由点 B 移到点 B'，刀架由点 C 移到点 C'，它们的位移量分别用 y_{tj}、

y_{wz}和 y_{dj}表示。则在刀具切削点处，工艺系统的总位移量为

$$y_x = y_{tj} + (y_{wz} - y_{tj})\frac{x}{l} \tag{6-6}$$

设 F_A、F_B分别为 F_y 在头架、尾架处产生作用力，则系统总位移量又可以表示为

$$y_x = F_y\left[\frac{1}{k_{dj}} + \frac{1}{k_{tj}}\left(\frac{L-x}{l}\right)^2 + \frac{1}{k_{wj}}\left(\frac{x}{L}\right)^2\right] \tag{6-7}$$

从式(6-7)可以看出，工艺系统的变形是随着着力点位置的变化而变化的，x 值的变化将引起 y_x 的变化，进而引起切削深度的变化，结果使工件产生圆柱度误差。实际上按上述条件车削时，工艺系统的刚度就是机床的刚度。

(2)在车床两顶尖间车削细长轴　由于工件长径比大，其变形比机床和刀具要小得多，所以可以忽略机床和刀具的受力变形，那么工艺系统的变形主要取决于工件的变形。

如图 6-6(b)所示，当刀具位于图示位置时，在切削分力 F_y 的作用下，工件轴线将发生弯曲。其变形量 y_x 为

$$y_x = \frac{F_y}{3EI} \times \frac{(L-x)x^2}{L} \tag{6-8}$$

式中：E——工件材料的弹性模量；

I——工件截面的惯性矩。

由式(6-8)可以计算出，当刀具位于工件中间位置，即 $x=L/2$ 时，变形最严重。加工后的工件呈腰鼓形。

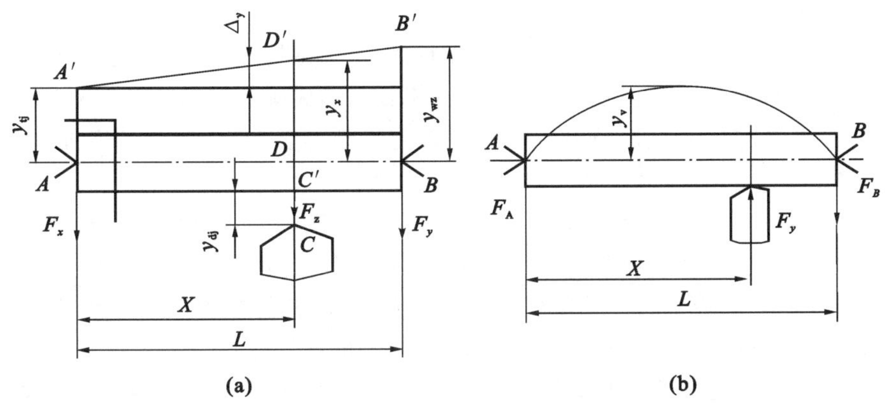

图 6-6　切削力作用点位置变化引起的工艺系统变形

(a)车短粗轴；(b)车细长轴

3)切削过程中其他力引起的加工误差

(1)由传动力引起的加工误差　在车床或磨床类机床上加工轴类零件时，常用单爪拨盘带动工件旋转。如图 6-7 所示，传动力在拨盘转动的每一周中不断改变方向，其在敏感方向 y 上的分力有时与切削力 F_y 方向相同，有时相反。当该分力与 F_y 方向相同时，工件被拉离刀具，造成背吃刀量减小；当该分力与 F_y 方向相反时，工件被推向刀具，造成背吃刀量加大。这样将造成

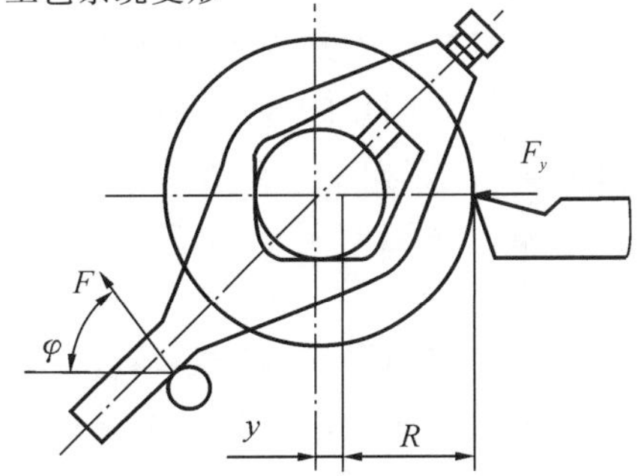

图 6-7　传动引起的加工误差

工件的圆度误差。因此，加工精密零件时，改用双爪拨盘或柔性连接装置带动工件旋转。

(2)惯性力引起的加工误差　切削加工中，高速旋转的零部件(包括夹具、工件和刀具等)的不平衡将引起离心力。离心力在每一转中不断地改变着方向，它在敏感方向上分力的大小变化，会使工艺系统的受力变形也随之变化，从而导致加工误差。

(3)夹紧力引起的加工误差　在加工刚性较差的工件时，若夹紧不当会引起工件的变形，造成形状误差。如用三爪卡盘加紧薄壁套时，就容易产生工件变形。

4)重力引起的加工误差

在工艺系统中，零部件的自重也会引起变形，造成加工误差。如龙门铣床、龙门刨床刀架横梁的变形，都会造成加工误差。

3. 工艺系统热变形产生的误差

在机械加工过程中，工艺系统在各种热源的影响下，常产生复杂的变形，破坏工艺系统间的相对位置精度，造成加工误差。据统计，在某些精密加工中，由热变形引起的加工误差占总加工误差的 40%～70%。热变形不仅会降低系统的加工精度，而且还会影响加工效率。特别是在数控加工中，加工误差全靠机床自动控制，不能由人工手动补偿，所以热变形对加工误差的影响更为突出。

1)机床热变形对加工精度的影响

机床受热源的影响，各部分温度将发生变化。由于热源分布的不均匀性和机床结构的复杂性，机床各部件将发生不同程度的热变形，破坏机床原有的几何精度，从而引起加工误差。

2)工件热变形引起的加工误差

(1)工件均匀受热轴类零件　在车削或磨削时，一般是均匀受热，温度逐渐升高，其直径也逐渐胀大，胀大部分将被刀具切去，待工件冷却后则形成圆柱度和直径尺寸误差。

在用顶尖装夹车削细长轴工件时，热变形将使工件伸长，导致工件的弯曲变形，加工后将产生圆柱度误差。

磨削精密丝杠时，工件的受热伸长会引起螺距的累积误差。例如磨削长度为3 000 mm的丝杠时，每走刀一次工件温度将升高 3 ℃，工件热伸长量为 $\Delta=3\ 000\times12\times10^{-6}\times3$ mm $=0.108$ mm(12×10^{-6}为钢材的热膨胀系数)。而 6 级丝杠的螺距累积误差，按规定在全长上不许超过 0.02 mm，可见受热变形对加工精度影响的严重性。

(2)工件不均匀受热　在刨削、铣削、磨削加工平面时，由于单面受热，上、下表面产生温差，将引起热变形。

3)刀具热变形引起的加工误差

虽然切削热的大部分被切屑带走或传入工件，传到刀具上的热量不多，但因刀具切削部分质量小(体积小)，热容量小，所以刀具切削部分的温升大。例如用高速钢刀具车削时，刃部的温度高达 700～800 ℃，刀具热伸长量可达 0.03～0.05 mm，因此对加工精度的影响不容忽略。

4. 内应力引起的变形误差

1)工件残余应力引起的误差

如加工件壁厚不均匀，会因在热处理过程中造成工件冷却不均以及金相组织转变等，使工件产生内应力。如壁厚相差较大的铸件，浇注后，铸件将逐渐冷却至室温。由于薄壁处散热较快，所以冷却比较快，厚壁处冷却则较慢。两者的收缩速度不一致就会在铸件上产生残余应力。

细长轴类零件在加工前或在加工过程中，有时会采用人工校直的方式以减小工件的直线度误差。这种人为的强制变形也会使得工件内部产生残余应力。

所谓残余应用，就是没有外力作用而存在于零件内部的应力，也称内应力。在机械加工过程中，工件的形状发生变化，原有的应力平衡就被破坏，使工件发生形变，产生加工误差。

2）减小内应力变形误差的途径

（1）改进零件结构　设计零件时，尽量做到壁厚均匀，结构对称，以减少内应力的产生。

（2）增设消除内应力的热处理工序　主要包括以下工序。

①高温时效：缓慢均匀地冷却，适用于铸、锻、焊件。

②低温时效：缓慢均匀地冷却，适用于半精加工后的工件，主要是消除工件的表面应力。

③自然时效：自然释放。

5. 测量过程引起的测量误差

机械加工中，影响机械加工精度的因素还有测量误差。如量具本身的制造误差、测量条件引起的误差，都会造成测量误差。

6.2.4　提高加工精度的工艺措施

机械加工中，为了保证和提高加工精度，必须查明误差产生的原因，采取相应的措施直接或间接消除原始误差或控制原始误差对加工精度的影响。大致可以通过以下途径和方法解决。

1. 减小原始误差

直接减小原始误差，是指在查明影响加工精度的主要原始误差因素之后，设法对其直接进行消除或减小。例如，加工细长轴时，引起原始误差的主要因素是工件刚性差，因而，采用反向进给切削法并加跟刀架，使工件受拉伸，从而达到减小变形的目的，如图 6-8 所示。

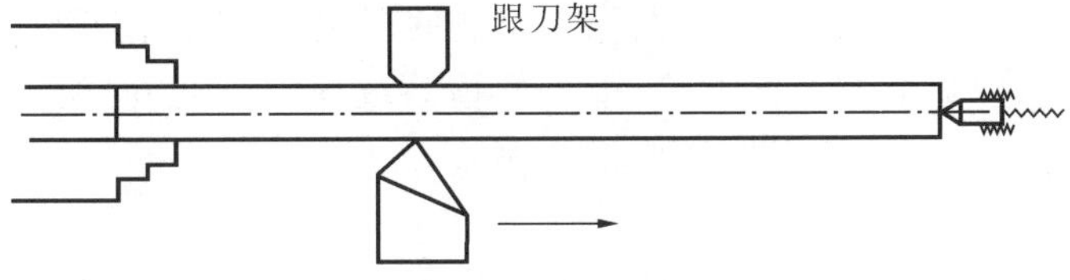

图 6-8　细长轴加工减小误差的方法

2. 转移原始误差

转移原始误差，即把影响加工精度的原始误差转移到不影响或少影响加工精度的方向上，以减少误差对加工精度的影响。如车床的误差敏感方向是工件的直径方向，所以转塔车床在生产中都采用“立刀”安装法，把刀刃的切削基面放在竖直平面内，这样可把刀架的转位误差转移到对误差不敏感的切线方向上。

3. 均分原始误差

在加工中，毛坯或上道工序误差（原始误差）往往造成本工序的加工误差，或者由于工件材料性能改变，或者上道工序的工艺改变（如毛坯精化后，把原来的切削加工工序取消），原始误差将发生较大的变化，这种原始误差的变化，对本工序的影响主要有：造成误差复映，引起本工序误差；使定位误差扩大，引起本工序误差。

解决这个问题，常采用分组调整均分误差的办法。这种办法的实质就是把原始误差按其大小均分为 n 组，使每组毛坯误差范围缩小为原来的 $1/n$，然后按各组分别调整加工。

4. 就地加工法

在加工和装配中有些精度问题，牵涉到零件或部件间的相互关系，相当复杂，如果一味地提高零、部件本身精度，有时不仅困难，甚至不可能，若采用就地加工法(也称自身加工修配法)的方法，就可能很方便地解决看起来非常困难的精度问题。例如，车床尾架顶尖孔的轴线要求与主轴轴线重合，可采用就地加工方法，把尾架装配到机床上后进行最终精加工。

5. 误差补偿

对于带有闭环和半闭环控制系统的数控加工设备，通常通过修改机床的加工指令，对机床进行误差补偿，以实现理想的运动轨迹，提高加工精度。

6.3 加工误差的统计分析

生产实际中，影响加工误差的因素往往是错综复杂的，有时很难用单因素来分析其因果关系，而要用数理统计方法进行综合分析来找出解决问题的途径。

6.3.1 加工误差的性质

各种单因素的加工误差，按其统计规律的不同，可分为系统性误差和随机性误差两大类。系统性误差又分为常值系统误差和变值系统误差两种。

1. 系统性误差

1）常值系统误差

顺次加工一批工件后，其大小和方向保持不变的误差，称为常值系统误差。例如加工原理误差和机床、夹具、刀具的制造误差等，都是常值系统误差。此外，机床、夹具和量具的磨损速度较慢，在一定时间内也可看做常值系统误差。

2）变值系统误差

顺次加工一批工件时，其大小和方向按一定的规律变化的误差，称为变值系统误差。例如机床、夹具和刀具等在热平衡前的热变形误差和刀具的磨损等，都是变值系统误差。

2. 随机性误差

顺次加工一批工件时，出现的大小和方向不同且无规律变化的加工误差，称为随机性误差。例如毛坯误差的复映误差、定位误差、夹紧误差、多次调整的误差、残余应力引起的变形误差等，都是随机性误差。

6.3.2 加工误差的统计分析

统计分析是以生产现场观察和对工件进行实际检验的数据资料为基础，用数理统计的方法分析处理这些数据资料，从而揭示各种因素对加工误差的综合影响，获得解决问题的途径的一种分析方法，主要有分布图分析法和点图分析法等。

1. 分布图分析法

1）实际分布图——直方图

在加工过程中，对某工序的加工尺寸采用抽取有限样本数据进行分析处理，用直方图的形式表示出来，以便于分析加工质量及其稳定程度的方法称为直方图分析法。下面通过实例来说明直方图的作法。

例如磨削一批轴径为 $\phi350^{+0.06}_{+0.01}$ mm 的工件，实测后的尺寸尾数如表 6-1 所示。

表 6-1　轴径尺寸实测值尾数

单位：μm

44	20	46	32	20	40	52	33	40	25	43	38	40	41	30	36	49	51	38	34
22	46	38	30	42	38	27	49	45	45	38	32	45	48	28	36	52	32	42	38
40	42	38	52	38	36	37	43	28	45	36	50	46	38	30	40	44	34	42	47
22	28	34	30	36	32	35	22	40	35	36	42	46	42	50	40	36	20	16(S)	53
32	46	20	28	46	28	54(L)	18	32	33	26	46	47	36	38	30	49	18	38	38

注：表中数据为实测尺寸与基本尺寸的差值。

作直方图步骤如下。

（1）收集数据。一般取 100 件左右，找出最大值 $L=54$ μm，最小值 $S=16$ μm（见表 6-1）。

（2）把 100 个样本数据分成若干组，分组数可由表 6-2 确定。

本例取组数 $k=8$。经验证明，组数太少会掩盖组内数据的变动情况，组数太多会使各组的高度参差不齐，从而看不出变化规律。通常确定的组数要使每组平均至少摊到 4～5 个数据。

表 6-2　样本与组数的选择

数据的数量	分组数
50～100	6～10
100～250	7～12
250 以上	10～20

（3）计算组距 h，即组与组间的间隔

$$h=(L-S)/k=(54-16)/8\ \mu\text{m}=4.75\ \mu\text{m}\approx5\ \mu\text{m}$$

（4）计算第一组的上、下界限值。

第一组的上界限值为 $S+h/2=(16+5/2)\ \mu\text{m}=18.5\ \mu\text{m}$

第一组的下界限值为 $S-h/2=(16-5/2)\ \mu\text{m}=13.5\ \mu\text{m}$

（5）计算其余各组的上、下界限值。第一组的上界限值就是第二组的下界限值。第二组的下界限值加上组距就是第二组的上界限值，依此类推。

（6）计算各组的中心值 x_i。中心值是每组中间的数值。

$$x_i=(\text{某组上限值}+\text{某组下限值})/2$$

第一组中心值为

$$x_1=(13.5+18.5)\ \mu\text{m}=16\ \mu\text{m}$$

（7）记录各组的数据，整理成频数分布表，如表 6-3 所示。

表 6-3 频数分布表

组号	组界/μm	中心值/μm	频数(*m*)	频率(*m*/*n*)
1	13.5～18.5	16	3	0.03
2	18.5～23.5	21	7	0.07
3	23.5～28.5	26	8	0.08
4	28.5～33.5	31	14	0.14
5	33.5～38.5	36	25	0.25
6	38.5～43.5	41	19	0.16
7	43.5～48.5	46	16	0.16
8	48.5～53.5	51	10	0.10
9	53.5～58.5	56	1	0.01

⑧统计各组的尺寸频数、频率填入表 6-3 中。

⑨按表列数据以频率或频数为纵坐标，以 H 距(尺寸间隔)为横坐标就可以画出直方图，如图 6-9 所示。

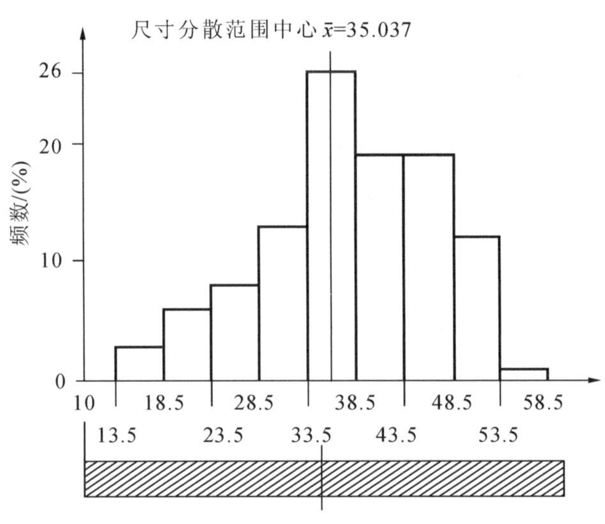

图 6-9 直方图

由图 6-9 可知，该批工件的尺寸大部分居中，偏大、偏小者较少。

$$\text{尺寸分散范围} = (35.054 - 35.016)\ \text{mm} = 0.038\ \text{mm}$$

尺寸分散范围中心：

$$\bar{x} = \frac{1}{n}\sum_{i=1}^{n} x_i = \frac{35.016 \times 3 + 35.021 \times 7 \cdots 35.056 \times 1}{100} = 35.037$$

直径的公差带中心为

$$\left(35 + \frac{0.06 - 0.01}{2}\right)\ \text{mm} = 35.025\ \text{mm}$$

标准差为

$$\sigma=\sqrt{\frac{1}{n}\sum_{i=1}^{n}(x-x)^2}$$

$$=\sqrt{\frac{(35.016-35.037)^2\times 3+\cdots+(35.056-35.037)^2}{100}}=0.0092$$

从图中可看出，这批工件的分散范围为 0.038，比公差带还小，但尺寸分散范围中心与公差带中心不重合，相差 0.012 mm，若设法将尺寸分散范围中心调整到与公差带中心，也就是把机床的径向进给量增大 0.012 mm(直径值)，就能消除常值系统误差。

2)理论分布曲线

(1)正态分布曲线　实践和理论分析表明，当用调整法加工一批总数极多而这些误差因素中又都没有任何优势的倾向时，其分布服从正态分布曲线。其函数表达式为

$$y=\frac{1}{\sigma\sqrt{2\pi}}\mathrm{e}^{\frac{1}{2}(x-\bar{x})^2}$$

式中：y——分布的概率密度(相当于直方图上的频率密度)；

$\bar{x}$——工件尺寸的平均值；

σ——标准差，$\sigma=\sqrt{\frac{1}{n}\sum_{i=1}^{n}(x_i-\bar{x})^2}$；

n——样本工件的总数。

从正态分布图上可看出其有下列特征：

①曲线以 $x=\bar{x}$ 直线为轴左右对称，靠近 $\bar{x}$ 的工件尺寸出现概率较大，远离 $\bar{x}$ 的工件尺寸出现概率较小，如图 6-10 所示。

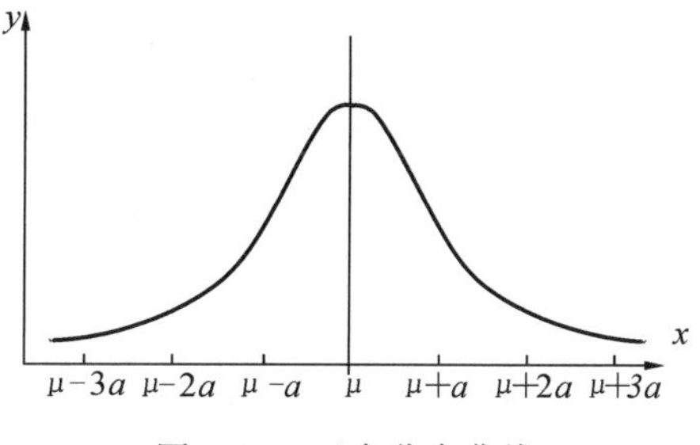

图 6-10　正态分布曲线

②对称的正偏差和负偏差，其概率相等。

③分布曲线与横坐标所围成的面积包括了全部零件数(即 100%)，故其面积等于 1，其中 $x-\bar{x}=\pm3\sigma$(即在 $\bar{x}\pm3\sigma$)范围内的面积占了 99.73%。因此，取正态分布曲线的分布范围为 $\pm3\sigma$。

6σ 的大小代表某加工方法在一定条件下(如毛坯余量，切削用量，正常的机床、夹具、刀具等)所能达到的加工精度，所以在一般情况下，应该使所选择的加工方法的标准偏差 σ 与公差带宽度 T 之间具有下列关系：

$$6\sigma\leqslant T$$

3)非正态分布

工件的实际分布，有时并不接近于正态分布。例如，将在两台机床上分别调整加工出的工件混在一起测定，得到图 6-11 所示的双峰曲线。

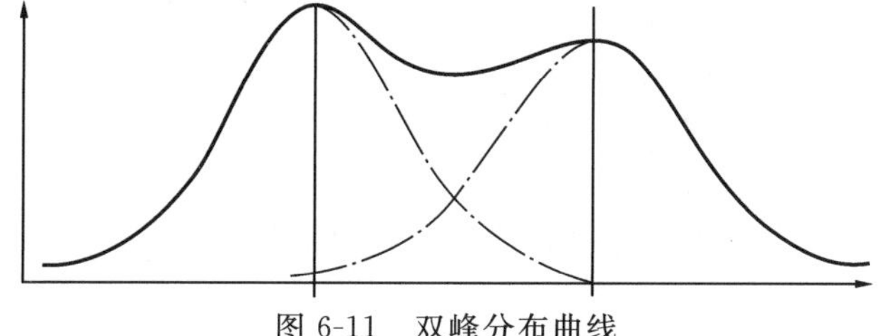

图 6-11　双峰分布曲线

4)分布曲线的应用

(1)判别加工误差的性质　假如加工过程中没有变值系统误差,那么其尺寸分布就服从正态分布,即实际分布与正态分布基本相符,这时就可进一步根据 $\overline{x}$ 是否与公差带中心重合来判断是否存在常值系统误差。

(2)确定各种加工误差所能达到的精度　由于各种加工方法在随机性因素影响下所得的加工尺寸的分布规律符合正态分布,因而可以在多次统计的基础上,为每一种加工方法求得它的标偏差 σ 值。然后,按分布范围等于 6σ 的规律,即可确定各种加工方法所能达到的精度。

(3)确定工艺能力及其等级　工艺能力即工序处于稳定状态时,加工误差波动幅度正常,可以认为不会发生分散范围以外的加工误差,因此可以用该工序的尺寸分散范围来表示工艺能力。当加工尺寸分布接近正态分布时,工艺能力为 6σ。工艺能力等级是以工艺能力系数来表示的,即工艺能满足加工精度要求的程度,如表 6-4 所示。

当工艺处于稳定状态时工艺能力系数 C_p 按下式计算:

$$C_p = T/6\sigma$$

式中:T——工件尺寸公差。

表 6-4　工艺能力等级

工艺能力系数	工序等级	说　　明
$C_p > 1.67$	特级	工艺能力过高,可以允许有异常波动,不一定经济
$1.67 \geqslant C_p > 1.33$	一级	工艺能力足够,可以允许有一定的异常波动
$1.33 \geqslant C_p > 1.00$	二级	工艺能力勉强,必须密切注意
$1.00 \geqslant C_p > 0.67$	三级	工艺能力不足,可能出现少量不合格品
$C_p \leqslant 0.67$	四级	工艺能力差,必须加以改进

(4)估算合格品率　正态分布曲线与 x 轴之间所包含的面积代表一批零件的总数 100%,如果尺寸分散范围大于零件的公差 T,则将有疵品产生。如图 6-12 所示,在曲线下面至 C、D 两点间的面积(阴影部分)代表合格品的数量,而其余部分则为疵品的数量。

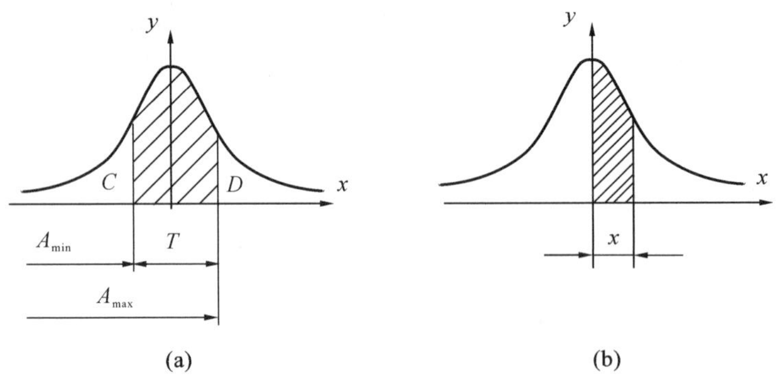

图 6-12　利用正态曲线估算疵品率

2. 点图分析法

在加工过程中,按工件的加工过程,每隔一定时间抽取样本,作出加工尺寸随时间或加工顺序变化的图称为点图。

1）点图的形式

（1）个值点图　按加工顺序逐个测量一批工件的尺寸，将它们记录在以工件顺序号为横坐标、工件尺寸为纵坐标的图上就成了个值点图，如图 6-13 所示。

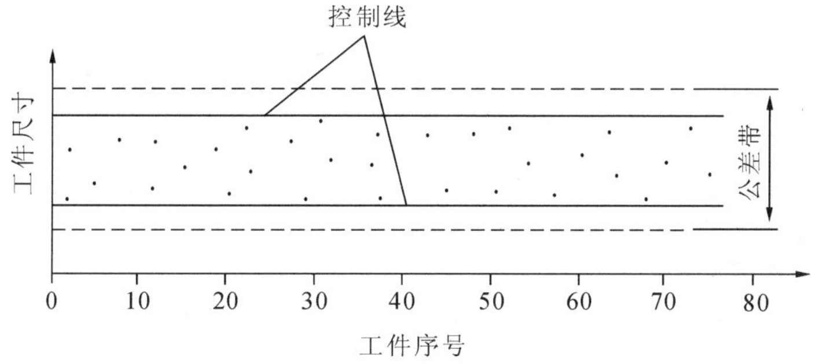

图 6-13　个值点图

（2）$\overline{x}$-R 点图　（平均值-极差点图）由 $\overline{x}$ 点图和 R 点图联系在一起的 $\overline{x}$-R 图是目前应用最广的一种点图，如图 6-14 所示。

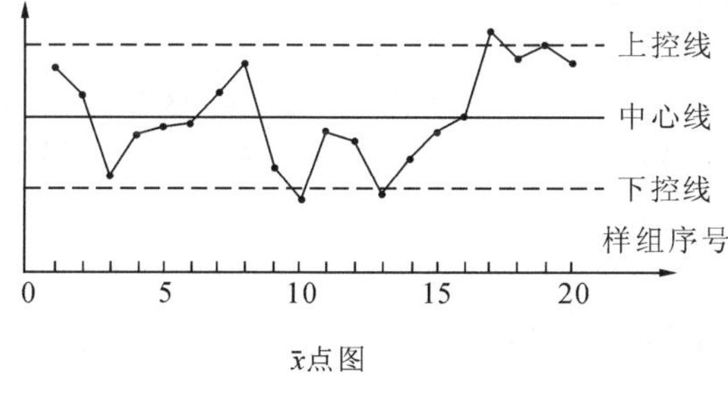

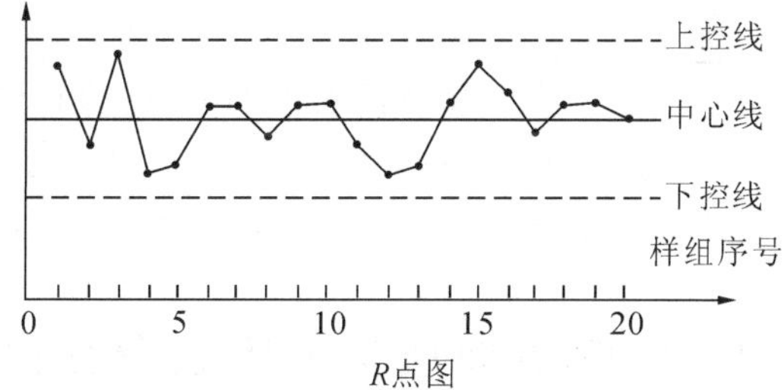

图 6-14　$\overline{x}$-R 点图

按加工顺序每隔一段时间抽检一组 m 个工件（$m=3\sim10$），计算出每组的平均值 x 和每组的级差 R（组内最大值与最小值之差）。

$$\overline{x}=\frac{1}{m}\sum_{i=1}^{m}x_i$$

$$R=x_{\max}-x_{\min}$$

以组序号为横坐标，分别以各组的 $\overline{x}$ 和 R 为纵坐标作图，即可得到 $\overline{x}$-R 图。为判断工艺过程是否稳定，必须在 $\overline{x}$-R 图上标出中心线及上下控制线，其计算公式如下。

$\overline{x}$ 图中心线：　$$\overline{x}=\frac{1}{K}\sum_{i=1}^{K}\overline{x}_i$$

R 图中心线：　$$\overline{R}=\frac{1}{K}\sum_{i=1}^{K}R_i$$

式中：K ——组数；

$\overline{x}_i$—— 第 i 组的平均值；

R_i—— 第 i 组的级差。

$\overline{x}$ 图上控线：　$\overline{x}_{\mathrm{S}}=\overline{x}+A\cdot\overline{R}$

$\overline{x}$ 图下控线：　$\overline{x}_{\mathrm{X}}=\overline{x}-A\cdot\overline{R}$

R 图上控线：　　　　　　　$R_S = D_1 \cdot \overline{R}$

R 图下控线：　　　　　　　$R_X = D_2 \cdot \overline{R}$

式中：A、D_1、D_2 如表 6-5 所示。

表 6-5　系数 A、D_1、D_2 的数值

每组件数	3	4	5	6
A	1.023	0.729	0.577	0.483
D_1	5.574	2.282	2.115	2.004
D_2	每组件数≤6 时，$D_2=0$			

2）点图分析法的应用

（1）观察加工中的常值系统的误差、变值系统的误差和随机误差的大小及变化趋势。根据其变化趋势，或维持工艺过程现状不变，或中止加工并采取相应的补偿与调整措施。

图中 $\overline{x}$ 曲线的位置高低表示常值系统误差的大小，$\overline{x}$ 曲线的变化趋势反映了变值系统误差的影响，R 曲线则代表瞬间的尺寸分布范围的大小，反映了随机误差的大小及变化趋势。

（2）判别工艺过程稳定性。由于加工时各种误差的存在，点图上的点总是上下波动的。如果加工过程主要受随机误差的影响，这种波动幅度一般不大，属于正常波动，这时质量稳定，仍是稳定的工艺过程；如果加工过程除了随机误差外还有其他误差因素的影响，使得点图有明显的上升或下降趋势，或者波动幅度很大，这就属于异常波动，质量不稳定。

6.4　影响表面质量的因素及提高表面质量的途径

6.4.1　影响表面粗糙度的因素及改善途径

机械加工中，表面粗糙度形成的原因大致可归纳为两点：一是切削刃与工件相对运动轨迹所形成的表面粗糙度误差，即几何因素；二是与工件材料性质及切削机理有关因素，即物理因素。

1. 刀具切削加工对表面粗糙度的影响

1）刀具几何形状的复映

在理想切削条件下，由于切削刃形状和进给量的影响，在加工表面上遗留下来的切削层残留部分就形成了理论表面粗糙度，如图 6-15 所示。

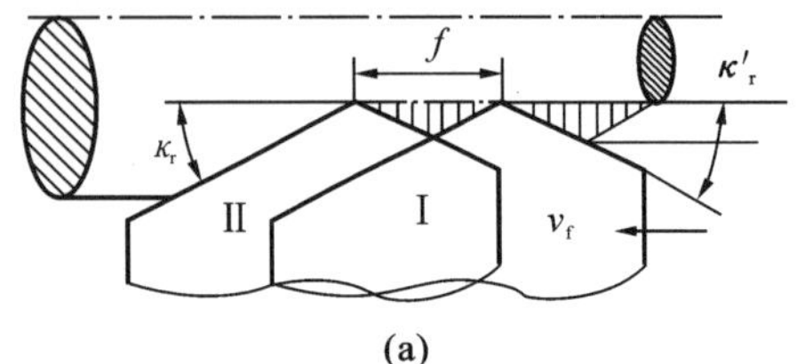

(a)

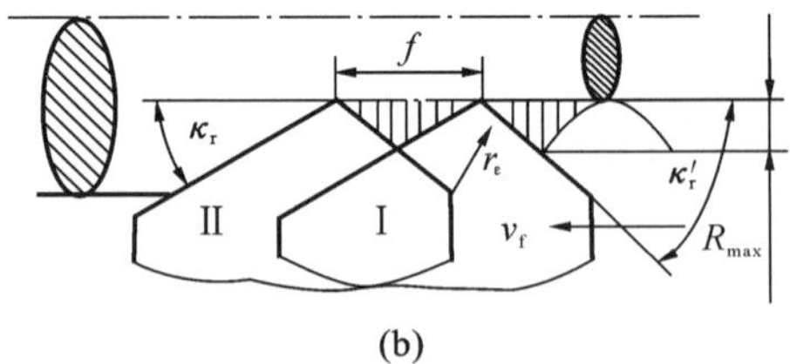

(b)

图 6-15　切削层残留面积

切削加工时表面粗糙度的值主要取决于切削面积的残留高度。

如图 6-15(a)所示,当刀尖圆弧半径 $r_\varepsilon=0$ 时,残留面积高度 H 为

$$H=\frac{f}{\cot\kappa_r+\cot\kappa'_r} \tag{6-9}$$

如图 6-15(b)所示,当刀尖圆弧半径 $r_\varepsilon\geqslant 0$ 时,残留面积高度 H 为

$$H=R_{\max}\approx\frac{f^2}{8r_\varepsilon} \tag{6-10}$$

从式(6-9)和式(6-10)可知,减小刀具的主偏角和副偏角以及增大刀尖圆弧半径,可减小切削残留面积,使其表面粗糙度减小。生产中通过修磨 $\kappa'_r=0$ 的修光刃,可以获得较小的表面粗糙度,但是修光刃不易过宽,否则会引起振动。

2)工件材料

加工塑性材料时,由于刀具对金属的挤压造成了塑性变形,加之刀具迫使切屑与工件分离的撕裂作用,使表面粗糙度值加大。工件材料韧性愈好,金属的塑性变形愈大,加工表面就愈粗糙。加工脆性材料时,其切屑呈碎粒状,由于切屑的崩碎而在加工表面留下许多麻点,使表面粗糙。

对工件材料进行适当的热处理,可以改善材料的机械加工性能。如进行正火、调质处理可以提高材料的硬度,降低材料的塑性和韧性,防止鳞刺的产生。

3)切削用量

加工塑性材料时,采用更高或更低的切削速度,可以避开积屑瘤产生的范围;精加工时,适当地减小进给量 f,通过降低残留部分的高度来减小表面粗糙度。f 小于一定值时,由于刀刃圆角的存在,会造成对工件表面的挤压、打滑或周期性地切入,从而使表面粗糙度增大。

4)刀具的几何角度、材料与刃磨

刀瘤、鳞刺等的产生会严重恶化加工表面的粗糙度。刀具几何角度,刀具材料与被加工材料金属分子的亲和程度,刀具前、后刀面与切屑和加工表面间的摩擦系数,刀面硬度及刀面粗糙度的保持性,对加工材料的塑性变形、鳞刺等现象的产生都有着直接或间接的影响,所以加工中应根据具体情况合理地选择刀具材料和几何角度,提高刀具的刃磨质量。

如金刚石与铁族元素接触时有化学反应,在 700～800℃时会碳化(即石墨化),所以金刚石刀具一般不适合加工钢铁材料。减小前、后刀面的刃磨表面粗糙度,可以减小刀具与切屑和已加工表面间的摩擦。增大前角 γ_o,可以减小塑性变形;减小后角 α_o,也会减小刀具与已加工表面间的摩擦;加大刃倾角 λ_o,可以提高刀具切入和切出的平稳性。

5)工艺系统振动

加工过程中,工艺系统有时会发生振动,即在刀具与工件间出现的除切削运动之外的另一种周期性的相对运动。振动的出现会使加工表面出现波纹,增大加工表面的粗糙度,强烈的振动还会使切削无法继续下去。为减小加工的表面粗糙度,必须采取相应措施以防止在加工过程中产生振动。

6)切削液

切削液的冷却和润滑作用均对减小加工表面的粗糙度值有利,其中更直接的是润滑作用。

2. 磨削加工对表面粗糙度的影响与改善措施

1)磨削表面粗糙度的形成

在磨削加工过程中,磨粒在开始接触工件时,由于切入深度极小,磨粒棱尖圆弧的负前角很大,在工件表面上仅产生弹性变形;随着切入深度增大,磨粒与工件表层之间的压力加大,工件表层产生塑性变形并被刻划出沟纹;当切深进一步加大,被切的金属层才产生明显的滑移而形成切屑。磨削过程是无数磨粒对工件表面进行错综复杂的切削、刻划、滑擦三种作用的过程,这些细微的刻划和塑性隆起形成了表面粗糙度。

2)影响磨削表面粗糙度的因素与改善措施

(1)砂轮。

①砂轮的粒度号越大(磨粒越细),则在单位时间内切削的微刃越多,加工表面的粗糙度就越小。但当粒度细到一定程度后,对降低表面粗糙度的作用就不很明显了。例如,用60～80号粒度的砂轮,经过精细修整后,采用微量切削能获得 $Ra<0.08\ \mu m$ 的表面粗糙度。而用240号粒度的砂轮,同样经过精细修整和采用微量进给切削,其表面粗糙度并无明显改善。

②砂轮的硬度:砂轮太软,磨粒易脱落,不易加工出表面粗糙度小的表面;砂轮的硬度高,磨粒钝化后不易脱落,砂轮和工件会产生强烈摩擦,导致工件表面烧伤,不利于降低工件表面粗糙度。所以,砂轮的硬度应选用得当,磨削表面粗糙度低的工件易选用中硬砂轮。

③砂轮的修整量:磨削时,砂轮表面上的磨粒并不是同时参加切削,由于砂粒在砂轮表面上的随机性和不等高性,故参与磨削的砂粒只是其中的一部分。砂轮若钝化必须进行修整,修整导程(即砂轮转一周,金刚石的纵向移动量)和修整比(即修整时的切深与修整导程之比)越小,则砂轮上切削微刃越多,其等高性也越好,加工出的表面粗糙度就越低。

(2)磨削用量。

①砂轮线速度:一般取35 m/s左右。提高线速度,同一时间内参与切削的磨粒微刃增多,每个微刃的去除量减少,残留面积减小,从而减小磨削力和塑性变形,并同时降低工件的表面粗糙度。

②工件线速度和纵向进给量:减小工件线速度和纵向进给量,有利于降低工件表面粗糙度。但太低会使工件烧伤和产生形状误差。工件线速度根据砂轮线速度确定,砂轮和工件线速度之比一般在50～140为宜。

③磨削深度:磨削深度增大时,磨削的切削负荷增大,磨削力和磨削热增加,工件的塑性变形增加,同时又容易破坏切削刃上的微刃,影响砂轮工作表面的质量及其切削性能,使工件表面粗糙度增大。

④光磨次数:光磨即无进给磨削,是在磨削将要结束时,不再进行径向进给,而靠工艺系统的弹性回复获得微量进给进行磨削。随着光磨次数的增加,实际磨削量越来越小,磨削力和磨削热也越来越小,因而工件的表面粗糙度也越来越小。同时,光磨还可以提高工件的几何形状精度。生产实际中,一般光磨次数为5～10次。

(3)工件材料　工件材料的硬度、塑性、导热性等对表面粗糙度有很大的影响。塑性大的软材料容易堵塞砂轮,导热性差的耐热合金容易使磨料早期崩落,这些因素都会导致磨削表面粗糙度增大。因此,需要采取适当的热处理方法降低材料的塑性或采用合适的砂轮与磨削用量来减小表面粗糙度。

(4)冷却液　由于磨削温度高,合理使用切削液既可以降低磨削区的温度,减少烧伤,还可以冲去脱落的磨粒和切屑,避免划伤工件,从而降低表面粗糙度值。

6.4.2　影响表面物理、力学性能的因素及改善途径

1. 影响零件表面层物理、力学性能的因素

1)表面层加工硬化

在切削过程中,工件表面层受到切削力的作用时会产生强烈的塑性变形,引起晶格间剪切滑移,晶格扭曲拉长、破碎和纤维化,导致晶粒间的聚合力增加,表面层的强度和硬度增加,这种现象称为表面加工硬化(或冷作硬化)。影响表面冷作硬化的工艺因素有以下几点。

(1)刀具几何参数　刀具后刀面的磨损量增大,其与工件表面的摩擦增大,使切削力增大,塑性变形增大,因而表面硬化程度也增大;刀刃圆弧半径增大,使刀具对加工表面的挤压程度增加,引起表面硬化程度加大;减小刀具前角,将使已加工表面的变形程度增大,加工硬化程度和深度也将增加。

(2)切削用量　切削速度增大,刀具与工件的接触时间减少,塑性变形不充分。同时切削速度增大会使切削温度升高,有助于冷硬回复,加工硬化程度减轻。进给量加大,切削力将增大,塑性变形随之增大,冷硬程度增加。背吃刀量对加工硬化的影响较小,一般而言,切深越大,加工硬化越严重。

(3)工件材料　加工硬化主要取决于材料的塑性变形。材料的塑性越大,加工硬化越严重。铸铁与钢相比,钢易产生加工硬化,低碳钢比高碳钢易于产生加工硬化。

2)表面层的残余应力与磨削裂纹

机械加工后的工件表面层,一般都存在一定的残余应力。在磨削加工过程中,残余应力严重时还会导致裂纹的产生。表面层残余应力的产生原因有以下三方面。

(1)热塑性变形的影响　切削加工时产生的切削热会引起局部高温,因为温度分布不均匀,而导致产生残余应力。对于磨削加工,热塑性变形和相变起主导作用,工件表面产生残余拉应力。

(2)冷塑性变形的影响　切削加工过程中,由于切削力的作用,已加工表面产生冷塑性变形,使表面金属层的体积发生变化。切削加工后,切削力消失,表面层材料的弹性变形趋于恢复,但受到已产生塑性变形表面层的牵制,不能恢复到原来的状态,因此在表面层形成内应力。如在切削加工中,切削热不大时以冷塑性变形为主,表面将产生残余压应力。

(3)金属组织变化的影响　切削加工时产生的高温会引起表面层金相组织的变化。不同的金相组织具有不同的密度,如马氏体密度 $\rho=7.75\ g/cm^3$、奥氏体密度 $\rho=7.78\ g/cm^3$、珠光体密度 $\rho=7.96\ g/cm^3$,所以表面层金相组织的密度的变化将导致残余应力。

实际上加工表面的残余应力是上述三方面综合作用的结果,在一定条件下,可能由某一种或两种原因起主导作用。

3)金属组织变化与磨削烧伤

在切削热的作用下,被加工表面的温度超过相变温度后,表层金属的金相组织将会发生变化,使表层金属强度和硬度降低,并伴有残余应力产生,甚至出现微观裂纹,这种现象称为磨削烧伤。在磨削淬火钢时,可能产生以下三种烧伤。

(1)回火烧伤　如果磨削区的温度未超过碎火钢的相变温度，但超过马氏体的转变温度，工件表层金属的回火马氏体组织将转变成硬度较低的回火组织(索氏体或托氏体)，这种烧伤称为回火烧伤。

(2)淬火烧伤　如果磨削区温度超过了相变温度，再加上冷却液的急冷作用，表层金属发生二次淬火，使表层金属出现二次淬火马氏体组织，其硬度比原来的回火马氏体的高，在它的下层，因冷却较慢，将出现硬度比原先的回火马氏体低的回火组织(索氏体或托氏体)，这种烧伤称为淬火烧伤。

(3)退火烧伤　如果磨削区温度超过了相变温度，而磨削区域又无冷却液进入，表层金属将产生退火组织，表面硬度将急剧下降，这种烧伤称为退火烧伤。

发生磨削烧伤的工件表面会出现黄、蓝、褐、青等颜色，这是材料表面在高温下产生的氧化膜颜色。

当烧伤较深时，表面的氧化色虽然可以经过光磨去除，但是烧伤层依然存在，影响零件的使用性能或留下隐患。

2. 改善表面物理、力学性能的工艺措施

1)减少加工表面层的冷作硬化

(1)合理选择刀具的几何参数，采用较大的前角和后角，并在刃磨时尽量减小其切削刃口圆角半径。

(2)使用刀具时，合理限制其后刀面的磨损程度。

(3)合理选择切削用量，采用较高的切削速度和较小的进给量。

(4)加工时采用有效的切削液。

2)防止磨削烧伤的工艺措施

(1)选择合适的砂轮　选用脆性较大的磨料和硬度较软的砂轮，能提高砂轮的自锐性，使其保持较好的切削能力。在保证工件粗糙度的前提下，应选择较粗的砂轮粒度。

(2)及时合理地修整砂轮　修整太细，容易引起工件烧伤；修整太粗，又影响表面粗糙度，所以要合理选择砂轮修整参数。还可以采用开槽砂轮和瓦片砂轮，使砂轮的实际工作表面积减少，增大容屑空间，以防止砂轮表面堵塞。每颗磨粒的切削厚度增加，会减少滑擦能的消耗，使冷却液容易进入磨削区，从而改善散热条件。

(3)合理选用磨削用量　提高工件速度，有助于减少磨削热源与工件表面的接触时间，降低工件表面温度；磨削深度应适宜，如果太大，则产生的热量大，太小将引起磨削时滑擦能的增加；工件纵向进给量越大，砂轮与工件表面的接触时间越少，磨削区表面温度越低，磨削烧伤就越少。为了防止纵向进给量增大而导致表面粗糙，可采用较宽的砂轮。

(4)改善冷却条件　改进磨削冷却液的配方，加大磨削液的流量，提高磨削液的压力，改进磨削液喷嘴结构及采用内冷却方式等，都能使磨削区的温度降低。

3)控制表面层的残余应力

为了控制表面残余应力，一般需要增加一道专门的工序，如用人工实效的方法消除表面的残余应力。

4)采用冷压强化工艺

对于承受高应力、交变载荷的零件可以用喷丸、挤压等表面强化工艺使工件表面层产生残余压应力和冷硬层并降低表面粗糙度，从而提高耐疲劳强度及耐应力腐蚀性能。

(1)喷丸　喷丸是一种用压缩空气或离心力将大量直径细小(0.4～2 mm)的丸粒(如钢丸、玻璃丸等)以 35～50 m/s 的速度向零件表面喷射的方法，如图 6-16(a)所示。

(2)滚压　用将工具钢淬硬而制成的钢滚轮或钢珠在零件上进行滚压，如图 6-16(b)所示，使表层材料产生塑性流动，形成新的光洁表面。表面粗糙度 Ra 可自 1.6 μm 降至 0.1 μm，表面硬化深度达 0.2～1.5 mm，硬化程度达 10%～40%。

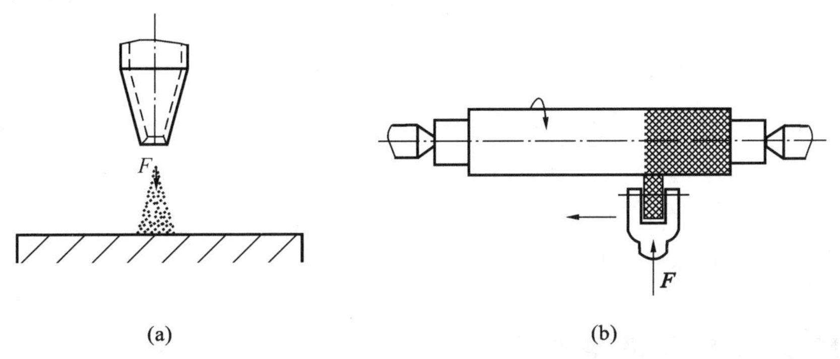

图 6-16　常用的冷压强化工艺方法

(a)喷丸；(b)滚压

复习思考题

6.1　机械加工表面质量包括哪些内容？它们对产品的使用性能有何影响？

6.2　为什么机器上许多静止连接的接触表面往往要求较小的表面粗糙度，而对于相对运动表面却不能要求表面粗糙度过小？

6.3　表面粗糙度与加工公差等级有什么关系？试举例说明机器零件的表面粗糙度对其使用寿命及工作精度的影响。

6.4　车削一铸铁零件的外圆表面，若走刀量 f=0.5 mm/r，车刀刀尖圆弧半径 r=4 mm，试计算能达到的表面粗糙度。

6.5　工件材料为 15 钢，经磨削加工后要求表面粗糙度 Ra 达 0.04 μm，是否合理？若要满足加工要求，应采取什么措施？

6.6　为什么有色金属用磨削加工得不到小的表面粗糙度？通常为获得表面粗糙度小的加工表面应采取哪些加工方法？若需要磨削有色金属，为提高表面质量应采取什么措施？

6.7　在机械加工过程中为什么会造成被加工零件表面层物理、力学性能的改变？这些变化对产品质量有何影响？

6.8　什么是加工硬化？影响加工硬化的因素有哪些？

6.9　磨削淬火钢时，加工表面层的硬度可能升高或降低，试分析其原因。

6.10　为何会产生磨削烧伤？减少磨削烧伤的方法有哪些？

第7章　机械加工工艺规程设计

内 容 提 要

机械加工工艺规程是生产管理的重要技术文件，直接影响零件加工质量、成本及生产效率。本章主要介绍机械加工工艺过程的组成、零件结构加工工艺性、毛坯选择、定位基准选择、工艺路线拟定、工序设计（切削用量选择、工艺尺寸链计算），同时介绍提高生产率的工艺措施、工艺方案技术经济分析、典型零件加工工艺及成组技术等。工艺规程制订具有很强的实践性，学习过程中，应结合实际，逐步摸索提高。

7.1　机械加工工艺规程概述

7.1.1　机械加工工艺规程的作用

机械加工工艺规程是将产品或零部件的制造工艺过程和操作方法按一定格式固定下来的技术文件。它是在具体生产条件下，本着最合理、最经济的原则编制而成，经审批后用来指导生产的法规性文件，其作用主要如下。

(1)它是组织和管理生产的基本依据。工厂进行新产品试制或产品投产时，必须按照工艺规程提供的数据进行技术准备和生产准备，以便合理编制生产计划，合理调度原材料、毛坯和设备，及时设计制造工艺装备，科学地进行经济核算和技术考核。

(2)它是指导生产的主要技术文件。工艺规程是在结合本厂具体情况、总结实践经验的基础上，依据科学的理论和必要的工艺实验后制订的，它反映了加工过程中的客观规律，工人必须按照工艺规程进行生产，才能保证产品质量、提高生产效率。

(3)它是新建和扩建工厂的原始资料。根据工艺规程，可以确定生产所需的机械设备、技术工人、基建面积以及生产资源等。

(4)它是进行技术交流，开展技术革新的基本资料。典型和标准的工艺规程能缩短生产的准备时间，提高经济效益。先进的工艺规程必须广泛吸取合理化建议，不断交流工作经验，才能适应科学技术的不断发展。工艺规程则是开展技术革新和技术交流必不可少的技术语言和基本资料。

7.1.2　制订机械加工工艺规程的原则

在一定的生产条件下，以最少的劳动消耗和最低的费用，按计划加工出符合图样要求的零件，是制订机械加工工艺规程的基本原则。具体表现为保证产品质量，获得较高的生产率和最好的经济效益，并使工人具有良好而安全的劳动条件，做到技术上先进，经济上合理。制订机械加工工艺规程时，必须遵循以下原则：

①必须充分利用本企业现有的生产条件；

②必须可靠地加工出符合图样要求的零件，并保证产品质量；

③保证良好的劳动条件，提高劳动生产率；

④在保证产品质量的前提下，尽可能降低消耗、降低成本；

⑤应尽可能采用国内外先进工艺技术。

由于机械加工工艺规程是直接指导生产和操作的技术文件，因此工艺规程还应做到清晰、正确、完整和统一，所用术语、符号、编码、计量单位等都必须符合相关标准。

7.1.3　制订机械加工工艺规程的原始资料

制订零件的机械加工工艺规程时，必须依据如下原始资料：

①产品的装配图和零件的工作图；

②产品的生产纲领；

③本企业现有的生产条件，包括毛坯的生产条件或协作关系、工艺装备和专用设备及其制造能力、工人的技术水平以及各种工艺资料和标准等；

④产品验收的质量标准；

⑤国内外同类产品的新技术、新工艺及其发展前景等的相关信息。

7.1.4　机械加工工艺规程文件的类型

常用的机械加工工艺规程有以下三种。

1. 机械加工工艺过程卡片

机械加工工艺过程卡片是以工序为单位，对工艺过程作简要说明的工艺文件，主要列出零件加工所经过的整个工艺路线，以及工装设备和工时等内容，见表7-1。这种卡片一般用作指导单件小批零件生产的依据，同时也是生产管理和调度使用的文件。

2. 机械加工工艺卡片

机械加工工艺卡片以工序为单元，详细说明零件在某一工艺阶段中的工序号、工序名称、工序内容、工艺参数、操作要求，以及采用的设备和工艺装备等，广泛用于中批量生产，见表7-2。

3. 机械加工工序卡片

机械加工工序卡片是以工步为单位，对每道工序进行详细说明的工艺文件，包括工件的定位基准及安装方法，加工的工序尺寸及公差，切削用量，工时定额，使用的夹具、刀具和量具等。它是大批量生产和中批量复杂或主要零件生产的必备工艺文件，主要用于指导工人进行操作，见表7-3。

工艺规程的完整格式及填写的基本要求详见标准JB/T 9165.2—1998。

表 7-1　机械加工工艺过程卡片

（工厂）	机械加工工艺过程卡片		产品型号		零件图号			
			产品名称		零件名称		共　页	第　页
材料牌号		毛坯种类		毛坯外形尺寸	数量		备注	
工序号	工序名称	工序内容	车间	工段	设备	工艺装备	工时/min	
							准终	单件

										设计（日期）	审核（日期）	标准化（日期）	会签（日期）
标记	处数	更改文件号	签字	日期	标记	处数	更改文件号	签字	日期				

表 7-2　机械加工工艺卡片

<table>
<tr><td rowspan="2">（工厂）</td><td colspan="2" rowspan="2">机械加工工艺卡片</td><td>产品型号</td><td colspan="2"></td><td>零件图号</td><td></td><td colspan="2"></td></tr>
<tr><td>产品名称</td><td colspan="2"></td><td>零件名称</td><td></td><td>共　页</td><td>第　页</td></tr>
<tr><td>材料牌号</td><td></td><td>毛坯种类</td><td></td><td>毛坯外形尺寸</td><td></td><td>数量</td><td></td><td>备注</td><td></td></tr>
</table>

<table>
<tr><td rowspan="2">工序号</td><td rowspan="2">工序名称</td><td rowspan="2">工序内容</td><td colspan="4">切削用量</td><td colspan="3">工艺装备</td><td colspan="2">工时/min</td></tr>
<tr><td>主轴转速/(r/min)</td><td>切削速度/(m/min)</td><td>进给量/(mm/r)</td><td>背吃刀量/mm</td><td>夹具</td><td>刀具</td><td>量具</td><td>准终</td><td>单件</td></tr>
<tr><td></td><td></td><td></td><td></td><td></td><td></td><td></td><td></td><td></td><td></td><td></td><td></td></tr>
<tr><td></td><td></td><td></td><td></td><td></td><td></td><td></td><td></td><td></td><td></td><td></td><td></td></tr>
<tr><td></td><td></td><td></td><td></td><td></td><td></td><td></td><td></td><td></td><td></td><td></td><td></td></tr>
<tr><td></td><td></td><td></td><td></td><td></td><td></td><td></td><td></td><td></td><td></td><td></td><td></td></tr>
<tr><td></td><td></td><td></td><td></td><td></td><td></td><td></td><td></td><td></td><td></td><td></td><td></td></tr>
<tr><td></td><td></td><td></td><td></td><td></td><td></td><td></td><td></td><td></td><td></td><td></td><td></td></tr>
<tr><td></td><td></td><td></td><td></td><td></td><td></td><td></td><td></td><td></td><td></td><td></td><td></td></tr>
<tr><td></td><td></td><td></td><td></td><td></td><td></td><td></td><td></td><td></td><td></td><td></td><td></td></tr>
</table>

<table>
<tr><td></td><td></td><td></td><td></td><td></td><td></td><td></td><td></td><td></td><td></td><td rowspan="2">设计（日期）</td><td rowspan="2">审核（日期）</td><td rowspan="2">标准化（日期）</td><td rowspan="2">会签（日期）</td></tr>
<tr><td></td><td></td><td></td><td></td><td></td><td></td><td></td><td></td><td></td><td></td></tr>
<tr><td>标记</td><td>处数</td><td>更改文件号</td><td>签字</td><td>日期</td><td>标记</td><td>处数</td><td>更改文件号</td><td>签字</td><td>日期</td><td></td><td></td><td></td><td></td></tr>
</table>

表 7-3 机械加工工序卡片

<table>
<tr><td rowspan="2">（工厂）</td><td rowspan="2">机械加工工序卡片</td><td>产品型号</td><td></td><td>零件图号</td><td colspan="2"></td><td colspan="4"></td></tr>
<tr><td>产品名称</td><td></td><td>零件名称</td><td colspan="2"></td><td colspan="2">共 页</td><td colspan="2">第 页</td></tr>
<tr><td colspan="4" rowspan="10">（工序简图）</td><td>车间</td><td colspan="2">工序号</td><td colspan="2">工序名称</td><td colspan="2">材料牌号</td></tr>
<tr><td></td><td colspan="2"></td><td colspan="2"></td><td colspan="2"></td></tr>
<tr><td>设备名称</td><td colspan="2">设备型号</td><td colspan="2">设备编号</td><td colspan="2">同时
加工数</td></tr>
<tr><td></td><td colspan="2"></td><td colspan="2"></td><td colspan="2"></td></tr>
<tr><td colspan="2">夹具编号</td><td colspan="2">夹具名称</td><td colspan="3">切削液</td></tr>
<tr><td colspan="2"></td><td colspan="2"></td><td colspan="3"></td></tr>
<tr><td colspan="2">工位器具编号</td><td colspan="2">工位器具名称</td><td colspan="3">工序工时</td></tr>
<tr><td colspan="2" rowspan="2"></td><td colspan="2" rowspan="2"></td><td colspan="2">准终</td><td>单件</td></tr>
<tr><td colspan="2"></td><td></td></tr>
</table>

工步号	工步名称	工艺装备	主轴转速/(r/min)	切削速度/(m/min)	进给量/(mm/r)	背吃刀量/mm

<table>
<tr><td></td><td></td><td></td><td></td><td></td><td></td><td></td><td></td><td></td><td></td><td rowspan="2">设计
（日期）</td><td rowspan="2">审核
（日期）</td><td rowspan="2">标准化
（日期）</td><td rowspan="2">会签
（日期）</td></tr>
<tr><td></td><td></td><td></td><td></td><td></td><td></td><td></td><td></td><td></td><td></td></tr>
<tr><td>标记</td><td>处数</td><td>更改
文件号</td><td>签字</td><td>日期</td><td>标记</td><td>处数</td><td>更改
文件号</td><td>签字</td><td>日期</td><td></td><td></td><td></td><td></td></tr>
</table>

7.1.5　制订机械加工工艺规程的步骤、内容

制订机械加工工艺规程的步骤、内容大致如下。

①熟悉和分析制订工艺规程的主要依据，确定零件的生产纲领和生产类型；

②分析零件工作图和产品装配图，进行零件结构工艺性分析；

③确定毛坯，包括选择毛坯类型及其制造方法；

④选择定位基准或定位基面；

⑤拟订工艺路线；

⑥确定各工序需用的设备及工艺装备；

⑦确定工序余量、工序尺寸及其公差；

⑧确定各主要工序的技术要求及检验方法；

⑨确定各工序的切削用量和时间定额，并进行技术经济分析，选择最佳工艺方案；

⑩填写工艺文件。

7.2　零件结构工艺性与毛坯制造

7.2.1　零件结构工艺性

零件的结构工艺性是指在满足使用要求的前提下制造该零件的可行性和经济性。功能相同的零件，其结构工艺性可以有很大差异。所谓结构工艺性好，是指在现有工艺条件下既能方便制造，制造成本又较低。

零件结构工艺性包括零件的各个制造过程中的工艺性，有零件结构的铸造、锻造、冲压、焊接、热处理、切削加工等工艺性。由此可见，零件结构工艺性涉及面很广，具有综合性，必须全面综合地分析。表7-4列出了零件结构工艺性对比的一些实例。

表7-4　零件结构工艺性对比

序号	工艺不好的结构Ⅰ	工艺好的结构Ⅱ	说　　明
1	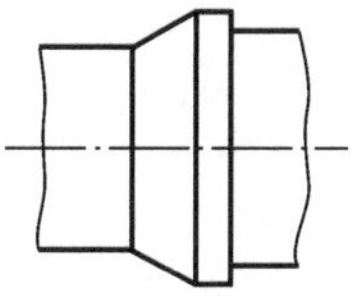	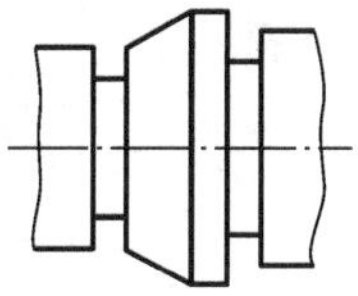	结构Ⅱ有砂轮越程槽，保证了加工的可能性，有利于减少砂轮的磨损
2	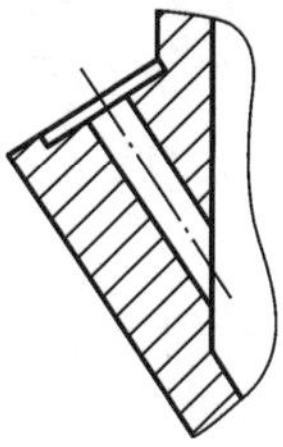	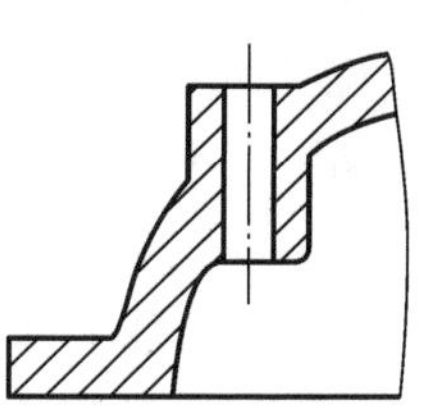	结构Ⅱ可避免了钻头偏斜，甚至折断，能提高钻孔精度

续表

序号	工艺不好的结构Ⅰ	工艺好的结构Ⅱ	说明
3	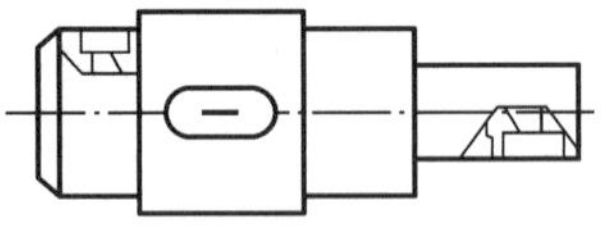	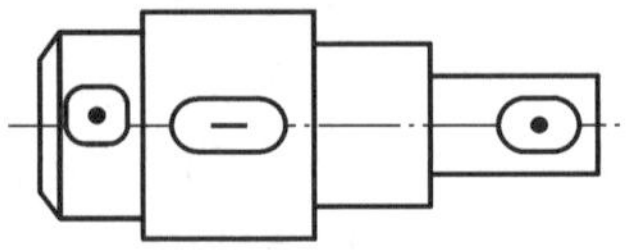	结构Ⅱ键槽尺寸、方位相同，可在一次装夹中加工出全部键槽，以提高生产率
4	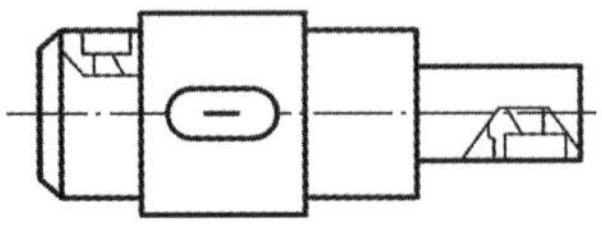	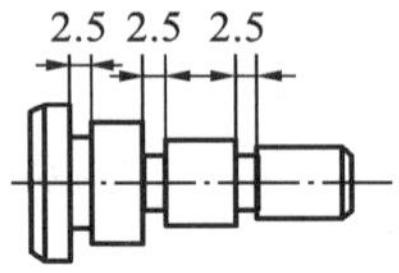 2.5 2.5 2.5	结构Ⅱ凹槽尺寸相同，可减少刀具种类，减少换刀时间
5	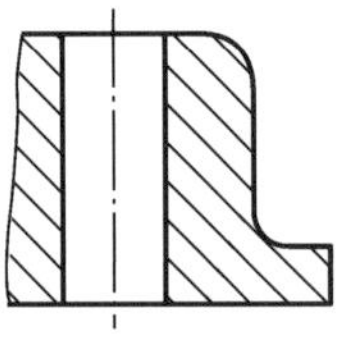	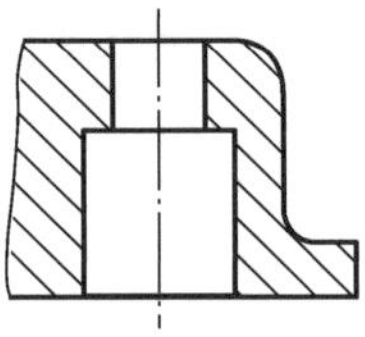	结构Ⅱ可避免深孔加工，节约零件材料
6	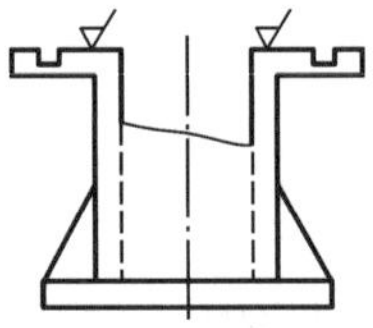	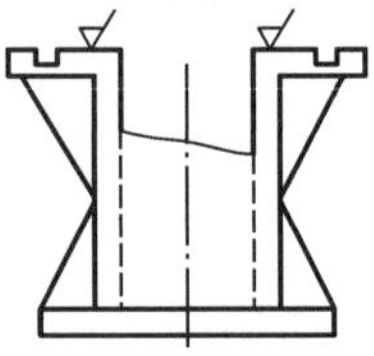	结构Ⅱ可提高工件加工时的刚度
7	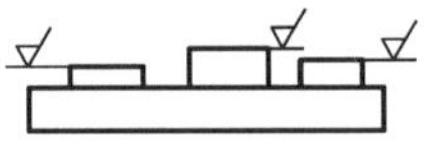	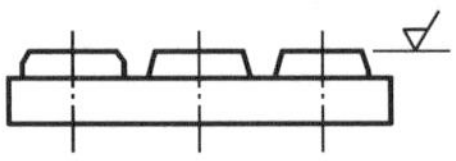	结构Ⅱ可一次走刀加工出所有的凸台表面

零件是各要素、各尺寸组成的一个整体，所以更应考虑零件整体结构的工艺性，具体有以下几点要求：

(1)尽量采用标准件、通用件。

(2)在满足产品使用性能的条件下，零件图上标注的尺寸精度等级和表面粗糙度要求应取最经济值。

(3)尽量选用切削加工性好的材料。

(4)有便于装夹的定位基准和夹紧表面。

(5)节省材料，减轻质量。

对于较复杂的零件，在进行工艺分析时还必须重点研究以下三个方面的问题。

(1)主次表面的区分和主要表面的保证。零件的主要表面是指零件与其他零件相配合的表面，或是直接参与机器工作过程的表面。主要表面以外的其他表面称为次要表面。根据主要表面的质量要求，便可确定所应采用的加工方法以及采用哪些最后加工方法来保证、实现这些要求。

(2)重要技术条件分析。零件的技术条件一般是指零件的表面形状精度和位置精度，静平衡、动平衡要求，热处理和表面处理，探伤要求和气密性试验等。重要技术条件是影响工艺过程制订的重要因素，通常会影响到基准的选择和加工顺序，还会影响工序的集中与分散程度。

(3)零件图上表面位置尺寸的标注。零件上各表面之间的位置精度是通过一系列工序加工后获得的,这些工序的顺序与工序尺寸和相互位置关系的标注方式直接相关。对这些尺寸的标注必须做到尽量使定位基准、测量基准与设计基准重合,以减少基准不重合带来的误差。

7.2.2　毛坯选择

1. 毛坯的种类

选择毛坯,主要是确定毛坯的种类、制造方法及其制造精度。毛坯的形状、尺寸越接近成品,切削加工余量就越少,从而可以提高材料的利用率和生产效率,然而这样往往会使毛坯制造困难,需要采用昂贵的毛坯制造设备,从而增加毛坯的制造成本。所以选择毛坯时应从机械加工和毛坯制造两方面出发,综合考虑以求取得最佳效果。

零件常用毛坯的特点及应用范围见表 7-5。

表 7-5　各类毛坯的特点及应用范围

毛坯制造方法		主要特点	应用范围
铸造	木模手工砂型	可铸出形状复杂的铸件,但铸件精度低,加工表面需留较大的加工余量;表面有气孔、砂眼、硬皮等缺陷;废品率高;生产效率低	适用于单件小批生产或大型零件的铸造,适于铸造铁碳合金、有色金属及其合金
	金属模机器砂型	可铸出形状复杂的铸件,生产效率高,铸件精度也高,但设备费用高,铸件的重量也受限制	适用于大批量生产的中小型铸件,适于铸造铁碳合金、有色金属及其合金
	金属型浇铸	可铸出形状不太复杂的铸件,铸件比砂型铸造铸件精度高,铸件尺寸精度可达 0.1～0.5 mm,表面粗糙度 Ra 可达 12.5～6.3 μm,力学性能好,生产效率也较高,但需专用的金属型腔模	适用于大批量生产中的尺寸不大的铸造铁碳合金、有色金属及其合金
	离心铸造	铸件晶粒细,金属组织致密,零件的力学性能好,外圆精度及表面质量高,铸件精度为 IT8～IT9 级,表面粗糙度 Ra 可达 6.3 μm,但内孔精度差,且需要专门的离心浇注机	适用于批量较大的黑色金属和有色金属的旋转体铸件
	熔模浇铸	多用于形状复杂小型零件的毛坯,尺寸精度高,公差可达 0.05～0.15 mm,表面粗糙度 Ra 可达 12.5～3.2 μm,不需或只需少许机械加工,生产周期长,成本高	单件及成批生产,适于铸造难加工材料

续表

毛坯制造方法		主要特点	应用范围
铸造	压铸	铸件精度高，可达 IT11～IT13；表面粗糙度值 Ra 小，可达 3.2～0.4 μm；铸件力学性能好，可铸造各种结构较复杂的零件，铸件上各种孔眼、螺纹、文字及花纹图案均可铸出，但需要一套昂贵的设备和型腔模	适用于批量较大的形状复杂、尺寸较小的有色金属铸件
锻造	自由锻造	锻件精度低，加工余量大，生产率也低	适用于单件小批生产及大型锻件生产
	模锻	锻件精度和表面粗糙度均比自由锻造的好，可以使毛坯形状更接近工件形状，加工余量小，同时，由于模锻件的材料纤维组织分布好，锻制件的机械强度高，模锻的生产效率高，但需要专用的模具，且锻锤的吨位也要比自由锻造的大	主要适用于批量较大的中小型零件
	精密模锻	锻件形状的复杂程度取决于锻模，尺寸精度高，锻件变形小，能节省材料和工时，生产率高，但需要专门的精锻机	成批及大量生产，适于锻造碳素钢、合金钢
冲压		非常接近成品要求，冲压零件可以作为毛坯，有时还可以直接成为成品，冲压件的尺寸精度高	适用于批量较大而零件厚度较小的中小型零件
冷挤压		生产效率高，冷挤压毛坯精度高，表面粗糙度值小，可以不再进行机械加工	适用于大批量生产中制造形状简单的小型零件
焊接		制造简便，加工周期短，毛坯重量轻，但抗振动性差，机械加工前需经过时效处理以消除内应力	适用于单件小批生产中制造大型毛坯
型材	热轧	热轧的精度低，价格较冷拉的便宜，用于一般零件的毛坯，按其截面形状，型材可分为圆钢、方钢、六角钢、扁钢、角钢、槽钢以及其他特殊截面的型材	适于各种批量的生产
	冷轧	冷拉的尺寸小、精度高，易于实现自动送料，但价格贵，截面形状同热轧型材	多用于批量较大且在自动机床上进行加工的情形

续表

毛坯制造方法	主要特点	应用范围
粉末冶金	生产效率高，零件的精度高，表面粗糙度值小，一般可不再进行精加工	适用于大批大量生产中压制形状较简单的小型零件

2. 确定毛坯时应考虑的因素

1)零件的材料及其力学性能

当零件的材料选定以后，毛坯的类型就大体确定了。例如，对于材料为铸铁的零件，自然应选择铸造毛坯，而对于重要的钢质零件，力学性能要求高时，可选择锻造毛坯。

2)零件的结构和尺寸

形状复杂的毛坯常采用铸造方法，但对于形状复杂的薄壁件，一般不能采用砂型铸造。对于一般用途的阶梯轴，如果各段直径相差不大、力学性能要求不高时，可选择棒料做毛坯，如果各段直径相差较大，为了节省材料，应选择锻件。

3)生产类型

当零件的生产批量较大时，应采用精度和生产率都比较高的毛坯制造方法，这时毛坯制造增加的费用可由材料耗费减少的费用以及机械加工减少的费用来补偿。

4)现有生产条件

选择毛坯类型时，要结合本企业的具体生产条件，如现场毛坯制造的实际水平和能力、外协的可能性等。

5)充分考虑利用新技术、新工艺和新材料的可能性

为了节约材料和能源、减少机械加工余量、提高经济效益，只要有可能，就必须尽量采用精密铸造、精密锻造、冷挤压、粉末冶金和工程塑料等新工艺、新技术和新材料。

3. 常用零件的毛坯选择

常用的机器零件按照其结构形状特征可分为轴杆类零件、盘套类零件、壳体类零件三大类。这三类零件的结构特征、基本工作条件和毛坯的一般制造方法大致如下。

1)轴杆类零件

轴杆类零件是各种机械产品中用量较大的重要结构件，常见的有光轴、阶梯轴、曲轴、凸轮轴、齿轮轴、连杆、销轴等。轴在工作中大多承受着交变扭转载荷、交变弯曲载荷和冲击载荷，有的同时还承受拉-压交变载荷。

(1)材料选择　从选材角度考虑，轴杆类零件必须要有较高的综合力学性能、淬透性和抗疲劳性能，局部承受摩擦的部位或部件如轴颈、花键等还应有一定硬度。为此，一般用中碳钢或合金调质钢制造，主要钢种有 45、40Cr、40MnB、30CrMnSi、35CrMo 和 40CrNiMo 等。

(2)成形方法选择　获得轴类杆类零件毛坯的成形方法通常有锻造、铸造等，也可直接选用轧制的棒料。锻造生产的轴组织致密，具有抗拉和抗弯强度较高的合理分布的纤维组织。重要的机床主轴、发电机轴、高速或大功率内燃机曲轴等可采用锻造毛坯。单件小批生产或重型轴的生产采用自由锻；大批量生产应采用模锻；中、小批量生产可采用胎模锻。大多数轴杆类零件的毛坯都采用锻件。

球墨铸铁曲轴毛坯成形容易，加工余量较小，制造成本较低。

热轧棒料毛坯主要在大批量生产中用于制造小直径的轴，或是在单件小批量生产中用于制造中小直径的阶梯轴。冷拉棒料因其尺寸精度较高，在农业机械和起重设备中有时可不经加工直接作为小型光轴使用。

2）盘套类零件

常见的盘类零件有齿轮、带轮、凸轮、端盖、法兰盘等，常见的套筒类零件有轴套、汽缸套、液压油缸套、轴承套等。由于这类零件在各种机械中的工作条件和使用性能要求差异很大，因此，它们所需采用的材料和毛坯也各不相同。

（1）齿轮类零件　齿轮是用来传递功率和调节速度的重要传动零件（盘类零件的代表），从钟表齿轮到直径 2 m 大的矿山设备齿轮，所选用的毛坯种类是多种多样的。齿轮的工作条件较为复杂，齿面要求具有高硬度和高耐磨性，齿根和轮齿心部要求高的强度、韧度和耐疲劳性，这是选择齿轮材料的主要依据。在选择齿轮毛坯制造方法时，则要根据齿轮的结构形状、尺寸、生产批量及生产条件来选择经济性好的生产方法。

①材料的选择　普通齿轮常采用的材料为具有良好综合性能的中碳钢 40 钢或 45 钢，进行正火或调质处理。高速中载冲击条件下工作的汽车、拖拉机齿轮，常选 20Cr、20CrMnTi 等合金渗碳钢进行表面强硬化处理。

以耐疲劳性能要求为主的齿轮，可选 35CrMo、40Cr、40MnB 等合金调质钢，调质处理或采用表面淬火处理。

对于一些开式传动、低速轻载齿轮，如拖拉机正时齿轮、油泵齿轮、农机传动齿轮等可采用铸铁齿轮，常用铸铁牌号有 HT200、HT250、KTZ450-5、QT500-5、QT600-2 等。

对有特殊耐磨耐蚀性要求的齿轮、蜗轮应采用 ZQSn10-1、ZQA19-4 铸造青铜制造。此外，粉末冶金齿轮、胶木和工程塑料齿轮也多用于受力不大的传动机构中。

②成形方法选择　多数齿轮是在冲击条件下工作的，因此锻件毛坯是齿轮制造中的主要毛坯形式。单件小批量生产的齿轮和较大型齿轮选自由锻件；批量较大的齿轮应在专业化条件下模锻，以求获得最佳经济性；形状复杂的大型齿轮（直径 500 mm 以上）则应选用铸钢件或球铁件毛坯；仪器仪表中的齿轮则可采用冲压件。

（2）套筒类零件　套筒零件根据不同的使用要求，其材料和成形方法选择有较大的差异。

①材料的选择　套筒类零件选用的材料通常有 Q235-A、45、40Cr、HT200、QT600-2、QT700-2、ZQSn10-1、ZQSn6-6-3 等。

②成形方法选择　套筒类零件常用的毛坯有普通砂型铸件、离心铸件、金属型铸件、自由锻件、板料冲压件、轧制件、挤压件及焊接件等多种形式。对孔径小于 20 mm 的套筒，一般采用热轧棒料或实心铸件；对孔径较大的套筒也可选用无缝钢管；对一些技术要求较高的套类零件，如耐磨铸铁汽缸套和大型铸造青铜轴套则应采用离心铸件。

此外，端盖、带轮、凸轮及法兰盘等盘类零件的毛坯依使用要求而定，多采用铸铁件、铸钢件、锻钢件或用圆钢切割。

3）机架、壳体类零件

机架、壳体类零件是机器的基础零件，包括各种机械的机身、底座、支架、减速器壳体、机床主轴箱、内燃机汽缸体、汽缸盖、电机壳体、阀体、泵体等。一般来说，这类零件的尺寸较大、结构复杂、薄壁多孔、设有加强肋及凸台等结构，重量由几千克到数十吨，要求具有一定的强度、刚度、抗振性及良好的切削加工性。

（1）材料选择　机架、壳体类零件的毛坯在一般受力情况下多采用 HT200 和 HT250 铸铁件；对于一些负载较大的部件可采用 KT330-08、QT420-10、QT700-2 或 ZG40 等材料的铸件；对于小型汽油机缸体、化油器壳体、调速器壳体、手电钻外壳、仪表外壳等则可采用 ZL101 等铸造铝合金毛坯。

（2）成形方法的选择　这类部件的成形方法主要是铸造。单件小批量生产时，采用手工造型；大批量生产采用金属型机器造型；小型铝合金壳体件最好采用压力铸造。对于单件小批量生产的形状简单的零件，为了缩短生产周期，可采用 Q235-A 钢板焊接；对于薄壁壳罩类零件，在大批量生产时则常采用板料冲压件。

7.3　工艺路线的确定

7.3.1　表面加工方法选择

1. 加工经济精度

由于在加工过程中有很多因素影响加工精度，所以同一种加工方法在不同的工作条件下所能达到的精度是不同的。任何一种加工方法，只要精心操作，细心调整，并选用合适的切削参数进行加工，都能使加工精度得到较大的提高，但这样做会降低生产率、增加加工成本。

对于任何一种特定的加工方法，都可以作出如图 7-1 所示的加工成本和加工误差之间的关系曲线。由图可知，加工误差 δ 与加工成本 C 成反比关系。这种关系只是在一定范围内才比较明显，如图中之 AB 段。而点 A 左侧曲线表明成本的增加对精度的提高影响很小，点 B 右侧曲线则表示精度降低到一定程度后，加工成本受到限制。因此，对于某一特定的加工方法，存在相对合理的经济精度范围。一般所谓的加工经济精度是指，在正常加工条件下（采用符合质量标准的设备、工艺装备和标准技术等级的工人，不延长加工时间）所能保证的加工精度。

显然，某种加工方法的加工经济精度应为一个范围（见图 7-1 中 AB 段），而不是某一个确定值，并且随着工艺技术的发展、设备及工艺装备的改进，以及生产的科学管理水平的提高，各种加工方法的加工经济精度等级范围亦将不断提高。

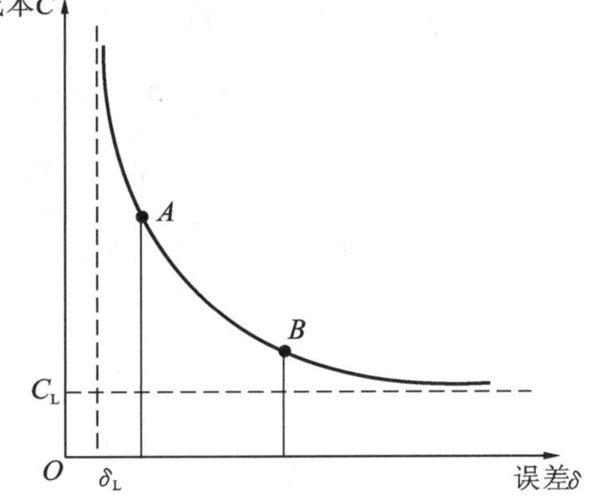

图 7-1　加工成本与加工误差的关系

2. 表面加工方法的选择

表面加工方法的选择，就是为零件上每一个有质量要求的表面选择一套合理的加工方法。在选择时，一般先根据表面精度和粗糙度要求选择最终加工方法，然后再确定精加工前期工序的加工方法。选择加工方法，既要保证零件表面的质量，又要争取高生产效率，同时还应考虑以下因素。

①首先应根据每个加工表面的技术要求，确定加工方法和分几次加工。

②应选择相应的能获得经济精度和经济粗糙度的加工方法。加工时，不要盲目采用高的加工精度和小的表面粗糙度的加工方法，以免增加生产成本，浪费设备资源。

③应考虑工件材料的性质。例如，对淬火钢精加工应采用磨床加工，但对有色金属的精加工，为避免磨削时堵塞砂轮，则应采用金刚镗或高速精细车削等。

④要考虑工件的结构和尺寸。例如，对于IT7级精度的孔，采用镗、铰、拉和磨削等都可达到要求。但箱体上的孔一般不宜采用拉或磨削，大孔时宜选择镗削，小孔时则宜选择铰孔。

⑤要根据生产类型选择加工方法。大批量生产时，应采用生产率高、质量稳定的专用设备和专用工艺装备加工。单件小批生产时，则只能采用通用设备和工艺装备以及一般的加工方法。

⑥还应考虑本企业的现有设备情况和技术条件以及充分利用新工艺、新技术的可能性。应充分利用企业的现有设备和工艺手段，节约资源，发挥群众的创造性，挖掘企业潜力；同时应重视新技术、新工艺，设法提高企业的工艺水平。

⑦其他特殊要求。例如工件表面纹路要求、表面力学性能要求等。

表7-6、表7-7、表7-8分别介绍了零件三种最基本的表面（外圆表面、内孔表面和平面）的常用加工方案及其所能达到的经济精度和表面粗糙度。

表7-6 外圆表面的加工方案

<table>
<tr><th>序号</th><th>加工方案</th><th>经济加工
精度等级（IT）</th><th>加工表面
粗糙度 $Ra/\mu m$</th><th>适用范围</th></tr>
<tr><td>1</td><td>粗车</td><td>11～12</td><td>50～12.5</td><td rowspan="4">适用于淬火钢以外的各种金属</td></tr>
<tr><td>2</td><td>粗车—半精车</td><td>8～10</td><td>6.3～0.2</td></tr>
<tr><td>3</td><td>粗车—半精车—精车</td><td>6～7</td><td>1.6～0.8</td></tr>
<tr><td>4</td><td>粗车—半精车—精车—滚压（或抛光）</td><td>5～6</td><td>0.2～0.025</td></tr>
<tr><td>5</td><td>粗车—半精车—磨削</td><td>6～7</td><td>0.8～0.4</td><td rowspan="3">主要用于淬火钢或未淬火但不宜加工的非铁金属</td></tr>
<tr><td>6</td><td>粗车—半精车—粗磨—精磨</td><td>5～6</td><td>0.4～0.1</td></tr>
<tr><td>7</td><td>粗车—半精车—粗磨—精磨—超精加工</td><td>5～6</td><td>0.1～0.012</td></tr>
<tr><td>8</td><td>粗车—半精车—金刚石车</td><td>5～6</td><td>0.4～0.025</td><td>主要用于要求较高的非铁金属加工</td></tr>
<tr><td>9</td><td>粗车—半精车—粗磨—精磨—超精磨（或镜面磨）</td><td>5级以上</td><td><0.025</td><td rowspan="2">极高精度的钢或铸铁的外圆加工</td></tr>
<tr><td>10</td><td>粗车—半精车—粗磨—精磨—研磨</td><td>5级以上</td><td><0.1</td></tr>
</table>

注：表中经济加工精度是指加工后的尺寸精度，可供选择加工方案时参考；有关形状精度与位置精度方面各种加工方法所能达到的经济加工精度与表面粗糙度可参阅各种机械加工手册。

表 7-7　孔加工方案

序号	加 工 方 案	经济加工精度等级(IT)	加工表面粗糙度 $Ra/\mu m$	适 用 范 围
1	钻	11～12	12.5	主要用于加工未淬火钢及铸铁的实心毛坯，也可以用于加工非铁金属(但粗糙度较高)，孔径小于 20 mm
2	钻—铰	8～9	3.2～1.6	
3	钻—粗铰—精铰	7～8	1.6～0.8	
4	钻—扩	11	12.5～6.3	主要用于加工未淬火钢及铸铁的实心毛坯，也可以加工非铁金属(但粗糙度较高)，孔径大于 20 mm
5	钻—扩—铰	8～9	3.2～1.6	
6	钻—扩—精铰—粗铰	7	1.6～0.8	
7	钻—扩—手铰—机铰	6～7	0.4～0.1	
8	钻—扩—拉(或推)	7～9	1.6～0.1	主要用于大批量生产中加工小零件通孔
9	粗镗(或扩孔)	11～12	12.5～6.3	主要用于加工除淬火钢外的各种材料，毛坯有铸出孔或锻出孔
10	粗镗(或粗扩)—半精镗(精扩)	9～10	3.2～1.6	
11	粗镗(或粗扩)—半精镗(精扩)—精镗(铰)	7～8	1.60～0.8	
12	粗镗(扩)—半精镗(精扩)—精镗—浮动镗刀块精镗	6～7	0.8～0.4	
13	粗镗(或粗扩)—半精镗—磨孔	7～8	0.8～0.2	主要用于加工淬火钢，也可以用于不淬火钢，但不宜用于非铁金属
14	粗镗(或粗扩)—半精镗—精镗—粗磨—精磨	6～7	0.2～0.1	
15	粗镗—半精镗—精镗—金刚镗	6～7	0.4～0.05	主要用于精度要求较高的非铁金属加工
16	钻—扩—粗铰—精铰—珩磨	6～7	0.2～0.025	主要用于加工精度要求很高的孔
17	钻—扩—粗铰—精铰—珩磨	5～6	<0.1	
18	钻(或粗镗)—扩(半精镗)—精镗—金刚镗—脉冲挤压	6～7	0.1	主要用于加工大批量生产的非铁金属零件中的小孔，铸铁箱体上的孔

表 7-8 平面加工方案

序号	加 工 方 案	经济加工精度等级	加工表面粗糙度	适 用 范 围
1	粗车—半精车	8～9	6.3～3.2	主要用于加工端面
2	粗车—半精车—精车	6～7	1.6～0.8	
3	粗车—半精车—磨削	7～9	0.8～0.2	主要用于加工不淬硬的平面(端铣粗糙度可较低)
4	粗刨(粗铣)—精刨(精铣)	7～9	6.3～1.6	
5	粗刨(粗铣)—精刨(精铣)—刮研	5～6	0.8～0.1	主要用于加工精度要求较高的不淬硬平面，批量较大时亦采用宽刃精刨方案
6	粗刨(粗铣)—精刨(精铣)—宽刃精刨	6～7	0.8～0.2	
7	粗刨(粗铣)—精刨(精铣)—磨削	6～7	0.8～0.2	主要用于加工精度要求较高的淬硬平面或不淬硬平面
8	粗刨(粗铣)—精刨(精铣)—粗磨—精磨	5～6	0.4～0.25	
9	粗铣—拉削	6～9	0.8～0.2	主要用于加工大批量生产较小的平面
10	粗铣—精铣—磨削—研磨	5 级以上	＜0.1	主要用于加工高精度平面

7.3.2 加工阶段的划分

为了保证零件的加工质量和合理地使用设备、人力，往往不可能在一个工序内完成零件的全部加工工作，而必须将整个加工过程划分为粗加工、半精加工和精加工三大阶段。

粗加工阶段的任务是高效地切除各加工表面的大部分余量，使毛坯在形状和尺寸上接近成品；半精加工阶段的任务是消除粗加工留下的误差，为主要表面的精加工做准备，并完成一些次要表面的加工；精加工阶段的任务是从工件上切除少量余量，保证各主要表面达到图纸规定的质量要求。另外，对零件上精度和表面粗糙度要求特别高的表面还应在精加工后增加光整加工，称为光整加工阶段。

划分加工阶段的主要原因如下。

(1)保证零件加工质量　粗加工时切除的金属层较厚，会产生较大的切削力和切削热，所需的夹紧力也较大，因而工件会产生较大的弹性变形和热变形；另外，粗加工后由于内应力重新分布，也会使工件产生较大的变形。划分阶段后，粗加工造成的误差将通过半精加工和精加工予以纠正。

(2)有利于合理使用设备　粗加工时可使用功率大、刚度好而精度较低的高效率机床,以提高生产率,而精加工则可使用高精度机床,以保证加工精度要求。这样,既能充分发挥机床各自的性能特点,又可避免以粗干精,从而延长高精度机床的使用寿命。

(3)便于及时发现毛坯缺陷　由于粗加工切除了各表面的大部分余量,毛坯的缺陷如气孔、砂眼、余量不足等可及早被发现,及时修补或报废,从而避免继续加工而造成的浪费。

(4)避免损伤已加工表面　将精加工安排在最后,可以保护精加工表面在加工过程中少受损伤或不受损伤。

(5)便于安排必要的热处理工序　划分阶段后,适当的时机在机械加工过程中插入热处理,可使冷、热工序配合得更好,避免因热处理带来的变形。

值得指出的是,加工阶段的划分不是绝对的。例如,对那些加工质量不高、刚性较好、毛坯精度较高、加工余量小的工件,也可不划分或少划分加工阶段;对于一些刚性好的重型零件,由于装夹、运输费时,也常在一次装夹中完成粗、精加工,为了弥补不划分加工阶段引起的缺陷,可在粗加工之后松开工件,让工件的变形得到恢复,稍留间隔后用较小的夹紧力重新夹紧工件再进行精加工。

7.3.3　加工顺序的安排

复杂零件的机械加工要经过切削加工、热处理和辅助工序,在拟订工艺路线时必须将三者统筹考虑,合理安排顺序。

1. 切削加工工序顺序的安排原则

切削工序安排的总原则是:前期工序必须为后续工序创造条件,作好基准准备。具体原则如下。

1)基准先行

零件加工一开始,总是先加工精基准,然后用精基准定位加工其他表面。例如:对于箱体零件,一般是以主要孔为粗基准加工平面,再以所加工平面为精基准加工孔系;对于轴类零件,一般是以外圆为粗基准加工中心孔,再以中心孔为精基准加工外圆、端面等其他表面。如果有几个精基准,则应该按照基准转换的顺序和逐步提高加工精度的原则来安排基面和主要表面的加工。

2)先主后次

零件的主要表面一般都是加工精度或表面质量要求比较高的表面,它们的加工质量好坏对整个零件的质量影响很大,其加工工序往往也比较多,因此应先安排主要表面的加工,再将其他表面加工适当安排在它们中间穿插进行。通常将装配基面、工作表面等视为主要表面,而将键槽、紧固用的光孔和螺孔等视为次要表面。

3)先粗后精

一个零件通常由多个表面组成,各表面的加工一般都需要分阶段进行。在安排加工顺序时,应先集中安排各表面的粗加工,中间根据需要依次安排半精加工,最后安排精加工和光整加工。对于精度要求较高的工件,为了减小因粗加工引起的变形对精加工的影响,通常粗、精加工不应连续进行,而应分阶段、间隔适当时间进行。

4)先面后孔

对于箱体、支架和连杆等工件,应先加工平面后加工孔。因为平面的轮廓平整、面积大,先加工平面再以平面定位加工孔,既能保证加工时孔有稳定可靠的定位基准,又有利于保证孔与平面间的位置精度要求。

2. 热处理工序的安排

热处理工序在工艺路线中的安排,主要取决于零件的材料和热处理的目的。根据热处理的目的,一般可分为以下四道工序。

1)预备热处理

预备热处理的目的是消除毛坯制造过程中产生的内应力,改善金属材料的切削加工性能,为最终热处理做准备。属于预备热处理的有调质、退火、正火等,一般安排在粗加工前后。安排在粗加工前,可改善材料的切削加工性能;安排在粗加工后,有利于消除残余内应力。

2)最终热处理

最终热处理的目的是提高金属材料的力学性能,如提高零件的硬度和耐磨性等。属于最终热处理的有淬火-回火、渗碳淬火-回火、渗氮等,对于仅仅要求改善力学性能的工件,有时正火、调质等也作为最终热处理。最终热处理一般应安排在粗加工、半精加工之后,精加工的前后。变形较大的热处理,如渗碳淬火、调质等,应安排在精加工前进行,以便在精加工时纠正热处理的变形;变形较小的热处理,如渗氮等,则可安排在精加工之后进行。

3)时效处理

时效处理的目的是消除内应力、减少工件变形。时效处理分自然时效、人工时效和冰冷处理三大类。自然时效是指将铸件在露天放置几个月或几年;人工时效是指将铸件以50～100 ℃/h的速度加热到500～550 ℃,保温时间或更久,然后以20～50 ℃/h的速度随炉冷却;冰冷处理是指将零件置于0～−80 ℃之间的某种气体中停留1～2 h。时效处理一般安排在粗加工之后、精加工之前;对于精度要求较高的零件可在半精加工之后再安排一次时效处理;冰冷处理一般安排在回火处理之后或者精加工之后或者工艺过程的最后。

4)表面处理

为了表面防腐或表面装饰,有时需要对表面进行涂镀或发蓝等处理。涂镀是指在金属、非金属基体上沉积一层所需的金属或合金的过程。发蓝处理是一种钢铁的氰化处理,是指将钢件放入一定温度的碱性溶液中,使零件表面生成0.6～0.8 μm致密而牢固的Fe_3O_4氧化膜的过程,依处理条件的不同,该氧化膜呈现亮蓝色直至亮黑色,所以又称为煮黑处理。这种表面处理通常安排在工艺过程的最后。

3. 辅助工序的安排

辅助工序包括工件的检验、去毛刺、清洗、去磁和防锈等。辅助工序也是机械加工的必要工序,安排不当或遗漏,会给后续工序和装配带来困难,影响产品质量甚至机器的使用性能。例如:将未去毛刺的零件装配到产品中会影响装配精度或危及工人安全,机器运行一段时间后,毛刺变成碎屑后混入润滑油中,将影响机器的使用寿命;用磁力夹紧过的零件如果不安排去磁,则可能将微细切屑带入产品中,也必然会严重影响机器的使用寿命,甚至还可能造成不必要的事故。因此,必须十分重视辅助工序的安排。

检验是最主要的辅助工序,检查、检验工序是保证产品质量合格的关键工序之一。每个操作工人在操作过程中和操作结束以后都必须自检。在工艺规程中，下列时候应安排检查工序：

①粗加工阶段结束后；

②转换车间的前后，特别是进入热处理工序的前后；

③重要工序之前或加工工时较长的工序前后；

④特种性能检验，如磁力探伤、密封性检验等之前；

⑤全部加工工序结束之后。

7.3.4 工序的集中与分散

拟定工艺路线时，选定了各表面的加工工序和划分加工阶段之后，就可以将同一阶段中的各加工表面组合成若干工序。确定工序数目或工序内容的多少有两种不同的原则，它和设备类型的选择密切相关。

1. 工序集中与工序分散的概念

工序集中就是将工件的加工集中在少数几道工序内完成。每道工序的加工内容较多。工序集中又可分为：采用技术措施集中的机械集中，如采用多刀、多刃、多轴或数控机床加工等；采用人为组织措施集中的组织集中，如普通车床的顺序加工。

工序分散则是将工件的加工分散在较多的工序内完成。每道工序的加工内容很少，有时甚至每道工序只有一个工步。

2. 工序集中与工序分散的特点

1）工序集中的特点

(1)采用高效率的专用设备和工艺装备，生产效率高。

(2)减少了装夹次数，易于保证各表面间的相互位置精度，还能缩短辅助时间。

(3)工序数目少，机床数量、操作工人数量和生产面积都可减少，节省人力、物力，还可简化生产计划和组织工作。

(4)工序集中时通常需要采用专用设备和工艺装备，使得投资大，设备和工艺装备的调整、维修较为困难，生产准备工作量大，转换新产品较麻烦。

2）工序分散的特点

(1)设备和工艺装备简单、调整方便、工人便于掌握，容易适应产品的变换。

(2)可以采用最合理的切削用量，减少基本时间。

(3)对操作工人的技术水平要求较低。

(4)设备和工艺装备数量多、操作工人多、生产占地面积大。

工序集中与分散各有特点，应根据生产类型、零件的结构和技术要求、现有生产条件等综合分析后选用。如：批量小时，为简化生产计划，多将工序适当集中，使各通用机床完成更多表面的加工，以减少工序数目；批量较大时，就可采用多刀、多轴等高效机床将工序集中。由于工序集中的优点较多，现代生产的发展多趋向于使工序集中。

3. 工序集中与工序分散的选择

工序集中与工序分散各有利弊，如何选择，应根据企业的生产规模、产品的生产类型、现有的生产条件、零件的结构特点和技术要求、各工序的生产节拍，进行综合分析后选定。

一般说来：单件小批生产采用组织集中，以便简化生产组织工作；大批大量生产可采用较复杂的机械集中；对于结构简单的产品，可采用工序分散的原则；批量生产应尽可能采用高效机床，使工序适当集中。对于重型零件，为了减少装卸运输工作量，工序应适当集中；对于刚性较差且精度高的精密工件，则工序应适当分散。随着科学技术的进步，先进制造技术的发展，目前的发展趋势是倾向于工序集中。

7.4 定位基准的选择

定位基准的选择对于保证零件的尺寸精度和位置精度以及合理安排加工顺序都有很大影响，当使用夹具安装工件时，定位基准的选择还会影响夹具结构的复杂程度。因此，定位基准的选择是制订工艺规程时必须认真考虑的一个重要工艺问题。

定位基准分粗基准和精基准。最初工序中，只能选择未加工的毛坯面作为定位基准，称为粗基准，随后以已加工面为定位基准，称为精基准。

7.4.1 粗基准的选择

粗基准的选择影响各加工面的余量分配及不加工表面与加工表面之间的位置精度。选择粗基准一般应遵循以下几项原则。

(1)选择非加工表面作为粗基准。为了保证非加工表面与加工表面之间的相对位置精度要求，应选择非加工表面作为粗基准，如图 7-2(a)所示；如果零件上同时具有多个非加工面，应选择相对加工面位置精度要求最高的非加工表面作为粗基准。

(2)选择精度要求最高或者加工余量最小的表面作为粗基准。有多个表面需要一次加工时，应选择精度要求最高或者加工余量最小的表面作为粗基准。如图 7-2(b)所示，选择 ϕ55 圆柱面作粗基准。

(3)选择重要加工表面作为粗基准。为了保证重要加工表面加工余量均匀，应选择重要加工表面作为粗基准，如图 7-2(c)所示。

(4)粗基准在同一尺寸方向上通常只允许使用一次。

(5)选作粗基准的表面应平整光洁，有一定面积，无飞边、浇口、冒口，以保证定位稳定、夹紧可靠。

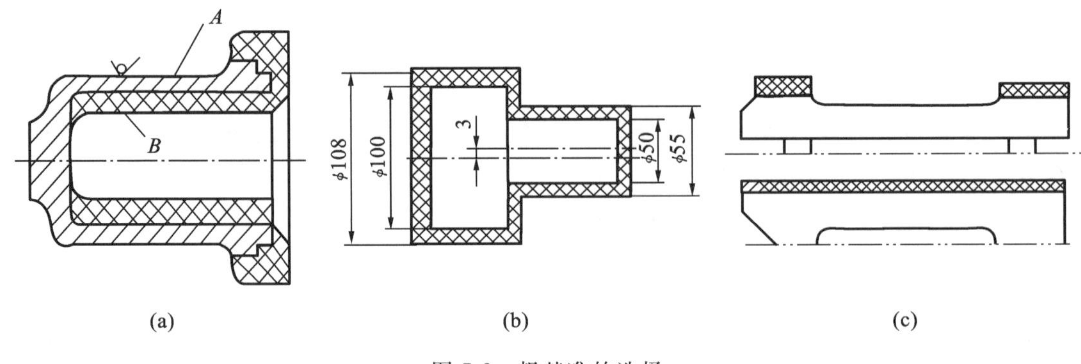

图 7-2 粗基准的选择

无论是粗基准还是精基准的选择,上述原则都不可能同时得到满足,有时甚至互相矛盾,因此选择基准时,必须具体情况具体分析,权衡利弊,保证零件的主要设计要求。

7.4.2 精基准的选择

选择精基准时应考虑保证加工精度和使装夹可靠方便,一般应遵循以下原则。

(1)基准重合原则 直接选择加工表面的设计基准作为定位基准,称为基准重合原则。这样可以避免基准不重合引起的误差。如图7-3所示,对于尺寸A来说,由于定位基准为底面,而设计基准为顶面,两基准之间的距离C的误差δ_C将会反映到尺寸A上,δ_C即为基准不重合误差。

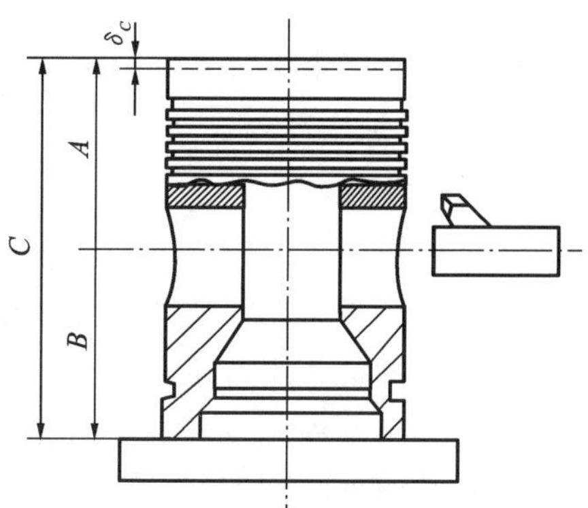

图7-3 设计基准和定位基准关系示例

(2)基准统一原则 尽可能采用同一个定位基准加工工件上的各个表面。采用基准统一原则,可以简化工艺规程的制订,减少夹具数量,节约夹具设计和制造费用;同时由于减少了基准的转换,更有利于保证各表面间的相互位置精度。利用两中心孔加工轴类零件的各外圆表面,即符合基准统一原则。

(3)互为基准原则 对工件上两个相互位置精度要求比较高的表面进行加工时,可以利用两个表面互相作为基准,反复进行加工,以保证位置精度要求。例如,为保证套类零件内外圆柱面较高的同轴度要求,可先以孔为定位基准加工外圆,再以外圆为定位基准加工内孔,这样反复多次,就可使两者的同轴度达到很高标准。

(4)自为基准原则 某些加工表面加工余量小而均匀时,可选择加工表面本身作为定位基准。如图7-4所示,在导轨磨床上磨削床身导轨面时,就是以导轨面本身为基准,用百分表来找正定位的。

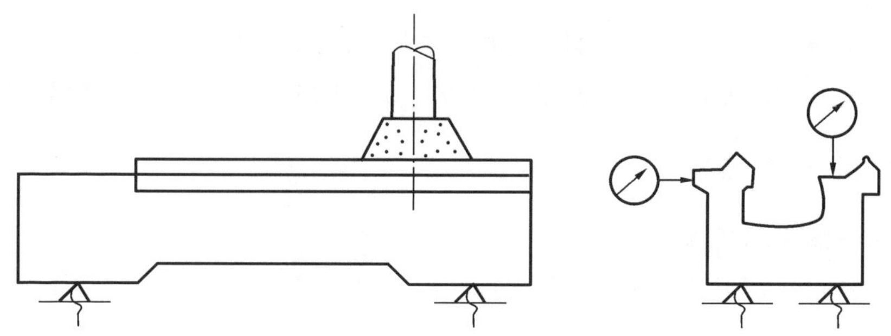

图7-4 机床导轨面自为基准的示例

(5)便于装夹原则 所选基准应保证工件定位准确、安装可靠,夹具设计简单、操作方便。

7.5 工序内容的确定

7.5.1 机床设备与工艺装备选择

1. 机床设备的选择

确定了工序集中或工序分散的原则后，基本上也就确定了设备的类型。若采用工序集中方式，则宜选用高效自动加工设备；若采用工序分散方式，则加工设备可较简单。此外，选择设备时还应考虑：

①机床精度与工件精度相适应；

②机床规格与工件的外形尺寸相适应；

③选择的机床应与现有加工条件相适应，如设备载荷的平衡状况等；

④如果没有现成设备供选用，经过方案的技术经济分析后，也可提出专用设备的设计任务书或改装旧设备。

2. 工艺装备的选择

工艺装备选择的合理与否，将直接影响工件的加工精度、生产效率和经济效益。应根据生产类型、具体加工条件、工件结构特点和技术要求等选择工艺装备。

1）夹具的选择

对于单件小批生产，应首先采用各种通用夹具和机床附件，如卡盘、机床用平口虎钳、分度头等；对于大批和大量生产，为提高生产率应采用专用高效夹具；对于多品种中、小批量生产，可采用可调夹具或成组夹具。

2）刀具的选择

一般优先采用标准刀具。若采用机械集中方式，则可采用各种高效的专用刀具、复合刀具和多刃刀具等。刀具的类型、规格和精度等级应符合加工要求。

3）量具的选择

单件小批生产应广泛采用通用量具，如游标卡尺、百分尺和千分表等；大批、大量生产应采用极限量块和高效的专用检验夹具和量仪等。量具的精度必须与加工精度相适应。

7.5.2 加工余量的确定

1. 加工余量的基本概念

加工余量是指在加工过程中，从被加工表面上切除的金属层厚度。加工余量有工序余量、总余量之分。

1）工序余量

工序余量是指相邻两工序的工序尺寸之差。由于加工表面的形状不同，加工余量可分为单边余量（见图 7-5(a)）和双边余量（见图 7-5(b)）。

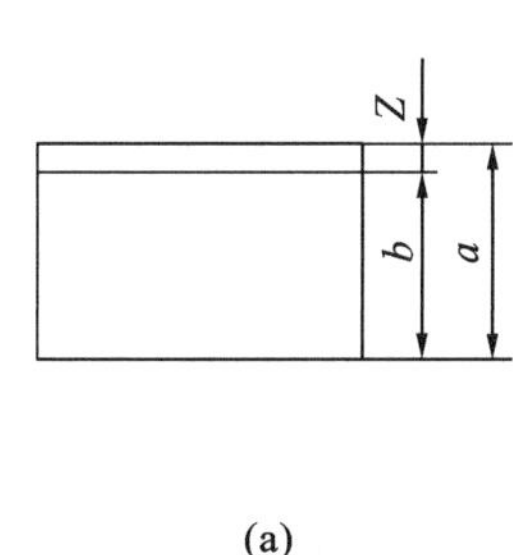

(a)

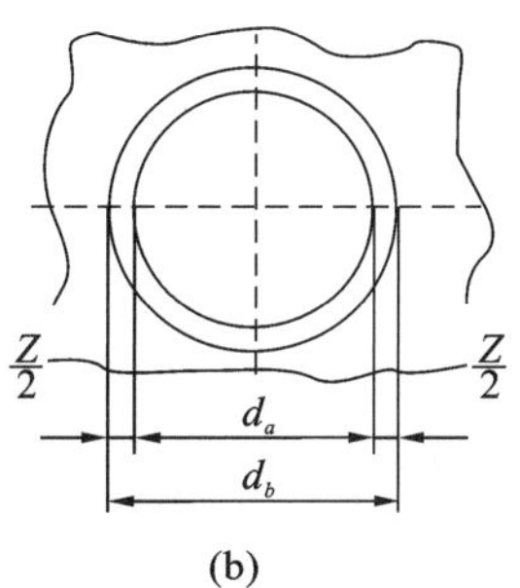

(b)

图 7-5　工序余量与工序尺寸的关系

(a)单边余量；(b)双边余量

计算工序余量 Z 时，对平面类非对称表面，应取单边余量，即

对于外表面：
$$Z=a-b \tag{7-1}$$

对于内表面：
$$Z=b-a \tag{7-2}$$

式中：Z——本工序的工序余量；

a——前道工序的工序尺寸；

b——本工序的工序尺寸。

旋转表面的工序余量则是对称的双边余量，即

对于被包容面：
$$Z=d_a-d_b \tag{7-3}$$

对于包容面：
$$Z=d_b-d_a \tag{7-4}$$

式中：Z——直径上的加工余量；

d_a——前道工序的加工直径；

d_b——本工序的加工直径。

由于工序尺寸有公差，故实际切除的余量大小不等。因此，工序余量也是一个变动量。当工序尺寸用公称尺寸计算时，所得的加工余量称为基本余量或者公称余量。保证该工序加工表面的精度和质量所需切除的最小金属层厚度称为最小余量，用 Z_{min} 表示；该工序余量的最大值则称为最大余量，用 Z_{max} 表示。

工序余量和工序尺寸及公差的关系式如下：

$$Z=Z_{min}+T_a \tag{7-5}$$

$$Z_{max}=Z+T_b=Z_{min}+T_a+T_b \tag{7-6}$$

由此可知，

$$T_z=Z_{max}-Z_{min}=(Z_{min}+T_a+T_b)-Z_{min}=T_a+T_b \tag{7-7}$$

即余量公差等于前道工序与本工序的尺寸公差之和。

式中：T_a——前道工序尺寸的公差；

T_b——本工序尺寸的公差；

T_z——本工序的余量公差。

为了便于加工，工序尺寸公差都按“入体原则”标注，即被包容面的工序尺寸公差取上偏差为零；包容面的工序尺寸公差取下偏差为零；毛坯尺寸公差按双向布置上、下偏差。

2)总余量

工件由毛坯到成品的整个加工过程中某一表面被切除金属层的总厚度。即

$$Z_{总}=Z_1+Z_2+\cdots+Z_n \tag{7-8}$$

式中:$Z_{总}$——加工总余量;

$Z_1,Z_2,\cdots,Z_n$——各道工序余量。

2. 影响加工余量的因素

影响加工余量的因素是多方面的,主要因素如下:

①前道工序的表面粗糙度 Ra 和表面层缺陷层厚度 D_a;

②前道工序的尺寸公差 T_a;

③前道工序的形位误差 ρ_a,如工件表面弯曲带来的误差、工件的空间位置误差等;

④本工序的安装误差 ε_b。

因此,本工序的加工余量必须满足以下条件。

双边余量:
$$Z\geqslant 2(Ra+D_a)+T_a+2|\rho_a+\varepsilon_b| \tag{7-9}$$

单边余量:
$$Z\geqslant Ra+D_a+T_a+|\rho_a+\varepsilon_b| \tag{7-10}$$

3. 加工余量的确定

加工余量的大小对工件的加工质量、生产率和生产成本均有较大影响。加工余量过大,不仅会增加机械加工的劳动量、降低生产率,而且会增加材料、刀具和电力的消耗,提高加工成本;加工余量过小,则既不能消除前道工序的各种表面缺陷和误差,又不能补偿本工序加工时工件的安装误差,造成废品。因此,应合理地确定加工余量。

确定加工余量的基本原则是:在保证加工质量的前提下,加工余量越小越好。实际工作中,确定加工余量的方法有以下三种。

1)查表法

根据有关手册提供的加工余量数据,再结合本厂生产实际情况加以修正后确定加工余量,这是各工厂广泛采用的方法。

2)经验估计法

经验估计法是根据工艺人员本身积累的经验确定加工余量的方法。一般为了防止余量过小而产生废品,所估计的余量总是偏大。该方法常用于单件、小批量生产。

3)分析计算法

分析计算法是根据理论公式和一定的试验资料,对影响加工余量的各因素进行分析、计算来确定加工余量的方法。这种方法较合理,但需要全面可靠的试验资料,计算也较复杂。一般只在材料十分贵重或少数大批、大量生产的工厂中采用。

7.5.3 切削用量的确定

选择切削用量时,要综合考虑生产率、加工质量和加工成本。一般地,粗加工时,由于要尽量保证较高的金属切除率和必要的刀具耐用度,应优先选择大的背吃刀量,其次选择较大的进给量。最后根据刀具耐用度,确定合适的切削速度。精加工时,由于要保证工件的加工质量,应选用较小的进给量和背吃刀量,并尽可能选用较高的切削速度。

1. 背吃刀量的选择

粗加工的背吃刀量应根据工件的加工余量确定，在保留半精加工余量的前提下，应尽量用一次走刀就切除全部粗加工余量；当加工余量过大或工艺系统刚性过差时，可分二次走刀。第一次走刀的背吃刀量，一般为总加工余量的 2/3～3/4。在加工铸、锻件时，应尽量使背吃刀量大于硬皮层的厚度，以保护刀尖。半精、精加工的切削余量较小，通常都是一次走刀切除全部余量。

2. 进给量的选择

粗加工时，进给量的选择主要受切削力的限制。在工艺系统刚度和强度良好的情况下，可选用较大的进给量值。表 7-9 所示为粗车时进给量的参考值。由于进给量对工件的已加工表面粗糙度值影响很大，一般在半精加工和精加工时，进给量取值都较小。通常按照工件加工表面粗糙度值的要求，根据工件材料、刀尖圆弧半径、切削速度等条件来选择合理的进给量。当切削速度提高，刀尖圆弧半径增大，或刀具磨有修光刃时，可以选择较大的进给量，以提高生产率。

表 7-9　硬质合金及高速钢车刀粗车外圆和端面时的进给量

工件材料	车刀刀杆尺寸 $B\times H$ / mm	工件直径 / mm	背吃刀量/ mm				
			≤3	>3～5	>5～8	>8～12	>12
			进给量/(m/r)				
碳素结构钢、合金结构钢	16×25	20	0.3～0.4				
		40	0.4～0.5	0.3～0.4			
		60	0.5～0.7	0.4～0.6	0.3～0.5		
		100	0.6～0.9	0.5～0.7	0.5～0.6	0.4～0.5	
		400	0.8～1.2	0.7～1.0	0.6～0.8	0.5～0.6	
	20×30 25×25	20	0.3～0.4				
		40	0.4～0.5	0.3～0.4			
		60	0.6～0.7	0.5～0.7	0.4～0.6		
		100	0.8～1.0	0.7～0.9	0.5～0.7	0.4～0.7	
		600	1.2～1.4	1.0～1.2	0.8～1.0	0.6～0.9	0.4～0.6
	25×40	60	0.6～0.9	0.5～0.8	0.4～0.7		
		100	0.8～1.2	0.7～1.1	0.6～0.9	0.5～0.8	
		1 000	1.2～1.5	1.1～1.5	0.9～1.2	0.8～1.0	0.7～0.8
铸铁及铜合金	16×25	40	0.4～0.5				
		60	0.6～0.8	0.5～0.8	0.4～0.6		
	25×30 25×25	100	0.8～1.2	0.7～1.0	0.6～0.8	0.5～0.7	
		400	1.0～1.4	1.0～1.2	0.8～1.0	0.6～0.8	
		40	0.4～0.5				
		60	0.6～0.9	0.5～0.8	0.4～0.7		
		100	0.9～1.3	0.8～1.2	0.7～1.0	0.5～0.8	
		600	1.2～1.8	1.2～1.6	1.0～1.3	0.9～1.1	0.7～0.9

注：①加工断续表面及有冲击的加工时，表内的进给量应乘系数 K=0.75～0.85。

②加工耐热钢及其合金时，不采用大于 1.0 mm/r 的进给量。

③加工淬硬钢时，表内进给量应乘系数 K=0.8、0.5(当材料硬度为 44～56 HRC)。

3. 切削速度的选择

在背吃刀量和进给量选定以后，可在保证刀具合理耐用度的条件下，确定合适的切削速度。粗加工时，背吃刀量和进给量都较大，切削速度受刀具耐用度和机床功率的限制，一般较低。精加工时，背吃刀量和进给量都较小，切削速度主要受加工质量和刀具耐用度的限制，一般较高。选择切削速度时，还应考虑工件材料的强度和硬度以及切削加工性等因素。表 7-10 所示为车削外圆时切削速度的参考值。

表 7-10　硬质合金外圆车刀切削速度参考值

工件材料	热处理状态	a_p=0.3～2 mm	a_p=2～6 mm	a_p=6～10 mm
		f=0.08～0.3 mm/r	f=0.3～0.6 mm/r	f=0.6～1 mm/r
		v/(m/s)		
低碳钢 易切削钢	热轧	2.33～3.0	1.67～2.0	1.17～1.5
中碳钢	热轧	2.17～2.67	1.5～1.83	1.0～1.33
	调质	1.67～2.171	1.17～1.5	0.83～1.17
合金结构钢	热轧	1.67～2.17	1.17～1.5	0.83～1.17
	调质	1.33～1.83	0.83～1.17	0.67～1.0
工具钢	退火	1.5～2.0	1.0～1.33	0.83～1.17
不锈钢	1.17～1.33	1.0～1.17	0.83～1.0	
灰铸铁	<190 HBS	1.5～2.0	1.0～1.33	0.83～1.17
	190～225 HBS	1.33～1.85	0.83～1.17	0.67～1.0
高锰钢			0.17～0.33	
铜及铜合金		3.33～4.17	2.0～0.30	1.5～2.0
铝及铝合金		5.1～10.0	3.33～6.67	2.5～5.0
铸铝合金		1.67～3.0	1.33～2.5	1.0～1.67

注：切削钢及灰铸铁时刀具耐用度为 60～90 min。

7.5.4　时间定额的确定

时间定额是指在一定的生产条件下，规定每个工人完成单件合格产品或某项工作所必需的时间。

时间定额是安排生产计划、核算生产成本的重要依据，也是设计、扩建工厂或车间时计算设备和工人数量的依据。

完成零件一道工序的时间定额称为单件时间。它由下列部分组成。

1. 基本时间(T_b)

基本时间是指直接改变生产对象的尺寸、形状、相对位置与表面质量或材料性质等工艺过程所消耗的时间。对机械加工而言，就是切除金属所耗费的时间(包括刀具切入、切出的时间)。时间定额中的基本时间可以根据切削用量和行程长度来计算。

2. 辅助时间(T_a)

辅助时间是指为实现工艺过程所必须进行的各种辅助动作消耗的时间。它包括装卸工件，开、停机床，改变切削用量，试切和测量工件，进刀和退刀等所需的时间。基本时间与辅助时间之和称为操作时间 T_B，它是直接用于制造产品或零、部件所消耗的时间。

3. 布置工作场地时间(T_{sw})

布置工作场地时间是指为使加工正常进行，工人管理工作场地和调整机床等(如更换、调整刀具，润滑机床，清理切屑，收拾工具等)所需时间。一般按操作时间的2%～7%(以百分率 α 表示)计算。

4. 生理和自然需要时间(T_r)

生理和自然需要时间是指工人在工作班内为恢复体力和满足生理需要等而消耗的时间。一般按操作时间的2%～4%(以百分率 β 表示)计算。

以上四部分时间的总和称为单件时间 T_p，即

$$T_p = T_b + T_a + T_{sw} + T_r = T_B + T_{sw} + T_r = (1+\alpha+\beta)T_B \tag{7-11}$$

5. 准备和终结时间(T_e)

准备和终结时间是指工人在加工一批产品、零件进行准备和结束工作所消耗的时间，简称为准终时间。加工开始前，通常都要熟悉工艺文件，领取毛坯、材料、工艺装备，调整机床，安装工刀具和夹具，选定切削用量等；加工结束后，需送交产品，拆下、归还工艺装备等。准终时间对一批工件来说只消耗一次，零件批量越大，分摊到每个工件上的准终时间 T_e/n 就越小，其中 n 为批量。因此，单件或成批生产的单件计算时间 T_c 应为

$$T_c = T_p + T_e/n = T_b + T_a + T_{sw} + T_r + T_e/n \tag{7-12}$$

大批、大量生产中，由于 n 的数值很大，$T_e/n \approx 0$，即可忽略不计，所以大批、大量生产的单件计算时间 T_c 应为

$$T_c = T_p = T_b + T_a + T_{sw} + T_r \tag{7-13}$$

7.6 工序尺寸计算

计算工序尺寸和标注公差是制订工艺规程的主要工作之一。工序尺寸是指某工序加工应达到的尺寸，其公差按各种加工方法的经济精度选定。对工序尺寸要根据已确定的余量及定位基准的转换情况进行计算，可以归纳为以下三种情况。

(1)某一表面需要进行多次加工所形成的工序尺寸的计算。此时加工该表面的各道工序定位基准相同，并与设计基准重合，只需考虑工序的加工余量。

(2)当定位基准和测量基准不重合时进行尺寸换算所形成的工序尺寸的计算。

(3)从尚需继续加工的表面标注尺寸，即基准不重合以及要保证留给一定的加工余量所进行的尺寸换算。

对第一种情况只需根据工序间余量和工序尺寸之间的关系确定即可，对后两种情况需要用尺寸链计算。

7.6.1 工艺尺寸链

1. 工艺尺寸和工艺尺寸链的概念

工艺尺寸是根据加工的需要，在工艺附图或工艺规程中所给出的尺寸。由此可见，工艺尺寸链是在加工过程中由各有关工艺尺寸所组成的尺寸链。例如，图 7-6 所示的轴套，依次加工尺寸 A_1 和 A_2，则尺寸 A_0 就随之而定。因此这三个互相联系的尺寸 A_1、A_2 和 A_0 就构成了一条工艺尺寸链。其中，尺寸 A_1 和 A_2 是在加工过程中直接获得的，尺寸 A_0 是间接保证的。

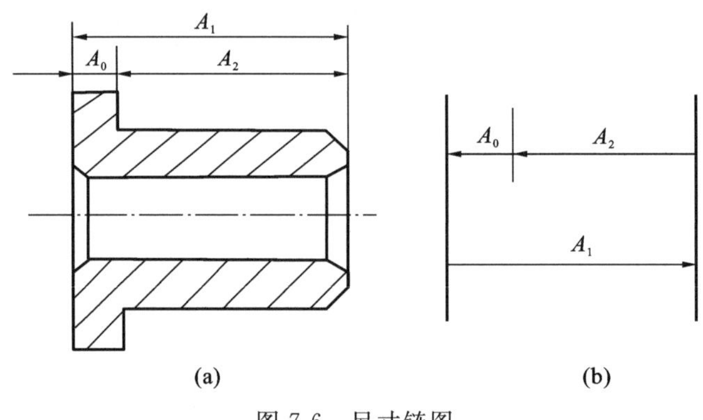

图 7-6　尺寸链图

2. 工艺尺寸链的分类

尺寸链按链中各环所处的空间位置及几何特征分成以下四类。

(1)直线尺寸链　尺寸链全部尺寸位于同一平面，且相互平行，如图 7-6 所示。

(2)平面尺寸链　尺寸链全部尺寸位于同一平面内，但其中有一个或几个尺寸不平行。

(3)角度尺寸链　尺寸链的各环均为角度量。

(4)空间尺寸链　尺寸链的全部尺寸不在同一平面内，并且相互不平行。

尺寸链中最基本的形式是简单的直线尺寸链，平面尺寸链和空间尺寸链可以用投影的方法分解为直线尺寸链来进行计算。角度尺寸链和直线尺寸链的计算方法及公式相同，有时也可以转换为直线尺寸链进行计算。因此，此处主要介绍直线尺寸链的计算方法。

3. 工艺尺寸链的组成

组成工艺尺寸链的各个尺寸称为尺寸链的环，这些环可分为封闭环和组成环。

(1)封闭环　尺寸链中最终间接获得或间接保证精度的那个环。每个尺寸链中必有一个且只有一个封闭环。

(2)组成环　除封闭环以外的其他环都称为组成环，组成环又分为增环和减环。

增环(A_i)：若其他组成环不变，某组成环的变动引起封闭环随之同向变动，则该环为增环。

减环(A_j)：若其他组成环不变，某组成环的变动引起封闭环随之异向变动，则该环为减环。

工艺尺寸链一般都用工艺尺寸链图表示。建立工艺尺寸链时，应首先对工艺过程和工艺尺寸进行分析，确定间接保证精度的尺寸，并将其定为封闭环，然后再从封闭环出发，按照零件表面尺寸间的联系，用首尾相接的单向箭头顺序表示各组成环，所得到的尺寸图就是尺寸链图。根据上述定义，利用尺寸链图即可迅速判断组成环的性质：凡与封闭环箭头方向相同的环即为减环，而凡与封闭环箭头方向相反的环即为增环。

4. 工艺尺寸链的特性

通过上述分析可知，工艺尺寸链的主要特性是封闭性和关联性。

所谓封闭性，是指尺寸链中各尺寸的排列呈封闭形式。没有封闭的不能成为尺寸链。

所谓关联性，是指尺寸链中任何一个直接获得的尺寸及其变化，都将影响间接获得或间接保证的那个尺寸及其精度的变化。

7.6.2　工序尺寸计算

1. 工艺尺寸链计算的基本公式

工艺尺寸链的计算方法有两种，即极值法和概率法，这里仅介绍生产中常用的极值法。

1）封闭环的基本尺寸

封闭环的基本尺寸等于组成环尺寸的代数和，即

$$A_{\Sigma} = \sum_{i=1}^{m} \overrightarrow{A_i} - \sum_{j=m-1}^{n-1} \overleftarrow{A_j} \tag{7-14}$$

式中：A_{Σ} ——封闭环的尺寸；

$\overrightarrow{A_i}$ ——增环的基本尺寸；

$\overleftarrow{A_j}$ ——减环的基本尺寸；

m——增环的环数；

n——包括封闭环在内的尺寸链的总环数。

2）封闭环的极限尺寸

封闭环的最大极限尺寸等于所有增环的最大极限尺寸之和减去所有减环的最小极限尺寸之和；封闭环的最小极限尺寸等于所有增环的最小极限尺寸之和减去所有减环的最大极限尺寸之和。故极值法也称为极大极小法。即

$$A_{\Sigma\max} = \sum_{i=1}^{m} \overrightarrow{A}_{i\max} - \sum_{j=m+1}^{n-1} \overleftarrow{A}_{j\min} \tag{7-15}$$

$$A_{\Sigma\min} = \sum_{i=1}^{m} \overrightarrow{A}_{i\min} - \sum_{j=m+1}^{n-1} \overleftarrow{A}_{j\max} \tag{7-16}$$

3）封闭环的上偏差 $\mathrm{ES_B}(A_{\Sigma})$ 与下偏差 $\mathrm{EI_B}(A_{\Sigma})$

封闭环的上偏差等于所有增环的上偏差之和减去所有减环的下偏差之和，即

$$\mathrm{ES_B}(A_{\Sigma}) = \sum_{i=1}^{m} \mathrm{ES_B}(\overrightarrow{A_i}) = \sum_{j=m+1}^{n-i} \mathrm{EI_B}(\overleftarrow{A_j}) \tag{7-17}$$

封闭环的下偏差等于所有增环的下偏差之和减去所有减环的上偏差之和，即

$$\mathrm{EI_B}(A_{\Sigma}) = \sum_{i=1}^{m} \mathrm{EI_B}(\overrightarrow{A_i}) - \sum_{j=m+1}^{n-i} \mathrm{ES_B}(\overleftarrow{A_j}) \tag{7-18}$$

4)封闭环的公差 $T(A_{\Sigma})$

封闭环的公差等于所有组成环公差之和,即

$$T(A_{\Sigma})=\sum_{i=1}^{n-i}T(A_i) \tag{7-19}$$

2. 工艺尺寸链的计算方法

(1)正计算:已知各组成环尺寸求封闭环尺寸。其计算结果是唯一的,产品设计的校验常用这种形式。

(2)反计算:已知封闭环尺寸求各组成环尺寸。由于组成环通常有若干个,所以反计算形式需将封闭环的公差值按照尺寸大小和精度要求合理地分配给各组成环。产品设计常用此形式。

(3)中间计算:已知封闭环尺寸和部分组成环尺寸求某一组成环尺寸,该方法应用最广,常用于加工过程中基准不重合时工序尺寸的计算。尺寸链的计算多用这种计算形式。

3. 工艺尺寸链的分析计算举例

前面提到工序尺寸及其公差的确定有三种情况,下面就这三种情况举例说明。

1)同一基准对同一表面进行多次加工的工序尺寸及公差的确定

针对这种情况可以按如下步骤计算:

①确定各工序加工余量(查工艺手册);

②从最终加工工序开始,即从设计尺寸开始,逐次加上(对于轴类)或减去(对于孔类)每道工序的加工余量,可分别得到各工序的基本尺寸;

③除最终加工工序取设计尺寸公差外,其余各工序按各自采用的加工方法所对应的加工经济精度确定工序尺寸公差;

④除最终工序外,其余各工序按“入体原则”标注工序尺寸公差;

⑤毛坯余量通常由毛坯图给出,故第一工序余量由计算确定,公差一般标注对称公差。

例 7.1 某轴直径为 ϕ50 mm,其尺寸精度要求为 IT5 级,表面粗糙度要求为 Ra0.04 μm,并要求高频淬火,毛坯为锻件。其工艺路线为:粗车—半精车—高频淬火—粗磨—精磨—研磨。

解 根据有关手册查出各工序余量和所能达到的加工经济精度,计算各工序基本尺寸和偏差,然后即可写出工序尺寸,如表 7-11 所示。

表 7-11 工序尺寸及偏差

工序名称	工序余量/ mm	工序达到的经济精度	工序基本尺寸/ mm	工序尺寸及偏差/ mm
研磨	0.01	IT5	50	
精磨	0.1	IT6	50+0.01=50.01	
粗磨	0.3	IT8	50.01+0.1=50.11	
半精车	1.1	IT10	50.11+0.3=50.41	
粗车	4.49	IT12	50.41+1.1=51.51	
锻造	—		51.51+4.49=56	ϕ56±2

2)基准不重合时的工序尺寸计算

(1)定位基准与设计基准不重合时的工艺尺寸及其公差的确定 采用调整法加工零件

时，若所选的定位基准与设计基准不重合，那么该加工表面的设计尺寸就不能由加工直接得到，这时就需要进行工艺尺寸的换算，以保证设计尺寸的精度要求，并将计算的工序尺寸标注在工序图上。

例7.2　如图7-7(a)所示的零件，尺寸 A_1 已经保证，现以1面定位，用调整法精铣2面，试标出工序尺寸。

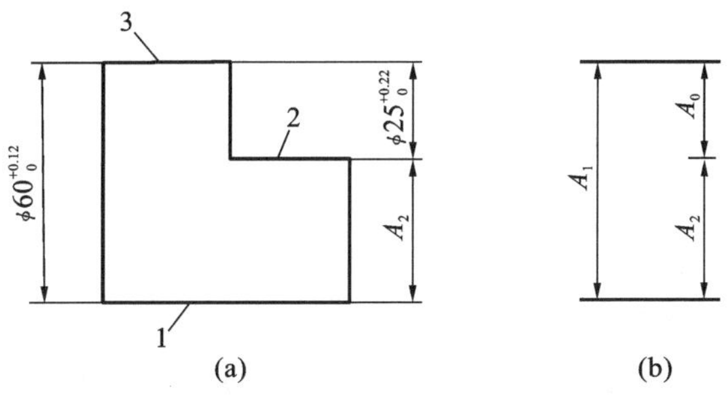

图7-7　定位基准与设计基准不重合时的工序尺寸计算

解　当以1面定位加工2面时，将按工序尺寸 A_2 进行加工，设计尺寸 A_0 是本工序间接保证的尺寸，为封闭环，其尺寸链如图7-7(b)所示。则尺寸 A_2 的计算如下。

求基本尺寸：
$$25=60-A_2$$
则
$$A_2=35$$
求上偏差：
$$0=-0.12-ES_{A2}$$
则
$$ES_{A2}=-0.12$$
求下偏差：
$$+0.22=0-EI_{A2}$$
则
$$EI_{A2}=-0.22$$
则工序尺寸为
$$A_2=35^{-0.12}_{-0.22}$$

(2)测量基准与设计基准不重合时工艺尺寸及其公差的确定　在工件加工过程中，有时会遇到一些表面加工之后，按设计尺寸不便直接测量的情况，因此需要在零件上另选一容易测量的表面作为测量基准进行测量，以间接保证设计尺寸的要求。这时就需要进行工艺尺寸的换算。

例7.3　如图7-8(a)所示的套筒零件，两端面已加工完毕，加工孔底面 C 时，要保证尺寸 A_2，因该尺寸不便测量，试标出测量尺寸。

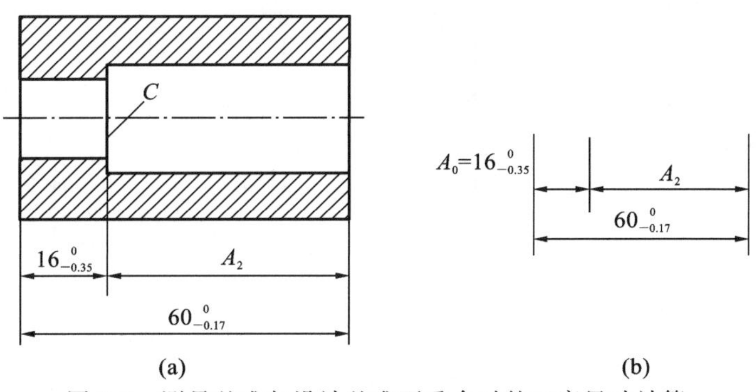

图7-8　测量基准与设计基准不重合时的工序尺寸计算

解　A_2 是测量直接得到的尺寸，是组成环；A_0 是间接保证的，是封闭环。计算尺寸链可得：

求基本尺寸，有

$$16=60-A_2$$

则

$$A_2=44$$

求上偏差，有

$$0.35=-0.17-ES_{A2}$$

则

$$ES_{A2}=+0.18$$

求下偏差，有

$$0=0-EI_{A2}$$

则

$$EI_{A2}=0$$

则测量尺寸为

$$A_2=44^{+0.18}_{0}$$

通过分析以上计算结果可以发现，由于基准不重合而进行尺寸换算，将带来假废品问题：按换算后的工序尺寸进行加工，测量时，发现超出换算尺寸要求，工件应报废，但可能出现要保证的设计尺寸仍在要求的公差范围内的现象，这时工件实际上是合格的，这就是假废品现象。为了避免将实际合格的零件报废而造成浪费，对换算后的测量尺寸(或工序尺寸)超差的零件，应重新测量其他组成环的尺寸，再计算出封闭环的尺寸，以判断是否为废品。

(3)从尚待继续加工的表面上标注的工序尺寸计算　从待加工的设计基准(一般为基面)标注工序尺寸，因为待加工的设计基准与设计基准差一个加工余量，所以这仍然可以作为设计基准与定位基准不重合的问题进行解算。

例 7.4　如图 7-9(a)所示为齿轮的带键槽的内孔加工，需淬火及磨削。内孔及键槽的加工顺序是：①镗内孔至 $\phi39.6^{+0.1}_{0}$ mm；②插键槽至尺寸 A；③热处理，淬火；④磨内孔至 $\phi40^{+0.05}_{0}$ mm，间接保证键槽深度 $43.6^{+0.34}_{0}$ mm。试确定工序尺寸 A 及其公差(为简化计算，不考虑热处理引起的内孔变形误差)。

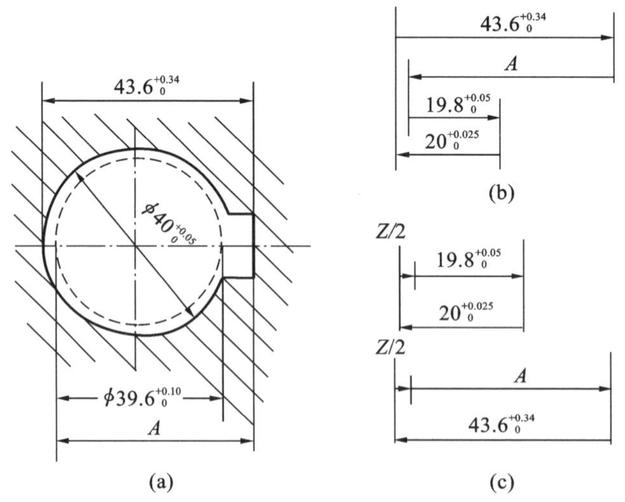

图 7-9　零件上内孔及键槽加工的工艺尺寸链

解　根据尺寸关系，可以建立整体尺寸链，如图7-9(b)所示，其中 $43.6^{+0.34}_{0}$ mm是封闭环。A 和 $20^{+0.025}_{0}$ mm(内孔半径)为增环，$19.8^{+0.05}_{0}$ mm(镗孔 $\phi39.6^{+0.10}_{0}$ mm的半径)为减环。则

$$A=(43.6+19.8-20)\ \text{mm}=43.4\ \text{mm}$$

$$ES_A=(0.34-0.025)\ \text{mm}=0.315\ \text{mm}$$

$$EI_A=(0+0.05)\ \text{mm}=0.05\ \text{mm}$$

所以 $A=43.4^{+0.315}_{+0.05}$ mm $=43.45^{+0.265}_{0}$ mm。

为便于分析加工余量与工序尺寸间关系，图7-9(b)尺寸链可拆成两个尺寸链，见图7-9(c)，半径磨削余量 $Z/2$ 为公共环，该环在图7-9(c)的上尺寸链中间接形成，为封闭环，而在图7-9(c)的下尺寸链中则为组成环。

(4)为了保证应有的渗氮或渗碳层深度的工序尺寸计算　有些零件的表面要求渗氮或渗碳，在零件图上还规定了渗层深度，这就要求计算有关的工序尺寸以确定渗氮或渗碳的渗层厚度，从而保证零件图所规定的渗层深度。

(5)电镀零件的工序尺寸计算　生产中，电镀零件表面有两种情况：一种是镀后尚需加工，其有关工序尺寸换算与渗碳零件有关工序尺寸换算是相同的；另外一种是镀后不加工，其工序尺寸换算及封闭环的判断则不相同。

例7.5　如图7-10所示轴套零件，其 $\phi28_{-0.045}^{0}$ 外圆表面要求镀铬，镀层厚度为0.025～0.04(即双边为0.05～0.08)，该表面的加工顺序为：车—磨—电镀，求磨外圆的工序尺寸 A。

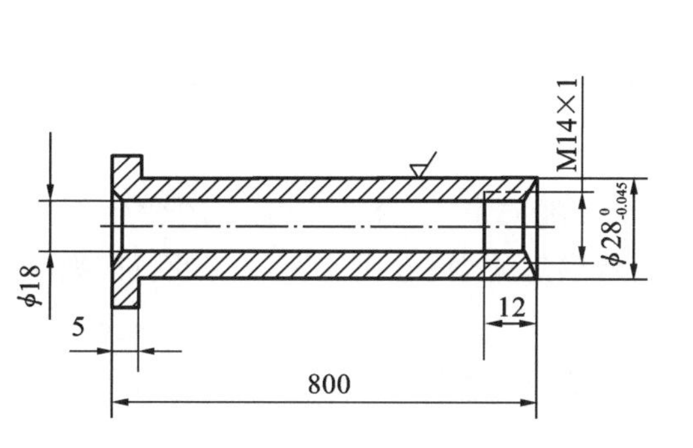

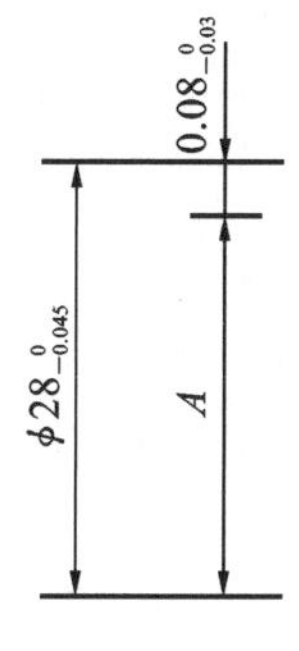

图7-10　轴套零件

解　(1)画尺寸链图。

(2)判断环的性质。镀后保证的设计尺寸 $\phi28_{-0.045}^{0}$ 为封闭环，工序尺寸 A 及镀层厚度 $0.08_{-0.03}^{0}$ 为增环。

(3)计算尺寸链。

基本尺寸：　$A=(28-0.08)\ \text{mm}=27.92\ \text{mm}$

上偏差：　$0=ES_{A1}+ES_{A2}$

$$ES_{A1}=0$$

下偏差：　$-0.045=EI_{A1}-0.03\ \text{mm}$

$$EI_{A1}=-0.015\ \text{mm}$$

则磨外圆的工序尺寸 $A_1=27.92_{-0.015}^{\ 0}\ \text{mm}$

7.7 工艺方案的技术经济分析及提高机械加工生产率的措施

制订工艺规程的根本任务是在保证产品质量的前提下提高劳动生产率和降低成本，即做到高产、优质、低消耗。要达到这一目的，制订工艺规程时，还必须对工艺过程认真开展技术经济分析，有效地采取提高机械加工生产率的工艺措施。

7.7.1 工艺方案的技术经济分析

制订机械加工工艺规程时，通常应提出几种方案。这些方案应都能满足零件的设计要求，但成本则会有所不同。为了选取最佳方案，需要进行技术经济分析。

1. 生产成本和工艺成本

制造一个零件或一件产品所必需的一切费用的总和，称为该零件或产品的生产成本。生产成本实际上包括与工艺过程有关的费用和与工艺过程无关的费用两类。因此，对不同的工艺方案进行经济分析和评价时，只需分析、评价与工艺过程直接相关的生产费用，即所谓工艺成本。

在进行经济分析时，应首先统计出每一方案的工艺成本，再对各方案的工艺成本进行比较，以其中成本最低、见效最快的为最佳方案。

工艺成本由两部分构成，即可变成本(V)和不变成本(S)。

可变成本(V)是指与生产纲领 N 直接有关，并随生产纲领成正比例变化的费用。它包括工件材料(或毛坯)费用、操作工人工资、机床电费、通用机床的折旧费和维修费、通用工艺装备的折旧费和维修费等。

不变成本(S)是指与生产纲领 N 无直接关系，不随生产纲领的变化而变化的费用。它包括调整工人的工资、专用机床的折旧费和维修费、专用工艺装备的折旧费和维修费等。

零件加工的全年工艺成本(E)为

$$E=V\cdot N+S\quad(\text{元/年})\tag{7-20}$$

式中：V——可变费用(元)；

N——年产量(件/年)；

S——全年的不变费用(元/年)。

此式为直线方程，其坐标关系如图 7-11 所示，可以看出，E 与 N 是线性关系，即全年工艺成本与生产纲领成正比，直线的斜率为工件的可变费用，直线的起点为工件的不变费用，当生产纲领产生 ΔN 的变化时，则年工艺成本的变化为 ΔE。

单件工艺成本 E_d 可由式 7-20 变换得到，即

$$E_d=V+S\ /\ N\tag{7-21}$$

由图 7-12 可知，E_d 与 N 呈双曲线关系，当 N 增大时，E_d 逐渐减小，极限值接近可变费用。

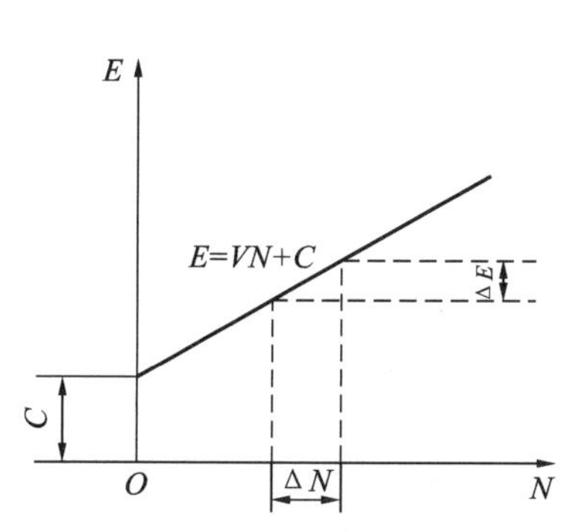

图 7-11　全年工艺成本与年产量的关系

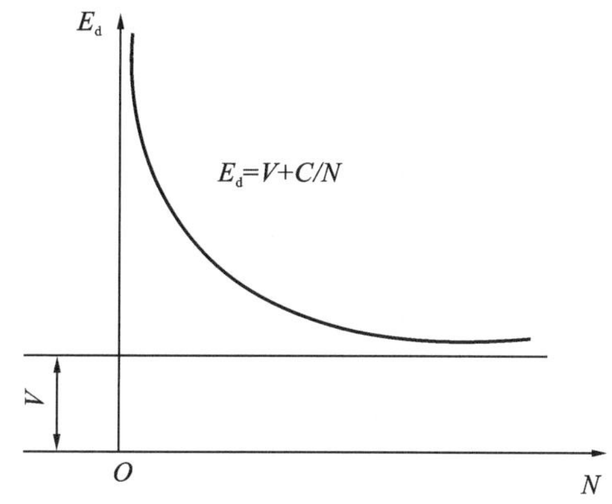

图 7-12　单件工艺成本与年产量的关系

2. 不同工艺方案的经济性比较

1）工艺成本比较

若两种工艺方案基本投资相近，或都采用现有设备，可以比较其工艺成本。

在进行不同工艺方案的经济分析时，常对零件或产品的全年工艺成本进行比较，这是因为全年工艺成本与生产纲领呈线性关系，容易比较。设两种不同方案分别为方案 1 和方案 2，其单件工艺成本如图 7-13 所示，它们的全年工艺成本分别为

$$E_1 = V_1 N + S_1 \tag{7-22}$$

$$E_2 = V_2 N + S_2 \tag{7-23}$$

所比较的两种方案，往往是一种方案的可变费用较大，另一种方案的不变费用较大。如果某方案的可变费用和不变费用均较大，那么该方案在经济上是不可取的。

现在同一坐标图上分别画出方案 1 和 2 全年的工艺成本与年产量的关系，如图 7-14 所示。由图可知，两条直线相交于 $N=N_K$ 处，N_K 称为临界产量，在此年产量时，两种工艺路线的全年工艺成本相等。由 $V_1 N_K + S_1 = V_2 N_K + S_2$ 可得：

$$N_K = \frac{S_1 - S_2}{V_2 - V_1} \tag{7-24}$$

当 $N < N_K$ 时，宜采用方案 2，即年产量小时，宜采用不变费用较少的方案；当 $N > N_K$ 时，则宜采用方案 1，即年产量大时，宜采用可变费用较少的方案。

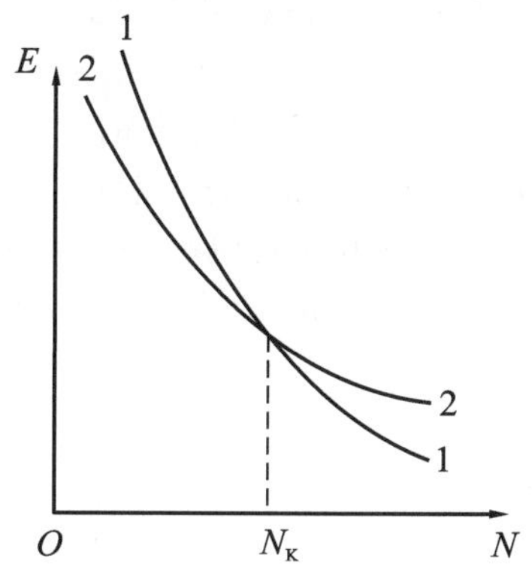

图 7-13　两种方案单件工艺成本比较

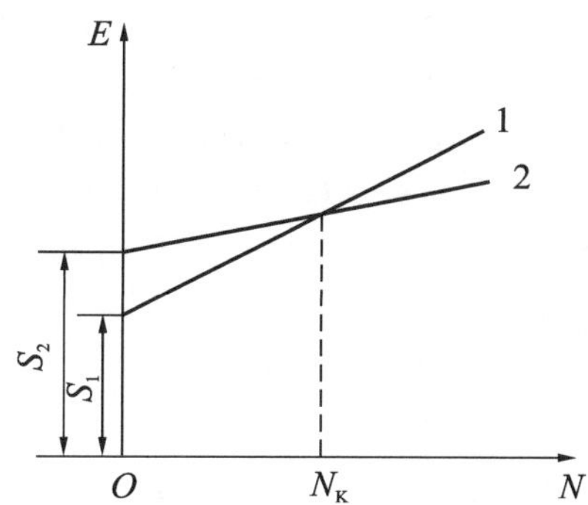

图 7-14　两种方案全年工艺成本比较

如果需要比较的工艺方案中基本投资差额较大，还应考虑不同方案的基本投资差额的回收期。投资回收期必须满足以下要求：

①小于采用设备和工艺装备的使用年限；

②小于该产品由于结构性能或市场需求等因素所决定的生产年限；

③小于国家规定的标准回收期，即新设备的回收期应小于4～6年，新夹具的回收期应小于2～3年。

2)基本投资回收期限比较

若两种工艺方案的基本投资相差较大，则应考虑不同方案的基本投资差额的回收期限τ。

方案1：采用价格较贵的高效机床及工艺装备，其基本投资K_1必然较大，但工艺成本E_1则较低。

方案2：采用价格便宜、生产率较低的一般机床和工艺设备，其基本投资K_2较小，但工艺成本E_2则较高。

方案1工艺成本较低是增加了投资的结果。这时仅比较其工艺成本的高低是不全面的，而是应该同时考虑两种方案基本投资的回收期限。

所谓投资回收期，是指一种方案比另一种方案多耗费的投资通过工艺成本的降低所需的回收时间，常用τ表示。

τ应小于基本投资设备的使用年限，小于国家规定的标准回收年限，小于市场预测对该产品的需求年限。它可由下式计算：

$$\tau=K_1-K_2/E_1-E_2=\Delta K/\Delta E \tag{7-25}$$

式中：τ——回收期限(年)；

ΔK——两种方案基本投资的差额(元)；

ΔE——全年工艺成本的差额(元/年)。

7.7.2 提高机械加工生产率的工艺措施

劳动生产率是一个综合技术经济指标，它与产品设计、生产组织、生产管理和工艺设计都有密切关系。这里讨论提高机械加工生产率的问题，主要是从工艺技术的角度，研究如何通过减少时间定额来寻求提高生产率的工艺途径。

1. 缩短基本时间

1)提高切削用量

增大切削速度、进给量和背吃刀量都可以缩短基本时间，这是机械加工中广泛采用的提高生产率的有效方法。近年来国外出现了聚晶金刚石和聚晶立方氮化硼等新型刀具材料，切削普通钢材的速度可达900 m/min，加工60 HRC以上的淬火钢、高镍合金钢，在980 ℃时仍能保持其红硬性，切削速度可在900 m/min以上。高速滚齿机的切削速度可达65～75 m/min，目前最高滚切速度已超过300 m/min。磨削方面，近年的发展趋势是在不影响加工精度的条件下，尽量采用强力磨削，提高金属切除率，磨削速度已超过60 m/s，而高速磨削速度已达到180 m/s以上。

2)减少或使切削行程长度重合

利用几把刀具或复合刀具对工件的同一表面或几个表面同时进行加工，或者利用宽刃刀具、成形刀具作横向进给同时加工多个表面，实现复合工步，都能减少每把刀的切削行程长度或使切削行程长度部分或全部重合，减少基本时间。

3）采用多件加工

多件加工可分顺序多件加工、平行多件加工和平行顺序多件加工三种形式。顺序多件加工是指工件按进给方向一个接一个地顺序装夹，从而可减少刀具的切入、切出时间，即减少基本时间。这种形式的加工常见于滚齿、插齿、龙门刨、平面磨和铣削加工中。平行多件加工是指工件平行排列，一次进给可同时加工 n 个工件，加工所需基本时间和加工一个工件相同，所以分摊到每个工件的基本时间就减少到原来的 $1/n$，其中 n 为同时加工的工件数。这种方式常见于铣削和平面磨削中。平行顺序多件加工是上述两种形式的综合，常用于工件较小、批量较大的情况，如立轴平面磨削和立轴铣削加工中。

2. 缩短辅助时间

缩短辅助时间的方法通常是使辅助操作实现机械化和自动化，或使辅助时间与基本时间重合。具体措施如下。

（1）采用先进高效的机床夹具　这不仅可以保证加工质量，而且可以大大减少装卸和找正工件的时间。

（2）采用多工位连续加工　即在批量和大量生产中，采用回转工作台和转位夹具，在不影响切削加工的情况下装卸工件，使辅助时间与基本时间重合。该方法在铣削平面和磨削平面中得到广泛的应用，可显著地提高生产率。

（3）采用主动测量或数字显示自动测量装置　零件在加工中需多次停机测量，尤其是加工精密零件或重型零件时更是如此，这样不仅会降低生产率，不易保证加工精度，还会增加了工人的劳动强度。主动测量的自动测量装置能在加工中测量工件的实际尺寸，并能用测量的结果控制机床进行自动补偿调整。该装置在内、外圆磨床上采用，已取得了显著的效果。

（4）采用两个相同夹具交替工作的方法　当用一个夹具安装好工件进行加工时，另一个夹具同时进行工件装卸，这样也可以使辅助时间与基本时间重合。该方法常用于批量生产中。

3. 缩短布置工作场地时间

布置工作场地时间，主要消耗在更换刀具和调整刀具的工作上。因此，缩短布置工作场地时间主要是减少换刀次数、换刀时间和调整刀具的时间。减少换刀次数就是要提高刀具或砂轮的耐用度，而减少换刀和调刀时间是通过改进刀具的装夹和调整方法，采用对刀辅具来实现的。例如，采用各种机外对刀的快换刀夹具、专用对刀样板或样件以及自动换刀装置等。目前，在车削和铣削中已广泛采用机械夹固的可转位硬质合金刀片，既能减少换刀次数，又能减少刀具的装卸、对刀和刃磨时间，从而大大提高生产效率。

4. 缩短与准备终结时间

缩短准备与终结时间的主要方法是扩大零件的批量和减少调整机床、刀具和夹具的时间。

7.8　典型零件的加工工艺

常见机械零件按形状和用途不同，可分为轴类、盘套类、机架箱体类、齿轮类等。零件的结构特征、工作条件和受力状态不同，它们的加工方法也不相同。本节将分别对它们的工作条件、性能要求、材料、毛坯和工艺路线进行分析。

7.8.1　轴类零件

轴类零件是旋转体零件，主要用来支承传动零件和传递转矩。轴类零件的结构特点是其轴向尺寸远大于径向尺寸。轴类零件的轴颈、安装传动件的外圆、装配定位用的轴肩等尺寸精度、形位精度、表面粗糙度等是要解决的主要工艺问题。

1. 材料与毛坯

轴类零件大都承受交变载荷，工作时处于复杂应力状态，其材料应具有良好的综合力学性能，常选用45钢、40Cr和低合金结构钢等。光轴的毛坯一般选用热轧圆钢或冷轧圆钢。阶梯轴的毛坯，可选用热轧或冷轧圆钢，也可选用锻件。产量越大，直径相差越大，采用锻件越有利。当要求轴具有较高力学性能时，应采用锻件。单件小批量生产采用自由锻，成批生产采用模锻。对某些大型、结构复杂的轴可采用铸件，如曲轴及机床主轴可用铸钢或球墨铸铁作毛坯。在有些情况下可选用铸—焊或锻—焊结合方式制造轴类零件毛坯。

2. 加工工艺分析

轴类零件加工时常以两端中心孔或外圆面定位，以顶尖或卡盘装夹。在加工过程中应体现基准先行的原则和粗精分开的原则。轴类零件的主要组成表面有外圆面、轴肩、螺纹和沟槽等。外圆以安装轴承、齿轮和带轮等；轴肩用于轴本身或轴上安装零件时定位；螺纹用以安装各种锁紧螺母或调整螺母；沟槽是指键槽或退刀槽等；轴的两端一般要钻出中心孔；轴肩及端面一般要倒角。阶梯轴是轴类零件中用得最多的一种。它一般由外圆、轴肩、螺纹、螺纹退刀槽、砂轮越程槽和键槽等组成。

3. 典型轴类零件的加工工艺过程

下面以减速箱中的输出轴为例，介绍阶梯轴的典型加工工艺过程，如图7-15所示。

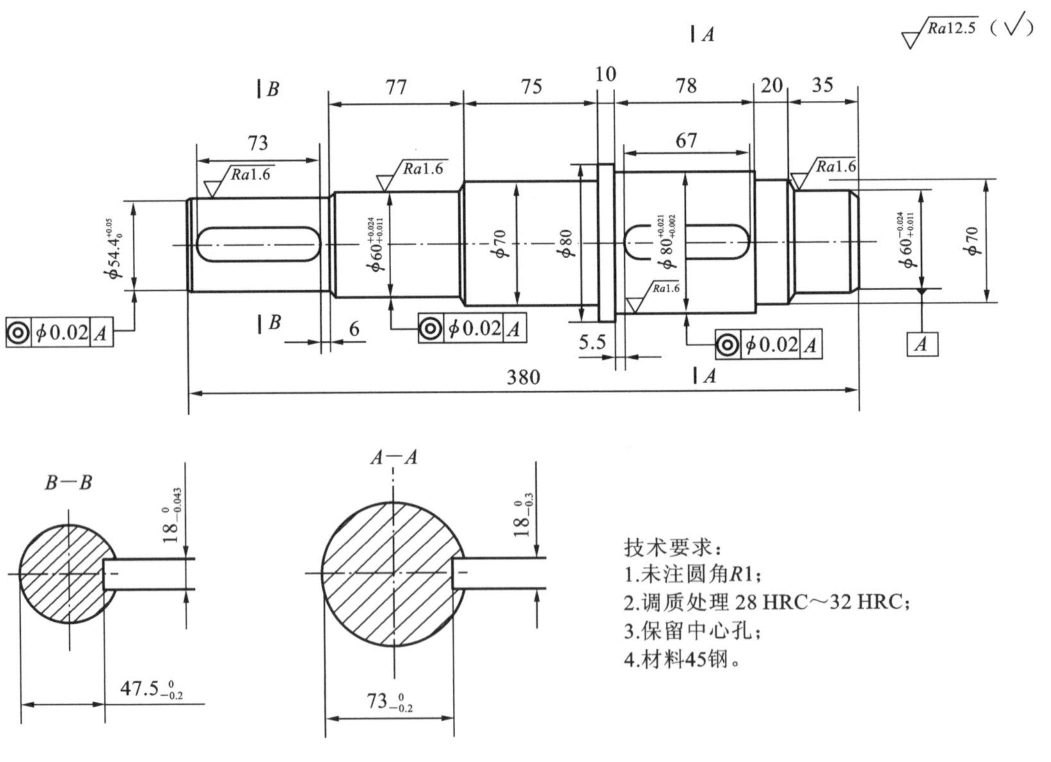

图7-15 输出轴

1)零件图样分析

技术要求:两个$\phi 60^{+0.024}_{+0.011}$外圆柱的同轴度公差为$\phi$0.02 mm;$\phi 80^{+0.021}_{+0.002}$与$\phi 60^{+0.024}_{+0.011}$外圆柱的同轴度公差为$\phi$0.02 mm;$\phi 54.4^{+0.05}_{0}$与$\phi 60^{+0.024}_{+0.011}$外圆柱的同轴度公差为$\phi$0.02 mm;保留两端中心孔;调制处理28 HRC～32 HRC,材料为45钢。

2)输出轴机械加工工艺过程卡(见表7-12)

表7-12　输出轴机械加工工艺过程卡

工序号	工序名称	工序内容	工艺装备
1	下料	棒料ϕ90 mm×400 mm	锯床
2	热处理	调质处理28 HRC～32 HRC	
3	粗车	夹左端,车右端面,见平即可。钻中心孔B2.5 mm,粗车右端各部,ϕ88 mm见圆即可,其余均留精加工余量3 mm	C620
4	粗车	倒头装夹工作,车端面保证总长380 mm,钻中心孔B2.5粗车外圆各部,留精加工余量3 mm,与工序3加工部分相接	C620
5	精车	夹左端,顶右端,精车右端各部,其中$\phi 60^{+0.024}_{+0.011}$ mm×35 mm,$\phi 80^{+0.021}_{+0.002}$ mm×78 mm处分别留磨削余量0.8 mm	C620
6	精车	调头,一夹一顶精车另一端各部,其中$\phi 54.4^{+0.05}_{0}$ mm×85 mm、$\phi 60^{+0.024}_{+0.011}$ mm×77 mm两处分别留磨削余量0.8 mm	C620
7	磨	用两端顶尖装夹工作,磨削$\phi 60^{+0.024}_{+0.011}$ mm,$\phi 80^{+0.021}_{+0.002}$ mm两处,至图样要求尺寸	M1432
8	磨	调头,用两顶尖装夹工作,磨削$\phi 54.4^{+0.05}_{0}$ mm×85 mm至图样要求	M1432
9	划线	划两处键槽线	
10	铣	铣$18^{0}_{-0.043}$ mm键槽两处	X52K、组合夹具
11	检验	按图样检查各部尺寸精度	
12	入库	涂油入库	

3)工艺分析

(1)该轴的结构比较典型,代表了一般传动的结构形式,其加工工艺过程具有普遍性。在加工工艺流程中,也可以采用粗车加工后进行调质处理。

(2)图样中键槽未标注对称度要求,但在实际加工中应保证±0.025 mm的对称度,这样便于与齿轮装配。键槽对称度的检查,可采用偏摆仪及量块配合完成,也可采用专用对称度检具检查。

(3)输出轴各部分同轴度的检查,可采用偏摆仪和百分表结合进行检查。

7.8.2　盘套类零件

盘套类零件的结构特点是纵向尺寸与横向尺寸差别不大(零件的长度一般大于直径)、形状各异,主要用于配合轴类零件传递运动和转矩。这类零件在各种机械中的工作条件和使用要求差异很大。其主要组成表面有内圆面、外圆面、端面和沟槽等。盘套类零件的重要表面为内、外旋转表面,零件壁厚较薄、易变形。

1. 材料与毛坯

盘套类零件一般选用钢、青铜或黄铜等材料。有些滑动轴承采用双金属结构，即用离心铸造法在钢或铸铁套的内壁上浇注巴氏合金等轴承材料，这样既可节省贵重的有色金属，又能提高轴承的寿命。

盘套类零件毛坯的选择与所用材料、零件结构和尺寸等有关。孔径小于 ϕ20 mm 时，一般选用热轧或冷拉棒料，也可用实心铸件。孔径较大时，常采用无缝钢管或带孔的铸件及锻件。大量生产时，可采用冷挤压和粉末冶金等先进的毛坯制造工艺，以提高生产率，节约金属材料。

2. 加工工艺分析

盘套类零件一般由孔、外圆、端面和沟槽组成。其技术要求除表面粗糙度和尺寸精度要求之外，位置精度一般有外圆对内孔轴线的径向圆跳动（或同轴度），端面对内孔轴线的端面圆跳动（或垂直度）等。为此，在加工盘套类零件时，毛坯无论选择铸件、锻件还是型钢，加工时都必须体现粗、精加工分开和"一刀活"的原则。当两端的外圆和端面相对孔的轴线都有位置精度要求时，则应以孔定位上心轴精车另一端外圆和端面，或在平面磨床上磨削对应端面。在安排加工工序时，应先装夹哪一端，需经过几次调头装夹进行车削加工，与毛坯的形状、尺寸和技术要求等多种因素有关，应综合分析，灵活掌握。

3. 典型盘套类零件的加工工艺过程

下面以如图 7-16 所示活塞为例，介绍盘套类零件的典型工艺过程。

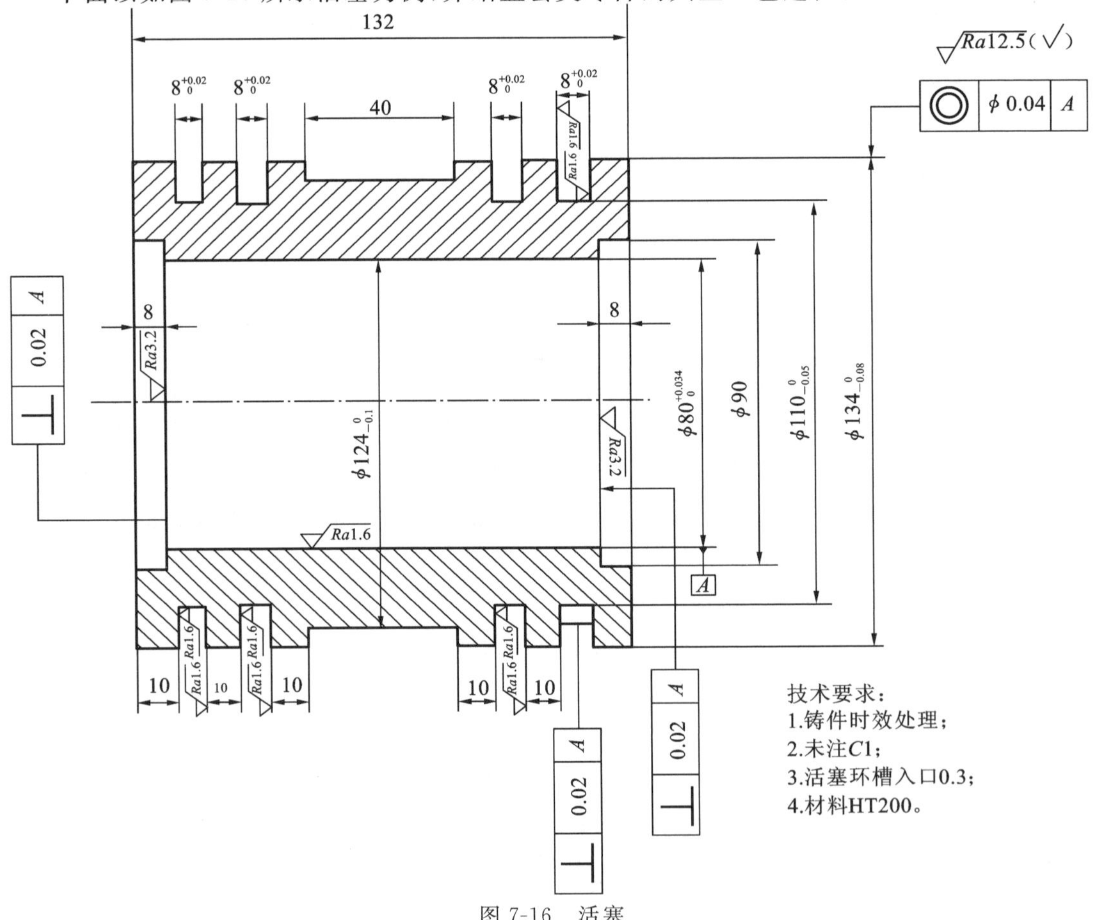

图 7-16 活塞

1）零件图样分析

技术要求：活塞环槽侧面与$\phi80^{+0.034}_{0}$ mm内孔轴线的垂直度公差为0.02 mm；活塞外圆与$\phi80^{+0.034}_{0}$ mm内孔轴线的同轴度公差为ϕ0.04 mm；左、右两端内端面与$\phi80^{+0.034}_{0}$ mm内孔轴线的垂直度公差为0.02 mm；由于活塞环槽与活塞环配合精度要求较高，所以活塞环槽加工精度相对要求较高；活塞$8^{+0.02}_{0}$ mm深环槽入口处的倒角为$C0.3$；材料HT200，铸造后经时效处理；未注倒角为$C1$。

2）活塞机械加工工艺过程卡片

活塞机械加工工艺过程卡片如表7-13所示。

表7-13　活塞机械加工工艺过程卡片

工序号	工序名称	工 序 内 容	工艺装备
1	铸造	铸造	
2	清砂	清砂，去冒口	
3	检验	检验铸件有无缺陷	
4	热处理	时效处理	
5	粗车	夹外圆（毛柸），粗车$\phi80^{+0.034}_{0}$ mm内孔至ϕ76 mm及端面，见平即可，粗车外圆尺寸至ϕ138 mm，长度大于80 mm	CA6140
6	粗车	调头装夹ϕ138 mm，粗车外圆尺寸至ϕ138 mm光滑接刀，车端面保证尺寸总长为135 mm	CA6140
7	热处理	二次时效处理	
8	检验	检验工件有无气孔、夹渣等缺陷	
9	半精车	夹$\phi80^{+0.034}_{0}$ mm内孔，半精车外圆，留余量1.5mm。按图样尺寸切槽$8^{+0.02}_{0}$ mm至6 mm，车端面照顾尺寸10 mm，车ϕ90 mm×8 mm凹槽，留加工余量1 mm	C6140
10	精车	调头装夹，夹外圆并找正，精车孔$\phi80^{+0.034}_{0}$ mm至车端面，保证总长尺寸为132.5mm。车凹槽ϕ90 mm×8 mm，$C1.5$	CA6140
11	精车	以内孔定位，调头装夹，精车另一端面，保证总长尺寸为132mm。精车另一ϕ90 mm×8 mm凹槽，$C1$，精车外圆，切各槽至图样$8^{+0.02}_{0}$尺寸，内径ϕ110 mm，保证各槽间距10 mm及各槽入口处$C0.3$。车中间环$\phi124^{0}_{-0.1}$ mm×40 mm	CA6140
12	检验	检验各部尺寸及精度	
13	入库	入库	

3）工艺分析

（1）时效处理是为了消除铸件的内应力，第二次时效处理是为了消除粗加工和铸件残余应力，以保证加工质量。

（2）活塞环槽的加工，分粗加工和精加工，这样可以减少切削力对环槽尺寸的影响，以保证加工质量。

(3)在批量生产时，活塞环槽的加工装夹方法可采用心轴，以便提高效率，保证质量。

(4)活塞环槽 $8^{+0.02}_{0}$ mm 尺寸检验，可采用片塞规进行检查。片塞规分为通端片塞规和止端片塞规两种。片塞规具有综合检测功能，既能检查尺寸精度，同时也可以检查环槽两面是否平行，如不平行，片塞规在环槽内不能平滑移动。

(5)进行活塞环槽侧面与 $\phi 80^{+0.034}_{0}$ mm 内孔轴线的垂直度检验时，可采用心轴装夹零件，再将心轴装夹在两顶尖之间(或偏摆仪上)，这时转动心轴，用杠杆百分表测每一环槽的两个侧面，所测最大读数与最小读数的差值即为垂直度误差。左、右两端内端面与 $\phi 80^{+0.034}_{0}$ mm 内孔轴线的垂直度检验方法与活塞环槽侧面垂直度检验方法基本相同。

(6)进行活塞外圆与 $\phi 80^{+0.034}_{0}$ mm 内孔轴线的同轴度检验时，可采用心轴装夹零件，再将心轴装夹在两顶尖之间(或偏摆仪上)，这时转动心轴，用百分表测出活塞外圆跳动的最大与最小读数差值，此即为同轴度误差。

7.8.3 箱体类零件

箱体类零件是机械的基础零件，它用于将一些轴、套和齿轮等零件组装在一起，使它们保持相互正确的位置关系，按照一定的传动关系协调地运动，构成机械的一个重要部件。箱体的加工质量对机械精度、性能和寿命有直接的影响。箱体结构形式的共同特点是尺寸较大，形状较复杂，壁薄且不均匀，内部呈腔形，加工前需要进行时效处理；在箱壁上有许多精度较高的轴承支承孔和平面需要加工，而且对主要孔的尺寸精度和形状精度、主要平面的平面度和表面粗糙度、孔与孔之间的同轴度、孔与孔的轴间距误差、各平行孔轴线的平行度、孔与平面之间的位置精度等有要求；此外有许多精度较低的紧固孔、螺纹孔、检查孔和出油孔等也需要加工。因此，箱体类零件不仅需要加工的部位较多，且加工难度也较大。

1. 材料和毛坯

机架箱体类零件起支承、封闭作用，形状复杂，但载荷一般不大，因此多选用灰铸铁件毛坯，其牌号根据需要可选用 HT100～HT350。有些载荷较大的箱体，可采用球墨铸铁件或铸钢件毛坯。只有在单件小批量生产时，为缩短毛坯制造周期，可采用钢板焊接。航空发动机或仪器仪表的箱体零件，常用铝镁合金精密压铸，以减轻重量。

2. 加工工艺分析

箱体零件的机械加工主要是加工平面和孔。加工平面一般采用刨、铣、磨削等，加工重要的孔常用镗削，小孔多用钻—扩—铰。机架箱体类零件在单件小批量生产中要安排划线工序。通过划线，可以合理分配各加工表面的加工余量，调整加工表面与非加工表面之间的位置关系，并且提供定位的依据。机架箱体类零件在加工过程中，其定位方法有两种：一是以一个平面和该平面上的两个孔定位，称为一面两孔定位；二是以装配基准定位，即以机架箱体的底面和导向面定位。机架箱体类零件在单件小批量生产中常用螺钉、压板等直接装夹在机床工作台上，在大批量生产中则多采用专用夹具装夹。机架箱体类零件在加工时，通常采用先面后孔的加工原则；安排时效热处理以消除内应力；常采用通用的设备和工装。平面在铣床、刨床上加工，轴承孔在镗床或铣床上加工。在大批量生产中也只能采用部分专用设备和工装。

3. 箱体类零件的典型工艺过程

下面以图 7-17 所示的小型蜗轮减速器箱体为例，介绍机架箱体类零件的典型工艺过程。

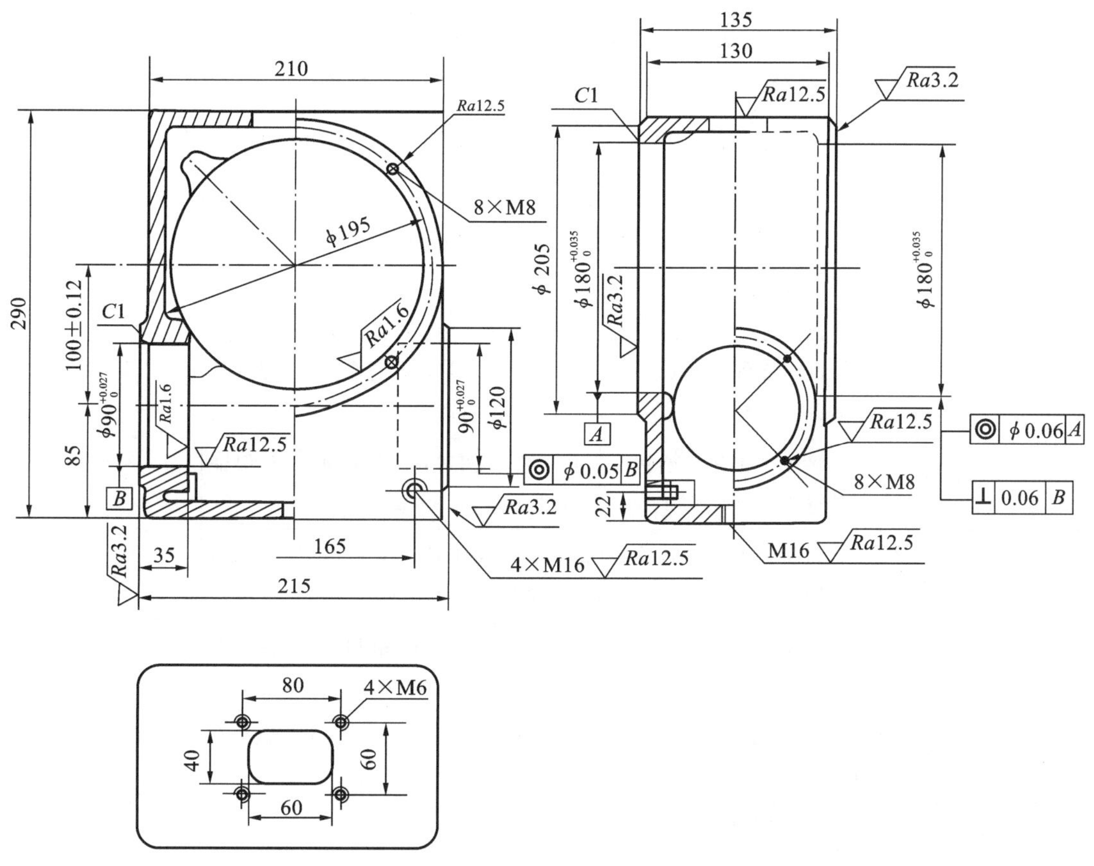

图 7-17 小型蜗轮减速器箱体

1）零件图样分析

零件技术要求：孔 $\phi180^{+0.035}_{0}$ 轴线对基准 B 轴线的垂直度公差为 0.06 mm；$\phi180^{+0.035}_{0}$ mm 的两孔同轴度公差为 ϕ0.06 mm；$\phi90^{+0.027}_{0}$ mm 的两孔同轴度公差为 ϕ0.05 mm；箱体内部做煤油渗漏检验；铸件人工失效处理；非加工表面涂防锈漆；铸件不能有砂眼、疏松等缺陷，材料为 HT200。

2）小型涡轮减速器箱体机械加工工艺过程卡片

小型涡轮减速器箱体机械加工工艺过程卡片如表 7-14 所示。

表 7-14 小型涡轮减速器箱体机械加工工艺过程卡片

工序号	工序名称	工 序 内 容	工 艺 装 备
1	铸造	铸造，清理	
2	清砂	清砂	
3	热处理	人工时效处理	
4	涂漆	涂红色防锈底漆	

续表

工序号	工序名称	工 序 内 容	工 艺 装 备
5	划线	划孔加工线，划上、下平面加工线	
6	铣	以顶面毛坯定位，按划线找正，粗、精铣底面	X5030A
7	铣	以底面定位装夹零件，粗、精铣顶面，保证尺寸 290 mm	X5030A
8	铣	以底面定位，压紧顶面按线铣两孔侧面凸台，保证尺寸为 217 mm	X6132
9	铣	以底面定位，压紧顶面按线找正，铣两孔侧面，保证尺寸为 317 mm	X6132
10	镗	以底面定位，按孔端面找正，压紧顶面，粗镗孔至图样尺寸，粗刮平面保证总长尺寸 215 mm 为 216 mm，刮内端面，保证总长 215 mm	T617A
11	镗	将机床工作台旋转 90°，加工孔至图样尺寸，粗刮平面，保证总厚 136 mm，保证与孔距尺寸 100±0.12 mm	T617A
12	精镗	将机床上工作台旋转回零位，调整工件压紧力（工件不动），精镗至图样尺寸，精刮两端面至尺寸 215 mm	T617A
13	精镗	机床工作台旋转 90°，加工孔至图样尺寸，粗刮平面，精刮两侧面保证总厚 135 mm，保证与孔距尺寸 100±0.12 mm	T617A
14	划线	划 8×M8 mm、4×M16 mm、M16 mm、4×M6 mm 各螺纹孔加工线	
15	钻	钻、攻各螺纹	Z3032
16	钳	修毛刺	
17	钳	煤油渗漏试验	
18	检验	检查各部位尺寸及精度	
19	入库	入库	

3）工艺分析

（1）在加工前，安排划线工艺是为了保证零件壁厚均匀，并及时发现铸件缺陷，减少废品。

（2）该零件体积小、壁薄，加工时应注意夹紧力的大小，防止变形。工序 12 精镗前要求对零件压紧力进行适当的调整，这也是确保加工精度的一种方法。

（3）$\phi 180^{+0.035}_{0}$ mm 与 $\phi 90^{+0.027}_{0}$ mm 两孔的垂直度要求，由 T618 机床分度来保证。

（4）$\phi 180^{+0.035}_{0}$ mm 与 $\phi 90^{+0.027}_{0}$ mm 两孔孔距（100±0.12）mm，可采用装心轴的方法检测。

7.8.4　齿轮加工工艺

齿轮是用来传递功率和调节速度的重要传动零件(盘类零件的代表),从钟表齿轮到直径为 2 m 的矿山设备齿轮,所选用的毛坯种类是多种多样的。齿轮的工作条件较为复杂,齿面要求具有高硬度和高耐磨性,齿根和轮齿心部要求高的强度、韧度和较好的耐疲劳性能,这是选择齿轮材料的主要依据。在选择齿轮毛坯制造方法时,则要根据齿轮的结构形状、尺寸、生产批量及生产条件来选择经济性好的生产方法。

1. 齿坯加工

齿坯加工在齿轮的整个加工过程中占有重要的位置。齿轮的孔、端面或外圆常作为齿形加工的定位、测量和装配的基准,其加工精度对整个齿轮的精度有着重要的影响。另外,齿坯加工在齿轮加工总工时中占有较大的比例,因此齿坯加工在整个齿轮加工中占有重要的地位。

1)齿坯加工精度

齿轮在加工、检验和装夹时的径向基准面和轴向基准面应尽量一致。一般情况下,以齿轮孔和端面为齿形加工的基准面,所以齿坯精度中主要是对齿轮孔的尺寸精度和形状精度、孔和端面的位置精度有较高的要求;当外圆作为测量基准或定位、找正基准时,对齿坯外圆也有较高的要求。具体见表 7-15、表 7-16。

表 7-15　齿坯尺寸和形状

齿坯精度等级	4	5	6	7	8	9	10
孔的尺寸和形状公差	IT4	IT5	IT6	IT7		IT8	
轴的尺寸和形状公差	IT4	IT5		IT6		IT7	
顶圆直径公差	IT7		IT8			IT9	

表 7-16　齿坯基准面径向和端面圆跳动公差

分度圆直径/ mm		精度等级						
大于	到	4	5	6	7	8	9	10
—	125	7	11		18		28	
125	400	9	14		22		36	
400	800	12	20		32		50	

2)齿坯加工方案

齿坯加工工艺方案主要取决于齿轮的轮体结构,技术要求和生产类型。齿坯加工的主要内容有:齿坯的孔、端面、顶尖孔(轴类齿轮)以及齿圈外圆和端面的加工。对于轴类齿轮和套筒齿轮的齿坯,其加工过程和一般轴、套类基本相同,以下主要讨论盘类齿轮齿坯的加工工艺方案。

(1)单件小批生产的齿坯加工　一般齿坯的孔、端面及外圆的粗、精加工都在通用车床上经两次装夹完成,但必须注意将孔和基准端面的精加工在一次装夹内完成,以保证位置精度。

(2)成批生产的齿坯加工　成批生产齿坯时，经常采用“车→拉→车”的工艺方案。

①以齿坯外圆或轮毂定位，粗车外圆、端面和内孔；

②以端面定位，拉孔；

③以孔定位，精车外圆及端面等。

(3)大批量生产的齿坯加工　大批量生产，应采用高生产率的机床和高效专用夹具加工。在加工中等尺寸齿轮齿坯时，均多采用“钻→拉→多刀车”的工艺方案。

①以毛坯外圆及端面定位，进行钻孔或扩孔；

②拉孔；

③以孔定位，在多刀半自动车床上粗、精车外圆、端面、车槽及倒角等。

2. 齿形加工

齿形加工方案的选择，主要取决于齿轮的精度等级，结构形状、生产类型和齿轮的热处理方法及生产工厂的现有条件。对于不同精度等级的齿轮，常用的齿形加工方案如下。

1)8 级或 8 级精度以下的齿轮加工方案

对于不淬硬的齿轮，用滚齿或插齿即可满足加工要求；对于淬硬齿轮，可采用滚(或插)→齿端加工→齿面热处理→修正内孔的加工方案。热处理前的齿形加工精度应比图样要求提高一级。

2)6～7 级精度的齿轮

对于淬硬齿面的齿轮可以采用滚(插)齿→齿端加工→表面淬火→校正基准→磨齿，这种方案加工精度稳定；也可以采用滚(插)→剃齿或冷挤→表面淬火→校正基准→内啮合珩齿的加工方案，用此方案加工精度稳定，生产率高。

3)5 级精度以上的齿轮

一般采用粗滚齿→精滚齿→表面淬火→校正基准→粗磨齿→精磨齿的加工方案。大批量生产时也可采用粗磨齿→精磨齿→表面淬火→校正基准→磨削外珩自动线的加工方案。采用这种加工方案时齿轮精度可稳定在 5 级以上，且齿面加工纹理错综复杂，在使用中噪声极低，是品质极高的齿轮。

圆柱齿轮齿形加工方案选择可参考表 7-17。

表 7-17　圆柱齿轮齿形加工方法和加工精度

类型	不淬火齿轮										淬火齿轮											
精度等级	3	4	5		6			7			3～4	5			6			7				
表面粗糙度 $Ra/\mu m$	0.2～0.1	0.4～0.2			0.8～04			1.6～0.8			0.4～0.1	0.4～0.2			0.8～0.4			1.6～0.8				
滚齿或插齿	●	●	●	●	●	●	●	●	●	●	●	●	●	●	●	●	●	●	●	●	●	
剃齿				●		●				●			●		●			●				
挤齿							●		●							●			●			
珩齿															●	●		●	●	●		
粗磨齿	●	●	●		●	●	●	●			●	●		●			●				●	
精磨齿	●	●	●	●							●	●	●	●								

3. 加工工艺分析

1)加工阶段的划分

齿轮加工工艺过程大致要经过如下几个阶段:第一阶段是齿坯最初进入机械加工的阶段;第二阶段是齿形的加工阶段;第三阶段是热处理阶段;第四阶段是齿形的精加工阶段。

2)基准的选择

齿轮加工基准常因齿轮的结构形状不同而有所差异。带轴齿轮主要采用顶点孔定位;对于空心轴,则在中心内孔钻出后,用两端孔口的斜面定位;孔径大时则采用锥堵。顶点定位的精度高,且能做到基准重合和统一。对带孔齿轮在齿面加工时常采用以下两种定位、夹紧方式。

(1)以内孔和端面定位　这种定位方式是以工件内孔定位,确定定位位置,再以端面作为轴向定位基准,并对着端面夹紧。这样可使定位基准、设计基准、装配基准和测量基准重合,定位精度高,适合于批量生产。但对于夹具的制造精度要求较高。

(2)以外圆和端面定位　当工件和夹具心轴的配合间隙较大,采用千分表校正外圆以确定中心的位置,并以端面进行轴向定位,从另一端面夹紧。这种定位方式因每个工件都要校正,故生产率低,同时对齿坯的内、外圆同轴度要求高,而对夹具精度要求不高,故适用于单件小批生产。

综上所述,为了减少定位误差,提高齿轮加工精度,在加工时应满足以下要求:

①应选择基准重合、统一的定位方式;

②内孔定位时,配合间隙应尽可能减少;

③定位端面与定位孔或外圆应在一次装夹中加工出来,以保证垂直度要求。

3)齿轮毛坯的加工

齿面加工前的齿轮毛坯加工,在整个齿轮加工过程中占有很重要的地位。因为齿面加工和检测所用的基准必须在此阶段加工出来,同时齿坯加工所占工时的比例较大,无论从提高生产率,还是从保证齿轮的加工质量的角度出发,都必须重视齿轮毛坯的加工。

在齿轮图样的技术部要求中,如果规定以分度圆选齿厚的减薄量来测定齿侧间隙时,应注意齿顶圆的精度要求,因为齿厚的检测是以齿顶圆为测量基准的。齿顶圆精度太低,必然使测量出的齿厚无法正确反映出齿侧间隙的大小,所以,在加工过程中应注意以下四个问题:

①当以齿顶圆作为测量基准时,应严格控制齿顶圆的尺寸精度;

②保证定位端面和定位孔或外圆间的垂直度;

③提高齿轮内孔的制造精度,减少与夹具心轴的配合间隙;

④齿端加工。

齿轮的齿端加工有倒圆、倒尖、倒棱和去毛刺等方式,如图7-18所示。经倒圆、倒尖后的齿轮在换挡时容易进入啮合状态,减少撞击现象。倒棱可除去齿端尖角和毛刺。图7-19是用指状铣刀对齿端进行倒圆的加工示意图。倒圆时,铣刀高速旋转,并沿圆弧作摆动,加工完一个齿后,工件退离铣刀,经分度再快速向铣刀靠近,加工下一个齿的齿端。

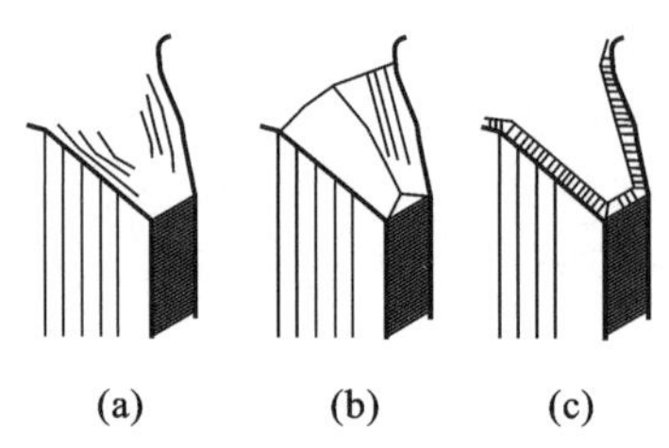

图 7-18 齿端加工方式
(a)倒圆;(b)倒尖;(c)倒棱

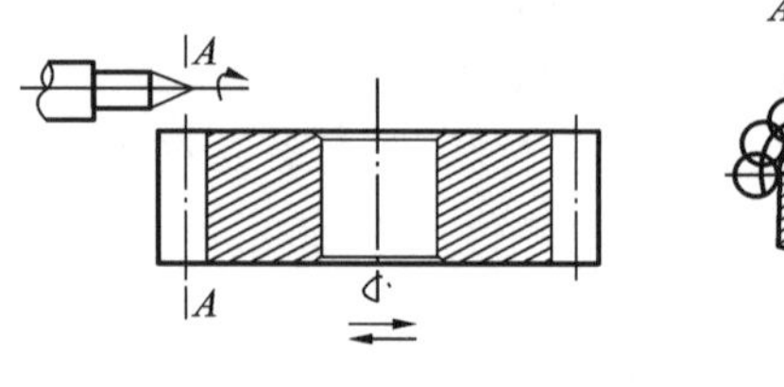

图 7-19 齿端倒圆

齿端加工必须在淬火之前进行,通常都在滚(插)齿之后,剃齿之前安排齿端加工。

4. 齿轮零件的典型工艺过程

下面以如图 7-20 所示减速器箱圆柱齿轮为例,介绍齿轮零件的典型工艺。

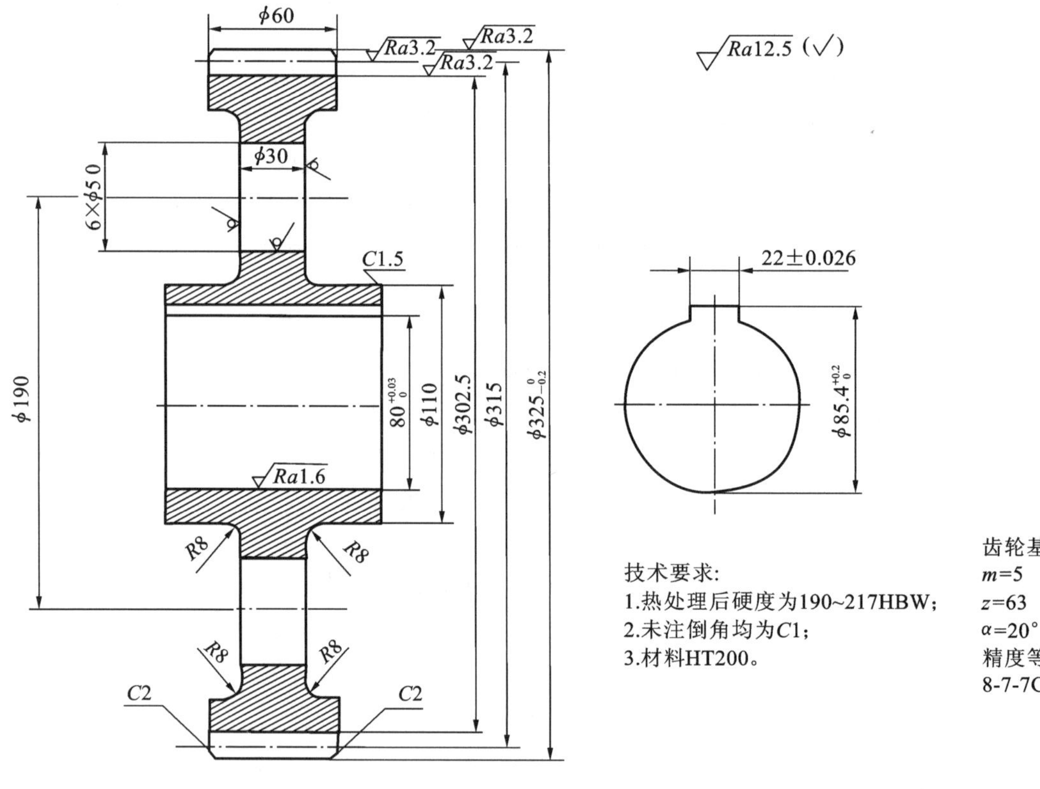

图 7-20 圆柱齿轮

1)零件图样分析

零件技术要求:齿轮精度等级为 8-7-7GK;齿轮经热处理后硬度为 190～217 HBW;未注倒角为 C1;齿轮材料为 HT200。

2)齿轮的加工工艺过程

整个工艺过程如表 7-18 所示。

表 7-18 圆柱齿轮的加工工艺过程卡

工序号	工序名称	工 序 内 容	工艺装备
1	铸	铸造	
2	清砂	清砂	
3	热处理	人工时效处理	
4	粗车	夹工件一端外圆，被毛坯找正，按照工件各部分毛坯尺寸，车内径至 $\phi75\pm0.1$ mm，车端面，保证距轮辐侧面尺寸 38 mm，齿部侧面至轮辐侧面 18 mm，齿轮外圆车至 $\phi330$ mm	CA6132
5	粗车	调头，夹 $\phi330$ mm 处，找正 $\phi75\pm0.1$ mm 内径，车端面，$\phi110$ mm端面距轮辐侧面为 38 mm，齿轮部分侧面距轮辐侧面为 17 mm，齿轮外圆车至 $\phi330$ mm	CA6132
6	划线	参考轮辐厚度，划各部加工线	
7	精车	夹 $\phi330$ mm 外圆，(参考划线)加工齿轮一端面各部分至图样尺寸，内径加工至尺寸，外圆加工至尺寸	CA6132
8	精车	调头，以定位装夹工件，内径找正，车工件另一端各部分至图样尺寸，保证工件总厚度尺寸 100 mm 和 60 mm，外圆加工至尺寸	CA6132
9	划线	划 22 ± 0.026 mm 键槽加工线	
10	插	以外圆及一端面定位装夹工件，插键槽 22 ± 0.026 mm	B5020 组合夹具
11	滚齿	以一端面定位滚齿，$m=5$，$z=63$，$\alpha=20°$	Y315 专用心轴
12	检验	检查各部位尺寸及精度	
13	入库	涂油入库	

3）工艺分析

(1)齿轮材料(HT200)为铸铁件，应进行人工时效处理。对于精密齿轮，应进行二次时效处理，以保证加工精度。

(2)若铸件尺寸铸造精度较差，在粗加工前就应先划线，以保证均匀的加工量。

(3)渐开线圆柱齿轮精度标准 GB/T 10095—2008 适用于平行轴传动，法向模数 $M_n\geqslant$ 1～40，分度圆直径 $d\leqslant$4 000 mm 的渐开线圆柱齿轮及其齿轮副。

国家标准 GB10095.1—2001《渐开线圆柱齿轮精度》对齿轮、齿轮副规定了 13 个精度等级，其中 0 级最高，12 级最低，标准将齿轮每个精度等级的各项公差与极限偏差分成三个公差组。具体见表 7-19。

表 7-19 各公差组对传动性能的主要影响

公差组	公差与极限偏差项目	误差特性	对传动性能的主要影响
Ⅰ	$F''_i, F_p, F''_{pk}, F''_i, F''_i, F_r, F_w$	以齿轮一转为周期的误差	传递运动的准确性
Ⅱ	$f''_i, f_f, f_{pt}, f_{pb}, f''_i, f_\beta$	在齿轮一转内，多次周期重复出现的误差	传递运动的平稳性、噪声、振动
Ⅲ	F''_β, F_b, F''_{px}	齿向、接触线的误差	载荷分布的均匀性

(4)圆柱齿轮检测常用方法有公法线长度的测量方法、分度圆弦、分度圆弦齿厚的测量方法、固定弦齿厚的测量。

复习思考题

7.1 机械加工工艺过程由哪些内容组成？

7.2 什么是基准？基准如何分类？

7.3 什么是定位基准？定位基准分为哪两类？

7.4 什么是粗基准？如何选择粗基准？

7.5 什么是精基准？如何选择精基准？

7.6 为什么选择定位基准应尽可能使它与设计基准重合？如果不重合会产生什么问题？

7.7 什么是经济精度？某种加工方法的经济精度就是该加工方法能够达到的最高加工精度，这种说法对吗？

7.8 零件的切削加工过程一般可分成哪几个阶段？各加工阶段的主要任务是什么？划分加工阶段有什么作用？

7.9 什么是工序集中与工序分散？各有什么优缺点？

7.10 安排机械加工工艺顺序应遵循哪些原则？

7.11 在机械加工工艺过程中，热处理工序的位置如何安排？

7.12 什么情况下需要安排中间检验工序？

7.13 常见的毛坯种类有哪些？选择毛坯时要考虑哪些因素？

7.14 什么是工序余量和总余量？为什么说加工余量是变化的？

7.15 确定加工余量大小要考虑哪些因素？

7.16 工序尺寸怎样确定？

7.17 制订工艺规程需要以哪些原始资料作为技术依据？

7.18 试述制订工艺规程的步骤。

7.19 在制订工艺规程时，分析零件图样应弄清哪些问题？

7.20 在制订工艺规程时，如何选择机床设备及刀、夹、量具？

7.21 机械加工工艺规程的常用文件形式有哪几种？有什么作用？

7.22 如题图 7-21 所示的尺寸链中（图中 A_0、B_0、C_0、D_0 是封闭环），试分析哪些组成环是增环，哪些组成环是减环。

7.23 如图 7-22 所示的轴套零件的轴向尺寸，其外圆、内孔及端面均已加工。试求：当

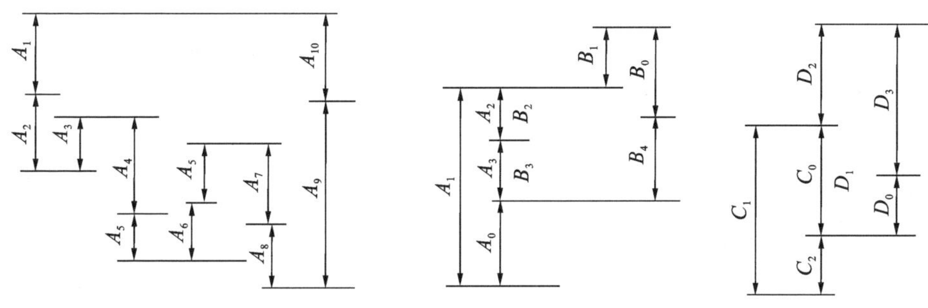

图 7-21　题 7.22 图

以 B 面定位钻直径为 $\phi10$ mm 孔时的工序尺寸 A_1 及其偏差。(要求画出尺寸链图)

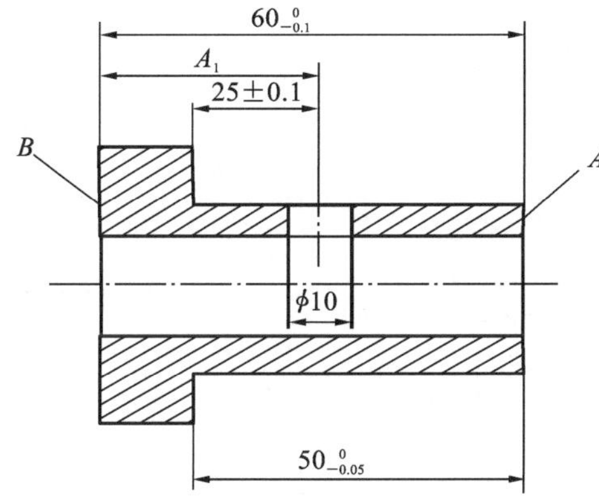

图 7-22　题 7.23 图

7.24　如图 7-23 所示为一轴套零件，尺寸 $38_{-0.1}^{0}$ mm 和 $8_{-0.05}^{0}$ mm 已加工好，图(b)、(c)、(d)为钻孔加工时三种定位方案的简图。试计算三种定位方案的工序尺寸 A_1、A_2、A_3。

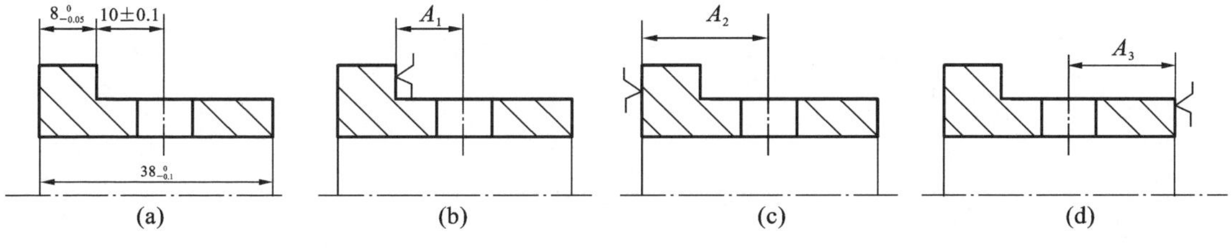

图 7-23　题 7.24 图

7.25　如图 7-24 所示轴承座零件，$\phi30_{0}^{+0.03}$ mm 孔已加工好，现欲测量尺寸 80 ± 0.05 mm，由于该尺寸不便直接测量，故改测尺寸 H。试确定尺寸 H 的大小及偏差。

7.26　如图 7-25 所示齿轮内孔插键槽，键槽深度是 $90.4_{0}^{+0.20}$ mm，有关加工顺序和工序尺寸是：①车内孔至 $\phi84.8_{0}^{+0.07}$ mm；②插键槽工(序尺寸为 A)；③淬火热处理；④磨内孔至 $\phi85_{0}^{+0.035}$ mm，并间接保证键槽深度尺寸 $\phi90.4_{0}^{+0.20}$ mm。请用尺寸链极值解法求工序尺寸 A 及其上、下偏差。

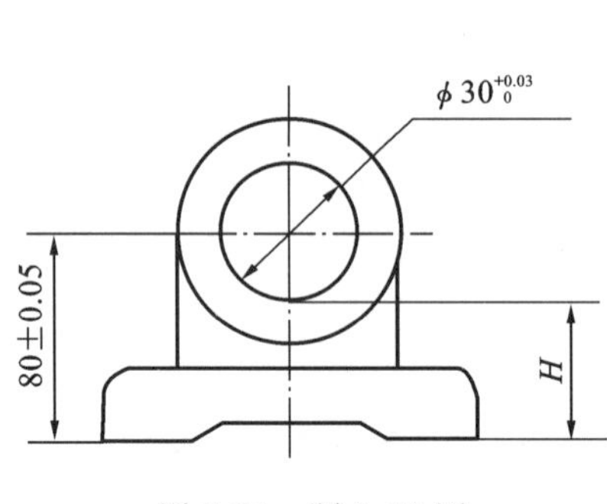

图 7-24 题 7.25 图

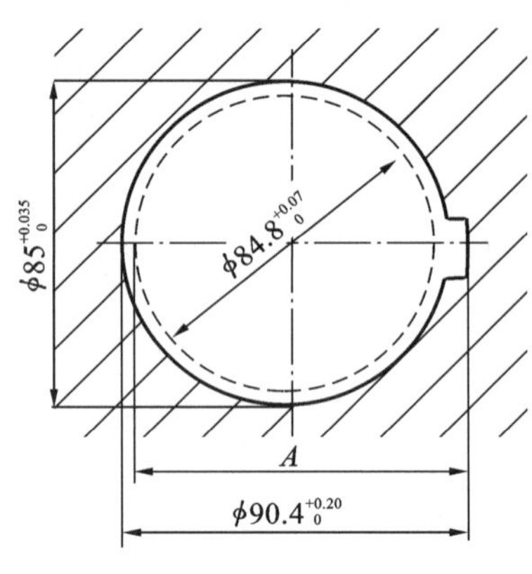

图 7-25 题 7.26 图

7.27 编制图 7-26 所示零件的机械加工工艺规程。

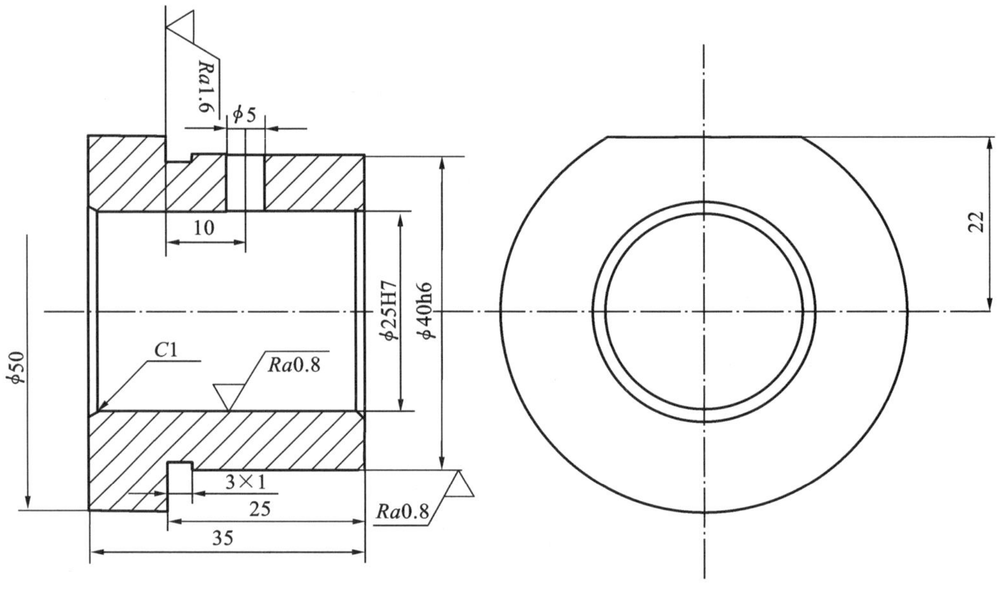

图 7-26 题 7.27 图

技术要求：

1. 材料 45 钢；
2. 热处理 调质 28～32HRC。

工序号	工序名称	工序内容	工艺装备

注：表格不够可追加。

7.28 编制图 7-27 所示零件的机械加工工艺规程。

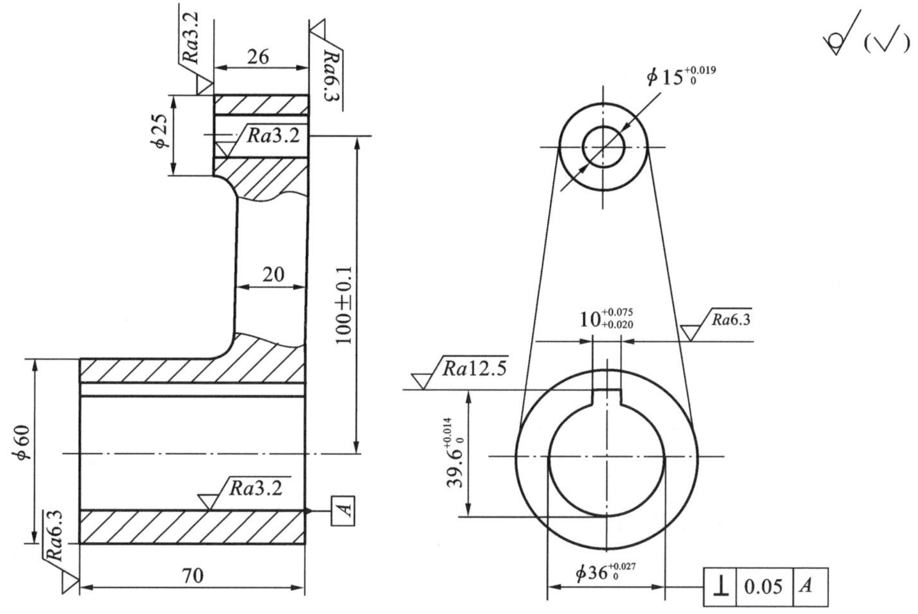

图7-27　题7.28图

工序号	工序名称	工序内容	工艺装备

注:表格不够可追加。

第8章　机械装配工艺

内容提要

装配是机器制造的最后环节，直接影响机器的总体性能。本章主要介绍装配概述、保证装配精度的工艺方法、装配尺寸链及其应用，以及装配工艺规程制订等。

8.1　装配概述

8.1.1　装配定义与装配单元

1. 装配定义

机械产品都是由许多零件和部件组成的。根据规定的技术要求将零件或部件进行配合和连接，使之成为半成品或成品的工艺过程称为装配。装配是机器制造中的最后一个阶段，它包括装配、调整、检验、试验等工作。机器的质量最终是通过装配来保证的，装配质量在很大程度上决定了机器的最终质量。

2. 装配单元

为保证有效地进行装配工作，通常将机器划分为若干能进行独立装配的装配单元。零件是组成机器的最小单元，如果在一个基准零件上按装配顺序装上一个或若干个零件，则构成套件，套件是最小的装配单元，为此而进行的装配称为套装。在一个基准件上按装配顺序装上若干零件和套件就构成组件。如车床的主轴组件就是以主轴为基准件装上若干齿轮、套、垫、轴承等零件的组件。为装配组件而进行的工作称为组装。部件是在一个基准件上，按装配顺序装上若干组件、套件和零件构成的，为此而进行的装配工作称为部装。如车床主轴箱装配属于部装，部装时以箱体作为基准零件。在一个基准件上，装上若干部件、组件、套件和零件就构成机器。将零件和部件装配成最终产品的过程，称为总装。

3. 装配单元系统图

在装配工艺规程中，常用装配单元系统图表示零、部件的装配流程和零、部件间的相互装配关系。在装配工艺系统图上，每一个单元用一个长方形框表示，标明零件、套件、组件和部件的名称、编号及数量，如图8-1、图8-2、图8-3所示分别给出了组件、部件和机器的装配单元系统图。在装配单元系统图上，装配工作由基准件开始沿水平线自左向右进行，一般将零件画在上方，套件、组件、部件画在下方，其排列次序就是装配工作的先后次序。

在装配单元系统图上加注所需的工艺说明，如焊接、配钻、配刮、冷压、热压和检验等，就形成装配工艺系统图。装配工艺系统图能比较清楚而全面地反映装配单元的划分、装配顺序和装配工艺方法。它是装配工艺规程制订的主要文件，也是划分装配工序的依据。

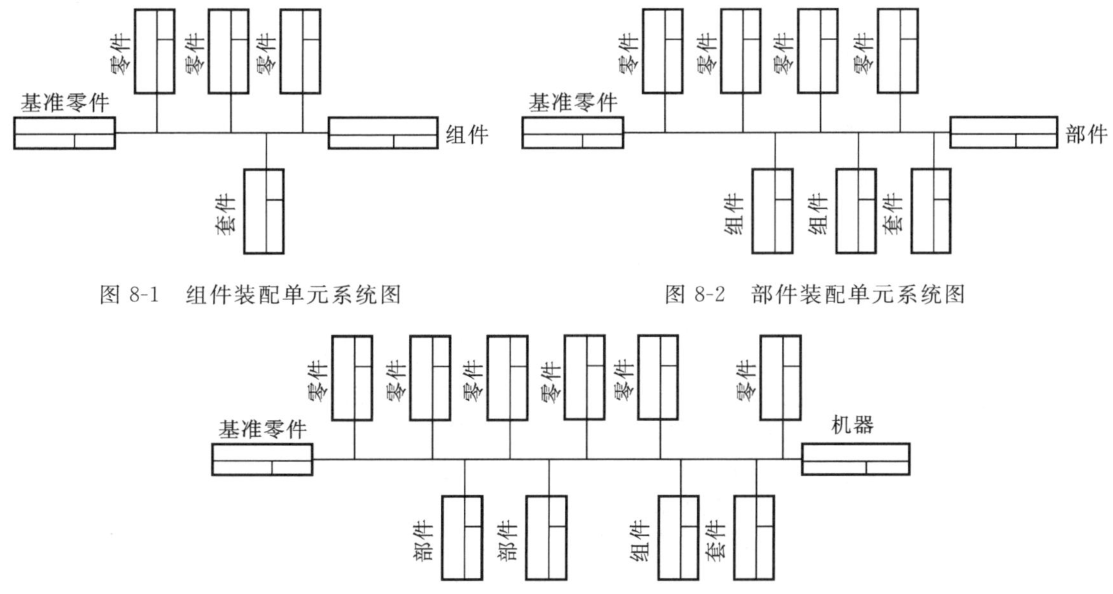

图 8-1　组件装配单元系统图

图 8-2　部件装配单元系统图

图 8-3　机器装配单元系统图

8.1.2　机器结构的装配工艺性

机器结构的装配工艺性指机器结构能保证在装配过程中使相互连接的零部件不用或少用修配和机械加工，用较少的劳动量，花费较少的时间，按产品的设计要求顺利装配起来。机器结构的装配工艺性对机器的装配过程有较大的影响，在一定程度上决定了装配过程周期的长短、耗费劳动量的大小、成本的高低，以及机器使用质量的优劣。对机器结构的装配工艺性可以从以下几个方面进行评价。

1. 机器结构应能划分成独立的装配单元

机器结构划分成独立的装配单元，可以实现组织平行的装配作业，缩短装配周期，或组织厂际协作生产；相关部件预先调整和试车，保证总装质量；利于产品的改进和更新；利于机器的维护修理和运输。以图 8-4 所示两种传动轴结构为例，图 8-4(a)所示结构齿轮顶圆直径大于箱体轴承孔孔径，轴上零件须依此逐一装到箱体中去；图 8-4(b)所示齿轮直径小于轴承孔直径，轴上零件可以先组装成组件后，一次装入箱体，这样可简化装配过程、缩短装配周期。

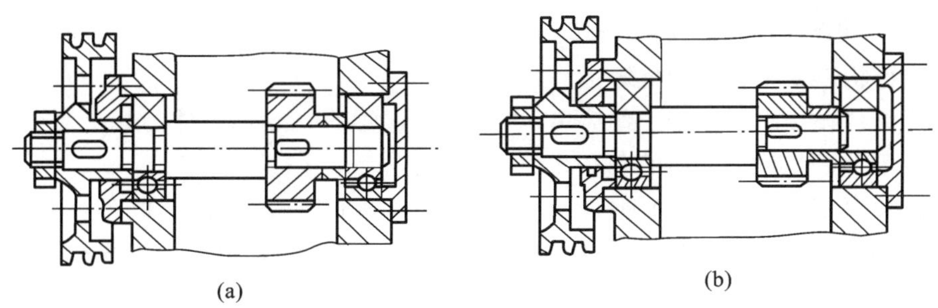

图 8-4　两种传动轴结构比较

2. 尽量减少装配时的修配和机械加工

机器装配过程中的修配或加工，大多由手工操作，不仅对工人技术要求高，而且影响装配效率和质量。因此，应尽量避免或减少修配工作量。如图 8-5 所示为减少修配量的示例。图 8-5(a)所示采用山形导轨定位，装配时，基准面修刮工作量很大，采用图 8-5(b)平导轨定位结构后，修刮量明显减少。在设计时，采用调整法代替修配法可以从根本上减少修配工作量。如图 8-6 所示为车床溜板箱和床身导轨后压板改进前后的结构，图 8-6(b)所示结构采用调整法替代图 8-6(a)所示修配法，满足压板与床身导轨的合理间隙要求。

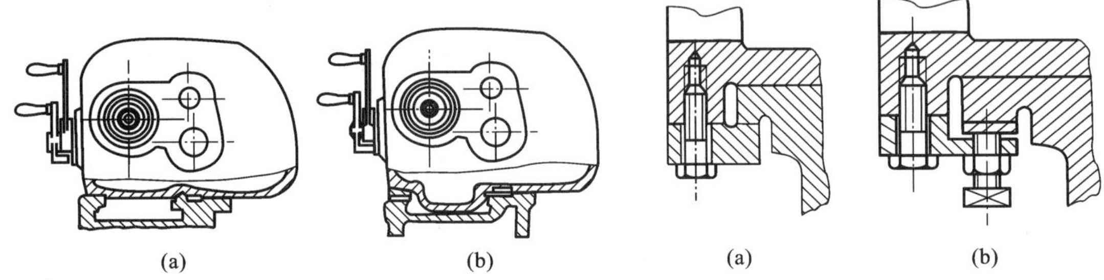

图 8-5　车床主轴箱与床身的不同装配结构形式

图 8-6　车床溜板箱和后压板的两种结构

机器装配时要尽量减少机械加工，否则不仅影响装配工作的连续性，延长装配周期，而且需要在装配车间增加机械加工设备，这些设备既占面积，又易引起装配工作的杂乱。此外，机械加工所产生的切屑如清除不净，残留在装配的机器中，极易增加机器的磨损，甚至产生严重的事故而损坏整个机器。

如图 8-7 所示两种不同的轴上油孔结构。图 8-7(a)所示结构需要在轴套装配后，在箱体上配钻油孔，使装配产生机械加工工作量。图 8-7(b)所示结构改在轴套上，预先加工好油孔，可消除装配时的机械加工工作量。又如图 8-8 所示，将图 8-8(a)活塞上配钻销孔的销钉连接改为图 8-8(b)所示的螺纹连接，从根本上取消了装配中的机械加工。

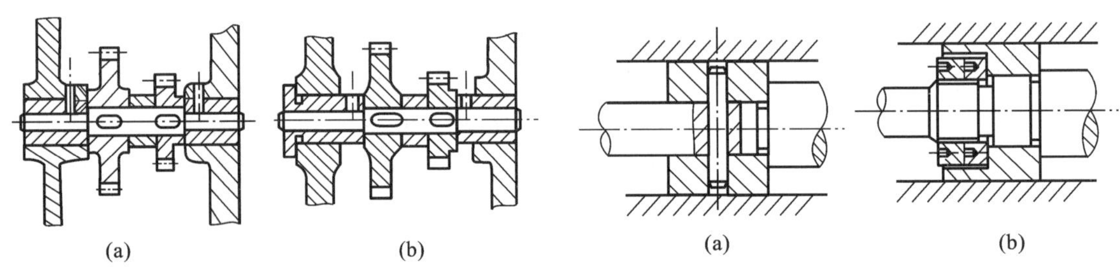

图 8-7　两种不同的轴上油孔结构

图 8-8　两种活塞连接结构

3. 机器结构应便于装配和拆卸

机器的结构设计应使装配工作简单、方便。其重要的一点是组件的几个表面不应该同时装入基准零件(如箱体零件)的配合孔中，而应该先后依次进入装配。

如图 8-9(a)所示，轴上的两个轴承同时装入箱体零件的配合孔中，既不好观察，导向性又不好，使装配工作十分困难。如改成图 8-9(b)的结构形式，轴上右轴承先行装入，当轴承装入孔中 3～5 mm 后，左轴承才开始装入孔中。同时，齿轮外径、右端轴承外径要比箱体左端孔径小一些，才能保证整个组件从箱体一端顺利装入。

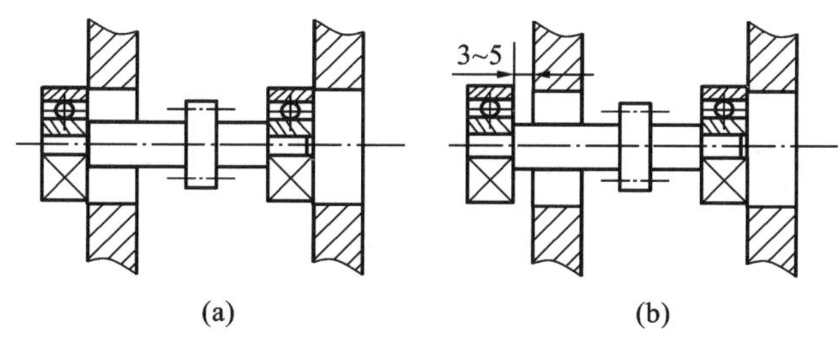

图 8-9 轴依次装配的结构

此外，机器设计时，还应注意一些零件的局部结构问题，如必须留出足够的装、拆空间(扳手空间等)，装配时零件安装的稳定性、拆卸的方便性等。

8.2 保证装配精度的方法

8.2.1 装配精度

装配精度是指配合件的实际尺寸参数、零件及其表面的相互位置、形状、微观几何精度等各项指标与规定技术要求相符的程度，它是产品设计时根据使用性能要求规定的、装配时必须保证的质量指标。

任何机械产品的精度要求，最终都是靠装配来保证的。由于产品是由很多零件组成的，每一个零件都有自己规定的公差要求，存在一定的加工误差。在装配时，相关零件误差的积累就会影响到机械的装配精度，一般希望这种积累误差不要超出装配精度所规定的允许范围，从而使装配工作只是简单的连接过程，不必进行任何修配和调整等。但事实并非都能如此简单，因为零件的加工精度不但受到加工技术的限制，而且还受到加工成本的制约，机械制造一般都按照经济精度来确定零件的加工精度。只有在特殊需要的情况下，才采用精密加工或超精加工，即一般只采用常规加工手段。因此，要达到机械的装配精度，不能只靠提高零件的加工精度，在一定程度上还必须根据产品的性能要求、结构特点、生产类型和生产条件，采用不同的装配方法来保证。

产品的装配精度所包括的内容可根据机械的工作性能来确定。

(1)相互位置精度　相互位置精度是指产品中相关零、部件间的距离精度和相互位置精度。如机床主轴箱装配时，相关轴中心距尺寸精度和同轴度、平行度、垂直度等。

(2)相对运动精度　相对运动精度是指产品中有相对运动的零、部件之间在运动方向和相对运动速度上的精度。运动方向的精度常表现为部件间相对运动的平行度和垂直度。如机床溜板在导轨上移动精度，溜板移动轨迹对主轴中心线的平行度。相对运动速度的精度即是传动精度，如滚齿机滚刀主轴与工作台的相对运动精度，它将直接影响滚齿机的加工精度。

(3)相互配合精度　相互配合精度是指配合表面间的配合质量和接触质量。配合质量是指零件配合表面之间达到规定的配合间隙或过盈的程度，它影响配合的性质。接触质量是指两配合或连接表面间达到规定的接触面积的大小和接触点分布的情况，它影响接触刚度，也影响配合质量。

不难看出，各装配精度间有密切的关系，相互位置精度是相对运动精度的基础，相互配合精度对相对位置精度和相对运动精度的实现有较大的影响。

8.2.2 装配精度与零件精度的关系

机械产品是由众多零部件组成的，显然装配精度首先取决于相关零、部件的精度，尤其是关键零、部件的精度。例如图 8-10 所示的车床主轴轴线与尾座套筒轴线的等高度 A_0，主要取决于主轴箱、尾座及底板对应的 A_1、A_2 及 A_3 的尺寸精度。

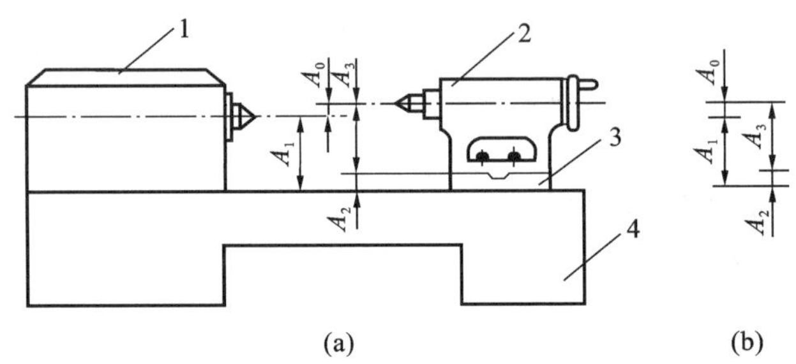

图 8-10 卧式车床主轴中心线与尾座套筒中心线等高示意图

(a)车床结构示意图；(b)装配尺寸链图

1—主轴箱；2—尾座；3—底板；4—床身

其次，装配精度的保证还取决于装配方法，图 8-10 所示的等高度 A_0 的精度要求是很高的，如果靠控制尺寸 A_1、A_2 及 A_3 的精度来达到 A_0 的精度是很不经济的。实际生产中常按经济精度来制造相关零、部件尺寸 A_1、A_2 及 A_3，装配时则采用修配底板 3 的工艺措施保证等高度 A_0 的精度。装配中采用不同的工艺措施，会形成各种不同的装配方法。采用不同的装配方法时，装配精度与零件精度具有不同的关系，装配尺寸链是定量分析这一关系的有效手段。

8.2.3 保证机械装配精度的工艺方法

从保证机械产品精度的角度出发，常用的机械装配方法有互换装配法、分组装配法、修配装配法及调整装配法。

1. 互换装配法

互换装配法可分为完全互换装配法和大数互换装配法。完全互换装配法指在全部产品中，无须挑选或改变零件大小或位置，装配后即能达到装配精度要求的装配方法。如果绝大多数产品装配后即能达到装配精度要求，少数产品存在出现不合格品的可能性，这种装配方法称为大数互换装配法，其实质是将组成环的制造公差适当放大，使零件容易加工，这会使极少数产品的装配精度超出规定要求，但这是小概率事件，很少发生，从总的经济效果分析，仍然是经济可行的。

2. 分组装配法

分组装配是先将组成环的公差相对于互换装配法所要求之值放大若干倍，使其能经济地加工出来，然后将各组成环按其实际尺寸大小分成若干组，并按对应组进行互换装配，从而满足装配精度要求。

3. 修配装配法

修配装配是将各组成环的公差相对于互换装配法所求之值增大，使其能按该生产条件下较经济的公差加工，装配时将尺寸链中某一预先选定的环去除部分材料，以满足装配精度要求。

4. 调整装配法

调整装配法是指在将除调整环以外的尺寸均以加工经济精度制造的基础上，通过调节调整环的尺寸及相对位置来达到装配精度要求的方法。各种装配方法的特点及应用范围如表 8-1 所示。

表 8-1　常用的装配方法及其适用范围

装配方法		工艺特点	适用范围	注意事项
互换法	完全互换法	1. 装配操作简单，质量稳定； 2. 便于组织流水作业； 3. 有利于维修工作； 4. 对零件的加工精度要求较高	适合零件数较少、批量大、可用经济加工精度时，或零件数较多、批量较小而装配精度不高时，如汽车、拖拉机、中小型柴油机和缝纫机的部件的装配，应用较广	一般情况下优先考虑
	大数互换法	零件加工公差带较完全互换法宽，仍具有完全互换法 1～3 项特点，但有极少数超差产品	适用于零件数多、批量大、装配精度要求较高的机器结构	注意检查，对不合格的零件须退修或更换为能补偿偏差的零件
分组法		1. 各零件的加工公差按装配精度要求的允差放大数倍；或零件加工公差不变，而以选配来提高配合精度； 2. 增加了对零件的测量、分组以及储存、运输工作	适用于大批量生产中，零件数少、装配精度很高，又不便采用调整装置时，如中小型柴油机的活塞和活塞销、滚动轴承的内外圈与滚动体	一般以分成 2～4 组为宜，对零件的组织管理工作要求严格
修配法		1. 依靠工人的技术水平，可获得很高的精度，但增加了装配过程中的手工修配或机械加工； 2. 在复杂、精密的部装或总装后作为整体配对进行一次精加工，消除其累积误差	一般用于单件小批生产、装配精度高、不便于组织流水作业的场合，如主轴箱底用加工或刮研除去一层金属，更换加大尺寸的新键，平面磨床工作台进行“自磨”； 特殊情况下也可用于大批生产，如喷油泵精密偶件的自动配磨或配研	一般应选用易于拆装且修配面较小的零件为修配件，应尽可能利用精密加工方法代替手工操作
调整法		1. 零件可按经济加工精度加工，仍有高的装配精度，但在一定程度上依赖工人技术水平； 2. 采用定尺寸调整件时，操作较方便，可在流水作业中应用； 3. 增加调整件或机构，易影响配合副的刚性	适用于零件较多、装配精度高而又不宜用分组装配时，易于保持或恢复调整精度，可用于多种装配场合，如滚动轴承调整间隙的隔圈、锥齿轮调整啮合间隙的垫片、机床导轨的镶条等	选用定尺寸调整件（如不同规格的垫片、套筒）或可调件，利用其斜面、锥面、螺纹等，可改变零件之间的相互位置，采用可调件时应考虑防松措施

装配方法的具体选择应根据机器的使用性能、结构特点和装配精度要求以及生产批量、现有生产技术条件等因素综合考虑。装配尺寸链各环尺寸及公差需通过尺寸链的分析计算确定(见 8.3 节)。

8.3 装配尺寸链及其应用

8.3.1 装配尺寸链

装配尺寸链是以某项装配精度指标(或装配要求)作为封闭环,查找所有与该项精度指标(或装配要求)有关零件的尺寸(或位置要求)作为组成环而形成的尺寸链。

装配尺寸链与工艺尺寸链有所不同。工艺尺寸链中所有尺寸都分布在同一个零件上,主要解决零件加工精度问题;而装配尺寸链中每一个尺寸都分布在不同零件上,每个零件的尺寸是一个组成环,有时两个零件之间的间隙等也构成组成环,主要解决装配精度问题。装配尺寸链和工艺尺寸链都是尺寸链,有共同的形式和计算方法。

装配尺寸链可以按各环的几何特征和所处空间位置分为直线尺寸链、角度尺寸链、平面尺寸链及空间尺寸链。平面尺寸链可分解成直线尺寸链求解。

正确建立装配尺寸链,是进行尺寸链分析、计算的前提。首先应在装配图上找出封闭环,封闭环代表装配后的精度或技术要求,然后以封闭环两端的零件为起点,沿装配精度要求的位置方向,以装配基准面为联系线索,分别查明装配关系中影响装配精度的那些有关零件,直到找到同一基准零件或同一基准表面为止。所有零件上连接两个装配基准面间的尺寸和位置关系,构成组成环。在确定装配结构时,一个零件应只有一个尺寸作为组成环进入装配尺寸链,这样可避免一个零件同时有几个尺寸参加装配尺寸链而增加尺寸链环数,影响封闭环精度的情况。这就是所谓的"尺寸链最短原则"。

例 8.1 如图 8-11 所示齿轮与轴组件装配,齿轮空套在轴上,要求齿轮与挡圈的轴向间隙为 0.1~0.35 mm。已知各相关零件的基本尺寸为:$A_1=30$ mm,$A_2=5$ mm,$A_3=43$ mm,$A_4=3_{-0.05}^{\ 0}$ mm(标准件),$A_5=5$ mm。试建立以轴向间隙为装配精度要求的尺寸链。

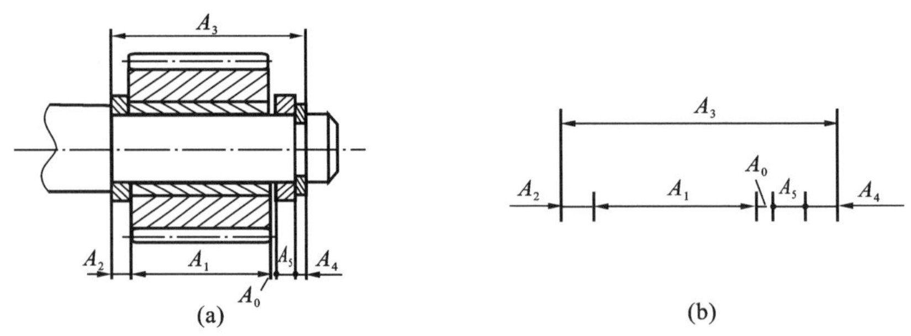

图 8-11 齿轮与轴组件装配

解 ①确定封闭环。齿轮轴的轴向间隙是装配后形成的精度要求,因此它就是装配尺寸链的封闭环 A_0。

②查找组成环。装配尺寸链的组成环是相关零件的相关尺寸,因此查找组成环首先要

找相关零件，然后再确定相关尺寸。A_1、A_2、A_3、A_4、A_5即是以A_0为封闭环的装配尺寸链的组成环。

③画尺寸链图、判别组成环性质。将封闭环和各组成环与装配图对应，依次首尾相接画出尺寸链，如图8-11(b)所示。其中A_3为增环，A_1、A_2、A_4、A_5为减环。

8.3.2　装配尺寸链的计算方法及其应用

在确定了装配尺寸链后，就可以进行具体的分析计算工作。装配尺寸链的计算方法与工艺尺寸链相同，分极值法和概率法两种。装配尺寸链的计算同样分正计算和反计算。正计算指已知与装配精度有关的各零、部件的基本尺寸及其偏差，求解装配精度（封闭环）的基本尺寸及其偏差的过程。而反计算即已知装配精度（封闭环）的基本尺寸及其偏差，求解与该项装配精度有关的各零、部件（组成环）的基本尺寸及其偏差。因此，正计算用于对已设计的图样的校验，而反计算用于设计过程中确定各零、部件的尺寸及加工精度。

装配尺寸链的具体计算方法与所采取的装配方法密切相关，同一项装配精度，采用不同的装配方法，其装配尺寸链的计算方法也不相同。以下对各装配方法的具体解法进行说明。

1. 互换装配法

1）完全互换装配法

采用完全互换装配法时，装配尺寸链采用极值法计算。在进行装配尺寸链反计算时，已知封闭环（装配精度）的公差T_0，要确定各组成环（相关零件）的公差T_i。确定各组成环的公差可以按照等公差法或相同精度等级法来进行。常用的方法是等公差法。

等公差法是按各组成环公差相等的原则分配封闭环公差的方法，即假设各组成环公差相等，求出组成环平均公差T_M：

$$T_M = \frac{T_0}{n-1} \tag{8-1}$$

式中：T_0——封闭环的公差；

n——尺寸链总环数。

然后根据各组成环尺寸大小和加工的难易程度，对各组成环的公差进行适当的调整。但调整后的各组成环公差之和仍不得大于封闭环要求的公差。

在调整时可参照下列原则进行。

①标准件的尺寸公差大小按相应标准值（如轴承或弹性挡圈厚度等）确定。

②组成环是几个尺寸链的公共环时，先行确定其中要求最严格的尺寸链的公差值及其分布，对其余尺寸链则应成为确定值。

③尺寸相近、最终加工方法类同的组成环，其公差值相等（如有可能，则取标准公差值）。

④大尺寸、难加工或难测量的组成环，其公差可取较大数值。

⑤表面粗糙度值小（$Ra \leqslant 0.8$ μm以下）的尺寸，可取较小公差值。

在确定各组成环极限偏差时，一般按入体原则确定，即，对于相当于轴的被包容尺寸，按基轴制（h）确定其下偏差；对于相当于孔的包容尺寸，按基孔制（H）确定其上偏差；对于孔中心距尺寸，按对称偏差即$\pm\frac{T_i}{2}$选取；对于入体方向不明的长度尺寸，其极限偏差按对称偏差标注。

显然，组成环按上述原则确定公差并取标准值时，必须选择其中一环作为协调环，按极值法相关公式确定其公差和分布，以保证装配精度要求。

选择协调环的原则如下。

①标准件或公共环不能作为协调环，协调环的制造难度应与其他组成环加工的难度基本相当或更易加工。

②选择不需用定尺寸刀具加工、不需用极限量规检验的尺寸作协调环。

例 8.2 如图 8-12 所示的齿轮箱部件，装配后要求保证轴向间隙 0.2～0.7mm。已知其他有关零件的基本尺寸为 $A_1=140$ mm，$A_2=A_5=5$ mm，$A_3=28$ mm，$A_4=122$ mm。试用完全互换装配法确定各组成环的公差及其偏差。

解 ①画装配尺寸链图，校验各环基本尺寸。

依题意，轴向间隙为 0.2～0.7 mm，则封闭环 $A_0=0^{+0.7}_{+0.2}$ mm，封闭环公差 $T_0=0.5$ mm。A_3、A_4 为增环，A_1、A_2、A_5 为减环，$\xi_3=\xi_4=+1$，$\xi_1=\xi_2=\xi_5=-1$，装配尺寸链如图 8-12 所示。

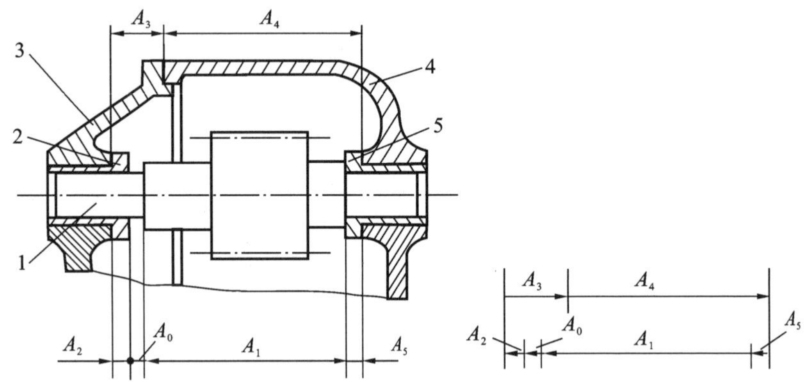

图 8-12 齿轮箱部件装配示意图及其尺寸链

1—齿轮轴；2、5—滑动轴承；3—左箱体；4—右箱体

$$A_0=\sum_{i}^{n-1}\xi_i A_i=A_3+A_4-(A_1+A_2+A_5)=[28+122-(140+5+5)]\text{ mm}=0$$

由计算可知，各组成环基本尺寸无误。

②确定各组成环公差。先计算各组成环的平均公差 T_M，有

$$T_M=\frac{T_0}{n-1}=\frac{0.5}{5}\text{ mm}=0.1\text{ mm}$$

以平均公差为基础，根据各组成环的尺寸、零件加工难易程度确定各组成环公差。A_1 易于加工测量，故选 A_1 为协调环。A_3、A_4 加工较难，公差可放大些，A_2、A_5 加工较易，其公差放小些，设：$T_3=0.084$ mm，$T_4=0.16$ mm，$T_2=T_5=0.048$ mm，则协调环公差为

$$T_1=T_0-(T_2+T_3+T_4+T_5)=[0.5-(0.048+0.084+0.16+0.048)]\text{ mm}=0.16\text{ mm}$$

③确定各组成环的极限偏差。除协调环外的各组成环按入体原则标注为

$$A_2=A_5=5^{\ 0}_{-0.048}\text{ mm},A_3=28^{+0.084}_{\ 0}\text{ mm},A_4=122^{+0.16}_{\ 0}\text{ mm}$$

由极值法求解协调环的上、下偏差为

$$EI_1=ES_3+ES_4-(ES_0+EI_2+EI_5)$$

$$=[0.084+0.16-(0.7-0.048-0.048)]\ \text{mm}=-0.36\ \text{mm}$$

$$ES_1 = EI_3 + EI_4 - (EI_0 + ES_2 + ES_5)$$

$$=[0+0-(0.2+0+0)]\ \text{mm}=-0.2\ \text{mm}$$

所以协调环 $A_1=140_{-0.36}^{-0.2}$ mm。

2)大数互换装配法(概率法)

大数互换装配法相对于完全互换装配法，可以增加组成环公差，降低加工成本，但可能会出现少量不合格品。大数互换装配法采用概率法计算公式计算，反计算方法与完全互换装配法相同。

对于正态分布的直线尺寸链，各组成环平均公差 T_M 为

$$T_M = \frac{T_0}{\sqrt{n-1}} \tag{8-2}$$

式中：T_0 ——封闭环的公差；

n——尺寸链总环数。

例 8.3　图 8-12 所示齿轮箱部件如改为按大数互换法装配，其他条件不变，试确定各组成环公差和偏差。

解　①画装配尺寸链图，判断增、减环，并校验各环基本尺寸(与上例相同)。

②确定协调环。A_1 易于加工测量，故选 A_1 为协调环，最后确定其公差。

③确定各组成环的公差。

假定该产品大批量生产，工艺稳定，则各组成环尺寸呈正态分布，各组成环平均公差为

$$T_M=\frac{T_0}{\sqrt{n-1}}=\frac{0.5}{\sqrt{5}}\ \text{mm}\approx 0.22\ \text{mm}$$

可见，由概率法计算各环的平均公差值比按极值法计算的结果(0.1 mm)扩大了一倍以上，从而易于制造。

仍按加工难易程度和设计要求，参照上述值调整各组成环公差如下：

$$T_3=0.21\ \text{mm},T_4=0.4\ \text{mm},T_2=T_5=0.075\ \text{mm}$$

则协调环公差为

$$T_1 = \sqrt{T_0^2-(T_2^2+T_3^2+T_4^2+T_5^2)}$$

$$=\sqrt{0.5^2-(0.075^2+0.21^2+0.4^2+0.075^2)}\ \text{mm}=0.186\ \text{mm}$$

④确定各组成环的偏差。

除协调环外的各组成环按入体原则标注为

$$A_2=5_{-0.075}^{0}\ \text{mm},A_3=28_{0}^{+0.21}\ \text{mm},A_4=122_{0}^{+0.4}\ \text{mm},A_5=5_{-0.075}^{0}\ \text{mm}$$

将各环换算为平均尺寸及平均偏差为

$$A_0=0.45\pm 0.25\ \text{mm},A_2=A_5=4.963\pm 0.0375\ \text{mm},$$

$$A_3=28.105\pm 0.105\ \text{mm},A_4=122.2\pm 0.2\ \text{mm}$$

可求得封闭环的平均尺寸为

$$A_{1M}=A_{3M}+A_{4M}-(A_{0M}+A_{2M}+A_{5M})$$

$$=[28.105+122.2-(0.45+4.963+4.963)]\ \text{mm}$$

$$=139.93\ \text{mm}$$

所以 $A_1=(139.93\pm0.093)\ \text{mm}=140^{+0.023}_{-0.163}\ \text{mm}$

2. 分组装配法

当封闭环精度要求很高时，如果采用互换装配法，则组成环公差非常小，使加工十分困难且不经济。分组装配则是通过放大组成环公差，及对应零件组分别进行装配，来满足零件加工及装配精度要求。因此，运用这一方法的关键在于保证分组后各对应组的配合性质和配合精度仍能满足原装配精度的要求，所以，采用分组装配法时应当注意以下几点。

①为保证分组后各组的配合性质和配合精度与原装配精度要求相同，应当使配合件的公差相等，且公差增大的方向也应相同，增大的倍数应等于以后的分组数。

②分组装配法的装配精度是靠零件的制造精度和装配方法共同保证的，因此，配合件的形状误差和相互位置误差及表面粗糙度，不能随尺寸公差放大而放大，应与分组公差相适应，否则不能保证配合性质和配合精度要求。

③分组数不宜过多，零件的公差只要放大到经济加工精度即可，否则就会因零件测量、分类、保管工作量的增加而造成生产组织工作复杂化和零件积压浪费等现象。

现以汽车发动机活塞销与活塞销孔的装配为例说明如下。

例 8.4 如图 8-13(a)所示为某一汽车发动机活塞销 1 与活塞上销孔的装配关系，销子和孔的基本尺寸为 $\phi28$ mm，在冷态装配时要求有 0.0025～0.0075 mm 的过盈量。试用分组装配法确定活塞销及销孔的公差及偏差。

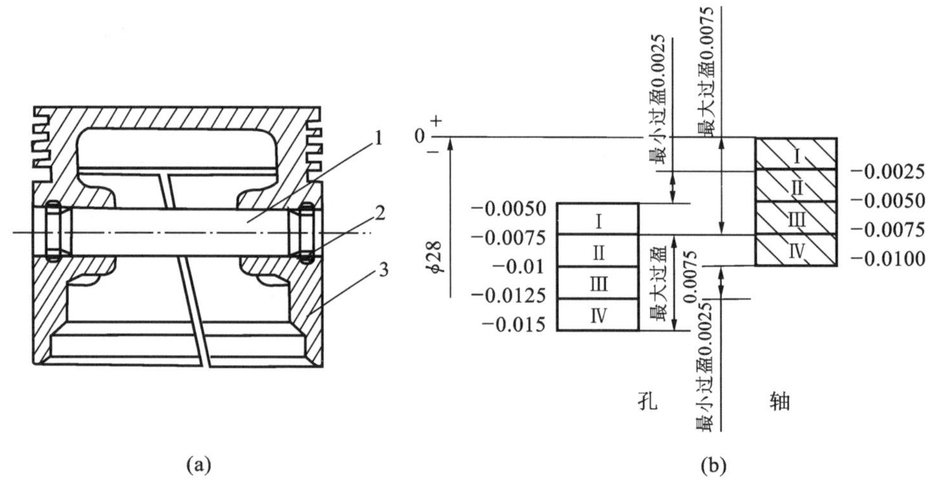

图 8-13 活塞销与活塞的装配关系

解 ①根据题意，装配精度(过盈量)的公差 $T_0=(0.0075-0.0025)\ \text{mm}=0.0050\ \text{mm}$。若按完全互换装配法，将 T_0 均等分配给活塞销及销孔，则尺寸分别为活塞销 $d=\phi28^{\ 0}_{-0.0025}$ mm 和销孔 $D=\phi28^{+0.0050}_{-0.0075}$ mm，精度等级相当于 IT2 级，显然，制造很困难，也不经济。

②采用分组装配法，将原公差同方向放大 4 倍，销、孔尺寸分别为 $d=\phi28^{\ 0}_{-0.010}$ mm，$D=\phi28^{-0.005}_{-0.015}$ mm，精度等级相当于 IT5～IT6 级，制造较容易，也比较经济；按实际加工尺寸分成 4 组，分别用不同的颜色标记。装配时相同颜色标记的活塞销和销孔相配。具体分组情况见表 8-2。

表 8-2 活塞销与活塞销孔直径分组 （单位：mm）

组别	标志颜色	活塞销直径 $d=\phi 28_{-0.010}^{0}$	活塞销孔直径 $D=\phi 28_{-0.015}^{-0.005}$	配合情况	
				最小过盈	最大过盈
Ⅰ	红	$\phi 28_{-0.0025}^{0}$	$\phi 28_{-0.0075}^{-0.0050}$	0.0025	0.0075
Ⅱ	白	$\phi 28_{-0.0050}^{-0.0025}$	$\phi 28_{-0.0100}^{-0.0075}$		
Ⅲ	黄	$\phi 28_{-0.0075}^{-0.0050}$	$\phi 28_{-0.0125}^{-0.0100}$		
Ⅳ	绿	$\phi 28_{-0.0010}^{-0.0075}$	$\phi 28_{-0.0150}^{-0.0125}$		

3. 修配装配法

采用修配装配法装配时，各组成环公差按经济加工精度确定，通过修配预先选取的某一组成环（修配环），来补偿其他组成环的累积误差以保证装配精度。修配环应选取拆卸方便，易于修配的零件，显然不能取作为公共环的零件。

采用修配装配时，由于组成环公差放大后，各组成环公差之和超出了装配精度要求，超出部分通过修配补偿，因此，最大修配量即为这超出部分。在尺寸链计算时的主要问题是如何在保证修配量足够且最小的原则下，计算修配环的尺寸。

修配环被修配时对封闭环的影响有两种情况：一种是使封闭环尺寸变大；另一种是使封闭环尺寸变小。因此，用修配法解装配尺寸链时，可根据这两种情况进行计算。

如果修配修配环时，封闭环尺寸变大，则应使组成环公差放大后得到的封闭环实际尺寸的最大极限尺寸 $A_{0\max}^{*}$，不大于规定的封闭环的最大极限尺寸 $A_{0\max}$；如果修配修配环时，封闭环尺寸变小，则应使组成环公差放大后得到的封闭环实际尺寸的最小极限尺寸 $A_{0\min}^{*}$，不大于规定的封闭环的最小极限尺寸 $A_{0\min}$。否则，无法进行修配。

为保证修配环被修配的表面有良好的接触刚度，保证配合质量，应确保最小的修配量 $K_{\min}$。一般取最小修磨量 $K_{\min}=0.05\sim0.10$ mm，取最小刮研量 $K_{\min}=0.10\sim0.20$mm。如果最大修配量过大，则应适当调整组成环的公差。

下面以修配修配环时，封闭环尺寸变大的情形为例说明采用修配装配法装配时尺寸链的计算步骤和方法。

例 8.5 如图 8-11 所示齿轮与轴组件装配，已知 $A_1=30$ mm，$A_2=5$ mm，$A_3=43$ mm，$A_4=3_{-0.05}^{0}$ mm（标准件），$A_5=5$ mm。装配后齿轮与挡圈的轴向间隙为 0.1～0.35 mm。现采用修配装配法，试确定修配环尺寸并验算修配量。

解 ①选择修配环。组成环 A_5 为一垫片，修配方便，故选 A_5 为修配环。

②确定组成环公差及偏差。

按加工经济精度确定各组成环公差，并按入体原则标注确定极限偏差，得：$A_1=30_{-0.20}^{0}$ mm，$A_2=5_{-0.10}^{0}$ mm，$A_3=43_{0}^{+0.20}$ mm，$A_4=3_{-0.05}^{0}$ mm（根据题意），并设 $A_5=5_{-0.10}^{0}$ mm，各零件公差精度等级约为 IT11，可以经济加工。

③计算组成环放大后封闭环尺寸 A_0^{*}。

$$
\begin{aligned}
A_{0\max}^{*}&=A_{3\max}-(A_{1\min}+A_{2\min}+A_{4\min}+A_{5\min})\\
&=[(43+0.20)-(30-0.20)-(5-0.10)-(3-0.05)-(5-0.10)]\ \text{mm}\\
&=0.65\ \text{mm}
\end{aligned}
$$

$$A_{0\min}^{*}=A_{3\min}-(A_{1\max}+A_{2\max}+A_{4\max}+A_{5\max})$$
$$=[43-(30+5+3+5)]\ \text{mm}=0$$

由题可知： $A_0=0_{+0.10}^{+0.35}$ mm，$T_0=0.25$ mm

显然 A_0^* 与 A_0 不符，需要通过修配修配环 A_5 来达到规定的装配精度。

④确定修配环尺寸 A_5。

如图 8-14 所示 A_0 与 A_0^* 比较可知，若装配后轴向间隙超出 +0.35 mm，则无法通过修配 A_5 达到装配精度要求。由尺寸链关系可知，适当增加 A_5 基本尺寸，使 A_0^* 公差带位置下移，即增加 A_5 的修配量。但增大 A_5 的基本尺寸，装配过程中的修配量相应增大，为使最大修配量不致过大，如果取最小修配量 $K_{\min}=0$，则修配环 A_5 的基本尺寸增加量 ΔA_5 为

$$\Delta A_5=(0.65-0.35)\ \text{mm}=0.30\ \text{mm}$$

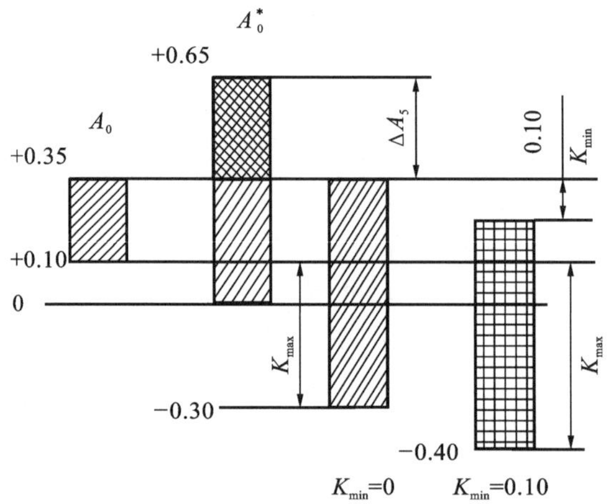

图 8-14 修配法装配与修配环尺寸的确定

故修配环 A_5 的尺寸为 $A_5=(5+0.30)_{-0.10}^{0}$ mm $=5_{+0.20}^{+0.30}$ mm。

⑤验算修配量。

图 8-14 右侧公差带为修配环按 $A_5=5_{+0.20}^{+0.30}$ mm 制造时，轴向间隙变化范围。从图可知，最大修配量 $K_{\max}=(0.10+0.30)$ mm $=0.40$ mm，$K_{\min}=0$，修配量合理。

如果考虑最小修配量，$K_{\min}=0.10$ mm，则由尺寸关系可知，修配环基本尺寸及最大修配量各增加 0.10mm，即 $A_5=5.1_{+0.20}^{+0.30}$ mm $=5_{+0.30}^{+0.40}$ mm，$K_{\max}=0.50$mm。

4. 调整装配法

采用调整装配法装配时，各组成环零件公差按经济精度的原则来确定，通过改变调整环零件（调整件）的相对位置或选用合适的调整件，补偿由于各组成环公差扩大后所产生的累积误差，以达到装配精度要求的目的。调整装配法可分为可动调整法、固定调整法和误差抵消调整法三种。

1）可动调整法

可动调整法是通过改变零件的相对位置来达到装配精度的方法。这种方法调整比较方便，在机械产品的装配中被广泛使用。图 8-15(a)所示结构是靠拧螺钉来调整轴承外环相对于内环的位置，从而使滚动体与内环、外环间具有适当间隙的，螺钉调到位后，用螺母锁紧。

图 8-15(b)所示为车床刀架横向进给机构中丝杠螺母副间隙调整机构，丝杠螺母间隙过大时，可拧动调节螺钉，调节楔块的上下位置，使左、右螺母分别靠紧丝杠的两个螺旋面，以减小丝杠与左、右螺母之间的间隙。

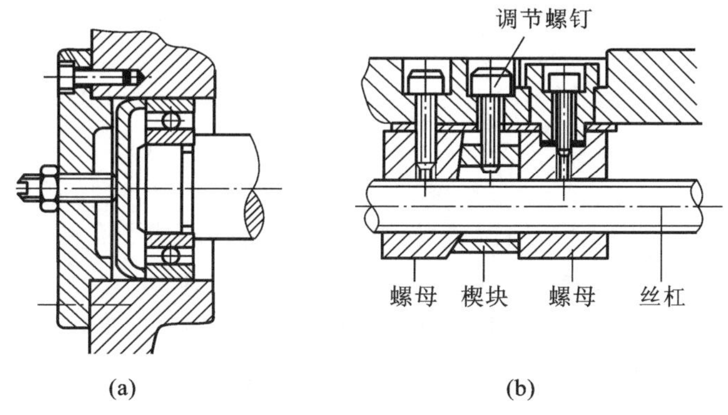

图 8-15 可动调整法装配示例

2）固定调整法

在装配尺寸链中加入一个零件作为调整环，利用该调整环按一定的尺寸间隔制成一组零件，根据需要，选用其中某一尺寸的零件(调整件)来作补偿。实际上是通过改变某一零件尺寸的大小，来保证装配精度的。常用的调整件有垫圈、垫片、轴套等。固定调整法如图 8-16 所示。

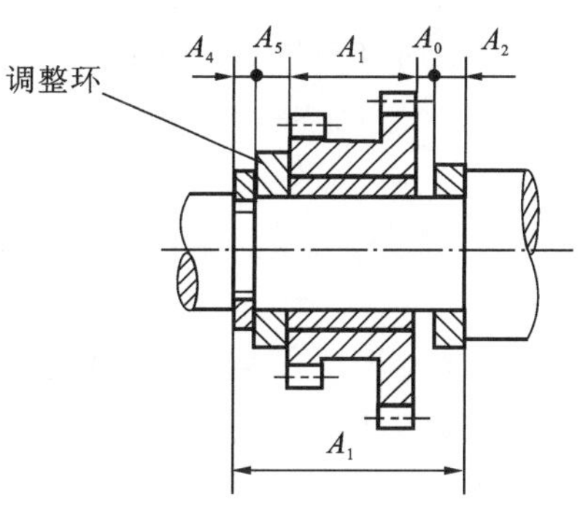

图 8-16 固定调整法

例 8.6 如图 8-16 所示齿轮与轴组件装配，已知：$A_1=30$ mm，$A_2=5$ mm，$A_3=43$ mm，$A_4=3_{-0.05}^{\ 0}$ mm(标准件)，$A_5=5$mm。装配后齿轮与挡圈的轴向间隙为 0.1～0.35 mm。现采用固定调整装配法装配，试确定各组成环的尺寸偏差，并求调整件的分组数及尺寸系列。

解 ①画装配尺寸链，校核各组成环基本尺寸与例 8.1 相同。

②选择调整件：A_5 为一垫圈，加工比较容易、装卸方便，故选择 A_5 为调整件。

③确定各组成环的公差和偏差。

按加工经济精度确定各组成环公差，并按入体原则标注确定极限偏差，得 $A_1=30_{-0.20}^{\ 0}$ mm，$A_2=5_{-0.10}^{\ 0}$ mm，$A_3=43_{\ 0}^{+0.20}$ mm，$A_4=3_{-0.05}^{\ 0}$ mm(根据题意)，并取 $T_5=0.10$ mm，各零件公差精度等级约为 IT11，可以经济加工。

计算各环的中间偏差：

$\Delta A_0=+0.225$ mm，$\Delta A_1=-0.10$ mm，$\Delta A_2=-0.05$ mm，$\Delta A_3=+0.10$ mm，$\Delta A_4=-0.025$ mm

④计算补偿量 F 和调整环的补偿能力 S。

$$\begin{aligned}F&=T(A_0^*)-T_0=(T_1+T_2+T_3+T_4+T_5)-T_0\\&=[(0.20+0.10+0.20+0.05+0.10)-0.25]\ \text{mm}\\&=0.40\ \text{mm}\end{aligned}$$

$$S=T_0-T(A_k)=T_0-T_5=(0.25-0.10)\ \text{mm}=0.15\ \text{mm}$$

⑤确定调整环组数 Z。

$$Z=F/S+1=0.40/0.15+1=3.66\approx4$$

⑥计算调整环的中间偏差和中间尺寸。

$$\begin{aligned}\Delta A_5&=\Delta A_3-\Delta A_0-(\Delta A_1+\Delta A_2+\Delta A_4)\\&=[0.10-0.225-(-0.10-0.05-0.025)]\ \text{mm}\\&=0.05\ \text{mm}\end{aligned}$$

$$A_{5M}=(5+0.05)\ \text{mm}=5.05\ \text{mm}$$

⑦确定各组调整环的尺寸。因调整环的组数为偶数，故求得的 A_{5M} 就是调整环的对称中心，各组尺寸差 $S=0.15\text{mm}$。各组尺寸的平均值分别为 $(5.05+0.15+0.15/2)$ mm，$(5.05+0.15/2)$ mm，$(5.05-0.15/2)$ mm 及 $(5.05-0.15-0.15/2)$ mm，各组公差为 ±0.05 mm。因此，$A_5=5_{-0.225}^{-0.125}, 5_{-0.075}^{+0.025}, 5_{+0.075}^{+0.175}, 5_{+0.225}^{+0.325}$ mm。

3）误差抵消调整法

在机器装配中，通过调整被装零件的相对位置，使加工误差相互抵消，可以提高装配精度，这种装配方法称为误差抵消调整法。这一方法在机床装配中应用较多。例如：在车床主轴装配中通过调整前、后轴承的径跳方向来控制主轴的径向跳动；在滚齿机工作台分度蜗轮装配中，采用调整蜗轮和轴承的偏心方向来抵消误差，以提高分度蜗轮的工作精度。

8.4 装配工艺规程的制订

装配工艺规程是指导装配生产的主要技术文件，制订装配工艺规程是生产技术准备工作的主要内容之一。装配工艺规程对保证装配质量、提高装配效率、缩短装配周期、减轻工人劳动强度、缩小装配占地面积、降低生产成本等都有重要的影响。当前，大批大量生产的企业大多有装配工艺规程，而单件小批生产的企业制订的装配工艺规程比较简单，甚至没有装配工艺规程。

1. 装配工艺规程制订的原则

①保证产品装配质量，以延长产品的使用寿命。

②合理安排装配顺序和工序，尽量减少钳工手工劳动量，缩短装配周期，提高装配效率。

③尽量减少装配占地面积，提高单位面积的生产率。

④尽量减少装配工作所占的成本。

2. 装配工艺规程制订的原始资料

在制订装配工艺规程前，应收集准备相关的原始资料，以便开展这一工作。主要原始资料有以下几个方面。

1）产品装配图及验收技术条件

产品的装配图应包括总装配图和部件装配图，并能清晰地表示出零、部件的相互连接情况及其联系尺寸，装配精度和其他技术要求，零件明细表等。为了在装配时对某些零件补充机械加工和核算装配尺寸链，有时还需要某些零件图。

验收的技术条件应包括验收的内容和方法。

2)产品的生产纲领

生产纲领决定了产品的生产类型。生产类型不同,致使装配的组织形式、装配方法、工艺过程的划分、设备及工艺装备专业化或通用化水平、手工操作量的比例、对工人技术水平的要求和工艺文件格式等均有很大不同。

大批大量生产应尽量选择专用的装配设备和工具,采用流水线作业方式。现代装配生产中大量使用机器人,组成自动装配线。成批、单件小批生产,则大多采用固定装配方式,通用设备多,手工操作比重大。

3)生产条件

在制订装配工艺规程时,要考虑工厂现有的生产和技术条件,如装配车间的生产面积、装配工具和装配设备、装配工人的技术水平等,使所制订的装配工艺能够切合实际,符合生产要求,这是十分重要的。对于新建厂,要注意调查研究,设计出符合生产实际的装配工艺。

3. 装配工艺规程制订的步骤

根据上述原则和原始资料,可按下列步骤制订装配工艺规程。

1)熟悉和审查产品的装配图

审核产品图样的完整性、正确性,分析产品的结构工艺性,审核产品装配的技术要求和验收标准,分析与计算产品装配尺寸链。

2)确定装配的组织形式

装配的组织形式按产品在装配过程中是否移动分为移动式装配和固定式装配两种,如图 8-17 所示。

(1)移动式装配　装配基准件沿装配路线移动,在各装配地点完成其中一部分装配工作。移动式按节拍是否变化又有强迫节奏和自由节奏之分。强迫节奏的节拍是固定的,各工位的装配工作必须在规定的时间内完成。装配中如出现装配不上或不能在节奏时间内完成装配工作等问题,则应立即将装配对象调至线外处理,以保证流水线的流畅,避免产生堵塞。连续移动装配时,装配线作连续缓慢的移动,工人在装配时随装配线走动,一个工位的装配工作完毕后工人立即返回原地。断续移动装配时,装配线在工人进行装配时不动,到规定时间,装配线带着被装配的对象移动到下一工位,工人在原地不走动。自由节奏的节拍是不固定的,移动比较灵活,具有柔性,适合多品种装配。移动式装配流水线多用于大批大量生产,产品可大可小,多用于仪器仪表等的装配,汽车拖拉机等大产品也可采用。

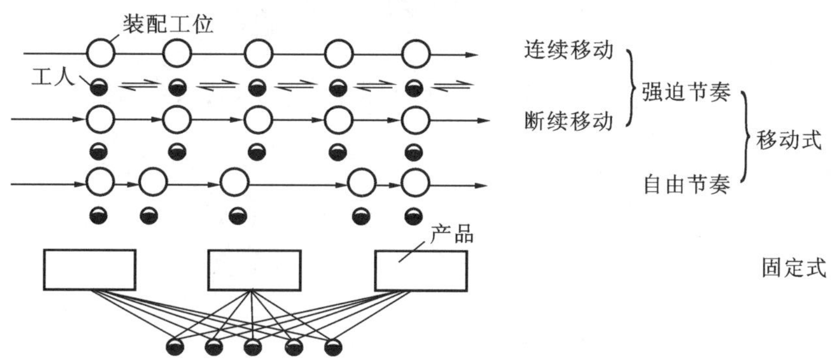

图 8-17　装配生产组织形式

(2)固定式装配　固定式装配是指产品固定在一个工作地点进行装配。根据生产规模，固定式装配又可分为集中式固定装配和分散式固定装配。按集中式固定装配形式装配，整台产品的所有装配工作都由一个工人或一组工人在一个工作地集中完成，它的工艺特点是装配周期长，对工人技术水平要求高，工作地面积大。按分散式固定装配形式装配，整台产品的装配分为部装和总装，各部件的部装和产品总装分别由几个或几组工人同时在不同工作地分散完成，它的工艺特点是产品的装配周期短，装配工作专业化程度较高。集中式固定装配多用于单件小批生产；在成批生产中装配那些重量大、装配精度要求较高的产品(例如车床、磨床)时，有些工厂采用固定流水装配形式进行装配，装配工作地固定不动，装配工人带着工具沿着装配线上一个个固定式装配台重复完成某一装配工序的装配工作。

3)划分装配单元，确定装配顺序

将产品划分为套件、组件及部件等装配单元是制订装配工艺规程中最重要的一个步骤，这对大批大量生产结构复杂的产品尤为重要。无论哪一级装配单元，都要选定某一零件或比它低一级的装配单元作为装配基准件。装配基准件通常应是产品的基体或主干零、部件。基准件应有较大的体积和重量，有足够的支承面，以满足陆续装入零、部件时的作业要求和稳定要求。例如：床身零件是床身组件的装配基准零件；床身组件是床身部件的装配基准组件；床身部件是机床产品的装配基准部件。

划分装配单元，确定装配基准零件以后，即可安排装配顺序，并以装配系统图的形式表示出来。安排装配顺序的原则一般是“先难后易、先内后外、先下后上，预处理工序在前”。

如图 8-18 所示为卧式车床床身装配简图，图 8-19 所示为床身部件装配工艺系统图。

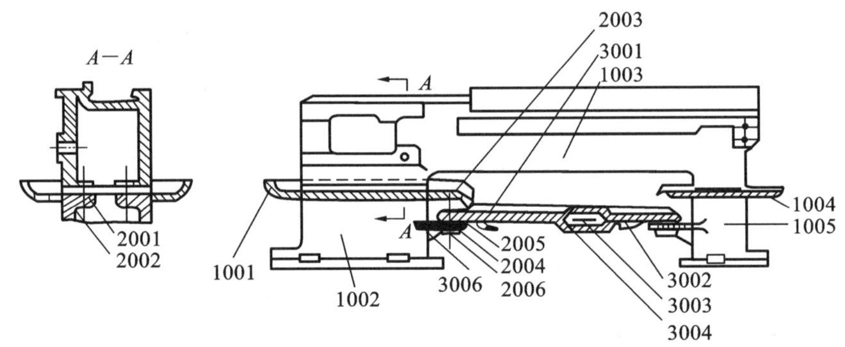

图 8-18　卧式车床床身装配简图

4)划分装配工序

装配顺序确定后，就可将装配工艺过程划分为若干工序，其主要工作如下：

①确定工序集中与分散的程度；

②划分装配工序，确定工序内容；

③确定各工序所需的设备和工具，如需专用夹具与设备，则应拟定设计任务书；

④制订各工序装配操作规范，如过盈配合的压入力、变温装配的装配温度以及紧固件的力矩等；

⑤制订各工序装配质量要求与检测方法；

⑥确定工序时间定额，平衡各工序节拍。

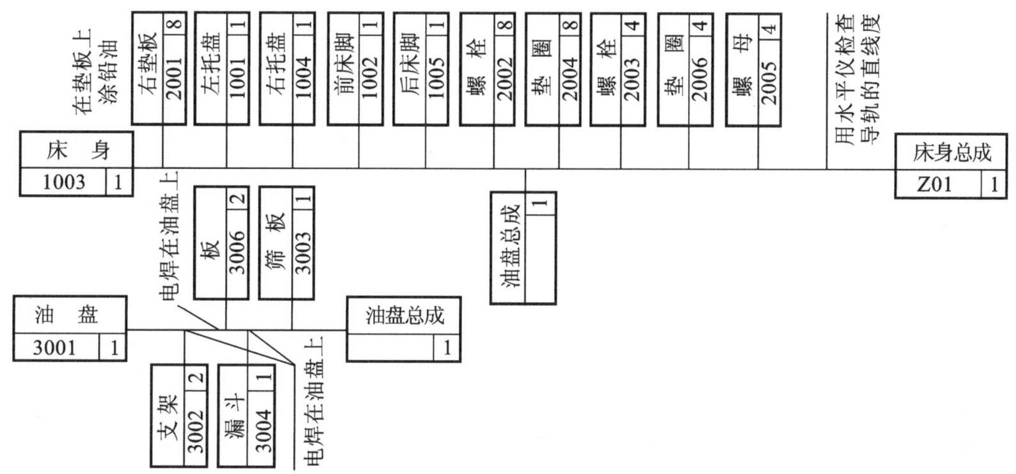

图 8-19　床身部件装配工艺系统图

5)编制装配工艺文件

单件小批生产时,通常只绘制装配系统图,装配时,按产品装配图及装配系统图规定的装配顺序进行;成批生产时,通常还要编制部件、总装装配工艺卡,写明工序次序,简要工序内容,设备名称,工夹具名称与编号,工人技术等级和时间定额等项。

在大批大量生产中,不仅要制订装配工艺卡,还要制订装配工序卡,以指导工人进行产品装配。

此外,还应按产品装配要求,制订检验卡、试验卡等工艺文件。

装配工艺文件的格式见表 8-3、表 8-4、表 8-5。

表 8-3　装配工艺过程卡片

<table>
<tr><td rowspan="2"></td><td colspan="3" rowspan="2">(厂名全称)</td><td colspan="5" rowspan="2">机械工艺过程卡片</td><td colspan="2">产品型号</td><td></td><td>零件图号</td><td></td><td colspan="2"></td></tr>
<tr><td colspan="2">产品名称</td><td></td><td>零件名称</td><td></td><td>共　页</td><td>第　页</td></tr>
<tr><td></td><td>工序号</td><td colspan="2">工序名称</td><td colspan="7">工序内容</td><td>装配部门</td><td>设备工艺装备</td><td colspan="2">辅助材料</td><td>工时定额/min</td></tr>
<tr><td></td><td></td><td colspan="2"></td><td colspan="7"></td><td></td><td></td><td colspan="2"></td><td></td></tr>
<tr><td></td><td></td><td colspan="2"></td><td colspan="7"></td><td></td><td></td><td colspan="2"></td><td></td></tr>
<tr><td></td><td></td><td colspan="2"></td><td colspan="7"></td><td></td><td></td><td colspan="2"></td><td></td></tr>
<tr><td>描图</td><td></td><td colspan="2"></td><td colspan="7"></td><td></td><td></td><td colspan="2"></td><td></td></tr>
<tr><td></td><td></td><td colspan="2"></td><td colspan="7"></td><td></td><td></td><td colspan="2"></td><td></td></tr>
<tr><td>描校</td><td></td><td colspan="2"></td><td colspan="7"></td><td></td><td></td><td colspan="2"></td><td></td></tr>
<tr><td></td><td></td><td colspan="2"></td><td colspan="7"></td><td></td><td></td><td colspan="2"></td><td></td></tr>
<tr><td>底图号</td><td></td><td colspan="2"></td><td colspan="7"></td><td></td><td></td><td colspan="2"></td><td></td></tr>
<tr><td></td><td></td><td colspan="2"></td><td colspan="7"></td><td></td><td></td><td colspan="2"></td><td></td></tr>
<tr><td>装订号</td><td></td><td colspan="2"></td><td colspan="7"></td><td></td><td></td><td colspan="2"></td><td></td></tr>
<tr><td></td><td></td><td colspan="2"></td><td colspan="7"></td><td></td><td></td><td colspan="2"></td><td></td></tr>
<tr><td></td><td></td><td></td><td></td><td></td><td></td><td></td><td></td><td></td><td></td><td></td><td rowspan="2">设计
(日期)</td><td rowspan="2">审核
(日期)</td><td rowspan="2">标准化
(日期)</td><td rowspan="2">会签
(日期)</td><td rowspan="2"></td></tr>
<tr><td></td><td></td><td></td><td></td><td></td><td></td><td></td><td></td><td></td><td></td><td></td></tr>
<tr><td></td><td>标记</td><td>处数</td><td>更改文件号</td><td>签字</td><td>日期</td><td>标记</td><td>处数</td><td>更改文件号</td><td>签字</td><td>日期</td><td></td><td></td><td></td><td></td><td></td></tr>
</table>

表 8-4 装配工序卡片

	(厂名全称)	机械工序卡片	产品型号		零件图号						
			产品名称		零件名称		共 页	第 页			
	工序号		工序名称		车间		工段		设备		工序工时
	工步号	工步内容			工艺装备		辅助材料		工时定额/min		
描图											
描校											
底图号											
装订号											

											设计(日期)	审核(日期)	标准化(日期)	会签(日期)	
	标记	处数	更改文件号	签字	日期	标记	处数	更改文件号	签字	日期					

表 8-5 检验卡片

	(厂名全称)	检验卡片		产品型号		零件图号		
				产品名称		零件名称	共 页	第 页
	工序号	工序名称	车间	检验项目	技术要求	检测手段	检验方案	检验操作要求
	简图							
描图								
描校								
底图号								
装订号								

											设计(日期)	审核(日期)	标准化(日期)	会签(日期)	
	标记	处数	更改文件号	签字	日期	标记	处数	更改文件号	签字	日期					

复习思考题

8.1　装配精度一般包括哪些内容？装配精度与零件的加工精度有何关系？试举例说明。

8.2　机械结构的装配工艺性包括哪些主要内容？试举例说明。

8.3　试述装配工艺规程制订的主要内容及其步骤。

8.4　装配工作的组织形式有哪些？各适用于何种生产条件？

8.5　保证装配精度的方法有哪几种？各适用于什么装配场合？

8.6　如何建立装配尺寸链？装配尺寸链封闭环与工艺尺寸链的封闭环有何区别？

8.7　现有一轴、孔配合，配合间隙要求为 0.04～0.26 mm，已知轴的尺寸为 $\phi50_{-0.10}^{0}$ mm，孔的尺寸为 $\phi50_{0}^{+0.20}$ mm。若用完全互换法进行装配，能否保证装配精度要求？用大数互换法装配能否保证装配精度要求？

8.8　减速机中某轴上零件的尺寸为 $A_1=40$ mm，$A_2=36$ mm，$A_3=4$mm。要求装配后的轴向间隙为 0.10～0.15 mm，结构如图 8-20 所示。试用完全互换法和大数互换法分别确定这些尺寸的公差及偏差。

8.9　某轴与孔的设计配合为 $\phi10\ \dfrac{H6}{h5}$ mm，为降低加工成本，采用分组装配法时，两件按 $\phi10\ \dfrac{H9}{h9}$ mm 制造，试计算：

(1)分组数和每一组的尺寸及其偏差；

(2)若加工 1 000 套，且孔的实际尺寸分布都符合正态分布规律，每一组孔的零件数各为多少？

8.10　图 8-21 所示为车床溜板与床身导轨装配图，为保证溜板在床身导轨上准确移动，要求装配后配合间隙为 0.1～0.3mm。试用修配法确定有关零件尺寸的公差及偏差。

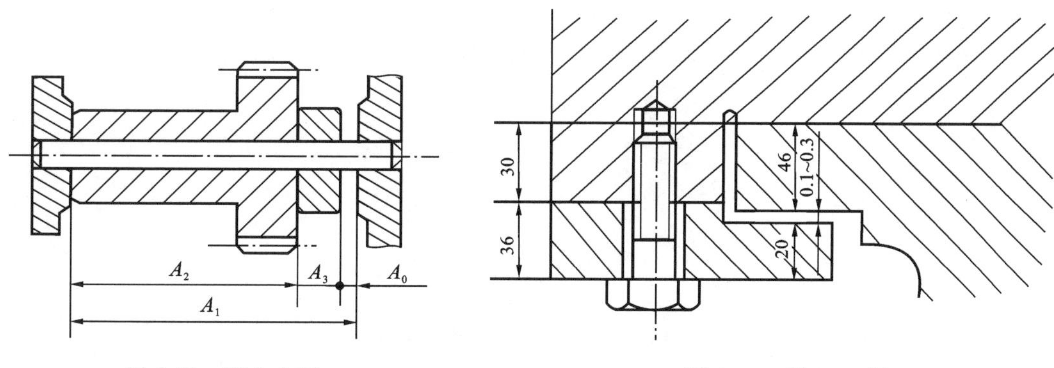

图 8-20　题 8.8 图　　　图 8-21　题 8.10 图

8.11　图 8-22 为双联转子泵(摆线齿轮)的轴向装配关系简图。装配时要求在冷态下的装配间隙 $A_0=0.05$～0.15mm。各组成环基本尺寸为：$A_1=41$ mm，$A_2=A_4=17$ mm，$A_3=7$mm。

(1)分别采用完全互换法和大数互换法装配，试确定各组成环尺寸公差及极限偏差。

(2)采用修配法装配时，A_2、A_4 按 IT9 级精度制造，A_1 按 IT10 级精度制造，选 A_3 为修配环。试确定修配环的尺寸及偏差，并计算可能出现的最大修配量。

(3)采用调整法装配时，A_1、A_2、A_4 均按上述精度制造，选 A_3 为固定调整环，取 $T_3=0.02$ mm，试计算垫片尺寸系列。

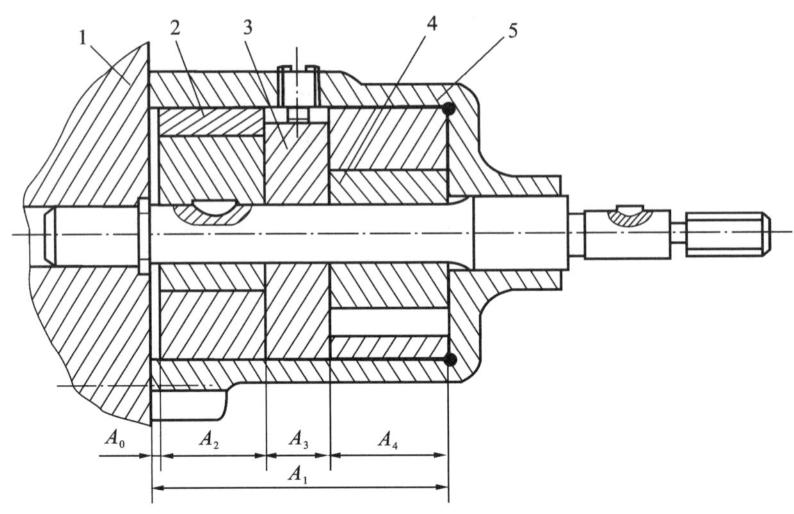

图 8-22　习题 8.11 图

第9章　现代制造技术

内容提要

为适应现代机械产品“高速、精密、细微”的需要，以及世界经济市场多变的特点，以提高机械产品生产效率和加工质量为主要目标，机械制造技术的发展出现了许多新技术。根据当代机械制造技术的发展趋势，本章主要介绍精密加工与细微加工技术、高速加工技术、特种加工技术、数字化制造技术和绿色制造技术。

9.1　精密加工与细微加工

9.1.1　精密与超精密加工

1. 精密与超精密加工的概念

精密加工是指在一定的发展时期，加工精度和表面质量达到较高程度的加工工艺。现阶段精密加工的误差范围达到 0.1～1 μm，表面粗糙度 Ra<0.1 μm，称为亚微米加工；超精密加工则是指在一定的发展时期，加工精度和表面质量达到最高程度的加工工艺，现阶段超精密加工的误差可以控制到小于 0.1 μm，表面粗糙度 Ra<0.01 μm，已发展到纳米加工的水平。

1983 年，日本的田口教授在考察了许多精密与超精密加工实例的基础上，对精密与超精密加工的现状进行了总结，并对其发展趋势进行了预测，如图 9-1 所示。直至今天重新审视这张图，仍然能较准确地把握了精密与超精密加工的过去、现状和未来。

精密与超精密加工属于机械制造中的尖端技术，是发展其他高新技术的基础和关键。例如：为了提高导弹的命中精度，要求将导航陀螺仪球的圆度误差控制在 0.1 μm 之内，表面粗糙度 Ra<0.01 μm；喷气发动机转子的加工误差从 60 μm 降到 12 μm，可使发动机的压缩效率从 89%提高到 94%；磁盘记录的密度也在很大程度上取决于磁盘基片加工的平面度水平。因而精密与超精密加工技术的高低是衡量一个国家制造业水平的重要标志。

精密与超精密加工技术涉及许多基础学科（如物理学、化学、力学、电磁学、光学等）和多种新兴技术（如材料科学、计算机技术、自动控制技术、精密测量技术、现代管理科学等）。精密与超精密加工技术的发展，既有赖于这些学科和技术的发展，又会带动和促进相关科学技术的发展，精密与超精密加工技术已经构成高新技术的一个重要生长点。

2. 精密与超精密加工方法

根据加工过程中加工对象重量的增减，精密与超精密加工方法可分为去除加工（加工过程中工件重量减少）、结合加工（加工过程中工件重量增加）和变形加工（加工过程中工件重量基本不变）。精密与超精密加工方法根据其机理和能量性质可分为力学加工（利用机械能

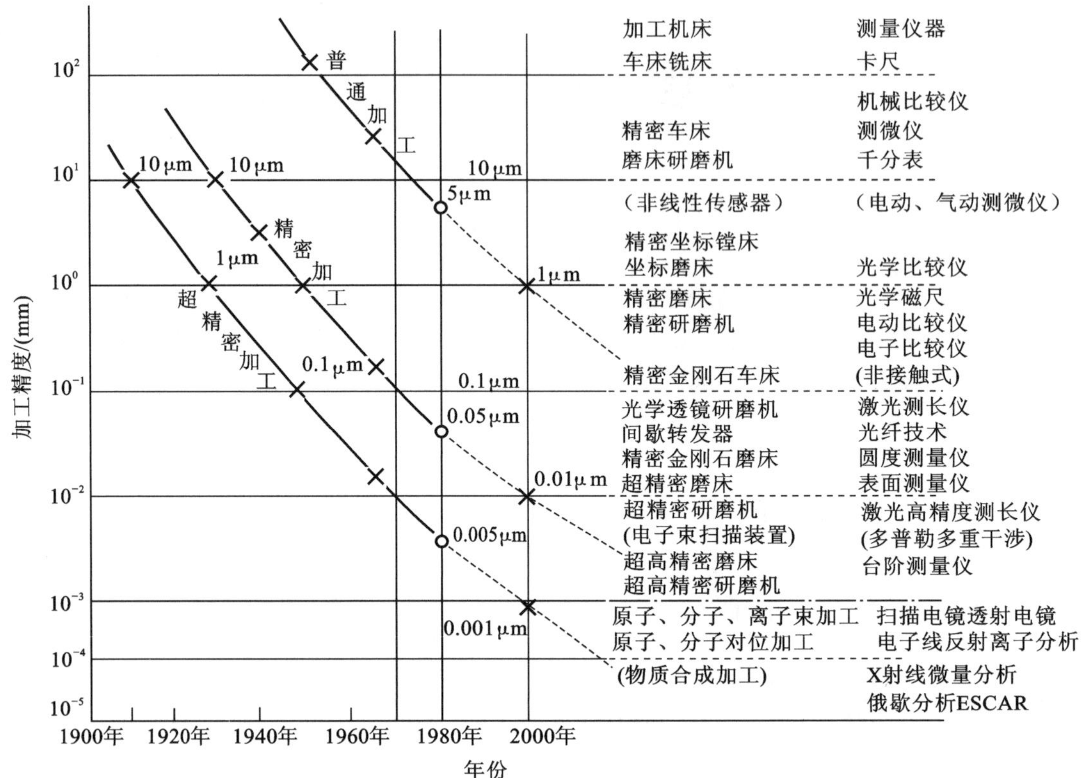

图 9-1 精密加工与超精密加工

去除材料)、物理加工(利用热能去除材料或使材料结合、变形)、化学和电化学加工(利用化学和电化学能去除材料或使材料结合、变形)和复合加工(上述加工方法的复合)。各种精密与超精密加工的分类与机理见表 9-1。

表 9-1 精密与超精密加工分类

分类	加工机理		加工方法示例
去除加工	电物理加工		电火花加工(成形、线切割)
	电化学加工		电解加工、蚀刻、化学机械抛光
	力学加工		切削、磨削、研磨、抛光、超声波加工
	热蒸发(扩散、溶解)		电子束加工、激光加工
结合加工	附着加工	化学	化学镀覆、化学气相沉积
		电化学	电镀、电铸
		热熔化	真空蒸镀、熔化镀
	注入加工	化学	氧化、氮化、化学气相沉积
		电化学	阳极氧化
		热熔化	掺杂、渗碳、烧结、晶体生长
		物理	离子注入、离子束外延
	结合加工	热物理	激光焊接、快速成形
		化学	化学黏结

续表

分　类	加 工 机 理	加工方法示例
连接加工	热流动	精密锻造、电子束流动加工、激光流动加工
	黏滞流动	精密铸造、压铸、注塑
	分子定向	液晶定向

由表 9-1 可知，精密与超精密加工方法有些是传统加工方法的精化和提高，有些是特种加工方法的精化和提高，也有些是传统加工方法和特种加工方法的复合。由于精密与超精密加工方法很多，下面选择其中几种主要方法进行介绍。

1）金刚石刀具超精密切削

金刚石刀具超精密切削是微量切削，其机理与一般切削有较大的差别。金刚石刀具超精密切削时，其背吃刀量可能小于晶粒的大小，切削在晶粒内进行，切削力一定要超过晶体内部原子、分子结合力，刀刃上所承受的应力就急剧增加。切削低碳钢时，其应力值接近抗剪强度。因此刀刃会受到很大的应力，同时产生很大的热量，刀刃切削处的温度将极高，要求刀具材料应有很高的高温强度和红硬性。金刚石刀具不仅具有很高的高温强度和红硬性，而且由于金刚石材料质地细密，经精细研磨，切削刃钝圆半径可达 0.02～0.005 μm，表面粗糙度值可以很小，因此能够进行 Ra=0.05～0.008 μm 的镜面切削。

一般精密与超精密切削通常都是在低速、低压、低温下进行的，切削力小，切削温度低，工件被加工表面塑性变形小，加工精度高，表面粗糙度值小，尺寸稳定性好。金刚石刀具超精密切削是在高速、小背吃刀量、小进给量下进行的，是高应力、高温切削，由于切屑极薄，切削速度高，不会波及工件内层，因此塑性变形小，可以获得高精度、低表面粗糙度值的加工表面。

金刚石刀具切削含碳铁金属材料时，因产生碳铁亲和作用而产生碳化磨损（扩散磨损），不仅易使刀具磨损，而且影响加工质量。目前金刚石刀具主要用于切削铜、铝及其合金。

2）精密磨削

精密磨削主要靠砂轮的精细修整，使磨粒具有微刃性和等高性，磨削后，加工表面留下大量微细的磨削痕迹，残留高度极小，加上无火花磨削阶段的作用，可获得高精度、低表面粗糙度值的加工表面。

精密磨削的机理可以归纳为：微刃的微切削作用；微刃的等高切削作用；微刃的滑挤、摩擦、抛光作用。

精密磨削时，磨粒上大量等高微刃是用金刚石修整工具以极低而均匀的进给精细修整而得，砂轮修整是精密磨削的关键之一。精密磨削所用砂轮的选择以易产生和保持微刃为原则。砂轮的粒度可选择粗、细两种，粗粒度砂轮经过精细修整，微刃切削作用是主要的；细粒度砂轮经过精细修整，摩擦抛光作用比较显著，其加工表面粗糙度值比用粗粒度砂轮所加工的要低。

影响精密磨削质量的因素很多，除砂轮的选择与修整以外，磨床的精度及结构、磨削工艺参数、工作环境等诸多因素都有影响。

3）超硬磨料砂轮精密与超精密磨削

超硬磨料砂轮主要指金刚石砂轮和立方氮化硼砂轮，主要用来加工难加工材料，包括各种高硬度、高脆性材料，如硬质合金、陶瓷、玻璃、半导体材料等。

超硬磨料砂轮磨削的共同特点是：可加工各种高硬度、高脆性的难加工材料；磨削能力强，耐磨性好、耐用度高，易于控制加工尺寸；磨削力小，磨削温度低，加工表面质量好；磨削效率高；加工综合成本低。

超硬磨料砂轮磨削时，也有砂轮选择、机床结构、磨削工艺、砂轮修整和平衡、磨削液等问题，其中比较突出的是砂轮修整问题。

砂轮的修整过程可分为整形和修锐两个阶段。整形是使砂轮达到一定几何形状要求；修锐是去除磨粒间的结合剂，使磨粒突出结合剂一定高度，形成足够的切削刃和容屑空间。整形要求效率高，几何形状精度高；修锐要求磨削性能好。超硬磨料砂轮因修整困难，常分整形和修锐两步进行。超硬磨料砂轮修整的方法很多，视不同的结合剂材料而不同，具体方法有以下几种。

(1)车削法　用单点、聚晶金刚石笔修整，修整精度和效率较高，但砂轮切削能力较低；

(2)磨削法　用碳化硅砂轮修整，修整质量好，效率较高，是目前最广泛采用的方法；

(3)电解加工法　电解加工法有电解修锐法、电火花修整法，用于金属结合剂砂轮修整，效果较好。其中电解修锐法的效果比较突出，已广泛地用于金刚石微粉砂轮的修锐，并易于实现在线修锐，其原理如图 9-2 所示。

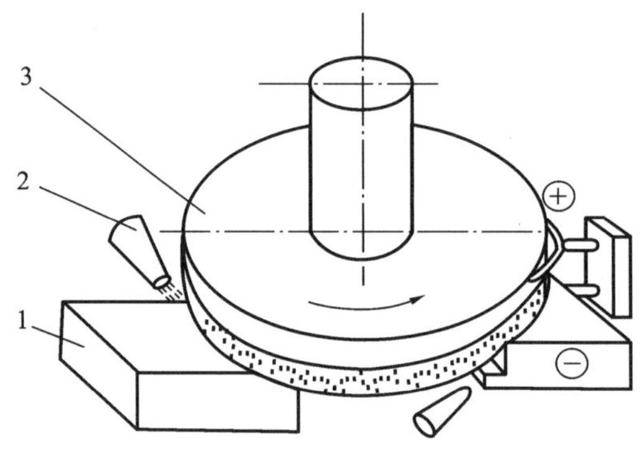

图 9-2　电解修锐法

4)精密和超精密砂带磨削

砂带磨削是一种新型的高效磨削方法，能得到很高的加工精度和表面质量，具有广泛的应用范围。

砂带磨削方式可分为闭式和开式两种，如图 9-3 所示。闭式砂带磨削采用环形砂带，通过张紧轮张紧，由电动机通过接触轮带动砂带高速运动(线速度达 30 m/s)，工件回转或移动(加工平面)，砂带头架作纵向及横向进给，从而对工件进行磨削。砂带磨钝后，更换一条新砂带即可。这种磨削方式效率高，但噪声大，易发热，可用于粗加工和精加工。

开式砂带磨削采用成卷砂带，由电动机经减速机构驱动卷带轮，带动砂带作缓慢移动，砂带绕过接触轮外圆，以一定的工作压力与工件被加工表面接触，工件回转或移动(加工平面时)，砂带头架或工作台作纵向及横向进给，从而对工件进行磨削。由于砂带在磨削过程中的连续缓慢移动，切削区域不断出现新磨粒，因此磨削工作状态稳定，磨削质量好，常用于精密和超精密磨削。

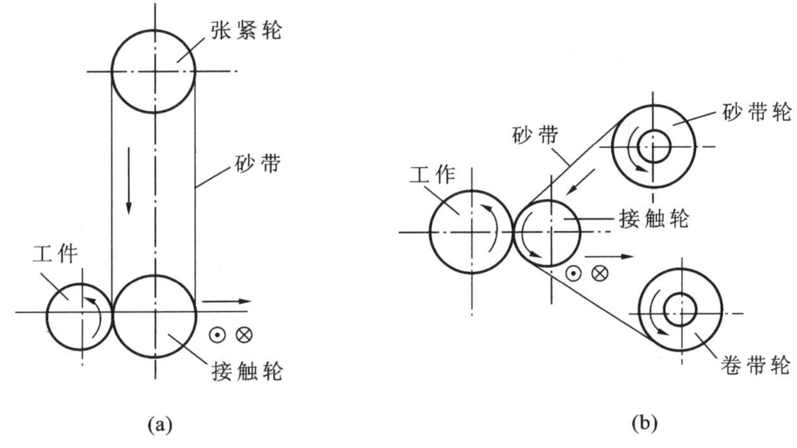

图 9-3 砂带磨削方式

(a)闭式砂带磨削;(b)开式砂带磨削

砂带磨削按砂带与工件的接触形式可分为接触轮式、支承板式、自由浮动接触式等;按照加工表面类型来可分为外圆、内圆、平面、成形表面等磨削方式。

砂带磨削的特点及其应用范围可归纳为以下几点:①砂带本身有弹性,接触轮外圆具有弹性层,因此砂带与工件柔性接触,磨粒载荷小而均匀,具有抛光作用,加工表面粗糙度值小;②砂带磨粒用静电植砂法制作,磨粒具有方向性,尖端向上,同时磨粒的切削间隔时间长,摩擦热少,散热时间长,热作用小,切屑不易堵塞,有较好的切削性,能有效地减少工件变形和表面烧伤;③采用强力砂带磨削,其效率可与铣削、砂轮磨削媲美。砂带不需修整,磨削比(去除工件重量与磨粒损耗重量之比)较高,称为“高效”磨削;④砂带制作比较简单,易于批量生产,价格便宜,使用方便,砂带磨削是一种“廉价”磨削;⑤砂带磨削可加工各种金属和非金属材料的外圆、内圆、平面和成形表面,适应性广。

5)研磨、抛光精密和超精密加工

近年来,研磨和抛光出现了许多新方法,如油石研磨、磁性研磨、电解研磨、软质磨粒抛光、浮动抛光、磁流体抛光、挤压研抛、超精研抛等。下面仅就磁性研磨和软质磨粒抛光进行介绍。

磁性研磨是将工件放在两磁极之间,工件和极间放入含铁的刚玉等磁性材料,在直流磁场的作用下,磁性磨粒沿磁力线方向整齐排列,如同刷子一般对被加工表面施加压力。研磨压力的大小,随磁场中磁通密度及磁性磨料填充量的增大而增大。研磨时,工件一面旋转,一面沿轴线方向振动,使磁性磨料与被加工表面产生相对运动,对工件进行研磨。利用这种方法可研磨轴类零件内、外圆表面,如图 9-4 所示。

软质磨粒抛光的特点是可以用较软的磨粒(如 SiO_2、ZrO_2)来抛光,它不产生机械损伤,能大大减少一般抛光中所产生的微裂纹、磨粒嵌入等缺陷,获得极好的表面质量。典型的软质磨粒抛光包括机械化学抛光、液体动力抛光、弹性发射加工等。

机械化学抛光利用活性抛光液和磨粒与工件表面产生固相反应,形成软粒子,使其便于加工。其加工机理是机械作用加化学作用,称为增压活化。机械化学抛光原理如图 9-5 所示。

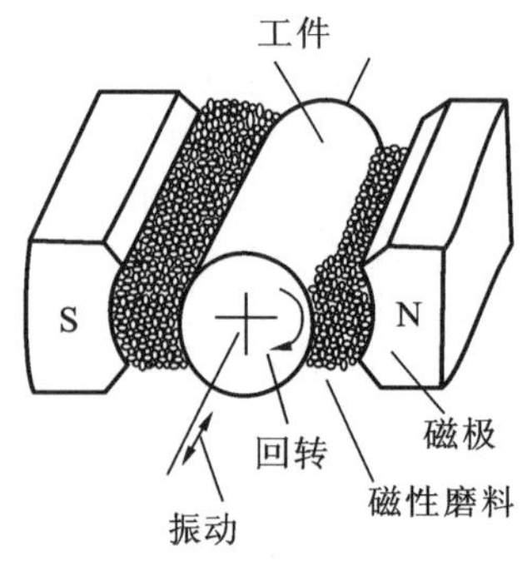

图 9-4 磁性研磨原理

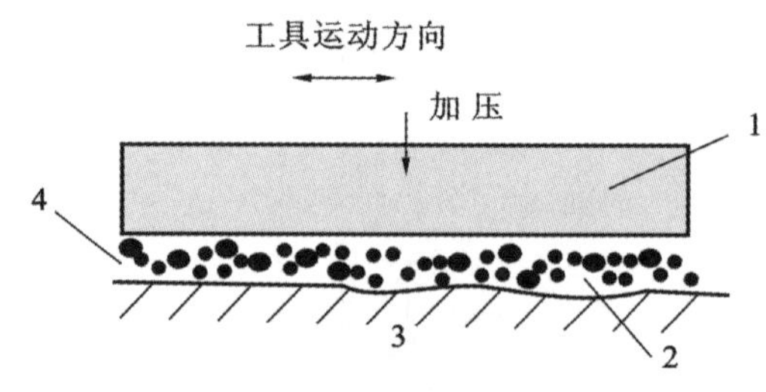

图 9-5 机械化学抛光原理

1—抛光工具；2—间隙；3—工件；4—活性抛光

9.1.2 微细加工与纳米技术

1. 微细加工

微细加工通常是指 1 mm 以下微细尺寸零件的加工，其加工误差为 0.1～10 μm。超微细加工通常是指 1 μm 以下超微细尺寸零件的加工，其加工误差为 0.01～0.1 μm。

与超精密加工相类似，根据其加工过程中加工对象重量的增减，微细加工可分为去除加工、结合加工和变形加工，根据其机理和能量性质，可分为力学（机械）加工、物理（热能）加工、化学和电化学加工以及复合加工。

1）微细机械加工

微细机械加工主要采用铣、钻、车三种形式，可加工平面，型腔，内、外圆柱表面。微细机械加工多采用单晶金刚石刀具，如图 9-6 所示为单晶金刚石铣刀的刀头。铣刀的回转半径靠刀尖相对于回转轴线的偏移来得到（可小到 5 μm）。当刀具回转时，刀具的切削刃形成一个圆锥形的切削面。对于孔加工，孔的直径取决于钻头的直径，用于微细加工的麻花钻直径可小到 50 μm。

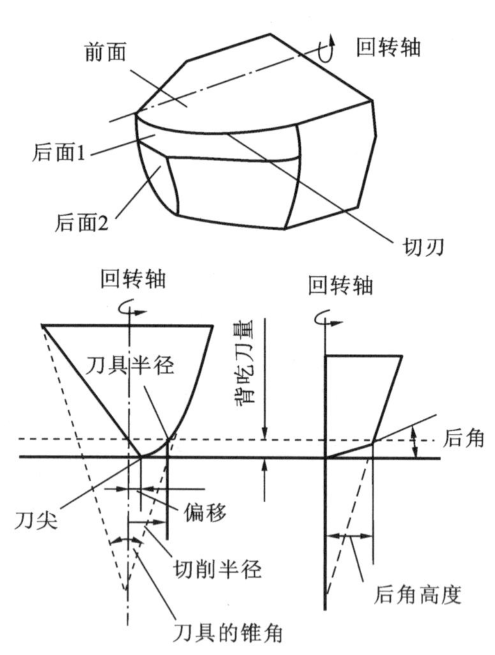

图 9-6 单晶金刚石铣刀刀头

2）微细电加工

对于一些刚度小的工件和特别微小的工件，用机械加工很难实现，必须使用电加工、光刻化学加工或生物加工的方法，如线放电磨削或线电化磨削。图 9-7 所示为线放电磨削加工微型轴的原理图。图中用作加工工具的电极丝在导丝器导向槽的夹持下靠近工件，在工件和电极丝之间加有放电介质。加工时工件作旋转和直线进给运动，去除工件的加工余量。利用数字设备控制导丝器和工件之间的相对运动，可以加工出不同的工件形状，如图 9-8 所示。微细加工所用的脉冲电源的放电量只是一般电火花加工的

1%。线电化磨削与线放电磨削的加工机床和工艺基本相似，只是在工件和电极丝之间浸入电解液，并采用低压直流电源。

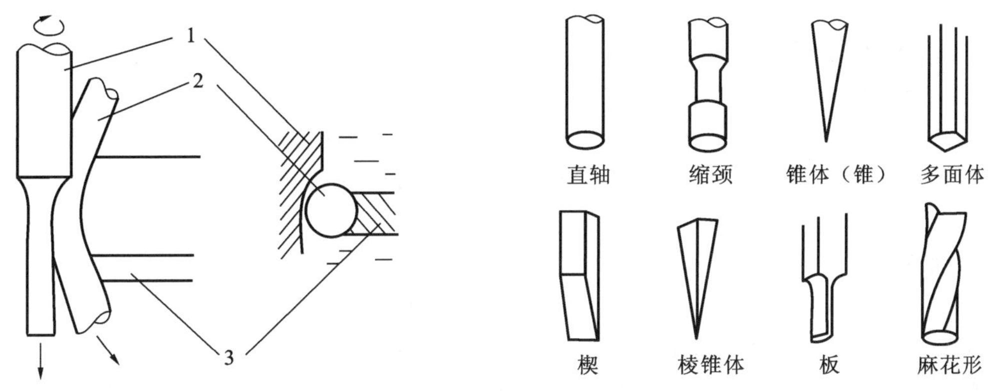

图 9-7　线放电磨削原理

1—工件；2—金属丝；3—导丝器

图 9-8　线放电磨削加工的各种工件

3)光刻加工

光刻加工是微细加工中广泛使用的一种加工方法，主要用于制作半导体集成电路以及塑料模具型腔表面加工等，其工作原理如图 9-9 所示。光刻加工的主要过程如下。

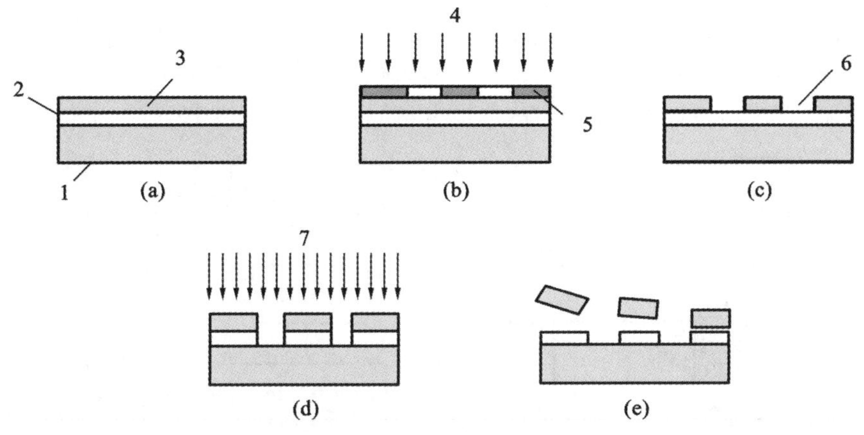

图 9-9　光刻加工过程

(a)涂胶；(b)曝光；(c)显影；(d)刻蚀；(e)剥膜

1—基片；2—氧化膜；3—光致抗蚀剂；4—光源(电子束)；5—掩膜；6—窗口；7—离子束

(1)涂胶　把光致抗蚀剂涂敷在已镀有氧化膜的半导体基片上。

(2)曝光　曝光方法有两种，一种是由光源发出的光束经掩膜在光致抗蚀剂涂层上成像，称为投影曝光；另一种是将光束聚焦成细小束斑，通过扫描在光致抗蚀剂涂层上绘制图形，称为扫描曝光。常用的光源有电子束、离子束等。

(3)显影与烘片　曝光后的光致抗蚀剂在一定的溶剂中将曝光图形显示出来，称为显影。显影后进行 200～250 ℃的高温处理，以提高光致抗蚀剂的强度，称为烘片。

(4)刻蚀　利用化学和物理方法，将没有光致抗蚀剂部分的氧化膜除去并形成沟槽，称为刻蚀。常用的刻蚀方法有化学刻蚀、离子刻蚀、电解刻蚀等。化学刻蚀常用于塑料模具型腔表面加工，以形成塑料制品表面各种花纹或图案。

(5)剥膜(去胶)　用剥膜液去除光致抗蚀剂，然后进行水洗和烘干处理。

半导体集成电路光刻加工设备要求有很高的定位精度，一般要求定位误差小于 0.1 μm，重复定位误差要求小于 0.01 μm。

2. 纳米技术与纳米加工

纳米技术通常是指纳米级(0.1～100 nm)的材料、设计、制造、测量和控制技术。纳米技术涉及机械、电子、材料、物理、化学、生物、医学等多个领域。下面仅就纳米测量与加工作一介绍。

1)纳米测量技术

1981 年，IBM 苏黎世实验室发明了扫描隧道显微镜(STM)，可用于观察 0.1 nm 级的表面形貌。STM 工作原理基于量子力学的隧道效应如图 9-10 所示。当两电极之间的距离缩小到 1 nm 时，由于粒子的波动性，电流会在外加电场作用下穿过绝缘势垒，从一个电极流向另一个电极，即产生隧道电流。当一个电极为非常尖锐的探针时，由于尖端放电而使隧道电流加大。

由于探针与试件表面距离对隧道电流密度非常敏感，用探针在试件表面扫描时，就可以将它“感觉”到的原子级高低和状态信息记录下来，经过信号处理，可得到试件纳米级三维表面形貌。

STM 有种测量模式：探针以不变高度在试件表面扫描，通过隧道电流的变化而得到试件表面形貌信息，称等高测量法(见图 9-10(a))；探针在试件表面扫描时与试件表面距离不变，由探针移动直接描绘试件表面形貌，称恒电流测量法(见图 9-10(b))。

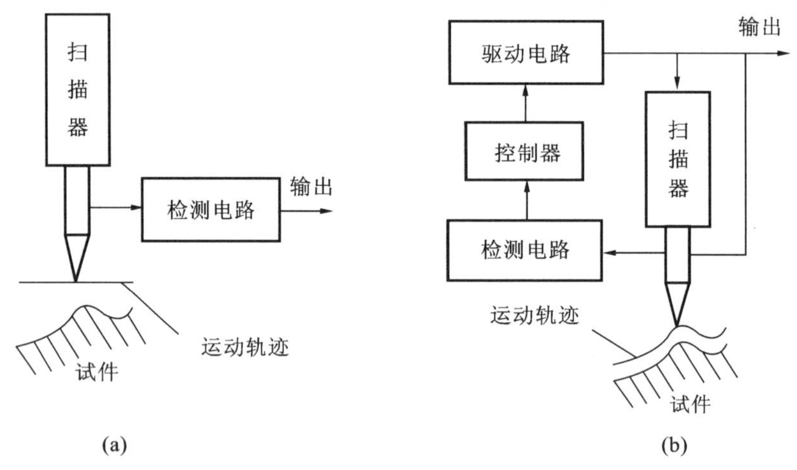

图 9-10　STM 工作原理

(a)等高测量法；(b)恒电流测量法

2)纳米加工技术

扫描隧道显微镜不仅可用于测量，也可用来直接移动原子或分子，实现纳米加工。当 STM 探针尖端的原子距离工件的某个原子极小时，其引力可以克服工件其他原子对该原子的结合力，使被探针吸引的原子随针尖移动而又不脱离工件表面，从而实现工件表面原子的搬迁。最早实现原子搬迁的是IBM实验室研究人员，他们于1990年用STM将Ni(110)表面吸附的Xe原子逐一搬迁，最终以35个Xe原子排列成“IBM”三个字母。1995年中国真空物理研究所的研究员在高真空、高温状态下，借助于原子搬迁在Si(111)表面上加工出了“#”图案。2005年，美国莱斯大学研究制造出世界第一个分子汽车——纳米汽车，这种纳米汽车平面尺寸仅为3～4 nm，如图9-11所示。

图9-11　纳米汽车

除了在STM上用原子搬迁法进行纳米级加工外，还可以应用化学沉积、电流曝光以及光刻电铸等方法进行纳米级加工。

9.2　高速加工

9.2.1　概述

1. 高速加工的含义

高速加工目前尚无统一定义，一般认为高速加工是指采用超硬材料的刀具，通过极大地提高切削速度和进给速度，以提高材料切除率、提高加工精度和加工表面质量的现代加工技术。以切削速度和进给速度界定，高速加工的切削速度和进给速度为普通切削的5～10倍。高速加工切削速度范围因不同的工件材料而异，如图9-12所示。

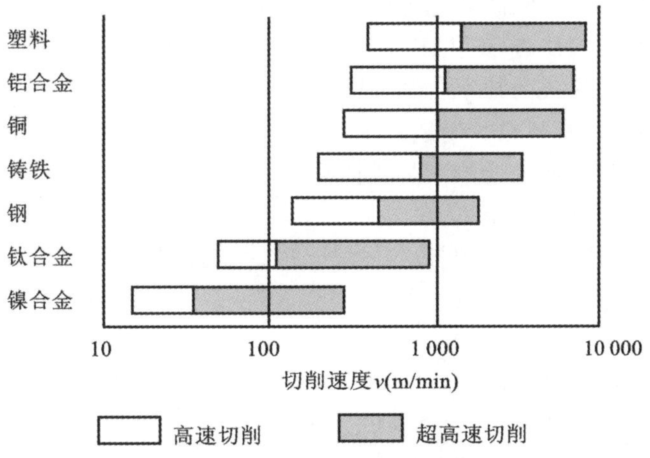

图9-12　高速与超高速加工切削速度范围

高速加工切削速度范围随加工方法不同也有不同：高速车削的切削速度范围通常为700～7 000 m/min；高速铣削的速度范围为300～6 000 m/min；高速钻削的速度范围为200～1 100 m/min；高速磨削的速度范围为50～300 m/s。

以主轴转速界定，高速加工的主轴转速≥10 000 r/min。

与普通加工相比，高速加工具有如下特点。

①加工效率高。进给率较常规切削提高 5～10 倍，材料去除率可提高 3～6 倍。

②切削力小。较常规切削至少降低 30%，径向切削力降低更明显，这样更有利于减小工件受力变形，适于加工薄壁件和细长件。

③切削热少。加工过程迅速，95%以上的切削热被切屑带走，工件积聚热量少、温升低，适合于加工熔点低、易氧化和易于产生热变形的零件。

④加工精度高。高速加工刀具激振频率远离工艺系统固有频率，不易产生振动；由于切削力小，热变形小，残余应力小，易于保证加工精度和表面质量。

⑤工序集中。利用同一设备既可对工件进行高速粗加工，也可进行高速精加工，实现工序集中。

2. 高速加工的应用

目前，高速加工已在航空航天、汽车、模具、仪器仪表等领域得到广泛的应用。航空航天工业中许多带有大量薄壁、细肋的大型轻合金整体构件，采用高速加工，材料去除率达 100～180 cm^3/min，并可获得良好的质量。此外航空航天工业中许多镍合金、钛合金零件，也适于采用高速加工，切削速度达 200～1 000 m/min。

在汽车工业中，目前已出现由高速数控机床和高速加工中心组成的高速柔性生产线，可以实现多品种、中小批量生产，以满足汽车市场不断更新换代的需要。

用高速铣削代替传统的电火花成形加工模具，可使模具制造效率提高 3～5 倍。对于复杂型面模具，模具精加工费用往往占到总费用的 50%以上，采用高速加工，可使模具精加工费用大大减少，从而降低模具生产成本。

在仪器仪表工业中，目前高速加工主要用于精密光学零件加工。高速加工也常用于手表、手机等产品金属制品的外部“超光”修饰加工。

高速加工具有众多的优点，但由于技术复杂、相关技术要求高，其应用仍然受到一定的限制。与高速加工密切相关的技术主要有以下几种。

①高速加工刀具、磨具材料与制造技术；

②高速主轴单元与高速进给单元制造技术；

③高速加工在线检测与控制技术；

④其他技术，如高速加工毛坯制造技术、干切技术、排屑技术、安全防护技术等。

9.2.2 高速切削刀具

1. 高速切削刀具材料的发展

图 9-13 表示了近两百年来刀具材料的发展，以及刀具材料与切削加工高速化的关系。目前用于高速切削的刀具材料主要有金刚石、立方氮化硼和陶瓷。下面仅就金刚石、立方氮化硼刀具高速切削的机理及应用做些介绍。

2. 金刚石

金刚石有天然金刚石和人造金刚石之分。

天然金刚石价格昂贵，刃磨困难，主要用于加工精度和表面粗糙度要求极高的零件，如激光反射镜、感光鼓、磁盘等。

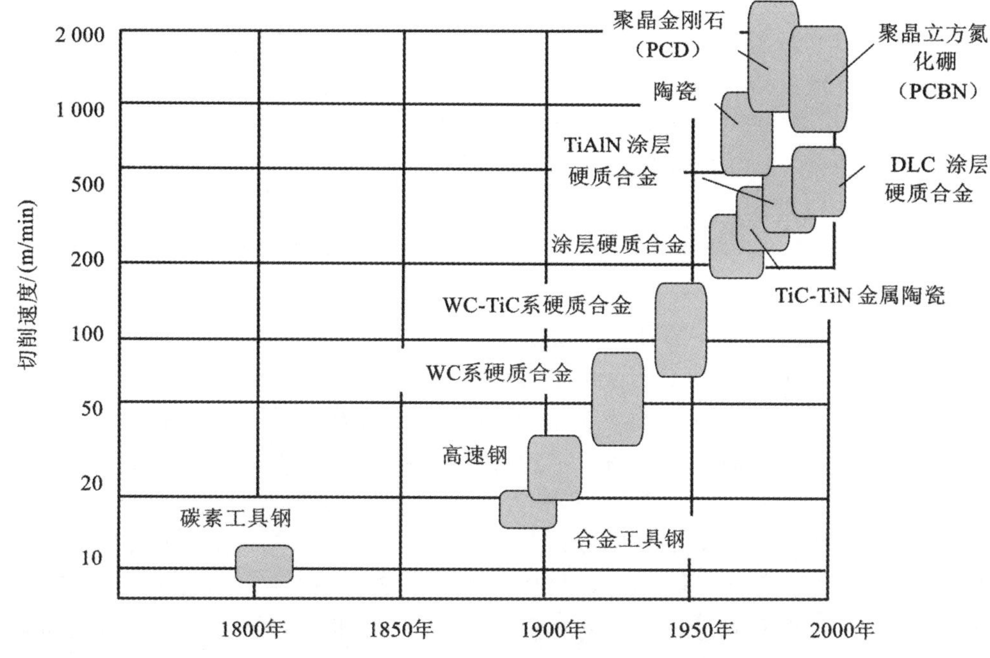

图 9-13 刀具材料的发展与切削加工高速化

人造金刚石是在高温、高压条件下，借助于某些合金触媒的作用，由石墨转化而成。聚晶金刚石则是人造金刚的一种，它是由金刚石粉在高温高压下，经二次压制而得到的。聚晶金刚石不存在各向异性，硬度略低于天然金刚石，为 500～800 HV。

聚晶金刚石最早出现于 20 世纪 60 年代，由于其价格便宜，焊接方便，刃磨性好，因而一经出现就得到了广泛应用。目前，聚晶金刚石已在大部分场合代替了天然金刚石，表 9-2 列举了聚晶金刚石刀具在高速切削中的一些应用实例。

表 9-2 聚晶金刚石刀具在高速切削中的应用

加工对象	硬度	加工方式	工艺参数	加工效果
铝合金		端铣 钻削	v=4 000 m/min v=360 m/min	Ra0.8～0.4 μm Ra0.8 μm
共晶硅铝合金	71HRC	车削	v=600 m/min f=0.1 mm/r	Ra0.8 μm
共晶硅	71HRC	铣削	v=2900 m/min f=0.018 mm/z	Ra0.8 μm
玻璃纤维强化塑料	87HRA	车削	v=500 m/min	Ra0.8～0.4 μm
热塑性醋酸盐		铣削	v=4500 m/min v_f=10 mm/min	Ra0.8 μm
高 Si-Al 铸件		铣削	v=2200 m/min	Ra0.8 μm

3. 聚晶立方氮化硼

聚晶立方氮化硼(PCBN)是立方氮化硼(CBN)的一种类型，于 1970 年问世，作为刀具材料，PCBN 具有以下良好性能。

①较高的硬度和耐磨性。CBN 晶体结构与金刚石相似，化学键类型相同，晶格常数相近，CBN 粉末硬度为 8 000 HV。PCBN 是将 CBN 粉末在高温高压下经过压制而得到的，其硬度为 3 000～5 000 HV。切削耐磨材料时，其耐磨性为硬质合金刀具的 50 倍。

②高的热稳定性。PCBN 的热稳定性明显优于金刚石刀具。

③良好的化学稳定性。PCBN 在 1200～1300 ℃时不与铁系材料发生化学反应。对各种材料的黏结、扩散作用比硬质合金小得多。其化学稳定性优于金刚石刀具，特别适合于加工钢铁材料。

④良好的导热性。PCBN 的导热性仅次于金刚石，是硬质合金的 20 倍，且随温度升高而增加。这一特性使 PCBN 刀具刀尖处温度较低，有利于减少刀具磨损，提高加工精度。

⑤较低的摩擦系数。PCBN 与不同材间的摩擦系数为 0.1～0.3（硬质合金为 0.4～0.6），且随切削速度的提高而减小。这一特性使切削变形和切削力较小，加工精度和表面质量较高。

PCBN 刀具主要用于加工 45HRC 以上的硬质材料，如各种淬硬钢、铸铁、高温合金、硬质合金、粉末金属喷涂材料等。采用 PCBN 切削淬硬钢：当被切削工件材料硬度小于 50HRC 时，切削温度随材料硬度增加而增加；当工件材料硬度大于 50HRC 时，切削温度随材料硬度增加而有下降趋势，这种现象称为金属软化效应。金属发生软化，硬度下降，从而使加工易于进行。表 9-3 列举了 PCBN 刀具在高速切削中的一些应用实例。

表 9-3 PCBN 刀具在高速切削中的应用

加工对象	硬　度	加工方式	工艺参数	加工效果
Cr15 钢轧辊	71HRC	车削	v=180 m/min f=5.6 mm/r	Ra0.8～0.4 μm
Q255 热压板		端铣	v=800 m/min f=100 m/min	Ra1.6～0.8 μm 平面度 0.02 μm
GCr15 轴承内孔	62HRC	磨削	v=65 m/s f=0.018 mm/r	耐用度比棕刚玉砂轮提高 170 倍；生产效率提高 1 倍
YG15 冷挤压模	87HRA	镗孔	v=50 m/min	Ra0.8～0.4 μm
凸轮轴	60HRC	磨削	v=80 m/s	寿命比单晶刚玉砂轮提高 20 倍；生产效率提高 50%
40Cr	38HRC	立铣	v=850 m/min	以铣代磨效率提高 5～6 倍

9.2.3 高速主轴

实现高速切削的另一关键是研究开发高速切削机床和高速主轴。由于高速切削时会产生很大的惯性力，因而机床床身、立柱等必须具有足够的强度、刚度和很好的阻尼特性。很多高速机床的床身和立柱材料采用聚合物混凝土或人造花岗岩，这类材料的阻尼特性是铸铁的 7～10 倍，而密度只有铸铁的 1/3，因而可大大提高高速机床的动态特性。

高速主轴是高速切削最关键零件之一。目前，主轴转速在 1 0000～2 0000 r/min 的加工中心越来越普及。转速高达 1 00000 r/min、2 00000 r/min 的实用高速主轴也正在研究开发中。高速主轴由于转速极高，主轴零件在离心力作用下产生振动和变形；高速运转摩擦和大功率内装电动机产生的热会引起高温和变形，所以必须严格控制温升。为此对高速主轴提出如下性能要求：

①高转速和高转速范围；

②足够的刚性和较高的回转精度；

③良好的热稳定性；

④大功率；

⑤先进的润滑和冷却系统；

⑥可靠的主轴监测系统。

传统的传动带、齿轮变速主传动系统由于本身的振动、噪声等原因，已不能适应高速主轴系统。高速主轴采用了交流伺服电动机直接驱动的“内装电动机”集成化结构，减少了传动部件，提高了可靠性。高速主轴要在极短的时间内实现升、降速，快速准停，这就要求主轴具有很高的角加速度。内装电动机主轴（电主轴）实现了无中间环节的直接传动，是高速主轴单元的理想结构，其原理结构如图 9-14 所示。

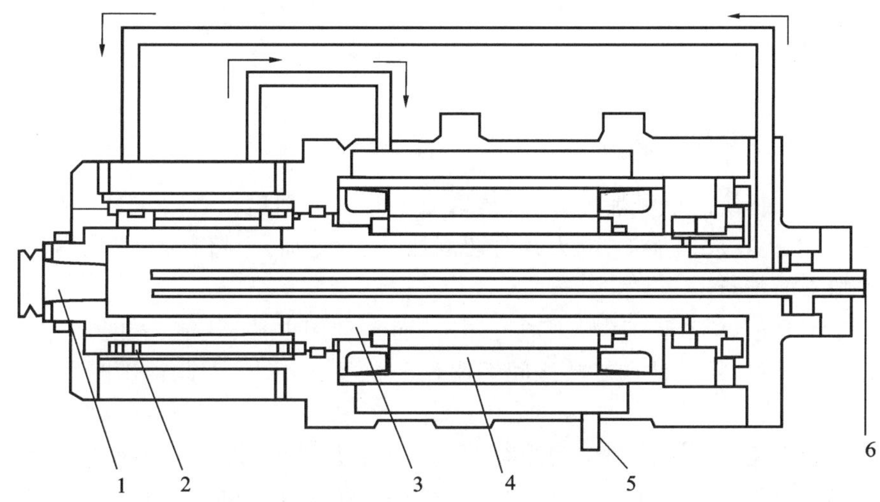

图 9-14　电主轴原理结构

1—刀柄；2—轴承；3—主轴；4—定子；5—冷却油出口；6—冷却油进口

高速主轴采用电子传感器控制温度，利用水冷或油冷循环系统，使主轴在高速旋转时保持“恒温”。在环境温度 10～40 ℃的条件下，一般可控制在 20～25 ℃范围内，某一设定温度精度为±(0.3～0.7) ℃。同时使用油雾润滑、混合陶瓷轴承等新技术，可使主轴免维修、寿命长、精度高。

高速精密轴承是高速主轴单元的核心。为了适应高速切削加工，高速切削机床的主轴设计采用了先进的主轴轴承和润滑、散热等新技术。目前高速主轴主要采用混合陶瓷轴承、磁悬浮轴承和液体动静压轴承三种形式。主轴轴承的润滑对主轴转速、寿命的提高起着重要作用,高速主轴一般采用空气润滑或喷油润滑。

9.2.4 高速进给机构

高速切削时,为了保持刀具每齿进给量基本不变,随着主轴转速的提高,进给速度也必须大幅度提高。目前高速切削进给速度已高达 50～120 m/min,为实现并准确控制这样高的进给速度,对机床导轨、传动丝杠、伺服系统、工作台结构等提出了新的要求。为了实现进给运动高速化的要求,在高速加工机床进给机构上主要采用如下措施。

①采用新型直线滚动导轨。直线滚动导轨中球轴承与钢导轨之间接触面积小,摩擦系数小,可大大减少进给“爬行”现象。

②采用滚珠丝杠。采用小螺距、大尺寸、高质量滚珠式丝杠或大螺距多头滚珠丝杠可以在不降低精度的前提下获得较高的进给速度和进给加、减速度。

③采用数字化、智能化和软件化。高速切削机床已开始采用全数字交流伺服电动机和智能化、软件化控制技术。

④采用复合材料。高速进给机构通常采用碳纤维增强复合材料,不但可减轻工作台重量,又不损失其刚度,还可提高其动态特性。

⑤采用直线电动机。为提高进给速度,已在进给机构中使用先进、高速的直线电动机。

9.3 特种加工

9.3.1 特种加工基本概念

特种加工是非传统的机械加工方法,是指加工时不需利用工具对工件直接施加作用力的加工方法,如电火花成形加工、电火花线切割加工、激光加工、超声波加工、离子束加工等。

1. 特种加工的特点

特种加工不是依靠刀具和磨料来进行加工,而是利用电能、热能、光能、声能、化学能来去除金属或非金属材料,工件和工具之间无明显的机械作用力,因此加工时工件变形小,加工精度高。

特种加工的方法包括去除加工和结合加工。去除加工即分离加工,如电火花加工时,从工件上去除部分材料。结合加工又可分为附着加工、注入加工和接合加工。附着加工是使工件被加工表面覆盖一层材料,如镀膜等;注入加工是将某些元素的离子注入到工件表层,以改变工件表层的材料性质,如离子注入等;接合加工是使两个工件或两种材料接合在一起,如激光焊接、化学黏结等。

特种加工时,工具的强度和硬度可以低于工件的强度和硬度,同时工具的损耗很小,甚至无损耗,如激光加工、电子束加工时等。

特种加工中能量易于转换和控制,工件一次装夹中可以实现粗、精加工,有利于保证加工精度,提高生产率。

2. 特种加工的方法

特种加工的方法类别很多,根据加工机理和所采用的能源可以分为如下几类。

①力学加工:应用机械能进行加工,如超声波加工、喷射加工等。

②电物理加工:将电能转换成热能、光能等进行加工,如电火花成形加工、电火花线切割加工、电子束加工、离子束加工等。

③电化学加工:将电能转换为化学能进行加工,如电解加工、电镀加工等。

④激光加工:将激光光能转换为热能进行加工。

⑤化学加工:将化学能或光能转换为化学能进行加工,如化学腐蚀加工(化学铣削)、化学刻蚀(光刻加工)等。

⑥复合加工:将机械加工和特种加工叠加在一起而形成的加工方法,如电解磨削等。

下面就几种最常用的特种加工方法作一介绍。

9.3.2　电火花成形加工

1. 电火花加工原理

随着对电腐蚀现象研究的深入,人们认识到在液体介质内进行重复性脉冲放电能对导电材料进行加工,并早在第二次世界大战后期就发明了电火花加工。脉冲放电用于零件加工时应该具备如下基本条件。

①电极接在不同极性上的工具和工件之间,必须保持一定的距离以形成放电间隙。间隙大小与加工电压、介质等有关,一般为 0.01～0.1 mm。为了使脉冲放电能够连续进行,加工过程中必须保持放电间隙不变。

②放电必须在具有一定绝缘性能的液体介质中进行。液体介质能将电蚀产物从放电间隙中排除出去并对电极表面进行冷却。大多数电火花机床采用煤油作工作液进行穿孔和成形加工,在大功率工作条件下,也可采用水基工作液,如离子水、乳化液等。

③脉冲波形是单向的,如图 9-15 所示。脉冲宽度(放电延续时间)t_i 应小于 10^{-3} s,以使放电所产生的热量来不及从放电点过多地传导到其他的部位,集中在极小范围内,形成局部高温,使金属熔化,甚至气化。相邻脉冲之间的间隔时间 t_0 称脉冲间隔,它使放电介质有足够时间恢复到绝缘状态(称为消电离),以免引起持续电弧放电而烧伤加工表面。

④具有足够的脉冲放电能量,以保证放电部位的金属熔化或气化,保证电解加工的生产效率。

电火花加工的原理如图 9-16 所示。自动进给调节装置能使工件和工具电极经常保持一定的放电间隙。由脉冲电源输出的电压加在液体介质中的工件和工具电极上,当电压升高到间隙中介质的击穿电压时,使介质在绝缘强度最低处被击穿,产生火花放电。瞬间高温使工件和电极表面都被腐蚀(熔化、气化)掉一小块材料形成凹坑去除材料,一次脉冲放电过程可分为电离、放电、热膨胀、抛出金属和消电离等几个连续阶段。一次脉冲放电之后,两极间的电压急剧下降到接近于零,间隙中的电介质立即恢复到绝缘状态。此后,两极间的电压再次升高,又在另一处绝缘强度最小的地方重复上述放电过程,多次脉冲放电不断地去除材料,达到成形加工的目的。

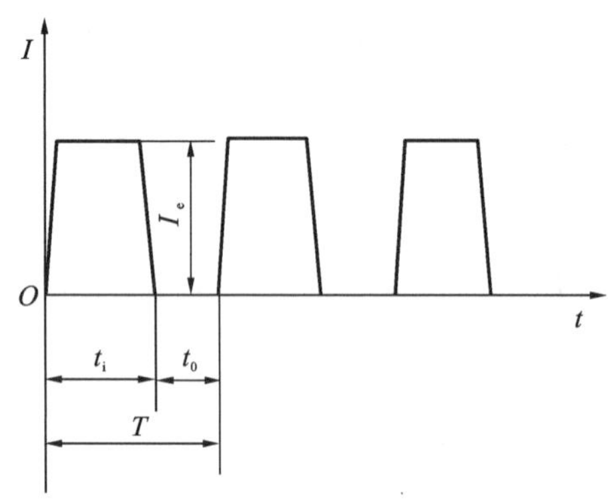

图 9-15 脉冲电流波形

t_i—脉冲宽度；t_0—脉冲间隔；

T—脉冲周期；I_e—电流峰值

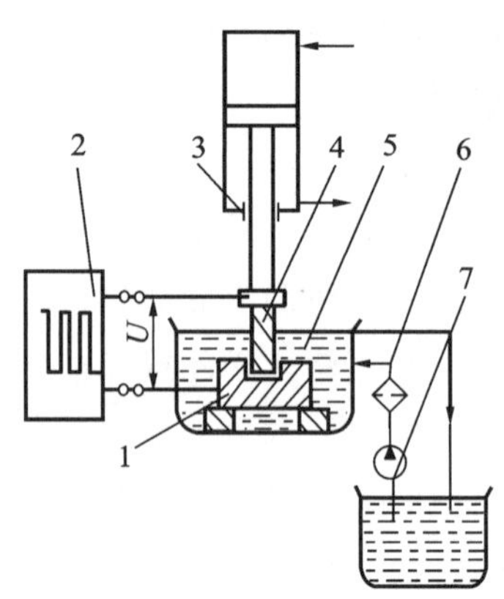

图 9-16 电火花加工原理

1—工件；2—脉冲电源；3—自动进给装置；

4—工具电极；5—工作液；6—过滤器；7—泵

在脉冲放电过程中，工件和电极都要受到电腐蚀，但正、负两极的蚀除速度不同，称为极性效应。产生极性效应的原因是由于电子质量小、惯性小，在电场力作用下容易在短时间内获得较大的运动速度，采用较窄的脉冲宽度进行加工也能大量迅速地到达正极，轰击正极表面。而正离子质量大、惯性大，在相同时间内所获得的速度远小于电子，当采用较窄的脉冲宽度进行加工时，大部分正离子尚未到达负极表面，脉冲放电便已结束，所以负极的蚀除量小于正极。但是，当采用较宽的脉冲加工时，正离子有足够的时间加速得到较大的速度，也有足够的时间到达负极表面，因而质量大的正离子对负极的轰击作用远大于电子对正极的轰击，负极的蚀除量大于正极。

电极和工件的蚀除量不仅与脉冲宽度有关，还受电极和工件材料、加工介质、电源种类、单个脉冲能量等因素的影响。在电火花加工过程中，极性效应越显著越好。充分利用极性效应，合理选择加工极性，可以提高加工速度，减少电极损耗。生产中将工件接正极的加工称正极性加工或正极性接法；将工件接负极的加工称负极性加工或负极性接法。极性的选择按加工目的结合经验确定，一般粗加工采用负极性加工，精加工采用正极性加工。

2. 电火花加工的特点及应用

①电火花加工可以用于加工任何导电材料，不论其硬度、脆性、熔点如何。现已研究出加工非导电材料和半导体材料的电火花加工工艺。

②电极和工件在加工过程中不接触，两者间的宏观作用力很小，所以便于加工小孔、深孔、窄缝等零件，而不受电极和工件强度、刚度的限制。

③电极材料不要求比工件材料硬。

④直接利用电、热能加工，便于实现加工过程的自动控制。

由于电火花加工的独特优点，加上数控电火花机床的普及，电火花加工已在机械制造、模具制造等部门广泛用于各种难加工材料和复杂形状零件的加工。

3. 影响电火花加工的主要工艺因素

电火花加工过程是一个复杂的多参数输入、多参数输出过程，其主要影响因素如下。

1)影响加工精度的因素

(1)电极损耗对加工精度的影响　在电火花加工过程中,电极会受到电腐蚀而损耗。电极损耗是影响加工精度的一个重要因素,因此应从各方面采取措施尽量减少电极损耗。

在加工过程中,电极的不同部位损耗不同。电极的尖角、棱边等凸起部位易形成尖端放电,所以比平坦部位损耗要快。电极的不均匀损耗会使加工精度下降。

电极的损耗受电极材料热物理常数的综合影响。当脉冲放电相同时,金属的熔点、沸点、比热容、熔化潜热、气化潜热愈高,则电极耐腐蚀的性能愈好,损耗愈小。另一方面,导热率大的材料,在相同放电时间内能较多地把瞬时产生的热量从放电区传导出去,同时可以减少电极的损耗。常用的电极材料有紫铜、石墨、铸铁、钢和黄铜等。

此外电极损耗还受脉冲电源的电参数、加工极性、加工面积等因素的影响。因此,在电火花加工中应正确选择脉冲电源的电参数和加工极性,选用耐腐蚀性能好、热物理性能好、加工工艺性好的材料制造电极,并改善电火花加工工艺条件,以减少电极损耗对加工精度的影响。

(2)放电间隙对加工精度的影响　由于放电间隙的存在,加工出的工件型孔尺寸和电极相比,沿加工轮廓要相差一个放电间隙(单边间隙)。若不考虑电蚀产物引起的二次放电(由电蚀产物在侧面间隙中滞留引起的电极侧面和工件已加工面之间的放电现象)和电极进给时机械误差的影响,放电间隙与脉冲宽度和脉冲电流峰值有关。要使放电间隙保持稳定,必须使脉冲电源的电参数保持稳定。同时还应使机床精度和刚度保持稳定,特别要注意电蚀产物在间隙中的滞留而引起的二次放电对放电间隙的影响。一般单边放电间隙 δ 为 0.01～0.1 mm,采用稳定的脉冲电源和高精度机床,在加工过程稳定性良好的情况下放电间隙误差可控制在 0.05δ 的范围内。

(3)加工斜度对加工精度的影响　在加工过程中,随着加工深度的增加,电极下部的损耗大于上部的损耗,会产生加工斜度。此外,由于二次放电次数增多,侧面的间隙逐渐增大,使被加工型孔上面的间隙大于下面的间隙,出现加工斜度。加工斜度会使工件产生形状误差和尺寸误差。

二次放电次数越多,单个脉冲的能量越大,则加工斜度越大。二次放电的次数与电蚀产物的排除条件有关,因此,应从工艺上采取措施,及时排除电蚀产物,减小加工斜度。

2)影响表面质量的因素

(1)表面粗糙度　电火花加工后的工件表面是由脉冲放电时所形成的大量凹坑重叠排列而成的。在一定加工条件下,加工表面粗糙度值随脉冲宽度和电流峰值的增大而增大,即表面粗糙度值随单个脉冲能量的增大而增加,要使表面粗糙度 Ra 值小,就必须减小单个脉冲能量,即采用较小的峰值电流和较窄的脉冲宽度。

电火花加工表面的 Ra 值,粗加工可达 12.5 μm,精加工可达 3.2～0.8 μm,微细加工可达 0.8～0.2 μm。

(2)表面层变化　经电火花加工的表面将产生包括凝固层和热影响层的表面变化层,它的化学、物理、力学性能等均有所变化。

表面变化层的厚度与工件材料及脉冲电源参数有关,它随脉冲能量的增加而增厚。凝固层的硬度一般比较高,所以电火花加工后的工件耐磨性比机械加工后的好。

3)影响生产率的因素

单位时间内从工件上蚀除的金属量称为电火花加工生产率。生产率的高低受加工极性、工件材料的热物理常数、脉冲电源、电蚀产物的排除情况等因素有关。

增加单个脉冲能量可以提高电火花加工生产率。但增大单个脉冲能量会使加工表面粗糙度 Ra 值增加。所以,采用增大单个脉冲能量的办法来提高生产率,仅用于粗加工和半精加工。

提高脉冲频率(即缩短脉冲宽度和脉冲间隙)也是提高电火花加工生产率的有效方法。但脉冲间隙太小会使工作液来不及通过消电离恢复绝缘,使间隙经常处于击穿状态,形成连续的电弧放电,破坏电火花加工的稳定性,影响加工质量。缩小脉冲宽度虽然可以提高脉冲频率,但会降低单个脉冲能量,因此只能在精加工时采用。

9.3.3 电火花线切割加工

电火花线切割加工也是通过工具电极和工件之间脉冲放电时的电腐蚀作用,对工件进行加工的。电火花线切割加工采用连续移动的金属丝作电极,接脉冲电源负极;工件接脉冲电源的正极,如图 9-17 所示。工件(工作台)相对电极丝按预定的要求在平面内作 X、Y 方向运动,从而使电极丝沿着所要求的切割路线进行电火花放电,实现切割加工,加工中电蚀产物由循环流动的工作液带走。

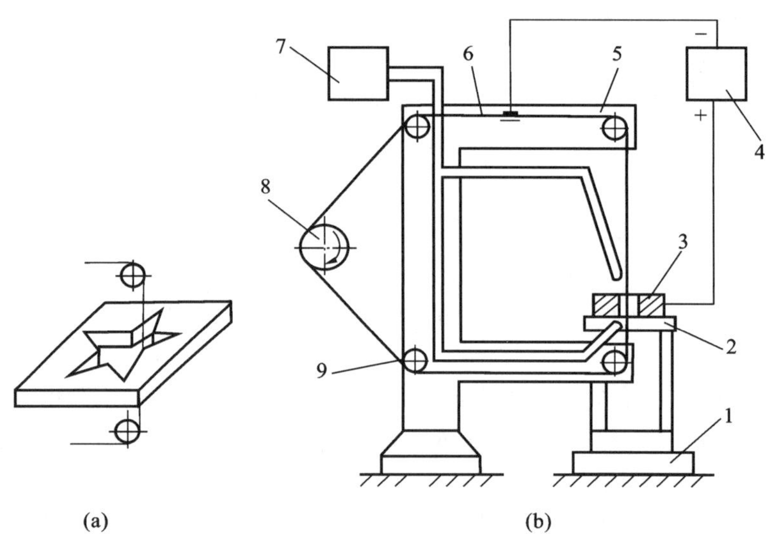

图 9-17 电火花线切割加工示意图

(a)切割工件;(b)加工示意图

1—工作台;2—夹具;3—工件;4—脉冲电源;5—丝架;6—电极丝;7—工作液箱;8—卷丝筒;9—导丝筒

电极丝以一定的速度运动(称为走丝运动),其目的是减少电极损耗,且不被火花放电烧断,同时也有利于电蚀产物的排除。

电火花线切割机床可以分为两大类,即高速走丝机床和低速走丝机床。高速走丝线切割机床中,电极丝绕在卷丝筒上,并通过导丝轮形成锯弓状,电动机带动卷丝筒进行正、反转动,导丝筒配合其正、反转动,与走丝板一起在 X 方向作往复移动,并使电极丝得到周期往复运动。走丝速度一般为 10 m/s 左右。电极丝使用一段时间后要更换新的,以免因损耗断丝而影响加工。低速走丝线切割机床采用成卷铜丝作为电极丝，经张紧机构和导丝轮形成锯弓状为单方向运动，走丝速度为 2～8 m/min。低速走丝平稳、无振动，加工精度高。电极丝在加工过程中损耗大，为一次性使用材料。

电火花线切割机床属于数字化控制机床。数控电火花线切割机床有两维切割、斜度（锥度）切割、重复切割、半径补偿、图形缩放、动态模拟加工等功能，广泛应用于难加工材料的切割加工。

9.3.4　其他特种加工方法

1. 电解加工

如图 9-18 所示，电解加工的工作原理是：在工具和工件之间接上直流电源，工件接正极，工具接负极，两极间外加直流电压为 24～63 V，极间间隙保持 0.1～1 mm，间隙处通以高速流动电解液，形成极间导电通路，产生电流；工件正极表面材料不断产生溶解，溶解物被高速流动的电解液及时冲走，工具电极不断进给以保持极间间隙。

电解加工的特点与电火花加工类似，不同之处有以下几点。

①加工型面、型腔生产效率高，比电火花加工高 5～10 倍。

②工具电极损耗小，加工表面质量好，表面无毛刺。

③局部棱角、小圆角很难加工，加工精度不及电火花加工。

④设备要求防腐蚀、防污染，需配置污水处理系统。

2. 超声波加工

超声波加工是利用工具作超声振动，通过工具与工件之间的磨料悬浮液进行加工，如图 9-19 所示。加工时工具以一定的力压在工件上，由于工具的超声振动，悬浮磨粒以很大的速度、加速度和超声频撞击工件，工件表面受击处产生破碎、裂纹、脱离而成微粒，磨料悬浮液受工具端部的超声振动作用，产生液压冲击和空化现象，促使液体渗入被加工材料的裂纹处，加强了机械破坏作用，液压冲击也使工件表面损坏而蚀除，达到去除材料的目的。

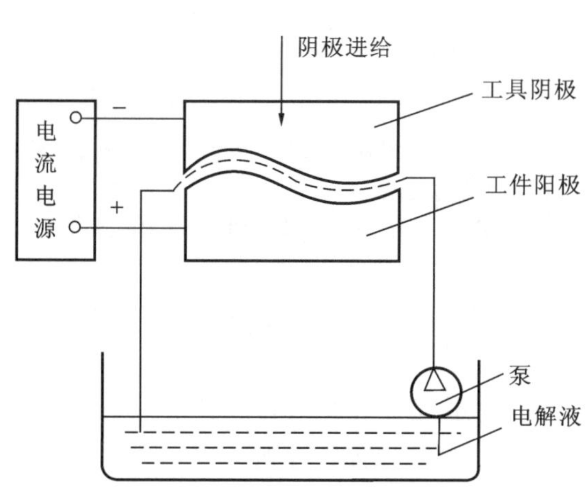

图 9-18　电解加工示意图

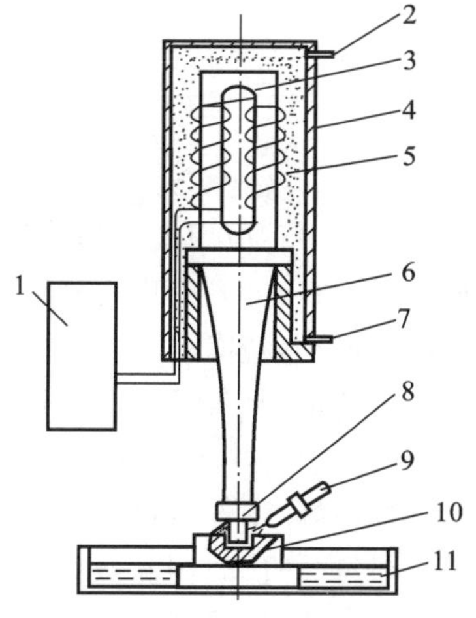

图 9-19　超声波加工原理图

1—超声波发生器；2—冷却水入口；3—换能器；4—外罩；5—循环冷却水；6—变幅杆；7—冷却水出口；8—工具；9—磨料悬浮液；10—工件；11—工作槽

超声波加工的特点如下。

①适于加工各种硬脆金属材料和非金属材料，如硬质合金、淬火钢、陶瓷等。

②加工过程受力小，热影响小，可加工薄壁、薄片等易变形零件。

③被加工表面无残余应力，无破坏层，加工精度较高，表面质量较好。

④可加工各种复杂形状的型孔、型腔和型面。

⑤生产效率较低。

超声波加工的应用范围十分广泛，已成功地用于小深孔、槽的加工，也可用于模具型腔、型孔的抛光加工及机械零件的超声清洗等。

3. 激光加工

激光是一种通过受激辐射而得到的加强光。其特点是：强度高、亮度大；波长频率确定，单色性好；相干性好，相干长度长；方向性好，几乎是平行光。

如图 9-20 所示，由激光器发出的激光经光学系统聚焦后，照射到工件表面上，光能被吸收，转化为热能，使照射斑点处局部区域温度迅速升高，材料被熔化、气化而形成小坑。由于热扩散，使斑点周围材料熔化，小坑内材料蒸汽迅速膨胀，产生微型爆炸，将熔融物高速喷出并产生一个方向性很强的反冲击波，于是在加工表面打出一个上大下小的孔。

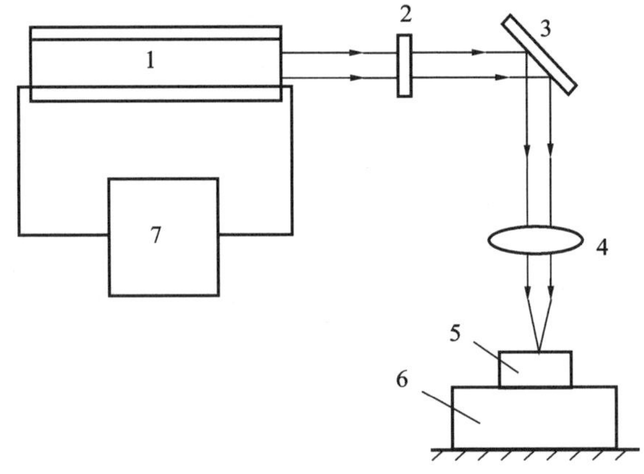

图 9-20　激光加工原理图

1—激光器；2—光阑；3—反射镜；4—聚焦镜；5—工件；6—工作台；7—控制器

激光加工是一种应用很广的精密加工方法，其特点如下。

①加工精度高：激光束斑直径可达 1 μm 以下，可进行微细加工，由于是非接触式加工，加工时工件变形小，精度高。

②加工材料范围广：可加工陶瓷、玻璃、金刚石、硬质合金等各种金属和非金属材料，特别是难加工材料。

③加工性能好：工件可离开加工机进行加工，并可透过透明材料进行加工。

④不仅可进行打孔、切割，也可进行表面改性、焊接、热处理等多种加工。

⑤加工速度快、效率高。

⑥加工设备价格昂贵，加工成本高。

9.4 数字化制造技术

数字化制造技术包括的内容很多，本节主要介绍利用计算机和数控加工设备对产品零件进行计算机辅助设计与制造，以及在此基础上发展起来的柔性制造系统、计算机集成制造系统和快速原形制造。

9.4.1 计算机辅助设计与制造

计算机辅助设计与制造(CAD/CAM)有广义与狭义之分，狭义CAD/CAM是指工程技术人员以计算机为工具，利用各种专业知识对产品(零件)进行设计绘图，并根据零件图形信息，利用系统软件对零件进行数控加工编程。数控机床在数控加工程序的控制下对零件进行自动加工。

现有的CAD/CAM商品软件中的CAM模块都具有很全面的数控编程功能。

1. 数控编程的方法

对于一些几何形状不太复杂、计算较为简单、加工程序不多的零件来说，现场采用手工编程既方便也容易实现。但对于那些形状复杂(具有非圆曲线、列表曲线轮廓和三维轮廓)的加工零件以及加工程序长的零件，手工编程难以胜任。因此，自动编程(计算机辅助编程)已成为必然。目前较为成熟的自动编程方法有语言编程、图形编程等多种。随着计算机辅助绘图技术的发展，目前已普遍采用图形编程方法。

所谓图形编程方法，是指在相应的程序支持下，利用计算机辅助绘图所得到的图形信息，采用图形交互功能，在屏幕上直接显示零件图形及加工走刀轨迹并输出加工程序的编程。图形编程不仅可缩短编程时间，提高编程质量，而且可以模拟加工路径、检查走刀轨迹，减少编程出错率，从而提高编程的可靠性。

2. 数控编程的内容与步骤

数控编程的方式很多，但各系统实现的功能和步骤基本相同，如图9-21所示。

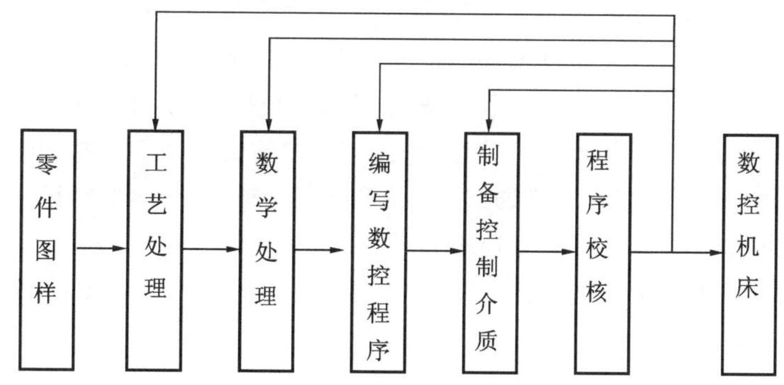

图9-21 数控编程的步骤

(1)工艺处理 工艺处理是指分析所加工的零件图样、确定加工方法、加工工艺路线和工艺参数等。

(2)数学处理 数学处理是指根据各工艺参数计算刀具中心运动轨迹，获得刀位数据。

(3)编写数控程序　即根据数控机床所采用的数控指令代码，在数控程序格式的指导下，将工件尺寸、刀具中心运动轨迹、位移量、切削参数及主轴正反转等其他辅助功能编制成数控加工程序。

(4)制备控制介质　不同的数控编程系统采用的控制介质不尽相同。数控加工程序通过控制介质输入到控制系统中，并最终控制数控机床进行加工。随着现代数控技术的发展，已能将数控程序直接传送给数控机床的控制系统。

(5)校核加工程序　通过动态模拟加工或首件试切校核数控加工程序，并反馈检验结果。

9.4.2　柔性制造系统

柔性制造系统(FMS)是 20 世纪 70 年代末发展起来的先进机械加工系统。FMS 由一组数控机床组成，它能够随机地加工一组具有不同加工顺序及加工循环的零件，实现自动送料及计算机控制，以便动态地平衡资源的供应，从而使系统自动地适应零件生产混合变化及生产量的变化。

FMS 的规模差异很大，一台数控机床装上最简单的自动上下料装置即可变为柔性制造单元(FMC)。无论是简单的 FMC 还是较复杂的 FMS，都必须包括加工系统、传输系统和控制系统三个基本部分，FMC 与 FMS 的区别仅在于各个子系统的功能和规模等。

加工系统又称加工单元或制造单元，它实施对产品零件的加工。构成加工系统所需的设备由数控机床和其他的加工设备组成。

传输系统又称物流系统或材料仓库与搬运系统，它用于实现毛坯、夹具、工件等的出入库和装卸等工作，这些工作环节即组成物质流。所需设备主要是总仓库和自动上下料装置、传送带、自动小车和随行夹具系统等。FMS 的传输系统必须是自动分配系统，运送工具应有一定的智能，如机器人应具备柔性抓取和夹紧能力，自动小车应能实时地把工件改送到其他适宜的加工站等。

控制系统实施对整个 FMS 的控制和监督，实际上由中央控制计算机与各设备的控制装置组成分级控制网络，由它们组成信息流，实现对机床等加工设备、传输系统和中央刀库的管理与控制。控制系统除上述功能外，还必须实施对机床、刀具和工件的监控，利用专用传感器和信息网络监控刀具状态、计算和监控刀具寿命、监控工件的实际加工尺寸等。

FMS 适用于中小批量、多品种零件的自动化生产，具有较好的经济效益，它的主要优点如下。

①提高中小批量零件制造时的生产率；

②缩短新产品试制的准备时间；

③减少工厂的零件库存；

④节约生产劳动成本；

⑤提高产品质量；

⑥改善制造加工的工作条件；

⑦保证操作人员的安全。

1. 柔性制造单元(FMC)

FMC 的结构形式根据不同的加工对象、数控机床的类型与数量以及工件更换与存储方式的不同，可以有多种多样的，但主要有托盘搬运式和机器人搬运式两大类。

1）托盘搬运式 FMC

托盘是固定工件的器具，在加工过程中它与工件一起流动（类似通常的随行夹具）。采用托盘搬运的结构形式较多，图 9-22 所示的 FMC 由卧式加工中心、环形交换工作台、托盘以及托盘交换装置组成。环形交换工作台用于工件的输送与中间存储，是独立的通用部件。托盘座在环形导轨上由环链拖动回转。每个托盘座上有地址识别码，当一个工件加工完毕时，数控机床发出信号，由托盘交换装置将加工完的工件（包括托盘）拖至回转台的空位处，其后按指令，环形工作台转一工位，将加工完的工件移至装卸工位，同时将待加工工件推至机床工作台并定位加工。托盘搬运式 FMC 多用于箱体件或大件的加工。

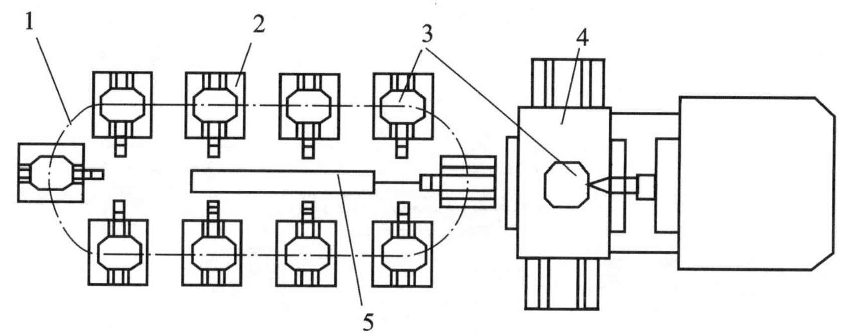

图 9-22 托盘搬运式 FMC

1—环形交换工作台；2—托盘座；3—托盘；4—加工中心；5—托盘交换装置

2）机器人搬运式 FMC

图 9-23 所示的 FMC 由加工中心、车削中心、机器人及回转工作台组成。机器人移动（图中箭头所示）为两台机床服务。每台机床各用一台交换工作台来输送与缓冲存储。

由于机器人抓取的重量及尺寸范围的限制，机器人搬运式 FMC 主要用于小工件和回转工件的搬运和加工，特别适用于车削 FMC。

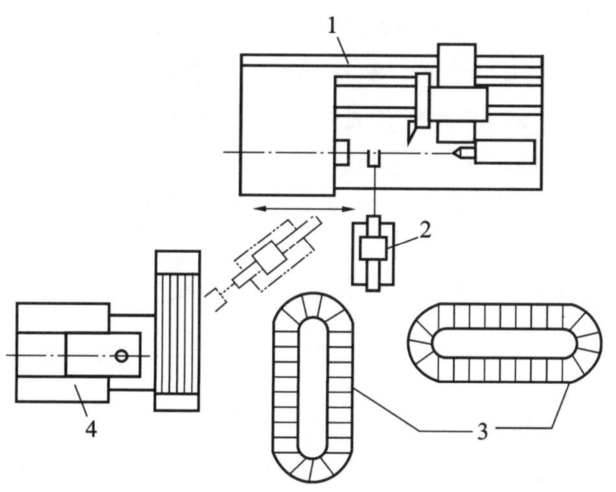

图 9-23 机器人搬运式 FMC

1—车削中心；2—机器人；3—回转工作台；4—加工中心

2. 柔性制造系统(FMS)

FMS 由加工、物流、信息三个子系统组成，每个子系统还有分系统。现有的 FMS 一般是由多台数控机床和加工中心组成，并有自动上下料装置、仓库和输送系统，在计算机及其软件的集中控制下可实现加工自动化，具有高度的柔性，是一种计算机直接控制的自动化可变加工系统。图 9-24 所示是由北京机床研究所于 1985 年研制成功的我国第一套 FMS。

1)加工系统

根据生产纲领及零件工艺分析，确定图 9-24 所示的 FMS 加工系统由 5 台数控机床组成。其中数控车床 2 台，数控外圆磨床、立式加工中心、卧式加工中心各 1 台。5 台机床采用直线排列，每台机床前设置机床与托盘站 1 个，并由 4 台 M1 型工业机器人分别在机床与托盘站之间进行工件的上下料搬运(其中 2 台加工中心合用 1 台工业机器人)。以机床为核心分为以下 5 个加工单元。

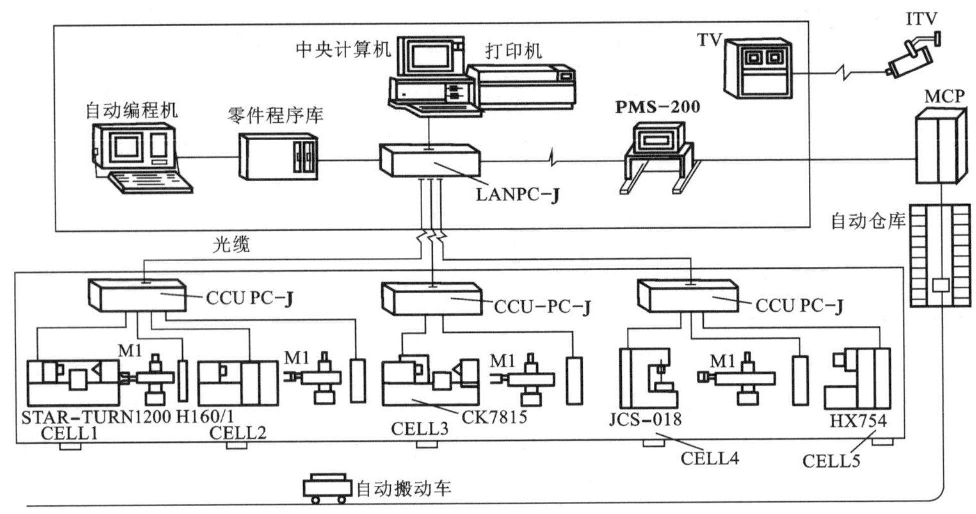

图 9-24 JCS-FMS 组成框图

单元 1：由 STAR-TURN1200 数控机床和工业机器人组成；

单元 2：由 H160/1 数控端面外圆磨床、工业机器人以及中心孔清洗机各 1 台组成；

单元 3：由 CK7815 数控车床、工业机器人以及专用支架与反转装置各 1 台组成；

单元 4：由 JCS-018 立式加工中心、工业机器人以及专用支架与反转、回转定位装置组成；

单元 5：由 HX754 卧式加工中心、工业机器人(与单元 4 合用)以及专用支架与反转、回转定位装置组成。

2)物流系统

机床的托盘站与仓库之间采用 1 台电缆感应式自动引导小车进行工件的运输。平面仓库具有 15 个工件出入托盘站，它们由物流管理计算机和控制装置进行管理与控制。

3)信息系统

信息系统由中央计算机承担整个系统的生产计划与作业调度、集中监控以及加工程序管理。LANPC-J 为局部网络控制器，用以实现中央计算机与各单元控制器(CCUPC-J)、输送计算机以及程序库之间的信息与管理。采用具有摄像头的工业电视(ITV)组成的监视系统对 FMC 的 5 个部分进行监视，即监视平面仓库、单元 2、单元 4、单元 5 以及引导小车的运行实况。

9.4.3　计算机集成制造系统

计算机集成制造系统(CIMS)是在自动化技术、信息技术和制造技术的基础上，通过计算机及其软件将制造工厂全部生产活动所需的各种分散的自动化系统有机地集成起来而形成的，适合于多品种、中小批量生产的高效益、高柔性的智能制造系统。

1. CIMS 的构成

CIMS 的构成可以从功能、层次结构和学科等不同角度来分析。

1)功能构成

CIMS 包含了工厂设计、制造和经营管理三种主要功能，在分布式数据库、计算机网络和指导集成运行的系统技术等所形成的支持环境下被集成到一起，如图 9-25 所示。

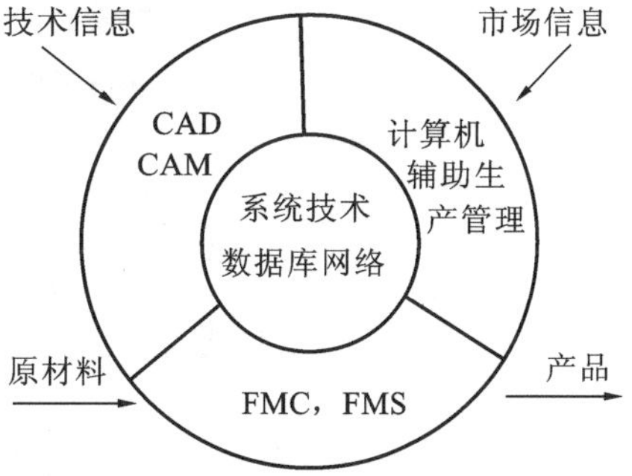

图 9-25　CIMS 的功能组成

(1)设计功能　包括计算机辅助设计、计算机辅助工艺过程设计、计算机辅助制造的工程设计(如夹具、刀具、检具等)和分析工作。

(2)加工制造功能　由加工工作站、物料输送及存储工作站、检测工作站、夹具工作站、刀具工作站、装配工作站、清洗工作站等完成产品的加工制造。同时应有工况监测和质量保证系统，以便稳定可靠地完成加工制造任务。加工过程中，物流与信息流交汇，将加工制造的信息实时反馈到相应部门。

(3)生产经营管理功能　经营方面包括市场预测和决策，管理方面包括制订生产计划、物料需求计划(MRP)、制造资源计划(MRPⅡ)。将物料需求计划、生产能力(资源)平衡以及进行财务、仓库等各种管理结合起来成为制造资源计划。

2)层次结构

任何企业都存在层次结构，但各层次的职能及信息特点可能不同。CIMS 可以由公司、工厂、车间、制造单元、工作站和设备六个层次组成。工厂、车间、制造单元、工作站和设备各层的职能分别为计划、管理、协调、控制和执行。层次越高，信息越抽象，处理信息的周期也越长；层次越低，信息越具体，处理信息的时间要求越短。

3)学科构成

CIMS 是系统科学、计算机科学和技术、制造技术等交互渗透结合并将其应用到制造环境中而产生的集成方法和技术，如图 9-26 所示。

图 9-27 所示的系统是建立在清华大学的国家 CIMS 工程研究中心的 CIMS 实验工程结构，它由车间、制造单元、工作站、设备四级组成，用于在网络和分布式数据库管理的支持环境下，进行 CAD/CAM、仿真、递阶控制等工作。

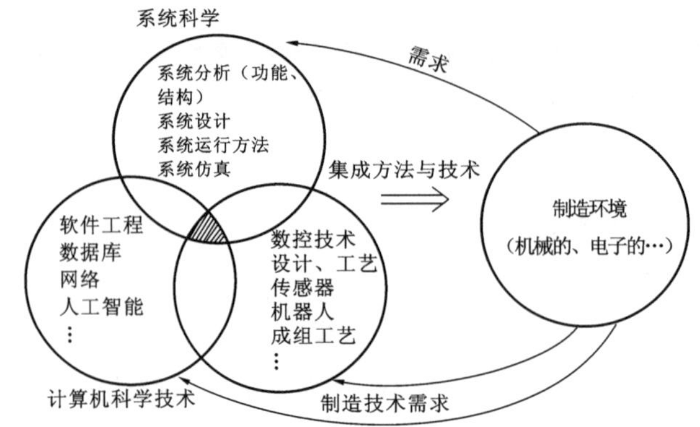

图 9-26　CIMS 的学科构成

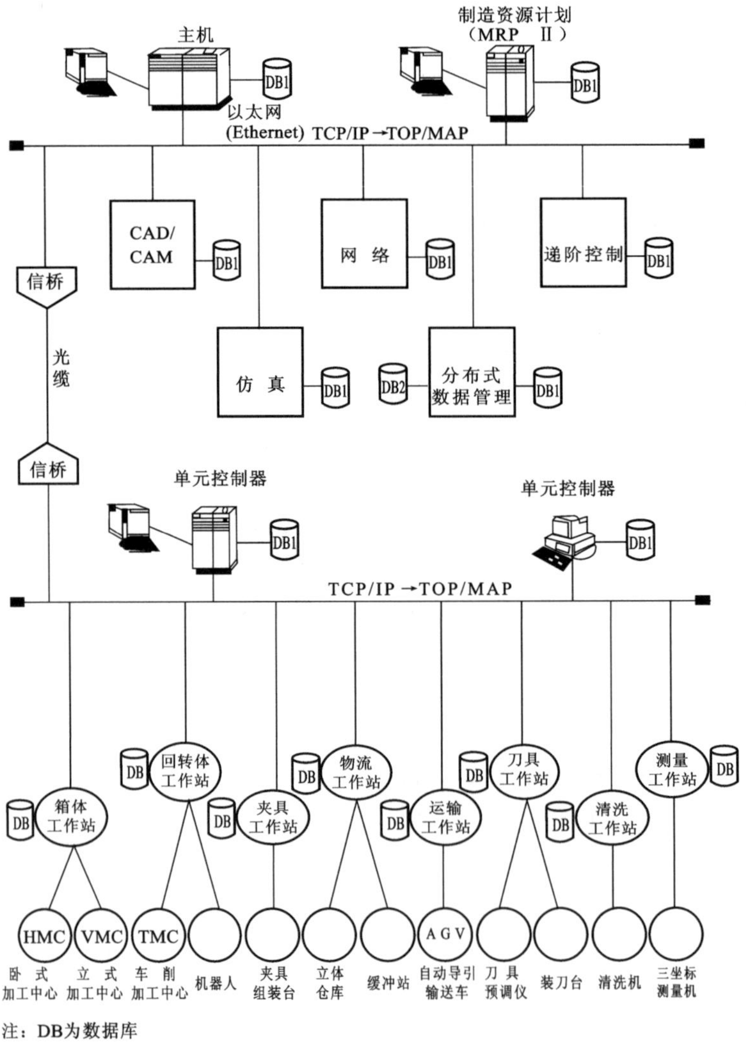

图 9-27　国家 CIMS 工程研究中心的 CIMS 结构示意图

2. CIMS 的发展与应用

我国于1986年开始制订的国家高技术研究发展计划(即“863计划”)中将 CIMS 确定为自动化领域的主要研究项目之一,并规定我国863/CIMS 的战略目标为:跟踪国际 CIMS 有关技术的发展;掌握 CIMS 关键技术;在制造业中建立能获得综合经济效益并能带动全局的 CIMS 示范工厂,通过推广应用及产品化促进我国 CIMS 高技术产业的发展。

我国“863计划”CIMS 课题的研究和开发进程证明:CIMS 是现代制造领域中卓有成效的技术,是加快我国企业适应市场经济速度、促进企业经济增长方式向集约型转变的重要技术手段。

必须指出,CIMS 的应用不论是硬件还是软件,由于投资大、技术要求高、管理难度大,目前仅在飞机、机床、汽车、家电以及钢铁、化工等行业的少数有条件的工厂中应用。

9.4.4 快速原形制造

1. 快速原形制造技术的概念

快速原形(RP)制造技术是20世纪80年代后期出现的一种新型加工技术。RP 是一种基于离散/堆积成形思想的新型成形技术,它是在计算技术、数控技术、激光技术以及三维实体零件制造技术的基础上诞生的。而快速原形制造(RPM)则是指采用 RP 技术,由 CAD 模型直接驱动的快速完成复杂形状三维实体零件制造技术的总称。

RPM 的出现被认为是制造技术领域里的一次重大突破,有人将其与数控技术诞生相提并论,可见其对制造业的影响多么重大。利用 RPM 技术可以自动、直接、快速、精确地将设计思想物化为具有一定功能的原形或直接制造零件,从而可以对产品设计进行快速评价、修改及功能实验,有效地缩短产品的研发周期。

RPM 的基本过程如图9-28所示:首先由 CAD 软件设计出所需零件的计算机三维曲面(三维虚拟模型),然后根据工艺要求,将其按一定的厚度进行分层,将原来的三维模型转变为二维平面信息(即截面信息),将分层后的信息进行处理(离散过程)产生数控代码;数控系统以平面加工的方式,有序地连续地加工出每个薄层,并使它们自动黏结而成形(堆积过程)。这样就将一个复杂的物理实体的三维加工离散成一系列的层片加工,大大降低了加工难度。

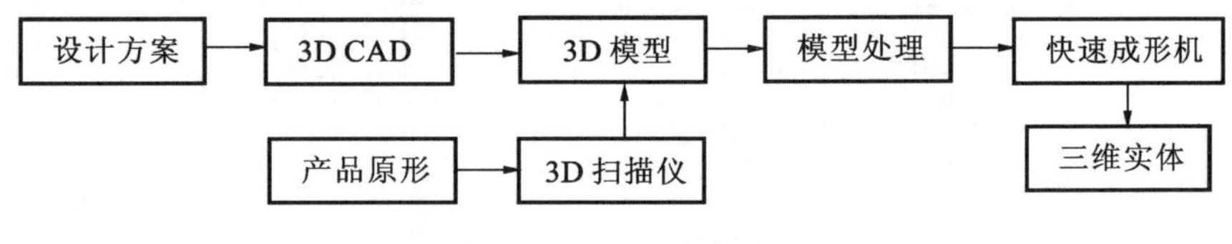

图9-28 RPM 基本过程

2. 快速原形制造工艺

1) 立体光刻工艺

立体光刻(SLA)也称光造型,最早是由美国3D System 公司开发的,其工作原理为:由计算机传输来的三维实体数据文件,经机器的软件分层处理后,驱动一个扫描激光头,发出紫外激光束在液态紫外光敏树脂的表层进行扫描。液态树脂表层受光束照射的那些点发生聚合反应形成固态。每一层的扫描完成之后,工作台下降一个凝固层的高度,一层新的液态树脂就覆盖在已扫描过的固化层表面，再建造一个固化层，由此层层叠加，形成一个三维实体，如图 9-29 所示。如果实体有悬空的结构，处理软件可以预先判断并生成必要的支撑工艺结构。为了防止成形后的实体粘在工作台上，处理软件还必须先在实体底部生成一个网络状的框架，以减少实体与工作台的接触面积。造型工作全部完成后，实体从工作台上取出，用溶剂洗去未凝固的树脂，再用紫外线进行整体照射以保证所有的树脂都凝结牢固(固化处理)。

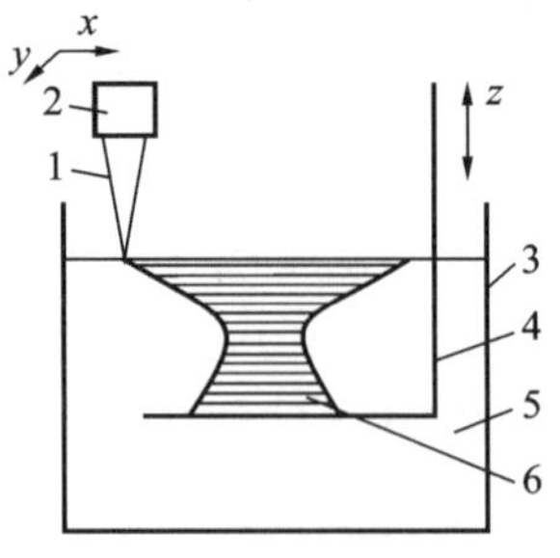

图 9-29 SLA 工艺过程示意图

1—激光束；2—平面扫描头；3—树脂槽；4—托盘；5—树脂；6—零件原形

SLA 方法是目前 RPM 领域中使用最为广泛的方法，SLA 工艺成形的零件精度较高，可达 0.1mm。这种成形方法的缺点是成形过程中需要支撑，树脂收缩导致精度下降，树脂本身也具有一定的有害性。

2)分层实体制造工艺

分层实体制造(LOM)也称叠层实体制造，最早是由美国 Helisys 公司开发的。采用该项技术时要将特殊的箔材一层一层地堆叠起来，激光束只需扫描和切割每一层的边缘。目前最常用的箔材是一种在一个面上涂布了热熔树脂胶的纸。在 LOM 成形机器中，箔材从一个供料卷拉出，胶面朝下平整地经过造型平台，由位于另一端的收料卷筒收卷起来。每敷覆一层纸就有一个热压辊压过纸的背面，将其黏合在平台上或前一纸层上。这时激光束开始沿着当前层的轮廓进行切割。激光束经准确聚焦，刚好能切穿一层纸的厚度。在模型四周或内腔的纸则被激光束切割成细小的“碎片”，以便后期处理时可以除去这些材料。同时在成形过程中，这些碎片可以对模型的空腔和悬壁结构起支撑作用。一个薄层完成后，工作平台下降一个层的高度，箔材已割离的四周剩余部分被收料筒卷起，并拉动连续的箔材进行下一层的敷覆，如此周而复始，直至整个模型完成，如图 9-30 所示。

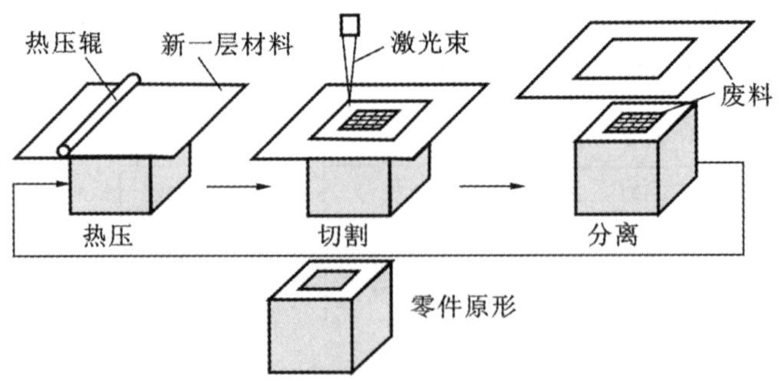

图 9-30 LOM 工艺过程

为了加快造形进程，每次也可以切割 2～3 层箔材，这就要求用较大的激光器来进行切割，此外，制作出来的模型外表会有更明显的台阶状。LOM 工艺的后处理包括去除模型四周和空腔内的碎纸片，必要时可以通过加工去除模型表面的台阶，并可对 LOM 模型进行机械加工、打磨、抛光、加涂层等多种形式的辅助加工。目前用于 LOM 技术的箔材主要有涂覆纸、覆膜塑料、覆蜡陶瓷箔、覆膜金属箔等。

3）选择性激光烧结工艺

选择性激光烧结（SLS）工艺最早由美国得克萨斯大学开发。SLS的原理与SLA十分相似，主要的区别是SLA所用的材料是液态紫外光敏可凝固树脂，而SLS使用的是可熔粉状材料。目前可用于SLS技术的材料包括尼龙粉、覆裹尼龙的玻璃粉、聚碳酸脂粉、聚酰胺粉、金属粉等。和其他的RPM技术一样，SLS采用激光束对粉末状的材料进行分层扫描，受到激光束照射的粉末被烧结（熔化后再固化）。当一个层被扫描烧结完成后，工作台下降一个层的高度，敷料辊又在上面敷上一层均匀密实的粉末，直至完成整个烧结成形。在成形过程中，未经烧结的粉末对模型的空腔和悬壁起支撑作用。

SLS技术视所用的材料而异，有时需要比较复杂的辅助工艺。以聚酰胺粉末烧结为例，为避免激光扫描烧结过程中材料因高温起火燃烧，必须在造型机器的工作空间充入阻燃气体。为了使粉末材料可靠地烧结，必须将机器的整个工作空间以及参与造型工作的所有机件、所用的粉末材料预先加热到规定的温度，这个预热过程常常需要数小时。造型工作完成后，需要使用软刷和压缩空气去除工件表面附着的浮粉，这一工序必须在封闭空间中完成，以免造成粉尘污染。

4）熔融沉积成形工艺

熔融沉积成形（FDM）最早由美国学者Scott Crump于1988年研制开发。FDM通常使用热熔性材料，如蜡、ABS、尼龙等。FDM加工原理如下：首先将丝状的热熔性材料加热熔化，通过带有一个微细喷嘴的喷头挤喷出来，喷头可以沿x轴方向移动，工作台则沿y轴方向移动。如果热熔性材料的温度始终稍高于固化温度，而成形的部分温度稍低于固化温度，就能保证热熔性材料挤喷出喷嘴后随即与前一个层面熔结在一起。一个层面沉积完成后，工作台按预定的增量下降一个层的高度，再继续熔喷沉积，直至完成整个实体造型，如图9-31所示。

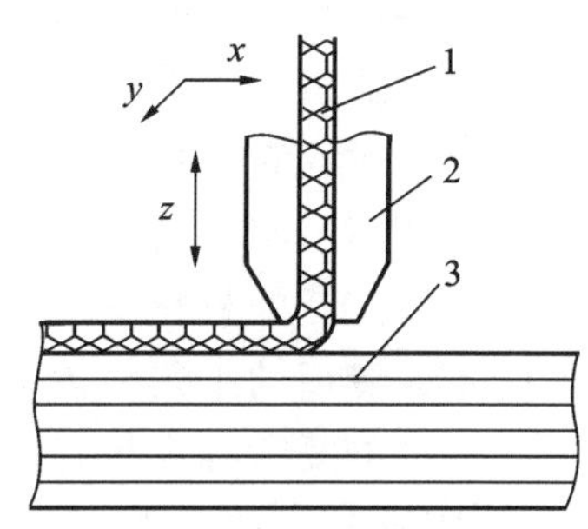

图9-31 FDM工艺过程

1—丝料；2—加热原件；3—零件原形

对于有空腔和悬壁结构的工件，必须使用两种材料，一种是成形材料，另一种是专门用于沉积空腔部分的支撑材料，这些支撑材料在成形后再行除去。支撑材料一般采用遇水可软化或溶解的材料，去除时只需用水浸泡清洗即可。

5）立体喷墨印刷工艺

立体喷墨印刷（IJP）工艺与FDM十分相似：采用喷墨打印的原理，将液态热熔性材料由打印头喷出，逐层堆积而形成一个三维实体。IJP的主要特点是加工非常精细，可以在实体上造出小至0.1 mm的孔。为了支撑空腔和悬壁结构，必须使用两种“墨水”，一种用于实体成形，另一种用于支撑成形。

6）三维打印黏结工艺

三维打印黏结（3DP）工艺的原理与SLS十分相似，都是使用粉末材料，主要区别在于SLS用激光烧结成形，而3DP采用喷墨打印的原理将液态黏结剂由打印头喷出，逐层黏结粉末材料成形，如图9-32所示。

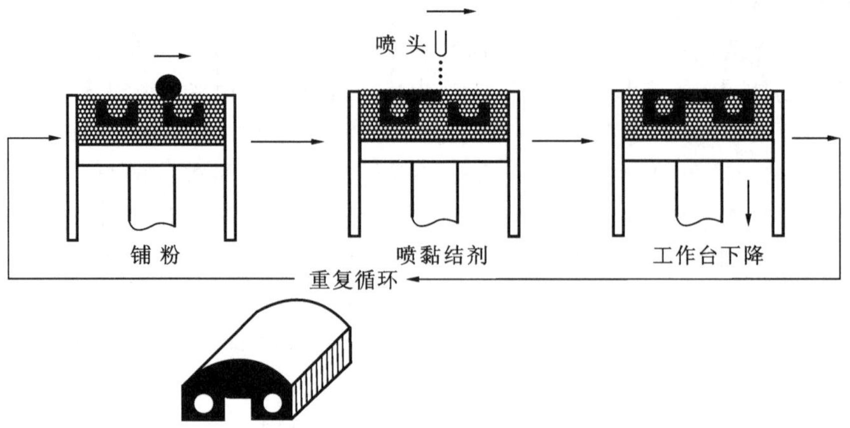

图 9-32　3DP 工艺过程

3. 快速原形技术的特点及应用

1）特点

①特别适合于形状复杂的、不规则零件的制造；

②是一种自动化的成形过程，无须人工干预或较少干预；

③没有或极少废弃材料，是一种绿色制造技术；

④系统柔性高，只需改变 CAD 模型就可成形各种不同形状的零件；

⑤CAD/CAM 一体化；

⑥具有广泛的材料适应性；

⑦不需专用的工艺装备，大大缩短了新产品试制时间；

⑧零件的复杂程度与制造成本关系不大。

2）RPM 技术的应用

鉴于以上特点，RPM 主要应用于新产品开发、快速单件及小批量零件制造、复杂形状零件（原形）的制造、模具设计与制造等。以下是 RPM 技术的一些常见应用。

（1）用于产品设计评估与校审　RP 技术可使 CAD 的设计构想得以快速实现，生成可视的、可触摸的物理实体。因此设计人员可借助于 RP 技术更快也更容易地发现设计中的错误，此外，设计人员还可及时体验其新设计产品的使用舒适性和美学品质。RP 生成的模型也是设计部门与非技术部门交流的更好中介物。

（2）用于产品工程功能实验　在 RP 系统中使用新型光敏树脂材料制成的产品零件原形具有足够的强度，可用于传热、流体力学实验，用某些材料制成的模型还具有光弹特性，可用于产品的应力应变实验分析。

（3）用于与客户的交流　RP 原形现已成为制造厂家争夺订单的有效手段。

（4）用于快速模具制造　采用 RPM 生成的实体模型制作凸模和凹模，可以快速制造出企业所需要的功能模具，其制造周期较之数控切削方法可缩短 1/3 以上，而成本却下降 1/3～2/3。

（5）用于快速零件制造　RPM 技术利用材料累加法可直接制造零件，如制造塑料、陶瓷、金属及各种复合材料零件。

9.5　绿色制造技术

9.5.1　概述

1. 绿色制造技术的产生和发展

在生产力高度发展和物质产品空前丰富的今天，世界却面临着令人忧虑的问题：产品更新换代的加快带来越来越短的产品使用寿命，造成数量越来越多的废弃物；资源过快地开发和过量消耗，造成资源短缺和面临衰竭；环境污染和自然生态的破坏已严重威胁到人类的生存条件。

在经历了几百年工业发展之后，人类逐渐认识到工业文明所带来的负面影响已明显显现：人类赖以生存的地球遭到了日益严重的破坏，如不采取有效措施，后果将不堪设想。在这种背景下，绿色制造技术应运而生。

20 世纪 90 年代提出的绿色制造(GM)又称清洁生产(CP)，或面向环境的制造(MFE)。绿色制造技术是指在保证产品的功能、质量、成本的前提下，综合考虑环境影响和资源效率的现代制造模式。它使得在从设计、制造、使用到报废的整个产品生命周期中都能节约资源和能源，不产生环境污染或使环境污染最小化。

随着人们环保意识的不断加强，绿色制造受到越来越普遍的关注。特别是近年来，国际标准化组织提出了关于环境管理的 ISO14000，使绿色制造的研究与应用更加活跃。可以预计，21 世纪的制造业的发展方向将是清洁化的制造业，谁掌握了清洁化生产技术，谁的产品符合“绿色产品”标准，谁就掌握了主动权，就会在激烈的市场竞争中取得成功。

2. 绿色制造技术的内容

联合国环境保护署对绿色制造技术的定义是：将综合预防的环境战略，持续应用于生产过程和产品中，以减少对人类和环境的风险。

根据上述定义，绿色制造包括制造过程和产品两个方面，如图 9-33 所示。对于制造过程而言，绿色制造涵盖从原材料投入到产品产出的全过程，包括节约原材料和能源，替代有毒原材料，将一切排放物的数量与有害性削减在离开生产过程之前，对报废产品进行回收与再利用；对于产品而言，清洁生产覆盖构成产品整个生命周期的各个阶段，即从原材料提取到产品的最终处置这一过程，包括产品的设计、生产、包装、运输、流通、消费及报废等，以减少对人类和环境的不利影响。

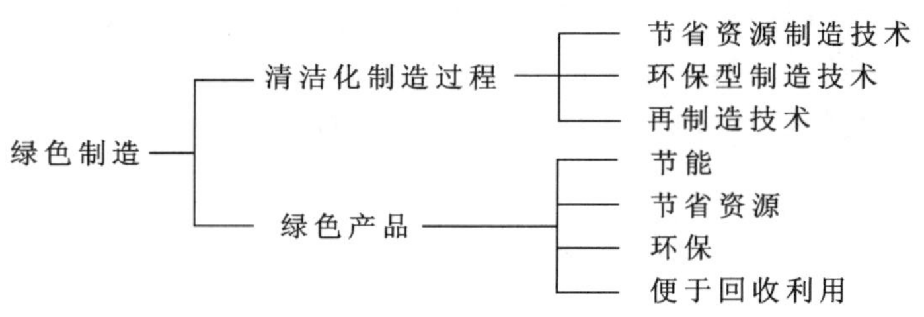

图 9-33　绿色制造的内容

3. 绿色制造的原则

联合国环境保护署提出绿色制造技术的三项基本原则如下。

①不断运用原则：将绿色制造技术持续不断运用到社会生产的全部领域和社会持续发展的整个过程。

②预防性原则：对环境影响因素从末端治理追溯到源头，采取一切措施最大限度地减少污染物的产生。

③一体化原则：将空气、水、土地等环境因素作为一个整体考虑，避免污染物在不同介质之间进行转移。

9.5.2 绿色制造过程

绿色制造过程主要包括三个方面的内容：减少制造过程中的资源消耗；避免或减少制造过程对环境的不利影响以及报废产品的再生与利用。相应地发展三个方面的制造技术，即节省资源的制造技术、环保型制造技术和再生制造技术。

1. 节省资源的制造技术

节省资源的制造技术包括减少制造过程中的能源消耗、减少原材料消耗和减少制造过程中的其他消耗。

1）减少制造过程中的能源消耗

制造过程中消耗掉的能量一部分转化为有用功之外，大部分能量都转化为其他能量而浪费。例如，普通机床用于切削的能量仅占总消耗能量的 30%，其余 70%的能量则消耗于空转、摩擦、发热、振动和噪声等。减少制造过程中能量消耗的措施如下。

①提高设备的传动效率，减少摩擦与磨损。例如采用电主轴，消除主传动链传动造成的能量损失；采用滚珠丝杠和滚动导轨代替普通丝杠和滑动导轨，减少运动副的摩擦损失。

②合理安排加工工艺，合理选择加工设备，优化切削用量，使设备处于满负荷、高效率运行状态。例如，粗加工时采用大功率设备，精加工时采用小功率设备。

③改进产品和工艺过程设计，采用先进成形方法，减少制造过程中的能量消耗。例如：零件设计尽量减少加工表面；采用净成形（无屑加工）制造技术，以减少机械加工量；采用高速切削技术，实现"以车代磨"等。

④采用适度自动化技术。不适度的全盘自动化，会使机器设备结构复杂，运动增加，消耗过多的能量。

2）减少原材料消耗

产品制造过程中使用原材料多，消耗的有限资源就多，并会加大运输与库存工作量，增加制造过程中的能量消耗。减少制造过程中原材料消耗的主要措施如下。

①科学地使用原材料，尽量避免使用稀有、贵重、有毒、有害材料，积极推行废弃材料回收与再生策略。

②合理设计毛坯、采用先进的毛坯制造方法（如精密铸造、精密锻造、粉末冶金等），尽量减少毛坯加工余量。

③优化排料、排样，尽可能减少边角余料。

④采用无屑加工技术。例如，采用冷挤压成形代替切削加工成形；在可行的条件下，采用快速原形制造技术，避免传统的去除加工所带来的材料损耗。

3）减少制造过程中的其他消耗

制造过程中除能源消耗、原材料消耗外，还有其他辅料消耗，如刀具消耗、液压油消耗、润滑油消耗、冷却液消耗、包装材料消耗等。

减少刀具消耗的主要措施包括：选择合理的刀具材料；选择合理的切削用量；采用不重磨机夹刀具；选择适当的刀具角度；确定合理的刀具耐用度等。

减少液压油与润滑油的主要措施包括：改进液压与润滑系统设计与制造，保证不渗漏；使用良好的过滤与清洁装置，延长油的使用周期。其次，在某些设备上可对润滑系统进行智能控制，减少润滑油的浪费。

减少冷却液消耗的主要措施包括：采用高速干式切削，不使用冷却液；选择性能良好的高效冷却液和高效冷却方式，节省冷却液的使用；选用良好的过滤和清洁装置，延长冷却液的使用周期等。

2. 环保型制造技术

环保型制造技术是指在制造过程中最大限度地减少环境污染，创造安全、舒适的工作环境。包括减少废料的产生、废料有序地排放、减少有毒有害物质的产生、有毒有害物质的适当处理、减小振动与噪声、实行温度调节与空气净化、对废料的回收与再利用等。

1）杜绝或减少有毒有害物质的产生

杜绝或减少有毒有害物质产生的最好方法是采用预防性原则，即将对污水、废气的事后处理转变为事先预防。仅对机械加工中的冷却而言，目前已发展了多种新的加工工艺，如采用水蒸气冷却、液氮冷却、空气冷却以及采用干式切削等。

2）减少粉尘与噪声污染

粉尘污染与噪声污染是毛坯制造车间和机械加工车间最常见的污染，它严重影响劳动者的身心健康以及产品加工质量，必须严格加以控制，主要措施如下。

①选用先进的制造工艺及设备。例如：采用金属型铸造代替砂型铸造，可显著减少粉尘污染；采用压力机锻压代替锻锤锻压，可使锻压噪声大幅下降；采用快速原形制造技术代替去除加工，可以减少机械加工噪声等。

②优化机械结构设计，采用低噪声材料，最大限度降低设备工作噪声。

③选择合适的工艺参数。机械加工中，选择合理的切削用量可以有效地防止切削振动和切削噪声。

④采用封闭式加工单元。对加工设备采用封闭式单元结构，利用抽风或隔声、降噪技术，可以有效地防止粉尘扩散和噪声传播。

3）工作环境设计

工作环境设计即研究如何给劳动者提供一个安全、舒适宜人的环境。安全环境包括各种必要的保护措施和操作规程，以防止工作设备在工作过程中对操作者可能造成的伤害。舒适宜人的工作环境包括作业空间足够宽大；作业面布置井然有序；工作场地温度与湿度适中；空气流畅清新；没有明显的振动与噪声；各种控制机构、操作手柄位置合适；工作环境照明良好、色彩协调等。

3. 再生制造技术

再生制造的含义是指产品报废后，对其进行拆卸和清洗，对其中的某些零件采用表面工程或其他加工技术进行翻新和再加工，使零件的形状、尺寸和性能得到恢复和再利用。

再生制造技术是一项对产品全寿命周期进行统筹规划的系统工程，其主要研究内容包括：产品的概念描述；再制造策略研究和环境分析；产品失效分析和寿命评估；回收与拆卸方法研究；再制造设计、质量保证与控制、成本分析；再制造综合评价等。

9.5.3 绿色产品

绿色产品要求在制造过程中节省资源，在使用中节省能源、无污染，产品报废后便于回收和再利用。

1. 节省资源

绿色产品应是节省资源的产品，即在完成同样功能的条件下，产品消耗资源数量要少，例如采用机夹式不重磨刀具代替焊接式刀具，就可大量节省刀柄材料。

2. 节省能源

绿色产品应该是节能产品。在能源日趋紧张的今天，节能产品越来越受到重视，例如采用变频调速装置，可使产品在低功率下工作时节省电能。

3. 减少污染

减少污染包括对环境的污染和对操作者危害两个方面。为了减少污染，绿色产品应该选用无毒、无害材料制造，严格限制产品有害排放物的产生和排放数量。为了避免对操作者产生危害，产品设计应符合人机工程学的要求。

4. 报废后的回收与再利用

随着社会物质的不断丰富和产品寿命周期的不断缩短，产品报废后的处理问题变得越来越突出。传统的产品寿命周期从设计、制造、销售、使用到报废是一个开放系统；而绿色产品设计则要充分考虑产品报废后的处理、回收和再利用，将产品设计、制造、销售、使用、报废作为一个系统，融为一体，形成一个闭环系统，如图 9-34 所示。

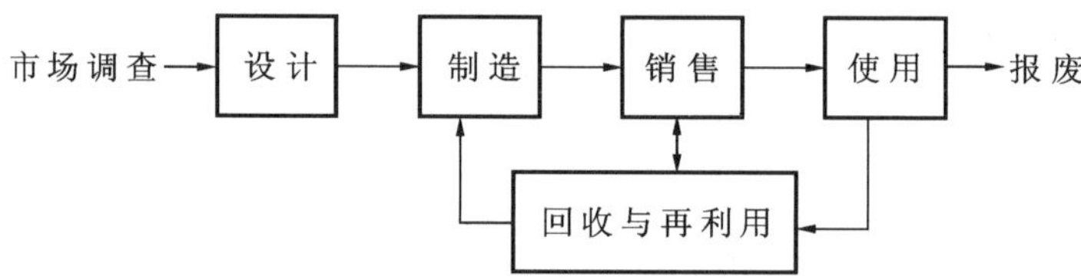

图 9-34 绿色产品设计制造闭环控制系统

复习思考题

9.1 什么是精密与超精密加工？它与普通的精加工有何不同？

9.2 金刚石刀具为何可用于超精密与高速切削？主要用于什么材料的超精密（高速）切削加工？

9.3 光刻加工包括哪些主要过程？试述在金属模腔表面利用光刻加工技术刻制文字“MADE IN CHINA”的步骤。

9.4 高速加工的关键技术主要有哪些？高速加工技术有何应用？

9.5 什么是特种加工？它与传统的机械加工有何区别？有何应用？

9.6 电火花成形加工与电火花线切割加工有何区别？各有何应用？

9.7 电火花成形加工与电火花线切割加工应如何正确利用极性效应？

9.8　激发光加工有何特点？在金属模腔表面利用激光刻制“MADE IN CHINA”文字与光刻加工技术刻制“MADE IN CHINA”文字有何区别？

9.9　CAD/CAM中的CAD和CAM有何关系？其主要功能是什么？

9.10　什么是FMS？FMC与FMS的区别是什么？

9.11　什么是CIMS？CIMS的系统结构中应该包括哪些内容？

9.12　什么是RPM？RPM的工艺主要有哪些？其原理是什么？

9.13　什么是绿色制造？绿色制造的内容包括哪些方面？

9.14　你所见到的制造哪些是属于绿色制造？哪些不属绿色制造？不属绿色制造的工艺应如何改进？

参考文献

[1] 王先逵.机械制造工艺学[M].北京:机械工业出版社,2004.

[2] 黄健求.机械制造技术基础[M].2版.北京:机械工业出版社,2011.

[3] 于俊美,邹青.机械制造技术基础[M].北京:机械工业出版社,2004.

[4] 陈锡渠.金属切削原理与刀具[M].北京:北京大学出版社,2006.

[5] 陆建中.金属切削原理与刀具[M].4版.北京:机械工业出版社,2005.

[6] 李凯岭.机械制造技术基础[M].北京:清华出版社,2010.

[7] 饶华球.机械制造技术基础[M].北京:电子工业出版社,2007.

[8] 杜可可.机械制造技术基础[M].北京:人民邮电出版社,2007.

[9] 冯之敬.机械制造工程原理[M].北京:清华大学出版社,2008.

[10] 林若森.机械制造技术基础[M].北京:电子工业出版社,2006.

[11] 刘传绍.机械制造技术基础[M].北京:中国电力出版社,2009.

[12] 顾维邦.金属切削机床概论[M].北京:机械工业出版社,2004.

[13] 吉卫喜.机械制造技术基础[M].北京:高等教育出版社,2008.

[14] 贾亚洲.金属切削机床概论[M].北京:机械工业出版社,2007.

[15] 范孝良.机械制造技术基础[M].北京:电子工业出版社,2008.

[16] 熊良山.机械制造技术基础[M].2版.武汉:华中科技大学出版社,2012.

[17] 刘传绍,郑建新.机械制造技术基础[M].北京:中国电力出版社,2009.

[18] 刘英,袁绩乾.机械制造技术基础(上、下册)[M].北京:机械工业出版社,2008.

[19] 徐嘉元,曾家驹.机械制造工艺学[M].北京:机械工业出版社,2005.

[20] 张世昌.先进制造技术[M].天津:天津大学出版社,2004.